PAWLOWSCHE MITTWOCHKOLLOQUIEN

BAND III

Iwan Petrowitsch Pawlow

Lithographie von G. S. Wereiski (1947)

PAWLOWSCHE MITTWOCHKOLLOQUIEN

PROTOKOLLE UND STENOGRAMME PHYSIOLOGISCHER KOLLOQUIEN

BAND III

Stenogramme der Jahre 1935 und 1936

1956

AKADEMIE-VERLAG · BERLIN

Павловские Среды, Том III
Moskau — Leningrad 1949
Herausgegeben von der Akademie der Wissenschaften der UdSSR
im Verlag der Akademie der Wissenschaften der UdSSR
Redakteure von Band III der russischen Ausgabe:
L. A. Orbeli, W. W. Stroganow

Übersetzt aus dem Russischen von Peter G. Klemm, Berlin
Redakteur der deutschen Ausgabe: Dr. Lothar Pickenhain, Berlin

Die Herausgabe dieses Werkes wurde gefördert vom Kulturfonds
der Deutschen Demokratischen Republik

Erschienen im Akademie-Verlag, Berlin W 8, Mohrenstraße 39
Lizenz-Nr. 202 100/186/56

Gesamtherstellung: (III/18/203) VEB Leipziger Druckhaus, Leipzig
Bestell- und Verlagsnummer: 5175/III
Printed in Germany

MITTWOCHKOLLOQUIEN DES JAHRES 1935

9. JANUAR BIS 18. DEZEMBER

MITTWOCHKOLLOQUIUM

vom 9. Januar 1935

1. ÜBER DAS VORHANDENSEIN PRIMITIVER „BEGRIFFE" BEI TIEREN. VERSUCHE S. W. KLESTSCHOWS AN „MISCHKA" MIT DER AUSARBEITUNG BEDINGTER REFLEXE AUF EIN VERHÄLTNIS VON TÖNEN

I. P. PAWLOW: Ein glückliches Neues Jahr, meine Damen und Herren! Ich weiß nicht, wie Sie es halten, aber ich beobachte mich andauernd. Bei dieser Selbstbeobachtung neige ich dazu, meine inneren Erlebnisse mit den Ergebnissen unseres Studiums der bedingten Reflexe zu vergleichen. Unter anderem habe ich über die Begriffe nachgedacht, d. h. über die Gruppierung vieler konkreter Gegenstände unter eine Allgemeinvorstellung. Sie sind nun von uns erworben worden dank unserer Sprache, unserer Worte, die uns von den Tieren unterscheiden. Oder gibt es sie auch in der konkreten Welt bei den Tieren? Nach allem zu urteilen, gibt es sie auch bei Tieren. Die Erscheinung, die mir das bewiesen hat, ist die Generalisation bedingter Reize.

Es ist klar, wenn eine ganze Gruppe ähnlicher Reize als bedingtes Agens wirkt, dann ist das auch ein Begriff, eine Gruppierung von Gegenständen.

Nehmen Sie irgendeinen bestimmten Laut, sagen wir, der dem Tier als Signal, meinetwegen, eines Feindes dient, den es meidet. Natürlich muß hier stets ein Gruppenreiz vorliegen, weil sich die Laute, von denen das Tier geleitet wird, infolge der Entfernung, infolge der Anspannung der Stimmbänder des Tieres verändern können, sie können sich erhöhen oder erniedrigen, je nachdem, wie dieser Laut hervorgebracht wird. Es ist für die Tiere eine Lebensnotwendigkeit, daß der Reiz verallgemeinert sein muß, das Analogon eines Begriffes.

Aus diesem Anlaß haben S. W. KLESTSCHOW und ich in letzter Zeit folgende Versuche angestellt.

Die Versuche wurden an dem Hunde „Mischka" unternommen. S. W. hatte ein Harmonium mit fünf Oktaven von 25 Tönen. Aus einzelnen Tönen verschiedener Register an verschiedenen Stellen dieser Oktaven wurde auf die Weise ein bedingter Reflex gebildet, daß ein Ton 5 Sekunden lang alle 2 Sekunden wiederholt wurde. Dann wurden 5 Sekunden Pause gemacht. Dies wiederholte sich einige Male während der isolierten Einwirkung des Reizes. Auf diese Töne wurden bedingte Reflexe ausgearbeitet. Im Endergebnis sind die bedingten Reize *(8)* generalisiert. Alle neuen Reize lieferten dieselbe Größe der Reflexe.

Dann wurde aus diesen Tönen auf die Weise ein neuer Reiz gemacht, daß nicht ein einzelner Ton als Reiz gesetzt wurde, sondern auch seine Septime.

Aus diesem Tonpaar ist ein Hemmreiz gebildet worden, das heißt, dieser Reiz wurde nicht bekräftigt. Wie schnell bildete er sich?

S. W. Klestschow: Die Bildung begann nach 40 Malen.

I. P. Pawlow: Zur Bildung dieser Differenzierung mußten wir den Hund mit Brom unterstützen. Als dieser Reflex ganz eindeutig war, versuchten wir, ein weiteres Tonpaar aus diesem Register anzuwenden, aber ein anderes, neues Paar. Es zeigte sich, daß sich die Differenzierung vom Fleck weg bildete, wobei sie natürlich nicht absolut war. Der Effekt war stark ausgeprägt: Auf den wiederholten Ton ergaben sich 25 Teilstriche, auf den nicht wiederholten 9 Teilstriche.

Als wieder ein anderes Paar aus neuen Tönen angewendet wurde, und zwar wiederum aus solchen, die noch nicht angewandt wurden, sank die Sekretion bis auf 4 Teilstriche.

Es trat keine Spur einer Orientierungsreaktion auf. Auf diese Weise kam es zur Verallgemeinerung auch dieses Hemmreizes, zur Verallgemeinerung dieses Verhältnisses. Wir haben uns davon überzeugt, daß erstens das Verhältnis selbst ein besonderer, spezieller Reiz ist und zweitens davon, daß der Reflex auf das Verhältnis der Differenzierung generalisiert worden ist. Folglich muß man annehmen, daß im Kortex eine gruppierte Repräsentation der Erscheinungen der Außenwelt stattfinden kann, d. h. eine Form von konkretem Denken, von Denken des Tieres ohne Worte. Das ist also durchaus keine Begabung, keine Erwerbung, die mit der Sprechfähigkeit zusammenhängt. Das ist eine hochinteressante Sache. Zugleich trat eine außerordentlich interessante Erscheinung auf, die mich besonders stark beeindruckt hat. Die vorliegende Differenzierung zeigte sich nur bei den neuen Tönen, die bis dahin niemals angewandt worden waren. Als wir aber versuchten, dasselbe Verhältnis aus zwei alten Tönen herzustellen, d. h. aus den positiven Tönen mit ihrer Septime, trat genau dieselbe Reaktion auf wie auf die positiven Töne. Das ist ein interessanter Befund, der den Mechanismus der Erscheinungen deutlich unterstreicht.

Meine Damen und Herren, wer hat etwas gegen diese Interpretation einzuwenden?

2. DER KÜNSTLERTYP DES MENSCHEN (VORHERRSCHEN DES ERSTEN SIGNALSYSTEMS) DISPONIERT ZU HYSTERISCHEN NEUROSEN, DER DENKERTYP (VORHERRSCHEN DES ZWEITEN SIGNALSYSTEMS) ZU PSYCHASTHENISCHEN. DIE MÖGLICHKEIT EINER HYSTERISCHEN NEUROSE BEI TIEREN („WERNY“) UND THEORETISCHE VERMUTUNGEN

I. P. Pawlow: Nun, meine Damen und Herren, folgende Frage: Als wir in der Nervenklinik verschiedene Nervenkranke analysierten, kam ich zu dem Schluß, daß es zwei speziell menschliche Neurosen gibt, die Hysterie und die Psychasthenie. Ich brachte sie damit in Verbindung, *(9)* daß der Mensch zwei Typen der höheren Nerventätigkeit darstellt. Es sind dies der Künstlertyp, der folglich dem Tier analog ist und ihm nähersteht, da dieses ebenfalls die ganze Außenwelt nur in Form von Eindrücken über die unmittelbaren Rezeptoren wahrnimmt, und der andere Typ, der Denkertyp, der mit dem zweiten Signalsystem arbeitet.

Das menschliche Gehirn ist also aus dem tierischen Gehirn und dem menschlichen Anteil in Form des Wortes zusammengesetzt. Beim Menschen beginnt dieses zweite Signalsystem vorzuherrschen. Man kann annehmen, daß unter gewissen ungünstigen Bedingungen, bei Schwächung des Nervensystems, wiederum diese phylogenetische Aufspaltung des Gehirns vor sich gehen kann; dann ist es also möglich, daß der eine vorzugsweise das erste Signalsystem benutzt und der andere vorzugsweise das zweite Signalsystem. Das teilt die Menschen in die Künstlernaturen und in die rein geistigen, abstrakten Naturen.

Wenn diese Diskrepanz infolge verschiedener ungünstiger Bedingungen einen hohen Grad erreicht, dann ergibt sich eine krankhafte Form dieser zusammengesetzten, menschlichen höheren Nerventätigkeit; es ergeben sich sozusagen übersteigerte Künstler und übersteigerte Denker (Pathologie). Ich gedenke die ersteren den Hysterikern, die letzteren den Psychasthenikern zuzuordnen. Wenn man von der Lebenseignung, der Lebensaktivität oder -inaktivität dieser kranken Menschen spricht, muß man sagen, daß die Psychastheniker besonders lebensunfähig sein müssen — im Vergleich zu den Hysterikern —, was auch von den Tatsachen bestätigt wird.

Viele Hysteriker verwandeln sich in „große Tatmenschen" (und sei es jene Amerikanerin, die eine besondere Religion schuf; sie verdiente Millionen und den Ruf, eine typische Hysterikerin zu sein[1]). Im Gegensatz dazu sind die Psychastheniker, die ausschließlich mit Worten arbeiten, größtenteils im Leben ganz untauglich und völlig hilflos. Natürlich gibt es auch solche Hysteriker, die im Leben zu einem derartigen Grad von Chaos gelangen, daß sie ebenfalls keinen Platz im Leben finden können und nur sich selbst und den anderen zur Last sind.

Ich habe mir die Frage vorgelegt, wie es denn bei unseren Tieren ist. Psychastheniker kann es unter den Tieren nicht geben, weil sie kein zweites Signalsystem haben. Eine andere Frage ist, ob unter ihnen Hysteriker vorkommen können oder nicht. Schließlich verfügen sie doch über das erste Signalsystem. Beim Menschen verlaufen letzten Endes alle komplizierten Beziehungen im zweiten Signalsystem ab. Bei uns hat sich ein Denken in Worten und kein konkretes Denken entwickelt. Das zweite Signalsystem ist seit Urzeiten der beständigste Regulator der Lebensbeziehungen. Bei den Tieren ist das nicht der Fall. Bei ihnen gehört alles bis zum höchsten Gipfel der höheren Nerventätigkeit zum ersten Signalsystem. Beim Menschen wirkt das zweite Signalsystem auf das erste Signalsystem und auf den Subkortex *(10)* auf zweierlei Weise ein. Es wirkt erstens durch seine Hemmung, die in ihm stark entwickelt ist und die im Subkortex völlig oder nahezu fehlt (und die, wie man annehmen muß, im ersten Signalsystem geringer entwickelt ist). Zweitens wirkt es auch durch seine positive Tätigkeit, durch das Gesetz der Induktion. Da bei uns die Tätigkeit im verbalen Teil, im zweiten Signalsystem, konzentriert ist, muß seine Induktion auf das erste Signalsystem und den Subkortex einwirken.

Ähnliche Verhältnisse können beim Tier nicht vorliegen. Aber sie können in der

[1] Gemeint ist die Amerikanerin Mary Baker-Eddy, die Begründerin der religiösen Sekte „Christian Science" (dt. Red.)

Form existieren, daß im ersten Signalsystem (das bei ihnen über dem Subkortex steht) der Hemmungsprozeß schwach sein kann. Da beim Tier das erste Signalsystem der Regulator des Subkortex ist, so können Verhältnisse entstehen, die dem Wesen der Sache nach der Situation bei Hysterikern analog sind. Denn wenn im ersten Signalsystem des Tieres ein schwacher Hemmungsprozeß vorhanden ist, dann ergibt sich eine überschießende Reaktion des Subkortex, die nicht den Bedingungen der Wirkung der äußeren Reize entspricht. Folglich kann es auch bei Tieren gewisse Analogien zu dem geben, was der Hysteriker darstellt; d. h., beim Menschen haben wir den Druck des zweiten Signalsystems auf das erste Signalsystem und den Subkortex, bei den Tieren den Druck des ersten Signalsystems auf den Subkortex. Das Wesen der Sache ist ein und dasselbe. Im zweiten Fall gibt es nur eine Quelle der Hemmung, im ersten Fall aber zwei (teilweise als positives System und teilweise als aktive Tätigkeit).

Auf diesen Gedanken hat mich ein Hund in Koltuschi gebracht, nämlich „Werny", ein wahrhaft unbändiger und hemmungsloser Hund. „Werny" ist der Typ eines Wachhundes. Er läßt niemanden heran außer seinem Herrn. Bei ihm ist auch der Nahrungsreflex rücksichtslos. Lange Zeit konnten wir bei ihm keinerlei erträgliches System bedingter Reflexe erhalten. Es war etwa so, wie bei den kastrierten Hunden von M. K. Keinerlei Abhängigkeit von der Stärke, keinerlei völlige Differenzierung, auf Schritt und Tritt die ultraparadoxe Phase. Interessant ist auch der Verlauf der Reflexe in der Periode des Abrückens, d. h. in der Periode der isolierten Einwirkung des bedingten Reizes. In den ersten fünf Sekunden liefert er eine starke bedingte Speichelabsonderung, aber in den folgenden fünf Sekunden fehlt sie völlig (Null). Ich bin geneigt zu sagen, daß er ein Hysteriker ist, bei dem das erste Signalsystem, das das Nervensystem und die Energie des Subkortex steuert, völlig kraftlos ist. Hier fehlt die Übereinstimmung zwischen der Wirkung des Signalsystems und dem emotionalen Fonds des Subkortex. Das kann man dadurch beweisen, daß sich die Ordnung bei diesem Hund herzustellen begann, als wir im ersten Signalsystem die Hemmung verstärkten (durch Brom). Bei einer großen Dosis von sechs Gramm erhielten wir eine beträchtliche Ordnung in diesem Chaos.

Man kann also „Werny" dem Wesen der Sache nach als Hysteriker ansehen und der Meinung sein, daß es beim ihm keinen irgendwie wesentlichen Lebensregulator des subkortikalen Fonds von Emotionen gibt. *(11)*

3. ÜBER DIE LANGE INKUBATIONSZEIT EINER NEUROSE BEI „WOLTSCHOK" UND ÜBER DIE BESEITIGUNG DER HYPNOTISIERUNG DURCH DIE ANWENDUNG VON BROM

I. P. Pawlow: Der dritte Hund ist „Woltschok". Über „Woltschok" habe ich bereits gesprochen.

Wir wußten schon seit langem, daß gewisse schädliche, schwierige Aufgaben, die zu einer Störung des nervalen Gleichgewichts führen, Erkrankungen hervorrufen können. Ihre Wirkung wird nicht sofort sichtbar. Die Erkrankungen haben eine gewisse „Inkubationszeit", einen, zwei oder drei Tage. Im vorliegenden Falle dauerte die Inkubationszeit nahezu einen Monat. Bei diesem Hunde beschloß der Experimentator, statt der üblichen leichten Reize einen außerordentlich starken anzuwenden, die Knarre. Fast anderthalb Monate lang wurde einzig und allein dieser Reiz angewandt. Der Hund ertrug diese Knarre, die Reflexe waren normal, das Futter nahm er. Dann kam die Sommerpause. Nach der Sommerpause passierte bei Anwendung derselben Knarre folgende komische Sache. Am ersten Tag war der Speichelreflex auf die Knarre gewaltig. An den folgenden Tagen verschwand die bedingte Speichelabsonderung bald, bald trat sie wieder auf. Es ergab sich ein vollkommen krankhaftes Verhalten gegenüber diesem Reiz. Das ist ein hochinteressanter Befund.

Wenn man sich vorstellt, daß der Hund durch diesen Speichelreiz erschöpft war, daß die bedingten Reflexe früher gegen Ende des Tages abfielen, dann sollte man doch annehmen, daß ihm die anderthalbmonatige Erholung hätte helfen müssen. Ganz das Gegenteil war der Fall. Folgendes ist möglich: In der ersten Zeit nach der Unterbrechung trat bei ihm eine starke Hemmung der Bewegungen auf (der Hund nahm das Futter nicht), und da der Speichelreflex und der Bewegungsreflex ein isoliertes Paar darstellen, konnte die starke Hemmung des motorischen Zentrums das sekretorische positiv induzieren. Dann griff die Hemmung auch auf das Speichelzentrum über.

Es bleibt die Frage, wie die Inkubationszeit dieser Nervenkrankheit zu verstehen ist.

Später wurde dieser Reiz abgesetzt und durch einen anderen starken Reiz ersetzt, durch die starke Sirene. Diese Auswechslung vermochte wenig zu helfen, sie verallgemeinerte die Erkrankung nur über den gesamten akustischen Analysator. Der Ton der Sirene wurde dann abgeschwächt, aber offensichtlich war er doch schon zum bedingten Signal für den starken akustischen Reiz geworden.

Jetzt befindet sich der Hund in einem qualvollen Zustand. Bei ihm ist jetzt ganz deutlich zu sehen, wie sich alle Reize in Signale dieses für ihn schmerzhaften akustischen Signals verwandelt haben. In der experimentellen Umgebung frißt der Hund nicht, in der gewöhnlichen Umgebung aber frißt er. Die ganze Umgebung hat sich für ihn in ein Signal dieser quälenden Reize verwandelt. Das muß man sich als Widerlegung KÖHLERS merken.

Dann haben wir versucht, das Tier mit Brom zu heilen. Brom half zeitweilig, aber nur schwach. Erst in den letzten beiden Tagen wandten wir eine Kombination von Brom und Koffein an. Kleine bedingte Reflexe traten auf, aber das Futter nimmt er nur teilweise, und teilweise nimmt er es nicht. *(12)*

Ich wollte klären, inwieweit es sich hierbei um eine allgemeine Neurose handelt, oder ob nur ein pathologischer Zustand des akustischen Punktes vorliegt. Aus diesem Grunde setzten wir die akustischen Reize ab und ließen nur das Licht und die Kassalka übrig.

Gestern ist das Licht anstelle dieser Sirene angewandt worden. Die Speichelabsonderung fehlte, aber das Futter nahm „Woltschok" die ganze Zeit.

Weiter wäre es interessant, andere Formen akustischer Reizungen auszuprobieren.

Auf diese Weise ergibt sich für uns offensichtlich eine neue Systematik der Neurosen. Wir haben pathologische Reaktionen auf einzelne Reize gesehen, haben in diesem Falle einen Hinweis darauf, daß ein ganzer Analysator krank sein kann, und schließlich können alle Analysatoren krank sein, das heißt die Hirnrinde im ganzen.

Unsere Laboratoriumssystematik ist ein besonderer Fall, aber sie kann auch für die Klinik brauchbar sein. Einige Worte bezüglich der Wirkung von Brom. Man muß bei dieser Wirkung mehrere Fälle unterscheiden. Angenommen, wir haben bei einem Hund einen Hemmungszustand, der voll und ganz bei der üblichen bedingten Wirkung gleichartiger, schwacher Reize entstanden ist. Dieser Zustand tritt nicht immer auf. So zeigte sich bei Versuchen an freien Hunden, das heißt an solchen, die von Geburt an freie Tiere geblieben waren, und an „Zwingerhunden", die von Geburt an im Zwinger gehalten wurden, daß die „Zwingerhunde" unter unseren Versuchsbedingungen keine Schläfrigkeit aufweisen. Das ist auch verständlich, denn alles erregt sie. Umgekehrt schlafen ungebundene Hunde, die sich von klein auf daran gewöhnt haben, ihre Freiheit zu nutzen, in dieser Umgebung nicht leicht ein.

Nach dem gesamten Material zu urteilen, verschwindet ein hypnotischer Zustand gewöhnlich unter dem Einfluß von Brom. Zumindest kann ich mich an keinen einzigen Hund erinnern, der durch die Einförmigkeit der Reize hypnotisiert worden wäre und dem Brom nicht geholfen hätte. Das ist auch verständlich. Es handelt sich um eine diffuse schwache Hemmung. Brom konzentriert die Hemmung und zerstreut den hypnotischen Zustand, indem es den Schleier der diffusen Hemmung lüftet.

In anderen Fällen aber half das Brom entweder nicht vollständig, oder es half überhaupt nicht.

Ich stelle mir das so vor: Wenn die Krankheit in einer Schädigung des Hemmungsprozesses besteht, dann müßte Brom helfen. M. K. und ich haben das bei „Joy" gesehen, der nach der Kastration seine Hemmungsfunktion verloren hatte (bei ihm zog sich das Erlöschen fast über Stunden hin, die Differenzierungen wurden zerstört usw.). Handelt es sich aber zugleich um eine Schädigung des Erregungsprozesses, dann kann sich Brom als unzureichend erweisen. Die Versuche M. K.s mit Koffein zeigen, daß das, was bei einigen Erkrankungen mit Brom allein nicht erreicht wird, mit einer Kombination von Brom und Koffein erreicht werden kann. So liefert unser Laboratoriumsmaterial die Grundlage zum Verständnis der eigenartigen Wirkung von Brom in den verschiedenen Fällen. *(13)*

Nebenbei bemerkt, schließt M. K. ihre Versuche mit Brom und Koffein ab. Es zeigt sich, daß bei schwachen Hunden, bei denen einzelne Punkte oder das ganze Nervensystem erkrankt sind, eine kurzfristige Heilwirkung dieser Kombination (am Tage der Einnahme) auftritt. Was die starken Hunde betrifft, so hielt die Wirkung des Broms zwei bis drei Wochen an. Freilich ergibt sich keine radikale Heilung. Kleine, winzige Dosen, Milligramme von Koffein und kleine Dosen von Brom führen für zwei bis drei Wochen zu einer Besserung. Und damit kann man schon zufrieden sein.

4. DIE BEWEGLICHKEIT DER NERVENPROZESSE ALS SELBSTÄNDIGE UND ALS ABGELEITETE EIGENSCHAFT. A. A. LINDBERGS STARKER UND AUSGEGLICHENER „POLKAN" VERFÜGT ÜBER KEINE BEWEGLICHKEIT UND KANN KEINEN VERSPÄTETEN REFLEX AUSARBEITEN

I. P. Pawlow: Einige Worte über etwas anderes. „Polkan" ist ein sehr starker ausgeglichener Hund. Seine Differenzierungen sind immer vollständig, die Reflexe sehr gleichartig und die Abhängigkeit von der Stärke ist immer vorhanden. Es ist ein beispielhafter Hund. Es ist ein typischer starker ausgeglichener Hund.

Interessanterweise fehlt bei ihm völlig die Beweglichkeit der Nervenprozesse. In dieser Hinsicht ist er furchtbar zurückgeblieben.

Weshalb betone ich diese Tatsache? Vor uns stand die Frage, ob die Beweglichkeit der Nervenprozesse (der dritte Zug der Charakteristik des Typs des Nervensystems) völlig selbständig ist oder aus den Verhältnissen zwischen den Erregungs- und Hemmungsprozessen abgeleitet werden kann. Es gibt Tatsachen, die davon zeugen, daß die Beweglichkeit ein abgeleiteter Zug ist. Hierzu gehört die Trägheit des Erregungsprozesses als Phänomen einer pathologischen Unbeweglichkeit. Sie verschwindet schnell unter der Wirkung von Brom. In diesem Falle ist die Hemmung offensichtlich schwach, und der Erregungsprozeß hat ein nicht gerechtfertigtes Übergewicht. Verabreichen wir Brom, das heißt, verstärken wir die Hemmung, dann gleichen wir diese Prozesse aus. Die pathologische Trägheit des Erregungsprozesses verschwindet. Das gab Grund zu der Annahme, daß die Beweglichkeit eine abgeleitete Erscheinung ist.

Andererseits fanden sich Befunde, die dafür sprechen, daß sie eine selbständige Qualität ist.

So tritt die Unbeweglichkeit bei „Polkan" ganz deutlich auf, obwohl offensichtlich beide Prozesse völlig im Gleichgewicht sind. Jetzt wird versucht, bei ihm einen verspäteten Reflex auszuarbeiten; 65mal wurden die Reize gesetzt, und es zeigte sich keinerlei Hinweis auf seine Bildung. Manchmal ist es so, daß die dritte Minute etwas mehr ergibt als die erste, aber dafür kann es am nächsten Tage genau umgekehrt sein: In der ersten Minute ist die bedingte Speichelabsonderung am stärksten. Es mangelt völlig an Beweglichkeit der Nervenprozesse bei vollkommenem Gleichgewicht dieser Prozesse, des Erregungs- und des Hemmungsprozesses.

Zwischenruf: Wie groß ist das Verspäten? *(14)*

I. P. Pawlow: Drei Minuten.

M. K. Petrowa: Bei „Mampus" wurde das Verspäten 34mal angewandt, und alles vergebens, es bildete sich nicht.

I. P. Pawlow: Bei ihm ist im allgemeinen alles schlecht. Hier sind Beispiele von Aufzeichnungen über „Polkans" bedingte Speichelabsonderung bei einem Abrücken von 3 Minuten nach 50 Anwendungen:

25	17	20
17	11	13
15	16	12

Manchmal verschwindet die Speichelabsonderung plötzlich fast vollständig:

1	2	3
10	1	8
15	5	9
8	2	7

Hier findet sich ein Hinweis auf das, was bei anderen Hunden bei der Bildung eines Verspätens (als Phase) vorkommt, nämlich daß die Speichelabsonderung speziell in der zweiten Minute geringer ist als in der ersten und letzten. Das wiederholt sich bei ihm ab und zu, aber auch nur ab und zu.

P. S. Kupalow: Sind das Tropfen oder Teilstriche?

A. A. Lindberg: Teilstriche.

P. S. Kupalow: Wie groß sind die normalen bedingten Reflexe?

A. A. Lindberg: Etwa 30.

P. S. Kupalow: Und wie ist die Speichelabsonderung in den Pausen?

A. A. Lindberg: Fast überhaupt keine.

I. P. Pawlow: Es ist ein bemerkenswerter Hund hinsichtlich seines Hemmungs- und Erregungsprozesses, aber in diesem Falle zeigt sich keinerlei Ausarbeitung.

Er kann auf keine Weise den Hemmungs- und Erregungsprozeß an ihren Stellen fixieren. Es ist klar, daß er mit ihnen nicht fertig wird, anders als „Boy", der das Verspäten beim fünftenmal ganz exakt ausarbeitete.

E. A. Asratjan: Sind auch die anderen Verfahren für die Untersuchung auf Beweglichkeit ausprobiert worden?

I. P. Pawlow: Noch nicht, aber wir werden auch die anderen ausprobieren.

5. A. A. LINDBERGS „DWOIKA" (WIEDERHOLUNG VON BEREITS BEKANNTEM). DIE BEIDEN FÜR DIE REGENERATION DER RINDENZELLE FÖRDERLICHEN AGENZIEN BROM UND GROSSE PAUSEN ZWISCHEN DEN REIZEN SETZEN, ZUSAMMEN ANGEWANDT, DIE GRÖSSE BEDINGTER REFLEXE AUF STARKE REIZE HERAB

I. P. Pawlow: Ein weiterer interessanter Hund ist A. A.s „Dwoika".

A. A. hat die Frage gelöst, welchen Einfluß die Pause zwischen den Reizen auf die Größe des bedingten Reflexes hat. Der Einfluß der Größe der Pausen (Minuten oder Tage) machte sich auch bei anderen Hunden geltend, *(15)* z. B. bei den Kastraten M. K.s. So ist zum Beispiel bei „Joy" die Tätigkeit chaotisch, wenn er jeden

[1] M. K. Petrowa (Anm. d. Red.)

Tag arbeitet; arbeitet er aber nur alle drei Tage, dann kann die Tätigkeit mehr oder weniger regulär sein. Die Erholung kann durch Brom als ein hemmendes Mittel ersetzt werden, das die Regeneration fördert.

An „Dwoika“ wurde ebenfalls bestätigt, daß Brom bis zu einem gewissen Grade eine große Unterbrechung ersetzen kann.

Es zeigte sich, daß eine Verdoppelung der Pause zur Vergrößerung des Effektes führt. Bei derselben Pause von vier Minuten ergibt Brom ebenfalls eine Vergrößerung. Aber hier fand sich eine neue interessante Erscheinung. Als diese beiden fördernden Umstände zusammen angewandt wurden, sowohl Brom als auch eine Verlängerung der Pause (5 Minuten statt 4 Minuten), verschlechterten sich die Resultate. Die starken Reize, die einen großen Effekt geliefert hatten, sanken auf das Niveau der schwachen und blieben so.

Wie diese Wirkung zu verstehen ist, ist noch ein Rätsel, aber Tatsache bleibt Tatsache.

Unter dem Einfluß der Summation zweier fördernder Bedingungen sind die bedingten Reflexe abgefallen und irgendwie fixiert worden. Alle Maßnahmen (Ersatz durch andere Reize, Koffein, Erhöhung der Nahrungserregbarkeit) blieben wirkungslos. Wirksam erwies sich als einziges Mittel die Verringerung der Bekräftigungsportion von 30 g Pulver auf 5 g. Das sind natürlich alles wichtige Befunde. Man muß sie vergleichen und analysieren.

Andererseits muß man berücksichtigen, daß diese Erscheinung zur Aufklärung des Einflusses der Fütterung auf die Größe der bedingten Reflexe führt. Es ist uns gelungen, folgendes aufzudecken: Als sich die Größe aller bedingten Reflexe erniedrigte, geschah das infolge eines Abfalls der bedingten Speichelabsonderung in den ersten und letzten 5 Sekunden der 15 Sekunden dauernden isolierten Wirkung des bedingten Reizes. Dabei änderte sich die Latenzzeit nicht im geringsten.

Aus diesem Befund ziehe ich den Schluß, daß sich die Verbrennungsperiode des funktionellen Materials unter dem Einfluß des Reizes hingezogen hat. Erst nach 10 Sekunden erreichte der Effekt diese Größe, d. h. das gleiche Stadium, wie früher nach 5 Sekunden.

Mir scheint, hier findet sich ein gewichtiger Hinweis auf die Enträtselung des Zusammenhangs der Fütterung mit der Größe des Effekts. Bis jetzt konnten wir diesen Zusammenhang noch nicht erfassen. Wir haben versucht, die Hunde auf kleinen Futterrationen zu halten; wir haben auch versucht, uns an starke und schwache Reize zu halten. Muß man vielleicht annehmen, daß schwache bedingte Reize immer mit einem Hemmungsprozeß einhergehen? Mit einem Wort, dieses Material ist bisher noch nicht verarbeitet. *(16)*

6. ÜBER DIE THESEN KÖHLERS UND ÜBER EIGENE BEOBACHTUNGEN. VERSUCHE MIT „RAFFAEL". POLEMIK GEGEN KÖHLER ANLÄSSLICH SEINES BUCHES „PSYCHOLOGISCHE PROBLEME"

I. P. PAWLOW: Jetzt werden wir uns KÖHLER und unsere Affen vornehmen. Gerade das, was Herr KÖHLER außer acht gelassen hat, beschäftigt uns ganz speziell. Für ihn war die Bekanntschaft der Affen mit der Umwelt uninteressant. Er hat das geringschätzig beiseite geschoben, wir aber haben uns darauf konzentriert. Wenn ein Affe herumsitzt und nichts tut, dann ruht er sich möglicherweise aus, aber er denkt nicht, wie es KÖHLER erscheint. Vor unseren Augen geht das Bekanntwerden „Raffaels" mit der Umwelt für seine Zwecke vor sich. Unter dem Einfluß einer Nahrungserregung macht er sich mit den Bedingungen der Umwelt bekannt.

Jetzt hat „Raffael" eine ziemlich komplizierte Aufgabe gelernt, das Aufeinanderstapeln von Kisten verschiedener Größe, um Futter zu erreichen. Die Kisten sind von verschiedener Größe, es gibt 16 verschiedene Größen. Man muß sie standfest und treppenförmig aufstapeln. Die Höhe der Konstruktion ist beträchtlich, 3½ m. Er hat sie vor unseren Augen zusammengestellt. Er ist darauf gekommen, daß sie mit ihren Flächen möglichst stark zur Deckung kommen müssen und daß man nicht eine Kiste auf die Kante oder eine Ecke stellen darf. Er hat sie durch Versuche zusammengestellt. Der ganze Versuch hat ungefähr zwei Monate gedauert. Jetzt baut er in einer Form, wie sie nicht besser sein kann. Es war notwendig, an der Stelle zu bauen, wo die Frucht hängt. Jetzt baut er genau unter der Birne und stellt alle Kisten in richtiger Reihenfolge hin: die erste, die zweite usw. Wenn die Kisten zusammengestürzt sind, dann holt „Raffael" sie wieder zusammen und stellt sie in richtiger Reihenfolge auf. Was kann es hier für Gerede geben? Das sind die Keimformen unseres konkreten Denkens, KÖHLER aber hat von alledem nichts wissen wollen.

Jetzt hatte uns der Eifer gepackt und wir wollten diese „Naturwissenschaft" „Raffaels" auf jede Art und Weise erweitern, wobei wir ihm nur dadurch halfen, daß wir den Zufall verringerten, d. h. gewisse günstige Bedingungen schufen.

Betrachten wir seine letzte Nummer mit Feuer, wobei das Feuer das Futter einzäunte. „Raffael" wurde schnell damit vertraut. Er verbrannte sich und beleckte sich nach den ersten erfolglosen Versuchen. Seine eigene Methode ist verständlich, die Einwirkung durch feste Gegenstände, verschiedene Holzstückchen, Nägel. Wenn das Futter innerhalb eines Kreises mit Lichtern lag, dann warf er sie um oder löschte sie aus. In letzter Zeit hat er gelernt, das Feuer mit Wasser zu begießen. Das ist folgendermaßen vor sich gegangen.

Wir haben eine Kiste, in der ein Gefäß mit Wasser steht. An der Vorderwand der Kiste ist oben ein Wasserhahn, der von diesem Wassergefäß ausgeht. Auf dem Boden der Kiste liegt eine Frucht. Sie ist durch eine Öffnung in der Vorderwand der Kiste sichtbar. Unten vor der Öffnung, durch die die Frucht sichtbar ist, steht auf einem kleinen Gestell ein längliches Gefäß, in das Spiritus gefüllt wird;

dann zündet man den Docht an. Der Affe kann also durch die Flamme die Frucht nicht erreichen. „Raffael" muß sich mit dieser Flamme auseinandersetzen. *(17)* Er hat dies und jenes und zehnerlei probiert. Zufällig bemerkt er den Wasserhahn, ergreift ihn und dreht an ihm. Da beginnt das Wasser zu fließen. Die Öffnung ist so eingestellt worden, daß das Wasser auf das Gefäß mit Spiritus fließt. Es genügte, das ein-, zweimal zu wiederholen, und „Raffael" fing sofort an, den Wasserhahn aufzudrehen. So haben wir ihm geholfen. Er hat den Wasserhahn durchaus nicht aufgedreht, damit das Wasser ausfloß. Aber er verband die Wirkung des Wassers mit dem Erlöschen der Flamme. Als kein Wasser im Hahn war, nahm er eine Flasche mit Wasser und goß es auf die Flamme. Was wollen Sie mehr?

So haben wir „Raffael" mit einer Menge von Eigenschaften und Beziehungen zwischen den Erscheinungen bekannt gemacht. Er wird sich ihrer bedienen. Aber Köhler hat von alledem nichts wissen wollen. Gerade darin besteht aber das Wesen der Sache. Das ist die Genese unseres Denkens, mit dem wir arbeiten. Wodurch unterscheidet sich die Erfahrung „Raffaels" von unseren Erfahrungen. Auch wir probieren dieses, jenes, ein drittes und stoßen schließlich auf die erforderliche Verbindung. Wo liegt hier der Unterschied? Ich sehe keinen.

Als ich vom Intellekt der Anthropoiden las und zugleich diese Versuche sah, konnte ich nicht verstehen, wie ein Psychologe, der sich mit dem Denken beschäftigt, diese Dinge übersehen und sich mit einem solchen Unsinn befassen konnte, daß ein Affe denkt wie wir, wenn er nichts tut. Was ist das für ein Denken, was ist das für ein Verhältnis zum Gegenstand? Aber so ist es und so bleibt es. Warum kümmern sich denn die Psychologen nicht um unsere physiologische Interpretation dieser Erscheinungen.

Ein neues Buch von Köhler erschien 1933. Es trägt den Titel: „Psychologische Probleme"[1]. Ich habe es nicht ganz durchgelesen. Der erste Teil ist mit „Behaviorismus" überschrieben, der zweite Teil mit „Psychologie und Naturwissenschaft". Den Behaviorismus putzt er nach Strich und Faden herunter. Unter anderem erinnert er daran, daß die Behavioristen mit großer Begeisterung unsere bedingten Reflexe aufgenommen haben. Als er an die bedingten Reflexe erinnert, macht er die Anmerkung: „Die Untersuchungen Pawlows und seiner Schule setze ich als bekannt voraus". Das Ganze ist eine einzige Zeile. Folglich kennt er unsere Versuche, aber ungeachtet dessen schreibt er kein einziges Wort über sie, sondern versetzt ihnen im Gegenteil soviel wie möglich Seitenhiebe.

Scharf fällt er über die Behavioristen her. Er behauptet, daß sie zwei Gebote haben: „Du sollst in der Wissenschaft keine Welt der Phänomene anerkennen!", d. h., unsere Erscheinungen sind als subjektive Erscheinungen anzusehen. Und ferner: „Du sollst im Nervensystem keiner Funktion vertrauen außer den Reflexen und den bedingten Reflexen." Ich weiß nicht, ob er nicht übertreibt? Aber dann beschäftigt er sich auch mit uns: „Der Beobachter wird die Reflexe und die bedingten Reflexe kaum als nächstliegend ansehen oder beim Studium der komplizierten Formen des Verhaltens der Tiere und des Menschen in Betracht nehmen."

[1] Im Original deutsch (dt. Red.)

Wie finden Sie das? Das heißt, daß es bis zu einem solchen Grade fernliegt, wenn sie das Verhalten der Tiere und des Menschen beobachten, daß man es kaum „in Betracht nehmen“[1] oder irgendwie als „nächstliegend“[1] *(18)* ansehen kann.

Welche seltsame Blindheit, zu sagen, daß das nicht „nächstliegend“ sei, daß man es „nicht in Betracht nehmen“ könne, da doch alle wissen, daß alle Gewohnheiten, alle Verbindungen ... (Auslassung im Stenogramm)

Weiter: „Wer aber fest davon überzeugt ist (das sind die Behavioristen und wir), daß die einfache Theorie von den bedingten und erworbenen Reflexen die ganze Wahrheit darstellt (wir haben das niemals vom Nervensystem behauptet), hat kein echtes Motiv für die Beobachtung des natürlichen Verhaltens. Sie bedürfen eines neuen Studiums, aber andere funktionelle Begriffe haben sie nicht.“

Was für ein Unsinn! Sagen Sie mir nur, wie ist das möglich? Er ist Professor an der Berliner Universität und nicht irgendwer, der sein Leben hinlebt. Er ist doch ein junger Mann voller Kräfte, und läßt solche Sachen los.

Jeder unserer Versuche verfolgt das Ziel, die Begriffe zu erweitern. Er aber nimmt an, daß nichts anderes mehr zu wünschen übrig bleibt, wenn man diese Reflexe im Kopf hat. Das ist seltsam, direkt eine irgendwie erstaunliche Angelegenheit! Und er sagt, daß sie unsere bedingten Reflexe kennen. Da möchte man direkt die Hände über dem Kopf zusammenschlagen!

Warum nennt man denn unsere Auffassung „konservativ“. Was soll das? „Konservativ“ ist gut, wenn die Masse der Völker gegen uns streitet und uns nicht verstehen will. Sie stellen unsere Meinung als ungeheuerlich dar und können sie nicht mit ihrer Weltanschauung vereinen.

„Andererseits werden diese konservativen Begriffe von den Anhängern PAWLOWS und allen Behavioristen verteidigt und bewahrt, weil dadurch die Beobachtung begrenzt wird.“ Das heißt, mehr brauchen wir nicht. Woher haben sie das nur genommen? „Alle Reaktionen des tierischen Nervensystems sind auf ein Paar Reaktionsformen begrenzt, nämlich auf die bedingten und unbedingten Reflexe.“

Das ist sein Verhältnis zu unseren bedingten Reflexen. Erklären Sie mir, wie man das verstehen soll. Ich verstehe es nicht. Der Autor — so habe ich von F. P.[2] gehört — liest, ich glaube, an der Berliner Universität Psychologie in der Theologischen Fakultät. Dort stellt man sich natürlich nicht auf unseren Standpunkt. Nur von diesem Standpunkt aus kann man diesen Unsinn verstehen.

Dann wird es noch erstaunlicher und noch weniger verständlich. In dem Kapitel „Psychologie und Naturwissenschaft“ nennt er es eine naturalistische Arbeitshypothese und zugleich eine kühne Hypothese. Er beginnt damit, daß wohl HERING daran dachte, daß man unsere subjektive Welt und unsere Erlebnisse zwar beobachten kann und muß, daß es aber nützlich ist, sie zu systematisieren und dann dieses System unserer subjektiven Erlebnisse, gestützt auf physiologische Daten, irgendwie mit dem objektiven System physiologischer Daten aus der Physiologie des Nervensystems zur Deckung zu bringen. Er zitiert die Wunsch-

[1] Im Original deutsch (dt. Red.)

[2] F. P. MAJOROW

träume HERINGS zu dieser Frage. Das ist richtig. Unsere Sache sind objektive, rein physiologische Daten, und Sache der Psychologie ist es, *(19)* daß sie diese subjektive Welt irgendwie interpretiert, im Kopf behält, um schließlich diese beiden Systeme zur Deckung zu bringen, was wir auch tun. Wir erklären die Erscheinungen unserer subjektiven Welt mit unseren physiologischen Daten. Stellen Sie sich vor, auch sein System besteht darin. Sagt er doch, daß es allen Grund dafür gibt, unsere Erlebnisse, unsere subjektiven Zustände zu beobachten, zu systematisieren und sie dann mit einem physiologischen System, das ihnen entspricht, zur Deckung zu bringen, zwischen ihnen eine Verbindung herzustellen. Er kennt augenscheinlich das, was wir tun, ist es doch in fremden Sprachen gedruckt worden. Ungeachtet dessen hält er es aber doch nur für eine Arbeitshypothese, nur für eine kühne Hypothese. Und ungeachtet dessen leistet er sich folgendes, gleichsam als wäre es seine Kritik: „Wir sehen nur, wie man auf der Grundlage allgemeiner Begriffe auf das reale System eigener Erlebnisse schließen kann, das auf den strukturellen Eigenschaften entsprechender Hirnprozesse beruht." Es klingt, als wäre das seine Kritik. Für uns aber ist es eine alltägliche Sache, daß wir beliebig viele subjektive Erscheinungen mit objektiven Daten in Verbindung bringen. Sogar in einer persönlichen Unterhaltung bei ihm zu Hause wurde mir gesagt, wie man eine bestimmte Tatsache erklären kann. Man sprach von einem Hund, der sich in einer Umzäunung befindet und durch das Gitter Fleisch sieht. Dabei findet der Hund, wenn es weit fort liegt, sofort einen Umweg. Er läuft aus dieser Umzäunung heraus und holt es. Liegt es aber nahe und reizt ihn stark, dann bleibt er dumm stehen und will es unmittelbar durch das Gitter erreichen. Das heißt, daß der starke Reiz offensichtlich eine negative Induktion ergeben hat. Trotzdem ist er aber der Meinung, daß das eine kühne Hypothese sei. Und er schließt: „... über das System eigener Erlebnisse, die den strukturellen Eigenschaften der zugrundeliegenden Hirnprozesse überlagert sind, die entscheidende Wichtigkeit für die Erklärung und Beobachtung des Verhaltens haben"[1], und fügt hinzu: „die aber bis jetzt nicht beobachtet worden sind"[1].

Was soll das? Erklären Sie mir das. Ich verstehe es nicht ganz. Das kann man nur so verstehen, daß die Qual des Animismus, der sich zutiefst eingewurzelt hat, ihn sowohl inkonsequent als auch begriffsstutzig und widersprüchlich macht. Nur so. Ich habe sehr viele medizinisch gebildete Menschen gesehen, die es einfach nicht überwinden konnten, daß es möglich sein soll, das ganze Verhalten Kranker zu erklären, ohne die aktive und selbständige Bedeutung der inneren Welt anzuerkennen. Wie kann man denn nur den Einfluß äußerer Reizungen, ihre Summierung usw. benutzen? Nur so kann man auch sein im höchsten Grade unsinniges Verhalten verstehen. Besonders seltsam ist in diesem Kapitel, wo er sich an die Psychologie und die Naturwissenschaft macht, d. h. an uns und an die Behavioristen, folgendes, was er schreibt: „Beim Experiment in der Verhaltenspsychologie spielt das Bewußtsein der Versuchsperson gar keine Rolle. Wenn ein solches Bewußtsein existiert, dann nehme ich als Experimentator dennoch nicht an, daß es sich *(20)*

[1] Im Original deutsch (dt. Red.)

als unabhängiger Faktor in den Verlauf der physiologischen Prozesse eingeschaltet hat.“

Wie Sie sehen, stellt er sich gleichsam auf unseren Standpunkt. Der physiologische Prozeß muß das zu beobachtende Verhalten erschöpfend erklären. Das heißt, das Bewußtsein „enthält in sich keine besondere Kraft“, die sich im Verlauf der physischen Dynamik des Nervensystems verändern könnte.

So beginnt er mit „Er lebe hoch!“ und endet mit „Er ruhe sanft!“. Ein seltsamer Widerspruch! Wer von Ihnen, meine Damen und Herren, deutsch lesen kann, lese dieses Buch durch und spreche dann. Man kann es nur so verstehen, daß es die Qual eines Animisten ist, der sich auf einen wissenschaftlichen Standpunkt stellen will. Der Geist kommt manchmal zum Durchbruch, aber es mangelt an inneren Hilfsquellen.

Meine Damen und Herren, hat jemand dazu etwas zu sagen?

I. O. Narbutowitsch: Die Ursache ist zweifellos sein Animismus, aber ich glaube, es gibt noch eine andere Ursache. Diese andere Ursache ist mir ziemlich klar geworden, als ich in Kiew war. Einer der Psychiater, der sich lebhaft für die bedingten Reflexe interessiert, sagte folgendes: Unsere russischen Psychiater wissen in ihrer Mehrheit lediglich, daß die bedingten Reflexe existieren, begreifen diese bedingten Reflexe aber nicht, begreifen nicht das Wesen der Sache. Wie mir scheint, ist diese Ansicht richtig. Das war aus den Referaten ersichtlich, die ich anhören konnte. Zum Teil läßt sich das auch auf Köhler anwenden. Zweifellos kennt Köhler von allem Ihre letzte Arbeit nicht, die in russischer Sprache erschienen ist. Er kannte nur das, was in Übersetzung vorliegt, aber die letzten Arbeiten sind sicherlich noch nicht übersetzt. Ich meine die letzte Arbeit über die Übertragung auf die Neurologie. Restlos begreift er offensichtlich die bedingten Reflex nicht.

I. P. Pawlow: Aber andererseits behauptet er, daß sogar die Leser sie kennen.

I. O. Narbutowitsch: Er vermutet es, das ist eine Phrase.

I. P. Pawlow: Ich kann folgendes Kuriosum anführen, daß man in Berlin davon weiß. Ganz unerwartet erhielt ich zum Jubiläum einen Glückwunsch von der Preußischen Akademie der Wissenschaften, in dem der Einfluß unserer Schule betont wird. Ich war erstaunt. Woher denn das plötzlich? Ich war der Ansicht und habe es offen erklärt, daß die bedingten Reflexe am allerwenigsten nach Deutschland gedrungen sind.

Als ich bei Köhler in Berlin war, war es für mich erstaunlich, wie unwirsch er meine Erklärung im Hinblick auf seinen Hund bestätigte: „Ja, ja“, so wiederholte er fast mit Anstrengung.

Wozu übrigens soweit gehen. Ich hatte einen Freund, einen mir sehr nahestehenden Menschen, der Psychiater war und dem ich unsere Thesen leidenschaftlich zu beweisen suchte. Ich ging des Sonntags aus dem Laboratorium zu Fuß zu ihm. So ging es einige Jahre. Aber er starb mit der Überzeugung, daß hier ein kolossaler Fehler vorläge, weil wir die innere Welt des Hundes nicht beachten. Das ist ein Psychiater, der weiß, wie sich unser Geist *(21)* verändert und wie er zerbricht, wenn das Gehirn krank ist. Wie hartnäckig ist doch ein einmal eingenommener Standpunkt.

Ich kann mir das alles nur dadurch erklären, daß in diesem Fall ein harter Kampf mit den tief verwurzelten Vorurteilen des menschlichen Denkens in Form des Dualismus vor sich geht. Das ist interessant, Sie müssen das unbedingt lesen. Direkte Widersprüche, Ungereimtheiten. Es stehen viele interessante Momente bevor, wenn unsere Erklärungen über das Verhalten der Affen veröffentlicht werden.

Auf Wiedersehen! *(22)*

MITTWOCHKOLLOQUIUM

vom 16. Januar 1935

1. BEHANDLUNG EXPERIMENTELLER NEUROSEN BEI KASTRIERTEN HUNDEN MIT BROM UND KOFFEIN: a) POSITIVE WIRKUNG EINER KOMBINIERTEN BEHANDLUNG MIT KLEINEN DOSEN VON BROM UND KOFFEIN UND GLEICHZEITIGER ANWENDUNG ZUSAMMENFALLENDER BEDINGTER REIZE; b) NEGATIVE ERGEBNISSE BEI ANWENDUNG VON BROM ODER KOFFEIN ALLEIN UND IHR CHARAKTER (HYPNOTISCHER ZUSTAND BEI BROM UND EXPLOSIVE SCHWÄCHE BEI KOFFEIN). BEDEUTUNG DER ERGEBNISSE FÜR DIE KLINIK

I. P. Pawlow: Letztes Mal sprach ich davon, daß die kastrierten Hunde, denen verschiedene schwierige Aufgaben gestellt worden sind, in zwei Gruppen zerfallen, in den starken und den schwachen Typ. Schwache Hunde genesen und kehren nahezu zur Norm zurück, wenn sie sich unter dem kombinierten Einfluß von Brom und Koffein in exakt ermittelten Dosen befinden. Werden Brom und Koffein abgesetzt, dann werden sie erneut invalide. Bei starken Hunden genügt es, ab und zu diese Kombination zu geben, damit sie sich gleichmäßig wie gesunde Hunde aufführen.

Jetzt haben wir an diesen Hunden einige weitere, sehr interessante Ergebnisse gewonnen. Es zeigt sich, daß die Hunde bei Verabreichung von Brom oder Koffein allein wieder in ihren invaliden Zustand verfallen. Dieser invalide Zustand hat seine Besonderheiten je nach Anwendung des einen oder anderen Agens (Brom oder Koffein).

Wenn „Hopp" kleine Dosen von Brom und Koffein erhält (Natriumbromid 0,02 g, Koffein 0,0003 g), verhält er sich normal. Bekanntlich verlieren entgegengesetzte bedingte Reize bei ihrer Umarbeitung (z. B. eines positiven und eines negativen Metronoms) häufig ihre bedingte Wirkung und liefern dann überhaupt keinen Effekt mehr. Zugleich bleibt von der Wiederholung dieser Reize immerhin eine allgemeine schädliche Wirkung auf die höhere Nerventätigkeit des Tieres zurück; nach Anwendung dieses Paares sinken die Reflexe für gewöhnlich ab, der Hund verfällt in einen hypnotischen Zustand, nimmt das Futter nicht usw. Die gemeinsame Wirkung von Brom und Koffein normalisiert die Rindenfunktionen vollständig. Das positive Metronom *(23)* liefert einen positiven Effekt, das negative größtenteils eine völlige Differenzierung, kein Abfall der Reflexe, auch von Schlaf ist keine Rede; der Hund steht wach im Gestell. Aber sobald nur eine dieser Komponenten weggelassen wird, tritt sofort ein pathologischer Zustand auf.

Hier ein Beispiel: Am 2. und 3. Januar erhält „Hopp“ 0,02 g Brom und 0,0003 g Koffein. Er arbeitet völlig normal. Sobald aber beide Komponenten der Kombination (Brom und Koffein) abgesetzt werden, sinken die Reflexe sofort ab, die umgearbeiteten paarigen bedingten Reize werden völlig inaktiv, der Hund verfällt in Schlaf und nimmt das Futter nicht.

Sobald am nächsten Tage Koffein zusammen mit Brom gegeben wird, kommt es sofort zur Normalisierung.

Wird das Koffein abgesetzt und nur Brom gegeben, dann bringt man damit den Hund in einen pathologischen Zustand mit Wiederholung des eben beschriebenen Bildes.

Eintägige Anwendung der Kombination von Brom und Koffein stellt die normale bedingt-reflektorische Tätigkeit wieder her.

Bei alleiniger Anwendung von Koffein verschwinden die normalen bedingten Reflexe, und es zeigt sich eine neue Besonderheit, eine reizbare Schwäche; auf die positiven Reize treten in den ersten 5 Sekunden der isolierten Wirkung starke bedingte Reflexe auf, die aber gegen Ende der Zeit des Abrückens auf Null absinken. Die reizbare Schwäche äußert sich auch im motorischen Bereich darin, daß der Hund bei Beginn der Wirkung der positiven bedingten Reize aufspringt, wie von der Tarantel gestochen, dann bricht der Effekt rasch ab, und das Tier nimmt das Futter nicht. Es sind also bei dem Hund drei Nervenzustände aufgetreten: der Normalzustand, der pathologische Brom-Zustand und der pathologische Koffein-Zustand.

Ganz dasselbe passierte bei einem anderen Hunde, bei „Sholty“. Die Exaktheit der Befunde erreicht sozusagen ihren Höhepunkt, alles verläuft ganz gleichförmig. Hier handelt es sich um Hunde vom schwachen Typ, um „Hopp“ und „Sholty“.

Nun unser, in seiner Art einzigartiger „Mampus“. Wie Sie sich erinnern, zeigt dieser Hund ein kompliziertes Bild der höheren Nerventätigkeit. Es ist durch folgende Züge gekennzeichnet: Vier Jahre lang war das positive Metronom, obwohl es Hunderte und vielleicht sogar Tausende von Malen bekräftigt wurde, ständig inaktiv, während das negative, das im Stereotyp zweimal angewandt wurde (vor und hinter dem positiven Metronom), an der zweiten Stelle eine gewaltige positive Wirkung hatte und eine ultraparadoxe Phase ergab. Außerdem gesellte sich im Laufe der Zeit zu der ultraparadoxen Phase Explosivität oder reizbare Schwäche hinzu. Das ist ein und dasselbe. Was wir „Explosivität“ nennen, bezeichnen die Kliniker als „reizbare Schwäche“. Die Erregung beginnt sehr heftig, äußert sich im stärksten Grade und bricht dann sehr schnell ab. Das gilt sowohl für die motorischen als auch für die sekretorischen Reaktionen. *(24)*

Für diesen „Mampus“ wurde schließlich doch ein Verfahren gefunden, um ihn zu normalisieren. Dieses Verfahren bestand in der Anwendung von Brom mit Koffein. Noch ein Drittes wurde hinzugefügt, das positive Metronom wurde zu einem mit der Bekräftigung zusammenfallenden Metronom gemacht. Mit anderen Worten, es wurde der bedingte Reflex durch seinen unbedingten Reflex „überdeckt“. Nach Wiederholung dieses Überdeckens an 2 bis 3 Versuchstagen verschwanden die Krankheitssymptome, und das positive Metronom lieferte einen normalen Effekt, während das negative entweder überhaupt nicht oder nur sehr schwach wirkte. Interessanterweise verschwand auch die Explosivität, d. h., der bedingte Effekt nahm gegen Ende der isolierten Wirkung regelrecht zu; Aufspringen und Winseln verschwanden.

Ein Rest des pathologischen Zustandes zeigte sich lediglich darin, daß der bedingte Reflex auf das Metronom nicht dieselbe Größe hatte wie die bedingten Reflexe auf gleich starke andere Reize.

Man brauchte also nur von Zeit zu Zeit Brom mit Koffein zu geben und danach einige Male zusammenfallende Reflexe anzuwenden; dann arbeitete der Hund wie ein völlig normales und gesundes Tier. Und wie lange wiederholt sich das schon?

M. K. Petrowa: Acht Tage ohne Koffein.

I. P. Pawlow: Ich gehe nun zu meiner allgemeinen Ansicht über diese Resultate über. Sie sind in der Hinsicht sehr interessant, als sie uns bis zu einem gewissen Grade den Mechanismus der Nerventätigkeit offenbaren.

Der Erregungs- und der Hemmungsprozeß grenzen sich ständig gegenseitig ab und halten sich im Gleichgewicht, was eben die normale Nerventätigkeit ausmacht. Der Erregungsprozeß kann in zwei entgegengesetzten Richtungen von der Norm abweichen. In den einen Fällen ergibt sich Trägheit, der Erregungsprozeß verliert seine Plastizität, er weicht nicht, wenn er überflüssig ist, sondern bleibt zwecklos erhalten. In anderen Fällen weicht der Erregungsprozeß nach der entgegengesetzten Seite ab, er wird labil, außerordentlich heftig und erschöpft sich schnell. Brom beseitigt sowohl die Trägheit als auch die Explosivität des Erregungsprozesses.

Es gibt also zwei Transmissionen: eine zum Erregungsprozeß in Form des Koffeins und eine zum Hemmungsprozeß in Form des Broms. Bei alleiniger Anwendung von Koffein kann reizbare Schwäche entstehen, bei der das Tier aufspringt und einen schnell verschwindenden sekretorischen Effekt liefert. Geben Sie Brom, dann verschwindet diese Erscheinung. Das ist eine große Errungenschaft.

In den Versuchen mit „Mampus" ist aber eine Seite der Sache noch völlig unklar.

„Mampus" war offensichtlich schon von vornherein invalide, und zwar schon vor der Kastration. Seine Invalidität äußert sich darin, daß sein bedingter Effekt während der Abrückungsperiode einen umgekehrten Verlauf aufweist. Der Maximaleffekt der bedingten Speichelabsonderung entfiel immer auf die erste Zeit *(25)* und verringerte sich gegen Ende der isolierten Reizung des bedingten Reizes. Das weist auf eine reizbare Schwäche des positiven Prozesses hin. Speziell äußerte sich das immer beim Metronom, was verständlich ist, da es einen intermittierenden Reiz darstellt. In der ersten Zeit der Erkrankung äußerte sich die reizbare Schwäche nur in einer ultraparadoxen Phase, d. h. darin, daß das positive Metronom nicht wirkte, das negative dagegen wirkte. Eine ultraparadoxe Phase lag vor, aber es fehlte die ausgesprochene Explosivität. Der Verlauf der bedingten Speichelabsonderung war entstellt, aber es lag keine Explosivität vor; er sprang nicht im ersten Augenblick stracks auf, als hätte man ihn gestochen oder geschlagen.

Bei den Versuchen mit „Mampus" wurden vierschiedene Reize angewandt. Zu Beginn des Versuchs standen einige akustische Reize, dann kamen das Hemmungsmetronom, ein Geräusch, das positive Metronom, einige andere schwache und starke Reize, das zweite Hemmungsmetronom und zum Schluß das Gluckern.

Interessanterweise trat die Explosivität bei „Mampus" gerade beim Gluckern auf; er sprang auf, begann zu winseln, gab Pfötchen und endete mit einem Nullwert, mit Ablehnung des Futters. Die übersteigerte Labilität, diese reizbare Schwäche, entwickelte sich aus irgendwelchen Gründen auf den Reiz, der hinter dem Hemmreiz stand, der einen positiven ultraparadoxen Effekt lieferte.

Dann breitete sich die reizbare Schwäche allmählich auf alle Reize aus. Zu guter Letzt wurden alle Reize explosiv. Völlig unklar bleibt der Mechanismus der Bildung der Explosivität auf das Gluckern.

Hier läßt sich vermuten, daß die Entstehung der Explosivität auf das Gluckern mit der ultraparadoxen Phase der Metronomreize in Zusammenhang steht.

M. K. Petrowa: Wir haben doch auf das Gluckern ein Verspäten ausgearbeitet. Das war außerordentlich schwer. Ein halbes Jahr lang arbeiteten wir daran, haben es etwa 400mal wiederholt und keinen Erfolg gehabt.

I. P. Pawlow: Richtig. Vielleicht so. Das wäre eine Erklärung. Aber weshalb hat sich die Explosivität dann auf die übrigen Reflexe ausgebreitet? Um das ganze Bild zu klären, müßte meiner Meinung nach unbedingt die gesamte Hemmungsfunktion untersucht werden, d. h., man müßte irgendeinen anderen Reiz nehmen und versuchen, darauf eine Differenzierung auszuarbeiten.

M. K. Petrowa: Wir haben schon versucht, aus der Klapper eine Differenzierung zu bilden. Es ergab sich ebenfalls eine ultraparadoxe Phase. Das war in den ersten Versuchen.

I. P. Pawlow: Interessant. Die Explosivität entwickelte sich allmählich, sie war lange Zeit unmerklich. Zum ersten Male trat sie bei einem abgeschwächten Reiz auf, beim Gluckern. Das geschah infolge des Vorhandenseins einer ultraparadoxen Phase. Ich glaube, es ist unerläßlich, speziell *(26)* die Hemmungsfunktion des Hundes zu untersuchen. Von Anfang an wies doch der entstellte Verlauf des Effektes während der isolierten Wirkung der bedingten Reize darauf hin, daß die Hemmung des Hundes sehr schwach war.

Im Ergebnis dieser Versuche ist es ganz offensichtlich geworden, daß es erste Pflicht des Neurologen ist, bei allen Störungen des Gleichgewichts des Nervensystems, bei allen Neurosen, sofort systematisch eine Kombination von Brom und Koffein zu versuchen. Ich weiß nicht, wer wäre denn nicht von diesem Ergebnis erstaunt, wer würde nicht begreifen, daß wir damit Macht über das Nervensystem bekommen? Darüber kann es keine Debatten geben! Aber bei unserem schwierigsten Objekt, bei „Mampus", bedarf es wohl dreier Komponenten und nicht nur zweier. Brom ist die erste, Koffein die zweite und dann noch dieser zusammenfallende Reflex. Ich kann mir nicht vorstellen, was diesem letzteren in der Nervenklinik entspräche. Wie soll man sich das Zusammenfallen klinisch vorstellen? Dem kranken Punkt Erholung gönnen? Ob sich das vergleichen läßt? Nein, wohl doch nicht so ganz. Man kann nicht sagen, Erholung. Hier wirkt offensichtlich die negative Induktion. Alles läuft doch wohl darauf hinaus, daß Sie den kranken bedingten Reflex mit dem unbedingten überdecken und folglich eine negative Induktion hervorrufen. Was aber mag dem in der Klinik entsprechen?

I. O. Narbutowitsch: Vielleicht entsprechen dem in der Klinik neue Eindrücke und Reisen. Die haben immer einen guten Erfolg. Vielen empfiehlt man, irgendwohin zu reisen, neue Eindrücke zu sammeln und sich auszuruhen. Die neuen Eindrücke rufen eine Erregung ganz neuer Punkte hervor, und diese liefern eine negative Induktion auf die Schwächung.

E. A. Asratjan: Aber im vorliegenden Falle handelt es sich um ein unbedingtes Zentrum.

I. P. Pawlow: Gewiß, das kann von einem gewissen Einfluß sein. Jeder starke Reiz kann bei „Rebus" die ganze Hemisphäre induzieren. Das ist noch nicht alles.

Zwischenruf: Vielleicht mechanische Arbeit?

I. P. Pawlow: Mechanische Arbeit ist aber eine ständige Erscheinung. Das nehme ich auch nicht an. Dabei sind die Chancen gering, elektiv auf den kranken Punkt einzuwirken. Dennoch ist die Bedeutung des dritten Faktors, des Überdeckens, ganz offensichtlich.

Es wäre interessant zu überlegen, wie man diese negative Induktion beim Menschen herbeiführen kann. Auf jeden Fall kann man sagen, daß es ein Vergehen von seiten des Neurologen wäre, wenn er es nicht für seine Pflicht hielte, im Falle einer nervalen Zerrüttung sorgfältig, gründlich und lange über die Anwendung dieser Stoffe nachzudenken. Die Dosen müssen variiert werden. Die Dosen sind außerordentlich gering, und man muß mit ihnen sehr subtil und delikat umgehen.

M. K. Petrowa: Offensichtlich verschwindet jetzt diese Unwissenheit; es existiert sogar eine Pawlowsche Mixtur, die aus Brom und Koffein besteht.

I. P. Pawlow: Weshalb denn meine Mixtur? Wenn man sich richtig ausdrücken will, ist es Ihre, aber nicht meine. Ich war anfangs dagegen. *(27)*

M. K. Petrowa: Hören Sie weiter. Leider ist es Tatsache, daß es eine Standardmixtur ist. Welcher Nutzen wird sich daraus ergeben?

I. P. Pawlow: Dann ist es immer noch dieselbe Unwissenheit. Es bedarf sorgfältiger klinischer Beobachtung, ständigen Abwägens der Resultate und entsprechender Veränderung der Dosierung.

Ich glaube, daß das Verdienst des Laboratoriums dadurch dennoch nicht verringert wird. Es wäre einfach toll, wenn diese Resultate von der Wirklichkeit, von der Praxis nicht beachtet würden. Das ist klar.

2. BEHANDLUNG EINES PATHOLOGISCHEN ZUSTANDES DER HÖHEREN NERVENTÄTIGKEIT NACH UMARBEITUNGEN BEI HUNDEN VOM SCHWACHEN TYP DURCH VERSTÄRKUNG DES HEMMUNGSPROZESSES VERMITTELS VERLÄNGERUNG DER EINWIRKUNGSZEIT DES NEGATIVEN REIZES ODER VERMITTELS DER ANWENDUNG VON BROM. FALL VON ÜBERBEANSPRUCHUNG DER HEMMUNGSPROZESSE BEI „MIRTA" UNTER DER GLEICHZEITIGEN WIRKUNG BEIDER FAKTOREN. GEGENÜBERSTELLUNG DER VERSUCHE AN „JOY" UND „DWOIKA"

I. P. Pawlow: Nun über pathologische Hunde.

Es unterliegt nicht dem geringsten Zweifel, daß wir, je länger um so mehr, in den Mechanismus der Nerventätigkeit eindringen.

„Mirta" ist ein Hund vom schwachen Typ und hat mehrere experimentelle Neurosen durchgemacht. Nach der Heilung hatte er neuerlich verschiedene schwierige Nervenaufgaben zu lösen. Eine dieser Aufgaben war die Umarbeitung der Metronome. Mit eigenen Kräften vermochte er diese Aufgabe nicht zu bewältigen.

Die umzuarbeitenden Metronome, die in der Mitte des Versuchstages standen, wurden inaktiv, und die darauf folgenden bedingten Reflexe fielen für gewöhnlich stark ab, stellten also kranke Punkte dar, auf die sich die Hemmung ausbreitete.

Die Zeit der isolierten Wirkung der Metronome, d. h. die Abrückungszeit, betrug für gewöhnlich 30 Sekunden. Es zeigte sich, daß man die Zeit der isolierten Wirkung des hemmenden Metronoms, das voranstand, nur von einer halben Minute auf eine Minute zu verlängern brauchte, und schon erschien der positive Reflex, und der Abfall der übrigen, nachfolgenden bedingten Reflexe hörte auf.

Offensichtlich war der Hemmungsprozeß dieses Hundes nach der Umarbeitung der Metronome geschädigt und zwar träge geworden. Der Hemmungsprozeß erreichte während der Wirkung von einer halben Minute keine genügende Konzentration, um den positiven Reiz positiv zu induzieren und die nachfolgenden bedingten Reflexe nicht hemmend zu induzieren.

Wenn es so ist, war also zu erwarten, daß Brom dasselbe leisten würde. Das war auch nahezu der Fall. Bei Weglassen der beiden umzuarbeitenden Metronome und Verabreichung von Brom kamen die übrigen Reflexe wieder in Ordnung, freilich nicht in dem Maße, wie bei Verlängerung des Hemmungsprozesses von einer halben Minute auf eine Minute. Die Verlängerung des Hemmreizes wirkt also stärker als eine Verstärkung des Hemmungsprozesses mit Hilfe von Brom. Das Ergebnis ist nicht ganz unerwartet. *(28)*

Was aber wird, wenn man die beiden fördernden Bedingungen vereinigt? Stellen Sie sich vor, statt der zu erwartenden nützlichen Summation ergab sich ein Nullwert des Effekts, das heißt keinerlei Wirkung. Das nennt man wahrlich des Guten zu viel tun. Als Summe zweier fördernder Bedingungen ergibt sich ein negatives Resultat. Die Versuche sind am höchsten Grade markant. Sie haben um eine Minute abgerückt, und der Effekt ist prächtig. Sie wenden nur eine halbe

Minute an, und das Krankheitssymptom mit allen Erscheinungen tritt auf. Sie dehnen die Abrückungszeit wieder auf eine Minute aus, und die pathologischen Erscheinungen verschwinden. Sie fügen Brom hinzu, die pathologischen Erscheinungen verschwinden, wenn auch nicht so vollständig wie bei Ausdehnung der Abrückungszeit auf eine Minute. Wenden Sie aber beide Faktoren an, dann sind die Krankheitssymptome wieder da. Sehen Sie nur, wie außerordentlich interessant das ist.

P. S. Kupalow: Handelt es sich nicht um eine Überbeanspruchung des Hemmungsprozesses?

I. P. Pawlow: Ich denke auch, dies muß man als Erscheinung einer Überbeanspruchung des Hemmungsprozesses auffassen. Solcher Befunde haben wir viele. Das ist der Grund, weshalb eine kleine Bromdosis schwachen Hunden hilft, und zwar solchen, die bezüglich der Hemmung schwach sind; man braucht aber nur eine große Dosis zu geben, und die Sache wird schlimmer, als sie war. Es ergibt sich also eine Überbeanspruchung des Hemmungsprozesses.

Buchstäblich dasselbe wiederholte sich mit derselben Exaktheit auch bei einem anderen Hunde, nämlich bei „Joy". Der Unterschied liegt darin, daß sich bei „Joy" die Reflexe auf diese Metronome regelrecht verhalten: Das positive liefert einen positiven Effekt. Verlängern Sie aber diesen Hemmungsprozeß anstelle der halbminütigen Reizung mit dem Hemmreiz, dann wird der positive Effekt stärker. Wenn Sie aber Brom geben und die Wirkungsdauer des hemmenden Agens verlängern, dann werden die nachfolgenden Reflexe zerrüttet, d. h., sie werden inaktiv.

Diese Ergebnisse kann man dem an dem Hunde „Dwoika" gewonnenen Ergebnis gegenüberstellen, bei dem untersucht wurde, welchen Einfluß auf die Größe des bedingten Effektes einerseits die Pause zwischen den Reizen (von 4 bis 8 Minuten) hat und andererseits Brom. Einzeln genommen, hatten beide Verfahren eine deutliche Wirkung, aber ihre gemeinsame Anwendung setzte die bedingtreflektorische Tätigkeit herab. Es ist verständlich, daß die Vergrößerung der Pause dergestalt wirkt, daß sie mehr Zeit für die Regenerationsperiode läßt, mehr Zeit für eine stärkere Aufladung der Zelle. Deshalb ist der Effekt stärker. Genau dasselbe tut Brom.

Das haben wir schon vor langer Zeit an „Joy" gesehen, der nach der Kastration arg heruntergekommen war. Eine Vergrößerung der Pausen zwischen den Reizen, eine Arbeit mit ein- bis zweitägigen Erholungen hatte dieselbe positive Wirkung wie Brom. Wenn Sie aber beide vereinigen, dann ist das von Übel. Es ergibt sich, daß es nicht nur gefährlich ist, die Zelle durch sehr angespannte Arbeit zu zerrütten, sondern, so seltsam das auch ist, schädlich ist auch eine verstärkte Ruhe.

Das ist Material zum Verhältnis zwischen diesen beiden Grundprozessen. Sie behindern also einander irgendwie, untergraben einander, *(29)* ruinieren einander, und zwischen ihnen ist ein bestimmtes Gleichmaß erforderlich. So ist das aufzufassen.

Wie Sie sehen, haben uns alle diese Versuche sehr viel bezüglich des Mechanismus der Nerventätigkeit gegeben.

Im Zusammenhang damit kann man auch die Versuche S. W.s[1] an „Belogrudka" erwähnen. Als Brom in großer Dosis verabreicht wurde, führte es ebenfalls zur Überbeanspruchung. Zunächst besserte sich die Differenzierung, wurde aber nach einer großen Dosis für lange Zeit ruiniert. Das ist also eine häufige und wiederholte Beobachtung.

3. VERSUCHE W. K. FJODOROWS ZUR UNTERSUCHUNG DER REIZWIRKUNG VON BEGINN UND ENDE DES BEDINGTEN REIZES: a) DIE WIRKUNG STARKER UND SCHWACHER REIZE; b) REFLEXE AUF DIE ZEIT BEI REIZUNG MIT DEM ENDE DES BEDINGTEN REIZES (DISKUSSION)

I. P. Pawlow: Nun zu etwas ganz anderem. Wir haben viele wichtige Themen. Als wir die Wirkung des bedingten Reizes analysierten, stellten wir uns die Frage, ob er auf die Großhirnrinde mit seinem Anfang und Ende wirkt und welche Bedeutung seine ununterbrochene Wirkung von Anfang bis Ende der Zeit der isolierten Wirkung hat. Das ist zu klären.

Zu diesem Zweck hat W. K. einen bedingten Reflex auf das Aufhören der Wirkung eines durchgängigen Reizes ausgearbeitet. Es sei bemerkt, daß derartige Versuche bei uns schon vor langer Zeit angestellt worden sind. Angefangen hat damit G. P. Seljony, dann erinnere ich mich genau an die Arbeit Makowskis. Der Hund wurde in eine Kammer gesetzt, in der die ganze Zeit ein bestimmter Reiz wirkte, z. B. ein Metronom. Als die Wirkung des jeweiligen konstanten Reizes aufhörte, wurde die Nahrungsbekräftigung gegeben, d. h., nicht das Auftreten eines Reizes wurde zum bedingten Reiz gemacht, sondern sein Aufhören.

Zunächst die Versuche an dem Hunde „Arei". Es ist ein sehr starker Hund, der so aggressiv ist, daß lediglich sein Herr mit ihm umgehen kann. Zunächst wurden bei ihm die üblichen bedingten Reflexe gebildet. Die Arbeit dieses Hundes erwies sich als sehr regelmäßig. Als das System der bedingten Reflexe mustergültig geworden war, verkürzte W. K. die Zeit der isolierten Wirkung des Reizes von 30 auf 5 Sekunden, wobei er weiterhin 30 Sekunden nach Beginn der Reizwirkung mit dem unbedingten Nahrungsreflex bekräftigte. In diesem Falle verringert sich der Effekt eines starken Reizes, während sich der Effekt eines schwachen erhöht. Das bestätigt das Ergebnis, das früher I. R.[2] gewonnen hat.

Wenn zum Beispiel der bedingte Reflex bei ständiger Wirkung des Metronoms über 30 Sekunden 76 Teilstriche bedingten Speichel lieferte, *(30)* so ergab er nach 5 Sekunden langer Wirkung in denselben 30 Sekunden 54 Teilstriche. Das Aufflammen des Lichtes gab bei isolierter Wirkung von 30 Sekunden 39 Teilstriche und bei 5 Sekunden Dauer 53 Teilstriche. Diese Tatsache ist wiederholt und bestätigt worden.

Ferner ergab sich in denselben Versuchen ein kurioser Befund, der schwer zu erklären ist.

---

[1] S. W. Klestschow

[2] I. R. Prorokow

Bei der Arbeit mit „Arei“ bemerkte W. K. wiederholt die Bildung eines Reflexes auf die Zeit. Wurden Reize angewandt, deren isolierte Wirkung nach Verlauf von 5 Sekunden abgebrochen wurde, dann waren sowohl zu Beginn des Versuchstages als auch in seiner zweiten Hälfte die bedingten Reflexe auf die Zeit noch deutlicher ausgeprägt. Sie wurden im höchsten Grade exakt, wiederholten sich streng und wurden konstant. Dessen ungeachtet war ihre Größe paradox, d. h., sie waren bei schwachen Reizen stärker als bei starken Reizen.

Können Sie sich dafür verbürgen, W. K., daß diese zur Diskussion stehende Beobachtung exakt ist?

W. K. Fjodorow: Ja, es wiederholte sich in sechs Versuchen ganz exakt.

I. P. Pawlow: Der Reflex auf die Zeit ist also weitaus exakter und konstanter geworden als bei unserem gewöhnlichen Experiment. Das läßt sich so auffassen, daß das Aufhören der Wirkung des Reizes stärker wirkt als sein Beginn. Aber wie ist es zu verstehen, daß paradoxe Verhältnisse entstehen, weshalb ist der Reflex auf die Zeit bei schwachen Reizen immer größer als bei starken Reizen? Zum Beispiel liefert die Klingel (der stärkste Reiz) 17 Teilstriche, und neben ihm liefert ein schwacher Reiz (Abnahme der Allgemeinbeleuchtung des Raumes) 33 Teilstriche.

Es gibt eine Erklärung, die man akzeptieren kann, wenn sie mir auch noch nicht endgültig klar ist. Die paradoxe Phase entsteht doch, wenn sich die Reflexe auf dem Hintergrunde einer Hemmung bilden. Wo kommt die Hemmung hier aber her? Man muß sich die Frage vorlegen: Was kann im allgemeinen ein bedingter Reiz sein? Antwort: Jeder beliebige, noch so geringfügige Reiz, der stark genug ist, um auf eine Nervenzelle der Hirnrinde einzuwirken.

Im vorliegenden Falle besteht der bedingte Reiz im Übergang der Zelle aus dem aktiven in den inaktiven Zustand. Während des Reflexes auf die Zeit wirkt also der abgeschwächte, bis zu einem gewissen Grade inaktive Zustand der Zelle. Das ist folglich die Quelle der Hemmung. So kann man es sich natürlich als vorläufige Annahme vorstellen.

Der Reiz besteht hier also im abgeschwächten Zustand der Zelle; er geht voran und muß auch positiv wirken.

P. S. Kupalow: Nimmt man an, daß der zugrundeliegende Reiz das Aufhören seiner Wirkung ist, dann muß sich die Hirnrinde im Hemmungszustand befinden.

I. P. Pawlow: Die Rinde befindet sich unter dem Einfluß eines einwirkenden Reizes. Der Reiz zieht sich noch hin und ruft folglich einen aktiven Zustand hervor. *(31)*

P. S. Kupalow: Bei der Speichelabsonderung auf die Zeit tritt eine paradoxe Phase auf. Die Großhirnrinde befindet sich im Hemmungszustand.

I. P. Pawlow: Man kann nicht sagen, das sei eine vollständige Hemmung, es ist vielmehr nur eine Hemmung bis zu einem gewissen Grade. Im Falle einer vollständigen Hemmung könnte überhaupt kein Phänomen auftreten. Die ganze paradoxe Phase entsteht nicht auf dem Hintergrunde einer absoluten Hemmung, sondern auf dem Hintergrunde einer gewissen Depression. Das kann man sich hier vorstellen.

P. S. Kupalow: Ich komme auf Grund von Beobachtungen unserer eigenen Zeiterlebnisse zu einer bestimmten Annahme. Vor allem wäre zu betonen, daß dieser Reiz von einer unbestimmten Größe ist. Manchmal verlängert sich bei schwächeren Reizen zwischen den Pausen die Zeit subjektiv und verkürzt sich bei einem stärkeren Reiz. Liegt dieser Einfluß hier nicht vor? Aber dann läge der Anfang früher. Das paßt hier also nicht.

I. P. Pawlow: Ich muß schon sagen, die Erscheinung ist interessant, aber schwer zu erklären.

E. A. Asratjan: Auf Grund dieses Versuchs kommen Sie zu dem Schluß, daß das Ende des Reizes ebenso wirkt wie sein Anfang, aber ich glaube, hier ist noch ein „Aber". Im vorliegenden Falle dient als Reiz das Verstummen des Reizes, das Aufhören des Reizes; auf diese Weise ist das Ende des Reizes für den Hund der Beginn eines neuen Impulses. Hier vergessen wir den Beginn des Reizes.

I. P. Pawlow: Nein, das ist reine Scholastik. Auf eine Intensität ein und desselben Reizes haben Sie einen positiven Effekt, auf eine andere aber einen negativen. Und der Versuch Tichomirows? Wir haben mit ihm zusammen minimalste, für uns völlig unfaßbare Reizintensitäten ausprobiert.

E. A. Asratjan: Dagegen habe ich nichts einzuwenden. Ich glaube, daß wir im vorliegenden Falle nicht den Einfluß des Reizendes haben, sondern den Beginn seines Fehlens.

I. P. Pawlow: Bei einem bedingten Reiz haben Sie einen starken Reizeffekt zu Beginn, und wenn Sie dann den Reiz beenden, reizt dieser Moment wiederum. Wieso sprechen Sie da von irgendeinem zweiten Beginn?

E. A. Asratjan: Wir werden später darüber sprechen. Ich habe Sie doch wohl richtig verstanden, daß Sie die paradoxe Phase mit der Entstehung einer Hemmung erklären und diese der Tatsache zuschreiben, daß der Reiz ständig wirkt und diese monotone Wirkung des Reizes eine Hemmung hervorruft?

I. P. Pawlow: Nein. Wollte man diese Erscheinung auf eine Hypnose zurückführen, dann dürften keine Reflexe vorhanden sein, aber bei Ihnen sind sie doch vorhanden.

E. A. Asratjan: Es kommt vor, daß Wach- und Schlafzustand rasch wechseln. *(32)*

I. P. Pawlow: Dann wäre der Effekt ein und derselbe. Wir wissen genau, daß ein hypnotischer Zustand, der einmal entstanden ist, in derselben Situation nicht so schnell verschwindet.

E. A. Asratjan: Ein Sanguiniker schläft in den Pausen, er erwacht aber unter der Wirkung der bedingten Reize.

I. P. Pawlow: Nein, es ist klar, daß hier die Hemmung in der Nähe entsteht. Wir sehen lediglich ihre Symptome.

E. A. Asratjan: Es kommen verschiedene Nuancen der Hemmung vor. Es gibt Zwischenstadien zwischen Wach- und Schlafzustand.

I. P. Pawlow: Nun, wir werden darüber noch miteinander reden. Das ist unsere Aufgabe. Diskutieren und abermals diskutieren. Daran halten wir uns auch. Nicht das ist wichtig. Auf jeden Fall ist die Erscheinung interessant.

4. BEWEGLICHKEIT DER NERVENPROZESSE BEI SANGUINIKERN UND PHLEGMATIKERN (E. A. ASRATJANS „ATLAS“ UND „GOLOWAN“ UND W. W. JAKOWLEWAS „SOLOTISTY“)

I. P. Pawlow: Und nun, meine Damen und Herren, ein interessanter Befund, der ein anderes Thema betrifft, das Thema der Trägheit.

E. A. hat zwei Hunde, einen Phlegmatiker und einen Sanguiniker. „Atlas“ ist der Sanguiniker und „Golowan“ der Phlegmatiker. Zur Untersuchung der Trägheit und Labilität dienen uns mehrere Verfahren. Eines der ersten war die Umarbeitung der Metronome. Es zeigte sich ganz eindeutig, daß „Atlas“ (der Sanguiniker) die Umarbeitung weitaus schneller erledigte als „Golowan“. Beim verspäteten Reflex ergab sich dasselbe. Zur Zeit wird die schwierigste Untersuchung durchgeführt: Ein Reiz wird viermal während des Versuchs wiederholt, aber nur beim letzten Mal bekräftigt. Als wir mit diesem Verfahren andere Hunde untersuchten, nahmen wir für gewöhnlich einen neuen Reiz, bei „Liss“ zum Beispiel ein Licht, und setzten ihn an verschiedenen Stellen des Systems, wobei wir ihn nur beim vierten Mal bekräftigten. Eine schwierige Aufgabe. Die ersten drei unwirksamen Lichtreize mußten vom vierten, bekräftigten, unterschieden werden. Zu guter Letzt löste „Liss“, wie Sie wissen, ganz einwandfrei diese Aufgabe, er entwickelte auf die ersten drei Lichtreize eine Hemmung und lieferte auf den vierten den vollen Effekt.

E. A. hat diese Aufgabe in der Hinsicht erschwert, daß er einen bereits ausgearbeiteten Reiz nahm, nämlich das Licht. Er setzte ihn dreimal und bekräftigte nur beim vierten Mal. Anderseits erleichterte er die Aufgabe dadurch, daß diese Reize (Licht) im System nicht zwischen andere Reize gestellt wurden. Mit dieser Aufgabe sind zwei Hunde untersucht worden: der Phlegmatiker „Golowan“ und der Sanguiniker „Atlas“. Bei „Atlas“ traten schon beim siebenten Mal die ersten Anzeichen der Umarbeitung auf, und die Aufgabe war etwa beim zwanzigsten Mal gelöst. Bei „Golowan“ sind jetzt nach 36 Wiederholungen noch keinerlei Anzeichen der Umarbeitung zu sehen.

In letzter Zeit haben sich die bedingten Reflexe bei „Golowan“ stark erniedrigt. Es liegt eine diffuse Hemmung vor. Er ist also möglicherweise *(33)* durch Ihre Zusammenstöße erkrankt und zum Neurotiker geworden. Und wie sind seine übrigen Reflexe?

E. A. Asratjan: Die übrigen bedingten Reflexe haben sich stark verringert; er geht ungern in die Kammer und springt nicht in das Gestell.

I. P. Pawlow: Sie sehen, wie einigen Hunden diese Arbeit einfach unmöglich ist. Sie zerrüttet sie.

Es ist interessant, daß bei diesem Hundepaar alle unsere drei Verfahren für die Bestimmung der Beweglichkeit analoge Resultate ergaben.

E. A. Asratjan: Ich habe auch eine Reihe anderer Verfahren probiert, insbesondere das Auslöschen.

Im Zusammenhang mit der letztbeschriebenen Aufgabe steht er jetzt bei den ersten Anwendungen des Lichtes auf, zittert nervös und beleckt den leeren Futternapf.

I. P. Pawlow: Ein Neurotiker. Diese Versuche unterstreichen die Bedeutung des dritten Zuges, auf dem der Unterschied der Typen beruht. Der erste Zug ist die Stärke der beiden Prozesse, der zweite ihre Ausgeglichenheit und der dritte Zug ist die Beweglichkeit der Prozesse.

Als Beweis dafür haben wir jetzt ganz außergewöhnliche Tatsachen. Die Diskussion über die Bedeutung der Beweglichkeit der Nervenprozesse setzte zum ersten Male in Zusammenhang mit den Versuchen an den Hunden „Boy" und „Solotisty" ein. „Boy" arbeitete die Metronome erstaunlich rasch um. Auch die Bildung eines verspäteten Reflexes ging bei ihm schnell. Bezüglich der Beweglichkeit war er ein ganz außergewöhnlicher Hund, direkt der ideale Sanguiniker.

„Solotisty" dagegen erwies sich seinerseits als Ideal eines Phlegmatikers. Sie erinnern sich, wie er sich verstärkt gegen diese letzte Probe sträubte. Er zog die Aufmerksamkeit dadurch auf sich, daß er bei unserer üblichen Abrückungszeit von 30 Sekunden keinen bedingten Reflex bilden konnte. Seine Reflexe waren im höchsten Grade inkonstant, bald sehr stark, bald unbedeutend. Das ging so vier Jahre lang. Was ist aber die Ursache dafür? Wir haben es so interpretiert, daß es ihm eben an Beweglichkeit fehlt, daß er außerordentlich träge ist, daß es ihm daran fehlt, im Verlauf einer halben Minute den Hemmungsprozeß zu Beginn und den Erregungsprozeß am Ende dieser halben Verspätungsminute unterzubringen, bevor der bedingte Reiz durch den unbedingten bekräftigt wird.

Aber ganz unerwartet löst er nach diesen erfolglosen Proben mit viermaliger Wiederholung ein und desselben Reizes, der nur beim letzten Mal bekräftigt wurde, erfolgreich die Aufgabe, Reflexe auf den Rhythmus gleichartiger Reize zu bilden, wenn ein Reiz bekräftigt wird, derselbe Reiz nach 5 Minuten nicht bekräftigt wird, nach den folgenden 5 Minuten wieder bekräftigt wird, nach den nächsten 5 Minuten nicht bekräftigt wird usw. Zum Erstaunen aller trat ein verblüffender Effekt ein: Auf alle positiven Reize lieferte er einen gewaltigen Reflex, auf die negativen aber reine Nullwerte, d. h. völliges Fehlen der Speichelabsonderung. *(34)*

Wir haben das damit erklärt, daß hier die positive und negative Induktion wirksam ist, da dies ein elementarer Prozeß ist, der das gesamte Zentralnervensystem umfaßt. Aber in der letzten Zeit ergab sich ein höchst unerwartetes Kuriosum, sozusagen eine völlig unerwartete Sache. Die Pausen zwischen den bedingten Reizen wurden von 5 auf 9 Minuten verlängert. Das genügte, damit der Hund nicht wiederzuerkennen war. Er arbeitet ausgezeichnet und liefert völlig regelrechte Reflexe.

Offensichtlich ist bei ihm 5 Minuten nach dem ersten bedingten Reflex die Arbeit der Rindenzentren noch nicht abgeschlossen. Bei Vergrößerung der Pausen auf 9 Minuten kehren diese Zentren zur Norm zurück, und dann arbeitet er ganz einwandfrei. Das ist eine prächtige Illustration der Bedeutung der Beweglichkeit auf andere Weise. Im Zusammenhang mit diesem Befund müssen wir jetzt speziell die Dauer der Intervalle bei der Arbeit mit den einzelnen Hunden berücksichtigen.

Es zeigt sich, daß es vorkommen kann, daß die Intervalle bei einem bestimmten Hunde der Beweglichkeit seiner Prozesse nicht entsprechen. Dann muß man versuchen, die Intervalle entsprechend der Beweglichkeit der Nervenprozesse zu verändern.

M. N. Nikitin: Ist nicht auch eine andere Interpretation möglich? Vielleicht erhöht sich bei Verlängerung des Intervalls die Nahrungserregbarkeit, und die Reflexe stellen sich wieder her.

I. P. Pawlow: Nein, denn das Futter hat er immer gierig gefressen. Wir haben es versucht, wir haben die Nahrungserregbarkeit verändert, aber es hat nichts genützt.

Auf Wiedersehen! *(35)*

MITTWOCHKOLLOQUIUM
vom 23. Januar 1935

1. EINFLUSS DER GRÖSSE DER NAHRUNGSBEKRÄFTIGUNG AUF DIE GRÖSSE DER BEDINGTEN REFLEXE. ÜBER DIE MÖGLICHKEIT EINER WIEDERHERSTELLENDEN WIRKUNG DER NEGATIVEN INDUKTION VOM UNBEDINGTEN REIZ AUF DAS ZENTRUM DER BEDINGTEN. VERSUCHE AN „ZYGAN" UND „DWOIKA". DAS PROBLEM DER GRENZEN DES ERREGUNGS- UND HEMMUNGSPROZESSES UND IHRER WECHSELSEITIGEN ÜBERGÄNGE

I. P. Pawlow: Sie erinnern sich an die Tatsache, daß die Größe des bedingten Effektes, wie sich zeigt, sehr genau und sehr konstant durch die Größe des unbedingten Reflexes bedingt ist, das heißt bei den Nahrungsreflexen durch die Futtermenge. Diese Tatsache ist im höchsten Grade exakt. Unsere Aufgabe ist es, zu klären, welches ihr Mechanismus ist. Wir nehmen an, daß der unbedingte Reflex eine negative Induktion auf die Zelle unseres bedingten Reizes ausübt und sie in den Hemmungszustand versetzt. Die Hemmung bringen wir, ebenfalls auf Grund sehr vieler Tatsachen, mit der Wiederherstellung in Zusammenhang.

Wenn Sie eine kleine Bekräftigungsportion geben, hört die unbedingte Erregung rasch auf, und es ergibt sich eine geringe negative Induktion auf unsere Zelle des bedingten Reizes. Ist die Portion groß, dann dauert die unbedingte Reizung lange und die Induktionshemmung verstärkt sich ebenfalls.

Zur Klärung dieser Frage sind einige Versuche angestellt worden. Eine Bestätigung ergab sich bei den Versuchen N. N. Nikitins an seinem Hunde „Zygan" und in den Versuchen mit „Dwoika".

„Zygan" ist ein starker ausgeglichener Hund. Er befindet sich jetzt auf kleiner Bekräftigungsration und erhält 5 g Fleisch-Zwieback-Pulver. Die Reflexe sind bei ihm abgefallen, und er zeigte eine gewisse Tendenz zur Schläfrigkeit.

Gerade in diesem Zustand sind an ihm Versuche mit Wiederholung ein und desselben Reizes, bald eines starken, bald eines schwachen, während des ganzen Versuchstages angestellt worden. Es zeigte sich, daß die bedingten Reflexe beim starken Reiz gegen Ende des Versuchstages um volle 25 bis 30% abfallen, beim schwachen Reiz aber unverändert bleiben. Wir sind gewohnt anzunehmen, daß schwache Reize, die eine Schlafhemmung *(36)* hervorrufen, zum schnelleren Absinken der Größe der bedingten Reflexe beitragen, daß sich dagegen bedingte Reflexe auf starke Reize beständiger halten. Im vorliegenden Falle trat das umgekehrte Verhältnis auf. Man kann annehmen, daß die kleinen Verluste der Zellen, die den schwachen bedingten Reizen entsprechen, durch eine kurze negative Induktion ersetzt werden, während die großen Verluste nicht ersetzt und die entsprechenden Zellen invalide werden. Der Befund ist exakt und läßt sich berechtigterweise in diesem Sinne interpretieren.

Diese Erscheinung wiederholte sich ganz präzise an „Dwoika". „Dwoika" ist ein besonderer Hund, den ich häufig erwähnt habe. Bei ihm zeigte sich ein interessanter neuer Befund, der durch seine Besonderheit aus der Reihe unserer früheren Befunde fällt. Diese Besonderheit besteht in folgendem: Als wir zwei fördernde Bedingungen für die Wiederherstellung anwandten (einerseits Vergrößerung der Intervalle zwischen der Anwendung der Reize und andererseits Brom, das die Hemmung verstärkt), gereichte das den starken Reizen zum Schaden und nicht zum Nutzen. Die bedingten Reflexe erniedrigten sich und blieben irgendwie unbeweglich und unverändert.

Die einzige Bedingung, die diese Größe der bedingten Reflexe veränderte, war die Bekräftigungsportion. Bei kleiner Bekräftigung fielen die bedingten Reflexe auf starke Reize ab, während sie auf schwache unverändert blieben.

Gewiß, auch schon früher fanden sich bei uns Hinweise in dieser Richtung. F. P.[1] hat als erster gezeigt, daß, wenn Sie einen bedingten Reiz während der Zeit des unbedingten andauern lassen, dies stets und ständig dem bedingten Reiz zum Nutzen gereicht; der entsprechende bedingte Reflex nimmt zu.

E. A. Asratjan: Wie deckt sich dies mit den Ergebnissen P. K. Anochins, der fand, daß sich die bedingten Reflexe beim Überdecken der bedingten Reize verringern?

I. P. Pawlow: Sie verringern sich nicht nur, sondern es kommt sogar so weit, daß sie völlig verschwinden. Wenn Sie den bedingten Reiz nicht vor dem unbedingten setzen, sondern nach Beginn des unbedingten, dann endet es damit, daß der bedingte Reflex ausfällt.

Gewiß, hier ist gleichsam ein Widerspruch, aber wie ihn beseitigen? Gerade für diesen Widerspruch eignen sich solche Befunde wie die bei „Dwoika". Hier gibt es irgendein Übermaß, irgendeine Grenze. Die Vergrößerung des Intervalls zwischen den Reizen vergrößert doch den Effekt, und Brom vergrößert den Effekt ebenfalls. Scheinbar müßte doch eine Summation dieser Faktoren noch bessere Resultate ergeben; aber das Gegenteil trat ein. Das ist dieselbe Geschichte.

Wenn Sie ohne Ende beständig mit der negativen Induktion überdecken, dann bremsen Sie damit, Sie überschreiten die Grenze. *(37)*

M. K. Petrowa: Wie Sie sich erinnern, verfiel „Back", als wir das Überdecken bis zu 8mal täglich anwandten, in einen hypnotischen Zustand.

I. P. Pawlow: Jetzt ist es bei „Mirta" genau dasselbe. Bei ihm mußte die ultraparadoxe Phase beseitigt werden. Sie verschwand tatsächlich bei Verlängerung des Hemmungsprozesses, d. h. bei seiner Konzentration. Bei der Anwendung von Brom passiert dasselbe. Aber bei gleichzeitiger Wirkung beider Faktoren wird es schlechter. Bei der theoretischen Erklärung dieser Erscheinungen kann uns die

[1] F. P. Majorow

Vorstellung von einer Grenze helfen. Ich habe schon seit langem den Gedanken, daß diese beiden Prozesse (Abbau und Wiederherstellung) natürlich miteinander in starker Wechselwirkung stehen. Wende ich mich der Klinik zu, dann stelle ich mir einen manischen Anfall vor, bei dem sich der Mensch ganze Wochen und Monate im Zustande der Erregung befindet, während die Hemmung verschwindet, d. h., bei dem die Erregung das Übergewicht bekommen hat, während man von der Hemmung nichts sieht. Gewiß, dann kommt es umgekehrt, für lange Zeit tritt das Gegenteil auf, die Hemmung hält das Nervensystem in ihren Händen und läßt keine Erregung zu. Alle unsere Befunde unterliegen den Gesetzen, die das Verhältnis zwischen dem Erregungs- und dem Hemmungsprozeß kennzeichnen. Hier kann man natürlich an eine Grenze der Tätigkeit denken, bei der die extreme Beanspruchung des einen Prozesses in ihr Gegenteil umschlägt.

2. BESONDERHEITEN DER UNTERSUCHUNG DES DYNAMISCHEN STEREOTYPS BEI „BELOGRUDKA". VERMUTUNG HINSICHTLICH DES HEMMENDEN EINFLUSSES DER ORIENTIERUNGSREAKTION AUF DIE ZU UNTERSUCHENDEN REIZE AUF DIE GRÖSSE DES BEDINGTEN REFLEXES

I. P. Pawlow: Nun, S. W.[1], werden wir zu Ihrem „Belogrudka" übergehen.

Dieser Hund hat einen guten Stereotyp, der sicher fixiert ist und schon mehrere Jahre anhält, und zwar folgenden: Das Metronom-120 liefert 28 Teilstriche, eine sehr nahe Klingel 31, Licht 20, wie es sich für einen schwachen Reiz gehört, das Metronom liefert beim zweiten Male 28, das Differenzierungsmetronom 10 und die Klingel 28.

Bei diesem Hunde wird der Versuch mit dem dynamischen Stereotyp angestellt, wobei statt der aufgezählten bedingten Reize 6mal das Licht gesetzt wird. Wir erhalten folgende Werte: An der ersten Stelle, wo das Metronom stand, sind es 8 statt 28; an der zweiten Stelle, wo die Klingel stand und 31 lieferte, sind es 19; an der dritten Stelle, wo das Licht stand, das jetzt auf seinen Platz kommt und 20 ergab, sind es auch jetzt 20; das Metronom-120 gab 28, jetzt 9; das Metronom 60, d. h. die Differenzierung, gab 10, und gibt hier 23; schließlich gab die Klingel früher 29, jetzt aber 19.

Was ergibt sich? Offensichtlich ein Durcheinander, ein Chaos, in dem wir uns nicht zurecht finden können? Nein, zurechtfinden können wir uns, aber zunächst *(38)* richte ich das Augenmerk darauf, daß das Licht dieselbe Größe lieferte, und zwar deshalb, weil es sich an seinem Platz befand. Die Differenzierung, die an fünfter Stelle stand, wurde enthemmt: Früher waren es 10 und jetzt 23. Die beiden starken Reize, Klingel und Metronom, sind beide abgefallen und ergaben 19 und 19, während das Metronom 9 und 8 lieferte. Wir haben versucht, diese Veränderungen aus der Einmischung des Orientierungsreflexes zu erklären, da jetzt an den Stellen der Reize des gefestigten Stereotyps andere Reize standen, und zwar das Licht, und nur an der Stelle, wo auch früher das Licht stand, trat

[1] S. W. Klestschow

dieser Orientierungsreflex nicht auf. Eben deshalb blieb der Effekt auf das Licht auch intakt, so, wie er war. Es ist verständlich, daß das Licht an der Stelle der Differenzierung zur Enthemmung führen mußte. Wie Sie gesehen haben, erhielten wir auf die Klingel statt 31 und 29 nur 19 und 19, beim Metronom aber erhielten wir statt 28 und 28 nur 8 und 9.

Es fragt sich, weshalb sich dieser Unterschied zwischen den beiden bedingten Reflexen auf starke Reize ergab. Es muß gesagt werden, daß das Metronom bei uns im allgemeinen eine besondere Stellung einnimmt, weil es ein intermittierender Reiz ist. Außerdem liegt auf das Metronom eine Differenzierung vor, die den Erregungsprozeß auf das positive Metronom schwächen mußte. Dann äußerte sich der Orientierungsreflex häufig bei dem Metronom stärker, da der bedingte Reflex auf dieses einen schwächeren Erregungsprozeß hatte. Auf diese Weise erklärt sich das scheinbare Durcheinander der Werte in Wirklichkeit ohne Schwierigkeit, zeugt von der Richtigkeit unserer Vorstellungen und bestätigt unsere Interpretation all dieser Erscheinungen.

Das ist also eine feine Illustration dessen, was wir wissen. Einen großen Teil der Befunde können wir von unserem Standpunkt aus analysieren und begreifen.

3. REIZBARE SCHWÄCHE IM ERGEBNIS DER GLEICHZEITIGEN ANWENDUNG VON CHLORALHYDRAT UND KOFFEIN

I. P. Pawlow: Dann ein Versuch an „Mops". S. W.[1] wendet jetzt bei diesem Hunde gleichzeitig Chloralhydrat als Paralysator beider Prozesse und Koffein an. Dabei zeigte sich ganz offensichtlich, daß sich bei gewissen Kombinationen dieser Mittel eine übersteigerte Labilität ergibt, eine pathologische Labilität in Form von reizbarer Schwäche, was sich auch sofort auf den Verlauf des entsprechenden Effekts auswirkt.

Es ist verständlich, daß dabei der Hemmungsprozeß leidet, der Erregungsprozeß wird dagegen durch die Koffeindosis noch mehr verstärkt. Damit sind die Bedingungen für die Entstehung einer reizbaren Schwäche gegeben. Wir behandeln ihn mit Brom, das die Hemmung verstärkt. All das zeugt von unserer zunehmenden Gewalt über diese Prozesse. *(39)*

4. VERÄNDERUNGEN DER HÖHEREN NERVENTÄTIGKEIT DER HUNDE BEI ZERSTÖRUNG DER DISTANZREZEPTOREN (VERSUCHE K. S. ABULADSES AN „REBUS", „PARNASS" UND „JAVA")

I. P. Pawlow: K. S. hat einen Hund, bei dem schon vor langer Zeit die akustischen und optischen Rezeptoren ausgeschaltet worden sind. Es ist zu vermerken, daß der Hund beim Fehlen dieser beiden wichtigen Distanzrezeptoren (des optischen und des akustischen), aber bei Intaktheit des Geruchs, in seinem Verhalten keinerlei Abweichung von der Norm zeigte. Er ist niemals an Gegenstände an-

[1] S. W. Klestschow

gestoßen, obgleich er sehr beweglich ist. Es ergibt sich, daß er sich lediglich auf Grund des Geruchs ausreichend genau im Raum orientiert.

Eine analoge Erscheinung beobachten wir bei blinden Taubstummen. Das erklärt sich aus der erhöhten taktilen Empfindlichkeit.

Als K. S. bei ihm den dritten Distanzrezeptor entfernte, verschwand die mühelose Orientierung im Raum.

Das Problem betrifft die Physiologie des Ersatzes ausgeschalteter Rezeptoren durch die Tätigkeit der übriggebliebenen. Grundlegend war für uns aber die Frage, ob er „Rebus" ähnelt, bei dem alle drei Rezeptoren auf einmal entfernt worden sind, oder nicht. Wir haben nämlich noch einen anderen Hund, „Parnaß", dem ebenfalls alle drei Rezeptoren entfernt worden sind, der aber nahezu völlig normal geblieben ist, sich auf jeden Fall stark von „Rebus" unterscheidet. Wie Sie sich erinnern, bestand der charakteristischste Zug von „Rebus" darin, daß er kein System von zwei bedingten Reizen vertrug. Der Rindenzustand entspricht dabei offensichtlich dem bei einem hypnotisierten Menschen, der auch nur eine Art von Reizen wahrnimmt. 23 Stunden des Tages verbringt er im Schlaf. Nur mit Mühe ist er zu wecken. In einem anderen Zustand befindet sich „Parnaß". Er liegt auch ständig wie eine Schnecke zusammengerollt da, aber man braucht ihn nur zu berühren, und sofort springt er auf.

Worauf beruht nun dieser Unterschied? Beruht er auf den Typen des Nervensystems, oder ist er darauf zurückzuführen, daß „Rebus" fast auf einmal operiert worden ist, während „Parnaß" nach und nach der Rezeptoren beraubt wurde?

Diese Fragen beziehen sich auch auf den Hund „Java". Bei diesem Hunde fehlt auch schon seit langem sowohl der akustische als auch der optische Rezeptor, und unlängst wurde auch noch der Geruchsinn zerstört. Es ergab sich ein gewaltiges Absinken des Tonus. Während die bedingten Reize früher bei ihm durchschnittlich 50 bis 60 Teilstriche bedingter Speichelabsonderung ergaben, liefern sie jetzt nur noch 10 bis 25. Übrigens hängt die Erniedrigung vielleicht auch davon ab, daß sich bei „Java" der Zustand des Nahrungszentrums dadurch verändert hat, daß er weiterhin die übliche Tagesration bekommt, dabei seine Bewegungen aber stark eingeschränkt hat.

Jetzt hat K. S. den Hund auf halbe Tagesration gesetzt. Wie steht die Sache jetzt? *(40)*

K. S. Abuladse: An den Tagen, an denen er 800 g bekommt, hat sich der Zustand nicht verändert.

I. P. Pawlow: Mit Sicherheit wird der Hund nicht überfüttert, aber offensichtlich hat sich der Tonus erniedrigt. Jetzt muß geklärt werden, ob er bedingte Reflexe auf zwei verschiedene Reize ausarbeiten kann.

K. S. Abuladse: Gestern hat er zweimal das Futter abgelehnt.

I. P. Pawlow: Also überschreitet die Erregung den Grenzwert.

K. S. Abuladse: Die erste Kassalka ergab keine Speichelabsonderung, die zweite 7 Teilstriche.

I. P. Pawlow: Demnach hat sich nach der ersten Bekräftigung der bedingte Reflex auf den zweiten bedingten Reiz immerhin von 0 auf 7 erhöht, freilich ist er im Vergleich zu den früheren Reflexen (50 bis 60 Teilstriche) gewaltig abgefallen.

Das ist interessant; unsere frühere Untersuchung „Javas“ führte doch wohl zu dem Schluß, daß er ein starker Typ ist?

K. S. Abuladse: Er ist ein starker Sanguiniker.

I. P. Pawlow: Wie ist sein Verhalten? Schläft er tief und muß man ihn wecken?

K. S. Abuladse: Ja, man muß ihn wecken.

I. P. Pawlow: Also ähnelt er mehr „Rebus“ als „Parnaß“.

K. S. Abuladse: Wenn man ihn aufweckt, wird er lebhafter als „Rebus“.

I. P. Pawlow: Aber wachrütteln muß man ihn ebenso wie den anderen?

K. S. Abuladse: Ja.

I. P. Pawlow: Er schläft auch tief. Zugleich sagen Sie aber, er sei ein starker Typ.

K. S. Abuladse: Er hat gute Reflexe.

I. P. Pawlow: Dann wird das Problem noch unklarer. Wir haben nur zwei Annahmen gemacht, aber das genügt vielleicht noch nicht. Der Hund ist stark. Auf den Typ läßt es sich nicht zurückführen. Andererseits sind die Rezeptoren nicht auf einmal zerstört worden, sondern nach und nach; er hat sich stark eintrainiert, aber dennoch schlägt er mehr nach „Rebus“.

E. A. Asratjan: Wie steht es mit dem Alter?

K. S. Abuladse: Er ist nicht alt, etwa fünf Jahre.

I. P. Pawlow: Und „Rebus“?

K. S. Abuladse: „Rebus“ ist etwas älter als er.

A. N. Pachomow: Wie groß waren bei diesem Hunde die Abstände zwischen den Operationen?

I. P. Pawlow: Bei „Rebus“ sind die Rezeptoren an einem Tage entfernt worden, bei „Parnaß“ im Laufe von Monaten. Bei „Java“ verging zwischen der Zerstörung der ersten Rezeptoren und des letzten (des Geruchs) etwa ein Jahr.

A. N. Pachomow: Vielleicht liegt hier eine Analogie zur Anaphylaxe vor. Wir wissen, daß bei der Lösung von Aufgaben im Nervensystem *(41)* bestimmte Intervalle gewahrt werden müssen. Wenn wir den Abstand zu sehr vergrößern, erhalten wir eine anaphylaktische Reaktion.

I. P. Pawlow: Das heißt, eine Verstärkung der Empfindlichkeit. Wer weiß, wir werden auch diese Annahme berücksichtigen. Erinnern Sie sich genau an die Größe der Intervalle zwischen den Operationen bei „Parnaß“?

K. S. Abuladse: Das Intervall zwischen der Zerstörung der ersten und der zweiten Rezeptoren betrug anderthalb Monate; das Intervall zwischen der zweiten und letzten Operation betrug über 4 Monate.

I. P. Pawlow: Hier aber betrug die Pause fast zwei Jahre.

Schapiro: Im Otophonetischen Institut befinden sich sechs blinde taubstumme Kinder. Sie haben Gehör und Gesicht in den ersten Jahren nach einer Meningitis verloren. Erstens ist interessant, daß bei ihnen der Geruchsanalysator außerordentlich entwickelt ist. Zweitens (das kann für uns interessant sein) wurde bei ihnen keine herabgesetzte Reaktivität beobachtet. Es gelang mir einige Differenzierungsreflexe auszuarbeiten und persönlich eine Umarbeitung der Reize zu erreichen.

I. P. Pawlow: Es ist möglich, daß es beim Menschen anders ist. Es genügt, daß der Tast- oder Geruchsrezeptor übrig bleibt, und der ersetzt die anderen dann nahezu vollkommen. Denken Sie an jene Amerikanerin (Laura Bridgman), die eine gewaltige geistige Entwicklung erreichte.

Sie konnten also an diesen Kindern keinerlei Defektivität in dieser Hinscht feststellen?

Schapiro: Im Gegenteil, im Vergleich zu normalen Kindern haben sie viele Reaktionen schneller ausgearbeitet. Bemerkenswert ist, daß es bei ihnen niemals gelungen ist, Erscheinungen einer Nacherregung oder Nachhemmung zu erzielen. So wurde zum Beispiel nach der aufeinanderfolgenden Anwendung mehrerer Differenzierungsreize niemals eine Erniedrigung des Effekts auf den folgenden positiven Reiz beobachtet.

I. P. Pawlow: Man muß sie nicht mit normalen Tieren, sondern mit normalen Menschen vergleichen.

Schapiro: Ich habe sie mit normalen Kindern verglichen. Bei denen habe ich einen Nachprozeß bekommen.

I. P. Pawlow: Das ist interessant. Natürlich sind beim Menschen alle Prozesse weitaus komplizierter. Das läßt sich also nicht voll und ganz übertragen.

5. DIE AUSARBEITUNG BEDINGTER ABWEHRREFLEXE MIT KURZER (3 SEKUNDEN) ODER LANGER (15 SEKUNDEN) BEKRÄFTIGUNG DURCH SCHWACHEN ELEKTRISCHEN STROM (VERSUCHE E. A. ASRATJANS)

I. P. Pawlow: E. A. arbeitet an einem Abwehrreflex mit Hilfe von elektrischem Strom. Er nimmt schwachen Strom, der dicht am Schwellenwert liegt. Dabei fand er, daß der Reflex auf eine lange Reizung (15 Sekunden) schwächer ist als auf einen kurzdauernden Reiz (3 Sekunden). *(42)* Ich fasse das folgendermaßen auf: Wir wissen, daß schwache Ströme nur zu Beginn und am Ende wirken, folglich kommt es bei kurzer Wirkung gleichsam zur Vereinigung von Anfang und Ende des Reizes. Für mich ist dieses Paradoxon nicht paradox.

E. A. Asratjan: Ich stimme Ihrer Lösung nicht zu. Offensichtlich handelt es sich um eine minimale Reizung, die nahe dem Schwellenwert liegt.

I. P. Pawlow: Das stimmt. Wenn der Reiz ganz nahe der Schwelle ist, ist er minimal. Die Reaktion hängt vom Temperament des Hundes ab. Ein Phlegmatiker rührt sich nicht vom Fleck, während ein Sanguiniker aufspringt.

E. A. Asratjan: Ich füge hinzu, daß ich zu meinen Apparaten kein rechtes Vertrauen habe.

6. BEDINGTE REFLEXE AUF DAS AUFHÖREN EINES REIZES. DISKUSSION ÜBER DIE URSACHEN DES PARADOXEN CHARAKTERS DES REFLEXES AUF DIE ZEIT

I. P. PAWLOW: Ich wollte etwas zu dem ergänzen, was bereits über die Versuche W. K.s[1] mit dem Aufhören von Reizen gesagt worden ist. Ich habe sie nicht so ganz verstanden. Ich hatte angenommen, der Hund wird in die Kammer geführt, während mehrere Reize konstant wirken, wobei der bedingte Reflex auf das Aufhören eines dieser Reize gebildet wird. Es ist aber nicht ganz so. W. K. setzt die einzelnen Reize während der Fütterung des Hundes in Aktion. Dabei kommt es zu keinerlei Orientierungsreaktion.

Wenn der Hund zu fressen aufhört, macht der wirkende Reiz keinerlei Eindruck auf den Hund (er geht gewissermaßen in die Situation ein), aber seine Unterbrechung (sein Aufhören) wird als bedingter Reiz benutzt. Eben bei dieser Versuchsanordnung zeigte sich, daß die Reflexe auf die Zeit paradox waren. Vor dem Augenblick des Aufhörens der Reizwirkung liefert der Hund bedingte Reflexe, aber im Unterschied zu den üblichen sind sie auf schwache Reize stärker als auf starke.

W. K. FJODOROW: Ich habe angenommen, daß die indifferenten Reize zugleich die entsprechenden Zellen reizen. Diese geraten in einen Erregungszustand. Vom Punkte der Erregung breitet sich über die ganze Rinde eine negative Induktion aus. Der Reflex auf die Zeit ist bei allen bedingten Reizen gleich, aber infolge Einmischung der negativen Induktion wird er bei starken Reizen stärker unterdrückt als bei schwachen.

I. P. PAWLOW: Warten Sie, das verstehe ich nicht ganz. Auf welche Weise gehen Sie vom einen Reiz zum andern über? Sie haben den Hund hereingebracht, geben ihm zu fressen und setzen während des Fressens einen ihrer Reize. Der Hund hat aufgehört zu fressen, der Reiz wirkt, und keinerlei Reaktion *(43)* tritt ein. Sie unterbrechen den Reiz und bekräftigen ihn dann mit Futter, bilden folglich einen bedingten Reflex auf die Unterbrechung dieses Reizes. Was machen Sie nun weiter?

W. K. FJODOROW: Während der Hund zum zweiten Male frißt, setze ich den zweiten Reiz.

I. P. PAWLOW: So habe ich es mir auch vorgestellt. Wie ist dann aber Ihre Erklärung zu verstehen? Sie haben den zweiten Reiz gesetzt. Natürlich kann sich ein Reflex auf die Zeit bilden, da es nicht nur ein Versuch ist, sondern viele. Gut, Sie haben diesen Reiz während des Fressens gesetzt, und zur Zeit seiner Unterbrechung erscheint der Reflex auf die Zeit. Wo kommt aber die Hemmung her?

W. K. FJODOROW: Infolge der Induktionsverhältnisse. Er reizt als indifferenter Reiz; die verschiedenen Reize reizen teils stärker, teils schwächer.

I. P. PAWLOW: Gut, aber er erregt doch und hemmt nicht.

N. A. PODKOPAJEW: Durch eine Reizung erzeugt er eine negative Induktion auf die ganze Hemisphäre.

I. P. PAWLOW: Eine negative Induktion auf sämtliche Teile der Hirnrinde? — Nein, das kann ich mir nicht vorstellen. Das werden wir später miteinander diskutieren.

---

[1] W. K. FJODOROW

7. KRITIK DER ARBEIT KÖHLERS „PSYCHOLOGISCHE PROBLEME“

I. P. PAWLOW: Und jetzt, meine Damen und Herren, gehen wir sozusagen von friedlichen Dingen zu kriegerischen über. Wir sprechen über Herrn KÖHLER. Gegen ihn kämpfen wir. Es ist ein ernster Kampf mit den Psychologen. KÖHLER ist Professor der Psychologie an der Berliner Universität. Auf einen Lehrstuhl der Berliner Universität beruft man keinen unbedeutenden Gelehrten, dort herrscht eine Hierarchie. KÖHLER gilt bei ihnen als führender Psychologe. Ich war in seinem psychologischen Laboratorium. Er ist im Wilhelmspalais untergebracht; man beachte das.

Als ich ein Buch von ihm durchlas, das 1933 erschienen ist und den Titel „Psychologische Probleme“ trägt, hatte ich gerade vor, eine Arbeit über unsere Versuche mit Affen zu schreiben. Im Vorwort wollte ich die Gestaltpsychologie berühren, und einiges hatte ich schon aus diesem Anlaß geschrieben.

Hier das, was ich geschrieben habe:

„Die wichtigste und unbestreitbar älteste Errungenschaft der Psychologie als Wissenschaft ist die Feststellung der Tatsache der Verbindung subjektiver Erscheinungen, der Assoziation von Wörtern, als die augenfälligste Erscheinung, und dann auch die Verbindung der Gedanken, Gefühle und Handlungsimpulse. Deshalb kann ich nicht umhin, es als einen seltsamen Umstand anzusehen, daß in der neuesten Zeit diese wissenschaftliche Errungenschaft der Psychologie von einer neuen Modeströmung in der Psychologie, der Gestaltpsychologie, entwertet oder beträchtlich geschmälert wird. Die Tatsache der Assoziationen, wie sie von den Psychologen festgestellt worden sind, gewinnt um so mehr an Bedeutung, als sie völlig mit der physiologischen Tatsache der zeitweiligen Verbindung *(44)* zusammenfällt, dem Schließen von Bahnen zwischen verschiedenen Punkten der Großhirnrinde. Das Moment der Berührung, richtiger gesagt, der Synthese, der Identifizierung des Psychischen mit dem Somatischen, des Subjektiven mit dem Objektiven, stellt also einen fundamentalen Fall dar. Das ist ein gewaltiges Ereignis in der Geschichte des menschlichen Denkens am Horizont eines einheitlichen exakten menschlichen Wissens. Die Position der Gestaltpsychologie ist ein klares Mißverständnis.“

Hier haben Sie meine Meinung, als ich sein Buch las.

Was in ihm wahr ist, ist eine uralte Wahrheit. Es gab wohl kaum unter den Assoziationspsychologen jemanden, der sich die Welt der subjektiven, unbegrenzt miteinander zusammenhängenden Erscheinungen als einen Sack mit Äpfeln, Gurken und Kartoffeln vorgestellt hat, die in ihm liegen, ohne aufeinander einzuwirken. Die Assoziationspsychologen wußten doch, daß nur drei Elemente, Sauerstoff, Wasserstoff und Kohlenstoff, untereinander auf verschiedene Art und Weise verbunden, zahllose einzelne Systeme in Form der einzelnen Stoffe ergeben, von denen jeder besondere Eigenschaften hat. Die Isolierung der Elemente und ihre mannigfaltige Synthese geben der Chemie doch die Möglichkeit, den Bau unseres Planeten als eines gewaltigen Ganzen immer besser und besser kennenzulernen. Der tierische Organismus mit Einschluß des Menschen ist doch auch etwas Ganzes, das aufs engste miteinander zusammenhängt. Geht seine Untersuchung nicht auch hauptsächlich dank der Aufgliederung in größere oder kleinere Einheiten und nachfolgender wechselseitiger Verbindung dieser Einheiten vor sich? Warum soll denn das Produkt des höchsten tierischen Organismus, die Erscheinungen unserer subjektiven Welt, mit anderen Verfahren untersucht werden, wobei man die Analyse ausschließt und keine Aufgliederung zuläßt. Deshalb ist das Neue in der Gestaltpsychologie, ihre schroffe Opposition gegen den Assoziationismus offensichtlich ein wissenschaftliches Vergehen. Der ungerechtfertigte Erfolg dieser Psychologie bei den modernen Psychologen ist nur so verständlich, daß sich unter ihnen allen noch der Dualismus in Form des Animismus bemerkbar macht, d. h. der Vorstellung von einer eigenartigen Substanz, die der übrigen Natur gegenübersteht und den forschenden Geist zwingt, sich zu ihr anders zu verhalten als zu den materiellen Erscheinungen.

Hierher gehört auch mein kategorischer Ausspruch: „Auch in der Psychologie gibt es keinen anderen wahrhaft wissenschaftlichen Weg zur Beherrschung ihres Materials als den Weg über die Analyse.“

Das ist meine Meinung über die Gestaltpsychologie. Sie erschien mir als sehr hart. Sie läuft darauf hinaus, daß das, was alt ist, wahr ist, und das, was neu ist, zu nichts taugt. Ich beschloß, noch mehr zu lesen. Ich habe gründlich gelesen, und zwar meiner Gewohnheit nach mehrere Male speziell das Kapitel, das sich mit den Assoziationen befaßt.

Ich muß sagen, daß dieses Kapitel mich in außerordentliches Erstaunen versetzt hat. Es enthält in meinen Augen eine derartige Leichtfertigkeit, eine derartige Widersprüchlichkeit, daß man die Hände über dem Kopf zusammenschlagen kann.

Ich werde das jetzt zeigen. *(45)*

Damit es aber ein wirklich ernsthafter wissenschaftlicher Streit wird, möchte ich Sie, A. A.[1], als den, der die deutsche Sprache am besten beherrscht, bitten, die Mühe auf sich zu nehmen, diese 22 Seiten zu übersetzen. Das ist weiß Gott eine Mühe. Sie müssen auf der Maschine geschrieben und an alle Interessenten verteilt werden. Mag jeder sie selbst aufmerksam durchlesen. Wir werden darüber eine spezielle Diskussion veranstalten. Jeder soll sagen, was er verstanden hat und inwieweit es ihm fundiert oder unbegründet erscheint. Zwischen unserer Physiologie der höheren Nerventätigkeit in Form der Lehre von den bedingten Reflexen und der Psychologie ist zweifellos eine enge Berührung hergestellt worden. Wir beschäftigen uns mit ein und demselben Gegenstand. Darüber kann es keinen Streit geben. Aber während unsere Begriffe und Vorstellungen exakt begründet und vom Standpunkt der Sache aus nahezu unbestreitbar sind, ist es bei ihnen nicht so. Ich möchte daraus ein großes Ereignis machen, das in der Tat deutlich unterstreichen würde, daß zur Zeit die Physiologie in einigen Punkten mehr recht hat als die Psychologie, wobei ich der Meinung bin, daß Köhler immerhin doch ein anerkannter Psychologe ist.

Er nimmt die ganze Frage in ihrem vollen historischen Umfang. Er lenkt die

[1] A. A. Lindberg

Aufmerksamkeit darauf, daß es bei weitem schwieriger ist, eine Reihe sinnloser Silben zu lernen als eine Reihe sinnvoller. Diese Tatsachen kann er nicht negieren. Diese Tatsachen sind von so anerkannten Psychologen mitgeteilt worden, daß man an ihnen nicht zweifeln kann. Diese Grundtatsache kann er nicht widerlegen, aber er richtet die Aufmerksamkeit auf das, was diese Assoziation begünstigt. Es zeigt sich, daß es viele Faktoren gibt, die diese Assoziationen begünstigen. Wenn bereits fertige Verbindungen vorliegen, dann ist es leicht zu verstehen, daß die Assoziation entweder an Ort und Stelle fertig vorliegt oder schnell gefestigt wird. Alle Einwände baut er darauf auf, daß früher entstandene Verbindungen eine gegebene Verbindung begünstigen ... Aber was kann es darüber großes Gerede geben? Das versteht sich doch von selbst. Diese alten Verbindungen sieht er als Gestalt an, das heißt als System einer Organisation.

Zusammenfassend muß man sagen, daß dort, wo von Anfang an eine feste Organisation, eine Verknüpfung, eine Gestalt existiert, selbstverständlich auch Assoziationen vorhanden sind. Wo von Anfang an keine richtige Organisation vorliegt, dort fehlen die Assoziationen, und man muß sie ausarbeiten.

Dann geht er zu physiologischen Vorstellungen über.

Im allgemeinen akzeptiert er die Tatsache der Schließung von Bahnen zwischen zwei erregten Rindenzentren. „Möglicherweise kann man nach dieser Hypothese verstehen, warum die Erregung nach einigen Wiederholungen diese bestimmte Richtung nimmt und warum dadurch die Bahnung der Verbindungsbahnen erhöht wird. Im Gegensatz dazu sieht man gar nicht, warum die Erregung beim ersten Male gerade diese Richtung genommen hat."

Warum sie beim ersten Male diese Richtung genommen hat, wie finden Sie das? *(46)*

Ich wurde unwillkürlich an das „Muttersöhnchen" erinnert, und zwar an die Stelle, wo Prostakowa mit dem Schneider zu streiten beginnt und wo dieser sich darauf beruft, was er gelernt habe, und daß er viel Zeit darauf verwendet habe usw. Da entgegnete sie ihm außerordentlich schlagend: „Erlauben Sie, aber bei wem hat denn der erste Schneider gelernt?

Was ist das für ein Unsinn? Wie kann ein verständiger Mensch, ein Professor der Psychologie, das nicht erfassen und begreifen! Es ist buchstäblich genauso, „bei wem hat denn der erste Schneider gelernt?"

Entgegnen Sie, meine Damen und Herren! Wie kann man denn sagen, daß das Zusammenfallen nicht erforderlich ist, sondern daß die Gestalt irgendwie an Ort und Stelle existiert!

Und nun ein anderer Trick.

Er sagt, es wäre eine alte Vorstellung, daß Verbindungen bei immer häufigerer Wiederholung gebahnt werden. Jetzt aber existiert eine neue Annahme, daß dann, wenn zwischen zwei Zentren irgendeine Vereinigung stattgefunden hat, der Tonus der einen Zelle der anderen Zelle mitgeteilt wird, d. h., daß sie das System einer Gestalt, eine Organisation bilden, denn aus zwei Distanzen wird eine. Aber das heißt doch, daß die Assoziation die Gestalt geschaffen hat und nicht die Gestalt die Assoziation.

Er aber kommt zu folgendem Schluß: „Die neuen Vorstellungen von Woodworth fallen fort. Es fällt die Assoziation als besonderer unabhängiger theoretischer Begriff fort." Wie gefällt Ihnen das? Erklären Sie es, wenn Sie können.

Betrachten wir einen Assoziationsprozeß, so sehen wir, daß die Tätigkeit zweier Zellen, die vorher isoliert waren, dank des zeitlichen Zusammenfallens zu einem System verbunden worden ist. Das heißt dann, daß eine Assoziation vorliegt. Hier aber ergibt sich, es ist keine Assoziation.

Für mich ist das völliger Unsinn! Ich kann nicht begreifen, wo hier menschliches Denken ist, wo Unvoreingenommenheit, wo Logik?

Dann wird ein Beispiel angeführt, daß sinnlose Silben, die der Reihe nach wiederholt werden, sich mit großer Schwierigkeit miteinander verbinden, während viele andere im Leben im Fluge begriffen werden. Alles hängt von den Bedingungen und den alten Verbindungen ab. Was ist denn hier unverständlich?

Dann steht da etwas, was sich speziell auf uns bezieht; mich hat das ganz besonders interessiert. Ich bitte Sie, in jeder Weise zu versuchen, das zu ergründen und zu verstehen.

„Von unserem Standpunkt aus klingt es möglicherweise etwas besser, wenn man statt von Assoziationen von bedingten Reflexen spricht. Indessen kann ich diesen Begriff nicht für fundamentaler ansehen als den der Assoziation. Man kann sogar sagen, daß die sogenannten ‚bedingten Reflexe' nur Spezialfälle von Assoziatonen sind."

So ist es auch, und zwar kann man es nicht nur sagen, sondern man muß es sagen, „weil es offensichtlich ist, daß ein Reiz, der indirekt mit reflektorischen Reaktionen verbunden ist, nur dadurch dazu gebracht werden konnte, in Verbindung mit einem adäquaten Reiz zu treten, der auf natürlichem Wege denselben Reflex hervorruft. Folglich läuft es auf die Assoziation zweier sensorischer Prozesse hinaus."

Soweit sieht er die Dinge genauso wie wir. *(47)*

Ferner: „Diese Assoziation kann so stark gemacht werden, daß der neue Reiz schließlich nur noch fähig ist, in den Spuren des adäquaten sensorischen Prozesses zu verlaufen, aber ihn nicht wachruft." Was ist das? Wie finden Sie dieses ägyptische Rätsel? Was heißt das, daß er sich nur als fähig erweist, in den Spuren des adäquaten Reizes zu verlaufen, aber ihn nicht wachruft? Erklären Sie mir physiologisch, oder wie Sie wollen, was das bedeutet.

N. A. Podkopajew: Vielleicht will er sagen, daß ein bedingter Reiz nicht ganz dasselbe Bild ergibt, das ein unbedingter liefert, daß er ein wenig geringer ist, daß die Reaktion schwächer ist.

I. P. Pawlow: Hier ist direkt gesagt: „nicht diese wachruft". Er spricht von unserer Arbeit; aber er spricht so, daß man ihn nicht verstehen kann.

E. A. Asratjan: Will er nicht vielleicht sagen, daß ein Zusatzreiz keine Orientierungsreaktion hervorruft, die er vorher hervorgerufen hat, sondern daß er jetzt einen bedingten Reflex bewirkt?

I. P. Pawlow: Er sagt, daß die gegenwärtige Reaktion, die durch den adäquaten Reiz bedingt ist, in den Spuren des adäquaten Reizes verläuft, aber ihn nicht erregt.

E. A. Asratjan: Vielleicht ist es ein Druckfehler? *(Gelächter.)*

I. P. Pawlow: Das ist eine schlechte Verteidigung. Das ist irgendwie verblüffend! Aber ungeachtet dessen ist es doch prinzipiell wichtig. Es ist in der Tat die gegenwärtige Auseinandersetzung zwischen der Psychologie und der Physiologie der höheren Nerventätigkeit.

Ich möchte, daß Sie es selbst übersetzen. *(Er wendet sich an* A. A. Lindberg.*)* Wir werden es an alle verteilen und Psychologen einladen, damit sie es vorlesen mögen. Mögen sie hier erscheinen und einen ihrer autoritären Vertreter verteidigen. G. P. Seljony, sind Sie hier?

Zwischenruf: Er ist nicht anwesend.

I. P. Pawlow: Schade, ich hätte ihm gründlich den Kopf gewaschen.

E. A. Asratjan: Es ist wirklich absurd.

I. P. Pawlow: Für uns steht damit eine ganz bestimmte Aufgabe. Wir sehen ganz klar, daß sich natürlich dank der Assoziation ein System bildet, eine Organisation oder, wie er es ausdrückt, eine Gestalt, und daß folglich die Assoziation die Gestalt schafft und nicht umgekehrt die Gestalt die Assoziation. Das letztere ist unsinnig. Erinnern wir uns doch an den verspäteten Reflex. Ist das etwa keine Gestalt, kein System, daß ein und derselbe Reiz zunächst hemmend wirkt und dann positiv? Das ist eine Gestalt, das ist ein System, und wir wissen, wie es entstanden ist. Nehmen Sie unseren dynamischen Stereotyp. Wir wenden unsere Reize in bestimmter Reihenfolge an. Sie haben sich miteinander verbunden, und das erweist sich als Gestalt, das ist ein System. Wir haben es aber auf der Grundlage von Assoziationen geschaffen. Wie kann man denn eine solche offenkundige Tatsache negieren? *(48)*

Alles, was er vorher anführt, kennen wir auch genau. Wir kennen genügend Bedingungen, die diese Assoziationen fördern oder behindern. Die Generalisation zum Beispiel, das ist eine Bedingung, die die Assoziation fördert. Andererseits gibt es auch viele Bedingungen, die hinderlich sind. Er redet endlos davon und will damit begründen, daß sich sinnlose Worte schwerer verbinden, schwerer assoziieren. Ganz einfach: weil das langweilig ist. Die Grundreaktion des Menschen — und wir haben sie im Laboratorium untersucht — ist der Orientierungsreflex. Zunächst muß jeder Reiz beachtet werden, aber wenn er sich zwecklos verbreitet, beseitigen wir ihn. Sind denn unsere Orientierungsreflexe ohne Einfluß und Bedeutung? Sie erlöschen infolge einer Hemmung. Wenn es sich um sinnlose Worte handelt, ist verständlich, daß Sie sich dafür nicht interessieren, und eine Hemmung entsteht; Sie können sie nicht verbinden. Es ist klar, daß Interesse vorliegen muß, ein gewisser Tonus, ein tätiger Zustand der Rinde, damit diese Assoziation entsteht. Eine durch Eintönigkeit bedingte Hemmung kann nicht zur Assoziation führen.

Was ist das? Das ist ein verblüffendes und zugleich höchst wertvolles Beispiel, das den gewaltigen Vorzug des physiologischen Studiums der höheren Nerventätigkeit gegenüber dem psychologischen treffend unterstreicht. Leere Wortspielereien sind ein schwankender und gefährlicher Boden.

A. A., ich werde Ihnen das Buch geben, erledigen Sie das. In diesem Teil findet sich der Kern des ganzen. Hier nämlich wird der Kampf zwischen der Gestaltpsychologie und dem Assoziationismus ausgetragen. Er will die Folge zur Ursache und die Ursache zur Folge machen. Er hat alles auf den Kopf gestellt. Das System entsteht infolge der Assoziationen; er aber versucht im Gegensatz dazu zu beweisen, daß das Assoziieren, die Vereinigung durch das System geschieht.

I. O. NARBUTOWITSCH: Ich möchte versuchen, jene These, die KÖHLER hervorhebt und auf der er fußt, physiologisch zu interpretieren.

Wenn er sagt, daß man sich sinnvolle Wörter leichter merkt als sinnlose, dann läßt sich das, wie mir scheint, folgendermaßen verstehen.

Die ersten bedingten Reflexe auszuarbeiten, ist sehr mühevoll, wenn der Hund auch schon viele Verbindungen hat. Die neuen Bedingungen hemmen. Erst wenn die Hemmung entfallen ist, bildet sich die neue Verbindung, der neue bedingte Reflex. Bekannte Dinge merken wir uns leicht. Ebenfalls leichter verbinden sich neue, aber uns bereits bekannte, ähnliche Dinge. Das Einprägen geht auf Grund eines alten Systems vor sich, das gewisse Erregungsprozesse hervorruft. Die alten Spuren erleichtern so die Herstellung neuer Verbindungen.

I. P. PAWLOW: Schade, daß SELJONY nicht da ist, aber in seiner Gegenwart würde ich dasselbe sagen. Dieser G. P. SELJONY hat sehr schön angefangen. Seine Dissertation war gut, er dachte energisch. Als erster bildete er einen Reflex auf eine Unterbrechung, *(49)* erhielt als erster einen Reflex zweiter Ordnung usw. Aber als er die Berufung zum Professor und damit ein autoritäres Aushängeschild erhielt, hängte er die energische Arbeit an den Nagel und wurde zu einem Mann, der nicht nur die Physiologie kennt, sondern auch die Psychologie, zu einem Mann, der die subjektive Welt interpretiert. Nun befaßt er sich mit Nichtigkeiten. Unlängst hat er im Organ der Akademie der Wissenschaften einen Artikel veröffentlicht, in dem er just auf dem KÖHLERschen Standpunkt steht. Statt sich zu bemühen, das Beil aus der Hand zu lassen, nachdem er gelernt hat, mit dem Hobel umzugehen, hat er vielmehr unsere exakten Versuche aufgesteckt und sich mit Phraseologie befaßt, mit Wortspielereien, und jetzt widerlegt er nach Art von KÖHLER diese Versuche.

Auf Wiedersehen! *(50)*

MITTWOCHKOLLOQUIUM
vom 30. Januar 1935

1. ZUR FRAGE DER KLASSIFIKATION DER HEMMUNGSARTEN. DIE BEIDEN GRUNDKATEGORIEN DER HEMMUNG: DIE UNBEDINGTE HEMMUNG (DEM GANZEN ZENTRALEN NERVENSYSTEM EIGEN, ANGEBOREN, „AUF ANHIEB VORHANDEN", DURCH DIE WIRKUNG VON CHLORALHYDRAT NICHT ZU VERÄNDERN) UND DIE BEDINGTE HEMMUNG (KORTIKAL, AUSGEARBEITET, VERSCHWINDET UNTER DER WIRKUNG VON CHLORALHYDRAT). GEMISCHTE, BEDINGT-UNBEDINGTE ARTEN DER HEMMUNG: DIE DIFFERENZIERUNGSHEMMUNG UND DIE AUSLÖSCHENDE HEMMUNG (VERSUCHE W. K. FJODOROWS AN „LICHOI")

I. P. PAWLOW: Wir wissen, daß man alle Arten der Hemmung in zwei Kategorien einteilen kann. Die letzte Bezeichnung, die wir diesen beiden Kategorien gaben, waren „bedingte" und „unbedingte" Hemmung. Die unbedingte Hemmung ist dem ganzen Zentralnervensystem eigen, während man die bedingte speziell in der Hirnrinde beobachtet. Jede von ihnen kann ihrerseits ihre Besonderheiten und Eigentümlichkeiten aufweisen. Auf der einen Seite kennen wir die Verspätungshemmung, die Differenzierungshemmung usw., auf der anderen Seite gehören zur unbedingten Hemmung die negative Induktion und die Überbelastungshemmung.

Die neuen Versuche W. K.s verleihen dieser Klassifikation besondere Prägnanz. Die Versuche sind an dem Hund „Lichoi" angestellt worden. Hier seine üblichen bedingten Reflexe. Rattern 40 Teilstriche, Licht 26 Teilstriche und Lärm 48. Wie Sie sehen, eine deutliche Abhängigkeit von der Stärke. Das Gluckern, ein abgerückter bedingter Reflex, ist noch nicht vollkommen, arbeitet sich aber ganz deutlich aus, 35, 62, 87. Dann liefert die Kassalka 29, nahezu dasselbe wie das Licht. Da dieser Hund erregbar ist, liefert die negative Kassalka 14 Teilstriche. Sie sehen, ein ganz normaler Hund.

In der ersten Hälfte des Versuchs wurde dem dritten bedingten Reiz eine Reizung der Pfote mit Induktionsstrom beigefügt, die 5 Sekunden vor Beginn der Wirkung des bedingten Reizes begann und 3 Sekunden vor der Bekräftigung endete. Der Induktionsstrom wurde mit Unterbrechung angewandt. Es ist verständlich, daß der Induktionsstrom eine Erregung hervorrief und den bedingten Effekt unterdrückte, wobei der Hund das Futter ablehnte. Die äußere Hemmung erniedrigte die Größe des bedingten Reflexes *(51)* auf das Rattern von 40 auf 5 Teilstriche usw. Bei Wiederholung des Versuchs nach drei Tagen ergab sich eine noch stärkere Unterdrückung der bedingten Reflexe.

Dann wurde eine Unterbrechung von zwei Wochen eingeschaltet. Bei Anstellung des üblichen Versuchs hatte sich der ganze Einfluß der äußeren Hemmung restlos ausgeglichen. Daraufhin wurden an der Pfote Elektroden befestigt, ohne daß der Strom eingeschaltet wurde. Es wurde mit einer bedingten Reizung gearbeitet, d. h. mit dem, was wir gewöhnlich als „Angst" bezeichnen. Der bedingte Effekt auf das Geräusch war dabei erniedrigt, wie bei der elektrischen Reizung, und zwar betrug er am ersten Tage 4 Teilstriche, am nächsten Tage 5 und am dritten Tage ebenfalls 5. Eine bedingte Reizung wirkt also ganz genauso wie der unbedingte Reiz. Das hielt auch an den folgenden drei Tagen an.

Ferner zeigte sich, daß die bedingte Hemmung durch die Elektroden unter dem Einfluß von Chloralhydrat völlig wegfiel, während die unbedingte ohne merkliche Veränderung blieb.

Auf diese Weise haben wir eine prächtige Illustration der Entwicklung einer unbedingten und einer bedingten Hemmung.

Außerdem enthemmte die Anwendung von Chloralhydrat auch den verspäteten Reflex. Die Verspätungshemmung war also fortgeschwemmt, und der positive Prozeß wirkte. Das ist eine Veranschaulichung des wesentlichen Unterschiedes der unbedingten Hemmung gegenüber der bedingten.

Interessant ist, daß am Ende des Versuchs die Differenzierung nahezu unverändert war. Bei einer positiven Kassalka von 27 Teilstrichen ergab die negative 10 Teilstriche. Vielleicht war die Wirkung des Chloralhydrats gegen Ende des Versuchs schon schwächer geworden. Aber man muß auch daran denken, daß in allen Versuchen, die zu diesem Thema angestellt worden sind, die besondere Stabilität der Differenzierungshemmung gegenüber den anderen Arten der bedingten Hemmung ständig ins Auge fiel.

In diesem Zusammenhang möchte ich die Vermutung äußern, ob nicht vielleicht die Differenzierungshemmung eine gemischte, unbedingt-bedingte Hemmung ist. Dasselbe ist, wie ich annehme, auch über das Erlöschen zu sagen. Es ist offensichtlich eine ausgearbeitete bedingte Hemmung. Diese beiden Fälle muß man sich also merken. Es ist ein nützlicher Gedanke, daß es außer den reinen Fällen der bedingten und unbedingten Hemmung auch eine gemischte Hemmung gibt.

Das Resultat ist sehr interessant, um so mehr, als derselbe W. K. auch schon gezeigt hat, daß die Überbelastungshemmung offensichtlich ebenfalls eine unbedingte Hemmung ist.

Ich richte bei diesem Versuch das Augenmerk darauf, daß den Hund gerade die schmerzhafte Bedeutung der befestigten Elektroden reizt. Gerade auf diese Elektroden bildet sich ein bedingter Hemmreflex. Das ist die Erscheinung, die wir „Angst" nennen. Die einfache Befestigung der Elektroden, über die der elektrische Strom geleitet worden war, ist das Signal der unbedingten Reizung. Es ist offensichtlich, daß Angst eine Hemmung ist. Im vorliegenden Falle ist das besonders deutlich zu sehen. *(52)*

Meine Damen und Herren, hat jemand dazu etwas zu sagen? Wir haben also zwei Kategorien der Hemmung mit verschiedenen Unterteilungen: Die eine wird ausgearbeitet, die andere existiert vom Fleck weg, die eine ist nur der Hirnrinde eigen, die andere aber dem ganzen Zentralnervensystem. Die unbedingte Hemmung unterliegt nicht der Wirkung von Chloralhydrat, während die bedingte unter seinem Einfluß rasch zerstört wird.

Das ist sehr schön. Viele Dinge werden jetzt allmählich bei uns systematisiert und fügen sich in bestimmte Rahmen ein.

2. ANALYSE EINES LABORATORIUMSFALLES VON PHOBIE VOR DER TIEFE (M. K. PETROWAS „JOHN")

I. P. Pawlow: Nun zu etwas anderem. Bei einem Hund von M. K. zeigte sich — ich weiß nicht, ob wir das richtig bezeichnet haben — eine Phobie vor der Tiefe, Tiefenangst.

Es handelt sich um folgendes: M. K. stellt die Versuche an diesem Hund im zweiten Stockwerk an. Im Vorraum des zweiten Stockwerks befindet sich auf der einen Seite die Treppe, deren Flucht durch ein Gitter begrenzt ist. Auf der anderen Seite des Treppenabsatzes führt eine Tür in mein Zimmer und daneben eine in die Klinik. Nach den Hundeversuchen banden die Wärter die Hunde für gewöhnlich an das Gitter und ließen sie dort eine Weile stehen. Niemals haben wir bei irgendeinem Hunde eine Reaktion vom Gitter aus auf die Tiefe der Treppenflucht gesehen. Völlig unerwartet zeigte einer der Hunde M. K.s ausgeprägte Angst vor der Tiefe. Er vermied es, dicht an das Gitter zu gehen, wich von der Treppenflucht zurück, und, wenn er über die Treppe ging, drückte er sich an der Wand entlang. Er war im höchsten Grade sowohl auf Brot als auch auf Fleisch gierig, nahm das Fleisch aber nicht, wenn es in der Nähe dieses Gitters lag. Unerwartet trat bei ihm Angst vor der Tiefe auf. Anders kann man das nicht nennen.

Nun ergibt sich die Frage, woher diese Angst stammt und wie sie zu interpretieren ist. Was ist mit „John" im Laboratorium angestellt worden?

„John" arbeitet etwas sechs Jahre bei uns. Da er ein Hund vom erregbaren Typ ist, trat bei ihm niemals eine absolute Differenzierung auf, zumal, nachdem er kastriert worden war. Nach der Umarbeitung der Metronome erwies sich das neue Differenzierungsmetronom ebenfalls nicht als absolut. Durch Anwendung einer rhythmischen Induktion (abwechselndes Setzen des positiven und des negativen Metronoms) sowie durch allmähliche Verlängerung der Wirkung des Differenzierungsreizes gelang es M. K. aber doch, eine vollständige Differenzierung zu erreichen. Die Einwirkungszeit des Differenzierungsreizes wurde allmählich auf 10 Minuten verlängert. Gegenwärtig arbeitet „John" ideal. Er liefert eine vollständige Differenzierung bei einer Einwirkungszeit des entsprechenden Reizes von 30 Sekunden.

Die Angst vor der Tiefe tauchte bei dem Hunde auf, als der Hemmungsprozeß trainiert wurde, das heißt beim maximalen Anwachsen der Einwirkungszeit des Hemmreizes.

Wie Sie aus diesem Versuch ersehen, ist Angst Hemmung. *(53)*

Angenommen, ich bin ein Mensch, der die Tiefe nicht fürchtet. Ich gehe frei bis an den Rand eines Abgrundes und bleibe dort stehen. Ich fürchte die Tiefe nicht, gehe bis an die äußerste Kante und stoppe die Vorwärtsbewegung. Ein anderer wieder nähert sich dem Abgrund nur auf zwei bis drei Schritte. Der dritte schließlich tritt nahe heran und prallt zurück. In all diesen Fällen haben wir es mit einer Hemmung zu tun.

Die Hemmung war bei dem Hunde also so stark, wie sie noch niemals war. Die gewöhnliche Hemmung vor der Tiefe war übersteigert. Sie äußert sich jetzt darin, daß er sich der Tiefe nicht weiter als bis auf zwei Spannen nähert. Das ist meine Theorie der Angst. Hat vielleicht jemand Einwände?

E. A. Asratjan: Soll das heißen, daß es sich um eine bedingte Hemmung handelt?

I. P. Pawlow: Man muß sich die Frage vorlegen, ob das nicht eine unbedingte Hemmung, ein Instinkt, ist. Man muß sogar annehmen, daß es eine unbedingte, instinktive Hemmung ist.

Wenn meine Erklärung richtig ist, dann müssen auch die Erklärungen für andere Hemmungszustände geändert werden, zum Beispiel die Interpretation der hemmenden Wirkung des Befehls: „Pfui!"

Dieser Hund hatte die Gewohnheit, sich nach dem Fressen für gewöhnlich lange zu belecken. Früher war er weder durch Zuruf noch durch eine Bewegung davon abzubringen. Jetzt aber, nachdem der Hemmungsprozeß trainiert worden ist, hat der Befehl „Pfui" sofort die entsprechende Wirkung. Das muß noch einige Male wiederholt werden.

Für gewöhnlich fällt bei diesem Hund der positive bedingte Reflex gegen Ende des Tages ab. Gestern aber wuchs der letzte Reflex nach dem Verbotsbefehl stark an. Offensichtlich ist das der Einfluß der positiven Induktion. Das ist ein schöner Beweis.

3. BEDINGTE REFLEXE AUF DAS AUFHÖREN DER WIRKUNG DER REIZE UND DIE FRAGE DES MECHANISMUS DER AUSARBEITUNG INDIFFERENTER REIZE (VERSUCHE W. K. FJODOROWS)

I. P. Pawlow: Nun über einen experimentellen Befund, der restlos ungeklärt geblieben ist. Es handelt sich um die Versuche W. K.s, der einen Reflex auf das Aufhören eines Reizes ausgearbeitet hat. Im Augenblick, da der Hund fraß, setzte er einen bestimmten neuen Reiz. Das Aufhören der Wirkung dieses Reizes wurde zum bedingten Reiz gemacht.

Interessanterweise trat bei diesen Reizen ein höchst exakter Reflex auf die Zeit auf. Aber nicht nur das. Der Reflex auf die Zeit hatte paradoxen Charakter. Das Aufhören der Wirkung schwacher Reize bedingte einen starken Reflex auf die Zeit, während nach starken Reizen geringe Reflexe auf die Zeit entstanden.

Ich habe die Protokolle von neun Versuchen in Händen, vom 5. bis 20. Januar.

Ich werde Ihnen die Werte des ersten, des mittleren und des letzten Versuches vorlesen.

Hier sind die Werte des ersten Versuches. Auf das Aufhören der Klingel 83, auf das Aufhören des Lichtes 36, auf das Aufhören des Gluckerns 60, auf das Aufhören *(54)* der Kassalka 34 und auf das Aufhören des Ratterns 72. Auf die starken Reize ergaben sich also 83, 60 und 72, auf die schwachen dagegen 36 und 34. Eine ganz richtige Abhängigkeit. Die Reflexe auf die Zeit ergaben in der halben Minute vor Ende der Wirkung der starken Reize 16, 12 und 6 und bei der Wirkung schwacher Reize, d. h. auf die Beleuchtung und die Kassalka, 38 und 25.

Die Werte des mittleren Versuchs: Auf die starken Reize 76, 50 und 54 und auf die schwachen 30 und 24. Der Reflex auf die Zeit bei starken Reizen 12, 14 und 8 und bei schwachen Reizen 27 und 21. Welche Exaktheit!

Der letzte Versuch. Auf die starken 54, 49 und 54, auf die schwachen 40 und 43. Der Reflex auf die Zeit bei starken Reizen 14, 4 und 5, bei schwachen Reizen dagegen 20 und 46. Der Reflex auf die Zeit ist exakt und trägt paradoxen Charakter.

Wie ist dieser Befund zu verstehen? Wie wir wissen, ist die erste Grundlage der paradoxen Phase eine Hemmung. Hier ist diese Bedingung ideal vorhanden. Alles für uns Indifferente muß gehemmt sein. Das ist klar, denn wenn alle auf mich eindringenden Reize eine Reaktion hervorrufen würden, wie könnte ich dann arbeiten. Die Masse der indifferenten Reize beansprucht unsere Aufmerksamkeit nicht. In den vorliegenden Versuchen sind die in den Pausen wirkenden Reize offensichtlich indifferent gemacht worden. Sie sind infolge einer Hemmung indifferent geworden. Es ist klar, daß sie alle gehemmt sind. Wenn also der Reflex auf die Zeit, d. h. die Unterbrechung, als bedingter Reiz wirkt, fällt er auf gehemmten Boden. Daher das paradoxe Verhalten.

Hier ergibt sich eine Frage von großer Wichtigkeit.

Die Versuche N. A. Popows in meinem Laboratorium haben speziell und mit Vorbedacht gezeigt, daß das Erlöschen eines Nebenreizes ständig mit Hilfe einer Hemmung vor sich geht.

Derartige Reize gibt es eine unendliche Menge. Was denn, auf alles entwickelt sich eine Hemmung? Gewiß, zunächst. Nun ergibt sich die Frage: Bleibt diese Hemmung auch eine Hemmung, und tritt keinerlei indifferenter Zustand auf? Sie, W. K., haben eine prächtige Gelegenheit, diese Frage zu entscheiden. Wiederholen Sie diesen Versuch bis ins Unendliche — ob dann wohl die paradoxe Phase des Reflexes auf die Zeit verschwindet? Wenn sie verschwindet, ist die Hemmung eine zeitweilige Erscheinung.

Auf diesem Wege läßt sich diese Kapitalfrage entscheiden. Es ist die einzige Gelegenheit, diese Frage zu lösen.

4. DIFFERENZIERUNG ÄHNLICHER BEDINGTER REIZE UNTER ANWENDUNG VERSCHIEDENER UNBEDINGTER BEKRÄFTIGUNGEN, ZUM BEISPIEL DURCH ABWEHR- UND NAHRUNGSREIZE (VERSUCHE K. S. ABULADSES AN „DELPHIN")

I. P. Pawlow: Es handelt sich um K. S.s „Delphin", bei dem er den Versuch macht, eine Differenzierung nicht mit Hilfe eines Hemmungsprozesses zu erreichen, sondern mit Hilfe verschiedener unbedingter Reize. Zum Beispiel arbeitet er auf das Metronom-152 einen Abwehrreflex aus, auf das Metronom-156 dagegen *(55)* einen Nahrungsreflex. Das ist keine Differenzierung auf positive und negative Reize, sondern eine solche auf verschiedene unbedingte Reize.

Dann wiederholte er dasselbe an einem anderen Hunde mit Kassalkas, die einander stark angenähert waren.

K. S. Abuladse: Auf eine Entfernung von 4 cm zwischen den Rändern der Kassalkas.

I. P. Pawlow: Sie sind so stark fixiert, daß man ihre Plätze vertauschen kann und sich dennoch stets der richtige Effekt ergibt. Eine der von ihm beobachteten Tatsachen ist besonders interessant und hinsichtlich ihrer richtigen Interpretation wichtig.

Für gewöhnlich kommt im Versuch zunächst das Abwehrmetronom, das Metronom-152, und dann das Nahrungsmetronom, das Metronom-156. Wenn man das Abwehrmetronom-152 nicht durch elektrischen Strom bekräftigt und nach der üblichen Pause von 5 Minuten das Metronom-156 setzt, dann liefert dieses eine Abwehrreaktion. Wie ist das zu verstehen? Dasselbe ergab sich auch bei den benachbarten Kassalkas. Wenn man die Abwehrkassalka setzt und nicht mit Strom bekräftigt, dann aber die Nahrungskassalka anwendet, dann wirkt sie nicht. Im ersten Falle tritt eine Reaktion auf die Bekräftigung auf, im zweiten wird der andere Reflex unterdrückt. Wie ist das zu erklären?

Nehmen wir den ersten Fall. Als Sie das Metronom-152 setzten, ohne die unbedingte Bekräftigung anzuwenden, wurde die Zelle (das Zentrum) des bedingten Reizes (M-152) nicht durch den unbedingten Reflex gehemmt. Mit anderen Worten, der Erregungsprozeß wurde in dieser Zelle nicht unterbrochen und hielt die 5 Minuten bis zum folgenden Reiz an. Die erste Erregung, die gleichsam durch den zweiten Reiz verstärkt worden war, lieferte ihre Reaktion, wobei sie zugleich durch ihre Stärke den neu entstehenden Erregungsprozeß hemmte und ihn nicht zuließ. In diesem Falle muß man berücksichtigen, daß der unbedingte Abwehrreflex stärker als der Nahrungsreflex ist.

Das Verschwinden des positiven Effektes der Nahrungskassalka nach der unbekräftigten Abwehrkassalka läßt sich aus der negativen Induktion der anhaltenden Wirkung der ersten Kassalka auf die zweite erklären.

Die ganze Angelegenheit läuft darauf hinaus, daß die Tätigkeit der Zelle (des Zentrums) des bedingten Reizes in beiden Fällen nicht infolge Anwendung des unbedingten Reizes unterbrochen wird und daß der Erregungsprozeß beim Abwehrreflex stärker als beim Nahrungsreflex ist.

Meine Damen und Herren, warum schweigen Sie alle?

N. A. Podkopajew: Weshalb kommt es hier nicht zum üblichen Erlöschen auf das positive Metronom-152, denn die durch den bedingten Reiz hervorgerufene Erregung muß doch mit der üblichen Hemmung abwechseln; Sie aber sprechen von einer Irradiation der Erregung, die volle 5 Minuten dauern soll. Es liegt also eine gewisse Trägheit vor? In den gewöhnlichen Versuchen beobachten wir das nicht. *(56)*

Ich spreche vom gewöhnlichen intermittierenden Auslöschen. Der bedingte Reiz wirkt 30 Sekunden lang und bleibt ohne Bekräftigung. Hier ist es genau dasselbe. Aber im gewöhnlichen Falle liegt doch keine Irradiation der Erregung während der ganzen 5 Minuten vor, vielmehr wird die Erregung sehr schnell von einem Hemmungsprozeß abgelöst.

I. P. Pawlow: Wissen wir denn nicht, daß das Erlöschen nach 5 und mehr Minuten auftreten kann. Hier ist nicht nur vom sichtbaren Effekt die Rede, sondern auch von den Elementen des Effekts. Man muß den Einfluß einer umgekehrten Anordnung der Reize untersuchen, d. h. den Abwehrreflex nach dem unbekräftigten Nahrungsreflex setzen.

E. A. Asratjan: Es geht, wenn man unter dem Aspekt der inneren Prozesse herangeht; dann kann man sich vorstellen, daß die Abwehrerregung von anderer Qualität ist als die Nahrungserregung. Sagen wir, bei mir ist die kortikale bedingte Abwehrzelle erregt worden, ihre Erregung ist auf das Nahrungszentrum irradiiert und hat dann dort eine Abwehrreaktion hervorgerufen.

I. P. Pawlow: Nein, so ganz bestimmt nicht. Sie haben völlig übersehen — und darin besteht der ganze Witz der Sache, die ganze Besonderheit des Versuchs —, daß hier die Reize außerordentlich stark einander angenähert worden sind, so daß alles fast in einem Punkte vor sich geht. Ich bitte Sie, Metronome mit 152 und 156 Schlägen, das kann man sich sogar nur schwer vorstellen. Man muß staunen, wie sie unterschieden werden. Sie haben den Ausgangspunkt gereizt, und zwar mit einem starken bedingten Einzelreiz. Er ist in eine Erregung geraten, die Sie nicht durch eine negative Induktion abgebrochen haben; er bleibt also weiterhin in Erregung, die von sich aus versiegen und abklingen muß. Setzen Sie den Nahrungsreiz, dann ist verständlich, daß er infolge der Nachbarschaft irradiiert und sich dem Abwehrpunkt mitteilt.

Durch diese Versuche wird prächtig die Tatsache unterstrichen, daß die Zelle des Signalreizes immer gehemmt wird, sobald die Wirkung des unbedingten Reizes beginnt.

5. ÜBER DIE WECHSELBEZIEHUNGEN ZWISCHEN BEDINGTEN UND UNBEDINGTEN REFLEXEN. EINE BESONDERE ART VON BEWEGUNGSREAKTION BEI „JIM" NACH DEM FRESSEN UND MÖGLICHE ERKLÄRUNGEN (DISKUSSION)

I. P. Pawlow: Dem kommt ein Versuch N. A.s[1] an seinem Hunde „Jim" nahe. Bei „Jim" verzögerte sich der unbedingte Reflex infolge einer Hemmung sehr stark. Erst nach Anwendung von Brom und der entsprechenden Konzentration der Hemmung verschwand diese Erscheinung. Jetzt trat bei ihm aber ein anderer hochinteressanter Befund auf, und zwar folgender.

Bei diesem Hunde dauert, wie bei vielen anderen Hunden, nach dem Fressen die Erregungsperiode noch einige Zeit an. *(57)*

Sie wissen genau, wenn ein Kind vor der Mahlzeit eine kleine reflektorische Aufladung bekommt, ein kleines Stückchen Nahrung, man ihm aber nicht gleich zu essen gibt, dann beginnt es, infolge der starken reflektorischen Erregung des Appetits zu schreien. Ebenso geht es den Hunden. Viele Hunde werden durch kleine Futtermengen so stark erregt, daß sie das Futter ablehnen. Bei anderen äußert es sich anders: Sie geraten in starke motorische Erregung. Diese hebt die sekretorische Reaktion auf.

Bei „Jim" bildete sich ein ganzes Zeremoniell nach dem Fressen heraus. Er springt auf das Futtergestell, kratzt sich, niest kräftig und schließt damit ab.

N. A. Podkopajew: Er springt auf das Futtergestell, frißt aus, niest und beendet die Mahlzeit.

I. P. Pawlow: Die beschriebene Reaktion erschien ständig. Wenn aber die bedingte Reizung während des ganzen Fressens andauerte, d. h. vom unbedingten Zentrum her speziell gehemmt wurde, dann wurde das Zeremoniell nach dem Fressen nicht beobachtet. Wenn der Reiz andauerte, dann wurde sein Punkt (Zentrum) stärker gehemmt, als wenn der Reiz unterbrochen wurde. Die negative Induktion irradiierte also und verlief dann speziell über die Bahn, die die Zelle des bedingten Reizes mit der des unbedingten Reizes verbindet. Wenn in diesem Reiz die negative Induktion der ganzen Prozedur konzentriert wird, fehlt das Zeremoniell völlig.

E. A. Asratjan: Es gibt andere Tatsachen, die darauf hinweisen, daß der bedingte Reiz auch das unbedingte Zentrum negativ induziert. Kann man sich vorstellen, daß die andauernde Erregung (das Zeremoniell) eine Fortsetzung der Erregung des unbedingten Zentrums nach dem Fressen ist? Dann stelle ich mir vor, daß man dieses Abklingen nach dem Fressen mit einer Hemmung des unbedingten Reizes durch den bedingten erklären kann.

I. P. Pawlow: Wo kommt denn die Hemmung des unbedingten Reizes her?

E. A. Asratjan: Der bedingte Reiz, der die ganze Zeit wirkt, induziert das unbedingte Zentrum negativ.

I. P. Pawlow: Wieso denn das? Wir wissen, daß der bedingte seine Wirkung verliert, wenn Sie den bedingten Reiz durch den unbedingten überdecken.

---

[1] N. A. Podkopajew

E. A. Asratjan: Können wir auf Grund unserer persönlichen Erfahrung sagen, daß der bedingte Reiz nicht vollständig empfunden wird, wenn der unbedingte wirkt? Natürlich können wir das nicht sagen.

N. A. Podkopajew: Ich möchte etwas korrigieren. Der bedingte Speichelreflex ist im Falle des Überdeckens ganz genauso wie diejenigen, die nicht überdeckt werden. Wenn eine Induktion vom bedingten auf den unbedingten Reflex vorläge, würde sich das auf die Speichelreaktion auswirken.

E. A. Asratjan: Haben Sie den ganzen Reflex berücksichtigt?

N. A. Podkopajew: Ich vergleiche den Effekt über die beiden ersten halben Minuten des unbedingten Reizes. Er bleibt unverändert. *(58)*

E. A. Asratjan: Ein Abschnitt des Reflexes ist nicht der ganze Reflex. Dieser Beweis ist unzureichend.

I. P. Pawlow: Und diese beiden halben Minuten?

N. A. Podkopajew: Ich registriere die beiden halben Minuten. Wenn die Hemmung im Verlauf einer vollen Minute der unbedingten Wirkung fehlt, fehlt sie auch weiterhin.

I. P. Pawlow: Eine Frage bleibt ungelöst: Wodurch ist die Erregung nach der Fütterung bedingt, durch die Zelle des bedingten Reflexes oder durch die des unbedingten Reflexes?

E. A. Asratjan: Ich glaube, durch die des unbedingten.

I. P. Pawlow: Wenn wir wissen, daß die bedingte Zelle gehemmt wird, dann ist klar, daß der unbedingte Reflex wirkt, wie denn anders.

Diese Erregung beginnt dann, wenn der Hund mit dem Fressen fertig ist, wenn der unbedingte Reiz nicht mehr wirkt. Das ist eine Nachwirkung. Also hat das unbedingte Zentrum während des Fressens die ganze Zeit die Zelle des bedingten Reizes gehemmt und ihr eine starke Hemmung vermittelt. Wenn das Fressen beendet ist, wenn der bedingte Reiz nicht mehr wirkt, dann induziert die Hemmung der bedingten Zelle das unbedingte Zentrum positiv. Die Tatsachen finden ihre Erklärung.

Kossulnikow: Ich möchte einige Worte zum Mechanismus der Angst sagen. Ich glaube, unter neurologischem Aspekt ist das einfach ein neurotischer Zustand des Hundes, d. h. eine Störung zwischen dem Erregungs- und Hemmungszustand im Schutzreflex. Angst ist eine Äußerung des Schutzreflexes. Es ist gleichsam eine Erkrankung des Schutzreflexes, eine Störung des Hemmungs- und Erregungsprozesses.

I. P. Pawlow: Es findet sich aber keinerlei Hinweis auf eine Krankheit. Der Hund ist ruhig und unterscheidet sich in nichts von den normalen Hunden. Das Verhältnis der bedingten Reflexe ist konstant und normal, die Differenzierung vollständig. Es finden sich also bei diesem Hunde keinerlei Hinweise auf einen neurotischen Zustand, weder im Aussehen noch im allgemeinen Verhalten.

Kossulnikow: Im Leben des Menschen ...

I. P. Pawlow: Das steht auf einem anderen Blatt. Wir sprechen nicht von den menschlichen Phobien, wir sprechen von einer Einzelerscheinung an einem Hunde.

KOSSULNIKOW: Beim Menschen können spezielle Störungen vorliegen, z. B. sexuelle usw.

I. P. PAWLOW: Das leugne ich nicht. Ob man aber diese Erscheinung völlig auf die Phobien übertragen kann, wie wir sie bei Neurotikern, Psychotikern usw. finden, das ist eine ganz andere Frage. Das muß überdacht werden. Bei den Neurosen des Menschen handelt es sich für gewöhnlich um eine Verringerung, um eine Beschränkung der Hemmungsfunktion, aber hier ist es gerade umgekehrt, hier ist, wie Sie sehen, die Hemmungsfunktion beträchtlich verstärkt. Kann man diese Erscheinungen als experimentelle Phobien interpretieren? Das bleibt fraglich. Es ist völlig unangebracht, unsere Befunde mit komplizierten klinischen Ergebnissen zu erklären. *(59)* Hier sehen wir ganz deutlich, daß sich keinerlei Symptome einer Neurose finden, weder im allgemeinen Verhalten, noch in der unbedingten und bedingt-reflektorischen Tätigkeit, vielmehr ist der Hemmungsprozeß deutlich verstärkt, was sich in den Hemmungsreflexen äußert, denen wir begegnen.

Durch die Verstärkung des Hemmungsprozesses wird der Schutzcharakter der Reaktion unterstrichen.

KOSSULNIKOW: Augenscheinlich entsteht die Reaktion aus einer Störung des Gleichgewichts zwischen den Hemmungs- und Erregungsprozessen im Schutzreflex.

I. P. PAWLOW: Es zeigt sich, daß bei einem Hunde, der früher über keine zureichende Hemmung verfügte, jetzt die Hemmung beträchtlich verstärkt ist. Das wirkt sich in seinem Verhalten gegenüber unserem Befehl aus: Der Hund ist gehorsamer geworden, die Hemmung wirkt auch bezüglich der Tiefe stärker. Früher war die Hemmung schwach, jetzt reagiert er auf sie heftig und übersteigert.

KOSSULNIKOW: Wenn der Hemmungsprozeß das Übergewicht bekommen hat, dann ergibt sich ein neurotischer Zustand.

I. P. PAWLOW: Es liegt kein neurotischer Zustand vor. Man muß ihn doch nachweisen.

KOSSULNIKOW: Gestatten Sie mir, noch zu sagen ...

I. P. PAWLOW: Nein, ich gestatte Ihnen, gründlicher nachzudenken, jetzt aber werden wir zu etwas anderem übergehen.

6. BEISPIEL VON UNGEWÖHNLICHER TRÄGHEIT DER NERVENPROZESSE („SOLOTISTY"). VERSPÄTETE REFLEXE, DIE NUR NACH VERLÄNGERUNG DES INTERVALLS ZWISCHEN DEN REIZEN VON 5 AUF 9 MINUTEN GEBILDET WURDEN

I. P. PAWLOW: Sie erinnern sich an „Solotisty"? Er stellt ein markantes Beispiel von Trägheit der Nervenprozesse, des Erregungs- und Hemmungsprozesses dar. Bei diesem Hunde war es niemals möglich, reguläre bedingte Reflexe zu erhalten, die um eine halbe Minute abgerückt waren. Sie ergaben bald hohe Werte, 100 Teilstriche und mehr, bald Nullwerte. Die Analyse zeigte, daß er einfach außerstande ist, frei so über seine Grundprozesse zu disponieren, daß eine bestimmte Verspätung auftrat, d. h., daß der Hemmungsprozeß eine bestimmte Zeitlang wirkte. Es zeigte sich, daß sich die bedingten Reflexe, als bei diesem Hunde die Intervalle zwischen den einzelnen Reizen von 5 auf 9 Minuten vergrößert wurden, sofort außerordentlich besserten.

Bei diesem Hunde ist also der Nervenprozeß außerordentlich langsam und träge. Das äußerte sich auch bei der Umstellung der bedingten Reize, auf die er mit einer Hemmung des gesamten Systems der bedingten Reflexe antwortete. *(60)*

7. FALL VON VERSTÄRKUNG DES HEMMUNGSPROZESSES BEI ANWENDUNG KLEINER KOFFEINDOSEN (0,005 g)

I. P. Pawlow: Eine völlig neue Erscheinung ergab sich bei zwei Hunden, bei „Burka" und „Liss".

„Burka" habe ich schon erwähnt. Neben der Stärke der Nervenprozesse ist bei ihm der passive Abwehrreflex stark ausgeprägt, da er in den ersten Lebensjahren im Zwinger gehalten wurde. Zur Zeit wird er der Wirkung von Koffein ausgesetzt. Wie sich zeigte, verträgt er 0,4 g Koffein ohne Entstellung des Verlaufs der bedingten Reflexe. Der Hund war durch Fehlen einer absoluten Differenzierung gekennzeichnet. Am Tage der Einnahme der erwähnten großen Koffeindosis änderte sich die Differenzierung nicht, aber am nächsten Tage wurde sie vollständig.

Es sind zwei solcher Versuche angestellt worden, die Resultate sind vollkommen gleich. Daraufhin wurde beschlossen, eine kleine Koffeindosis zu verabreichen. Dabei änderten sich die positiven Reflexe nicht, aber beim negativen fehlte die Speichelabsonderung fast ganz (etwa 2 bis 3 Teilstriche statt 14).

Folglich muß man sozusagen zugeben, daß ein erregender Stoff in kleinen Dosen den Hemmungsprozeß, in großen Dosen aber den Erregungsprozeß anregt.

Ich verstehe, daß hier eine negative Induktion vorliegen kann, aber es handelt sich darum, daß der Hund am nächsten Tage normale Reflexe liefert. Bei den kleinen Dosen von 5 mg vergrößerten sich die bedingten Reflexe nicht im geringsten, zugleich aber fand sich eine fast vollständige Differenzierung.

Bei dem anderen Hunde, bei „Liss", trat dasselbe auf.

N. A. Podkopajew: Die Koffeindosis war auch klein?

I. P. Pawlow: 5 mg.

W. K. Fjodorow: Vielleicht läßt sich annehmen, daß Koffein nur auf den Erregungsprozeß wirkt, seine Wirkung aber nicht mit einer Verstärkung, sondern mit einer Konzentration beginnt.

I. P. Pawlow: Sie schlagen vor, die Begriffe „Stärke" und „Konzentration" zu differenzieren. Man kann sie kaum voneinander trennen.

E. A. Asratjan: Das eine ist die Folge des anderen.

I. P. Pawlow: Eher läßt sich die Konzentration als Ergebnis, als Produkt der Stärke auffassen. Nein, so dürfte es wohl nicht sein.

8. FALL VON PARAPHRENIE IN DER PSYCHIATRISCHEN KLINIK

I. P. Pawlow: Nun einige Worte über die psychiatrische Klinik. Unter Berücksichtigung der außerordentlichen Kompliziertheit des Materials strebt die Klinik nicht nach einem strengen System oder einer exakten Klassifikation. Da es noch keine wissenschaftliche Analyse der normalen Psyche gibt, kann man keine Klassifikation der psychischen Erkrankungen fordern. In der letzten Zeit bin ich in der Klinik auf eine Klassifikation gestoßen, über die man sich auch unter den Psychiatern *(61)* streitet. Ich mache mich nicht anheischig, diesen Streit zu entscheiden, sammle aber gewisses Material.

Einerseits gibt es eine weitverbreitete Krankheitsform, die Schizophrenie. Die Krankheit äußert sich in starken Schädigungen des Verhaltens, des Sprechens und Denkens des Menschen; sie wird durch Zerstörungen der Gehirnsubstanz bestätigt. Ihr gesellen die Psychiater ständig eine abgeschwächte Form der Schizophrenie bei, die sie „Paraphrenie“ nennen. Ich habe das häufig gesehen. Die Systematisierung ist mannigfaltig: paranoide Schizophrenie, einfache Schizophrenie, katatonische Schizophrenie usw. Unter anderem taucht auch die Paraphrenie bei den Demonstrationen auf. In letzter Zeit sind drei solche Paraphrenie-Patienten demonstriert worden. Mir fiel ein Unterschied auf, den man in gewissem Sinne unter dem Aspekt unserer bedingten Reflexe verstehen kann. Alle diese Paraphreniker schienen mir den Paranoikern näher zu stehen als den Schizophrenen, d. h. solchen Geisteskranken näher, bei denen irgendein bestimmter Punkt, ein bestimmtes Gebiet in der Hirnrinde schwach, verkrüppelt ist. Sie haben ein bestimmtes Thema, auf dem sie beharren, ohne Rücksicht auf Logik und Wirklichkeit. Im übrigen sind sie sozusagen völlig normal.

Die eine Patientin bildete sich ein, sie sei ein Radiomensch, sie könne in die Ferne mit anderen Menschen verkehren, sie höre die Worte oder könne direkt die Gedanken des deutschen Generalstabs lesen und folglich alle militärischen Geheimnisse erkennen und unserem Staat übermitteln.

Ein anderer Patient bildete sich ein, er spräche mit Gott, und schwatzte religiösen Unsinn.

Die dritte Patientin hatte ebenfalls ein bestimmtes Thema, über das sie Ungereimtheiten vorbrachte, aber im übrigen war sie nicht nur verständig, sondern, man kann sogar sagen, ein begabter Mensch. Letztes Mal las sie uns Verse vor, die die Doktoren charakterisierten. Sie waren gut getroffen.

Bei den Schizophrenen findet sich nichts Derartiges. Ich erinnere mich an einen Schizophrenen. Er war mein Kommilitone auf der Universität, wir wohnten zusammen. Der Beginn seiner Störung bestand darin, daß er sich einbildete, jemand aus dem Semester beleidige ihn. Er blieb beleidigt. Die zweite Ungereimtheit: Er weckt mich nachts: „Sieh mal, was ich mache.“ Er nimmt seinen Anzug und legt ihn auf den Diwan. Ich schalt ihn „Schafskopf“ und legte mich schlafen. Die dritte Ungereimtheit geschah ebenfalls nachts. Er sagt: „Sieh mal.“ Er häufte unter dem Tisch allerlei Schachteln, Brotrinden, Bücher, Streichhölzer auf, legte obenauf ein oder zwei Rubel und zündete das ganze an. Ich legte mich wieder schlafen.

Bei den Paraphrenikern findet sich so etwas nicht, bei ihnen ist nur ein Punkt krank.

Wenn ich sie mit den Paranoikern auf eine Stufe stelle, muß ich sagen, daß bei den Paraphrenen eine Schädigung eines isolierten Rindenpunktes in Form von Trägheit vorliegt. Die Krankheit beginnt mit einer Trägheit des Erregungsprozesses. Bei den echten Paranoikern liegt *(62)* ein einzelner kranker Punkt vor. Anfälligkeit eines einzelnen Punktes. Bei den Paraphrenen ist möglicherweise die Trägheit das einzige Symptom. Auf jeden Fall ist klar, daß die Krankheit anders beginnt, und wenn man sie von unserem physiologischen Standpunkt aus charakterisieren will, muß man sagen, daß es eine Erscheinungsform von Trägheit eines einzelnen Punktes ist. So denke ich es mir. Haben Sie etwas zu sagen?

A. G. Iwanow-Smolenski: Ihre Beobachtung läßt sich vom klinischen Standpunkt aus bestätigen. Kraepelin wies darauf hin, daß die Paraphrenie zwischen der dementia paranoides und der Paranoia steht, wobei einige Formen der Paraphrenie nur schwer von der Paranoia abzugrenzen sind.

I. P. Pawlow: Auf welcher Grundlage grenzte er sie denn gegenüber der Paranoia ab? Auf Grund des weiteren Verlaufs und der Entwicklung?

A. G. Iwanow-Smolenski: Weil hier zu guter Letzt Erscheinungen von Schwachsinn auftreten, bei der Paranoia aber nicht. Bei Paraphrenie treten immer Halluzinationen auf, bei Paranoia aber ist das außerordentlich selten.

I. P. Pawlow: Es sei gesagt, daß bei diesen beiden kranken Frauen das Bild bisher noch völlig unklar ist. Die eine sagt Ihnen kein einziges sinnloses Wort außer, daß sie ein Radiomensch ist. Bei der zweiten ist es dasselbe. Bei dem dritten ist zweifellos die ganze Hirnrinde geschwächt; er ist sich dessen nicht klar bewußt, was er sagt. Erinnern Sie sich, wie er im Namen Gottes sprach und anstößige Worte gebrauchte, ohne darauf Rücksicht zu nehmen, daß Damen anwesend waren? Bei ihm geht es weiter.

A. G. Iwanow-Smolenski: Man kann nicht sagen, daß der Wahn bei diesen beiden Frauen systematisiert ist. Er ist abrupt, widersinnig.

I. P. Pawlow: Aber ist denn der Wahn bei den Paranoikern anders? Nehmen Sie Wagner; ist denn sein Wahn nicht widersinnig? Er hatte eine Jugendsünde in Form von Sodomie begangen, und ihm schien nun, daß das ganze Dorf von diesem Schandfleck auf seinem Ruf wüßte. Er beschloß, das ganze Dorf zu erschießen. Ist das etwa vernünftig?

A. G. Iwanow-Smolenski: Vom weiteren Verlauf seiner Krankheit wissen wir nichts, aber nach dem heutigen Stande der Psychiatrie ist anzunehmen, daß er kein echter, reiner Paranoiker war; vielleicht hatte er eine epileptoide Paranoia.

I. O. Narbutowitsch: Ich stimme zu, daß er in der Literatur nicht von allen als Paranoiker anerkannt wird. In der Krankengeschichte finden sich Hinweise darauf, daß er Halluzinationen hatte. Als er sich daran machte, alle zu ermorden, schien es ihm, daß die Leute wie Hähne krähten oder wie Kälber blökten, um ihn daran zu erinnern, daß er sich mit Tieren abgegeben hatte.

I. P. Pawlow: Ich stelle mir vor, daß der Erregungsprozeß, nachdem er durch eine reale Reizung hervorgerufen worden war, träge wurde. Das ist der Kern der Sache. Bei einer solchen Trägheit können auch Halluzinationen vorkommen. *(63)*

A. G. Iwanow-Smolenski: Kretschmer sagt, daß bei Paranoia keine Halluzinationen vorkommen oder zumindest nur selten, während sie bei Paraphrenie auftreten.

I. P. Pawlow: Nein, dem stimme ich nicht zu. Weshalb?

Nehmen Sie meinetwegen bei Kretschmer diese beiden Mädchen, von denen sich die eine einbildete, in ihr bewege sich eine Schlange, die sie verführen wolle. Das ist doch eine Halluzination.

A. G. Iwanow-Smolenski: Die Paraphrenie umfaßt bei Kretschmer auch den sensitiven Wahn.

Wenn Sie die klassischen Formen der Paranoia nehmen, dann zeigen diese nicht das Bild, das Kretschmer beschreibt. Die klassischen Formen zeigen ein sehr umfangreiches Bild, in das nicht nur die Paranoia paßt, sondern in gewissen Fällen auch die Paraphrenie und die Schizophrenie. Im engeren Sinne erfordert die Paranoia ein weitverzweigtes Wahnsystem bei intaktem Intellekt.

I. P. Pawlow: Dem pflichte ich nicht bei. Sehen Sie, mein paranoischer Professor der Agronomie bildete sich ständig einen Feind ein, der ihn vergiften wollte. Ist denn das kein Unsinn?

Auf Wiedersehen, meine Damen und Herren! *(64)*

MITTWOCHKOLLOQUIUM

vom 6. Februar 1935

1. DER EINFLUSS VON ALKOHOL AUF DIE HÖHERE NERVENTÄTIGKEIT (DIE ERSTEN VERSUCHE M. K. PETROWAS UND W. K. FJODOROWS)

I. P. Pawlow: In letzter Zeit haben wir meiner Ansicht nach einen sehr wichtigen Entschluß gefaßt. Wir werden uns mit dem Alkohol befassen, der, wie ich meine, weitaus mehr Kummer verursacht, als er der ganzen Menschheit Freude bringt, obgleich man ihn eben um der Freude willen genießt. So viele talentierte und starke Menschen sind schon seinetwegen zugrunde gegangen und gehen noch zugrunde!

Auf Grund der Erfolge, die wir jetzt bei der Analyse der höheren Nerventätigkeit haben wird es uns vielleicht gelingen, den Mechanismus der Neurose aufzuhellen und vielleicht auch das richtige Mittel für den Kampf gegen den Alkoholismus zu finden. Ich zumindest bin von diesem Traum und dieser Hoffnung erfüllt.

Unsere Aufgabe wird nicht nur darin bestehen, im Laboratorium Alkoholsymptome zu erzeugen, sondern auch ein Gegenmittel ausfindig zu machen.

M. K. und W. K. haben mit den Versuchen begonnen. Alkohol wird bei verschiedenen Tieren angewandt, bei starken und schwachen, bei normalen, Neurotikern usw. Die Versuche sind in breitem Maßstab begonnen worden.

Bei fünf Hunden M. K.s (darunter ein normaler, der Ihnen gut bekannte „Mirta", dann einige Kastraten, unter denen sich starke und schwache befanden) wurde zum ersten Mal eine Alkoholdosis von 15 bis 20 g pro dosi angewandt. In seiner Wirkung auf die einzelnen Hunde zeigten sich natürlich gewaltige Unterschiede. So erhielt der starke Kastrat „Dikar" mehr als die anderen, nämlich 20 g. Aber diese Dosis hatte keine große Wirkung. Es ergab sich lediglich für 40 Minuten eine Narkose. Gegen Ende des Versuchs kam er wieder zu sich, und am nächsten Tage war von diesem akuten Rausch schon keinerlei Spur mehr zu finden. Bei den übrigen vier Hunden, darunter bei dem normalen, aber neurotischen „Mirta" sowie bei den anderen Kastraten traten Folgen auf, die sich über mehr als eine Woche hinzogen. Das System der bedingten Reflexe war entweder chaotisch oder herabgesetzt mit Störung der Differenzierung usw. Das dauerte acht bis neun Tage, wobei diese Folgen im Hinblick auf die Stärke des Nervensystems in umgekehrter Reihenfolge verschwanden. *(65)* „Mirta" ist bis heute noch nicht wieder auf dem Posten (neunter Tag). Die anderen Kastraten sind jetzt schon wiederhergestellt.

Im Endergebnis verfügen wir jetzt über einen prinzipiellen Befund. Einmalige Betrunkenheit der Hunde mit schwachem Nervensystem machte sich ganz offenkundig bemerkbar.

Schade, daß M. K. ihr Heft vergessen hat. Das ließe sich schön an der graphischen Darstellung zeigen. Worte sind nicht so eindrucksvoll. Was ist das für Gift! Natürlich für jeden, aber wenn es gar Menschen mit schwachem Nervensystem in die Finger bekommen, Gott behüte! Bei starken Hunden fand W. K. bei denselben Dosen eine außerordentlich schnelle Gewöhnung. Die Erniedrigung unserer bedingten Reflexe hielt nur sehr kurze Zeit an, ganze ein bis zwei Tage, dann vergrößerten sich die bedingten Reflexe sogar.

Mit Vergrößerung der Dosis von 15 auf 25 g wiederholte sich die Erniedrigung, die nach Verlauf von zwei Tagen vorüberging. Möglicherweise ist das ein Hinweis auf die Entwicklung des Hanges zum Alkohol. Nach der ersten kleinen Dosis kommt es erst zum Abfall (ein bis zwei Tage) und dann zur Verstärkung und Erhöhung des Tonus; das sind Anzeichen eines positiven Zustands. Sehr wahrscheinlich wird der Abfall durch irgendeine positive Induktion abgelöst.

Eine grundlegende Feststellung ist das unterschiedliche Verhalten der Hunde gegenüber dem Alkohol: Die einen tranken den Alkohol in Milch in einem Zuge („Dikar"); andere setzten einige Male ab, tranken aber immerhin, wogegen „Boy" und „Joy" ihn überhaupt nicht anrührten. Das ist eine sehr interessante Sache, und ich glaube, wir werden unser Ziel erreichen. Wer weiß, vielleicht werden wir unsere russische Natur, die bisher noch immer dieser verfluchten Verführung erliegt, retten.

2. GENERALISATION BEDINGTER REFLEXE AUF TÖNE ÜBER 5 OKTAVEN UND DIFFERENZIERUNG AUF DAS VERHÄLTNIS DER TÖNE. ZERRÜTTUNG DER DIFFERENZIERUNG BEI WIEDERHOLUNG, EINE ANALOGIE ZU DEN VERSUCHEN M. N. JEROFEJEWAS. BEGRENZTHEIT DER HEMMUNGSPROZESSE. BEDEUTUNG FÜR DIE KLINIK

I. P. Pawlow: Sie erinnern sich an den Hund „Mischka", bei dem wir das Verhältnis der Reize als speziellen bedingten Reiz untersucht haben. S. W.[1] verfügte über Töne aus fünf Oktaven. Der bedingte Reiz bestand aus einem einzelnen, alle zwei Sekunden (5 Sekunden lang) wiederholten Ton mit Unterbrechungen von 5 Sekunden Dauer und einer Abrückungszeit von 20 Sekunden. Die Töne wechselten jeden Tag, d. h., sie wurden aus verschiedenen Oktaven genommen. Es ist verständlich, daß sehr schnell die übliche Generalisation auftrat: Die nachfolgenden Töne wirkten bereits auf Anhieb. Dann machte er aus zwei Tönen, die er noch nicht angewandt hatte, auf dieselbe Weise einen Differenzierungsreiz.

Es sei erwähnt, daß sich diese Differenzierung bei dem Hunde aus irgendwelchen Gründen lange nicht bildete. Sie mußte 140mal wiederholt werden, und dennoch *(66)* blieb sie unvollständig. Zu guter Letzt wandten wir sogar für einige

[1] S. W. Klestschow

Zeit Brom an. Erst dann wurde sie ausgeprägt und schließlich sogar vollständig. Erst daraufhin beschlossen wir, die Grundaufgabe dieses Experiments in Angriff zu nehmen, d. h. zuzusehen, ob sich die Differenzierung hält, wenn zwei neue Töne genommen werden.

Unsere Erwartung erfüllte sich: Die ersten Proben mit den neuen Reizen ergaben eine Hemmung. Eine Orientierungsreaktion auf das neue Paar verschiedener Töne trat lediglich bei der ersten Anwendung auf und verschwand rasch. Das war also so aufzufassen, daß ebenso, wie der positive Reiz generalisiert worden war, auch die Differenzierung auf das Verhältnis der beiden Töne generalisiert wurde.

Als wir aber diese neuen Differenzierungen aus den neuen Tönen mehrere Male eine nach der anderen anwandten, vergrößerte sich der sekretorische bedingte Effekt. Bei der 12. Wiederholung verschwand die Differenzierung vollkommen. Wie ist das aufzufassen? Was bedeutet das? Daran zu denken, die ganze Erscheinung sei das Resultat des Orientierungsreflexes, ist völlig ausgeschlossen. Ich sagte doch, daß sich die Orientierungsreaktion nur beim ersten Male äußerte und dann unmerklich wurde. Wir haben den Hund sorgfältig beobachtet und alle seine Bewegungen verfolgt. Zudem trat auch noch eine andere Erscheinung deutlich zutage, und zwar folgende: Mit Wiederholung dieser neuen Differenzierungen wurde der Hund immer unruhiger. Besonders deutlich wurde das beim letzten Male, bei der 12. Wiederholung.

Als ich diesen Fall überdachte und mich sogar an weit zurückliegende Tatsachen erinnerte, fand ich einen geeigneten Analogiefall, nämlich den Fall der ersten Neurose im Laboratorium, der jetzt bald 25 Jahre zurückliegt, in einer Arbeit M. N. Jerofejewas. Er bestand in folgendem.

Bei einem Hunde war, wie Sie jetzt alle wissen, ganz originell und völlig unerwartet elektrischer Strom zu einem bedingten Nahrungsreiz gemacht worden, der normalerweise eine lebhafte Abwehrreaktion hätte hervorrufen müssen. Man reizte den Hund mit starkem Strom, aber es trat eine Nahrungsreaktion auf, er strebte zum Futter, Speichel floß usw. Erinnern Sie sich an diesen Versuch?

Bei diesem Versuch war Sherrington anwesend. Ich demonstrierte ihm diesen Versuch, und er sagte (wenn es auch eine etwas seltsame Gleichsetzung war, so war sie doch dem Wesen nach richtig): „Ich verstehe jetzt die christlichen Märtyrer. Wenn sie von ihrer Idee ergriffen waren, ertrugen sie leicht alle Martern und verspürten überhaupt nichts davon."

Dieser Versuch ist in verschiedenen Formen wiederholt worden. Dessen ungeachtet zeigte das Tier eine Nahrungsreaktion, als wenn es tatsächlich keine Schmerzempfindung hätte. Wir überprüften das beobachtete Verhalten durch Registrierung von Puls und Atmung, da wir der Ansicht waren, daß diese ein besserer Indikator einer starken Schmerzempfindung seien. In der Tat traten keinerlei Veränderung auf. Mit anderen Worten, der Hund verspürte subjektiv keinen Schmerz. Offensichtlich wirkte bei dieser Reizung *(67)* eine starke lokale Hemmung. Bei Reizung einer bestimmten Hautstelle entstand eine Hemmung, die die erregende Wirkung des schmerzhaften Agens zunichte machte.

Wir stellten eine andere Versuchsanordnung an, da anzunehmen war, daß die peripheren Nervenendigungen der Haut unter dem Einfluß des anwachsenden Stromes irgendwie zerstört worden waren. Wir legten die Elektroden an anderen Hautstellen an. Zunächst ging alles glatt. Die ganze Zeit ergab der elektrische Strom an der anderen Hautstelle eine Nahrungsreaktion ohne jede Äußerung von Schmerzempfindungen des Hundes. Jeden Tag setzten wir die Elektroden an andere Stellen. Aber beim 10. oder 11. Platzwechsel verschwand der ganze Hemmungseffekt, und der Hund geriet in furchtbare Erregung. Er wurde zum ausgeprägten Neurotiker. Man konnte ihn nicht mehr ins Gestell setzen; er widersetzte sich auf jede nur mögliche Weise, winselte usw.

Sie sehen, der Befund ist im höchsten Grade wichtig. Der Ausbreitungsgrad der Hemmung ist also von Bedeutung. An einer Stelle kann sich eine sehr starke Hemmung konzentrieren. Dafür reichen die Hilfsquellen des Nervensystems; wenn Sie aber die Hemmung im erweiterten Maßstabe hervorrufen, dann wird zu guter Letzt sozusagen der Gesamtvorrat an Hemmung knapp, und das Nervensystem wird zerrüttet. So war es bei dem einen Hunde. Bei einem anderen Hunde war dasselbe Verfahren erfolglos. In diesem Falle verschlechterten wir die ganze Angelegenheit mit dem Strom, als wir ihn jeden Tag an einer anderen Stelle wirken ließen. Als wir in einem Versuch diesen Reiz nicht an einer Stelle, sondern an mehreren Stellen wiederholten, wurde die Hemmung sofort zerrüttet.

In Analogie, so glaube ich, kann man vieles auch aus den Befunden begreifen, die wir bei der Arbeit mit anderen Analysatoren gesammelt haben.

Wir beschlossen, dem Hunde Erholung zu gönnen.

Zwischenruf: Ich gönnte ihm zwei Tage Erholung. Die Differenzierung festigte sich ein wenig; sie hatte 23 betragen, ergab nach der Erholung aber nur noch 12.

I. P. Pawlow: Das ist ein auch für die neurologische Klinik sehr wichtiger Befund, mit dem man rechnen muß. Die Analogie ist offensichtlich.

Es bleibt also Tatsache, daß das Verhältnis der Reize selbst ebenso ein bedingter Reiz sein kann wie jeder Einzelreiz. Diese Tatsache ist ganz offenkundig.

3. DIE PHOBIE VOR DER TIEFE BEI M. K. PETROWAS „JOHN" UND EIN VERSUCH, DEN MECHANISMUS IHRER GENESE ZU ERKLÄREN

I. P. Pawlow: Ich erhielt ein Buch von Pierre Janet, „Der Ursprung des Intellekts". Ich werde darüber wahrscheinlich sprechen, wenn ich es ganz durchgelesen haben werde. Eine sehr interessante Sache.

Jetzt will ich auf zwei ungewöhnliche neurotische Symptome eingehen. Von dem einen habe ich schon gesprochen, nämlich über die Phobie, die bei M. K.s „John" aufgetreten ist. Ich muß sagen, die Sache wird immer unklarer; aber wir werden sie schon entwirren. Das erhöht das Interesse. *(68)*

Wie Sie sich erinnern, hatte dieser Hund ebenso wie die anderen Hunde niemals den Lichtschacht der Treppe im zweiten Stockwerk gefürchtet. Dieser Lichtschacht ist mit einem Gitter umgeben. Der Lichtschacht ist klein, die Höhe zwischen den

Stockwerken unbeträchtlich, weniger als 2 Sashen[1]. An diesem Gitter wurden alle Hunde angebunden. „John“ stand für gewöhnlich ganz ruhig am Gitter. Jetzt aber weicht der Hund verzweifelt vor dem Gitter zurück, läßt sich nicht zum Gitter ziehen und sträubt sich. Sie können noch so verführerische Dinge ans Gitter legen, er nimmt sie nicht. Ein eindeutiges Bild von Phobie von der Tiefe. Es ist sogar noch folgende Variante vorgekommen: Als unten auf der Treppe ein Mensch stand und sozusagen den Raum füllte und die Tiefe gleichsam verdeckte, da ging der Hund ans Gitter und nahm das Futter.

Wie ist diese Phobie entstanden, und was ist ihr Mechanismus?

Sie entstand, nachdem die Hemmung des Hundes angespannt worden war. „Johns“ Hemmungsprozeß war schwach. M. K. beschloß, ihn zu kräftigen. Sie wandte das uns bekannte Verfahren der rhythmischen Aufeinanderfolge positiver und negativer Reize während des ganzen Versuchs mit Intervallen von 5 Minuten an. Außerdem verlängerte sie allmählich (täglich um 5 Sekunden) die Differenzierung und brachte sie bis auf eine Minute. „John“ begann, einwandfrei zu arbeiten. Die Hemmreize gaben keine bedingte Speichelabsonderung mehr, während die positiven Reize hohe Werte ergaben. Dann trat ganz unerwartet ziemlich stark diese Phobie auf. Ich habe sie mit Angst erklärt. Eine Phobie ist eine Hemmung.

Aber es drängte sich einem doch der Eindruck auf, wie N. A.[2] hervorhob, daß die Phobie immerhin ein neurotisches Symptom ist.

Wir überlegten und diskutierten weiter. Der Fall mußte gründlicher untersucht werden. Ich äußerte die Vermutung, daß sich die Differenzierung im Zusammenhang mit dem Abfall des Erregungsprozesses gefestigt hatte.

Wir kennen doch solche Fälle zur Genüge. Vielleicht hat also der Hemmungsprozeß ein relatives Übergewicht bekommen. Aber das bestätigte sich nicht. Als M. K. das vollständige System (den Stereotyp) der Reflexe anwandte, wurde klar, daß sich der Erregungsprozeß nicht im geringsten verringert hatte, sondern offensichtlich sogar ein wenig größer geworden war. Daraufhin versuchten wir die üblichen Formen des Auslöschens. Der Reflex erlosch bei der neunten Wiederholung ohne Bekräftigung. Am nächsten Tage waren die Reflexe abgesunken.

Die Frage bleibt: Wie ist das zu verstehen, wie ist das zustande gekommen?

Muß vielleicht diese Hemmung, die auf Anhieb entstand und unserem subjektiven Zustand der Angst entspricht, von der üblichen inneren Hemmung unterschieden werden?

Damit werden wir uns jetzt beschäftigen und werden zusehen. Die Frage dürfte kaum unlösbar sein. Wahrscheinlich werden wir ihre Erklärung finden. Vielleicht haben wir es hier nicht mit einer reinen inneren Hemmung zu tun, sondern mit einer Beimischung dieser elementaren Induktionshemmung. Möglicherweise stoßen hier *(69)* diese Hemmungsarten zusammen. Vielleicht hat die Hemmung hier sogar gelitten.

Die Frage ist wichtig. Wir werden sie klären.

[1] 1 Sashen = 2,13 m (dt. Red.)

[2] N. A. Podkopajew

4. ZWANGSASSOZIATION (ANDAUERN DER AGRESSIVEN REAKTION BEIM FRESSEN NACH VERSCHWINDEN DES WIRKLICHEN ANLASSES ZUR REAKTION BEI K. S. ABULADSES „SEWS"). ANALOGIE PHYSIOLOGISCHER MECHANISMEN MIT ZWANGSIDEEN UND WAHNVORSTELLUNGEN. EIN KLINISCHES BEISPIEL

I. P. Pawlow: Ein anderer interessanter Fall passierte in den Versuchen von K. S. Die Erscheinung besteht in folgendem. Wir hatten eine Gruppe von Hunden von ein und demselben Wurf. In dem einen Zwinger lebten Bruder und Schwester zusammen, „Sews" und „Swetlana", wobei „Sews" ein erregbarer starker Typ war, „Swetlana" aber offensichtlich zu den schwachen Typen gehörte. Als wir ihnen einen gemeinsamen Futternapf in den Zwinger stellten, fletschte Herr „Sews" die Zähne gegen seine Schwester und vertrieb sie vom Futternapf.

Jetzt ist diese Schwester gestorben, und „Sews" ist allein geblieben. Stellen Sie sich vor, beim Fressen wiederholt er ständig seine aggressive Reaktion, er schreckt andauernd zurück, bleckt die Zähne, bellt usw. Fünf Monate ist es schon so, also offensichtlich eine Zwangshandlung. Wie soll man es denn anders auffassen? Wie soll man sich diese Erscheinung vorstellen und wie sie verstehen? Meiner Meinung nach liegt hier einerseits eine Zwangshandlung vor und andererseits eine Assoziation.

Offensichtlich ist die Vorstellung von diesem Rivalen im Gehirn von „Sews" besonders stark gewesen, als er durch das Futter erregt war. Diese Beeindruckung oder Trägheit hält bis zur Stunde an. Das ist eben der Fall eines Zwangsphänomens. Der Reiz muß sehr stark sein, ja sogar übermäßig, um für lange Zeit eine sehr tiefe Spur zurückzulassen. Bis jetzt, nach Ablauf von fünf Monaten, hat dieses Zwangsphänomen nicht etwa abgenommen, sondern sich sogar noch verstärkt. Das ist eine pathologische Trägheit durch außerordentlich starke Reizung.

Auf diesem Wege entwickeln sich wahrscheinlich auch die Zwangsideen der Paranoiker. Irgendein Reiz wird durch irgendeine Erregung außerordentlich verstärkt. Das ist der Entstehungsmechanismus. Das hängt eng mit unserer pathologischen Trägheit zusammen. Zugleich muß auch eine Assoziation vorliegen, damit das entsprechende Zentrum Anlaß bekommt, seinen hohen Tonus zu äußern. Diese Assoziation trat gestern im Versuch ganz deutlich zutage.

Gestern beobachteten wir die Fütterung von „Sews" nicht in seiner üblichen Umgebung, sondern in der Klinik. Die Reaktion war hier weitaus schwächer ausgeprägt, weder fletschte er die Zähne, noch bellte er; übrig blieb nur, daß er nicht ruhig fressen konnte, sondern ständig nach der Seite ausbrach. Augenscheinlich war bei der üblichen Fütterung die ganze Situation assoziiert, während in der Klinik von der ganzen Situation nur die Schüssel mit Futter übrigblieb, die diese Assoziation hervorrief. Das ist sehr schön.

Das ist der Mechanismus, die Prozedur der Bildung paranoischer Zwangsideen. *(70)*

In der psychiatrischen Klinik wurde am vergangenen Mittwoch ein Patient mit Verfolgungswahn analysiert. Für mich ergibt sich eine ganz klare, vollkommene Analogie dieses Falles mit unserer Hundegeschichte.

Der Patient ist ein im höchsten Grade intelligenter und angenehmer Mensch. Er ist narkoman, am stärksten aber alkoholsüchtig. Im Balinski-Krankenhaus befand er sich zum zweiten Mal. Beim ersten Mal wurde er anläßlich einer Alkoholhalluzinose aufgenommen; er wurde geheilt, entlassen und kam wieder zu seiner Familie. Hier die Familiensituation: Mutter und Frau sind da, die ihn sozusagen mit unvergleichlicher Leidenschaft lieben. Er zeigte ihnen gegenüber keinerlei Feindseligkeit. Der Frau gab er eine Vollmacht für den Empfang seines Gehalts während seiner Krankheit und der Mutter Geld für Einkäufe, dann verschwand er für zwei Tage. Am dritten Tag kehrte er nach Hause zurück, betrug sich aber so anomal, daß die Mutter beschloß, ihn wieder ins Krankenhaus zu schicken, da sie annahm, er sei noch nicht ausgeheilt. Der Patient selbst war gegen eine Behandlung im Krankenhaus. Als er sich wieder im Krankenhaus befand, trat bei ihm Verfolgungswahn auf, wobei Mutter und Frau seine Hauptfeinde waren; dann kamen noch andere hinzu, wie zum Beispiel der Stationsarzt usw.

Wie ist die Genese des Verfolgungswahns im vorliegenden Falle zu interpretieren? Der Patient hatte vorher eine Alkoholhalluzinose gehabt. Die Halluzinose muß als erhöhter Tonus der Zelle aufgefaßt werden. Das ist nicht unsere gewöhnliche blasse Vorstellung von den verschiedenen Dingen, sondern eine kräftige, verstärkte, die sich auf ungewöhnlich hohem Niveau befindet.

Ich muß bemerken, daß der Patient in den zwei Tagen seiner Abwesenheit von Hause irgendeine Infektion mit hoher Temperatur von über 39° bekommen hatte. Die entsprechenden Hirnzellen waren der Wirkung des Infektionsgiftes ausgesetzt. Ihr pathologischer Zustand konnte ohne weiteres in der uns bekannten Trägheit des Nervenprozesses manifest werden. Die Wirkung des starken Reizes in Form der Vorstellung vom Krankenhaus traf auf die trägen Rindenzentren und verband sich mit demjenigen, der die Ursache des „Übels" war. Die Ursache des „Übels" war aber die Mutter, die die Rettungsstelle angerufen und ihn in die Klinik geschickt hatte. Es geschah fast dasselbe wie bei „Sews". Dort war „Swetlana" der stärkste Reiz, hier die Furcht, der Freiheit beraubt zu werden, und die Mutter als unmittelbar Schuldige. Zwangsphänomene traten auf.

Jetzt gesundet er. Offensichtlich schwächt sich der Trägheitsprozeß ab. Er sagt bereits: „Zum Teufel mit diesen Feinden. Früher haben sie mir Übel zugefügt, aber jetzt langweilen sie mich nur noch."

Er ist ruhiger geworden, und man hat ihm versprochen, er würde bald entlassen werden.

Wie doch all das an „Sews" erinnert. Dort wurde es durch den Nahrungsinstinkt verstärkt und hier durch den Freiheitsinstinkt, durch die Furcht, eingeschlossen zu sein.

Nur war im letzteren Falle das Nervensystem schon zur Trägheit prädisponiert. Der Kranke hatte gerade eine Halluzinose hinter sich, und dann kam noch die Wirkung der Infektion hinzu. *(71)*

I. O. Narbutowitsch: Das Vorhandensein eines starken emotionellen Elements ist sehr wichtig und spricht für Ihre Erklärungen. Er ist ein sehr emotioneller Mensch.

I. P. Pawlow: Ich möchte folgendes ergänzen. Außerhalb dieser Wahnidee ist er ein sehr intelligenter, angenehmer und verständiger Mensch. Als er zum ersten Mal erschien, hatte er große Hoffnungen. Er hielt mich für den Leiter, für den Herrn dieser Klinik. Er hatte die Hoffnung, daß ich ihn entlassen würde. Deshalb befand er sich, als er vor mir saß, in starker Erregung, hielt dann aber nicht durch und brach in Tränen aus. Wie stark wirkte doch der Instinkt dieses Wunsches nach Freiheit!

I. O. Narbutowitsch: Diese emotionelle Reaktion bestätigt Ihren Schluß.

I. P. Pawlow: Und nun, meine Damen und Herren, beherzigen Sie das! Das Wesen der Sache ist ein und dasselbe bei „Sews" und bei diesem intelligenten Menschen.

A. N. Pachonow: Wie soll man denn unterscheiden, weshalb sich im einen Falle eine Zwangsidee und im anderen eine Wahnidee bildet? Sie haben früher einmal geäußert, daß die Frage auf die Intensität der Einwirkung hinausläuft.

I. P. Pawlow: Der träge Erregungsprozeß verhält sich nicht so wie normalerweise: Die Erregung hat gewirkt, Sie haben sich abreagiert, und dann legt sich dieser tätige Zustand der Rinde.

A. N. Pachomow: Bei Zwangsphänomenen ist es im Grunde dasselbe, nur ist die Intensität geringer.

I. P. Pawlow: Das ist etwas anderes.

A. N. Pachomow: Zur Wahnidee verhält sich der Mensch kritiklos, zur Zwangsidee aber kritisch.

I. P. Pawlow: Das hängt vom Grade der Induktion ab, inwieweit ein anderer Gehirnteil wirkt und die Tätigkeit dieses Punktes konzentriert.

A. N. Pachomow: Kronfeld sagt, daß der Zwang in dem Augenblick auftritt, in dem die vorhandene Idee des Menschen sich prinzipiell nicht vom krankhaften Wahn unterscheidet.

I. P. Pawlow: Natürlich, das sage ich ja gerade. Im vorliegenden Falle findet sich die ganz ausgeprägte Idee, verfolgt zu werden. Davon hängt sein Wahn ab.

5. NOCH EINMAL ÜBER DIE KOMBINATION VON BROM UND KOFFEIN (A. M. PAWLOWAS „LISSA")

I. P. Pawlow: Nun werden wir zu etwas anderem übergehen. A. M. hat unsere Methoden der Behandlung mit einer Kombination von Koffein und Brom bestätigt.

Bei A. M. befindet sich der alte Kastrat „Lissa". Er war zu einem ganz anderen Zweck kastriert worden. Es ärgerte uns, daß der Sexualinstinkt die Arbeit mit den bedingten Reflexen zuschanden machte, und wir beschlossen, ihn auf diesem Wege davon zu befreien. Das ging aber nicht, weil die Kastration Neurosen usw. zur Folge hat. Bei diesem Hunde äußerte sich die Kastration außerordentlich *(72)* stark. Er war im höchsten Grade geschwächt. Seine ganz bedingt-reflektorische Tätigkeit geriet aus den Fugen, und so blieb er bis in die letzte Zeit. Besonders wirkte sich das auf die Differenzierung aus.

Jetzt hat A. M. begonnen, eine Kombination von Koffein und Brom anzuwenden. Sie nahm 0,1 g Brom und 0,01 g Koffein. Die Wirkung war geringfügig. Daraufhin wurde eine größere Bromdosis angewandt, und zwar 0,5 g. Es kam zu einer wesentlichen Besserung, die bis jetzt anhält. Eine exakte Bestätigung dessen, was wir an anderen Hunden gesehen haben.

6. FALL EINES UNGEWÖHNLICHEN ERREGUNGSZUSTANDES NACH FÜTTERUNG UND SEINE BESEITIGUNG DURCH VERLÄNGERUNG DER WIRKUNG DES BEDINGTEN REIZES ÜBER DIE GANZE FÜTTERUNGSZEIT (N. A. PODKOPAJEWS „JIM")

I. P. Pawlow: Sie erinnern sich, ich erzählte Ihnen von dem Versuch mit N. A.s. „Jim". „Jim" war sehr stark erregbar, wobei die Erregung nach der Fütterung in besonders starker Form auftrat. Er beleckte zunächst den Futternapf, versuchte sich dann den Ballon abzureißen und endete mit Niesen, worauf er sich beruhigte.

Stellen Sie sich vor, diese Erscheinungen verschwanden, als N. A. das Metronom während der ganzen Fütterung weiter wirken ließ.

Wir haben das letztes Mal damit erklärt, daß dieser bedingte Reiz, wenn er lange unter dem Einfluß des unbedingten Reizes geblieben ist, gehemmt werden muß, und wenn das Fressen zu Ende ist, hemmte dieser Hemmungsstand der Zelle des bedingten Reizes seinerseits die übrige Hirnrinde.

Eine andere Variante fand sich ebenfalls bei A. M. Bei ihrem neuen Hund „Grey" untersuchten wir zu einem bestimmten Zweck den Einfluß unterschiedlicher Mengen von Nahrungsbekräftigung der bedingten Reize. Bei der üblichen Bekräftigung mit 30 g blieb der Hund ruhig und arbeitete regelmäßig. Als aber seine Portion von 30 g auf 5 g herabgesetzt wurde, fielen die bedingten Reflexe zunächst ab; dann kam es aber nach zwei bis drei Tagen zu einer starken Erregung des Hundes und zu einem Chaos der bedingten Reflexe.

Es ist anzunehmen, daß, wenn der unbedingte Reiz lange anhielt (bei großer Portion), die negative Induktion auf das Zentrum des bedingten Reizes beträchtlich war und sein hemmender Einfluß in der Hirnrinde vorherrschte. Als aber diese negative Induktion stark begrenzt wurde und nur sehr kurz anhielt, siegte die Erregung. Damit wird zugleich unterstrichen, welche gewaltige Bedeutung der unbedingte Reflex für den Zustand der Hirnrinde hat.

Wie sie sich erinnern, haben wir die Erklärung akzeptiert, daß die ganze Abhängigkeit des unbedingten Effekts von der Größe der Portion gerade darauf beruht (auf der Größe der Induktion). Bei geringer Bekräftigung ist die Wiederherstellung gering. Wenn die Induktion aber lange anhält, dann dauert auch die regenerierende Wirkung *(73)* auf die Zelle des bedingten Reizes länger; sie erholt sich gut und kann bei der folgenden Erregung einen großen Effekt liefern.

7. ÜBER DEN ANIMISMUS SHERRINGTONS UND ÜBER DEN KONSERVATIVISMUS DER ENGLISCHEN WISSENSCHAFT

I. P. Pawlow: Noch eine interessante Tatsache im Zusammenhang mit der allgemeinen Bedeutung und Auffassung unserer Arbeit. Als die deutsche Ausgabe meiner Vorlesungen über die Arbeit der höheren Nerventätigkeit erschien, wurde in der englichen Zeitschrift „Nature" eine charakteristische Notiz veröffentlicht. Sie war von einem der Schüler Sherringtons geschrieben. Zunächst kommen verschiedene Komplimente und dann wird gesagt: „Aber mit vollem Recht bezweifelt man die Richtigkeit der Deutung dieses grandiosen, umfangreichen Materials." Und ferner: „Deshalb halten es einige für zweifelhaft, daß die Pawlowsche Terminologie ein klares Verständnis begünstigt. Es ist möglich, daß es beim derzeitigen Stand unserer Kenntnisse vorzuziehen wäre, diese Entdeckungen in psychologischen Termini zu interpretieren, z. B. Assoziationen, Zerstreutheit, Interesse, Bewußtsein, Aufmerksamkeit, Gedächtnis usw."

Wie finden Sie das? Sie selbst richteten dieses Gebäude mit dem vollen Bewußtsein auf, etwas Richtiges zu tun. Sherrington selbst hat doch auch die reflektorische Tätigkeit des Rückenmarks bearbeitet, aber man hüte sich, diese Ergebnisse auf das Gehirn zu übertragen, denn dann wird der ganze Bau fragwürdig.

Das ist eine animistische Überlegung. Bei Sherrington ist ein Hort des Animismus. Als Beweis dafür kann sein Zweifel angesehen werden, daß der Verstand irgendwelche Beziehung zum Nervensystem hat. Das heißt, daß der Verstand irgend etwas über dem Nervensystem Schwebendes ist. Das heißt, daß der Verstand keinesfalls mit der Nerventätigkeit in Verbindung gebracht werden kann.

Ich begreife den Einfluß des Lehrers auf seine Schüler. Aber wenn der Lehrer Animist ist, müssen dann auch alle Schüler Animisten sein? Herrscht denn in der englischen Welt tatsächlich eine solche geistige Sklaverei? Wie ist das zu verstehen? Er ist einer seiner Schüler. Er beruft sich auf seine Studienkollegen. Und er sagt, daß es besser wäre, vom psychologischen Standpunkt aus zu systematisieren als vom rein physiologischen. Das ist erstaunlich, um so mehr, als die bedingten Reflexe gerade in England besonderen Erfolg hatten. Gerade dort sind die bedingten Reflexe im Mittelschulunterricht eingeführt worden.

Ich halte die Position Sherringtons direkt für schädlich, wenn er solche Schüler heranzieht. Er mag selbst denken, was er will. Weshalb aber verwirrt er die anderen?

Nein, wir können ohne Sorge bei unseren bedingten Reflexen bleiben.

Alles Gute! *(74)*

MITTWOCHKOLLOQUIUM

vom 13. Februar 1935

1. DIE PATHOLOGISCHE LABILITÄT DER HEMMUNG — EINE VARIANTE DES ERREGBAREN TYPS DES NERVENSYSTEMS (W. P. GOLOWINAS „TRESOR", A. A. LINDBERGS „SATYR", W. I. PAWLOWAS „TOM" UND M. K. PETROWAS „TOMBUSCH")

I. P. Pawlow: Wir haben schon vor längerer Zeit ermittelt, daß eine Variante des erregbaren, d. h. starken, aber unausgeglichenen Typs existiert, und zwar in der Hinsicht unausgeglichen, als der Erregungsprozeß sehr stark, der Hemmungsprozeß aber relativ schwach ist.

Ich möchte jetzt auf ihre allgemeine Charakteristik eingehen.

Vor allem war, wie die Untersuchungen gezeigt haben, bei all diesen Hunden der Erregungsprozeß ungewöhnlich stark. Die Untersuchungen bestanden darin, daß sehr starke Reize angewendet wurden und die Hunde sie prächtig vertrugen. So wurden zum Beispiel bei „Satyr" bedingte Reflexe auf das sehr starke, unerträgliche Geräusch einer lauten Knarre gebildet. Er ertrug die Knarre 2½ Monate lang. Dasselbe wiederholte sich auch bei „Tresor". Es ist unbestreitbar, daß ihr Erregungsprozeß stark ist.

Was ihr Verhalten betrifft, so sind sie aggressiv. Wenn sie auch ihrem Herrn gehorchen, so sind sie doch ihren Artgenossen gegenüber ständig aggressiv. Aggressivität ist ein Ausdruck der Stärke des Erregungsprozesses im Verhalten.

Dementsprechend bilden diese Hunde bedingte Reflexe sehr schnell; das Futter, das ihnen im Versuchsgestell vorgelegt wird, nehmen sie sofort. Zugleich ist ihre Hemmung außerordentlich schlecht. Man kann nicht nur von einem relativ schwachen Hemmungsprozeß sprechen, sondern von einem absolut schwachen. Niemals darf man bei ihnen die Differenzierung irgendwie ausdehnen. Das führt zur Irradiation der Hemmung, und sie verfallen in einen hypnotischen Zustand.

Zugleich sind sie hervorragende Hypnotiker, d. h. Tiere, für die eine einförmige Umgebung die Ursache zur Entstehung eines allgemeinen Hemmungszustandes ist.

Man könnte also so entscheiden, daß wir es hier mit einem im höchsten Grade unausgeglichenen Typ zu tun haben, bei dem der Erregungsprozeß außerordentlich stark ist, *(75)* der Hemmungsprozeß aber nicht nur relativ, sondern sogar absolut schwach. Aber hier hat sich nun eine neue Schwierigkeit ergeben.

Bei Schwäche des Hemmungsprozesses ist es doch schwierig, eine gute Differenzierung zu erreichen, bei diesen Hunden aber war die Differenzierung gewöhnlich sehr gut. Das paßt nicht ins Konzept: Wie soll man das verstehen, die Differenzierung ist sehr gut und bildet sich ziemlich schnell, zugleich ist aber die Hemmung außerordentlich schwach, und zwar nicht nur relativ, sondern sogar absolut schwach? Das schien ein Widerspruch und befremdlich zu sein.

Wie ist das miteinander in Einklang zu bringen? Worin kann sich überhaupt die Schwäche des Nervenprozesses äußern? Einen normalen Nervenprozeß kennzeichnen wir doch nicht nur durch seine Stärke (durch die Größe der bedingten Reflexe), sondern auch dadurch, daß seine Beweglichkeit die Grenzen der Norm nicht überschreitet. Folglich kann sich die Schwäche, der Mangel an Hemmung, auch nicht nur in der Stärke äußern, sondern auch im Grade ihrer Beweglichkeit. Wir wissen, daß die Beweglichkeit zwei pathologische Abweichungen zeigen kann: eine Abweichung in Richtung auf eine unzureichende Beweglichkeit und eine Abweichung in Richtung auf eine übermäßige Beweglichkeit. Das sind die sogenannte „pathologische Trägheit" und „pathologische Labilität".

Sehen Sie nun: Der Mangel des vorliegenden Hemmungsprozesses, trotz seiner Stärke, erklärt sich vielleicht aus einer Anomalität seiner Beweglichkeit. Wenn der Hemmungsprozeß auch schnell und vollständig auftritt, so bleibt er doch nicht lange konzentriert, sondern irradiiert.

So war es bei W. P. Die Differenzierung bei „Tresor" war ausgearbeitet und hielt sich gut. Ein hypnotischer Zustand trat nicht auf. Es genügte, die Differenzierung von 15 auf 30 Sekunden auszudehnen, und alles war hin; der hypnotische Zustand irradiierte.

Es ist also durchaus möglich, daß hier eine anomale Labilität vorlag, die es dem Tier ermöglichte, diese Hemmung sehr schnell zu konzentrieren, freilich nur für kurze Zeit. Das ist eine Sonderform von Anomalität des Hemmungsprozesses. So erkläre ich es.

Es wäre interessant zu erfahren, was diejenigen dagegen einzuwenden hätten, in deren Händen sich diese Hunde befinden.

M. K. Petrowa: Ich kann nichts sagen, denn bei meinen Hunden sind beide Hemmungsmomente, sowohl das Erlöschen als auch die Differenzierung sehr stark. Die positiven bedingten Reflexe sind dabei sehr groß. Als ich die Differenzierung ausschaltete, trat Hypnotisierung auf.

Ich begann am gestrigen Tage die Proben auf das Verspäten. Es wird interessant sein zu verfolgen, wie sich bei ihnen das Verspäten bildet. Dann kann man es auf seine Dauer untersuchen.

I. P. Pawlow: In diesen Fällen entsteht also die Hemmung für kurze Zeit schnell, aber man darf sie nicht irgendwie hinziehen. *(76)* Ich habe das dem Begriff „anomale Labilität der Hemmung" untergeordnet. Vom Erregungsprozeß wissen wir doch schon genau: Einerseits kann der Erregungsprozeß anomal träge, starr gemacht werden; anderseits aber außerordentlich labil, was in der Klinik schon seit langem als reizbare Schwäche bekannt ist. Man kann sich dasselbe auch für die Hemmung vorstellen.

A. A. Lindberg: Ich möchte sagen, daß sich bei „Satyr" keinerlei Hinweis auf eine Labilität der Hemmung gefunden hat.

I. P. Pawlow: Beginnen wir ganz von vorn. Erinnern Sie sich genau, wie sich bei Ihnen die Differenzierung bildete, wie schnell sich die Höhe der Differenzierung bildete, auf der er stehen blieb?

A. A. LINDBERG: Die erste Differenzierung wurde unter Brom gebildet.

I. P. PAWLOW: Der Hund „Satyr" war insofern bemerkenswert, als er zwar sehr stark war, aber dennoch leicht in Hypnose verfiel, was sich als unüberwindbares Hindernis bei der Arbeit auswirkte.

Jetzt stelle ich die Frage: Konnten Sie bei ihm eine Differenzierung ohne Brom ausarbeiten?

A. A. LINDBERG: Das ging nicht.

I. P. PAWLOW: Also verfiel der Hund von Anfang an in Hypnose, und mit ihm war nichts anzufangen. Man mußte ihm Brom geben. Die Bromierung brachte ihn in einen guten Zustand. Nach Bromierung begannen wir erstmalig, eine Differenzierung zu bilden. Jetzt sagen Sie uns, wie sie sich bildete.

A. A. LINDBERG: Der Differenzierungsreiz gab sehr bald niedrige Werte der bedingten Speichelabsonderung, aber noch rascher erniedrigte sich der Effekt auf den positiven Reiz, und das Ganze endete mit einem völligen Verschwinden aller bedingten Reflexe.

I. P. PAWLOW: Das bedeutet, es entwickelte sich auf die Wirkung des Differenzierungsreizes schnell ein Hemmungsprozeß, der aber den positiven Reiz nicht induzierte. Das ist aber gerade das, wovon ich rede. Die Differenzierung bildete sich schnell, irradiierte aber und machte den positiven Reiz zunichte.

A. A. LINDBERG: Ich habe Ihnen den Hund damals zweimal gezeigt.

I. P. PAWLOW: Ich bin mit diesem Ergebnis auch zufrieden.

Dasselbe passierte auch bei W. P. Ihre Mitteilung bestärkt mich nur darin, daß diese Hemmung anomal ist. Sie bildet sich rasch, und wenn es zu keiner starken Anspannung kommt, hält sie sich. Ihre Grenze ist sehr eng. Man braucht diese Hemmung nur um 5 Sekunden hinzuziehen, dann wird sie zerrüttet. Der Hemmungsvorrat ist sehr gering. So, wie wir beim Erregungsprozeß einen gewissen Vorrat an funktioneller Substanz annehmen können, so kann man auch hier sagen, daß nur *(77)* ein kleiner Vorrat an funktioneller Substanz vorhanden ist, aus der sich der Hemmungsprozeß aufbaut.

E. A. ASRATJAN: Wie sind die anderen Hemmungsarten?

I. P. PAWLOW: Bisher beschränkt sich die Sache auf diese Hemmung.

W. P. GOLOWINA: Ich habe noch in 22 Minuten ein Erlöschen durchgeführt, beim zweiten Mal in 16 Minuten.

I. P. PAWLOW: Ich muß sagen, daß ich bezüglich des Auslöschens eine besondere Meinung habe. Wer weiß, kann man das ganze Auslöschen insgesamt wirklich auf das innere Auslöschen reduzieren? Man muß das übliche Auslöschen von dem unterscheiden, das durch Training ausgearbeitet wird. Was sich durch Training ergibt, ist unstrittig eine innere Hemmung. Sie wird durch Chloralhydrat zerstört, aber die allgemeine Hemmung hat vielleicht eine andere Bedeutung.

W. P. GOLOWINA: Was die Ausarbeitung der Differenzierung bei „Tresor" betrifft, so war sie nach vierzig Kombinationen ausgearbeitet. Beim ersten Mal unterschied er zwar die beiden Reize, stand aber, die Schnauze in den Futternapf gesteckt, anderthalb Minuten lang unbeweglich, d. h., er war hypnotisiert worden. Dann verringerte sich zehn Tage lang die Speichelabsonderung auf den Hemmreiz, und am elften Tage lieferte er einen Nullwert, d. h. eine völlige Differenzierung. Am nächsten Tage waren alle bedingten Reflexe verschwunden.

I. P. Pawlow: Der Hemmungsprozeß bildete sich also schnell und wurde dann zerrüttet?

W. P. Golowina: Ja, „Tresor" war nicht zu einer intensiven Hemmung fähig.

I. P. Pawlow: Das Verhältnis zwischen der Stärke und der Beweglichkeit ist eine Frage, die wir jetzt lösen. Bei uns gibt es zwei Ansichten: Muß man die Beweglichkeit als einzelne und völlig unabhängige, völlig selbständige Qualität ansehen oder ist sie das Verhältnis zwischen dem Erregungs- und Hemmungsprozeß? Dieses Problem ist noch nicht gelöst. Ich glaube, daß es außer der Schwäche des Hemmungsprozesses auch noch eine pathologische Beweglichkeit gibt, d. h. dementsprechend eine pathologische Schwäche und Labilität des Hemmungsprozesses. Das ist eine vollauf berechtigte Vermutung. Ich glaube, diesen Gedanken muß man im Auge behalten.

2. DIE BEDEUTUNG DES AUSGANGSTONUS DER RINDE FÜR DEN ABLAUF DES GANZEN SYSTEMS BEDINGTER REFLEXE ODER DES GANZEN STEREOTYPS. DER EINFLUSS EINER EINFACHEN FÜTTERUNG AN ERSTER STELLE AUF DIE WIRKUNG EINES ELEKTRISCHEN HAUTREIZES IM STEREOTYP (VERSUCHE W. K. FJODOROWS)

I. P. Pawlow: Die Versuche von W. K. sind sehr interessant. „Lichoi" ist ein starker Hund. An diesem Hunde hat er zwei Versuchsreihen angestellt mit einjähriger Pause zwischen ihnen.

Bei diesem Hunde wurde ein Stereotyp mit folgenden Reizen ausgearbeitet: Gluckern, Licht, positive Kassalka und negative hemmende Kassalka. *(78)* Die Differenzierung war unvollständig, sie ergab 25 bis 30% der bedingten Speichelabsonderung der positiven Kassalka. Die Größe der entsprechenden bedingten Reflexe war gewöhnlich folgende: Gluckern 50, Licht 28, Kassalka 45 und negative Kassalka 16, 13, mit einem Wort, eine unvollständige Differenzierung mit 25 bis 30% der Größe des positiven Reflexes. Der Versuch begann mit einer einfachen Fütterung des Hundes mit der üblichen Bekräftigungsmenge von Fleisch-Zwieback-Pulver.

Dann wandten wir eine andere Reihenfolge der Reize an, wobei nach der einfachen Fütterung ein schwacher elektrischer Hautreiz an der Schulter des Hundes gesetzt wurde. Nach diesem Reiz veränderte sich die Größe der nachfolgenden, in derselben Reihenfolge angewandten bedingten Reflexe gewöhnlich nicht. Der schwache Strom hatte also auf das normale System der bedingten Reflexe nur geringen Einfluß.

Veränderte man den Versuch aber so, daß man die übliche Fütterung ausließ und mit dem einfachen elektrischen Hautreiz begann, dann waren alle nachfolgenden bedingten Reflexe stark erniedrigt.

Eine Wiederholung des Versuchs in der ersten Variante stellt den ganzen Stereotyp wieder her. Der Einfluß des schwachen elektrischen Hautreizes auf den Stereotyp der bedingten Nahrungsreflexe wurde also gewissermaßen durch die erste einfache Fütterung des Hundes ausgeschaltet. Dann gewöhnte sich der Hund allmählich an den elektrischen Hautreiz, und dieser hörte auf, auf den nachfolgenden Stereotyp einen Einfluß auszuüben. Daraufhin wurde im Hinblick auf die Gewöhnung des Hundes stärkerer Strom genommen. Jetzt, ein Jahr nach der ersten Versuchsserie wird der elektrische Hautreiz zusammen mit einigen bedingten Reizen angewandt, wobei er 2½ Sekunden vor Beginn der Wirkung des bedingten Reizes gesetzt wird, und 2½ Sekunden vor der Bekräftigung endet. Die Art und Reihenfolge der bedingten Reize hat sich etwas geändert, und zwar: Knall, Licht, Geräusch, Gluckern (verspätetes), positive Kassalka und negative Kassalka. Die Größen der bedingten Reize in Teilstrichen sind beim Fehlen des elektrischen Hautreizes folgende: Knall 52, Licht 27, Geräusch 50 usw. Eine Variante des Versuchs sieht folgendermaßen aus: Fütterung, Knall mit dem erwähnten elektrischen Hautreiz, Licht mit derselben Begleitung und die üblichen nachfolgenden bebedingten Reize. Dabei liefert der Knall 18 statt 52 und das Licht 13 statt 27. Der Effekt verringert sich auf ein Drittel oder die Hälfte. Weiterhin liefert das Geräusch ohne Anwendung des Stromes 50 bis 45, die Verringerung ist also unbeträchtlich.

Eine andere Versuchsvariante: Die einfache Fütterung fällt aus, den ersten beiden Reizen wird derselbe Strom unter denselben Bedingungen hinzugefügt, d. h., 2½ Sekunden vor Beginn der Wirkung des bedingten Reizes usw. Dann ergibt sich eine weitaus stärkere Verringerung: auf den Knall statt 18 nur 5; auf das Licht statt 13 einen Nullwert, wobei der Hund das Futter ablehnt. Die Versuche sind gesichert. Was ist der Sinn dieser Versuche? Wie sind sie zu interpretieren? *(79)*

Ich glaube, die Interpretation ist hier offensichtlich und für uns sehr wichtig. Hier tritt eine sehr wichtige Beziehung auf, die wir eigentlich immer angenommen haben. Wenn Sie an erster Stelle gefüttert haben, dann haben Sie den Rindentonus, den Tonus des Nahrungszentrums stark erhöht und damit einen neuen Zustand des Nervensystems im Vergleich zu der Situation geschaffen, wenn der Hund nicht gefressen hat. Der neue Zustand entsteht auch in der übrigen Hirnrinde, da sich darauf natürlich eine negative Induktion ausbreitet. Wenn der elektrische Hautreiz auf die Hirnrinde einwirkt, ist es schon nicht mehr die gleiche Hirnrinde wie ohne diese Bekräftigung. Die negative Induktion begrenzt bereits den Erregungsprozeß bei der elektrischen Reizung. Das ist eine sehr schöne Illustration einer Erscheinung, die wir alle kennen und die sich häufig zeigt. Wenn es sich um Trägheit handelt, wenn der Tonus sich hinzieht, dann rechnen wir damit. Es ist klar, daß die natürlichste Erklärung hier darin besteht, daß der Reiz, den Sie als ersten setzen, zum Herrn der Hirnrinde wird, d. h. einen gewissen Tonus herstellt und den der übrigen Hirnrinde herabsetzt; alle übrigen Reize treffen dann nicht auf den normalen, sondern auf einen veränderten Rindenzustand. Ich glaube, eine andere Interpretation läßt sich nicht finden. Das ist sehr demonstrativ und schön.

Meine Damen und Herren, möchte jemand etwas sagen?

3. DER EINFLUSS VON CHLORALHYDRAT AUF DIE ÄUSSERE UND INNERE HEMMUNG. DIE WAHRSCHEINLICHE EINHEIT DES WESENS DER ÄUSSEREN UND INNEREN HEMMUNG BEI VORHERRSCHENDER STÄRKE DER ÄUSSEREN HEMMUNG (VERSUCHE W. K. FJODOROWS)

I. P. Pawlow: Sie erinnern sich an die Versuche von W. K., über die ich am letzten oder vorletzten Mittwoch gesprochen habe. Er hat einen sehr schönen Versuch angestellt, der die unterschiedliche Wirkung gewisser Dosen eines Paralysators, und zwar des Chloralhydrats, auf die äußere und innere Hemmung zeigt. Beim Vorhandensein eines ausgearbeiteten Systems bedingter Reflexe legte er am Bein des Hundes eine Elektrode an und setzte elektrischen Strom. Auf diesen elektrischen Hautreiz wurde ein bedingter Reflex ausgearbeitet. Bei einer bestimmten Dosis Chloralhydrat änderte sich die Wirkung des elektrischen Hautreizes nicht. Als aber nach vielen Wiederholungen des elektrischen Reizes die Elektrode selbst zum bedingten Reiz geworden war, zerstörte Chloralhydrat diese Hemmung. Folglich verhalten sich diese Reize gegenüber Chloralhydrat unterschiedlich.

Auf diese Weise ist ein Unterschied zwischen der inneren und der äußeren Hemmung im Verhalten gegenüber einem Paralysator festgestellt worden, und zwar widersteht die äußere Hemmung der Paralyse, die innere aber unterliegt der hemmenden Wirkung.

Andererseits verfügen wir schon seit langem über Befunde — ich glaube, es war bei Ihnen, I. R.[1] —, daß wir uns die äußere Hemmung *(80)* (was ihr Wesen, ihren physikalisch-chemischen Prozeß betrifft) als identisch mit dem Prozeß der inneren Hemmung vorzustellen haben. Der Beweis ist darin zu sehen, daß die innere und die äußere Hemmung dieselben hypnotischen Phasen ergeben. Das haben Sie als erster an der äußeren Hemmung gezeigt.

Denselben Versuch hat unlängst W. K. angestellt und Ihre Befunde bestätigt. Bei ihm ergab sich dasselbe. Dann haben sich aber, wie Sie sehen, gleichsam zwei widersprechende Reihen von Tatsachen ergeben: Einerseits findet sich ein Unterschied zwischen der äußeren und der inneren Hemmung und andererseits sind sie gleichsam identisch, weil sie hinsichtlich der Phasen identisch sind.

Mir scheint, dieser Widerspruch ist gar nicht so schwer zu beheben. Er läßt sich auf einen quantitativen Unterschied reduzieren. Man kann sich vorstellen, daß die äußere Hemmung stärker ist als die innere Hemmung. Eben deshalb genügt der Paralysator, um der inneren Hemmung den Garaus zu machen, nicht aber, um die äußere Hemmung „umzulegen".

[1] I. R. Prorokow

Wir haben sogar den Versuch geplant, die äußere Hemmung allmählich zu schwächen, sie in geringerem Grade anzuwenden, und dann unterliegt vielleicht auch diese Hemmung der paralysierenden Wirkung des Chloralhydrats. Dann wird diese Frage restlos geklärt sein.

4. ABHÄNGIGKEIT DER GRÖSSE DER BEDINGTEN REFLEXE VON DER ZUR BEKRÄFTIGUNG ZUGEFÜHRTEN SÄUREMENGE (VERSUCHE W. K. FJODOROWS)

I. P. Pawlow: W. K. hat — ich habe davon schon andeutungsweise gesprochen — noch einen weiteren Versuch von allgemeiner Bedeutung aufzuweisen, der bestätigt, daß der Effekt des bedingten Reizes vom Ausmaß der Bekräftigung abhängt. Das war bei uns am Nahrungsreflex bewiesen worden. Es hat sich herausgestellt, daß nun auch, je nachdem, wieviel Säure eingeführt wird, entweder ein schwächerer oder ein stärkerer bedingter Effekt auftritt. Als er 3 cm^3 Säure von einem bestimmten Prozentsatz anwandte, erhielt er im Durchschnitt auf zwei Reize 8 und 4 Teilstriche bedingte Speichelabsonderung; gab er aber 10 statt 3 cm^3, dann erhielt er im Durchschnitt 14 Teilstriche. Bei weiterer Erhöhung war die Zunahme nicht mehr so kraß. Wahrscheinlich erreichte eine weitere Erhöhung den Grenzwert.

Das ist nur an einem Hunde ermittelt worden. Es empfiehlt sich, das noch einmal zu wiederholen. Hat es noch jemand wiederholt?

A. A. Lindberg: Bei „Kaschtan" habe ich es getan. Es war dasselbe. K. S. Abuladse hat es an „Parnaß" versucht.

I. P. Pawlow: Also an drei Hunden. Dann wollte E. A. es noch mit einem Abwehrreflex versuchen.

E. A. Asratjan: Bisher hat sich noch nichts ergeben. Dabei entsteht ein umgekehrtes Verhältnis. *(81)*

5. DIFFERENZIERUNG BEDINGTER REIZE AUF GRUND VERSCHIEDENER UNBEDINGTER BEKRÄFTIGUNGEN — NAHRUNGS- UND ABWEHRBEKRÄFTIGUNG. EINFLUSS DER NICHTBEKRÄFTIGUNG DES BEDINGTEN ABWEHRREIZES AUF DEN NACHFOLGENDEN BEDINGTEN NAHRUNGSREIZ UND UMGEKEHRT (VERSUCHE K. S. ABULADSES)

I. P. Pawlow: Jetzt kommen die Hunde von K. S. Wie Sie sich erinnern, berichtete ich Ihnen über die Versuche an „Delphin". Bei „Delphin" war eine sehr feine Differenzierung nicht mit Hilfe entgegengesetzter Prozesse, des Erregungs- und Hemmungsprozesses, ausgearbeitet worden, sondern mit Hilfe zweier verschiedener unbedingter Reflexe; und zwar hatte der Hund auf 152 Metronomschläge einen Abwehrreflex, auf 156 Schläge dagegen einen Nahrungsreflex. Zu guter Letzt wurden die Reflexe ganz exakt ausgearbeitet. Er konnte ihre Plätze vertauschen, mit dem einen oder dem anderen beginnen, jeder gab den entsprechenden Reflex.

Dann variierte er den Versuch folgendermaßen. Nach einer Reihe von Abwehrreflexen auf das Metronom-152 wiederholte er es noch einmal, ließ es aber unbekräftigt und ging dann nach 5 Minuten zum Nahrungsreflex über. Dabei lieferte der Nahrungsreiz einen Abwehreffekt.

Wie ist das aufzufassen? Wir haben damals folgende Erklärung gegeben: Wenn man das positive Abwehrmetronom-152 anwendet, danach aber keine Bekräftigung folgt, dann ist die Zelle des bedingten Abwehrreizes nicht in den Hemmungszustand übergegangen, da die Induktion von seiten der positiven unbedingten Bekräftigung fehlt.

Wir wissen doch, daß der unbedingte Reflex eine negative Induktion ergibt; der Erregungsprozeß ist also nicht anulliert worden und hat sich in diesem Versuch 5 Minuten lang gehalten. Als aber ein eng benachbarter Reiz (M-156) gesetzt wurde (sie sind sehr eng benachbart, wir können uns das räumlich kaum vorstellen), da traf die neue Erregung auf den Punkt des Abwehrreflexes, summierte sich und lieferte den entsprechenden Effekt.

Das ist unsere Erklärung, die den wirklich außerordentlich subtilen Signalisationsapparat deutlich macht. Wenn eine Zelle der Signalisation dient, dann wird ihre Tätigkeit sofort eingestellt, wenn der entsprechende unbedingte Reiz in Aktion tritt. Dadurch bewahrt sie ihre Empfindlichkeit und Signalisationsfähigkeit für weitere Male. Sie sehen, wie sich ein außerordentlich subtiler Nervenprozeß offenbart. Das ist ein sehr schöner Befund.

Dasselbe wurde an einem anderen Analysator wiederholt, und zwar am Hautanalysator. Hier wurden zwei dicht beieinander stehende Kassalkas genommen. Die eine war Signal eines Abwehrreflexes, die andere Signal eines Nahrungsreflexes. Zu guter Letzt war die Ausarbeitung ganz exakt. Dann wurde der vorige Versuch wiederholt, d. h., die Abwehrkassalka wurde in Gang gesetzt, aber ohne elektrischen Strom, und nach ihr wurde die andere, die Nahrungskassalka, angewandt. Diese lieferten *(82)* keine Abwehrreaktion, wie im vorhergehenden Falle, sondern der Reflex erwies sich als gehemmt. Offensichtlich wird der Effekt von der unterschiedlichen Stärke dieser Reize bestimmt. Es ist im Grunde dasselbe, nur quantitativ unterschiedlich. Das ist verständlich, denn wir halten doch den Abwehrreiz für weitaus stärker als den Nahrungsreiz.

Hier hat irgend jemand bemerkt — Sie sehen, wie wertvoll diese Gespräche sind —, irgend jemand von Ihnen hat ganz richtig gesagt, es wäre gut, einmal umgekehrt zuzusehen, wie die Nichtbekräftigung des Nahrungsreizes auf den Abwehrreiz wirkt.

In diesen beiden Versuchen, von denen ich berichtet habe, handelte es sich um die Nichtbekräftigung des Abwehrreizes und seinen Einfluß auf den Nahrungsreiz. Als aber ein Versuch mit Nichtbekräftigung des Nahrungsreizes angestellt wurde, ergab sich eine Verzögerung des Abwehrreflexes um 15 Sekunden, was noch nie vorgekommen ist. Die Wirkung äußerte sich in Form einer Verzögerung, d. h. in Form einer abgeschwächten Wirkung. Dann wurde, um das Stärkeverhältnis der unbedingten Abwehr- und Nahrungsreflexe auszugleichen, die Nahrungserregbarkeit erhöht, d. h., zu den Versuchen wurde ein hungriger Hund genommen. Daraufhin ergab sich dasselbe, d. h. eine Verzögerung. Eine Umkehr trat nicht auf.

6. ÜBER DIE WIEDERHOLUNG UND BESTÄTIGUNG ERMITTELTER WISSENSCHAFTLICHER BEFUNDE. HUNDE OHNE DISTANZREZEPTOREN (K. S. ABULADSES „JAVA“)

I. P. Pawlow: Dann hat K. S. noch zwei Hunde. Jetzt kommen weniger bedeutsame Befunde, aber sie sind insofern erfreulich, als sie unsere Thesen bestätigen.

Ich bin davon durchdrungen, daß die wissenschaftliche Tätigkeit, die wissenschaftliche Berufung und die wissenschaftliche Arbeit von zwei Tendenzen geleitet sein müssen, einerseits von Wißbegier, d. h. dem Streben nach Neuem, und andererseits von dem Streben nach Bestätigung der Wahrheit, nach Sicherung dessen, was Sie gefunden haben. Bei mir ist die zweite Tendenz besonders stark. Als ich jedes Jahr meine Vorlesungen hielt und sie mit Demonstrationen begleitete, bereitete es mir immer große Befriedigung, alte und uralte Versuche zu wiederholen und ihre Ergebnisse noch einmal zu bestätigen. Das ist für biologische Forschungen besonders unerläßlich, da die biologischen Erscheinungen außerordentlich kompliziert sind. Es kann vorkommen, daß sie tausendmal geklappt haben, aber beim 1001. Mal tritt ein neuer Umstand auf, den Sie noch nicht kannten und der diese Versuche beeinflußt. Man darf ja nicht glauben, das sei langweilig. Gerade auf unserem Gebiete ist die Wiederholung besonders unerläßlich.

Nehmen wir „Java“, einen Hund von K. S. Dieser Hund gehört in die Kategorie „Rebus“, d. h. zu den Hunden, denen die peripheren Distanzrezeptoren zerstört wurden. Bei „Java“ sind schon vor langer Zeit der akustische und der optische Rezeptor entfernt worden. Dann wurde ein System bedingter Reflexe ausgearbeitet. Der Hund empfahl sich durch seine Stärke. Die Arbeit nach der Operation dauerte zwei Jahre. In dieser Zeit mußte „Java“ seinen übriggebliebenen Distanzrezeptor, das heißt den Geruch, besonders stark üben. *(83)* Es fiel tatsächlich auf, wie K. S. berichtete, in welchem Maße er sich speziell durch den Geruch orientierte.

Der Geruch wurde vor gar nicht langer Zeit entfernt, vor zwei Monaten. Damit befand er sich im selben Zustand wie „Rebus“, d. h., ihm fehlten drei Rezeptoren. Die letzte Operation beeinflußte ihn sehr stark, alle Reflexe verschwanden.

Es sei gesagt, daß die Operation sehr gut verlief, der Hund fraß, lief umher, als wenn nichts weiter wäre. Von irgendwelcher Schädigung des Gehirns konnte gar keine Rede sein. Das Gehirn wurde mit dem Hirnspatel angehoben und die fila olfactoria wurden durchtrennt. Dennoch führte die Ausschaltung dieses Rezeptors, der mit seinen Erregungen so intensiv gearbeitet hatte, zu einem außerordentlichen Abfall des Rindentonus. Zehn Tage lang waren alle ausgearbeiteten Reflexe verschwunden. Es trat also keinerlei paralytischer Zustand nach der Operation des Hundes auf; aber die bedingten Reflexe verschwanden. Dann begann eine schnelle Wiederherstellung, und gegenwärtig hat der Hund nicht nur einen guten, zureichenden und völlig normalen bedingten Nahrungsreflex, sondern auch noch einen anderen, einen Säurereflex. Dadurch unterscheidet er sich kraß von „Rebus", dem es unmöglich war, zwei bedingte Reflexe zu vereinen. „Rebus" arbeitete immer nur mit bedingten Reflexen auf der Grundlage eines unbedingten.

Wieder wird eine Tatsache bestätigt, die vor uns als dringende Frage ohne Antwort steht. Wir können lediglich gewisse Vermutungen hegen, wissen aber nicht, ob sie richtig sind oder nicht. Es geht um die Frage, weshalb die Entfernung dreier Distanzrezeptoren den Hund in einen völlig entgegengesetzten Zustand versetzen kann.

„Rebus" schläft bis jetzt 23½ Stunden täglich, man kann ihn nur mit Mühe wecken, einfache Berührung genügt nicht, man muß ihn rütteln, um ihn aus diesem Hemmungszustand zu bringen. Er kann nur einen bedingten Reflex bilden, zwei verträgt er nicht.

Es wurde die Erklärung gegeben, sein Rindentonus sei so begrenzt, daß dann, wenn Sie die Erregung an einer Stelle konzentrieren, die ganze übrige Hirnrinde von der Wirkung einer gewaltigen negativen Induktion erfaßt wird. Er erinnert an einen Hypnotiker im Rapport, der mit einem Reiz in Verbindung steht, dem Hypnotiseur, während alle anderen für ihn in einem gewissen Stadium nicht existieren.

Jetzt haben wir auf der einen Seite „Rebus"; aber andererseits ist zu „Parnaß" „Java" hinzugekommen, dem ebenfalls drei Rezeptoren fehlen, der aber in seinem allgemeinen Verhalten normal geblieben ist. Er hört doch nichts, sieht nichts, riecht nichts, was ist da schon an Tätigkeit zu erwarten! Es ist verständlich, daß er zusammengerollt daliegt. Aber er schläft nicht. Denn wenn wir ihn berühren, den Hautrezeptor reizen, springt er sofort auf. Er arbeitet vollkommen normal und produziert ein ganzes System bedingter Reflexe.

Worauf beruht dieser Unterschied? Auf den Typen? Wer weiß. Leider befanden sich diese Hunde nicht von Anfang an in unseren Händen. *(84)* Wir haben sie vorher nicht untersucht. Bisher haben wir zwei Interpretationen zur Hand: Entweder handelt es sich hier um den Unterschied zwischen starkem und schwachem Typ, und dann muß man „Rebus" als schwach ansehen; oder es liegt daran, daß bei „Rebus" die Rezeptoren kurz nacheinander entfernt wurden, er sich also nicht auf die beschränkte Anzahl von Rezeptoren eintrainieren konnte, während es bei diesen Hunden („Java" und „Parnaß") umgekehrt war, denn sie verfügten über lange Zeit noch über den stärksten Rezeptor, den Geruch.

7. VERSCHWINDEN DER PARADOXEN PHASE DES HYPNOTISCHEN ZUSTANDES BEI VERLÄNGERUNG DER ZEIT DES ABRÜCKENS (N. A. PODKOPAJEWS „OSORNOI")

I. P. Pawlow: Ich möchte einen neuerlich bestätigten Versuch von N. A. an seinem „Osornoi" erwähnen. Sie erinnern sich, ich habe mehrmals betont, daß Schischlo als erster eine umgekehrte Wirkung der Reize bei hypnotischem Zustand des Hundes beobachtete, wenn man ein System bedingter Reflexe, positiver und negativer, anwendet. Das ist unsere ultraparadoxe Phase. Diese ultraparadoxe Phase zeigt sich unter diesen Umständen sehr schön bei „Osornoi". Er liefert ebenfalls auf den positiven Reiz einen schwachen Effekt, antwortet dagegen auf den Hemmreiz mit einer starken positiven Wirkung. Der Versuch von SCHISCHLO ist also in vollem Umfange reproduziert worden. An seiner Richtigkeit haben wir nicht gezweifelt, aber es ist gut, ihn noch einmal zu bestätigen.

An diesem Hunde ist noch ein weiterer Versuch angestellt worden. Es sei bemerkt, daß wir im vorliegenden Falle keine Nahrungsverweigerung gesehen haben.

Die weitere Beobachtung bestand darin, daß bei verlängertem Abrücken der Wirkung des bedingten Reizes (z. B. von den üblichen 20 auf 30 Sekunden) ein anderer Effekt auftritt.

Wenn Sie bei einem Hunde bei üblicher Zeit des Abrückens eine paradoxe Phase haben, dann brauchen Sie die Wirkung des bedingten Reizes nur um weitere 10 Sekunden zu verlängern, um einen normalen Effekt zu erreichen. Der Sinn der Sache ist sehr einfach. Hier äußert sich das System, da mit diesen zusätzlichen 10 Sekunden die Periode zusammenfällt, in der der Hund gefüttert wird und sein Tonus gut ist. Das hypnotische Phänomen der paradoxen Phase und selbst der ultraparadoxen Phase verschwindet.

E. A. ASRATJAN: Wie ist es aber, wenn man den Hemmreiz verlängert, was passiert dann?

I. P. PAWLOW: Durch den Hemmreiz entsteht keinerlei Erregung.

Es gibt noch einige erfreuliche Bestätigungen früherer Versuche, aber die Zeit ist schon abgelaufen; alles Gute!

Auf Wiedersehen! *(85)*

MITTWOCHKOLLOQUIUM

vom 20. Februar 1935

1. ÜBER DIE BEWEGLICHKEIT ALS BESONDERE EIGENSCHAFT DES NERVENPROZESSES. PATHOLOGISCHE TRÄGHEIT DES ERREGUNGS- UND PATHOLOGISCHE LABILITÄT DES HEMMUNGSPROZESSES (W. W. JAKOWLEWAS „SOLOTISTY", W. I. PAWLOWAS „TOM" UND M. K. PETROWAS „TOMBUSCH")

I. P. PAWLOW: Wie Sie wissen, meine Damen und Herren, stellen wir jetzt neben den beiden seit langem bekannten Eigenschaften des Nervensystems, dem Erregungs- und dem Hemmungsprozeß, noch eine besondere Eigenschaft heraus, die Beweglichkeit der Nervenprozesse. Wenn wir von den allgemeinen Typen des Nervensystems sprechen, so handelt es sich um die Kombination dieser drei Einzeleigenschaften, des Erregungsprozesses, des Hemmungsprozeses und der Beweglichkeit dieser Prozesse. Darauf beruht die Einteilung aller Kombinationen der Nerveneigenschaften der einzelnen Typen.

Heute will ich mit Material beginnen, das sich auf die Beweglichkeit der Nervenprozesse bezieht, wobei natürlich zwei entgegengesetzte Beweglichkeiten unterschieden werden müssen: entweder eine geringe Beweglichkeit, dann haben wir Trägheit, oder eine starke, beträchtliche Beweglichkeit, dann haben wir Labilität. Normalerweise kommen Veränderungen dieser Beweglichkeit in gewissen engen Grenzen nach der einen und anderen Seite vor; unter pathologischen Bedingungen aber kommt es zur Trägheit oder zur extremen Beweglichkeit.

Über die pathologische Trägheit hat es wenig Diskussionen gegeben, zumindest erinnere ich mich nicht daran; was aber die pathologische Labilität betrifft, so ist sie natürlich in der Pathologie bekannt und wird mit dem Wort „reizbare Schwäche" bezeichnet.

Wir haben jetzt zwei Hunde; bei dem einen von ihnen tritt Trägheit auf, bei dem anderen Beweglichkeit, Labilität. Wir verfügen über genügend Material, um Beweglichkeit und Trägheit sowohl bezüglich des Erregungsprozesses als auch bezüglich des Hemmungsprozesses annehmen zu können. Folglich kann der Erregungsprozeß träge und labil sein. Der Hemmungsprozeß kann ebenfalls träge und labil sein.

Einen dieser Hunde kennen Sie bereits, es ist „Solotisty", bei dem die Trägheit zur allgemeinen Charakteristik der Nervenprozesse gehört. *(86)* Dieser Hund ist außerstande, ständig gute positive bedingte Reflexe zu liefern. Mit ihm waren verschiedene Versuche angestellt worden, bis wir in gewissem Maße zufällig darauf stießen, daß eine zu kleine Pause zwischen unseren bedingten Reizen für ihn unerträglich ist. Als wir diese Pausen von 5 Minuten auf 9 Minuten verlängerten, arbeitete der Hund ziemlich gut. Das zeigte ganz eindeutig, daß die Pausen für die Wiederherstellung des Erregungsprozesses in den entsprechenden Rindenzentren unzureichend waren.

Sie wissen, daß er auch auf keinerlei Weise die schwierigste Probe auf die Labilität zu lösen vermochte, einen bedingten Reiz zu bilden, der viermal wiederholt und nur beim letzten Mal bekräftigt wurde.

Jetzt ist W. W., nachdem sie diese Trägheit ausgeheilt hatte, daran gegangen, die Metronome umzuarbeiten.

Ich muß sagen, daß einige unserer Damen durch die Hartnäckigkeit ihrer Ansichten hervorstechen. Übrigens ist es gut, seinen Standpunkt zu vertreten; aber manchmal ist es auch nicht sonderlich nützlich. Man muß immer beweglich sein.

W. W. hat sehr lange auf dem Standpunkt gestanden, daß ihr „Solotisty" ein Hund sei, bei dem kein Gleichgewicht zwischen dem Erregungs- und dem Hemmungsprozeß vorläge. Sie vermutete, es gäbe Tiere, die einen starken Hemmungsprozeß und einen starken Erregungsprozeß hätten. Gerade so stellte sie auch „Solotisty" dar und beharrte ständig darauf.

Als nach Verlängerung der Pausen auf 9 Minuten die bedingten Reflexe „Solotistys" normal wurden, begann sie mit der Umarbeitung der Metronome: Das alte positive Metronom wurde nicht bekräftigt und sollte negativ, hemmend werden, das früher hemmende aber wurde bekräftigt und sollte positiv werden. Im Laufe von sieben Tagen Umarbeitung wurde der Erregungsprozeß nicht zum Hemmungsprozeß, und es zeigte sich keinerlei Tendenz zur Umarbeitung; aber in dieser Zeit lieferte der Hemmungsprozeß, der ständig bekräftigt wurde und positiv werden sollte, bereits einen positiven Effekt, der 25% der Größe des früher positiven bedingten Reflexes erreichte.

Zu dieser Zeit wurde klar, daß der Erregungsprozeß stärker als der Hemmungsprozeß ist, da er sich in diesen sieben Tagen trotz Nichtbekräftigung nicht im geringsten erniedrigte, während der Hemmungsprozeß dem Erregungsprozeß wich und einen beträchtlichen positiven Effekt ergab. Das ließ W. W. außer acht, da es nicht ihrer Vorstellung entsprach. Sie geriet in Begeisterung, weil es nach sieben Tagen zum Zusammenbruch kam. Das positive Metronom lieferte nämlich einen völligen Ausfall der Speichelabsonderung, während das umzuarbeitende Hemmungsmetronom zwar gegen früher abfiel, aber dennoch einen gewissen positiven Wert ergab. Das sind die Tatsachen zugunsten der Ansicht, *(87)* daß vielleicht bei diesem Hunde der Hemmungsprozeß stärker ist als der Erregungsprozeß.

Aber was ist denn das für eine Hemmung nach sieben Tagen? Es ist die Hemmung einer Zerrüttung, denn alle Reflexe wurden verwischt, und der Hund lehnte sogar das Futter ab, d. h., für ihn mit der ihm eigenen Trägheit war diese Aufgabe absolut unlösbar und unmöglich. Dieser Abfall sprach durchaus nicht für einen Triumph der inneren Hemmung, die diesen ganzen Ablauf der subtilen Arbeit bedingt, sondern es ist die Hemmung einer Zerrüttung, eine Arbeitsverweigerung des Tieres. Und wieviel Tage, W. W., hielt das an?

W. W. Jakowlewa: Vier Tage.

I. P. Pawlow: Mehr. Sie sind auch jetzt noch voreingenommen. Die Reflexe fielen so weit ab, daß sie selbst auf die bekräftigten Reize verschwanden, und der Hund lehnte das Futter ab. Ich erinnere mich, daß der Hund das Futter ablehnte und nicht auf die bedingten Reize reagierte, aber ohne die Wirkung der bedingten Reize fraß er. Er hatte also keine Dyspepsie oder Appetitlosigkeit, nein, er ertrug einfach diese Arbeit nicht.

Und erst dann, nach einer Erholungspause, begann der Hund allmählich zu arbeiten, wenn die Differenzierung auch bei weitem nicht vollständig war; der Erregungsprozeß aber machte Fortschritte und lieferte bis zu drei Viertel des Normaleffekts. Das ist eine schöne Illustration dafür, daß die Umarbeitung der Metronome eine ernste Probe ist.

Hier kann man also einen sehr trägen Nervenprozeß feststellen, einen gewaltigen Erregungsprozeß und einen guten Hemmungsprozeß, freilich nur unter bestimmten Bedingungen. Das ist eine feine Demonstration eines starken, aber trägen Typs. Er ist ausgeglichen, da Erregungs- und Hemmungsprozeß stark sind, aber zur Vollkommenheit des Typs ungenügend beweglich.

Zu einer ähnlichen Hundegruppe vom erregbaren Typ mit einzelnen Besonderheiten gehört auch W. I.s „Tom".

Diese Hunde müssen einer besonderen Variante des erregbaren, zügellosen Typs zugerechnet werden; fast immer sind sie alle aggressiv. Sie sind nicht abgeneigt, ihren Herrn zu beißen, wenn sie Schmerzen haben. Es fehlt ihnen an Hemmung. Allen Hunden gegenüber verhalten sie sich feindlich. Die Schwäche der Hemmung äußert sich bei ihnen darin, daß sie zwar eine Differenzierung sehr schnell ausarbeiten können, da aber eine Differenzierung das Resultat einer Hemmung ist, braucht man diese Differenzierung, wenn sie sich gut hält, lediglich um weitere 5 Sekunden auszudehnen, und sofort zerfließt, irradiiert diese Hemmung über das ganze Nervensystem, und der Hund scheidet aus der Arbeit aus. So war es bei „Tresor".

Dasselbe war bei „Tom" der Fall, bei dem die Differenzierung exakt war. Man brauchte sie aber nur um 20 Sekunden auszudehnen, und die Hemmung zerfloß und machte den Hund zur Arbeit ungeeignet. *(88)*

Alle diese Hunde neigen unter dem Einfluß einer eintönigen Situation stark zur Hypnotisierung.

Es ist interessant, daß hierher auch der Umstand gehört, daß sie nicht mit schwachen Reizen arbeiten können. So war es bei „Tresor". Bei Anwendung starker und sehr starker Reize zeigen sie kein negatives Verhalten gegenüber diesen Reizen. So ertrug „Tresor" ohne weiteres die große Glocke und die Knarre, die für unser Ohr unerträglich sind.

Aus der Gesamtheit der Befunde erhellt, daß ihre Hemmung irgendwie eigenartig ist, im Grunde geschwächt, unkonzentriert. Einige Züge dieser Hemmung sind befremdlich. Man begreift z. B. nicht sofort, weshalb bei diesen Hunden unter gewissen Bedingungen die Differenzierungshemmung dennoch sehr stark und konstant sein kann und sich sehr rasch ausbreitet. Wie soll man das auffassen?

Letztes und vorletztes Mal äußerte ich die Vermutung, daß hier eine Kombination von Schwäche mit pathologischer Labilität vorläge. In diesem Falle wäre die Schwäche der Hemmung mit außerordentlicher Labilität gekoppelt. Die Hemmung ist gewissermaßen außerordentlich flink; sie erscheint schnell auf dem Schauplatz und kann manchmal sogar ihre Schwäche gleichsam verbergen, da sie sich innerhalb einer gewissen Grenze gut hält. Wir wissen, daß der Erregungsprozeß drei Stadien aufweist, wenn wir von seiner Irradiation und Konzentration sprechen, und zwar irradiiert ein schwacher Erregungsprozeß sehr leicht, ein Erregungsprozeß von mittlerer Stärke konzentriert sich leicht, und ein sehr starker schließlich irradiiert wiederum. Dasselbe kann man auch auf den Hemmungsprozeß übertragen; wahrscheinlich weist er ebenfalls drei Stadien auf. Vom schwachen Hemmungsprozeß wissen wir genau, daß er irradiiert, denn es tritt Hypnose auf; die mittlere Phase der Hemmung ist konzentriert und liefert einen prächtigen Effekt; außerdem kann man in Analogie zum Erregungsprozeß eine Irradiation einer sehr starken Hemmung annehmen. So habe ich zunächst auch die bei „Tom" beobachteten Erscheinungen erklärt, als er eine um weitere 5 Sekunden gesteigerte Hemmung nicht ertrug. Jetzt ist klar, daß das nicht richtig ist. Im Gegenteil, hier liegt das andere Extrem vor, eine nahezu pathologische Labilität des Hemmungsprozesses. In dieser Hinsicht fand sich jetzt bei M. K. eine sehr schöne Bestätigung.

Sie hat ebenfalls fest darauf beharrt, daß sie einen Hund mit starkem Erregungsprozeß und starkem Hemmungsprozeß habe; da aber Tendenz zur Hypnotisierung vorlag, beschloß M. K., bei diesem Hunde einen verspäteten Reflex auszuprobieren, d. h. einen bedingten Reiz, dessen isolierte Wirkung statt der üblichen 15 bis 30 Sekunden volle 3 Minuten anhält. Dann entwickelt sich bei normalen Hunden in der ersten Periode der isolierten Wirkung dieses bedingten Reizes eine Hemmung, während der positive Effekt erst in der zweiten Hälfte der isolierten Wirkung dieses Reizes auftritt oder sogar erst in der dritten Minute, wenn auf ihn der unbedingte Reflex folgt, *(89)* d. h., wenn der Hund Futter bekommt. Die Rinde muß einen Hemmungsstrom in Gang setzen, ihn in einem bestimmten Augenblick einschränken und Zeit und Möglichkeit bieten, ihn durch einen Erregungsprozeß zu ersetzen. Das ist natürlich eine subtile Angelegenheit, wobei Beweglichkeit sowohl des einen als auch des anderen Prozesses erforderlich ist. M. K. wandte das Verspäten an und triumphierte, weil sich der verspätete Reflex bei „Tombusch" außerordentlich schnell bildete.

Beim ersten Mal kam es wie immer zum Erlöschen, da der Hund gewöhnt war, ständig nach einer halben Minute, gegen Ende dieser halben Minute, mit dem vollen Effekt zu reagieren. Jetzt aber bekommt er 3 Minuten lang kein Futter, und der bedingte Reflex erlischt. Am nächsten Tage ergab sich das umgekehrte Bild; in der ersten Minute am wenigsten, in der zweiten mehr und in der dritten, nach der bekräftigt wird, der stärkste Effekt. So bildete sich eine prächtige, rasch auftretende Hemmung. Es ist eine Seltenheit, daß sich bei einem Hunde vom zweiten Mal an eine Verspätungshemmung bildet, wenn ein kurz abgerückter Reflex in einen verspäteten umgearbeitet wird.

Der Triumph M. K.s verstärkte sich noch, als die Sache an den nächsten Tagen noch glatter ging. Aber am vierten Tage verwischten sich alle bedingten Reflexe. Es kam zu einer völligen Zerrüttung, ganz genauso wie bei „Solotisty". Bei jenem passierte es am siebenten Tage und hier am vierten. Bei jenem kam es deshalb zum Zusammenbruch, weil von dem Hunde große Beweglichkeit verlangt wurde, er aber zur Trägheit neigte; hier aber war es umgekehrt, die Hemmung war außerordentlich labil und bewältigte rasch das, was von ihr verlangt wurde, und lieferte am nächsten Tage eine ausgeprägte Verspätung; aber das hielt sie nicht lange aus und randalierte nach drei Tagen.

M. K. Petrowa: Das ist eine vorübergehende Erscheinung.

I. P. Pawlow: Das ist ganz gleich. Eine verstärkte Hemmung kommt niemals vor.

Dasselbe geschah bei „Solotisty": Sieben Tage war nichts los, aber dann kam die Zerrüttung, und jetzt beginnt er nach einer Erholungspause allmählich wieder zu arbeiten. Es ist ganz klar, daß das eine Illustration einerseits der Abweichung in Richtung auf Trägheit und andererseits der Abweichung in Richtung auf Labilität ist. Bei den letztgenannten Hunden liegen gleichzeitig sowohl Schwäche als auch Labilität vor.

2. PRÜFUNG DER HEMMUNG MIT VIERMALIGER ANWENDUNG DER GLEICHEN BEDINGTEN REIZE, WOBEI STÄNDIG NUR DER LETZTE BEKRÄFTIGT WIRD (W. W. JAKOWLEWAS „JULA")

I. P. Pawlow: Nun ein anderer Hund W. W.s, nämlich „Jula". Von ihm war schon die Rede.

Dieser Hund ist ebenfalls auf die Bildung eines bedingten Reizes aus einem Agens untersucht worden, das viermal angewandt und nur beim vierten Mal inmitten eines anderen Systems bedingter Reflexe bekräftigt wurde. *(90)* Ich muß sagen, daß er diese Aufgabe schließlich in dieser Form nicht endgültig löste. Das höchste war, daß die erste Anwendung manchmal Null war (d. h. der Effekt fehlte), während die zweite und dritte Anwendung unberechtigterweise einen Effekt lieferte und häufig der vierten gleichkam.

Ein Detail war bei ihm eigenartig. Es ergänzt bis zu einem gewissen Grade das Tatsachenmaterial für unsere Ansichten. W. W. stellte die Versuche lange Zeit so an, daß sie die viergliedrige Reihe nur einmal im Laufe des Tages inmitten anderer Reize anwandte. Dann änderte sie die Versuchsanordnung. Sie ließ alle übrigen Reize weg, die positiven wie die negativen, und vereinfachte dem Hunde gleichsam die Aufgabe, indem sie nur einen Reiz übrigließ, die Drehscheibe, und diese dreimal ohne Bekräftigung anwandte und nur beim vierten Mal bekräftigte. Im ersten Versuch wandte sie diese Kombination dreimal hintereinander an. Es zeigte sich, daß die Aufgabe in der ersten Gruppe nach einiger Zeit nahezu ideal gelöst wurde (wenn ich von den Tatsachen abweiche, korrigieren Sie mich bitte, W. W.). Das ist verständlich, denn die Aufgabe war erleichtert worden. Aber die zweite und dritte Gruppe der Reize war ständig gestört und bot ein chaotisches Aussehen. Das bedeutet, daß die Lösung des ersten Teils der Aufgabe den Hund stark ermüdete, er vertrug die Wiederholungen nicht und wurde zerrüttet. Wir wissen sehr genau, daß bei vielen Hunden bei zwei- bis dreimaliger Wiederholung einer gut ausgearbeiteten Differenzierung im Versuch die Hemmung ebenfalls oft zerrüttet wird. Das illustriert die Schwierigkeit der Aufgabe. Das heißt, der Hund hat mit einer einmaligen Lösung der Aufgabe genug. Wenn es sich um einen starken Typ handelt, dann kann dieser die gelöste Aufgabe als gelöste Aufgabe wiederholen; ist aber das Nervensystem des Hundes schwach, dann kann die Wiederholung den Hemmungsprozeß für den ganzen Tag oder sogar vollständig zerrütten.

Bei demselben Hunde trat eine andere Erscheinung auf. Als diese viergliedrige Gruppe in das System anderer bedingter Reize eingefügt wurde, d. h., als sich die Schwierigkeit vergrößerte, ergab sich keinerlei vollständige Lösung der Aufgabe. All das sind wichtige und exakte Ergebnisse.

3. ANALYSE DER ULTRAPARADOXEN PHASE. VERÄNDERUNG DER STÄRKE DES POSITIVEN BEDINGTEN REFLEXES ÜBT AUF DEN NACHFOLGENDEN NEGATIVEN EFFEKT EINES GLEICHARTIGEN PAARIGEN REIZES EINEN EINFLUSS AUS (VERSUCHE W. A. TROSCHICHINS UND M. K. PETROWAS)

I. P. Pawlow: Eines der Themen, mit denen wir uns befassen, ist die Analyse der ultraparadoxen Phase. Diese besteht darin, daß sich unter gewissen Bedingungen eine Umkehr der Wirkung der bedingten Reize ergibt, so daß der Hemmreiz positiv, der positive aber hemmend wird. Das wird als „ultraparadoxe Phase" bezeichnet. *(91)*

Wir stellen uns vor, daß ein Paar gleichartiger positiver und negativer Reize in Induktionsbeziehungen steht. Angenommen, Sie haben ein positives und ein negatives Metronom. Diese zeigen für gewöhnlich das, was von ihnen gefordert wird: Das positive liefert einen großen positiven Effekt, das hemmende ein völliges Ausbleiben der Speichelabsonderung, eine vollständige Hemmung. Wenn nun der positive Prozeß schwach wird, dann führt das sofort auch zu einer Verringerung des Hemmungsprozesses, zu seiner Abschwächung. Umgekehrt, wenn der Erregungsprozeß innerhalb gewisser Grenzen verstärkt wird, dann führt das zu einer stärkeren Hemmung. Zur Zeit analysieren wir auf jede nur mögliche Weise die ultraparadoxe Phase und wollen ihre Entstehungsbedingungen aufhellen. Wir könnten dann über sie verfügen und diesen Effekt ständig umkehren. Für gewöhnlich kommt es bei einem hypnotischen Zustand zur Umkehrung des Effekts. Der positive Reiz wirkt schwächer, und der Hemmreiz wird enthemmt. Aber das tritt nicht immer auf.

Gegenwärtig versucht W. A. Troschichin, den positiven bedingten Reflex abzuschwächen, um infolge der Induktionsbeziehungen eine Veränderung des Effekts des Hemmreizes zu erreichen. Zur Veränderung der Stärke des positiven bedingten Reflexes wendet er jetzt das Überdecken an, d. h., er füttert zwei bis drei

Sekunden vor Beginn der Wirkung des bedingten Reizes. Auf diese Weise lassen sich zwei Effekte erreichen: Einerseits kann man bei Anwendung dieses Verfahrens während einiger Versuchstage einen gewissen Nutzen für den Erregungsprozeß gewinnen, andererseits wird der positive bedingte Reflex, wenn Sie diese Prozedur übersteigern, d. h. Tage, Wochen, wenn nicht gar Monate anwenden, gleichsam beseitigt und verwandelt sich sogar in einen Hemmreflex. Er ist schon so weit gekommen, daß, sobald er den positiven Reiz überdeckt, die nach ihm folgende vollständige und exakte Differenzierung immer eine positive Wirkung hat.

Nach mehrmaligem Überdecken des positiven Reizes, als die Enthemmung des negativen bereits einen beträchtlichen Grad erreichte, versuchte W. A. schließlich die Wirkung des positiven Metronoms allein, ohne es durch Überdecken zu maskieren. Dabei ergab das positive Metronom einen ungewöhnlich großen bedingten Reflex (45 Teilstriche statt 30), während das hemmende ebenfalls stark enthemmt wurde (ebenfalls bis zu 45 Teilstrichen).

Wie ist das zu erklären? Man muß offensichtlich annehmen, daß, wie wir schon seit langem wissen, das Überdecken zwei Effekte hat. Innerhalb gewisser Grenzen verstärkt es den Erregungsprozeß. In dieser Phase befand sich nun der Prozeß auch im vorliegenden Falle: Das Überdecken führte zu einer beträchtlichen Verstärkung des Erregungsprozesses. Im Endergebnis irradiierte er stark auf seinen hemmenden Nachbarn. *(92)*

Man muß also sagen, daß es eine gewisse Grenze gibt, unterhalb deren das Überdecken dem Erregungsprozeß zum Nutzen gereicht und oberhalb deren es ihn zunichte macht. Diese These müssen wir bei der weiteren Analyse dieser Erscheinungen berücksichtigen.

Folgender Befund bei „Mampus“ bestätigt das: Bei „Mampus“ existiert eine solche ultraparadoxe Phase sechs Jahre lang, d. h., obwohl die eine Metronomfrequenz immer bekräftigt wurde und mit Fütterung einherging, war ihr Effekt dennoch Null, die bedingte Speichelabsonderung fehlte, während die andere Metronomfrequenz, die niemals bekräftigt wurde, zu einer bestimmten Zeit positiv wurde.

Erst die Anwendung einer Kombination von Brom und Koffein in bestimmten, exakt aufeinander abgestimmten Dosen beseitigte diese ultraparadoxe Phase. Das positive Metronom, das sechs Jahre lang bekräftigt wurde, zeigte endlich einen positiven Effekt, während das hemmende vollständig hemmend wurde. Beim Absetzen von Brom und Koffein kehrte der alte pathologische Zustand zurück. Damals zeigte sich aber, daß man es durch zwei- bis dreimalige Anwendung des Überdeckens des positiven Reizes erreichen kann, daß er wieder einen positiven Effekt ergibt, der sich bis zu 40 Tagen hält.

M. K. Petrowa: 40 Tage.

I. P. Pawlow: Die Verbesserung dieses positiven Metronoms wirkte sich auf das ganze System aus. Die früher beobachtete Explosivität der positiven Reflexe des gesamten Stereotyps verschwand. Dieser Erregungsprozeß ist also schwach, obwohl er durch Brom und Koffein hergestellt worden ist, aber er kann existieren, wenn man ihn periodisch richtig durch den unbedingten Reflex überdeckt, d. h. ihn durch den unbedingten Reiz negativ induziert.

Als M. K. aber dieses Überdecken ausdehnte und es nicht nur eine halbe, sondern eine ganze Minute wirken ließ, es zudem auch nicht nur 2 bis 3 Tage, wie vorher, sondern länger (4 bis 5 Tage) anwandte, da wurde plötzlich alles ruiniert.

Hier trat bei M. K. das gleiche auf, wovon ich schon sprach, daß nämlich das Überdecken auch seine Kehrseite hat. Wenn Sie das Überdecken maßvoll anwenden, gereicht es dem Erregungsprozeß zum Nutzen. Übersteigern Sie es aber, tun Sie des Guten zuviel, wiederholen Sie es sehr lange und im Verlauf einer längeren Frist jedes Mal, dann wird umgekehrt der Erregungsprozeß zerstört und vom Hemmungsprozeß abgelöst.

4. NOCH EINMAL ÜBER DIE PHOBIE VOR DER TIEFE. ANALYSE DER BEDINGUNGEN FÜR DAS AUFTRETEN DER PHOBIE UND DER BEGLEITERSCHEINUNGEN (M. K. PETROWAS „JOHN")

I. P. Pawlow: Nun noch über „John". Die bei „John" gewonnenen Befunde bedürfen noch der Erklärung. Ich werde berichten, wie die Sache verläuft. Sie erinnern sich, daß „John" ein in unserem Laboratorium noch nicht dagewesenes Symptom einer ganz bestimmten und stark ausgeprägten Phobie zeigte, die bei ihm bisher noch nicht vorgekommen ist. *(93)*

Die Mutmaßungen und Erklärungen, die bis jetzt angestellt worden sind, sind völlig daneben gegangen; aber jetzt lichtet sich das Dunkel bei Variation des Versuchs etwas.

Ich muß daran erinnern, daß sich die Phobie bei einem Hunde bildete, der immer nur eine unvollständige Differenzierung von 40 bis 50% des positiven Reflexes lieferte. Sein Hemmungsprozeß war also schwach.

Als M. K. in rhythmischer Folge Erregung und Hemmung anwandte (d. h., die positiven und negativen Reize wurden rhythmisch gesetzt, der eine wurde bekräftigt, der andere nicht), zeigte dieser Hund neben der für andere Hunde üblichen Festigung der Differenzierung eine Phobie vor der Tiefe, die bis dahin bei ihm noch niemals vorgekommen war.

Gewöhnlich ergab sich, daß sich das Nervensystem im Ergebnis dieser rhythmischen Einwirkung gleichsam vervollkommnete.

Dieser Hund aber ist, nach der Phobie zu urteilen, krank geworden, da man eine Phobie nicht als positive Erscheinung bezeichnen kann. Wir haben hier einerseits das Nervensystem gleichsam vervollkommnet, aber andererseits haben wir es krank gemacht. Das ist tatsächlich eine kuriose Aufgabe, die wir bisher noch nicht begreifen.

Jetzt wendet M. K. einen Tag diesen Rhythmus an, und am nächsten wiederholt sie das frühere System der Reize. Im Ergebnis kam es zu folgenden Veränderungen in der Arbeit des Hundes: 1. Die bedingten Reflexe verringerten sich stark. 2. Statt der unvollkommenen Differenzierung ergab sich eine ultraparadoxe Phase.

3. Der positive Reiz, der auf die enthemmte Differenzierung folgte, wurde explosiv, was bisher nicht der Fall war. Das ist insofern interessant, als wir die bei „Mampus" entstandene Explosivität mit dieser Enthemmung der Differenzierung in Zusammenhang bringen können. Ich hatte schon früher gedacht, daß diese Explosivität das Ergebnis des Einflusses einer enthemmten Differenzierung sein könne. Dabei ließ ich mich von dem Gedanken leiten, daß der Erregungsprozeß wahrscheinlich einen anderen, heftigeren Verlauf hat und daß diese Labilität irgendwie dem Reiz mitgeteilt wird, der dahintersteht. Es geschah buchstäblich dasselbe wie bei „Mampus". Zuerst trat diese Explosivität bei dem Reiz auf, der hinter dem Hemmungsprozeß stand, der induktiv enthemmt wurde. Und hier ist es genau dasselbe: Der auf den enthemmten Hemmreiz folgende Reiz war explosiv. Die Sache hat schon einen Haken. Im ganzen wird hier die Nerventätigkeit irgendwie gestört.

Es bleibt die Frage zu lösen, auf welche Weise der rhythmische Wechsel der Reize die Störung des ganzen Systems bedingt. Man könnte es z. B. so auffassen, daß hier die Beweglichkeit des Nervensystems auf die Probe gestellt wurde. Wir wechseln doch zwei verschiedene Systeme ab. *(94)* Für das Nervensystem erscheint bald der eine, bald der andere Stereotyp. Dieser Erklärung darf man aber keine große Bedeutung beimessen, da wir jetzt begonnen haben, einen rhythmischen Stereotyp anzuwenden. Die Befunde der letzten Zeit, die letzten Versuche zeigen, daß dieser zweite Stereotyp allmählich gefestigt wird; die positiven bedingten Reflexe nehmen zu, während die negativen Reize immer schwächere Effekte liefern.

5. EXPLOSIVITÄT NACH GROSSEN BROMDOSEN („BELOGRUDKA") UND UNTER DEM EINFLUSS VON KOFFEIN UND CHLORALHYDRAT („MOPS"). WEGE ZUR AUFKLÄRUNG DES MECHANISMUS DER TRÄGHEIT UND LABILITÄT (VERSUCHE S. W. KLESTSCHOWS)

I. P. Pawlow: Nun zur Pharmakologie des Broms.

„Belogrudka", ein Hund von S. W., ist ein starker, man kann sogar sagen erregbarer Hund, der über keine absolute Hemmung verfügt. Der Hemmungsprozeß bleibt also gegenüber dem Erregungsprozeß stark zurück. Bei ihm haben wir nun mit Hilfe von Brom den Hemmungsprozeß verstärkt und erhielten eine bessere Differenzierung. Er bekommt sehr große Bromdosen, bis zu 5 bis 7 g pro dosi. Das Ziel wurde erreicht. Einige Tage lang wurde jedoch folgende interessante Erscheinung registriert: Am zweiten oder dritten Tage nach dem Absetzen des Broms ergab sich eine Umkehr des Verlaufs des Erregungsprozesses während der Zeit des Abrückens und eine starke Enthemmung der Differenzierung. Das ist leicht zu verstehen. Wenn Brom den Hemmungsprozeß verstärkt, dann konzentriert es zugleich auch die Erregung. Den normalen Verlauf eines positiven Reizes muß man so auffassen, daß zu Beginn der isolierten Wirkung eine gewisse Verspätungsphase vorliegt, die allmählich vor dem Erregungsprozeß zurückweicht, und, wenn der unbedingte Reiz hinzugefügt wird, ergibt sich der Maximaleffekt, d. h., der

Prozeß wächst allmählich an. Bei umgekehrtem Verlauf ist der Effekt zu Beginn der Wirkung des isolierten Reizes am stärksten; die Hemmung fehlt, da sie nach dem Absetzen des Broms geschwächt und invalide geworden ist. Das bestätigt die Reizwirkung des Beginns der Reizung und das Verschwinden der Verspätung.

Die Schwäche des Hemmungsprozesses wird durch die Enthemmung der Differenzierung unterstrichen und die „spezielle Trägheit" der Hemmung durch den Verlauf der Speichelabsonderung bei der Enthemmung, deren Maximum ebenfalls auf die ersten Sekunden der Wirkung des negativen Reizes entfällt, das Minimum dagegen auf das Ende. Die Schwäche kombiniert sich also mit Trägheit, der Hemmungsprozeß beginnt nicht sofort zu wirken, sondern sammelt seine Kräfte erst allmählich und konzentriert sich gegen Ende seiner Wirkung.

Ein anderer Hund ist S. W.s „Mops". Auf „Mops" haben wir mit Koffein und Chloralhydrat eingewirkt. Er ist ein starker ausgeglichener Hund. Chloralhydrat und Koffein in bestimmten Dosen verleihen dem Erregungsprozeß das Übergewicht, und es ergibt sich Explosivität und Umkehr des Verlaufs der bedingten Speichelabsonderung. *(95)* Wahrscheinlich erhöht Koffein die Erregbarkeit, während Chloralhydrat die Hemmung nur wenig verstärkt. In diesem Falle ist die Sache so zu verstehen, daß die normale Tätigkeit der Zelle durch eine ständige Gleichgewichtseinstellung zwischen Erregungs- und Hemmungsprozeß bedingt ist.

S. W. Klestschow: Wenn ich Chloralhydrat allein anwende, ergibt sich ein Absinken der bedingten Reflexe; nehme ich Koffein allein, dann ergibt sich eine Erhöhung, aber ohne Entstellung; wende ich aber Chloralhydrat und Koffein zusammen an, dann kommt es zur Explosivität.

Der Erregungsprozeß beginnt mit einem starken Effekt, fällt dann aber ab. Bei etwas anderen Verhältnissen von Koffein und Chloralhydrat ergibt sich Trägheit.

I. P. Pawlow: Das ist interessant, das muß man analysieren. Das gehört gerade zu der Frage, ob man die Beweglichkeit als selbständigen Zug anzusehen hat, oder ob diese Beweglichkeit das Resultat der Wechselwirkung zwischen dem Erregungs- und Hemmungsprozeß ist. Die vorliegende Versuchsanordnung spricht deutlich dafür, daß die Beweglichkeit eine mittelbare, sekundäre Eigenschaft ist, die vom Verhältnis der Erregungs- und Hemmungsprozesse abhängt. Gerade deshalb erhält nämlich S. W. einmal Explosivität und ein andermal Trägheit, wenn er diese beiden entgegengesetzten Prozesse unabhängig voneinander verändert und den Erregungsprozeß bald paralysiert, bald erregt. Das ist eine der Aufgaben, die von uns nicht restlos gelöst wurden. Im vorliegenden Falle ergibt sich, daß es sich wohl um eine Störung des Verhältnisses zwischen diesen beiden Prozessen handeln dürfte. Verwenden wir einmal ein paralysierendes und ein andermal ein erregendes Agens, dann erhalten wir in den einen Fällen Explosivität, d. h. starke Labilität, in den anderen dagegen Trägheit. Es ist schwer zu sagen, wie man sich diesen Mechanismus konkreter vorstellen soll. Aber das ist eine interessante Aufgabe. Auf diesem Wege muß die Lösung gefunden werden. Setzt man Ihre Versuche fort, dann wird man erklären können, unter welchen Bedingungen es zur Explosivität und unter welchen es zur Trägheit kommt. Auf diese Weise werden wir zum Verständnis des Mechanismus der Trägheit und Labilität gelangen.

6. ANALYSE ZWEIER PATHOLOGISCHER FÄLLE AUS DEM BUCHE VON PIERRE JANET „DER URSPRUNG DES INTELLEKTS“

I. P. PAWLOW: Nun wollen wir zu leichteren Dingen abschweifen.

Ich lese das neueste Buch von PIERRE JANET mit dem Titel „Der Ursprung des Intellekts“. PIERRE JANET ist ein außergewöhnlicher Mensch. Er ist kein Arzt, sondern Psychologe und zugleich ein bekannter Neurologe. Er ist zweifellos ein besonderer, hervorragender Mensch. Über das Wesen dieses Buches werde ich nächsten Mittwoch sprechen. Das Buch selbst, seine Interpretation und Analyse ist sehr interessant. Wir müssen ihm viel Zeit widmen, denn es behandelt die sehr wichtige Frage der Beziehungen zwischen der Physiologie der höheren Nerventätigkeit und der Psychologie. *(96)*

Mit PIERRE JANET als Psychologen liege ich in hartem Kampf. Das nächste Mal werde ich mich bemühen, ihn nach Kräften zu schlagen. Als Neurologe aber ist er außerordentlich interessant. Er hat eine Menge hochinteressanter und wichtiger pathologischer Tatsachen gesammelt. Ich bin der Meinung, daß er als Neurologe in der Tat im Gedächtnis der Wissenschaft bleiben wird. Aber als Psychologe wird er, so glaube ich, später von uns als untauglich erklärt werden, von uns, den Physiologen der höheren Nerventätigkeit.

In diesem Buch sind zwei sehr interessante pathologische Fälle.

Hier der erste Fall: Es handelt sich um eine Dame, die gerade geboren hatte, erschöpft war und mit der Eisenbahn an einen bestimmten Ort fuhr. Die ganze Zeit quälte sie der Gedanke, daß sie in entgegengesetzter Richtung fahre, obgleich dafür keinerlei Grund vorhanden war und die Mitreisenden bestätigten, daß sie richtig fahre.

Was ist das? Das ist ein pathologischer Fall, ein bestimmter Grad von Zwangsdenken. Es ist eine Variante aus der Reihe von Tatsachen, die ich schon früher erwähnt habe. Nehmen wir an, ein Mann will, daß man ihn achte; aber dem Kranken erscheint es ohne den geringsten Grund so, als ob man ihn beleidige. Oder ein Kranker möchte allein sein, er zieht sich zurück, und dennoch erscheint es ihm so, als wenn noch jemand im Zimmer wäre. Das ist, wie ich erklärt habe, unsere ultraparadoxe Phase. Das sind alles Kategorien des Gegensatzes. Vorhanden ist hier ein Hauptreiz in Form der Vorstellung, daß ich dorthin fahre; es ist eine hypnotische Phase vorhanden, monoton wirkende Reize im Abteil; das Nervensystem ist durch die Geburt geschwächt, und es ist Ausdruck einer ultraparadoxen Phase, wenn eine entgegengesetzte Vorstellung auftaucht oder die Hauptvorstellung entstellt wird. So verwandelt sich die Vorstellung, daß ich allein bin, in die Vorstellung, daß ich nicht allein bin; die Vorstellung, daß ich geachtet werde oder geachtet werden will, wird durch die Vorstellung ersetzt, daß man mich nicht achtet. Die Vorstellung, daß ich irgendwohin fahre, verwandelt sich ins Gegenteil. So liegen die Tatsachen, wie ich auch PIERRE JANET in einem offenen Brief erklärt habe. Das ist eine alte Sache, an der nichts Besonderes ist.

Der zweite Fall hat mich sehr interessiert.

Ein französischer Offizier wurde während des Krieges am Okzipitalhirn verwundet. Die Kugel drang am hinteren Teil des Gehirns ein und blieb an der gegenüberliegenden Seite stecken. Aus bestimmten Gründen konnte man sie nicht entfernen.

Der Offizier verlor das Sehvermögen. Dann begann er wieder zu sehen, aber bei ihm trat die sogenannte „Seelenblindheit" auf. Er sah, aber er verstand nicht; es war die sogenannte „MUNKsche Blindheit". Dann begann er zu begreifen, was er sah: Ein Mensch ist ein Mensch, ein Tisch ist ein Tisch. Danach konzentrierte sich diese optische Auffassung sehr stark. Folgende Erscheinung trat auf. Ich lese Ihnen unmittelbar die Worte von PIERRE JANET vor: „Der Kranke kommt in mein Zimmer und stützt sich dabei mit dem Arm auf einen Soldaten, weil er der Meinung ist, daß er unfähig sei, allein zu gehen. Er erkennt mich, begrüßt mich liebenswürdig *(97)* und korrekt und setzt sich auf meinen Sessel. Sofort beginnt er aber zu klagen und äußert eine ganz besondere Klage." Mit seinen eigenen Worten: „Ich bin fürchterlich unglücklich, weil ich die Möglichkeit verloren habe, mich in der Welt zu orientieren, weil ich niemals weiß, wo ich bin." Das sind buchstäblich seine Worte. Das bedeutet das völlige Fehlen der Orientierung im Raum.

Und weiter: „Dieser völlige Verlust der Orientierung im Raum erscheint seltsam bei einem Menschen, der richtig hereingekommen ist, der die einzelnen Gegenstände richtig erkennt usw., aber dennoch hartnäckig behauptet, er sei ein unglücklicher Mensch und wisse nicht, wo er sich befinde."

Das ist sehr interessant, aber wie soll man es interpretieren? Ich habe zwei Erklärungen, wobei ich mich auf unsere Beobachtungen stütze. Es handelt sich offensichtlich um die Hinterhauptsregion, seine optischen Beziehungen zur Umwelt.

Wir haben hier auf optischem Gebiet eine Erscheinung, die auch bei unserem „Rebus" vorhanden ist: Dieses Gebiet ist in einem solchen Grade gehemmt, daß bei ihm einfach nicht zwei gleichzeitige Reizungen bestehen können. Sie erinnern sich bei „Rebus" an die Tatsache, daß er nicht mehr als einen bedingten Reflex bilden kann, der starke zerstört den schwachen: Der Abwehrreflex zerstört den Säurereflex, der Säurereflex zerstört den Nahrungsreflex.

Das heißt, der optische Abschnitt des Gehirns verfügt über einen so schwachen Tonus für den Erregungsprozeß, daß er unter dem Einfluß eines bestimmten Reizes seine Aktivität nur auf einen Punkt konzentrieren kann, während die übrigen Punkte gleichsam nicht vorhanden sind. Deshalb sieht er einen einzelnen Menschen, sieht er jedes einzelne Moment, kann sich aber während dieser Zeit nichts anderes vorstellen. Deshalb verschwindet vor ihm der Raum. Bei ihm begrenzt sich die Welt auf den Punkt, der gerade gereizt wird. Es gibt bei ihm keine Spuren. Deshalb „verliert er sich in der Welt". Man kann es sich also auf zweierlei Weise vorstellen: Entweder ist es analog dem Zustand von „Rebus", bei dem der Rindentonus infolge Fehlens der drei wichtigsten Distanzrezeptoren stark abgesunken ist, oder es ist einer Erscheinung analog, die wir bei den Affen beobachten. Bei ihnen sind die Erregungsspuren außerordentlich schwach, während sie bei uns bekanntlich sehr stark sind, da wir uns an Ereignisse erinnern, die vor

70 bis 80 Jahren passiert sind. Ich erinnere mich genau, was vor 83 Jahren los war, als ich gerade 3 Jahre alt war.

Beim Affen sieht man, daß er, um irgend etwas zu tun, um vom einen zum anderen übergehen zu können, beide Reize sehen muß. Wenn der Affe aber den zweiten Reiz nicht empfängt, der mit dem ersten kombiniert werden soll, dann verbindet er sie nicht auf Grund der Spur. Angenommen, er soll Feuer mit Wasser löschen. Wenn er auf das Feuer blickt, der Blick aber nicht zugleich auf das Wasser fällt, das seitab steht, dann verfällt er nicht auf das Wasser, sondern tut das erst dann, wenn er sich bewegt und das Wasser erblickt. Es ist offensichtlich, daß bei den Affen die Spuren sehr schwach sind. *(98)*

Jetzt, da bei mir mit dem Alter die Erregbarkeit des Gehirns schwächer wird, führt die Selbstbeobachtung auf eine interessante analoge Tatsache.

Meine Wanduhren zu Hause werden einmal in der Woche aufgezogen, und zwar am Sonntag. Trotz der großen Regelmäßigkeit meines Lebens kann ich mir in der letzten Zeit diese Frist nicht mehr merken. Mein Erholungstag ist der Sonntag; es ist ein besonderer Tag, der sich von allen anderen Tagen unterscheidet. Dennoch entsteht bei mir einfach nicht von selbst der Gedanke, daß ich die Uhren aufziehen muß. Aber die Uhren brauchen nur zu schlagen, und schon klappt die Sache: Ein Reiz von den Uhren — ach ja, ich muß ja die Uhren aufziehen. Das ist eine Erscheinung von ganz derselben Art.

Es ist hochinteressant, daß bei diesem Offizier die Spuren entweder völlig fehlen, er erlebt nur die vorhandenen Reizungen bei niedrigem Rindentonus, oder wenn er eine bestimmte Reizung erhält, dann breitet sich die Hemmung auf die übrigen Teile des Analysators aus. Das übrige verschwindet aus dem Bewußtsein. Das ist der Grund, weshalb er den Eindruck hatte, daß er sich „in der Welt verliert".

Es bleiben noch einige Minuten. Interessehalber will ich Ihnen noch einiges sagen. Am nächsten Mittwoch werde ich mich auseinandersetzen. Jetzt nur eine kleine Charakteristik von Pierre Janet.

Er ist natürlich Animist, für ihn existiert eine besondere Substanz, die mit Recht nicht beschrieben wird und die man nicht begreifen kann. Er bringt seine Erklärungen mit dem französischen, ziemlich hemmungslosen Philosophen Bergson in Verbindung.

Er schreibt: „Bergson hat uns ein sehr schönes Beispiel gegeben, um uns verstehen zu lassen, wie die Natur ein solches Wunder vollbringen konnte, wie es unser Auge ist. Dieses Auge erscheint uns erstaunlich kompliziert, und wir sind geneigt anzunehmen, daß man nach und nach Material aufhäufen muß, um es dann in allen möglichen Richtungen miteinander zu kombinieren. Aber so ist es nicht, denn wenn ich meinen Arm heben will, dann untersuche ich nicht dieses oder jenes Organ, diesen oder jenen Nerven, diesen oder jenen Muskel, um den Wunsch zu äußern, daß er funktionieren soll. Wir brauchen nur den Akt zu wünschen, und das ganze organisiert sich auf einmal. Die lebende Materie strebte zum Licht, wollte das Licht greifen, und dieser Wunsch hat sich im Auge organisiert."

Buchstäblich so heißt es: „Und dieser Wunsch hat sich im Auge organisiert." „Darin liegt eine Schöpferkraft, irgendeine übermächtige Substanz."

Jetzt weiter: „Wir haben viel von dieser primitiven Macht verloren, aber wir benutzen sie noch in gewisser Hinsicht in unseren Vorstellungen." Wir benutzen ein kleines Krümelchen dieser Macht in unseren Vorstellungen! Ist er uns ähnlich oder nicht? Können wir mit ihm ins Einvernehmen kommen oder nicht? Natürlich nicht. Er ist der Meinung, daß die Vorstellung ein Teilchen jener Schöpferkraft ist, die mein Auge geschaffen hat!

Alles Gute! *(99)*

MITTWOCHKOLLOQUIUM

vom 27. Februar 1935

1. ÜBER DIE BEWEGLICHKEIT DER NERVENPROZESSE IN DER GROSSHIRNRINDE. BEWEISE ZUGUNSTEN DER BEWEGLICHKEIT ALS SELBSTÄNDIGER EIGENSCHAFT DES NERVENSYSTEMS („TOMBUSCH", „LISS", „SMEI")

I. P. Pawlow: Noch einmal zum Typenproblem. Letztes Mal war ich bereit und gewillt, den Hund „Tombusch" auf Grund der früheren Erfahrung einer Variante des erregbaren Typs zuzurechnen, bei der die Diskrepanz zwischen dem Erregungs- und Hemmungsprozeß besonders stark ausgeprägt, d. h., der Hemmungsprozeß sehr schwach ist. Aber weitere Versuche an M. K.s[1] „Tombusch" haben etwas anderes ergeben, und zwar, daß man diesen Hund zum ausgeprägten Typ des Sanguinikers rechnen muß.

Besonders fesselte die außerordentliche Geschwindigkeit der Bildung eines verspäteten Reflexes die Aufmerksamkeit. Wie ich Ihnen letztes Mal berichtete, wurde der verspätete Reflex (der überhaupt eine schwierige Aufgabe für das Nervensystem darstellt) von ihm außerordentlich schnell gebildet, d. h. am zweiten Tage, und am zweiten bis dritten Tage war er im höchsten Grade stark ausgeprägt. Aber am vierten Tage brach alles zusammen. Zugleich fielen die folgenden bedingten Reflexe ab.

Daraufhin kam ich zu dem Schluß, daß man „Tombusch" zu einer „Variante des erregbaren Typs" rechnen müsse, bei der das fehlende Gleichgewicht zwischen den beiden Prozessen besonders kraß ausgeprägt ist.

Die Fortsetzung der Arbeit zeigte wiederum das Vorhandensein eines stabilen verspäteten Reflexes, der immer ausgeprägter auftrat. Die Zerrüttung erwies sich als vorübergehend, als sehr kurz. Man kann mit Recht sagen, das ist eine gewisse normale Zirkularität, ein Hinweis darauf; d. h. „Tombusch" strengte sich sehr stark an, bildete mit einem Male eine Hemmung, und das Nervensystem bedurfte einer eintägigen Erholung. Dann trat alles, was erreicht worden war, in ganz ausgeprägter Form und in umfassendem Maße wieder auf.

Es zeigte sich — M. K. erinnerte mich daran —, daß bei „Tombusch" genau dasselbe auch bei der Bildung der Differenzierung aufgetreten war. Jetzt hat er seine Stärke im Zusammenhang mit der Beweglichkeit des Hemmungsprozesses noch einmal unter Beweis gestellt, *(100)* als bei ihm zugleich mit der gerade

[1] M. K. Petrowa

gebildeten Verspätung die Differenzierung ausprobiert wurde, die etwa zwei Monate lang abgesetzt war. Neben dieser Verspätung erwies sich die Differenzierung als absolut. Offensichtlich ist er Meister sowohl auf dem Gebiete der Erregung als auch auf dem der Hemmung. Er ist nicht nur ein starker und ausgeglichener Typ, sondern auch in den Grenzen der Norm höchst beweglich. Folglich muß man ihn für das Ideal des sanguinischen Typs halten (bisher nahmen wir das von „Boy“ an). „Tombusch“ hat sozusagen einen Rekord aufgestellt. Man muß in der Tat annehmen, daß, wie ich schon wiederholt sagte, der ideale Lebenstyp, der für alle Fälle gewappnet ist, in denen sowohl Ausgeglichenheit als auch Geschwindigkeit gefordert wird, der sanguinische Typ ist. „Tombusch“ ist der markanteste Repräsentant dieses Typs.

Was die Typen und die Grundlage betrifft, auf der diese Typen systematisiert werden, so muß ich folgendes hinzufügen: Wenn ich jetzt „Tombusch“ mit solchen Varianten des erregbaren Typs wie „Tresor“, „Tom“ und „Satyr“ vergleiche, dann zieht die weitere Tatsache die Aufmerksamkeit auf sich, daß bei diesem Hunde auch bei starkem Hemmungsprozeß eine große Geschwindigkeit in der Umstellung der Prozesse, eine große Labilität existiert. Das unterstreicht und bestätigt ein übriges Mal die Theorie, daß die Beweglichkeit der Nervenprozesse eine selbständige und primäre Besonderheit der Nerventätigkeit ist und keine sekundäre, die sich aus dem Wechselverhältnis zwischen Erregungs- und Hemmungsprozeß ergibt.

In diesem Zusammenhang kann ich auch die Ergebnisse erwähnen, die bei den Sanguinikern „Liss“ und „Smei“ gefunden worden sind.

Wie Sie sich erinnern, ragen „Liss“ und „Smei“ aus der gesamten Gruppe unserer Hunde dadurch hervor, daß sie die schwierigste Aufgabe hinsichtlich der Beweglichkeit der Nervenprozesse, d. h. die Anwendung von vier bedingten Reizen mit Bekräftigung des letzten in einem System anderer positiver und negativer bedingter Reize sauber und gründlich lösten. Bei ihnen erhielten wir auf die ersten drei Anwendungen des Reizes einen Hemmungsprozeß, auf die vierte Anwendung aber einen eindeutig vollständigen Effekt, ebenso wie bei den anderen Reizen. Diese Aufgabe lösten die beiden Brüder „Liss“ und „Smei“.

Wir beziehen das mit gutem Grund auf die Beweglichkeit der Nervenprozesse. Was das Verhältnis zwischen dem Erregungs- und Hemmungsprozeß betrifft, so zeigte sich, daß bei „Liss“ der Erregungsprozeß, bei „Smei“ aber der Hemmungsprozeß stärker ist. Folglich ist die Beweglichkeit allem Anschein nach nicht das Resultat des Verhältnisses dieser Prozesse, sondern ein besonderer, selbständiger Zug, eine besondere Eigenschaft der Nervenprozesse. Bei der Umarbeitung der Metronome zeigte sich, daß „Liss“ das Hemmungsmetronom schnell in ein positives umarbeitete, daß sich aber das Erregungsmetronom sehr langsam, weniger als halb so schnell, in ein hemmendes verwandelte. Bei „Smei“ verwandelte sich umgekehrt das positive schneller in ein hemmendes, als das hemmende sich in ein positives verwandelte. *(101)*

Während „Liss“ diese Umarbeitung nur mit Mühe gelang — er benahm sich ungehörig, jaulte während des Versuchs und versuchte, die Vorrichtungen abzureißen —, löste „Smei" die Aufgabe in aller Ruhe, ohne sich auch nur mit einer zusätzlichen Bewegung die Anstrengung anmerken zu lassen.

In all diesen Fällen bei „Liss", „Smei" und „Tombusch" wird besonders deutlich, daß die Beweglichkeit ein besonderer, selbständiger und kein sekundärer, abgeleiteter Zug ist.

2. EINFLUSS VON ALKOHOL AUF DIE BEDINGTEN REFLEXE. VERSCHWINDEN DER BEDINGTEN REFLEXE BEI DEM SCHWACHEN KASTRATEN „SHOLTY" UND AUFTRETEN EINER PARADOXEN PHASE BEI EINEM PAAR ENTGEGENGESETZTER REIZE BEI „JOY" (VERSUCHE M. K. PETROWAS)

I. P. Pawlow: Gehen wir zur Frage des Einflusses verschiedener chemischer Agenzien auf die höhere Nerventätigkeit über.

Fünf Hunde von M. K. werden einer chronischen Alkoholvergiftung unterzogen. „Sholty" ist ein schwacher Kastrat. Er verträgt lange Zeit eine gehörige Alkoholdosis, ohne besondere Abweichungen von der Norm zu zeigen. Aber beim neunten Versuch zeigte sich bei 20 g Alkohol die erste Störung der bedingt-reflektorischen Tätigkeit beim positiven und negativen Metronom, d. h. gerade beim schwierigsten Teil des Stereotyps. Dabei verschwanden bei „Sholty" die Effekte beider Reize, der hemmende blieb, wie er war, und der positive verschwand.

Das läßt sich so auffassen, daß der Alkohol in erster Linie auf den Hemmungsprozeß einwirkt. Der Hemmungsprozeß unterliegt leichter der paralysierenden Wirkung dieses Narkotikums und muß sich folglich verringern. Wir wissen, daß der positive und der negative Prozeß in Induktionsbeziehungen stehen und einander unterstützen. Es ist verständlich, wenn der Hemmungsprozeß schwächer wird, dann muß sich die positive Induktion auf den positiven Prozeß ebenfalls verringern, und damit muß der Erregungsprozeß abnehmen. Da außerdem Alkohol auch den Erregungsprozeß paralysiert, muß dieser natürlich stärker als der Hemmungsprozeß leiden. Das ist leicht aus der Wirkung des Alkohols verständlich, die wir schon früher kannten.

Bei einem anderen Hunde äußerte sich die Wirkung des Alkohols anders. „Joy" ist ein starker Hund. Bei ihm äußerte sich der Alkohol darin, daß sich statt der normalen Verhältnisse eine ultraparadoxe Phase einstellte. Sie trat bei einem Paar entgegengesetzter Reize auf, die durch Induktionsbeziehungen reguliert werden.

Sei es so oder anders, Tatsache ist jedoch, daß die paralysierende Wirkung der chronischen Alkoholvergiftung als erstes das Paar entgegengesetzter Reflexe erfaßte und die übrigen unverändert ließ; *(102)* das ist auch verständlich, denn gerade hier befindet sich der Prozeß in einer schwierigen Situation, d. h., er hält sich gegenseitig im Gleichgewicht. So läßt sich das verstehen, und dagegen dürfte kaum etwas einzuwenden sein.

3. DAS FEHLEN EINER BEDINGTEN SPEICHELABSONDERUNG KANN ENTWEDER DAS VORHANDENSEIN EINER HEMMUNG ODER VÖLLIGES AUSBLEIBEN DER NERVENPROZESSE BEDEUTEN. ÜBER WESEN UND ERSCHEINUNG DER PHYSIOLOGISCHEN PROBLEME (VERSUCHE S. W. KLESTSCHOWS MIT „MOPS")

I. P. Pawlow: Wir wissen, daß Alkohol, Chloralhydrat und Chloroform Paralysatoren des Nervensystems sind, gleichgültig, wie sie auch genannt werden (Schlafmittel, Hypnotika usw.). Wir stehen auf dem Standpunkt, daß Alkohol in erster Linie den Hemmungsprozeß paralysiert und dann seine Wirkung auch auf den Erregungsprozeß ausdehnt.

Unter dem Aspekt dieser Vorstellung stellte S. W. Klestschow mit „Mops" einen Versuch an, wobei sich bei Vergiftung mit einer beträchtlichen Dosis von Chloralhydrat herausstellte, daß die Erregungsprozesse fast auf die Hälfte abfielen, während der Hemmungsprozeß scheinbar genauso blieb, wie er früher gewesen war.

Man muß aber daran denken, daß das Ausbleiben oder ein Nullwert der bedingten Speichelabsonderung keine bestimmte Größe ist; es kann von verschiedener Tiefe und verschiedener Genese sein. Der Nullwert kann z. B. daher stammen, daß an dieser Stelle kein Erregungsprozeß vorhanden ist. Dann liegt keine Hemmung vor, sondern einfach ein Fehlen des Erregungsprozesses. So kann man auch im vorliegenden Falle annehmen, daß dieser Nullwert durchaus nicht Ausdruck einer starken Hemmung ist, sondern daß es vielleicht einfach ein Fehlen des Erregungsprozesses ist.

Natürlich lassen sich alle möglichen Vermutungen aufstellen; sehen wir zu, wofür die Tatsachen sprechen.

S. W. vergiftet einen Hund mit Chloralhydrat. Es zeigt sich, wie ich sagte, daß der bedingte Reflex auf die Klingel von 75 auf 42 Teilstriche abgefallen ist, das heißt fast auf die Hälfte, während der Hemmungsreflex Null blieb. Dann vergiftet er noch einmal mit Chloralhydrat und probiert wiederum diese Klingel aus, wobei er das Hemmungsmetronom hinzufügt, das Null geblieben war. Im Ergebnis findet sich nicht die geringste Veränderung des Effektes der Klingel. Er blieb genauso wie er war. Folglich ergibt sich, daß keinerlei Hinweise auf eine Beteiligung des Hemmungsprozesses am negativen Reiz vorhanden sind. Danach wurde ein Kontrollversuch am selben Hunde angestellt, aber ohne Chloralhydrat. Das Hemmungsmetronom wurde mit der Klingel kombiniert, und diese ergab in diesem Falle 30 statt 75 Teilstriche. Beim Fehlen von Chloralhydrat hatte das Hemmungsmetronom also eine Wirkung und verringerte den bedingten Reflex auf ein Drittel seiner üblichen Größe. Man kann demnach sagen, daß das Ausbleiben der Speichelabsonderung (der Nullwert) im einen Falle ein Indikator für das völlige Fehlen sowohl des Hemmungs- als auch des Erregungsprozesses war, im anderen Falle aber ein Symptom eines in der Tat vorhandenen Hemmungsprozesses. *(103)* Man muß also immer bedenken, daß stets und ständig die Erscheinung das eine, das Wesen aber etwas anderes ist.

Meine Damen und Herren, möchte dazu jemand etwas sagen?

W. K. Fjodorow: Bei mir ergaben sich bei derselben Versuchsanordnung mit Chloralhydrat vollkommen identische Ergebnisse. Ich benutzte eine gut konzentrierte Differenzierung, die im Wachzustande des Hundes die Reflexe nicht verändert hat, sie bei kleinen Dosen Chloralhydrat aber herabsetzte. Bei großen Dosen Chloralhydrat ging anscheinend eine gewisse Summation vor sich, da ich, als ich die Differenzierung hinzufügte, eine Erhöhung des Effekts auf die positiven Reize erhielt.

I. P. Pawlow: Man muß also beachten, daß das Ausbleiben der Speichelabsonderung (Nullwert der Speichelabsonderung) verschiedene Bedeutung haben kann.

4. UMWANDLUNG EINES HUNDES VOM SCHWACHEN TYP IN EINEN STARKEN TYP UNTER DEM EINFLUSS EINER KOMBINATION VON BROM UND KOFFEIN (VERSUCHE A. M. PAWLOWAS MIT „LISSA“)

I. P. Pawlow: Im Zusammenhang mit unseren pharmakologischen Versuchen muß ich einen Versuch von A. M. erwähnen, der noch einmal die Macht der Kombination von Koffein und Brom beweist.

Wir hatten den sehr schwachen Hund „Lissa“. Im Gestell urinierte der Hund stets und ständig, die bedingten Reflexe waren immer klein, und besonders schwer fiel ihm die Differenzierung. Allmählich erreichte A. M. mit einer sorgfältig abgewogenen Kombination von Brom und Koffein bei „Lissa“ wahre Wunder, und zwar sowohl hinsichtlich der Größe und Konstanz der bedingten Reflexe als auch hinsichtlich der Ergebnisse eines Versuchs mit einem überstarken Reiz, der Knarre. Dieser rief bei der Anwendung von Brom mit Koffein keinerlei ausgeprägte Störungen der bedingt-reflektorischen Tätigkeit hervor. „Lissa“ hat sich also tatsächlich aus einem schwachen, feigen Hund in einen starken verwandelt.

Es wurde sogar beschlossen, die Bildung eines beständigen Reflexes auf die Knarre zu versuchen, was nur starken Typen möglich ist. Sie haben es zum zweiten Male versucht?

A. M. Pawlowa: Jawohl. Es war dasselbe, keinerlei panische Reaktion trat auf, aber die Reflexe erniedrigten sich ein wenig während des ganzen Versuchs.

I. P. Pawlow: Nahm er das Futter?

A. M. Pawlowa: Ja.

I. P. Pawlow: Das ist ein ganz markanter Beweis für die Macht dieser Kombination; man kann dies den Ergebnissen gleichstellen, die M. K.[1] an „Mampus“ gewonnen hat.

Übrigens „Mampus“ — man kann feststellen, daß die Heilung jetzt schon 48 Tage unverändert anhält. Es dürfte eine radikale Heilung durch diese Kombination von Brom und Koffein sein. *(104)*

[1] M. K. Petrowa

Gewiß, bei „Mampus" erwies sich die zweimalige Überdeckung des positiven Metronoms als unterstützendes Mittel für den Heilungseffekt, wogegen es beim dritten Male wie üblich angewandt wurde. Schon 48 Tage lang sind weder Brom noch Koffein angewandt worden, aber das positive Metronom wird zwei Tage vom unbedingten Reiz überdeckt, am dritten jedoch mit dem üblichen Abrücken angewandt. Es findet sich da noch eine Besonderheit, über die wir sprechen werden, wenn dieser Versuch abgeschlossen ist.

5. EINFLUSS DES ÜBERDECKENS DES BEDINGTEN REFLEXES DURCH DEN UNBEDINGTEN BEI EINEM HUNDE, DEM DREI REZEPTOREN FEHLEN (K. S. ABULADSES „HERA")

I. P. Pawlow: Ich gehe zu kleineren, fragmentarischen Befunden über.

Wir haben noch einen anderen, sehr prägnanten Beweis dafür, daß das Überdecken, das heißt die Unterordnung des bedingten Reizes unter den unbedingten, ein unmittelbar verstärkender Faktor für die Wirkung des bedingten Reizes ist.

K. S. arbeitet mit dem Hund „Hera", dem unlängst die drei Hauptrezeptoren, Geruch, Gehör und Gesicht, entfernt worden sind. Bei ihm fielen die Reflexe stark ab, nachdem der Geruchsrezeptor als letzterer zerstört worden war. Es wurden sehr schwache bedingte Reflexe auf einen mechanischen Hautreiz ausgearbeitet.

Als K. S. aber regelmäßig diesen bedingten Reiz durch den unbedingten überdeckte, nahm der bedingte Reflex beträchtlich zu und wurde konstant. Auch bei dieser extremen Schwäche der Hirnrinde erwies also dieses Verfahren seine mächtige Wirkung.

6. CHAOTISCHE BEDINGT-REFLEKTORISCHE TÄTIGKEIT KANN EINE FOLGE VON SCHWÄCHE DER HEMMUNG UND TRÄGHEIT DES NERVENPROZESSES SEIN („WERNY")

I. P. Pawlow: Ich muß sagen, daß sich uns jetzt immer mehr und mehr Aufgaben ergeben. Als Beispiel nehme ich den Hund „Werny". Er ist ein sehr erregbarer, aggressiver Hund, und sein Herr muß mit ihm vorsichtig umgehen.

Zugleich ist seine bedingt-reflektorische Tätigkeit im höchsten Grade chaotisch.

Es war zu klären, wo dieses Chaos herrührt und wie man es von seiten der Besonderheiten des Nervensystems zu charakterisieren habe.

Zunächst war anzunehmen, daß es ihm in Hinblick darauf, daß er ein erregbarer Hund ist, an Hemmung fehle. Wir wandten Brom an.

Brom hatte eine gewisse Wirkung, aber obwohl verschiedene Dosen ausprobiert wurden, brachte es doch nur eine gewisse, relative Ordnung in die bedingten Reflexe.

Daraufhin setzten wir das Brom ab und versuchten, die Pause auf 9 Minuten auszudehnen. Die Situation besserte sich ebenfalls. Folglich ist nicht nur die Hemmung schwach, sondern es liegt auch Trägheit vor. *(105)*

Um uns tatsächlich davon zu überzeugen, daß diese beiden Komponenten die Wurzel allen Übels waren, bleibt uns nur übrig, beide positiven Faktoren zugleich auszuprobieren, denn dann müssen wir beim Fehlen anderer Ursachen eine normale Ordnung bekommen. In nächster Zeit wird das geschehen.

Unsere Position festigt sich jetzt immer mehr. Wir können zur vollständigen Erkenntnis der Nervenprozesse gelangen.

7. DIE GRÖSSE DES BEDINGTEN REFLEXES HÄNGT VON DER PHYSIKALISCHEN STÄRKE SOWOHL DES UNBEDINGTEN ALS AUCH DES BEDINGTEN REIZES AB (VERSUCHE K. S. ABULADSES AN „PARNASS")

I. P. Pawlow: Erinnern Sie sich an den Hund „Rebus"? Er hat auf mich starken Eindruck gemacht.

Diesen Hund erhielten wir von Speranski und seinem Mitarbeiter Galkin. Sie zerstörten als erste peripher, nicht zentral, die drei Distanzrezeptoren dieses Hundes.

„Rebus" ist in der Tat ein ganz besonderer Hund, dem wir sehr interessante und wichtige Befunde verdanken. Er schläft 23½ Stunden täglich und wacht folglich für die Zeit auf, in der mit ihm ein Versuch angestellt oder in der er gefüttert wird. Davon abgesehen schläft er immer. Diese Erscheinung ist so prägnant, daß man sie verallgemeinern konnte. Aber bei unseren beiden anderen Hunden, bei „Parnaß" und „Java", bei denen ebenfalls diese drei Rezeptoren entfernt wurden, wiederholten sich diese Erscheinungen nicht im gleichen Maße. Sie ähneln „Rebus" in ihrem allgemeinen Verhalten nicht. Gewiß, sie liegen zusammengerollt da, schlafen aber nicht; man braucht sie nur zu berühren, und sofort springen sie auf. Sie weisen also einen völlig anderen Rindentonus auf.

Der stark erniedrigte Rindentonus äußerte sich bei „Rebus" auch darin, daß er im Unterschied zu normalen Hunden keine zwei bedingten Reflexe gleichzeitig bilden konnte. Bilden Sie z. B. bei ihm einen Nahrungsreflex auf eine Reizung im Hautanalysator, dann kann er konstant sein; wenn Sie aber einen anderen, sagen wir, einen Säurereflex auf eine Temperaturreizung an der Haut bilden, dann zerstört der eine Reflex den anderen, und es bleibt derjenige übrig, dessen unbedingter Reflex stärker ist. Da nun der unbedingte Säurereflex stärker ist als der Nahrungsreflex, bleibt der Säurereflex übrig, während der Nahrungsreflex verschwindet. Nehmen Sie aber einen unbedingten Abwehrreflex, dann führt das zur Verdrängung des Säurereflexes, da jener stärker ist. Die Erregbarkeit der Hirnrinde ist so eingeschränkt, daß bei Konzentration der Erregung an einer Stelle die ganze übrige Hirnrinde in stärkste negative Induktion versetzt wird.

Bei „Parnaß" hält sich ein sehr subtiles System bedingter Reflexe ganz ausgezeichnet, so daß also trotz des Fehlens dreier Rezeptoren bei dem Hunde dennoch ein normal hoher Rindentonus aufrecht erhalten wird und wir keinerlei Unterschiede gegenüber einem normalen Gehirn feststellen können. *(106)* Es finden sich keinerlei Hinweise auf ein Absinken des Rindentonus. Dies macht uns den Fall jener bekannten Amerikanerin verständlich, der ebenfalls viele Rezeptoren fehlten, die aber dennoch eine hohe Intelligenz besaß. Am Hundematerial wird die Möglichkeit dieser Erscheinung bestätigt.

Die Befunde an „Rebus" und „Parnaß" sind natürlich wichtig, und ihr Vergleich ist höchst lehrreich. Ich möchte Ihr Augenmerk auf die Tatsache richten, daß wir bei diesen Hunden die beiden übriggebliebenen Analysatoren benutzen müssen: einerseits den Hautrezeptor mit seiner thermischen und mechanischen Komponente und andererseits den Geschmacksrezeptor. So ging auch K. S. vor: Über den mechanischen Hautrezeptor bildete er einen Nahrungsreflex, aus einem Kältereiz der Haut machte er einen Säurereflex und aus einer Reizung der Mundhöhle mit Alkali einen Abwehrreflex.

Ich muß darauf hinweisen, daß der Kältereiz außerordentlich schwach ist. Wenn K. S. die mit der Säure zusammenhängenden bedingten Reize anwendet, dann liefern sie immer einen größeren bedingten Effekt als die Nahrungsreflexe mit ihren Reizen. Beim Kältereiz ist es umgekehrt.

Es ist interessant: Wenn ein bedingter Säurereflex auf Kälte vorhanden ist, dann ist er niedriger als der Nahrungreflex, was bei anderen Reizen niemals vorkommt. Das zeigt, was für ein schwacher Reiz die Kälte im Vergleich zu anderen Reizen ist.

Daß es tatsächlich so ist, wird dadurch bewiesen, daß der Säurereflex, wenn die Säure nicht mit Kälte, sondern mit einem mechanischen Hautreiz kombiniert wird, immer größer ist als der Nahrungsreflex. Das unterstreicht die außerordentliche Schwäche des Kältereizes.

Aus diesem Befund folgt der wichtige Schluß, daß der bedingte Effekt durch zwei Komponenten bedingt ist: Einerseits wird er durch die Stärke des unbedingten Reizes bedingt, und andererseits durch die Stärke des bedingten Reizes. Der bedingte Effekt ist das Produkt zweier Komponenten. Obwohl in diesem Falle der unbedingte Reiz die stärkste und der Kältereiz die schwächste Komponente ist, ist der summarische Effekt dennoch minimal. Man muß beachten, daß die Größe des bedingten Reflexes, von den anderen Bedingungen abgesehen, auch hierdurch bestimmt wird. Folglich hängt die Größe des bedingten Reflexes ständig sowohl von der physikalischen Stärke des unbedingten Reizes als auch von der physikalischen Stärke des bedingten Reizes ab.

8. FALL VON FEHLEN DER ABHÄNGIGKEIT DER GRÖSSE DER BEDINGTEN REFLEXE VON DER STÄRKE DES BEDINGTEN REIZES (VERSUCHE AN A. A. LINDBERGS „MARS")

I. P. Pawlow: Im Zusammenhang damit ergab sich ein besonderer Befund bei A. A. an seinem Hunde „Mars". Als wir gesehen hatten, daß der Kältereiz sehr schwach ist, wandten wir ihn bei „Mars" an. Zu unserem Erstaunen lieferte „Mars" einen großen bedingten Reflex auf diesen Reiz. *(107)*

Wie ist das zu verstehen? Es blieb nur die eine Annahme übrig, daß „Mars" über eine so starke Erregbarkeit verfügt, daß alle Reize ständig den Grenzwert erreichen.

Wie stark schwanken doch die Grenzen und Möglichkeiten des Nervensystems! In den einen Fällen ist die Stärke des bedingten Reizes von gewaltiger Bedeutung, in anderen Fällen dagegen völlig bedeutungslos.

Worauf beruht das? Wenn hier eine solche Labilität des Erregungsprozesses vorlag, daß er beim geringsten Anstoß das Maximum und den Grenzwert erreicht, dann müßten doch starke Reize eine Hemmung hervorrufen. Das trat indessen nicht ein. Es mußte noch irgendetwas zur Charakteristik des Nervensystems hinzukommen. Ich wollte es erklären, sehe aber, es geht nicht. Wir stoßen hier auf eine ganz ungewöhnliche Eigenschaft.

N. A. Podkopajew: Vielleicht kann man annehmen, daß der Reiz nicht den Grenzwert erreicht.

I. P. Pawlow: Es ist völlig unverständlich, weshalb die Kälte einen maximalen Effekt liefert.

N. A. Podkopajew: Die Labilität bleibt; aber wozu denn ein Urteil über die Grenze fällen? Die Grenze kann sehr hoch liegen.

I. P. Pawlow: Also handelt es sich hier nur um Erscheinungen einer extremen Labilität, und es geht nicht bis zur Grenze. Gut, aber warum kommt es dann zu einem Gleichgewicht? Worauf beruht denn dieser Ausgleich?

N. A. Podkopajew: Ist der Verlauf in je 5-Sekundenwerten regelrecht?

I. P. Pawlow: Ja, er ist regelrecht. Nein, so geht es nicht, das ist irgendwie rätselhaft.

W. K. Fjodorow: Vielleicht handelt es sich um einen Fall, bei dem die Größe der bedingten Reflexe des Hundes nur durch die Größe des unbedingten Reizes, nicht aber durch die Stärke des bedingten Reizes bestimmt wird. Man kann doch annehmen, daß beim Menschen die Stärke des bedingten Reizes häufig ohne Bedeutung ist. Ein Wort kann im Flüsterton oder laut gesprochen werden, aber die Reaktion auf den Inhalt dieses Wortes ist ein und dieselbe.

I. P. Pawlow: Das Beispiel ist gut, aber es erklärt nichts, sondern analogisiert nur.

W. K. Fjodorow: Man kann versuchen, die Größe der Bekräftigung zu verändern.

I. P. Pawlow: Das haben wir schon versucht.

Zwischenruf: Und wie ist der Hemmungsprozeß des Hundes? Ist er untersucht worden oder nicht?

A. A. Lindberg: Er ist untersucht worden. Die Differenzierung bildete sich bei „Mars“ ziemlich schwierig, war aber sehr stabil und gut konzentriert. Sie ergab immer eine positive Induktion.

Mit der Umarbeitung wurde er auch befriedigend fertig.

I. P. Pawlow: Das Fazit ist: Obwohl wir sehr viele Hunde beobachtet haben, so etwas haben wir noch nicht gesehen. Welche gewaltige Mannigfaltigkeit der Arbeit des Nervensystems! *(108)*

F. P. Majorow: Bei „Premier“, einem Hund vom erregbaren Typ, sind die schwachen Reflexe ebenfalls oft den starken gleich.

I. P. Pawlow: Bei „Premier" ist alles durch irgendeine unverständliche Reaktion kompliziert; er gerät aus irgendwelchen Gründen in Erregung, sobald man ihn ins Gestell bringt. Früher hatte sich herausgestellt, daß er keine Einsamkeit vertrug, aber wenn man ihn auf den Fußboden stellt, dann verschwinden Atemnot und Erregung. Das ist ebenfalls ein schwer verständlicher Fall.

F. P. Majorow: Aber weshalb soll man es nicht als ausgleichende Phase auf sehr hohem Niveau erklären? Wenn Sie von einer ausgleichenden Phase auf hohem Niveau sprechen, dann ist der Begriff der Überbelastungshemmung nicht angebracht. Weshalb soll man diesen Befund nicht so auffassen, daß es eine ausgleichende Phase auf sehr hohem Niveau ist? Schwache Hunde holen so auf, daß sie starke Hunde werden.

I. P. Pawlow: Wie erklären wir die ausgleichende und die paradoxe Phase? Sie finden zunächst eine regelrechte Abhängigkeit, dann erniedrigt sich die Grenze, und dann werden starke Reize zum Beispiel schon zu Überbelastungsreizen, d. h., sie werden ein wenig gehemmt und gleichen sich mit den schwachen Reizen aus; mit anderen Worten, die starken Reize werden so stark, daß sie eine beträchtliche Hemmung hervorrufen und deshalb einen schwächeren Effekt geben als schwache Reize. Das läuft dann auf eine Erniedrigung der Grenze hinaus.

Wer weiß also, wie es kommt, daß der Säurereiz niedriger wird als der Nahrungsreiz. Das muß immer wieder überdacht werden. Überlegen Sie bitte, vielleicht kommt jemand auf eine scharfsinnige Lösung.

N. A. Podkopajew: Vielleicht verspätet sich bei diesem Hunde, der ja erregbar ist, die Entwicklung des Hemmungsprozesses sehr stark. Wenn man es bis zu einer Minute probiert, ob dann nicht der Hemmungsprozeß auftaucht?

Sind die Stärkeverhältnisse regelrecht?

I. P. Pawlow: Weshalb nehmen Sie an, daß die Stärkeverhältnisse von der Hemmung abhängig sind? Wie stört und verändert die Hemmung die Angelegenheit? Das ist ein ausgesprochener Sonderfall. Versuchen Sie, die Zeit der isolierten Wirkung aller bedingten Reize auf eine Minute auszudehnen. Wir wollen sehen; wenn es so ist, wie N. A. annimmt, dann müssen die starken Reize gegen Ende der isolierten Wirkung stärker abfallen.

A. A. Lindberg: Dann kann man das ununterbrochene Auslöschen probieren.

I. P. Pawlow: Probieren Sie es.

Zwischenruf: Wie sind die Intervalle bei Ihnen?

A. A. Lindberg: Jetzt 5 Minuten, es waren aber 9 Minuten.

E. A. Asratjan: Die Veränderung der Nahrungserregbarkeit, wie wirkt sie sich aus?

A. A. Lindberg: Das hat für gewöhnlich keine Bedeutung.

E. A. Asratjan: Wenn Sie nun vor dem Versuch ein wenig füttern, um die Erregbarkeit herabzusetzen?

I. P. Pawlow: Das ist geschehen, und nichts ist dabei herausgekommen. *(109)*

9. BEITRÄGE AUS DER NERVENKLINIK. ÜBER HYSTERIE UND PSYCHASTHENIE

I. P. Pawlow: Nun, meine Damen und Herren, zur Klinik. Letztes Mal wurde in der Nervenklinik ein Fall demonstriert, der unter dem üblichen Aspekt schwer zu diagnostizieren war; war es eine Neurasthenie oder eine Hysterie?

Ich nehme an, daß es rein menschliche Neurosen gibt, und zwar die Psychasthenie und die Hysterie, die mit dem besonderen, speziell menschlichen Typ des Nervensystems zusammenhängen. Ich unterscheide jetzt die gemeinsamen Typen des Nervensystems, die mit den Tieren gemeinsamen, das sind die Hippokratischen Temperamente, und andererseits die menschlichen Typen, den Denker- und den Künstlertyp. Das sind rein die menschlichen Typen.

Natürlich unterscheiden sich der Denkertyp und der Künstlertyp stark voneinander. Es ist ganz klar, daß der Künstlertyp vorzugsweise mit dem ersten Signalsystem arbeitet. Geistige Arbeit ist Arbeit des zweiten Signalsystems oder jenes Systems, das sich beim Menschen entwickelt hat, als er sich in ein „sprechendes Tier" verwandelte. Für eine solche Einteilung liegen ausreichende Gründe vor. Die erste Begründung ist phylogenetischer Art: Der Mensch unterscheidet sich von den Tieren im Grunde dadurch, daß er sprechen kann. Die nächste Begründung ist eine reale Begründung. Wir wissen doch alle genau, daß es Künstler gibt, das ist das eine, und andererseits gibt es Analytiker, die nichts Künstlerisches an sich haben. Diese Realität ist jedermann zugänglich. Natürlich gibt es eine Menge kleiner und großer Menschen, die beides richtig vereinigen. Auch große Menschen wie Mendelejew, Borodin, Goethe und andere vereinigen beides miteinander. Es gibt aber auch Menschen, bei denen diese beiden Systeme auseinanderfallen.

Es gibt noch eine dritte Begründung für die Einteilung nach diesen beiden Systemen. Sie beruht auf klinischem, pathologischem Material und besteht darin, daß wir einerseits Hysteriker und andererseits Psychastheniker haben. Die Hysteriker gehören zum Künstlertyp und die Psychastheniker zum Denkertyp.

Gerade letztes Mal war in der Klinik eine Patientin, die unbestreitbar von künstlerischer Natur ist. Sie spricht sehr schön und schreibt vorzüglich und kann direkt mit den besten Literaten hinsichtlich Stil oder Anschaulichkeit konkurrieren. Sie ist außerdem Musikliebhaberin. Man bezeichnet sie als „begabte Natur". Sie klagt darüber, daß sie erregbar sei, Kopfschmerzen habe, schlecht arbeite usw. Es ergab sich ein Streit, ob es eine Neurasthenie oder eine Hysterie sei.

Sie verfügt über große Bildhaftigkeit und lebhafte Phantasie. Aber weder Anfälle noch hysterische Konvulsionen traten auf. Manchmal denkt sie etwas übersteigert von sich. Wie Sie sich erinnern, findet sich bei Dershawin der Vergleich: „Ich bin der Zar, ich bin ein Sklave, ich bin ein Wurm, ich bin Gott."

Bei ihr findet sich Übertreibung, aber das ist noch keine Hysterie. Das sind Künstlerallüren. Das ist eine Eigenart der Künstler. Es ist also klar, *(110)* daß sie einen Künstlertyp darstellt, aber keinen übermäßigen, keinen übersteigerten, sondern einen ausgeglichenen; sie verfügt über einen genügenden Denkeranteil. Sie ist einfach neurasthenisch.

Ich schlage vor, das Bild der Hysterie ein wenig zu korrigieren.

B. N. BIRMAN: Bei der Untersuchung von Hysterikern haben wir Künstlerzüge gesucht.

I. P. PAWLOW: Das ist aber kein Symptom von Hysterie; es ist Symptom einer Künstlernatur. Das ist der springende Punkt. Als Züge der Hysterie als eines pathologischen Zustandes muß man andere ansehen.

B. N. BIRMAN: Sie hatte aber die Zwangsidee, daß in ihrem Kopfe Würmer herumkröchen.

I. P. PAWLOW: Das ist eine bildhafte Phantasie, aber kein Zwangsphänomen. Eine Künstlernatur muß eine bildhafte Phantasie haben. Sie leben durch das erste Signalsystem und stellen sich folglich alles bildhaft vor. Bei ihr ist irgendetwas im Gehirn nicht in Ordnung, und sie sagt, sie verspüre irgendeine hartnäckige Bewegung, als wenn sich Würmer im Gehirn eingenistet hätten. Das ist die Phantasie einer Künstlernatur, aber kein Zwangsphänomen.

JEWLACHOW: Aber dagegen läßt sich folgendes einwenden. Nehmen wir die Psychastheniker. Dann darf man bei ihnen das Überwiegen des Denkens über die Aktivität nicht als krankhaften Zug ansehen; denn das ist eine Eigenschaft eines Gelehrten.

I. P. PAWLOW: Natürlich. Was haben Sie da für eine Entdeckung gemacht! Das ist es ja gerade. Nicht darum geht es. Die Psychasthenie besteht durchaus nicht darin, daß die Neigung zur Analyse vorherrscht, sondern darin, daß sich beim Psychastheniker Züge einer gewissen pathologischen Schwäche zeigen — das ist etwas ganz anderes.

JEWLACHOW: Ich möchte aus diesem Anlaß an die Worte FREUDS erinnern, den Sie nicht besonders lieben; aber diese Worte decken sich mit den Ihren. Er sagt an einer Stelle, daß der Hysteriker die Karikatur eines Künstlers sei.

I. P. PAWLOW: Um so besser, das paßt sehr gut. Es unterliegt also keinem Zweifel, daß zum Bild der Psychasthenie Züge des Denkertyps gehören.

A. G. IWANOW-SMOLENSKI: Was hat B. N. da erwähnt, daß sich bei ihr Würmer im Gehirn eingenistet hätten?

W. I. PAWLOW: Das behauptet sie nicht steif und fest, sondern sie drückte sich nur so aus. Sie behauptete nicht, in ihrem Kopfe befänden sich tatsächlich richtige Würmer. Sie stellte ihren Krankheitszustand so dar.

10. ÜBER DAS BUCH DUNCKERS „PSYCHOLOGIE DES PRODUKTIVEN DENKENS"

I. P. PAWLOW: Ich erhielt mit der Post aus dem Psychologischen Institut KÖHLERS einen Aufsatz von DUNCKER, einem der Mitarbeiter KÖHLERS. Dieser DUNCKER hat ein Buch geschrieben: „Psychologie des produktiven Denkens"; in der holländischen Ausgabe findet sich ein Extrakt aus diesem Buch. Diese Abhandlung nennt sich „Lernen und Verstehen als Mittel zum Zweck". Ich bin wieder einmal *(111)* erstaunt. Mir scheinen das irgendwelche Verkrampfungen des Denkens zu sein. Er setzt sich ebenfalls mit den Assoziationen auseinander und hält sie für direkt sündhaft. Er beginnt zum Beispiel so: „Das Erreichen eines Zieles erfordert natürlich auch gewisse Mittel zur Erreichung dieses Zieles, d. h., wenn das Mittel da ist, wird auch das Ziel erreicht." Er sagt es auch so: „wenn α — dann β"[1] („wenn das Mittel α vorhanden ist, dann wird auch β erreicht").

Der Artikel ist in dem üblichen undurchsichtigen Philosophenstil geschrieben. Ferner sagt er: „Die Bemühungen in dieser Frage führten dazu, daß die Assoziationstheorien (der Erfahrung und des Lernens) für gewöhnlich der fiktiven Welt vorbehalten sind." Die Assoziationstheorie ist der fiktiven Welt vorbehalten und entspricht nicht der Wirklichkeit. Bis zu einem solchen Unsinn kann man sich versteigen! Die ganze Sache beruht auf der „Verstehbarkeit", mit den Assoziationen dagegen bewegt man sich nicht in der realen, sondern in einer fiktiven Welt. Was ist denn das für eine „Verstehbarkeit", die er so energisch vertritt?

Er führt drei Fälle von „Verstehbarkeiten" an, die sich gleichsam unmittelbar erschließen.

Ich will eine seiner „Verstehbarkeiten" anführen, über die man nur die Achseln zucken kann. Hier ein Beispiel: Ich empfinde unmittelbar, daß ein bestimmter Trank mir das Gefühl der Erfrischung verschafft. „Ich untersuche nicht, daß mein Gefühl der Erfrischung durch diesen Trank hervorgerufen wird. Und das empfinde ich nicht auf Grund irgendeiner Ähnlichkeit zwischen dem Trank und der Erfrischung, sondern durch den unmittelbaren Versuch." Was für ein Unsinn! Es ist doch klar, daß das einige Male wiederholt werden muß, und dann verbinde ich die beiden Dinge miteinander. Das ist eine ganz gewöhnliche Assoziation, wie wir sie ständig auch an unseren Hunden sehen.

Zu sagen, daß die Assoziation nichts wert sei, daß sie ein Phantasieprodukt sei, daß damit nur das Existenzminimum erforscht würde! Was ist das für ein Gedankengang! Reine Verkrampfungen des Denkens.

Auf Wiedersehen! *(112)*

---

[1] Im Original deutsch (dt. Red.)

MITTWOCHKOLLOQUIUM

vom 6. März 1935

1. EINFLUSS VON ALKOHOL AUF DIE BEDINGTEN REFLEXE VON HUNDEN (VERSUCHE M. K. PETROWAS)

I. P. PAWLOW: Es soll jetzt von Erfolgen M. K.s die Rede sein. Sie hat schon viele Versuche über den Einfluß von Alkohol auf die höhere Nerventätigkeit angestellt. Die Ergebnisse sind sehr unterschiedlich, aber lehrreich. Die Versuche wurden an 5 Hunden angestellt, freilich an Kastraten, aber mit unterschiedlichem ursprünglichem Typ des Nervensystems.

Vor allem ragte unter all diesen Hunden der Alkoholhüne „Dikar" hervor. Er ist ein junger Hund, der als Welpe in unsere Hände fiel, kastriert wurde und dann die Pest und eine Rachitis durchmachte. Er wurde im Zwinger gehalten. Zunächst war er sehr feige, wurde mit den Jahren aber immer tapferer, und heutzutage ist von seiner Feigheit gar keine Spur mehr zurückgeblieben.

Unsere Versuche begannen vor über einem Monat. In diesem Monat hat er über 500 cm^3 reinen Alkohol bekommen, aber bisher ist ihm tatsächlich noch nichts anzumerken.

Bei ihm ist nicht wie bei unseren anderen Hunden eine bedingte Speichelreaktion ausgearbeitet worden, sondern eine bedingte motorische Reaktion: Er legt die Vorderpfote auf eine Stütze. An der Stütze befindet sich eine festgelegte Nullinie. Wenn die Pfote unterhalb der Nullinie bleibt, wird das so gewertet, als habe er die Pfote nicht gehoben, überschreitet er die Nullinie, dann gilt die Reaktion als positiv.

Bei starken bedingten Reizen wird die Pfote rascher auf die Stütze gelegt als bei schwachen wie z. B. Geräusch und Licht.

Hier der Versuch vom 28. Januar: Es wurden 20 cm^3 reiner Alkohol verabreicht. Nur zu Beginn des Versuchs wirkte der Alkohol stark; auf das Geräusch hin verzögerte sich das Heben der Pfote, und beim Licht fehlte die Reaktion. Bei den folgenden Reizen besserten sich die bedingten Reaktionen.

Am nächsten Tage war von der Störung keine Spur mehr zurückgeblieben, wenn man davon absieht, daß sich die schwachen bedingten Reflexe den starken ein wenig näherten.

Am nächsten Versuchstage bekam „Dikar" 20 cm^3 Alkohol eine halbe Stunde vor dem Versuch. Hier wurde die Differenzierung enthemmt, er legte die Pfote auf die Stütze. Die akute Wirkung verschwand aber gegen Ende des Versuchs *(113)* nahezu vollständig. Schnell hörten die Alkoholgaben, die mit Pausen von 1 bis

2 Tagen verabreicht wurden, auf, sich auf die Qualität der bedingten Bewegungsreaktionen auszuwirken.

Dann setzten wir ihn ständig, d. h. täglich, unter Alkohol. In den ersten Tagen dieser Versuchsreihe ergaben sich manchmal leichte Abweichungen von der Norm, z. B. eine leichte Enthemmung der Differenzierung oder ein Verspäten auf den einen oder anderen — für gewöhnlich auf einen schwachen — Reiz. Ende Februar stellte sich die bedingt-reflektorische Tätigkeit bei täglichen Alkoholgaben wieder her.

Dann wurde die Alkoholdosis allmählich von 20 auf 40 cm^3 erhöht. Er bekommt also jetzt eine gewaltige Alkoholmenge, ohne daß Wirkungen auf die Rindenfunktion sichtbar wären.

Sie sehen bei ihm eine erstaunliche Immunität gegenüber großen Alkoholdosen. „Dikar" gehört zur Kategorie der kleinen Hunde, bekommt 40 cm^3 reinen Alkohol und verträgt diese Dosis mit Leichtigkeit.

Aber hier findet sich eine sehr interessante Erscheinung, auf die ich Sie besonders aufmerksam machen möchte und die zum menschlichen Nervensystem in Beziehung steht. Sie besteht darin, daß das Tier, auch wenn Veränderungen in den bedingten Reaktionen fehlen, dennoch beim Gehen taumelt. Es folgert also, daß der Bewegungsanalysator geschädigt ist. So ist es doch wohl? Wie aber ist das zu verstehen? Ich muß sagen, daß ich seinerzeit dadurch ein wenig aus dem Konzept gekommen bin, aber jetzt habe ich es analysiert und begriffen.

Das einzige, was jetzt bei ihm zu bemerken ist, besteht darin, daß die Hemmung ein wenig gelitten hat, aber nur die Hemmung. Das äußert sich durchaus nicht in unserer üblichen bedingt-reflektorischen Form, denn die Differenzierung ist absolut geblieben, und er denkt gar nicht daran, beim negativen Reiz die Pfote auf die Stütze zu legen. Es äußert sich in seinem Verhalten gegenüber der Differenzierung: Er wird unruhiger und reagiert motorisch stärker auf sie als früher. Wenn es bei unserer Methodik auch nicht zum Ausdruck kommt, so unterliegt es doch nicht dem geringsten Zweifel – wie aus dem Allgemeinverhalten zu ersehen ist, daß der Hemmungsprozeß nicht mehr so stark ist wie unter normalen Bedingungen. Er hat sogar gejault und dadurch gezeigt, daß es ihm schwer fiel, während früher dieses Symptom der Schwierigkeit nicht aufgetreten ist. Wenn nun aus seinem Verhalten und aus seiner subjektiv schwierigen Lage klar ist, daß die Hemmung schwach geworden ist, wie ist es dann zu verstehen, daß er taumelt? Offensichtlich ist es eine gewaltige mechanische Aufgabe, den Körper im Gleichgewicht zu halten. An der Erhaltung des Körpergleichgewichts ist eine große Anzahl von Muskeln beteiligt, deren Wirkung exakt abgestimmt sein muß, so daß die aktive Anspannung der einen mit einer Erschlaffung anderer einhergeht. Zweifellos muß man dieses Taumeln auf seine motorische Unausgeglichenheit zurückführen. Dadurch wird unterstrichen, daß an unseren Bewegungen ständig auf subtilste Weise die Hemmung beteiligt ist.

Ich glaube, das wird niemand bestreiten.

E. A. Asratjan: Wirkt der Alkohol vielleicht stark auf das Kleinhirn? *(114)*

I. P. Pawlow: Das ist nicht anzunehmen. Das ist auf jeden Fall falsch. Es unterliegt nicht dem geringsten Zweifel, daß der reaktivste Teil die Großhirnhemisphären sind; es ist zwecklos, von den niederen Instanzen zu sprechen, wenn das durch nichts gerechtfertigt ist. Wenn sich ein Mensch schon offensichtlich unter Alkoholeinfluß befindet, ohne dabei irgendwelche Bewegungsstörungen erkennen zu lassen, ohne zu taumeln, dann benimmt er sich aber doch schon ungezügelt, er spricht mehr und schneller usw. Es ist also klar, daß wir und die Hunde in dieser Hinsicht sehr unterschiedlich sind. Bei uns entfällt die subtilste Tätigkeit auf die Großhirnhemisphären und speziell auf die Sprachzentren. Der Mensch hält sich ganz fest auf den Beinen, koordiniert seine Bewegungen einwandfrei, aber die Sprachzentren haben schon gelitten, er ist redseliger, die verschiedenen Assoziationen laufen bei ihm schneller ab usw.

Das hat uns Herr „Dikar" gezeigt. Eine sehr interessante Erscheinung. Vor allem setzt natürlich seine erschreckende, unwahrscheinliche Alkoholtoleranz in Erstaunen.

Es gibt solche gigantischen Nervensysteme, die beliebig viel trinken können; nicht ohne Grund hören wir manchmal von Trinkern, die 80 Jahre überlebt haben und im Brustton der Überzeugung erklären: „Was Sie da vom Alkohol reden. Ich habe mein ganzes Leben lang getrunken und bin älter geworden als die, die nicht getrunken haben." Diese verfügen über ein solches Nervensystem.

M. K. Petrowa: Er kann 95%igen Alkohol trinken.

I. P. Pawlow: Wenn es so ist, wenn ihm der Alkohol überhaupt nicht schadet, dann säuft er ihn wie normale Milch. Das ist auch verständlich, denn er hat keinen Grund, ihn zu meiden, da er sich bei ihm nicht im geringsten auswirkt. „Dikar" ist das eine Extrem des tierischen Verhaltens gegenüber Alkohol. Es wird sehr interessant sein, wenn er sich schließlich doch einmal in den Finger schneidet, d. h., wenn er anfängt zu reagieren.

Und hier nun das andere Extrem. Es sind Versuche mit den üblichen Speichelreflexen, und zwar handelt es sich um den Hund „Hopp". Er ist doppelt so groß wie „Dikar", freilich ein wenig mager; er ist aber jetzt nach der Kastration etwas fülliger geworden.

„Hopp" war schon vor der Kastration ein schwacher Hund; seit der Kastration hält er sich nur mit Hilfe einer Kombination von Brom und Koffein, die er ständig bekommt.

Nach der ersten Dosis von 15 cm^3 Alkohol ergab sich bei ihm auf Anhieb eine ultraparadoxe Phase. Er war erst am neunten Tage wieder hergestellt. Zwei Tage hintereinander bekam er dann wiederum eine Dosis von 30 cm^3 Alkohol. Zwanzig Tage sind seitdem schon vergangen, aber er hat sich noch nicht erholt. Das pathologische Grundsymptom ist eine reine paradoxe und danach ultraparadoxe Phase.

Die paradoxe Phase ist verständlich. Sie bedeutet, daß in erster Linie der Hemmungsprozeß geschwächt wird; dann aber macht sich der Alkohol auch an den Erregungsprozeß. Wenn die Arbeitsfähigkeit der Rindenzelle absinkt, tritt eine Überbelastungshemmung auf, und Sie finden eine paradoxe Phase vor. Auf dieselbe Weise ist auch die ultraparadoxe Phase restlos verständlich. Wenn sich auf den positiven Reiz *(115)* eine Überbelastungshemmung entwickelt und er keine positive Wirkung ergibt, dann wird nach dem Gesetz der Induktion der Hemmreiz positiv, das heißt, es entsteht die ultraparadoxe Phase. Ganz genauso ist auch die reizbare Schwäche verständlich, die unter der Wirkung narkotischer Mittel auftritt. Wir führen auch sie hauptsächlich auf eine Schwächung der Hemmung zurück.

Da haben Sie die Extreme der Alkoholwirkung auf das Nervensystem.

Bis jetzt trinken von fünf alkoholisierten Kastraten vier Alkoholmilch; aber es gibt auch einen Hund, der den Alkohol völlig ablehnt. Er trinkt nicht einmal eine halbprozentige Lösung; offensichtlich ist bei ihm der Alkoholduft zum bedingten negativen Reiz geworden. Diesen Hund muß man besonders erwähnen, denn er bietet ein sehr lehrreiches Beispiel.

Es handelt sich um „Joy", einen vor der Kastration starken Hund. Nach der Kastration hat seine höhere Nerventätigkeit stark gelitten, sich dann aber im Laufe der Zeit wesentlich gebessert. Er ist jetzt der älteste Kastrat, sechs Jahre sind seit der Kastration vergangen. Er arbeitete unter normalen Bedingungen gut und ohne jede Hilfe durch pharmazeutische Mittel. Beim ersten Mal trank er Milch mit 15 cm^3 Alkohol. Nach vier Stunden erbrach er sich, den ganzen Tag über konnte er nicht fressen. Dann aber kam es zu einer gewissen Zerrüttung, die sich am achten Tage legte. Die Zerrüttung äußerte sich in paradoxen Verhältnissen, aber ohne ultraparadoxe Phase. Nach acht Tagen wurde die Alkoholdosis zweimal hintereinander verabreicht. Dieses Mal genas er am sechsten Tage; danach aber lehnte er Alkoholmilch eindeutig ab. Wir mußten den Alkoholgehalt in der Milch allmählich vermindern. Wir kamen bis zu 7 und bis zu 5 cm^3 Alkohol, und es endete damit, daß er jetzt überhaupt keine Milch mehr nimmt. Ein gutes Beispiel. Die normale Milch ist zum bedingten Reiz für Alkohol geworden. Welche Klugheit, welche „Verständigkeit", man könnte ihn den Menschen zum Vorbild machen! Er hat sich in wenigen Versuchen davon überzeugt, wie schädlich das ist und rührt jetzt die Milch, und das, was damit zusammenhängt, nicht mehr an. Das ist ein verblüffendes Beispiel von „Vernunft"!

Das hat M. K. und uns so imponiert, daß wir überlegt haben, ob man diese „Vernunft" überhaupt überwinden soll, ob man ihn gewaltsam mit Alkohol vergiften soll. Was mich betrifft, so bin ich unter diesen Verhältnissen nicht dafür.

Das um so mehr, als er der einzige von all unseren Alkoholikerhunden ist, der sich so etwas geleistet hat. Die anderen schwachen Hunde saufen und saufen sich zu Tode, wie es auch so häufig bei den Menschen vorkommt.

Ferner haben wir „Sholty", der die ganze Zeit lang eine paradoxe Phase liefert.

Der eine von Natur starke Hund verträgt also Alkohol, er hat keine Ursache, ihn zu meiden. Das ist „Dikar". Die Wärter sagen, daß „Dikar" früher sehr scheu gewesen sei und keinen Umgang liebte, *(116)* daß er sich aber jetzt als sehr gesellig erweist. Er überwindet einfach den Alkohol und findet daran sogar Gefallen.

Anders „Joy". Nachdem er als starker Typ die schädliche Wirkung bei sich verspürt hat, ist „Joy" sozusagen „vernünftig" genug, ihn nicht mehr anzurühren. Die übrigen, „Sholty" und „Hopp", trinken infolge ihrer Schwäche oder „Dummheit", wie Sie es nennen wollen, weiter. „Sholty" weist jetzt schon alle Symptome einer Vergiftung auf: ultraparadoxe Phase, reizbare Schwäche, paradoxe Phase usw.

Er vergiftet sich unaufhörlich und säuft und säuft trotzdem. Er ist wie die unglücklichen Trinker, die den Schaden deutlich merken, es aber dennoch nicht lassen können. Das ist die Gruppe der schwachen Hunde.

Ich habe mich geirrt, als ich sagte, daß alle fünf Kastraten seien. Die eine Hündin ist nicht kastriert, aber schwach und bietet genau dasselbe Bild wie „Hopp“ und „Sholty“. Von diesem Instinkt der Selbsterhaltung, der sich bei „Joy“ so verblüffend äußert, ist bei ihr auch nicht die Spur zu finden. Wenn man die Versuche mit Hunden ohne Einschränkung auf die Menschen überträgt, dann sind die notorischen Säufer schwache Nerventypen, da die starken, wie Sie sehen, einerseits mit einer gewissen Berechtigung trinken können, da sie keine schweren Folgen spüren, und andererseits ein solcher starker Hüne wie „Joy“ nur aus „Vernunft“ nicht trinkt, wegen der Stärke seines Hemmungsprozesses.

M. K. Petrowa: Als ich unseren starken Kastraten „John“ und „Joy“ zum ersten Mal Alkohol gab, rührten sie ihn nicht an und liefen weg.

I. P. Pawlow: Ja, wir haben zwei starke Hunde, die in anderer Richtung arbeiten und bisher noch nicht mit Alkohol vergiftet worden sind, noch nicht einmal darauf untersucht worden sind. Es sind die ersten Orientierungsversuche, aber sie versprechen für die Zukunft sehr viel und sehr Wichtiges.

Bei „Mirta“ trat eine ultraparadoxe Phase auf, so daß die pathologischen Vergiftungssymptome vollauf verständlich sind: Es tritt reizbare Schwäche auf, die wir auf eine Herabsetzung der Hemmungsfunktion zurückführen, dann eine paradoxe Phase, Schwäche des Erregungsprozesses, und eine ultraparadoxe Phase, Zerstörung der Hemmung und Schwächung des Erregungsprozesses. Die Symptome sind verständlich.

Vielen Dank, M. K., für diese Ihre Versuche!

2. EINFLUSS EINER KOMBINATION VON CHLORALHYDRAT MIT KOFFEIN. DIE DOPPELTE BEDEUTUNG EINES FEHLENS DER SPEICHELABSONDERUNG AUF EINEN HEMMREIZ (VERSUCHE S. W. KLESTSCHOWS)

I. P. Pawlow: Nun noch einige Einzeltatsachen. Hier handelt es sich bisher mehr um Vermutungen.

Zunächst die Versuche von S. W. an „Mops“ mit Chloralhydrat kombiniert mit Koffein. 2 g Chloralhydrat sind für diesen Hund eine große Dosis. Dennoch ergab sich folgende Größe der bedingten Reflexe *(117)* in Teilstrichen: Metronom 21, Klingel 69, Kassalka 23, positives Metronom 31, Hemmungsmetronom 0, Klingel 25 und Telephon 46.

Es ergibt sich die Frage, auf welche Weise hier die Differenzierung vollständig geworden ist.

Chloralhydrat schwächt und paralysiert doch, wie auch alle anderen Narkotika, in erster Linie den Hemmungsprozeß. Hier fand sich ein krasser Widerspruch gegen diese Erklärung: Der positive Effekt ist recht beträchtlich, zugleich aber war der Hemmungseffekt Null. Wie soll man nun verstehen, daß der Hemmungsprozeß in voller Stärke arbeitet? Es ergibt sich ein Widerspruch gegen eine Menge unserer Ergebnisse: Der Erregungsprozeß hat sehr wenig oder überhaupt nicht gelitten, und der Hemmungsprozeß wirkt in voller Stärke.

Man kann sich vorstellen, daß die 2 g Chloralhydrat in diesem Falle sowohl für den Erregungsprozeß als auch für den Hemmungsprozeß wirkungslos sind.

Ich erwäge eine andere Möglichkeit: In diesem Falle muß man annehmen, daß dieser Nullwert nicht das Produkt einer inneren Hemmung ist, mit der wir allmählich die Differenzierung herstellen, sondern daß es ein induzierter Nullwert ist, da das positive Metronom fast normal ist oder nur sehr wenig gelitten hat (normalerweise muß das Metronom 40 liefern, hier aber sind es 31 Teilstriche). Indessen liefert der Hemmungsprozeß ein völliges Fehlen der Speichelabsonderung, d. h., er tritt in einer Form auf, wie sie bei diesem Hunde sonst nicht vorkommt. Im vorliegenden Versuch findet sich das Kuriosum, daß der Erregungsprozeß ein wenig abgefallen ist (auf das Metronom lieferte er 31 statt 40), während sich der Hemmungsprozeß sogar gleichsam gebessert hat.

Man kann aber annehmen, daß unsere innere kortikale Hemmung durch das Chloralhydrat zerstört worden ist und als Ablösung dafür die unbedingte, die Induktionshemmung aufgetreten ist. Ich wage zu sagen, daß dieser Nullwert nicht der alte, sondern ein neuer Nullwert ist, es ist ein induzierter Nullwert, ein Nullwert der unbedingten Hemmung und nicht der inneren, der kortikalen Hemmung. Ich stütze mich darauf, daß bei diesem Hunde unter normalen Bedingungen niemals Nullwerte vorgekommen sind.

Andererseits wissen wir aus den Versuchen von W. K.[1], daß Cloralhydrat auf die bedingte und auf die unbedingte Hemmung ganz unterschiedlich wirkt. Sie erinnern sich an seine sehr schönen und sehr markanten Versuche, in denen Chloralhydrat ausschließlich die bedingte Hemmung zerstörte, die unbedingte aber völlig unberührt ließ.

Ich glaube, es ist besser, diesen Einzelversuch in besonderer Weise zu interpretieren, als alle übrigen zunichte zu machen.

M. K. Petrowa: Bei „John" trat im Laufe von fünf Jahren keine absolute Differenzierung beim Vorliegen einer Unterscheidung von 50% auf. Als ich eine Induktionswirkung erreichte, kam es zur vollständigen Unterscheidung, aber bei Alkoholisierung tritt bei ihm ständig eine Enthemmung auf. *(118)*

I. P. Pawlow: Hier weist M. K. ganz richtig auf die rhythmischen Versuche mit „John" hin, bei dem gewöhnlich keine absolute Differenzierung auftritt. Dasselbe ist bei „Solotisty" der Fall.

Man muß also entsprechend den Tatsachen und den Versuchsergebnissen die Induktionsstärke dieser Hemmung unterscheiden. Offensichtlich ist die unbedingte Induktionshemmung, d. h. die niedere Hemmung, von weitaus größerer Stärke als unsere innere, kortikale, bedingte Hemmung. Dann läßt sich diese Erscheinung unter diesem Aspekt verstehen.

E. A. Asratjan: Es wird angenommen, daß sich die Induktion durch das positive paarige Metronom ergab. Man kann es absetzen und dann zusehen.

[1] W. K. Fjodorow

Dann werden wir eine direkte Antwort auf die Frage bekommen, ob das eine Induktion ist oder nicht.

I. P. PAWLOW: Ja, das ist ein guter Versuch. S. W., tun Sie das. Das ist eine ganz richtige Überlegung. Man muß natürlich bedenken, daß sich an dieser Stelle infolge des Systems ein beständiger Erregungsprozeß entwickeln kann.

E. A. ASRATJAN: Ist das an einem oder an mehreren Hunden beobachtet worden?

I. P. PAWLOW: Nein, das ist einige Male auch an anderen Hunden beobachtet worden.

E. A. ASRATJAN: Und was ergibt Chloralhydrat in schwächerer Dosis?

I. P. PAWLOW: Es ergibt sich eine Enthemmung. Auf jeden Fall sehen Sie, daß ein faktischer Grund zu dieser Annahme vorliegt; folglich muß man ständig an diese Annahme denken.

W. S. KUPALOW: Aber weshalb tritt das unter normalen Bedingungen nicht so ausgeprägt auf?

I. P. PAWLOW: Da stören sie einander nicht. Wenn die innere Hemmung ausreicht, bleibt der Induktionshemmung nichts zu tun, wenn aber die innere Hemmung fehlt, dann äußert sich natürlich die Induktionshemmung.

Die Tatsachen sind unvergleichlich kompliziert, und wir müssen sie mit allen möglichen Phantasien und Vermutungen zu erfassen suchen.

Jetzt stellt M. K. an „Joy" folgende Versuche an: Einerseits wendet sie das ganze System mit der, wenn auch unvollständigen, Differenzierung an, und andererseits gestaltet sie den Versuch rhythmisch mit abwechselnden positiven und negativen Reizen, und zwar täglich wechselnd. Bei dieser Variante tritt ein vollständiger Nullwert auf, d. h. ein völliges Fehlen der Speichelabsonderung auf den negativen Reiz; also entsteht dieser Nullwert durch Induktionshemmung. Daneben bricht am nächsten Tage die innere Hemmung völlig zusammen; es ergibt sich eine ultraparadoxe Phase. Im Nervensystem dieses Hundes spielt sich ein gewisser Kampf ab; beide Hemmungen versuchen gleichsam, einander zu verdrängen, d. h., die Induktionshemmung verdrängt irgendwie diese innere Hemmung. Das ist eine wichtige Frage, an die man denken muß. *(119)*

W. K. FJODOROW: Gestatten Sie, ich erinnere mich an Ihre Erklärung, die Sie für dieselbe Erscheinung gaben, als bei Verabreichung von Chloralhydrat in annähernd denselben Dosen ebenfalls die Differenzierung zerstört wurde. Damals stellten Sie die Vermutung auf, daß in diesem Falle der Hemmungsprozeß bereits verschwunden sei, d. h., die innere Hemmung sei durch den Hemmungspunkt beseitigt worden, aber dem entspricht ein sehr schwacher Erregungsprozeß. Da aber Chloralhydrat in dieser Dosis bereits den Erregungsprozeß herabsetzt, hat es auch diesen schwachen Erregungsprozeß im Hemmungspunkt beseitigt. Auf diese Weise befände sich dort keine innere Hemmung.

I. P. PAWLOW: Auch diese Erklärung kann zutreffen. Ausgezeichnet. Wir müssen natürlich bei der Analyse unbedingt ein wenig phantasieren. Aber dann muß all das durch spezielle Versuchsvarianten überprüft werden, wie E. A. eine vorgeschlagen hat.

3. FALL VON VERSTÄRKUNG DES HEMMUNGSPROZESSES UNTER DEM EINFLUSS VON TRÄCHTIGKEIT

I. P. Pawlow: Wir haben eine weitere einzelne, aber doch interessante Beobachtung. In Koltuschi befindet sich eine Hündin, die von Beginn ihres Lebens an im Zwinger gehalten wurde und infolgedessen einen ausgeprägten passiven Abwehrreflex zeigte. Zugleich hatte sie ein starkes Nervensystem. Infolge des starken Erregungsprozesses war ihre Differenzierung niemals absolut und lieferte bis zu 20% der Speichelabsonderung des positiven Reizes.

Die Kombination des starken Typs mit dem passiven Abwehrreflex, den sie noch immer hat, ist von Interesse. Obwohl sie nach unseren Proben sehr stark ist, gewöhnt sie sich dennoch nur sehr langsam an eine neue Situation usw. Als sie sich mehr oder weniger an die Situation gewöhnt hatte und zu arbeiten begann, fiel zufällig irgendein Glasgegenstand auf den Boden und zerbrach. Das Erschrecken des Hundes ging mit Urinieren und Defäkation einher. Ein extremer Anfall einer ausgebreiteten Hemmung. Wir haben uns lebhaft dafür interessiert, ob dieser passive Abwehrreflex vererbt wird oder nicht. Die Genetiker behaupten, daß alles im Leben Erworbene nicht vererbt wird. Wir haben sie mit Samen von dem starken Rüden „Mars" befruchtet. Bald nach der künstlichen Befruchtung traten bei ihr zum erstenmal in ihrem Leben eine Reihe von Nullwerten auf den Hemmreiz auf, d. h., die Befruchtung hatte in irgendeiner Weise günstig auf ihren Hemmungsprozeß gewirkt.

Im Laufe der letzten acht Versuche ergaben sämtliche Hemmreize ein völliges Fehlen der Speichelabsonderung, was 6 Jahre lang niemals vorgekommen war. Alle unsere Hunde sind Mönche und Nonnen, und wer weiß, vielleicht wirkt sich das auf den Zustand des Nervensystems aus. Das kann man mit Recht annehmen. Das ist also vielleicht eine ernste Angelegenheit, wenn auch bisher in einer Übergangsform. Ein wichtiger Befund. Man kann annehmen, *(120)* daß in gewissen Fällen die Unausgeglichenheit des Erregungs- und Hemmungsprozesses ihre spezielle Grundlage darin hat, daß wir das Nervensystem in gewisse anomale Bedingungen versetzen.

4. BESONDERER FALL VON SCHWÄCHUNG DES HEMMUNGSPROZESSES BEI EINEM STARKEN HUNDE („MARSIK") NACH EINNAHME VON 0,8 g KOFFEIN

I. P. Pawlow: Noch ein interessanter Fall. Man untersucht einen Hund mit der Koffeinprobe auf den Typ des Nervensystems. Er verträgt 0,8 g Koffein, wobei sich die Reflexe stark erhöhen. Der betreffende Hund, „Marsik", ist offensichtlich ein sehr starker Hund: Die Differenzierung bleibt vollständig, ungeachtet der Erhöhung des Erregungsprozesses; jedoch äußert sich ihre relative Abschwächung darin, daß die Hemmung auf alle nachfolgenden bedingten Reflexe irradiiert. Nach der Differenzierung wird die koffeinbedingte Erhöhung des Effektes der übrigen bedingten Reize aufgehoben, d. h., es kommt zur Nachirradiation der Hemmung.

5. VERSUCHE MIT „RAFFAEL". KOMPLIZIERUNG DER ASSOZIATIONSKETTE

I. P. Pawlow: Jetzt will ich von unseren Affen sprechen.

Wie Ihnen bekannt ist, hat „Raffael" viele neue Kenntnisse über seine Umwelt erworben. Er hat gelernt, verschiedene Verschlüsse mit Hilfe entsprechender Werkzeuge zu öffnen. Das ist altbekannt. Es ist wahr, er hat dazugelernt. Er muß die Bedeutung der Öffnung einschätzen, in die er den Schlüssel steckt und muß diesen umdrehen. Das macht er jetzt ohne Schwierigkeiten. Er hat auch gelernt, Feuer mit Wasser auszugießen. Das ist seine eigene „wissenschaftliche Errungenschaft". Jetzt baut er richtig einen Turm mit Stufen aus einzelnen Würfeln und klettert hinauf. All das ist nicht sofort vor sich gegangen, sondern mit gewissen Schwierigkeiten.

Er hat viele mehr oder weniger elementare Assoziationen gebildet. Jetzt haben wir ihm eine kompliziertere Aufgabe gestellt: die Assoziation von Assoziationen. Er muß mit Hilfe eines entsprechenden Schlüssels eine Tür öffnen und ins Zimmer gehen, dann ein Feuer auslöschen, das den Ausgang aus dem Zimmer auf einen freien Platz versperrt, und wenn er dann auf den freien Platz kommt, muß er seinen Turm bauen, um eine in der Höhe aufgehängte Frucht zu erreichen. So muß er eine Assoziation von Assoziationen durchführen.

Es ist interessant, daß er jetzt für gewöhnlich alle Manipulationen ohne Unterbrechung ausführt, bis er auf den freien Platz kommt. Hier streckt er sich auf den Kisten aus und geht erst dann an den Bau des Turmes. Das wiederholt sich immer wieder. Es ist ganz klar, daß das ganze eine schwere geistige Arbeit ist und daß er dabei ermüdet. Eine Erholungspause ist unerläßlich, das ist ganz klar.

Wir wissen seit langem, daß unsere bedingten Reflexe ebenfalls Nervenarbeit sind. Wir wissen ferner, daß ein Hund, der vor der Kastration *(121)* auf unser kompliziertes System bedingter Reize fabelhaft reagierte, nach der Kastration mit dem gleichen System nicht mehr fertig werden kann. Er braucht unbedingt eine Erholungspause.

Sie sehen, wir dringen so immer tiefer in die höhere Nerventätigkeit ein und haben es jetzt schon mit ziemlich komplizierten Erscheinungen zu tun.

6. BEHANDLUNG DER SCHIZOPHRENIE MIT SCHLAF UND DURCH EINE SPEZIELL „SCHONENDE" UMGEBUNG (ANALYSE ZWEIER FÄLLE VON SCHIZOPHRENIE)

I. P. Pawlow: Nun bitte ich um Ihre Aufmerksamkeit für die Klinik.

Professor Sereiski sandte mir aus Moskau authentische Dokumente über jenen Fall, der in der Zeitung beschrieben wurde, und zwar über die Heilung eines Schizophrenen mit Schlafmitteln.

Es stellt sich heraus, daß es sich um einen Patienten handelt, der zwei Jahre lang an der halluzinatorisch-paranoiden Form der Schizophrenie litt, wobei der Arzt schon seit anderthalb Jahren sagte, man müsse ihn als invalide betrachten, sein Fall sei hoffnungslos, und die Angelegenheit sei entschieden.

Hinsichtlich der erblichen Belastung ist dieser Patient in gewisser Beziehung eigenartig. Die Eltern sind normale Menschen: Der Vater starb mit vierzig Jahren an einer zufälligen Erkrankung, die Mutter lebt, ist siebzig Jahre und gesund. Von den sechs Kindern starben zwei in früher Jugend, und von den übrigen vier erwachsenen Kindern sind drei Schizophrene.

Diese Schizophrenie hat keine Tendenz besonders stark fortzuschreiten. So wurde die Krankheit seiner älteren Schwester von 46 Jahren lange Zeit mit einer manisch-depressiven Neurose verwechselt, und erst jetzt ist endgültig eine Schizophrenie festgestellt worden; die Kranke lebt zu Hause. Sein jüngerer Bruder geht sogar zur Arbeit, obwohl ebenfalls die Diagnose Schizophrenie gestellt worden ist.

Der Patient selbst litt in letzter Zeit an halluzinatorisch-paranoider Schizophrenie. Niemand bezweifelte das, und die Spezialisten sagten, der Fall sei hoffnungslos.

Auf Initiative des Schweizer Wissenschaftlers Meyer, eines Psychiaters und Nachfolgers Bleulers, und des dortigen Pharmakologen Cloetta wurde er mit Schlafmitteln behandelt. Cloetta hat eine spezielle Kombination von Schlafmitteln zusammengestellt. Er beschränkte sich nicht allein auf Schlafmittel, sondern berücksichtigte auch die Notwendigkeit, zugleich die Tätigkeit der anderen Organe des Körpers zu verstärken, speziell die des Herzen und der Nieren.

Eine derartige Mixtur wurde diesem Patienten verschrieben. Zum ersten Male bekam er sie am 23. Dezember. Ihre Wirkung äußerte sich nach einer Stunde. Sie wurde rektal alle vier bis sechs Stunden eingeführt. Nach einer Stunde trat die Schlafwirkung auf, und der Schlaf dauerte einige Stunden. Zwei Tage lang befand er sich periodisch bald im Schlaf-, bald im Wachzustand, aber vom dritten Tage an schlief er 5 Tage lang durchgehend. In den letzten drei Tagen wurde der Schlaf von Erscheinungen *(122)* motorischer Erregung unterbrochen. Die Schlaftherapie dauerte insgesamt zehn Tage. Am 2. Januar wurde sie abgebrochen.

Schon in den letzten Tagen der Behandlung, an denen er zeitweilig aufwachte, fanden sich Anzeichen aktiver Phasen und eines Verschwindens der Halluzinationen. Nach einigen Tagen begann eine deutliche Besserung, alle Krankheitssymptome verschwanden, und nach einer Woche war er nahezu normal und blieb nach den Unterlagen, die mir zur Verfügung stehen, bis zum 1. Februar gesund.

Ich will seine Charakteristik vom 1. Februar vorlesen.

„Der Patient ist bei klarem Bewußtsein, in Raum, Zeit und Umwelt orientiert, keine Halluzinationen und Wahnideen. Es liegt eine eigenartige Empfindung vor, die der Patient als ‚auftauchende Bilder bekannter Personen‘ bezeichnet. Das geschieht gewöhnlich bei geschlossenen Augen. Wenn er die Augen öffnet, verschwindet das Bild schnell nach oben.“

Ich muß sagen, daß auch bei mir dieses Phänomen auftritt. Wenn ich mich schlafen lege, wenn ich mich niederlege, die Schlafstellung einnehme und mich mit der Decke zudecke, tauchen bei mir ebenfalls bei geschlossenen Augen Personen auf, aber ich brauche die Augen nur zu öffnen, dann verschwinden sie.

„Eine analoge Erscheinung tritt bei ihm bei Müdigkeit, und wenn er nicht ausgeschlafen ist, auf (wenn er statt 10 Stunden nur 6 bis 7 Stunden schläft).“

„Sich selbst und allen Erlebnissen gegenüber verhält er sich kritisch. Er spricht von der Vergangenheit ziemlich ernst und charakterisiert seinen früheren psychotischen Zustand richtig. Wenn man den Patienten auffordert zu sprechen, berichtet er gern Einzelheiten: ‚Jetzt kommt es mir lächerlich vor, aber im Grunde genommen waren es schreckliche Alpträume; damals habe ich nämlich alles als real erlebt. Denken Sie doch nur, mir schien es, daß im Garten ein Scheiterhaufen der Inquisition errichtet sei und daß der römische Papst mich auf der Bank erwarte. Jetzt ist mir das furchtbar lächerlich, aber damals war es entsetzlich real.' Bis auf die kleinsten Einzelheiten erinnert er sich an seinen Aufenthalt im Institut. Als er seinen Zustand zusammenfaßt, sagt er: ‚Ich war wie im Schlaf und begriff nichts.'"

„Der Patient reagiert lebhaft auf alles und interessiert sich für sehr vieles. Zu seiner Familie verhält er sich herzlich und gütig und ist gegenüber Frau, Kind und Mutter höchst aufmerksam. Er fühlt sich den Ärzten verpflichtet. Auf die Frage, was vom früheren Zustand zurückgeblieben sei, zuckt er mit den Achseln, macht eine fragende Bewegung mit den Händen und erklärt nach einer Pause, daß ihm vor den Augen Bilder auftauchen, und bemerkt, er sei ein wenig reizbar und unverträglich geworden. ‚Das kommt offensichtlich von der Schwäche und von der Untätigkeit', sagt er. Er ist korrekt, höflich und hält das, was er verspricht, ist sich seiner physischen Unzulänglichkeit bewußt und spricht von krankhaftem Egoismus und von dem Wunsch, in Kürze wieder zu arbeiten. Ihn bedrückt der erzwungene Mangel an Verdienst und eine gewisse materielle Abhängigkeit. Er ist sauber und gut gekleidet. Er hält sich sehr schlicht. Die früher beobachtete Geschwätzigkeit und Euphorie sind *(123)* einer gleichmäßigeren Stimmung gewichen. Die Motorik ist frei, und die Gesten sind einfach. Das Mienenspiel ist adäquat. Man bemerkt eine starke psychische und physische Ermüdbarkeit. Ein halbstündiges Gespräch ermüdet ihn deutlich; der Patient beginnt ab und zu zu gähnen und klagt über Kopfschmerzen. Ausgeprägtes Zittern der ausgestreckten Finger, Transpiration, leichtes Schwanken bei geschlossenen Augen, Schmerzen in den Beinen, die sich beim Gehen verstärken."

Dieser Patient, der sich zwei Jahre in stationärem Zustand befand und sogar von Spezialisten als Vollinvalide bezeichnet wurde, ist unter dem Einfluß einer zehntägigen Behandlung mit Arzneimitteln völlig zur Norm zurückgekehrt. Das ist natürlich ein Ergebnis von gewaltiger Bedeutung, das leugne ich nicht. Trotz des zweijährigen halluzinatorisch-paranoiden Zustandes ist also doch keine verderbliche Zerstörung in den Großhirnhemisphären aufgetreten.

Die letzte Nachricht über den Patienten bezieht sich auf den 1. Februar. Heute haben wir schon den 6. März. Weshalb hat sich Professor Sereiski auf Mitteilungen bis zum 1. Februar beschränkt? Das bleibt irgendwie unklar. Dieser Patient ist außergewöhnlich. Natürlich beobachtet man ihn. Nach kurzen Bemerkungen im Brief zu urteilen, sind bei Meyer und Cloetta solche Fälle vorgekommen; sie haben diese Kombination von Schlafmitteln empfohlen, und sie haben auch einen Artikel darüber geschrieben, der in einer deutschen Zeitschrift abgedruckt ist.

Solche reinen Fälle haben sie wohl nicht gehabt. Aber dieser ist fürs erste prächtig. Es genügt vollauf, daß dieser Mensch sich einen Monat oder drei Wochen lang, nachdem die Schlafmittel abgesetzt sind, normal verhält. Ich muß sagen, daß sich offensichtlich im Gehirn keinerlei Defekte befinden. Folglich konnte er genesen. Das ist für die Psychiater von großer Wichtigkeit.

Andererseits ist klar, daß die Erholung seine Rettung war.

Jetzt werden die Psychiater einen Kunstfehler begehen, die diese Schlaftherapie bei ihren Patienten nicht versuchen. So denke ich jedenfalls, und ich glaube, ich fasse es richtig auf.

Es wird im höchsten Grade interessant sein, wie lange das anhalten wird; aber ich muß sagen, daß man diese Menschen „in Watte wickeln" muß, wie man kranke Kücken hält. Es ist verständlich, wenn ein halbstündiges Gespräch den Patienten schon ermüdet, dann kann der Krankheitszustand leicht wieder auftreten. Wie soll man ihn nun wieder in eine normale Beschäftigung bringen? Er bittet um Arbeit, es ist ihm langweilig ohne Betätigung, aber versuchen Sie nur, ihn an die Arbeit zu setzen, dann ist klar, daß er sofort zusammenbricht.

In Leningrad haben wir eine Schizophrene, die Tochter von Dr. K. J., die ich in der BALINSKI-Klinik kennenlernte. Ich habe diese Patientin auf Bitten ihres Vaters angesehen. Sie wurde auf einem meiner Mittwochkolloquien demonstriert.

Es ist ein junges Mädchen von 23 Jahren, Industriechemikerin. Am Charakter der Krankheit kann man kaum zweifeln. Auf mich machte sie einen sehr günstigen Eindruck. Sie ist eine sehr sympathische Persönlichkeit, etwas schwächlich, und man sieht, daß sie *(124)* kraftlos ist, denn die ganze Zeit bat sie, sie zu Mama und Papa zu entlassen. Ich war geneigt, ihr zu willfahren; wozu sie denn halten! Ich weiß nicht, ob es der Einfluß meiner Worte war oder ob die Ärzte in der Klinik auch schon früher die Absicht hatten, aber am 6. Januar wurde sie nach Hause entlassen. Ich muß ihnen sagen, daß sie sich in der Klinik in der Abteilung für unruhige Patienten befand. Hören Sie nun, nach einem Brief ihres Vaters, was mit ihr in der Familie los war:

„Die Unsauberkeit verschwand zu Hause am dritten Tage vollständig. Am sechsten Tage begann sie nach einem System zu arbeiten, das sie sich selbst aufgestellt hatte: Lesen von chemischer Literatur, Zeichnen, Handarbeit oder Nähen. Zugleich bat sie um die Erlaubnis, in ihrem Zimmer arbeiten und schlafen zu dürfen, wo sie völlig selbständig leben könnte. Von dieser Zeit an begann sie, ohne Hilfe den Ofen in ihrem Zimmer zu heizen, sie richtete sich das Bad, badete und schloß sich für lange Zeit ein. All das erfreute uns lebhaft. Zugleich bestand keinerlei Möglichkeit, sie daran zu erinnern, daß sie vom Krankenhaus nur beurlaubt sei. Und so beschloß ich, sie auch weiter zu Hause zu lassen, ohne das Krankenhaus davon zu informieren."

Das war natürlich unkorrekt. Wenn sie für sechs Tage beurlaubt war, dann durfte man natürlich nicht eigenmächtig handeln, sondern mußte sich mit dem Krankenhaus ins Einvernehmen setzen. Nach gewissen Hinweisen zu urteilen, ist auch ihr Vater sehr wahrscheinlich nicht ganz ausgeglichen, so scheint es mir jedenfalls.

Der Vater fährt fort: „Sie las das Buch von GLASTON „Fortschritte der physikalischen Chemie' durch, rezensierte es und schrieb eine Rezension darüber für die Presse. Das erfreute uns noch mehr."

Sie wurde zu Hause gut ernährt und hatte nur eine große Vorliebe für Koteletts. Das ist interessant. Fleischextrakt ist ein erregendes Mittel, und man kann annehmen, daß sie in Erregung war.

„So ging es bis zum 17. Februar. Der Appetit ließ stark nach. Am 18. ging sie zu Brot und Wasser über. Am 19. äußerte sie den Wunsch, spazieren zu gehen, ‚durchs Gäßchen'. Die Mutter ließ sie gehen. Meine Tochter ging eine halbe Stunde spazieren. Sie erzählte nichts davon, als die Mutter danach fragte.

Anderthalb Stunden nach dem selbständigen Spaziergang ging sie wiederum mit der Mutter fort, um den Bruder von der Schule abzuholen. Auf dem Rückwege war sie erregt, grimassierte und zog die Aufmerksamkeit der Passanten auf sich. Sie erinnerte an ein Tier, das lange Zeit an der Leine gehalten war. Nach der Rückkehr begann sie zu singen und bekam einen Rückfall. Am 20. legte sie sich schlafen, ohne sich zu entkleiden. Am Morgen kam sie lange Zeit nicht zum Vorschein, sie begriff nicht mehr, was sie tat, und beim Gespräch kam es zu Wiederholungen der Worte des Gesprächspartners, d. h., zu Automatismen. Als man den Ofen anheizte, legte sie offensichtlich absichtlich die Finger beider Hände mit der Rückseite an das Ofentürchen und verbrannte sich heftig. Am 21. aß und trank sie nichts. Wiederum legte sie sich schlafen, ohne sich auszukleiden." Schließlich mußte sie wieder im Krankenhaus aufgenommen werden.

Das von ihr geschriebene Referat wurde mir von ihrem Vater ebenfalls zugesandt. Mein Sohn, Professor der Physik im Technologischen Institut, hat es durchgelesen. Das Referat *(125)* erwies sich als fachlich und stilistisch einwandfrei. Das ist eine wichtige Tatsache. Der Denkapparat war folglich vollkommen intakt. Ich habe ihn gebeten, aufmerksam zu lesen. Das einzige, was auffiel, ist eine gewisse Exaltiertheit bei der Widergabe dessen, was allgemein bekannt ist. Eine gewisse Erregbarkeit, aber dennoch vollständige Intaktheit des geistigen Apparates.

Wenn ich diese Tatsachen vergleiche, komme ich zu folgendem, sehr wichtigem Schluß. Es ist direkt ein Kunstfehler und eine Gewissenlosigkeit, solche Patienten in der Unruhigen-Abteilung unterzubringen. Solche Leute brauchen Ruhe. Man behandelt sie mit Ruhe, denn sie befinden sich ständig in einem Übergangsstadium zwischen Gesundheit und Krankheit. Statt ihnen aber zu helfen, wirklich zu genesen, bringt man sie in Wirklichkeit zum unvermeidlichen Ende, indem man sie in der Unruhigen-Abteilung mit ihrer großen Anzahl sehr starker und gefährlicher Reize unterbringt.

Folglich müssen in der modernen psychiatrischen Klinik unbedingt Krankenzimmer sein, in denen Schizophrenie-Patienten fern von allen Reizen, vor allem von starken und überstarken, gehalten werden können.

Eine solche Patientin in der Unruhigen-Abteilung unterzubringen, bedeutet offensichtlich, sie zugrunde zu richten. Diese beiden Fälle sind höchst lehrreich und zeugen eindeutig von einem: Ruhe, Schlafmittel und die Umgebung sind die Hauptmaßnahmen der Behandlung, denn dann wachsen die Chancen auf Wiederherstellung.

Auf Wiedersehen! *(126)*

MITTWOCHKOLLOQUIUM

vom 13. März 1935

1. DIE VERSCHIEDENEN ARTEN DER HEMMUNG. PHOBIE VOR DER TIEFE ALS AUSDRUCK EINES KRANKHAFTEN ZUSTANDES DES HEMMUNGSPROZESSES IM NERVENSYSTEM (VERSUCHE M. K. PETROWAS MIT DEM KASTRATEN „JOHN"). ERSTARRUNG DES HUNDES „MELJA" BEI VERDAUUNGSEXPERIMENTEN. EINE UNTERWERFUNGSREAKTION IM PHYSIOLOGISCHEN LABORATORIUM DER UNIVERSITÄT SMOLENSK BEI DER ARBEIT MIT BEDINGTEN SPEICHELREFLEXEN AN EINEM FREI UMHERLAUFENDEN HUNDE. BESONDERHEITEN DER ERSCHEINUNGEN BEI F. P. MAJOROWS HUND „PREMIER". HEMMUNG VON GEWALTIGER STÄRKE BEI ANWENDUNG VON SÄURE (0,5%ig) BEI DEM HUNDE „KASCHTANKA"

I. P. Pawlow: Heute wollen wir über alle möglichen Hemmungsarten sprechen. Zunächst wollen wir auf die Phobie vor der Tiefe eingehen, von der Sie gehört haben und die bei einem Hunde M. K.s auftrat. Der Hund kann nicht an das Gitter herantreten, das den Lichthof der Treppe umgibt.

Jetzt geht es darum, wie das aufzufassen und zu analysieren ist. Es ist ein sehr seltener Fall.

Die Erscheinung wurde bei einem jungen Hunde beobachtet. Er ist jetzt wahrscheinlich fünf bis sechs Jahre alt, der Kastrat „John". Wie lange ist er schon kastriert?

M. K. Petrowa: Fünf Jahre.

I. P. Pawlow: Er arbeitete relativ befriedigend, zeigte aber die ganze Zeit über eine ungenügende Differenzierung, die fast um 50% enthemmt war.

Dann wollte M. K. ihn gern auf dem Gebiet der Differenzierung vervollkommnen. Sie wandte die Methode des rhythmischen Wechsels positiver und hemmender Metronomreize an (wie bei „Bely"). Das ist natürlich eine uralte Prozedur, die die Sache erleichtert. Selbst bei „Solotisty", der doch im höchsten Grade chaotisch war, wurden auf diese Weise ganz reguläre Reflexe erreicht. Es glückte.

Außerdem wandte sie auch noch eine andere Methode des Hemmungstrainings an, indem sie die Wirkung des Differenzierungsreizes von einer halben Minute auf 1 Minute, dann auf 3 Minuten, schließlich auf 5 Minuten und sogar bis auf 10 Minuten ausdehnte, wobei sie weiterhin abwechselte, das heißt den Rhythmus wahrte. Natürlich *(127)* erschöpfte sie mit diesem Verfahren den Hund gehörig. Bei 10 Minuten langer Wirkung des Hemmreizes geriet der Hund in Raserei, kam außer sich, heulte, bellte usw. Gegen Ende dieser Prozedur trat bei dem Hunde die Phobie vor der Tiefe auf.

Es muß angenommen werden, daß in diesem Falle die Hemmung, ich würde sagen, durch Krankheit kompliziert worden ist. Mir scheint, das hat einen gewissen besonderen Sinn.

Ein anderes Beispiel haben wir an dem Hund „Bely", bei dem sich diese Schwierigkeit der Hemmung direkt in Form einer Schmerzreaktion äußert. Bei einer schwierigen Hautdifferenzierung ließ er es nicht zu, daß man die Haut berührte und reagierte aggressiv.

In einen solchen Zustand wurde auch dieser „John" versetzt. Folglich sind alle Fälle von Hemmung für ihn schmerzhaft, empfindlich geworden, und da die Reaktion auf die Tiefe eine Hemmung ist (selbst ein tapferer Mensch, der an den Rand einer Steilküste tritt, verzögert unausweichlich seine Schritte, von einem feigen Menschen ganz zu schweigen), ist auch sie schmerzhaft, übersteigert geworden. Es unterliegt keinem Zweifel, daß der Reflex auf die Tiefe ein Hemmungsreflex von sehr unterschiedlicher Stärke ist, wie beim Menschen, so auch bei den Tieren. Man kann es so verstehen, daß die Schwierigkeit in eine schmerzhafte Übersteigerung des Hemmungsprozesses übergegangen ist. So interpretieren wir jetzt diese Phobie.

Die Versuche zeigen, daß sich die Hemmung bei rhythmischer Anwendung der Reize entwickelt.

Nach der Probe mit Verlängerung der Einwirkungszeit des Hemmreizes ergab sich eine ultraparadoxe Phase. Es ist klar, daß der Hund infolge der Schwierigkeit zusammenbricht. Dasselbe wurde auch an „Bely" durchgeführt (auch ein Kastrat), bei dem die Differenzierung ebenfalls unvollständig war. M. K. hat jetzt beschlossen, ihn im Differenzieren zu vervollkommnen, und zwar auf dieselbe Weise.

M. K. Petrowa: Früher habe ich bei der Differenzierung die Einwirkungszeit nicht verlängert, jetzt aber beträgt die Verlängerung drei Minuten.

I. P. Pawlow: Dieser Hund ist sehr aggressiv und stark. Er gerät jetzt infolge dieser Untersuchungen in außerordentliche Wut.

Aber ich muß sagen, daß er unter dem Einfluß von Brom und Koffein in entsprechenden Dosen gut arbeitet und gewaltige Reflexe liefert. M. K. beabsichtigt jedoch, diesen Hemmungsprozeß ohne diese Hilfe zu vervollkommnen.

Das Training mit Verlängerung der Einwirkungszeit des Hemmreizes ist für den Hund eine sehr schwierige Prozedur. Nach ihrer Anwendung ergeben Proben mit dem üblichen Reizstereotyp das Bild einer starken Zerstörung, Erniedrigung und Irregularität der bedingten Reflexe. Jetzt arbeitet der Hund nur an den Tagen, an denen er Brom bekommt, regulär, und sobald Sie es absetzen, wird sofort alles zerstört, und die Reflexe fallen ab. *(128)*

Wir nehmen an, daß auch dieser Hund, wenn dieser qualvolle Unterricht fortgesetzt wird, mit einer Phobie enden wird. Es ist denkbar, daß es zur gleichen Phobie vor der Tiefe kommt.

Wir haben noch einen anderen Beweis dafür, daß unsere Interpretation dieser Erscheinung vollkommen richtig ist.

Es handelt sich um folgendes: Als wir die lange Wirkung des Hemmreizes absetzten und sie auf die übliche halbe Minute beschränkten, begann „John" deutlich, diese Schwierigkeit zu bewältigen. Er hatte seine Hemmung eintrainiert.

Als Beispiel kann der vorletzte Versuch dienen. Es trat keinerlei Enthemmung der Differenzierungen auf. Auf die Differenzierungsreize fehlte die Speichelabsonderung vollkommen.

Ferner war das Verhältnis des Metronompaares (des positiven und negativen) vollkommen normal, d. h., er hat als Sieger die Aufgabe gelöst. Das ist verblüffend.

An diesem Tage verschwand die Phobie. Unsere Vermutung bestätigte sich. Es war der 11. März.

Gestern, am 12., verlief der Versuch etwas schlechter. Der positive Metronomreflex war stark, die Differenzierung ein wenig enthemmt, die übrigen Reflexe ebenfalls von zureichender Höhe, aber ein wenig schwächer. An diesem Tage war auch die Phobie weitaus schwächer als sonst, äußerte sich aber immerhin ein wenig.

Interessant ist folgendes Detail, das zeigt, eine wie subtile Angelegenheit diese nervale Gleichgewichtseinstellung ist. Die Treppenflucht befindet sich an der Tür meines Zimmers. Wenn man mir das Verhalten des Hundes an der Treppenflucht zeigen will, komme ich aus der Tür und beobachte. Ich nahm an, daß mein Erscheinen in der Tür das Gleichgewicht des Hundes stören würde. Tatsächlich, wenn ich früher auf den Treppenabsatz ging, änderte sich das Verhalten des Hundes am Gitter.

Zu der Zeit, da sich die Phobie vor der Tiefe bei meinem plötzlichen Erscheinen in der Tür noch ein wenig äußerte, verschwand sie bei Veränderung der Bedingungen vollständig, d. h., wenn ich mich schon vorher auf dem Treppenabsatz befand.

Die Phobie ist also ein Fall von Hemmung des Hundes, wobei diese infolge zu starker Anspannung sehr intensiv und schmerzhaft geworden war.

Des weiteren wollen wir von anderen Formen der Hemmung sprechen. Der Hund „Melja" stammt von sehr schwachen Eltern. Er stellt ein Musterbeispiel für ein erstaunlich schwaches Nervensystem dar.

Er diente zu Verdauungsversuchen und hatte chronische Magenfisteln.

Bemerkenswert ist er in der Hinsicht, daß er viele Stunden lang (bis zu 10 Stunden) die Stellung seiner Beine nicht veränderte und dastand wie aus Holz geschnitzt. Dafür verfiel er, wenn der Augenblick des Versuchsendes herankam und man die Kette zu lösen begann, *(129)* in eine unwahrscheinlich heftige, chaotische Bewegungsreaktion, in eine motorische Raserei.

Es unterliegt nicht dem geringsten Zweifel, daß dieser Starrezustand eine Hemmung ist. Nun ergibt sich die Frage, was das für eine Hemmung ist, als was man sie anzusehen hat. Die anhaltende Hemmung endete durch positive Induktion mit einem Bewegungssturm. Die Frage ist, wie diese Hemmung interpretiert werden muß, wo ihre Stärke und ihre Schwäche liegt. Die Angelegenheit ist im ganzen noch sehr kompliziert. Wir konnten den Fall nicht verstehen, bisher fehlt mir eine Antwort darauf.

Nun ein anderer Fall. Ich erhielt einen Brief aus dem Physiologischen Laboratorium der Universität Smolensk. Sie beobachten dort bedingte Speichelreflexe an Hunden, die sich frei im Zimmer bewegen. Dabei wurde natürlich eine besondere Technik angewandt. Dabei fand sich ein kleines Detail, das ich der Klarheit wegen vorlesen will:

„Auf starke Reize wurden schnell positive bedingte Reflexe gebildet, aber bei der Lösung schwieriger Aufgaben wurden folgende Erscheinungen registriert. Im Augenblick der Wirkung eines schwierigen Differenzierungsreizes stürzt das Tier nieder, wälzt sich mit dem Bauch nach oben, beißt sich auf die Zunge und schnauft verstärkt. Die Gliedmaßen sind in dieser Zeit erschlafft und liegen passiv an der Seite des Rumpfes." Die Reize sind dabei auf 30 Sekunden abgerückt. Die beschriebenen Erscheinungen dauern bis zu 18 Sekunden an.

„Der automatische Registrator der Speichelabsonderung verzeichnet in dieser Zeit ein bis zwei Tropfen", d. h., die Speichelabsonderung setzt nahezu vollkommen aus.

„Nach 20 Sekunden springt das Tier von selbst wieder auf und liefert eine stürmische chaotische Bewegungsreaktion." Dann fließt Speichel usw.

Das ist ein Versuch wie bei „Melja", d. h. mit einer passiven Abwehrreaktion. Das Verhalten ist eigenartig, wobei das ganze mit stürmischen Bewegungen endet.

Was ist das für eine Reaktion? Sie ist gut bekannt. Es ist eine der Hemmungsreaktionen der Unterwerfung, eine Sklavenreaktion, ein Totstellreflex. Sie wissen doch, daß ein kleines Hündchen, das mit einem großen Hunde zusammentrifft, dieselbe Szene aufführt: Sieh doch, daß ich keinerlei Aggressivität hege, ich gebe mich in deine Gewalt, hier liegt mein Bauch frei vor dir, die Beine sind schlaff, also beiß, wohin du willst. Das ist die übliche Unterwürfigkeitsreaktion, die einem Angriff von seiten eines starken Tieres vorbeugt. Hier nimmt der Hemmungsprozeß eine komische Form an, die Form der Unterwerfung, der Knechtschaft. Dann folgt eine verstärkte, stürmische Bewegungsreaktion.

Nun frage ich Sie: Ist das eine starke oder eine schwache Hemmung?

Wäre der Hund angebunden, dann hätten Sie nichts gesehen. Jede Variation der Versuche ist von Nutzen.

A. N. Pachomow: Und er hat sich in die Zunge gebissen?

I. P. Pawlow: Das ist nicht sicher. *(130)*

Dennoch frage ich: Ist das im vorliegenden Falle Stärke oder Schwäche?

Mir fällt gerade etwas aus meiner früheren physiologischen Erfahrung ein, die jetzt schon fast 60 Jahre währt, und zwar aus der Periode der Versuche über die Verdauung. Ich erinnere mich genau, daß es bei gewissen Hunden unmöglich war, Verdauungsexperimente auf dem Tisch anzustellen, da dann bei ihnen alles irgendwie gestört wurde. Wir konnten einfach nicht verstehen, was das bedeuten sollte. Ich erinnere mich, wenn wir einen solchen Hund auf den Fußboden setzten, verlief alles in gewohnter Ordnung.

An eine gleiche Erfahrung erinnere ich mich aus der Zeit der bedingten Reflexe. Ein Hund vermochte glatt zu arbeiten, wenn das Gestell auf dem Fußboden stand, als wir aber das Gestell hochhoben, ging alles schief, und er lehnte das Futter ab. Wir stellten damals fest, daß sich der Hund vor der Tiefe fürchtete. Zur Zeit haben wir einen solchen Fall bei F. P.s Hund „Premier", der sich früher bei M. A. Ussijewitsch befand. Der Hund ist sehr erregbar und anscheinend sogar stark. Befindet er sich aber auf dem Tisch, dann benimmt er sich ganz eigenartig, er gerät in starke Erregung, die mit Atemnot und Verschwinden der Speichelabsonderung einhergeht.

Was bedeutet das? Wie ist das zu verstehen? Das einzige, was seinen Erregungszustand bestimmt, ist, daß er sich auf dem Tisch befindet. Setzt man ihn auf den Fußboden, dann hört die Atemnot auf. Man könnte diese Erscheinung mit der besonderen Kammerumgebung in Zusammenhang bringen. Aber genau dasselbe macht er auch in unserem Zimmer: Unten ist der Hund ruhig, aber im Gestell gerät er wieder in Erregung. Allem Anschein nach ist das eine Phobie, eine Angst vor der Tiefe. Bisher findet sich keine andere Erklärung.

Es war vorgeschlagen worden, die Tischplatte zu verlängern, so daß der Hund die Tiefe nicht mehr sehen kann. Haben Sie das getan?

F. P. Majorow: Wenn er so eine Art Phobie vor der Tiefe hätte, stünde er nicht so im Gestell. Er hängt fast in der Luft, nur die Beine bleiben auf dem Tisch.

M. K. Petrowa: Und an der Treppenflucht steht er ruhig.

I. P. Pawlow: Wie ist das zu verstehen? Auf dem Fußboden tritt doch keinerlei Atemnot auf.

Es scheint dieselbe Erscheinung zu sein wie die, die ich gerade angeführt habe, aber es muß doch anders erklärt werden.

Einen vollkommen verständlichen Fall von Phobie vor der Tiefe hatten wir bei „John".

Jetzt setze ich die Geschichte von den Arten der Hemmung fort.

Gerade in letzter Zeit, vergangene Woche, habe ich einen ebenfalls hinsichtlich der Hemmung bemerkenswerten Hund gesehen, und zwar „Kaschtanka". Er hat Säurereflexe, wobei er eine starke Säurebekräftigung (0,5%ig) erhält. Diese Konzentration ist für die Schleimhaut gefährlich, denn es kann sich rasch eine Stomatitis entwickeln. Jetzt benutzen wir meist 0,2—0,3%ige Säure, manchmal sogar 0,1%ige. Bei diesem Hunde fällt das Fehlen auch der geringsten Bewegungsreaktion auf einen so starken unbedingten Reiz auf. *(131)* Bei seiner Wirkung bewegt er weder einen Muskel, noch den ganzen Körper, noch die Schnauze. Welche gewaltige Hemmung der motorischen Komponente des Reflexes!

Hier scheint es außer Zweifel zu sein, daß das eine starke Hemmung ist. Es gibt doch auch Menschen, die Bewegungsreaktionen unterdrücken können. Hier in unserem Institut ist ein Wärter, ein ehemaliger Gardesoldat. Er hielt ohne Chloroform eine Hämorrhoidenoperation aus. Er lehnte es ab, chloroformiert zu werden und stellte seine Stärke unter Beweis.

W. W. Jakowlewa: „Solotisty" bekam ebenfalls starke Säure, und er zeigte ebenfalls keine Bewegungen.

I. P. Pawlow: Ich möchte zur Illustration dieser außergewöhnlichen Stärke der Hemmung ein Ereignis aus meinen ältesten physiologischen Erinnerungen anführen, aus jener Zeit, als ich unter der Leitung von Prof. Cyon lernte. Es handelte sich um eine große Dogge, einen guten und starken Hund, den wir kaum zu viert überwältigen konnten, als er angebunden werden sollte. Dann wurde eine qualvolle Operation durchgeführt. Wir durchschnitten ihm das Rückenmark ohne alle Narkose, durchtrennten dann die Hinterwurzeln und reizten sie. Der Hund vollführte keine einzige Bewegung. Mich verblüffte das ungeheuer. Es gibt also Fälle einer ungewöhnlichen Hemmung, die als aktiv angesehen werden muß.

2. BESONDERE FORM DER AUSARBEITUNG BEDINGTER REFLEXE AUF DAS ENDE DES REIZES BEI „AREI" UND DAS PROBLEM DER INDIFFERENTEN REIZE

I. P. Palwow: Weiter über die Hemmung, freilich über einen einfachereren Versuch. Es handelt sich um die Versuche von W. K.[1] an seinem Hunde „Arei", wobei das Aufhören des Reizes bedingter Reiz war. Er setzt die Reize, während der Hund frißt. Auf solche Reize richtet der Hund durchweg keinerlei Augenmerk. Der Reiz dauert eine gewisse Zeit lang, gewöhnlich 5 Minuten. Das Aufhören der Wirkung eines solchen Reizes wird zum bedingten Reiz gemacht. Es zeigte sich, daß das Stärkegesetz der Reize auch bei dieser Versuchsanordnung gewahrt bleibt. Ferner bilden sich auch bedingte Reflexe auf die Zeit.

Interessanterweise trat der Speichelreflex unter diesen Bedingungen zeitweilig in paradoxer Form auf. Der Reflex auf die Zeit war bei der Unterbrechung starker Reize schwächer, bei der Unterbrechung schwacher Reize dagegen größer, obwohl der positive Speicheleffekt auf die Reize dem Gesetz der Stärke unterlag. Ich habe dafür folgende Erklärung gegeben: Der paradoxe Charakter tritt auf, wenn im Nervensystem eine Hemmung vorhanden ist. Ich habe auch im vorliegenden Falle angenommen, daß diese Reize, die unterbrochen werden, im Nervensystem eine Hemmung *(132)* von bestimmtem Ausmaß hervorrufen. Das ist eine alte Annahme. Dann ist es verständlich, daß der Reflex auf die Zeit auf dem Hintergrunde einer Hemmung wirkt; darauf beruht das Vorhandensein einer paradoxen Phase.

Durch 50malige Wiederholung überprüften wir, ob diese Erscheinung konstant ist. Sie erwies sich als konstant. Wir überdachten die gewonnenen Ergebnisse und gingen im Zusammenhang damit zu einer anderen, allgemeineren Frage über: Gibt es tatsächlich indifferente Reize, oder sind die Reize, auf die Sie nicht mit einer bestimmten, besonderen Tätigkeit reagieren, alle bis zu einem gewissen Grade gehemmt? Es ist doch zur Genüge bekannt, daß jeder beliebige Reiz bei Wiederholung aufhört, eine Orientierungsreaktion hervorzurufen und gewissermaßen indifferent wird.

Weshalb aber wird er indifferent? Man konnte annehmen, infolge einer Hemmung, des Erlöschens. Seinerzeit hat N. A. Popow, der jetzt Professor ist, diese

[1] W. K. Fjodorow

Frage gelöst. Wir haben uns schon vor langer Zeit davon überzeugt, daß die Orientierungsreflexe, die keine sichtbare Reaktion bei den Tieren mehr hervorrufen, tatsächlich gehemmt sind. Ferner ergab sich eine andere Frage: Wie lange hält diese Hemmung an? Hält sie wirklich das ganze Leben über an? Diese Frage blieb ungelöst.

Ich führe ein Alltagsbeispiel an. Wenn ich in der Stadt wohne und im Hause arbeite, höre ich nicht, was auf der Straße passiert (Hupen, Klingeln, Lärm, Rufe usw.). Bei mir bleibt auch nicht die geringste Spur dieser Reize zurück. Wenn ich aber andererseits in mein Landhaus übersiedle, verspüre ich eine gewaltige Erleichterung und nehme die neue Situation deutlich wahr. Ich erhole mich. Also war es doch eine gewisse Mühe, die jetzt wegfällt. Es ist wahrscheinlich eine schwache Hemmung, die natürlich einen energetischen Prozeß darstellt.

In dieser Hinsicht verfügen wir auch über ein Laboratoriumsbeispiel, das aber noch ungenügend geklärt ist.

Zwischenruf: Bei dem Hunde „Bass" ist mehr als 240mal ein mechanischer Hautreiz ohne Bekräftigung und außerhalb jedes Systems angewandt worden.

I. P. Pawlow: Dieser Hautreiz wurde dann zum bedingten Reiz.

Zwischenruf: Der bedingte Reflex bildete sich beim neunten Male. Auch auf den Kontrollreiz, das Licht, wurde ein bedingter Reflex ausgearbeitet. Die Größe des bedingten Reflexes auf das Licht war konstant, die des bedingten Reflexes auf den mechanischen Hautreiz aber schwankte von Tag zu Tag. Das Auslöschen des mechanischen Hautreizes ging etwa doppelt so schnell wie beim Kontrollicht. Zuletzt wurde der Versuch an einem zweiten mechanischen Kontrollhautreiz überprüft.

I. P. Pawlow: Es ist also offensichtlich, daß diese unbekräftigte Anwendung nicht indifferent war, sondern eine gewisse Spur zurückließ. Die Frage *(133)* ist aber komplizierter, als es auf den ersten Blick scheint. Wir haben diese Hautstelle 240mal gereizt, die Kassalka angeklebt, die Haut gestochen usw. Dieser Versuch löst das Problem also nicht. Man muß das ganze Thema noch einmal aufwerfen.

Wir haben uns also lange Zeit mit Fragen der Hemmung befaßt. Sie ist vielgestaltig. Im ganzen bleibt das Problem noch ungelöst.

3. ÜBER DIE TRÄGHEIT DES NERVENSYSTEMS (VERSUCHE MIT W. W. JAKOWLEWAS „SOLOTISTY")

I. P. Pawlow: Erinnern Sie sich an „Solotisty"? Damals wurde in einer Reihe von Versuchen geklärt, daß dieser Hund zwar stark, doch außerordentlich träge ist. Der chaotische Charakter seiner bedingten Reflexe wurde dadurch beseitigt, daß positive bedingte Reize ständig regelmäßig mit hemmenden abwechselten. Die positiven bedingten Reflexe wurden beträchtlich und schwankten wenig, und die Hemmreflexe wurden vollständig. Die Arbeit besserte sich nach Vergrößerung des Intervalls zwischen den bedingten Reizen von 5 auf 9 Minuten noch mehr. Auf diesem Wege ist wahrscheinlich der starke Einfluß der Trägheit des vorhergehenden Reizes auf den nachfolgenden beseitigt worden. Zur endgültigen Entscheidung über die Trägheit seines Nervensystems wurde der Versuch mit der Umarbeitung der Metronome angestellt. Der Hund erwies sich als völlig unfähig, diese Aufgabe zu lösen.

Nach 33maliger Bekräftigung des Hemmreizes fand sich keinerlei Hinweis auf eine Umarbeitung. Das ist eine prächtige Illustration für die außergewöhnliche Trägheit des Nervensystems dieses Hundes.

4. BEHANDLUNG DER „REIZBAREN SCHWÄCHE" MIT BROM UND KOFFEIN UND MIT ÜBERDECKEN („MAMPUS" UND „WOLTSCHOK")

I. P. Pawlow: Nun über die Behandlung des Nervensystems. Erinnern Sie sich an „Mampus"? Er ist fast sieben Jahre krank gewesen. Erinnern Sie sich, wie oft ich ihn demonstriert habe? Bei ihm trat ständig eine ultraparadoxe Phase auf. Jahrelang wurde das positive Metronom bekräftigt und lieferte dennoch keine bedingte Speichelabsonderung. Dann tauchte ein neues, sehr wichtiges Symptom auf, Explosivität oder reizbare Schwäche, d. h., alle Reize lieferten sofort einen rasch ansteigenden Effekt, sowohl einen motorischen als auch einen sekretorischen. Bei anhaltender Wirkung der bedingten Reize brach der Speichelreflex gegen Ende der Zeit des Abrückens rasch auf Null ab. Das Futter nahm der Hund nicht. Eine typische reizbare Schwäche.

Diese typische reizbare Schwäche erschien zunächst bei dem Reiz, der hinter dem zweiten Hemmreiz stand, der für gewöhnlich enthemmt wurde. Der enthemmte Reiz selbst nahm explosiven Charakter an; der Hund sprang schnell auf und lieferte *(134)* eine Reaktion. Dann teilte sich diese Explosivität dem darauffolgenden positiven bedingten Reiz mit. Schließlich wurden alle Reize explosiv. Der Hund befand sich lange Zeit in diesem, unserer Meinung nach hoffnungslosen Zustand. Sämtliche Behandlungsmethoden verfehlten ihr Ziel.

Etwa vor einem Jahr wandte M. K. Petrowa als erste eine Kombination von Brom und Koffein an. Allein diese Kombination besserte den Zustand so, daß der positive Reiz einen positiven Effekt lieferte und der hemmende seine positive Induktion verlor. Die Explosivität verschwand restlos. All das hängt offensichtlich miteinander zusammen.

Es ergab sich die Frage, inwieweit diese Heilung radikal war. Dank einer weiteren therapeutischen Maßnahme war eine radikale Wirkung zu erwarten. Die weitere Maßnahme bestand im Überdecken des bedingten Reflexes auf den positiven Reiz, der die Quelle der Erkrankung war. (Das bedeutet, daß die Bekräftigung zugleich mit oder drei bis vier Sekunden vor Beginn der Wirkung dieses bedingten Reizes verabreicht wurde.)

Bei wiederholter Anwendung des Überdeckens hielt die Wirkung einer einmaligen Verabreichung von Brom und Koffein volle zwei Monate an. Erst gegen Ende des zweiten Monats erwiesen sich diese Maßnahmen als unzureichend, und die Krankheitssymptome traten wieder auf. Es genügte aber, eine Dosis von 0,5 g Brom und 0,2 g Koffein anzuwenden, und alle bedingten Reflexe wurden wieder normal.

Auf diese Weise war auf eine radikale Ausheilung der reizbaren Schwäche in diesem Falle zu hoffen.

Genau dasselbe passierte bei einem anderen Hund, der ebenfalls Neurotiker war. Es handelt sich um „Woltschok" (in Koltuschi). Er war durch Einwirkung eines starken bedingten Reizes zwei bis drei Monate lang auf die Stärke seines Nervensystems untersucht worden. Der Hund hielt diese Untersuchung durch. Aber eines Tages ergab sich die seltsame Erscheinung, daß der Hund gewaltige bedingte Speichelreflexe lieferte, das Futter aber nicht nahm.

So ging es dann auch weiter; bald nahm er das Futter, bald nahm er es nicht, bald lieferte er geringfügige Reflexe. Der Hund erwies sich als echter, unheilbarer Neurotiker. Was wir auch versuchten, nichts half. Daraufhin wandten wir Brom mit Koffein an. Das half, aber nur schwach.

Schließlich wandten wir die ganze therapeutische Prozedur an, die sich bei „Mampus" bewährt hatte, d. h., wir verbanden die rhythmische Anwendung positiver und negativer Reize mit dem zeitweiligen Überdecken der positiven Reize. Jetzt ist der Hund nicht mehr wiederzuerkennen.

Wie die Versuche gezeigt haben, hat bei dieser Kombination therapeutischer Maßnahmen die Anwendung des Überdeckens eine besonders günstige Wirkung. Aber wie soll man das in der Humanklinik machen? Darüber mögen die Kliniker nachdenken, das ist ihre Angelegenheit. *(135)*

5. ÜBER DIE AUSARBEITUNG BEDINGTER REFLEXE AUF DAS VERHÄLTNIS ZWISCHEN REIZEN UND ÜBER DIE UNBEGRÜNDETEN SCHLUSSFOLGERUNGEN DER GESTALTPSYCHOLOGEN (VERSUCHE A. O. DOLINS UND S. W. KLESTSCHOWS)

I. P. Pawlow: Noch ein paar Worte zum Schluß.

Die Gestaltpsychologen sehen eine Widerlegung des Assoziationismus in jenem Versuch, bei dem nicht ein Einzelreiz bedingter Reiz ist, sondern das Verhältnis zweier Reize. Das ist natürlich ein komplettes Mißverständnis. Jetzt ist das bei zwei Hunden von A. O., bei „Pinscher" und „Rudko", erreicht worden. Man kann annehmen, daß ein bestimmtes Verhältnis zwischen zwei Reizen ebenso zu einem Reiz wird wie ein allein wirkender Reiz. In dieser Hinsicht läßt sich hoffen, daß wir mit diesem Problem nicht nur in allgemeiner Form, sondern auch im Detail fertig werden. S. W.s „Mischka" hat einen bedingten Reflex auf einen akustischen Reiz: kurze Wiederholung ein und desselben Tones alle 2 Sekunden bei einer Gesamtdauer von einer halben Minute mit Pausen von 5 Sekunden. Dieser bedingte Reiz wurde schnell generalisiert. Ein neuer Ton, der in der gleichen Weise angewandt wurde, zeigte sofort die gleiche Wirkung. Dann wurde aus zwei Tönen noch nicht benutzter Oktaven, die ebenfalls aller zwei Sekunden wiederholt wurden, eine Differenzierung hergestellt (z. B. e—a). Diese Differenzierung arbeitete der Hund nur sehr mühevoll und nach langer Zeit aus. Zeitweilig mußte Brom angewandt werden. Schließlich bildete sich die Differenzierung. Dann wurde ein neues Paar verschiedener Töne genommen, die noch niemals angewandt worden waren. Sie lieferten ebenfalls vom Fleck weg ein völliges Ausbleiben der bedingten Speichelabsonderung. Also ist das Verhältnis der Töne zu einem bestimmten Hemmreiz gemacht und generalisiert worden.

Natürlich ist das keinerlei Widerlegung der Assoziationen.

Auf Wiedersehen! *(136)*

MITTWOCHKOLLOQUIUM

vom 20. März 1935

1. BILDUNG POSITIVER UND NEGATIVER BEDINGTER REFLEXE AUF EIN VERHÄLTNIS VON REIZEN, Z. B. AUF EINEN REIZRHYTHMUS, UNABHÄNGIG VON DER QUALITÄT DES REIZES SELBST (VERSUCHE S. W. KLESTSCHOWS AN „MISCHKA" UND A. O. DOLINS AN „RUDKO" UND „PINSCHER")

I. P. Pawlow: Heute, meine Damen und Herren, werde ich Ihnen nichts prinzipiell Neues berichten, aber das tut der Bedeutung unseres Kolloquiums keinen Abbruch.

Wir arbeiten nun einmal auf diesem so unermeßlichen, ich möchte sogar sagen geheimnisvollen Gebiet der höheren Nerventätigkeit, geheimnisvoll in dem Sinne, daß man sich vieles, zumal, wenn man den Menschen betrachtet, aber auch selbst beim Tier, bis jetzt noch nicht völlig materialistisch vorstellen kann, da wir bisher noch nicht über genügend Beweisstücke verfügen. Deshalb ist es im höchsten Grade wichtig, daß wir auf diesem Gebiet immerhin viele äußerst feste Stützpunkte haben, und jede Bestätigung in Form neuer Variationen und Kombinationen ist von großer Wichtigkeit. Das ist der Unterpfand dafür, daß wir auf dem richtigen Wege sind und mit vollem Recht auf weitere Erfolge rechnen. Meine heutige Mitteilung wird ein Beitrag hierzu sein. Es handelt sich um eine neue Variation, eine neue Kombination von Erscheinungen, in denen unsere Grundposition und unser System von Vorstellungen über diesen Gegenstand deutlich wird.

Ich beginne mit dem, wovon ich Ihnen letztes Mal berichtete. Es ist der Versuch von S. W., der sich auf das bezieht, was die Psychologen als „Verhältnis" bezeichnen.

S. W. standen für seine Versuche an seinem Hunde „Mischka" die Töne und Halbtöne der fünf Oktaven eines Harmoniums zur Verfügung. Der erste bedingte Reflex wurde auf einen Ton gebildet, der während der isolierten Wirkung des Reizes alle 2 Sekunden wiederholt wurde. Bei der Untersuchung der Wirkung eines anderen Tones, der auf dieselbe Weise wiederholt wurde, zeigte sich, daß auch dieser die Bedeutung eines bedingten Nahrungsreizes angenommen hatte. Dasselbe geschah auch mit anderen Tönen. Es vollzog sich eine Generalisierung der Reize.

Von den Tönen der fünf Oktaven des Harmoniums waren einige Töne noch nicht angewandt worden. Aus der Kombination von zwei dieser noch nicht angewandten und in der gleichen Reihenfolge gesetzten Tönen machte S. W. einen Differenzierungsreiz. *(137)*

Diese Differenzierung wurde nur mit Mühe ausgearbeitet. Es machte sich sogar erforderlich, Brom anzuwenden. Schließlich bildete sie sich. Daraufhin versuchte S. W., andere, unbenutzte Töne in derselben Weise anzuwenden. Diese Töne erwiesen sich ebenfalls als generalisiert und wurden zu Hemmern. Offensichtlich war das andere Verhältnis verallgemeinert worden. Auf diese Weise wurden zwei verschiedene Verhältnisse, im ersten Falle der Einzelton, im zweiten ein Doppelton, einmal zu einem positiven, das andere Mal zu einem negativen, hemmenden Reiz.

Was ist aber daran Besonderes? Statt eines Reizes nimmt man eine Kombination, ein bestimmtes Verhältnis. Daraus läßt sich wie aus jedem anderen Reiz ein positiver oder negativer Reiz machen. Daran ist gar nichts Besonderes.

Ferner ist folgendes interessant. Ich muß hinzufügen, daß das erste Tonverhältnis, das als Hemmreiz genommen wurde, aus dem Grundton und der Septime bestand. Daraufhin mußte mit vollem Recht versucht werden, wie andere Verhältnisse wirken würden, wenn man z. B. den Grundton und die Quart nimmt. Diese Verhältnisse erwiesen sich ebenfalls als hemmend. Freilich gab das Verhältnis des Grundtones und des nächsten Halbtones eine schwächere Hemmung. Vielleicht mischte sich hier ein Orientierungsreflex ein und enthemmte diese Differenzierung ein wenig.

Beim letzten Mal wurde ein größeres Verhältnis genommen, nämlich der erste und achte Ton, Grundton und Oktave. Dieses Tonverhältnis erwies sich auch stark ausgeprägt als hemmend.

In einer Versuchsreihe konnte man feststellen, daß dissonante Kombinationen aus zwei Tönen auf die Hunde weitaus stärker erregend wirken als konsonante.

Man kann annehmen, daß die Neigung zu dissonanten Kombinationen in der modernen Musik dadurch entstanden ist, daß sich die früheren konsonanten und harmonischen Kombinationen durch Wiederholung abgestumpft haben und das Interesse für sie nachgelassen hat.

S. W. hat sich noch einige weitere Aufgaben gestellt.

So war es interessant, an Hunden zu untersuchen, wie sie einen Oktavton in einer Reihe von Tönen unterscheiden. Es zeigte sich, daß sie ihn überhaupt nicht unterscheiden. Das zeugt davon, daß sie kein Fünkchen musikalisch sind, genauso wie auch ich völlig unmusikalisch bin.

Nun ist die Frage interessant, wie eine Differenzierung aus einem Verhältnis alter Töne gebildet wird, die schon positiv waren. Wahrscheinlich wird das eine umfangreiche und mühsame Arbeit wie jede Umarbeitung. Das Hemmungsverhältnis erwies sich doch nur bei den neuen Tönen als generalisiert, die zu keinen positiven Verbindungen gehörten.

Gegenwärtig verfügen wir schon über eine prächtige Illustration hierfür, aber in einer etwas anderen Variation. Ich denke an die Versuche von A. O. an fünf Hunden. Heute wollen wir nun einige der Ergebnisse analysieren.

Der Hund „Pinscher" hatte beständig spezialisierte gewöhnliche Reflexe auf das Metronom-120 (positiv) und *(138)* auf das Metronom-60 (hemmend). Dann wurde ein neuer Apparat konstruiert, der Töne im selben Rhythmus intermittierend erzeugte. Es stellte sich heraus, daß ein Ton im Rhythmus 120 einen positiven Effekt vom selben Ausmaß wie M-120 lieferte, während Ton-60 einen Hemmungseffekt ergab.

Danach wurde dieselbe Probe mit einer Klingel angestellt. Klingel-120 ergab einen positiven Effekt, der innerhalb der üblichen Schwankungsbreite von fast derselben Größe war wie beim Metronom-120, wogegen die 60mal in der Minute unterbrochene Klingel einen Hemmungseffekt lieferte. Es ist einwandfrei klar, daß das Verhältnis ebenso verallgemeinert wird, wie einzelne Reize verallgemeinert werden. Bei einem anderen Hunde, bei „Rudkow", verlief die Sache beim Übergang vom Ticken des Metronoms-60 auf einen Ton vom selben Rhythmus anders. 60 Unterbrechungen des Tones in einer Minute lieferten auf Anhieb eine hemmende Wirkung, während sich der positive Ton mit einer Unterbrechungsfrequenz von 120 ebenfalls als inaktiv erwies. Es stellte sich heraus, daß dieser Ton, der jetzt intermittierend gesetzt wurde, früher für den Hund ein durchgängiger Reiz für einen um 2 Minuten verspäteten Reflex war. Folglich wirkten die Töne in den ersten 30 Sekunden entsprechend der ursprünglichen inaktiven Phase des verspäteten Reflexes. So war es auch. Damit wird noch einmal die vollkommene Gesetzmäßigkeit dieser Erscheinungen unterstrichen.

Damit wollen wir dies abschließen. Nun eine andere Frage.

2. BESONDERHEITEN DER BEDINGT-REFLEKTORISCHEN TÄTIGKEIT BEI HUNDEN, DENEN DREI REZEPTOREN FEHLEN, GERUCH, GESICHT UND GEHÖR

I. P. Pawlow: Einige Hunde, denen die drei Hauptdistanzrezeptoren, Geruch, Gesicht und Gehör, entfernt worden sind, haben einen erniedrigten Tonus. Sie können in zwei Gruppen eingeteilt werden: Einerseits ist da der Hund „Rebus", den wir aus dem Laboratorium Speranskis erhielten und der täglich 23½ Stunden schläft; andererseits sind da die anderen drei Hunde, die ebenfalls unbeweglich bleiben. Ganze Tage liegen sie zusammengerollt da, schlafen aber nicht; man braucht sie jedoch nur ein wenig zu berühren, und sofort springen sie auf.

Die bedingt-reflektorische Tätigkeit beider Gruppen erwies sich als spezifisch.

Bei „Rebus" war es unmöglich, gleichzeitig zwei bedingte Reflexe auf verschiedene unbedingte Reize zu bilden, zum Beispiel auf Nahrung und Säure. Der Nahrungsreflex verschwand unter dem Einfluß des stärkeren, des Säurereflexes. Wenn Sie über den Geschmacksanalysator aus der Wirkung von Alkali auf die Mundhöhle einen Abwehrreflex bilden, zerstört dieser Reflex ganz genauso den Säurereflex. Diese Erscheinung ist höchst interessant und zeugt unmißverständlich davon, daß der Erregungsprozeß, über den jetzt die Rinde dieses Hundes verfügt, infolge des Fehlens der drei erwähnten Rezeptoren so inaktiv ist, daß man ihn nur an einem Punkte zu konzentrieren braucht, dann fehlt er an einem anderen, und die anderen Punkte sind schon gehemmt. *(139)* Das kann man auch als negative Induktion von dem Punkte aus verstehen, wo sich der Erregungsprozeß konzentriert.

Bei den anderen drei Hunden trat das nicht auf. Es liegen nur gewisse Hinweise darauf vor, daß auch bei ihnen diese Erscheinung existiert, freilich in schwächerem Maße. Aber bevor ich zu ihnen übergehe, muß ich noch eine wesentliche Ergänzung zu „Rebus" machen.

Das erwähnte Verdrängen des schwachen Reflexes durch den stärkeren bei „Rebus" läßt sich überwinden. Das Verfahren dafür ist das Überdecken des verschwindenden bedingten Reflexes, d. h. der zeitweilige Übergang zum gleichzeitigen Setzen des bedingten und unbedingten Reizes oder sogar ein gewisses Voreilen des unbedingten gegenüber dem bedingten Reiz (um 2 bis 3 Sekunden).

Bei diesem Bekräftigungsverfahren kann bei „Rebus" der Nahrungsreflex neben dem Säurereflex bestehen.

Wie ich Ihnen bereits sagte, wurde bei der anderen Gruppe von Hunden, die derselben Rezeptoren beraubt sind, diese Erscheinung nicht beobachtet. Die Besonderheiten ihrer bedingt-reflektorischen Tätigkeit äußerten sich in anderer Form. So hat z. B. „Java" sowohl einen positiven Nahrungsreflex auf mechanische Hautreizung als auch einen Kältereflex auf Säure. Ohne jegliche Unterstützung existierten sie gleichzeitig, aber das quantitative Verhältnis zwischen ihnen war ganz ungewöhnlich: Während sich der Nahrungsreflex auf die mechanische Hautreizung in 70 bis 80 Teilstrichen äußerte, betrug der Säurereflex im Durchschnitt 10 Teilstriche. Es sei bemerkt, daß bei normaler Arbeit ein bedingter Speichelreflex auf Säure gewöhnlich größer ist als ein Nahrungsreflex.

Dann wurden die Reflexe umgearbeitet: Die Kälte wurde zum Nahrungsreiz, während der mechanische Hautreiz zum Säurereiz wurde. Dabei verringerte sich der Nahrungsreflex stark. Wendet man aber den neuen Nahrungsreflex auf Kälte ohne den Säurereflex an, dann wird er regelrecht.

Es ist also offensichtlich, daß der Effekt des bedingten Reflexes zwei Quellen entspringt: Er hängt von der Stärke der Zellen sowohl des bedingten als auch des unbedingten Reizes ab. Mir scheint, dieser Befund ist ein weiterer Beweis dafür, daß die Vereinigung, die zeitweilige Verbindung, d. h. der bedingte Reflex, die Assoziation, eben zwischen verschiedenen Rindenpunkten vor sich geht und nicht zwischen Rindenpunkten und irgendwelchen Punkten des Subkortex.

Ich glaube, die beschriebenen Tatsachen beweisen das; denn wenn es eine Vereinigung der unserem bedingten Reiz entsprechenden Rindenzelle mit irgendeiner Zelle im Subkortex wäre, dann wäre unbegreiflich, weshalb sich verschiedene Effekte ergeben. Die Aktivität des Subkortex und die des Kortex sind doch völlig unterschiedlich.

Sie wissen zum Beispiel, daß der Orientierungsreflex bei Hunden mit Großhirnrinde sehr leicht erlischt, unterdrückt wird; aber bei Hunden ohne Großhirnhemisphären fehlt uns die Geduld abzuwarten, bis der Orientierungsreiz nicht mehr wirkt. Bei Hunden, denen drei Rezeptoren fehlen, kann man sich schwerlich *(140)* einen beträchtlichen Abfall der Aktivität der Zellen des Subkortex vorstellen. Es ist klar, daß sich in diesem Falle der Rindentonus erniedrigt.

3. ÜBER DEN EINFLUSS VON ALKOHOL AUF DIE HÖHERE NERVENTÄTIGKEIT. BESONDERHEITEN SEINER WIRKUNG AUF DAS SCHWACHE NERVENSYSTEM (M. K. PETROWAS „SHOLTY“)

I. P. PAWLOW: Gestern wurde ich durch einen Befund in Erstaunen versetzt, der sich auf die Gruppe der Trinkerhunde von M. K. bezieht. Auf der einen Seite steht hier „Dikar“ als Nervenhüne, der erfolgreich der paralysierenden Wirkung des Alkohols widersteht. Er verträgt ohne weiteres eine Dosis von 50 cm^3 Alkohol und läßt dabei, nach unseren Untersuchungen, nicht die geringsten Symptome einer Schwächung des Nervensystems erkennen. Es fällt ihm nur etwas schwerer zu differenzieren (es tauchte Atemnot auf). Er ist also auf dem Gebiete der Hemmung gleichsam ein wenig abgefallen. Im Grunde fühlt er sich gesund und munter. Neben ihm gibt es aber auch schwache Trunkenbolde, für die „Sholty“ ein Musterbeispiel ist. Mit ihm will ich mich jetzt befassen.

Bei „Sholty“ arbeitete M. K. die bedingte Reaktion aus einer sekretorischen in eine motorische um. Bei den bedingten Nahrungsreizen legt er den Fuß auf eine Stütze, bei den hemmenden, negativen, tut er das nicht.

Gestern hatte er nun schon ganz schön Alkohol getrunken, wenn auch freilich nicht so viel wie „Dikar“.

M. K. PETROWA: Er bekommt 36 cm^3.

I. P. PAWLOW: Als der positive Reiz gesetzt wurde, hob er das entsprechende Bein an, konnte es aber nicht auf die Stütze legen. Es mußte ein weiterer Reiz gesetzt, eine Summation der Reize bewirkt werden. M. K. sagte „Pfötchen!“, und erst jetzt legte er es auf die Stütze. Sie haben hier ein ganz offensichtliches Absinken der Arbeitsfähigkeit der Zelle vor sich.

Interessant ist, daß er die Pfote sofort auf die Stütze legte, als der Hemmreiz gesetzt wurde. Ein im höchsten Grade markantes Bild einer ultraparadoxen Phase. Ein sehr interessanter Befund, der uns aber völlig verständlich ist.

Das ganze Bild läßt sich sehr einfach erklären: Es bedeutet, daß der Erregungsprozeß so schwach geworden ist, daß sich auf ihn sofort eine Überbelastungshemmung bildet. Im früheren Punkte des Erregungsprozesses entwickelt sich infolge der Überbelastungshemmung ein Hemmungsprozeß, der im Verein mit der Hemmwirkung des negativen Reizes einen positiven Effekt erzeugt (ultraparadoxe Phase).

Was haben Sie, meine Damen und Herren, dagegen einzuwenden? Meiner Meinung nach kann man hiergegen nichts sagen.

4. DIE PHYSIOLOGISCHEN MECHANISMEN DES WAHNS

I. P. PAWLOW: Das ist eine typische ultraparadoxe Phase. Es zeigt sich nun, daß es in der Klinik eine völlig analoge Erscheinung gibt. *(141)*

Seit Herbst dieses Jahres sehe ich mir in der psychiatrischen Klinik speziell die verschiedenen wahnhaften Formen der Psychosen an. Ich möchte jetzt auf die physiologischen Mechanismen des Wahns eingehen.

Der Wahn ist ein verzerrtes, unrichtiges Verhältnis des Menschen zur Umwelt. Es ist offensichtlich, daß diese Verzerrung vorzugsweise im zweiten Signalsystem vor sich geht.

Immer wieder hat der Wahn bei Patienten mit schwachem Nervensystem den Charakter einer ultraparadoxen Phase. Ein Mensch möchte gern allein sein, zieht sich in ein besonderes Zimmer zurück, aber ihm scheint so, als ob jemand bei ihm sei. Die normalen, gewöhnlichen, realen Reize wirken nicht, ein nicht vorhandener Reiz ruft die Reaktion hervor.

In vielen Fällen ist der Wahn ein verzerrtes Verhältnis zur Wirklichkeit, das dem Mechanismus der ultraparadoxen Phase gehorcht, wie wir dies in den Versuchen mit „Sholty“ finden. Dann reagiert der Mensch nicht entsprechend der Wirklichkeit. Er möchte allein sein, ist in Wirklichkeit auch allein, aber es drängt sich ihm unausweichlich die Vorstellung auf, daß noch jemand anwesend sei. Es sind also zwei Vorstellungen vorhanden: „Ich bin allein“ und „Hier befindet sich noch jemand außer mir“. Dabei drängt sich die der Wirklichkeit entgegengesetzte Vorstellung auf. Es ist ein großer Triumph unserer Physiologie, daß eines der rätselhaftesten psychiatrischen oder neurologischen Symptome im Laboratorium ganz exakt reproduziert werden kann und daß wir uns seinen Mechanismus mit genügender Klarheit vorstellen können.

Meine Damen und Herren, möchte vielleicht jemand dazu etwas sagen? Für mich ist das überzeugend.

5. DREI VERFAHREN ZUR BESTIMMUNG DER BEWEGLICHKEIT DES NERVENPROZESSES: UMARBEITUNG DER REIZE, BILDUNG EINES VERSPÄTETEN REFLEXES UND BILDUNG EINES POSITIVEN BEDINGTEN REFLEXES AUF EINEN BEIM 3. ODER 4. MAL BEKRÄFTIGTEN BEDINGTEN REIZ (E. A. ASRATJANS „GOLOWAN“ UND „ATLAS“, BEISPIEL IDEALER BEWEGLICHKEIT BEI „BOY“)

I. P. Pawlow: Sie wissen, daß wir jetzt, wenn von der höheren Nerventätigkeit die Rede ist, mit drei Umständen rechnet: mit der Stärke der beiden Nervengrundprozesse, des Erregungs- und Hemmungsprozesses, mit ihrer Ausgeglichenheit und mit ihrer Beweglichkeit. Viele Tatsachen bestätigen, daß unser Standpunkt der Wirklichkeit entspricht.

Jetzt hat E. A. ein Hundepaar, „Golowan“ und „Atlas“. „Golowan“ ist ein träger, „Atlas“ aber ein beweglicher Typ.

Sie wissen, daß wir die Beweglichkeit mit drei Verfahren bestimmen: mit der Umarbeitung der Metronome, mit der Ausarbeitung eines verspäteten bedingten

Reflexes und mit der Ausarbeitung eines bedingten Reflexes auf einen Reiz, der rhythmisch beim dritten oder vierten Male bekräftigt wird. Das sind unsere diagnostischen Hauptverfahren, mit denen wir die Beweglichkeit des Nervenprozesses bestimmen.

Bei Untersuchung von „Golowan" und „Atlas" mit diesen drei Verfahren trat mit außerordentlicher Deutlichkeit ein krasser Unterschied zwischen diesen Hunden zutage. *(142)*

Genau dasselbe zeigt sich auch an Hunden aus Koltuschi, bei „Liss" und „Smei" sowie bei „Solotisty".

Wir haben Hunde, die ideale Vertreter dieser Beweglichkeit sind. Zu ihnen muß man vor allem „Boy" zählen. Er ist insofern bemerkenswert, als er nach der Kastration und nach vielen Erkrankungen jetzt wieder so weit hergestellt ist, daß die Differenzierung, als sie nach einem Jahr und 9 Monaten zum ersten Male wieder angewandt wurde, auf Anhieb funktionierte.

Bei ihm wird jetzt die Hirtenpfeife angewandt, ein neuer starker Reiz.

Wegen der vielen alten bedingten akustischen Reize, über die er verfügt, ist sie generalisiert und hat nur geringe Wirkung. Jetzt wird sie dreimal ohne Bekräftigung gesetzt, beim vierten Male aber mit Futter bekräftigt. Stellen Sie sich vor, schon beim nächsten Versuch bildete sich der bedingte Reflex. Die ersten drei Male wirkt die Pfeife nicht, aber beim vierten Male liefert sie einen Effekt. Welch erstaunliche Beweglichkeit! Und das bei einem Kastraten nach all den Miseren, die er hinter sich hat!

Da sehen Sie, was für ideale Nervensysteme es gibt. Deshalb ist es auch kein Wunder, daß es unter den Menschen Genies gibt.

Hinzugefügt werden muß, daß sich diese schwierige Aufgabe aber auch nicht im geringsten auf die anderen bedingten Reflexe auswirkte. Sie sehen, was für ideale Typen es gibt! Ein genialer Hund natürlich, man möchte sagen ein „Überhund".

Ein anderer alter Befund ist ebenfalls eine schöne Illustration unserer Anschauung auf diesem Gebiet. Ich spreche von der Phobie vor der Tiefe.

Wenn sich der Hund in normalem Zustand befindet, wenn alle positiven Reflexe die normale Höhe erreichen, wenn die Differenzierung, die die übliche halbe Minute andauert, absolut ist usw., wenn das Bild seiner bedingt-reflektorischen Tätigkeit gut ist, dann tritt auch keine Phobie auf. Aber sobald das System ein wenig schwächer wird, wenn z. B. die positiven Reflexe abfallen und die Differenzierung ein wenig enthemmt ist, dann beginnt bereits in schwachem Maße die Phobie aufzutreten. Es ist restlos klar, daß das Symptom der Phobie dem Zustand der Nerventätigkeit, speziell dem Zustand des Hemmungsprozesses, proportional ist. Sie sehen, wie unsere Physiologie auf die Klinik übergreift! Da haben wir die ultraparadoxe Phase, und da haben Sie die Phobie. Diese Erscheinungen wurden dem Laboratorium zugänglich und sind in ihrem Mechanismus klar geworden, obwohl es typisch psychische Erscheinungen sind.

6. PARADOXE PHASE BEDINGTER REFLEXE IM ERGEBNIS DER VERDOPPELUNG DER ZEIT DES ABRÜCKENS DER BEKRÄFTIGUNG (VON 30 AUF 60 SEKUNDEN) UND INFOLGE UNTERBRECHUNG DER WIRKUNG DES BEDINGTEN REIZES IM VERLAUF DER ZWEITEN HALBEN MINUTE

I. P. Pawlow: Interessant ist die Variation der Versuche W. K.s[1] mit Verdoppelung der Zeit der isolierten Wirkung des bedingten Reizes. Bekanntlich bringt *(143)* eine solche Verlängerung die ultraparadoxe Phase zum Verschwinden. Wir erklären das Verschwinden des Hemmungsprozesses aus dem Einfluß des Systems, aus der Verstärkung der Nervenerregung unter dem Einfluß der Fütterung und aus der Überwältigung des zuvor vorhandenen Hemmungsprozesses.

In der neuen Variante unterbrach W. K. die Wirkung des bedingten Reizes nach 30 Sekunden und machte bis zum Augenblick der Fütterung eine leere Pause von 30 Sekunden. Es zeigte sich, daß der starke Reiz bei dieser Variante in der zweiten Hälfte dieser Minute einen schwächeren Effekt liefert als in der ersten.

Indessen liegen zwei Bedingungen vor, die den Effekt der bedingten Speichelabsonderung erhöhen müßten, und zwar die Unterbrechung (eine Unterbrechung ist ein starker Reiz) und das System. Die Reflexe auf starke Reize erreichen die Grenze, und es entwickelt sich eine Hemmung, während die schwachen Reize keine solche Bedeutung haben.

Wieder eine Variante, die unsere grundlegenden Vorstellungen und Erklärungen bestätigt.

7. ANALYSE DER URSACHEN DER BESONDEREN AKTIVITÄT EINES KOMPLEXES BEDINGTER REIZE, DIE MIT DEM „VORLEGEN DES FUTTERNAPFES“ UND MIT DER NAHRUNGSBEKRÄFTIGUNG ZUSAMMENHÄNGEN. BESONDERHEITEN DES UNUNTERBROCHENEN UND INTERMITTIERENDEN AUSLÖSCHENS BEDINGTER REFLEXE

I. P. Pawlow: Viele haben es gesehen und wissen, daß der bedingte Effekt unter bestimmten Bedingungen bei der isolierten Wirkung des bedingten Reizes verschwindet, der Hund aber auf das Vorsetzen des Futternapfes sofort reagiert (aufsteht und frißt). Was ist hier los? Was bringt den Hund auf die Beine? Das Vorsetzen des Futternapfes hat anscheinend eine stärkere Wirkung als der bedingte Reiz. Das Vorsetzen des Futternapfes geht nun mit einer Reihe spezifischer akustischer Reize einher. Worauf beruht ihre bevorzugte Wirkung im Vergleich zu unserem bedingten Reiz?

Vor allem hat hier die unterschiedliche Dauer des Abrückens Bedeutung. Die Geräusche, die das Vorsetzen des Futternapfes begleiten, sind immer kurz abgerückte Reize.

---

[1] W. K. Fjodorow

Das ist in speziellen Versuchen an mehrereen Hunden überprüft worden. Beim Auslöschen zeigte sich, daß ein Reiz, der 2 Sekunden lang isoliert angewandt wird, weitaus langsamer erlischt als ein anderer, der um 20 Sekunden abgerückt ist; jener stellt sich aber weitaus schneller wieder her. Das bedeutet, daß sich die Rindenzellen desjenigen bedingten Reizes, der insgesamt 2 Sekunden angewandt wird, besser gehalten hat, größere Stärke besitzt und einen größeren Vorrat an Erregungsprozeß bewahrt hat als die Zellen, die dem anderen bedingten Reiz entsprechen.

Hier findet sich noch ein interessantes Detail. Der erwähnte Unterschied in der Geschwindigkeit des Auslöschens bedingter Reize trat bei ihrem ununterbrochenen Auslöschen auf. *(144)*

Ein Versuch mit intermittierendem Auslöschen derselben bedingten Reflexe führte nicht zu analogen Resultaten.

In diesem Falle trat dieser Unterschied nicht auf. Das zwingt uns anzuerkennen, daß zwischen ununterbrochenem und intermittierendem Auslöschen ein wesentlicher Unterschied besteht.

Wer mag wissen, wie das zu verstehen ist! Das muß gründlich überdacht werden. Die Exaktheit der Tatsachen bedarf keiner Überprüfung, denn sie ist von Ju. W. Folbort bestätigt worden, der in seinen Experimenten analoge Resultate erhielt.

Bei Ju. W. Folbort äußerte sich der Unterschied der beiden Auslöschverfahren in einer unterschiedlichen Größe der bedingten Reflexe auf die ausgelöschten Reize am folgenden Versuchstage. Nach ununterbrochenem Auslöschen tritt gewöhnlich am nächsten Tage eine positive Induktion auf, und der entsprechende Reiz wird stärker. Nach intermittierendem Auslöschen bleibt das Erlöschen für gewöhnlich am nächsten Tage erhalten, d. h., der Effekt der bedingten Reizung sinkt ab.

M. K. Petrowa: Analoge Ergebnisse habe ich wiederholt in meinen Versuchen beobachtet.

F. P. Majorow: Ich habe nur die eine Erscheinung gefunden; nach ununterbrochenem Auslöschen trat am nächsten Tage eine positive Induktion auf, aber ich verfüge über keine Vergleiche mit intermittierendem Auslöschen.

W. K. Fjodorow: Das ist bei den verschiedenen Hunden unterschiedlich.

I. P. Pawlow: Natürlich muß man bei diesen Versuchen notwendigerweise Hunde haben, die im höchsten Grade regulär arbeiten und auf die man sich sozusagen verlassen kann.

Achten Sie also jetzt darauf, meine Damen und Herren. Damit muß man rechnen.

8. ÜBER DIE BEDEUTUNG DES KORTEX UND DES SUBKORTEX IM VERSUCHE MIT EINEM HUNDE, DEM DIE DREI DISTANZREZEPTOREN ENTFERNT SIND

N. A. Roshanski: Würden Sie mir bitte gestatten, etwas über die Hunde mit drei fehlenden Rezeptoren und über die Schließung kortikaler Elemente über den Subkortex zu sagen? Meine Gedanken laufen ein wenig in anderer Richtung. Sie haben mit Recht darauf hingewiesen, daß bei diesem Effekt die bedingte und die unbedingte Erregung eine Rolle spielen, nur lokalisieren Sie die Schließung des unbedingten Reizes in der Hirnrinde. Aber die Bewegung des Nervenprozesses läuft doch zugleich auch über den Subkortex. Es handelt sich also darum, daß die zentrifugale Bahn über den Subkortex läuft.

I. P. Pawlow: Natürlich, sie läuft stets über den Subkortex.

N. A. Roshanski: Folglich wird sich faktisch jeder Einfluß, der auf den Subkortex trifft, auf diesen Reflex auswirken.

I. P. Pawlow: Hier finden sich keinerlei Einflüsse auf den Subkortex. Ich stelle mir die Sache folgendermaßen vor. Nehmen wir einen Nahrungsreflex. Einerseits *(145)* ist da das physikalische Agens, das vom bedingten Reiz in die Rindenzellen, die optische, akustische usw., gesandt wird. Was geschieht nun, wenn der Hund gefüttert wird? Natürlich läuft der Reflex notwendigerweise über den Subkortex, und wenn dem Hunde die Großhirnhemisphären fehlen, tritt der Reflex doch auf, sobald die Nahrung die Mundhöhle berührt. Der Speichel beginnt zu fließen, und der Hund vollführt eine Bewegungsreaktion, er beginnt zu fressen. Zugleich wirkt beim Vorhandensein der Hirnrinde der Geschmacksreiz direkt oder über die subkortikalen Ganglien auf die Hirnrinde, im vorliegenden Falle auf die chemische, die Geschmackszelle. Die kortikale Geschmackszelle und die Geschmackszelle des Subkortex sind miteinander verbunden. Sie können in wechselseitigen Induktionsbeziehungen stehen. Wenn die Rindenzelle schwach wird, dann mag man ihr noch so viel Erregung aus dem Subkortex mitteilen, sie ist dennoch nicht imstande, diese Erregung auszuhalten, und in ihr wird sich eine Überbelastungsschutzhemmung entwickeln. Sehen Sie, so stelle ich es mir vor, und deshalb sage ich auch, daß das bei den bedingten Reflexen im Nahrungs- und Säurezentrum in Betracht gezogen werden muß oder, allgemein gesprochen, im chemischen Analysator der Hirnrinde.

Ist die Großhirnrinde vorhanden, dann wird der Effekt also nicht von den subkortikalen Zellen bestimmt (diese Zentren sind immer von außergewöhnlicher, riesiger Stärke), sondern vom veränderlichen Zustand der entsprechenden Rindenzentren. Gerade so stelle ich es mir vor.

N. A. Roshanski: Der Versuch mit den Nahrungs- und Abwehrreflexen bei dem Hunde, dem drei Rezeptoren fehlen, paßt ausgezeichnet in Ihr Schema.

I. P. Pawlow: Der Effekt wird von der Kombination, der Summe der Reize bestimmt. Wenn der Kältereiz mit dem unbedingten Reiz kombiniert wird, dann ist er also schwächer, und der Säurereiz gewinnt das Übergewicht und umgekehrt. Das Versuchsergebnis wird von der Hirnrinde und nicht vom Subkortex bestimmt. Auf Wiedersehen! *(146)*

MITTWOCHKOLLOQUIUM

vom 27. März 1935

1. ÜBER DIE VERSTÄRKUNG DES HEMMUNGSPROZESSES UNTER DER WIRKUNG KLEINER KOFFEINDOSEN (VERSUCHE S. W. KLESTSCHOWS UND A. O. DOLINS)

I. P. Pawlow: Zunächst über die Physiologie der Hemmung. Wie Sie sich erinnern, berichtete ich Ihnen, daß S. W. bei der Anwendung großer Koffeindosen eine Entstellung des Verlaufs der bedingten Reflexe am Versuchstage, am nächsten Tage aber eine normale Größe der bedingten Reflexe und eine vollständigere Differenzierung erhielt. Es ergab sich also, daß große Koffeindosen, wenn sie aus dem Organismus ausgeschieden werden, ihre erregende Wirkung verlieren und den Hemmungsprozeß verstärken.

Diese Versuche hat A. O. bereits speziell an zwei Hunden wiederholt. Hier wurden kleine Koffeindosen angewandt, die sich auf den positiven Prozeß nicht auswirkten, während sich der Hemmungsprozeß besserte. Jetzt kann man auf Grund des Materials der vier Hunde sagen, daß Koffein eine verstärkende Wirkung auf den Hemmungsprozeß hat, und zwar haben kleine Dosen von 2 bis 3 mg eine deutliche Wirkung auf den Hemmungsprozeß und verstärken ihn.

Dasselbe ist der Fall, wenn eine große Koffeindosis aus dem Organismus ausgeschieden wird und ein kleiner Rest verbleibt. Dann zeigt sich eine Besserung der Hemmung. Das muß also als Tatsache berücksichtigt werden.

2. STARKE VARIANTE DES SCHWACHEN TYPS BEI AUSSERORDENTLICH GESCHWÄCHTEM HEMMUNGSPROZESS (A. A. LINDBERGS „SATYR")

I. P. Pawlow: Sie erinnern sich natürlich genau an die Variante unseres erregbaren Typs, bei der die Disproportion zwischen dem Erregungs- und Hemmungsprozeß besonders weit geht und bei der neben einem starken Erregungsprozeß der Hemmungsprozeß nicht nur relativ, sondern auch absolut sehr schwach ist. Zu dieser Variante des erregbaren Typs gehören mehrere Hunde, unter anderen auch „Satyr". Die Stärke seines Erregungsprozesses erhellt daraus, daß er es fast zwei Wochen lang mit sehr starken Reizen zu tun hatte (mit der Klingel und der Knarre), aber nicht im geringsten nachgab und nicht in einen krankhaften Zustand geriet. *(147)* Er verhielt sich ausgezeichnet und nahm widerspruchslos das Futter. Zugleich ist sein Hemmungsprozeß außerordentlich schwach.

Bei diesem Hunde sehen wir, daß er die Differenzierung nur unter der Wirkung von Brom und bei kurzer Wirkungsdauer des Hemmreizes (nicht über 6 Sekunden) verträgt. Vergrößern Sie aber unter Brom die Dauer der Differenzierung auf 15 Sekunden, dann verschwinden sämtliche Reflexe. Die Hemmung breitet sich aus, sie irradiiert. Es findet sich also eine besonders schwache Hemmung neben einem außerordentlich starken Erregungsprozeß.

„Satyr" erinnert mich in dieser Hinsicht an „Rebus". Sie wissen, daß „Rebus" infolge der Ausschaltung von drei Rezeptoren und infolge der Operation, die mit dieser Ausschaltung einherging, täglich $23^1/_2$ Stunden schläft und einen außerordentlich schwachen Erregungsprozeß aufweist, der nur für die Bildung eines bedingten Reflexes auf einen einzigen bedingten Reiz ausreicht. Die Menge des Erregungsprozesses ist also so gering, daß sie an den übrigen Rindenpunkten fehlt, wenn sie sich an einem Punkt konzentriert.

Ich möchte diesen Fall hinsichtlich des Erregungsprozesses durchaus mit der Hemmung „Satyrs" in Analogie setzen, der einen entsprechend geringen Vorrat am allgemeinen Hemmungsprozeß hat. Meiner Meinung nach ähneln diese Hunde einander stark, trotz der Gegensätzlichkeit der an ihnen zu beobachtenden Prozesse. In einem Falle ist der Erregungsprozeß außerordentlich schwach und im höchsten Maße begrenzt, im anderen Falle befindet sich der Hemmungsprozeß in genau dem gleichen Zustand.

3. STÄRKE UND TRÄGHEIT DES HEMMUNGSPROZESSES (VERSUCHE O. P. JAROSLAWZEWAS AN „FIRS"). ÜBER EINE VORDRINGLICHE AUFGABE — DAS STUDIUM DER TRÄGHEIT UND LABILITÄT DES ERREGUNGS- UND HEMMUNGSPROZESSES SOWIE ÜBER IHRE GEGENSEITIGE ABHÄNGIGKEIT

I. P. Pawlow: Nun zum Thema der Trägheit der Hemmung.

O. P.s Hund „Firs" ist ein schlagendes Beispiel von starker Trägheit des Hemmungsprozesses. Dieser Hund hat keinerlei Äußerungen einer passiven Abwehrreaktion gezeigt, fraß auf Anhieb, sofort wenn der Futternapf vorgesetzt wurde, die bedingten Reflexe bildete er sehr rasch, aber die Differenzierung gelang ihm nur mit großer Mühe, sie blieb fast immer unvollständig, besser gesagt, sie blieb träge.

Nehmen wir an, die Differenzierung ist 20 Sekunden abgerückt. Wenn Sie die Speichelabsonderung alle 20 Sekunden beobachten, dann kann man sehen, daß in den ersten 5 Sekunden eine Enthemmung vor sich geht, und gegen Ende der isolierten Wirkung des Reizes die Differenzierung fast bis zum völligen Versiegen der bedingten Speichelabsonderung führt. Hier kommt es häufig *(148)* zu Verwirrung. Wir sagen, eine Differenzierung sei absolut oder nicht absolut und bestimmen damit gleichsam die Stärke dieser Differenzierung. In vielen Fällen handelt es sich aber gar nicht um die Stärke, sondern um die Trägheit der Hemmung. Wenn der Effekt der Hemmung während der Wirkungsdauer des

Hemmreizes allmählich auftritt, spricht man besser nicht von Schwäche des Hemmungsprozesses, sondern von Trägheit. Das muß unterschieden werden. Wenn sich die Differenzierung allmählich entwickelt, ist sie träge. Wir beschlossen, den Hund mit einer anderen, schwierigeren Aufgabe zu überprüfen. Wir wandten einen verspäteten Reflex an. Ich erinnere mich nicht genau, wie lange er angewandt wurde (ich glaube 79mal), aber es fand sich keinerlei Hinweis auf seine Bildung. Daraufhin wurde er abgesetzt, um so mehr, als mit dem verspäteten Reflex eine Hypnotisierung im ganzen System der bedingten Reflexe auftrat, d. h., alle Reflexe fielen ab oder wurden inkonstant.

Dieser wache Hund, der während der Versuchszeit niemals geschlafen hatte, wurde also unter dem Einfluß der Ausarbeitung des verspäteten Reflexes verstärkt hypnotisiert. Die Versuche mußten abgebrochen und der Stereotyp wieder aufgenommen werden.

Im Stereotyp wurden drei Reize vor der Differenzierung gesetzt, dann folgte die Differenzierung, und dann wurden die bedingten Reize noch einmal wiederholt. Es zeigte sich, daß die unvollständige, sich allmählich entwickelnde Differenzierung das ihre tat; während der Hund nämlich in der ersten Hälfte des Versuchs im hypnotischen Zustand verblieb, kehrte er in der zweiten Hälfte zur Norm zurück. Das bedeutet, daß die Hemmung, obgleich sie sich allmählich entwickelte, dennoch so stark und fähig war, sich zu konzentrieren, daß sie die diffuse Hemmung aus der zweiten Hälfte des Versuchs verdrängte. Daraus folgt, daß die Differenzierung, obwohl sie träge war und sich allmählich entwickelte, dennoch stark war. Wenn Sie ihr Zeit lassen, ihre Stärke zu beweisen, dann konzentriert sie im weiteren auch die Hemmung sehr schön.

Danach beschlossen wir, die Differenzierung abzusetzen und ließen ihre Stelle frei, d. h., wir verdoppelten die Pause zwischen den entsprechenden positiven Reizen (von 5 auf 10 Minuten). Es ergab sich eine interessante Angelegenheit, die wiederum von der außerordentlichen Trägheit des Hemmungsprozesses zeugt. Der leere Platz behielt seine Bedeutung auch ohne Hemmungsreiz bei. Das Bild der bedingten Reflexe blieb unverändert: Die erste Versuchshälfte war hypnotisch, die zweite aber normal.

Daraufhin beschlossen wir, die träge Hemmung zu zerstören und versuchten zunächst, an diese Stelle einen schwachen Reiz zu setzen. Die Hemmung „verschlang" diesen Reiz, er verwandelte sich in einen Nullwert. Welche Trägheit und Unbeweglichkeit und zugleich auch Stärke! Nach dem Mißerfolg mit dem Licht nahmen wir einen starken Reiz, das Gluckern. Bei weitem nicht sofort, aber nach einiger Zeit überwand und zerstreute er den Schlaf im ganzen System. Schließlich kehrte alles zum ursprünglichen Zustand zurück. *(149)*

Daraufhin beschlossen wir, den Hund auf dem Gebiete der Hemmung zu vervollkommnen. Wir wandten die Methode der verlängerten Wirkung des Hemmreizes an. Dabei passierte folgende Geschichte, für die ich mir keine Erklärung geben kann, um so mehr, als sie sich an einem anderen Hunde wiederholte. Es geschah folgendes: Als wir zum ersten Male die übliche Dauer des Abrückens der Differenzierung verlängerten, fielen alle Reflexe ein wenig ab, d. h., die Hemmung vertrug diese Verlängerung nicht und irradiierte. Die Irradiation war geringfügig. Schließlich wurde die Differenzierung vollständig. Seltsamerweise erhöhte sich aber der Rindentonus nicht. Ich weiß nicht, wie ich das erklären und mir vorstellen soll. Zu guter Letzt konnte man erreichen, daß die Differenzierung bei einer Dauer des Differenzierungsreizes von 6 Minuten Null wurde.

Dann passierte folgendes: Schließlich war erreicht worden, daß die Differenzierung volle 6 Minuten lang einen Nullwert zeigte, d. h. vollständig war, und das allgemeine Niveau der bedingten Reflexe, wenn es auch vom Optimum beträchtlich abwich, dennoch genügend hoch blieb und bis zu 40 bis 50 Teilstrichen und mehr ging. So verlief die Sache.

Der beschriebene Zustand der bedingt-reflektorischen Tätigkeit fiel mit dem Zeitpunkt der Heilung des Hundes von einem Rheumatismus zusammen. Immerhin muß ich sagen, daß die Reflexe dabei beträchtlich schwankten.

Als wir aber die Wirkung des Differenzierungsreizes statt der 6 Minuten wieder auf die frühere halbe Minute reduzierten, begannen die Reflexe progressiv abzufallen. Als wir dann wieder eine Wirkungsdauer der Differenzierung von 6 Minuten einführten, kehrte alles aufs neue zu einem mittleren Niveau zurück.

Das ist interessant. Wie soll man das auffassen? Was bedeutet das?

Die erste Schlußfolgerung ist ganz klar: Der Nullwert ist hinsichtlich seiner Bedeutung unterschiedlich. Es ergibt sich, daß die Energie des Hemmungsprozesses am Ende der 6 Minuten Dauer der Differenzierung eine andere ist als am Ende der halben Minute. Das muß man berücksichtigen, und damit muß man bei den verschiedenen Erklärungen rechnen. Einen erloschenen Nullwert können Sie beim erstenmal bekommen, aber wenn Sie nach dem ersten Nullwert weiter auslöschen, dann haben die folgenden Nullwerte schon eine ganz andere Bedeutung und stellen einen tieferen Grad der Hemmung dar. Hier ist mit der Differenzierung dasselbe passiert.

Weshalb schädigt aber die 6 Minuten anhaltende Differenzierung die bedingten Reflexe nicht und hält sie auf konstanter Höhe, während die Differenzierung von einer halben Minute sie schwächt? Ich will dafür eine Erklärung geben.

Meine Erklärung besteht darin, daß die Intensität der Hemmung im Laufe der 6 Minuten zunimmt. Das heißt, daß die Hemmung bei einer Wirkungsdauer des Hemmreizes von einer halben Minute noch nicht stark und konzentriert ist. So stelle ich es mir vor.

Bei diesem Hunde verbindet sich also große Stärke der Hemmung mit Vorherrschen der Trägheit. *(150)*

Genau dasselbe trat auch bei einem anderen Hunde auf, bei „Rjabtschik".

Bei „Rjabtschik" war die Prozedur des Hemmungstrainings so weit geführt worden, daß er den Nullwert 9 Minuten lang hielt, natürlich bei allmählicher Verlängerung der Wirkungsdauer des Differenzierungsreizes. Dabei mußten drei Methoden angewandt werden: allmähliche Verlängerung der Wirkungsdauer, Bromierung und Erholung (darunter auch die Sommerpause). Durch Kombination dieser drei Verfahren erreichten wir es schließlich, daß sich bei dem Hunde eine 9 Minuten lange Nulldifferenzierung bildete.

Bei W. W.[1] bildete sich auch eine gewisse Leidenschaft für den Hemmungsprozeß heraus. Sie vertrat den Standpunkt, daß der Hemmungsprozeß bei gewissen Hunden stärker als der Erregungsprozeß wirkt, obwohl wir im Verlauf unserer ganzen Arbeit ständig gesehen haben, daß die Energie des Hemmungsprozesses immer geringer ist als die des Erregungsprozesses. Der Beweis W. W.s bestand darin, daß der Erregungsprozeß bei der Umarbeitung der Metronome im Falle des Hundes „Jula" weitaus schneller in einen Hemmungsprozeß übergeht und von ihm abgelöst wird, als umgekehrt der Hemmungsprozeß durch den positiven Prozeß ersetzt wird.

Als die Umarbeitung abgeschlossen war und wir zur entgegengesetzten Umarbeitung übergingen, zeigte sich genau dasselbe: Der neue Erregungsprozeß ging rasch in einen Hemmungsprozeß über, während sich der neue Hemmungsprozeß kräftig widersetzte.

Diese Ergebnisse veranlaßten W. W. zu glauben, daß ihre Leidenschaft für den Hemmungsprozeß vollauf bestätigt würde. Ich stimme mit ihr nicht überein, und zwar aus folgenden Gründen.

Wir verfügen über einen sehr markanten, konstanten und instruktiven Befund, der an Hunden von ganz verschiedenen Typen überprüft worden ist, und zwar handelt es sich darum, daß unter dem Einfluß von Paralysatoren, also von narkotischen und hypnotischen Mitteln, immer in erster Linie der Hemmungsprozeß paralysiert wird, erschlafft, ja sogar beseitigt wird, und erst später unter dem Einfluß größerer Dosen auch der Erregungsprozeß. Hierbei kann es keinen Zweifel geben, daß der Hemmungsprozeß gegenüber Paralysatoren und folglich bezüglich seiner Energie schwächer ist als der Erregungsprozeß. Deshalb glaube ich, daß man auch diese Erscheinung nicht als Ausdruck einer relativen Stärke des Hemmungsprozesses, sondern als Folge seiner Beweglichkeit auffassen muß.

Bei uns bleibt doch bisher noch eine Lücke offen: Wir haben sozusagen keine Symmetrie bezüglich des Studiums des Erregungs- und Hemmungsprozesses. Bezüglich des Erregungsprozesses kennen wir genau einen trägen Zustand, einen labilen Zustand, einen normalen, Schwankungen, pathologische Veränderungen usw. Hinsichtlich des Hemmungsprozesses sind aber unsere diesbezüglichen Daten weitaus geringer. Hier ergeben sich sehr wichtige Fragen: Wie verlaufen die Äußerungen der Trägheit und Labilität auf der einen und auf der anderen Seite? Wie sind die Erscheinungen des Hemmungsprozesses mit denen des Erregungsprozesses in Beziehung zu bringen? Kann der Erregungsprozeß *(151)* träge, der Hemmungsprozeß aber labil sein? usw. Das wissen wir noch nicht, wir müssen uns aber die Lösung dieser Aufgaben fest vornehmen. Es ist unerläßlich, bei jedem Hunde einzeln nach Trägheit und Labilität des Erregungsprozesses und ebenso nach Trägheit und Labilität des Hemmungsprozesses zu suchen. Man kann also annehmen, daß der Hemmungsprozeß im vorliegenden Falle nicht stärker, sondern labiler als der Erregungsprozeß ist; er erscheint rascher auf dem Schauplatz, äußert sich rascher als der Erregungsprozeß, während dieser demgegenüber zurück-

[1] W. W. Jakowlewa

bleibt. Wir kennen auch solche Fälle, bei denen Hemmungs- und Erregungsprozeß völlig parallel laufen. So entwickelte sich z. B. bei „Polkan“ der verspätete Reflex nach dem 15. Male, wobei sich keinerlei Hinweise darauf fanden, welcher der Prozesse, der Erregungs- oder der Hemmungsprozeß, das Übergewicht bekam, da beide Prozesse schlecht sind: Der Hemmungsprozeß irradiiert und der Erregungsprozeß nimmt nicht zu. Die Frage ist wichtig, denn damit müssen Besonderheiten im Typ des Nervensystems zusammenhängen. Ich empfehle jedem, der Gelegenheit hat, den Erregungs- und den Hemmungsprozeß daraufhin zu untersuchen, wobei es interessant ist zu erfahren, ob die Veränderungen parallel laufen oder divergieren, und zwar nicht nur zwischen Erregungs- und Hemmungsprozeß, sondern auch zwischen ihrer Labilität und Trägheit.

Damit bin ich mit der Hemmung zunächst einmal am Ende.

4. ÜBER INDUKTIONSBEZIEHUNGEN EINES ASSOZIIERTEN PAARES BEDINGTER REIZE, ÜBER DIE GRUNDLAGE DER ULTRAPARADOXEN PHASE UND ÜBER DEN PHYSIOLOGISCHEN MECHANISMUS EINER FORM DES WAHNS (VERSUCHE MIT UMARBEITUNG DER METRONOME)

I. P. Pawlow: Jetzt wollen wir von der ultraparadoxen Phase sprechen. Wir haben eine bestimmte Vorstellung von der ultraparadoxen Phase, und zwar, daß es eine Erscheinung ist, die auf Induktionsbeziehungen beruht, daß sie bei einem Paar bestimmter Reize vorkommt, dann also, wenn wir durch Variation ein und desselben Reizes sowohl einen positiven als auch einen negativen Effekt erreichen; angenommen, ein Metronom mit 120 Schlägen in der Minute sei positiv und eines mit 60 Schlägen in der Minute negativ. Wir haben also in diesen Fällen ein assoziiertes Paar mit entsprechenden Induktionsbeziehungen.

Der Hund „Kupez“ hat einen prächtigen bedingten Reflex auf ein positives Metronom und einen ebenso prächtigen vollständigen Hemmungseffekt auf ein negatives Metronom. Von unserer Vorstellung über dieses Paar ausgehend, versuchen wir, die Stärke des Erregungsprozesses auf das positive Metronom zu hemmen und abzuschwächen. Der erste Versuch ging über das Auslöschen des positiven bedingten Reflexes bei gleichzeitiger Beobachtung des Zustandes des Hemmungsreflexes. Es zeigte sich, daß dabei der Hemmreiz tatsächlich enthemmt wird. Jetzt werden systematische Versuche mit Überdecken des positiven Reizes durchgeführt. *(152)*

Als das Überdecken des positiven Reizes nur zweimal im Versuch angewandt wurde, wurde der Hemmreiz ständig im Durchschnitt von 0 auf 13 enthemmt. Als aber alle übrigen bedingten Reize im Versuch durch das positive Metronom ersetzt wurden und das Überdecken bei allen positiven Metronomen angewandt wurde, wuchs die Enthemmung der Differenzierung auf 26 Teilstriche an (bei einem mittleren normalen positiven Metronom von etwa 40 Teilstrichen).

Aus diesem Versuch geht ganz eindeutig hervor, daß das vorliegende assoziierte

Paar eine Art Waage darstellt: Steigt die eine Schale, dann senkt sich unausbleiblich die andere. Ein typisches Induktionsverhältnis, analog einer Waage.

Dann erklärt sich diese paradoxe Phase sehr einfach: Wenn der Hemmungsreflex positiv wird, d. h. die Schale der Hemmung nach oben steigt, dann senkt sich die Schale der Erregung nach unten.

Interessanterweise geschieht das jetzt bei einigen Hunden M. K.s[1], die mit Alkohol vergiftet werden. Bisher hatten sie ausgezeichnete hemmende und positive Prozesse, aber jetzt ist der positive verschwunden, und der hemmende hat den Platz des positiven eingenommen, d. h., es ergab sich eine ultraparadoxe Phase. Interessanterweise finden wir in diesem Falle bei dem Hunde ein psychotisches Symptom, einen Wahn. Bei diesem Hunde beginnen schon Alkoholdelirien aufzutreten.

Was ist ein Wahn? Ein Wahn ist ein verzerrtes, falsches, entstelltes Verhältnis zur Wirklichkeit. Wie kommt es dazu? Weil sich statt der positiven Reaktion auf einen positiven Reiz eine starke Hemmung entwickelt und umgekehrt. Darin besteht das Wesen des Wahns. Ein Wahn ist ein verzerrtes Verhältnis zur Wirklichkeit, auf jeden Fall ist das eine Form des Wahns. Hier gibt es keinerlei Wortspiele. Es unterliegt keinem Zweifel, daß unter dem Einfluß von Alkohol eine Form des Wahns als ultraparadoxe Phase auftritt. Das ist die psychotische, neurotische Bedeutung der ultraparadoxen Phase.

5. ÜBER „VERHÄLTNISSE VON REIZEN" ALS BEDINGTE REIZE (VERSUCHE VON S. W. KLESTSCHOW UND A. O. DOLIN). KRITISCHE BELEUCHTUNG DER KONKRETEN FORM DER VERSUCHE

I. P. Pawlow: Gehen wir zu einer anderen Frage über, die letztes Mal aufgeworfen wurde.

Ich sprach davon, wie sich der Systemcharakter äußert und wies Sie speziell ausführlich auf die Versuche von A. O. hin. Dazu liegt jetzt eine Ergänzung vor. Wie Sie sich erinnern, wurde auf Metronom-120 und Metronom-60 ein kombiniertes Paar ausgearbeitet: Metronom-120 lieferte einen großen bedingten Effekt, Metronom-60 dagegen ergab *(153)* einen geringen Effekt. Als ein neuer Reiz angewandt wurde, ein Ton, der ebenfalls 120mal in der Minute unterbrochen wurde, lieferte er sofort einen positiven Effekt, während ein Ton, der 60mal in der Minute unterbrochen wurde, sofort eine Hemmung hervorrief. Genau dasselbe trat auch bei der Klingel auf. Folglich kam es dabei tatsächlich gleichsam auf die Form des Verhältnisses zwischen den Reizen an, wobei der Charakter des Reizes selbst überhaupt keine Rolle spielte. Das ist kurz das Beispiel, mit dem die Gestaltpsychologen hausieren gehen, wenn sie sagen, daß ein und dasselbe Motiv in verschiedenen Tonlagen gespielt werden kann, aber dennoch dieselbe Wirkung hat.

Daraus wird klar, daß ein Verhältnis ebenfalls ein Reiz ist; es ruft gleichfalls einen besonderen Zustand des Nervensystems oder einer Gruppe von Nervenzellen

[1] M. K. Petrowa

hervor, die eine zeitweilige Verbindung bilden können. Daran ist nichts Besonderes, was einer zusätzlichen Erklärung bedürfte.

Jedoch ergab sich eine interessante Frage. All das geschah innerhalb des akustischen Analysators. A. O. hat nun folgenden Versuch angestellt. Er wandte mit genau denselben Unterbrechungen einen Lichtreiz an. Zunächst schien es an den ersten beiden Tagen, als wenn die Sache, wenn auch in schwächerem Grade, genauso verliefe, aber am dritten Tage wandte sich das Blatt, und es ergab sich, daß der Hemmreiz ganz anders auftrat; in einem anderen Analysator wiederholte sich diese Erscheinung also nicht. So war es doch?

Daraus geht hervor, daß ebenso, wie Einzelreize sich zunächst über ihren Analysator verbreiten und dann sogar beginnen, sich auch weiter auszubreiten, auch hier genau dasselbe passierte. Ein bestimmtes Verhältnis, ein bestimmter Zustand der Zellen, fixierte sich in seinem bestimmten Systemcharakter von allem in seinem Analysator und äußerte sich in einem anderen Analysator schwächer. Vielleicht ändert sich alles, wenn man das länger fortführt.

F. P. Majorow: Ich habe mir gestern bei A. O. die Lichtvorrichtung angesehen. Mir fiel es schwer, 120 Unterbrechungen von 60 zu unterscheiden. Die Lampe hat einen Reflektor, und im Reflektor bleibt gleichsam ein Abbild des Lichtes übrig. Das ist ein neues Moment, das beim akustischen Reiz fehlt.

I. P. Pawlow: Das bedeutet eine technische Korrektur. Man muß zusehen, ob es so ist oder nicht. Zu dieser Versuchsanordnung muß unbedingt noch eine Ergänzung vorgenommen werden. Im vorliegenden Falle läuft das Ganze vielleicht gar nicht darauf hinaus, daß ein besonderes Verhältnis generalisiert und bei verschiedenen Reizen reproduziert wird, sondern darauf, daß der positive Reiz beim Rhythmus Metronom-120, Ton-120 und Klingel-120 eine größere Stärke hat als der Rhythmus 60 des negativen Reizes. Vielleicht ist das ein Ausdruck des Stärkegesetzes. Diese Versuche müssen unbedingt durch umgekehrte Versuche ergänzt werden. Der Rhythmus 60 muß zum positiven und der Rhythmus 120 zum hemmenden Reiz gemacht werden. Man kann das auch so auffassen, daß durchaus nicht das Verhältnis reproduziert wird, sondern das Stärkegesetz zum Ausdruck kommt.

E. A. Asratjan: Wie soll man sich den Mechanismus der Generalisation des Verhältnisses physiologisch vorstellen? *(154)*

I. P. Pawlow: Mein Herr, wir kennen dieses System doch zur genüge. Sie wenden ständig verschiedene bedingte Reize an, starke, schwache, positive, hemmende usw.

6. DER BEDINGTE EFFEKT AUF REINE TÖNE VERSCHIEDENER INTENSITÄTEN ERWEIST SICH ALS GERINGER ALS DER BEDINGTE EFFEKT AUF ANDERE REIZE (VERSUCHE F. P. MAJOROWS UND ERKLÄRUNG)

I. P. Pawlow: Dann haben wir da noch einen verzwickten Versuch, zu dem sich kein Zugang findet, und zwar handelt es sich um einen Versuch von F. P. Schade, daß ich vergessen habe, ihm zu sagen, er möge das Protokoll mitbringen. Es ist ein Versuch an dem Hunde „Jan".

Bei diesem Hunde will F. P. eine exaktere Abhängigkeit zwischen dem Effekt und der Energie des bedingten Reizes feststellen. Er hat eine spezielle Vorrichtung und wendet einen reinen Ton, einen möglichst reinen Ton an, wobei er ihn allmählich bis zu einer bestimmten Größe verstärkt. Jetzt hat er drei bis zehn Stärkestufen dieses Tones ausprobiert. Zunächst geht die Sache glatt, das Gesetz der Reizstärke wird vollauf bestätigt. Dann wurde bei Verstärkung dieses Tones die Grenze erreicht, obwohl der Reiz weiterhin verstärkt wurde. Hier ist also alles in Ordnung. Das steht in voller Übereinstimmung mit unseren Ergebnissen. Eine nochmalige Illustration des Stärkegesetzes. Aber da ist noch ein Haken: Stellen Sie sich vor, obwohl der Ton ziemlich schwach beginnt und jetzt ein für das Ohr unerträglicher Ton angewandt wird, bleibt dennoch der Ton während all dieser Intensitäten immer niedriger als das Metronom und selbst als die Kassalka, d. h., er liefert einen schwächeren Effekt. Da steht man nun und soll erklären, was das bedeutet! Wenn Sie einen Reiz von unterschiedlicher Intensität anwenden, geht alles glatt, und das Stärkegesetz zeigt sich; vergleichen Sie ihn mit anderen Reizen, dann ergibt sich die Absurdität, daß diese Intensitäten, während sie hinsichtlich ihrer Stärke andere Reize übertreffen, dennoch einen geringeren bedingten Effekt ergeben nicht nur als das Metronom, sondern selbst als die Kassalka. Was ist das für ein außergewöhnliches Verhältnis, wie ist das zu verstehen?

Gewöhnlich haben in den Versuchen mit bedingten Reflexen auf alle möglichen Reize die akustischen Reize immer einen größeren Effekt ergeben als die mechanischen Hautreize und die anderen Reize. Das zeigte sich in einer großen Anzahl von Versuchen. Damals trat ein Amerikaner Johnson auf, der einen reinen Ton anwandte, und als erster die Behauptung aufstellte, man könne auf reine Töne keine bedingten Reflexe bilden. Ich habe das freilich nicht gelesen, aber es steht in der Literatur, und man hat daran festgehalten, daß bei uns Töne wirken, bei den Amerikanern aber nicht. Bis jetzt ist mir diese Geschichte unklar geblieben. Nur hat sich herausgestellt, daß sich auch bei uns bei Anwendung eines reinen Tones oder eines nahezu reinen Tones eine andere Unklarheit ergibt.

E. A. Asratjan: Läßt sich das nicht aus dem Bau des akustischen Analysators verstehen, d. h. daraus, daß ein reiner Ton nur einen kleinen Rindenabschnitt erfaßt, *(155)* während wir in den anderen Fällen einen großen Komplex, eine größere Anzahl von Rindenzellen anzunehmen haben.

I. P. Pawlow: Das ist die erste Erklärung, die ich dafür hatte, und als ich von den Versuchen Johnsons las, daß er einfach keinen bedingten Reflex auf einen reinen Ton bilden konnte, habe ich es auch so aufgefaßt.

F. P. Majorow: Aber ein bedingter Reflex auf einen reinen Ton bildet sich bei mir schnell.

I. P. Pawlow: Dieser Fall ist leichter. Wenn der Ton einfach ist, ist es verständlich, daß er nur auf eine spezielle Zelle oder auf eine begrenzte Anzahl von Zellen trifft, ist er aber zusammengesetzt, dann ist das Erregungsgebiet weitaus größer. So habe ich mir das auch erklärt.

Andererseits müssen speziell folgende Versuche angestellt werden: Man muß ein und denselben Ton als reinen und als musikalisch zusammengesetzten Ton nehmen. Ich weiß nicht, ist das physikalisch möglich oder nicht? Ich glaube, man kann mit verschiedenen Apparaten diese unterschiedlichen Bedingungen herstellen.

F. P. Majorow: Mir scheint, wenn man bei diesem Hunde einen solchen Versuch anstellt, dann ergibt sich dasselbe.

I. P. Pawlow: Natürlich, man muß den Versuch anstellen und zusehen, das ist klar. Nehmen Sie denselben Ton. Das muß geklärt werden.

W. K. Fjodorow: Außerdem wird hier der Ton als ununterbrochener Reiz mit dem Metronom und der Kassalka als intermittierenden Reizen verglichen.

I. P. Pawlow: Aber die bedingten Reflexe sind sogar schwächer als bei der Kassalka. Wann haben Sie denn je erlebt, daß die üblichen Durchschnittsgrößen der Reize schwächere bedingte Reflexe liefern als die Kassalka? Möglicherweise wirkt das Metronom bei uns ungünstiger als die anderen Reize, d. h., es liefert wegen seines intermittierenden Charakters und der damit verbundenen Überbelastung einen schwächeren Effekt. Aber dennoch kann man nicht sagen, daß das Metronom ein stärkerer bedingter Reiz ist als die üblichen Töne. Eher kann man sagen, daß das Metronom neben den üblichen akustischen bedingten Reizen steht.

Zwischenruf: Liegt hier vielleicht eine Hypnotisierung vor?

I. P. Pawlow: Das ist sehr wohl möglich. Wenn die Erregung in einem Punkte konzentriert ist, kann man annehmen, daß ein reiner Ton zur Hypnotisierung disponiert. Das ist interessant.

F. P. Majorow: Davon habe ich gesprochen. Eine leichte Hypnotisierung äußert sich darin, daß der Ton von Anfang an ebenso wie Licht und Klingel durch die Hemmung kompliziert werden kann, die einen ganz spezifischen Kurvenverlauf ergibt: Nicht von unten nach oben, sondern umgekehrt. Der Ton hat also keine Ausnahme gemacht.

I. P. Pawlow: Vielleicht ist das der Kern der Sache: Ein reiner Ton ist ein zu enger, begrenzter Reiz, während ein zusammengesetzter Ton ein ausgedehnterer Reiz ist. Das kann sein. Es ist sehr wohl möglich, daß Johnson einen reinen, schwachen Ton nahm, der dann wie ein Kältereiz wirkte, der nicht so sehr erregt, sondern vielmehr hypnotisiert und ermüdet. Vielleicht läßt sich daraus alles erklären. *(156)*

7. ÜBER EINE AUSNAHME VOM STÄRKEGESETZ DER REIZE (VERSUCHE AN A. A. LINDBERGS „MARS")

I. P. Pawlow: Noch eine kleine Bemerkung über die Abhängigkeit des bedingten Effektes von der Stärke des Reizes.

Bei einem Hunde zeigt sich deutlich eine neue Grundlage zur Aufdeckung dieser Abhängigkeit. Es handelt sich um „Mars", einen im höchsten Grade erregbaren und gierigen Hund. Gerade bei ihm findet sich erstaunlicherweise keinerlei Hinweis auf diese Abhängigkeit, trotz des gewaltigen Unterschiedes in der Stärke der bedingten Reize; zum Beispiel steht auf der einen Seite eine Klingel von besonderer Stärke, die nur schwer zu ertragen ist, und auf der anderen Seite ein Kältereiz.

Man könnte annehmen, der Hund arbeitet nahe der Grenze, wobei die Grenzen der muskulären und der sekretorischen Reaktion nicht übereinstimmen. Es wäre denkbar, daß unsere sekretorische Reaktion schon die Grenze erreicht, während das Muskelsystem noch einen gesteigerten Effekt geben kann. Als ich vor diesem Hunde saß, trat immer wieder eine ganz ausgeprägte Bewegungsreaktion auf, während sich nicht der geringste Hinweis auf Speichelfluß fand. Dann besteht die Grundlage dieser Divergenz darin, daß die Speicheldrüsen ihre Grenze erreicht haben. So ist es wohl aufzufassen. Dieser Hund liefert bis zu 120 Teilstriche, d. h. 24 Tropfen in 30 Sekunden.

A. A. Lindberg: Diese Ansicht wird auch dadurch bestätigt, daß die Größe der bedingten Reflexe in 30 Sekunden 120 bis 125 beträgt und die Größe des unbedingten Reflexes in 30 Sekunden 130 bis 140, so daß sie sich nahezu decken.

I. P. Pawlow: Das ist in der Tat eine maximale Anspannung der Drüsen. Das ist interessant. In gewissen Fällen läßt es sich so erklären.

Mit den bedingten Reflexen können wir für dieses Mal abschließen.

8. ÜBER DAS POSITIVE ERGEBNIS DER BEHANDLUNG EINER SCHIZOPHRENIE MIT SCHLAF

I. P. Pawlow: Nun wollen wir zur Klinik und zur Psychologie abschweifen, mit denen wir immer Verbindung halten müssen.

A. G.[1] berichtete mir, er habe unlängst den Arzt getroffen, der den mit Schlaf behandelten Schizophreniepatienten beobachtet.[2] Die Behandlung war am 3. Januar beendet, und heute haben wir den 27. März, es sind also fast $2^1/_2$ Monate vergangen. Tatsächlich treten bei ihm keine Symptome von Schizophrenie mehr auf, aber es finden sich ausgeprägte neurologische Symptome: Er leidet unter Kopfschmerzen, ist erregt, ermüdet leicht usw. Eine Schwäche in Form von Neurasthenie ist geblieben, aber die tiefere schizophrene Schwäche ist durch die intensive Behandlung mit Schlaf beseitigt worden. Das ist großartig! *(157)*

9. KRITIK DES BUCHES VON CLAPARÈDE „DIE ENTSTEHUNG DER HYPOTHESE“

I. P. Pawlow: Jetzt, meine Damen und Herren, wenden wir uns den Psychologen zu. Sie sind doch wirklich Spezialisten des Wortes. Mit den Tatsachen aber rechnen sie durchaus nicht. Sie sind denkende Menschen von einem ganz besonderen Schlag.

Ich erhielt ein neues Buch von einem mir sehr teuren Psychologen. Ich habe mich schon einige Male mit ihm getroffen. Er ist immer Generalsekretär aller internationalen Psychologenkongresse. Es ist der Genfer Psychologe Ed. Claparède. Er hat mir das Buch „La genèse de l'hypotèse“ (Die Entstehung der Hypothese) geschickt. Ich habe einige Stellen gelesen, die zu unserer Arbeit Beziehung haben. Er hat eine seltsame Gewohnheit zu sprechen und das Wort „Verstand“ zu ge-

---

[1] A. G. Iwanow-Smolenski

[2] Siehe Mittwochkolloquium vom 6. 3. 1935, Abschnitt 7

brauchen und macht sich nicht klar, was es in Wirklichkeit ist. Wie kann ich vom Verstand sprechen, wenn ich nicht weiß, was Verstand ist?

Sehen Sie, er beginnt folgendermaßen: „Wenn wir den Autoren folgen, besteht das Wesen des Verstandes in ...", und dann folgt eine Aufzählung, worin das Wesen des Verstandes bei den verschiedenen Autoren besteht.

Bei dem einen Psychologen ist es die Fähigkeit, Ziele zu erreichen, bei einem anderen ist es das Kombinationsvermögen, bei einem dritten das Abstraktionsvermögen, bei einem vierten die Fähigkeit, richtige Urteile zu fällen, insbesondere vernünftige Definitionen usw. zu geben; „es ist die Bildung einer Gesamtidee; es ist die Befähigung zu analysieren und zu synthetisieren; die Befähigung, Werkzeuge zu erfinden und herzustellen, die Erfahrung auszunutzen, zu lernen, vom Standpunkt der Wahrheit aus gute Antworten zu geben, das Zukünftige richtig vorherzusagen, die Beziehungen zwischen den Gegenständen darzustellen" usw., usw. bis ins Endlose.

„Wenn wir diese Definition abschließen wollen, dann kämen wir nie zum Ende, oder besser gesagt, wir könnten niemals beginnen, das Objekt des Verstandes empirisch zu bestimmen." Das ist interessant, aber der Autor selbst hat noch eine neue Definition gegeben: „Das Begreifen einer neuen Situation ist, so glaube ich, die richtige Definition des Verstandes, denn wenn die Situation oder Aufgabe bei ihrer Lösung nicht neu wäre, dann könnte keine Rede vom Verstand sein, dann würde es sich um einen anderen Prozeß handeln: Gedächtnis, Gewohnheit, Routine, Wiederholung usw." Mit einem Wort, es wäre Automatismus.

„Unsere Definition harmoniert sehr mit dem allgemeinen Sprachgebrauch, der den Verstand dem Instinkt und der Gewohnheit gegenüberstellt."

Und dann beginnt er mit seiner Definition, die er aus irgendwelchen Gründen für besser hält als die anderen. Wie finden Sie das! Es ist ein erstaunliches Stück. Sie werfen mit Worten um sich, können sich aber auf keine Weise darüber einigen, was sie bedeuten. Mich verwundert das, denn ich weiß, daß schon vor vielen Jahren die Amerikaner die typisch amerikanische Kühnheit hatten, ein psychologisches Wörterbuch zusammenstellen zu wollen. Unter solchen Bedingungen ist es eine völlig hoffnungslose Aufgabe. Lange Zeit ging die Sache bei ihnen nicht voran, sie wanderte von einem Redakteur zum anderen. Schließlich tauchte ein energischer Mann auf, WARREN; ich glaube, er ist bereits tot. Er gab dieses Wörterbuch schließlich heraus, aber es zu kaufen und dafür Geld auszugeben, lohnt nicht. Es bringt keinen Nutzen; ein so großer Mißerfolg ist das Ganze. *(158)*

Ich werde Ihnen jetzt vorlesen, was dieser Autor über unsere bedingten Reflexe schreibt. Beachten Sie, was für eine jämmerliche Schaukelei mit Worten es ist; man zuckt direkt die Achseln!

Vor allem hat er für unsere bedingten Reflexe ein neues Wort erfunden. Ich weiß nicht, ob er es als erster verwendet. Möglicherweise verwenden auch andere dieses Wort: „Einschaltung" („implication"). Das ist ein lateinisches Wort. Er bezeichnet auch unsere bedingten Reflexe nicht als Assoziationen, sondern als „Einschaltung" („implication").

Hören Sie weiter, ich werde Sie ein wenig strapazieren, meine Damen und Herren, es sind drei Seiten.

„Die Einschaltung ist ein Prozeß, der für unsere Bedürfnisse der Anpassung unerläßlich ist. Ohne ihn könnten wir nicht die Erfahrung ausnutzen. Unser Leben würde auf eine Sisyphusarbeit hinauslaufen: Keine Errungenschaft könnte uns unter dem Gesichtspunkt der Auswahl bei unseren späteren Unternehmungen nützen. Das würde in der Tat geschehen, wenn wir nicht die Tendenz hätten, jeder Kombination, jeder Verbindung, die sich uns darstellt, Notwendigkeit zuzuschreiben, wenn wir nicht geneigt wären, die Qualitäten, die ein Objekt bilden, mit dem wir zum ersten Male zusammentreffen, als notwendige Attribute des Objekts anzusehen. Wie würden wir uns beim zweiten Male zu ihm verhalten?" — Beachten Sie — „Da ist zum Beispiel eine Frucht im Walde, die wir probieren, kosten. Ihr Geschmack ist sauer, unangenehm. Unser Geist beschränkt sich nicht darauf, diese Säure mit der Form und der Farbe so zu assoziieren, daß wir uns an diese Säure, die wir empfunden haben, erinnern, wenn wir diese Frucht erblicken." Beachten Sie, warum beschränkt er sich denn nicht darauf? Ich meine doch, daß es so ist, daß wir uns erinnern, daß mit diesem Aussehen die Säure zusammenhängt. Er aber sagt: „Sie beschränkt sich nicht darauf."

„Nein, er schaltet die Säure in diese Form und in diese Farbe ein und entscheidet, daß diese Furcht notwendige Säurequalitäten enthält und daß wir jedesmal, wenn wir diese Frucht in den Mund nehmen, diese Säure verspüren."

Was ist das, wie soll man das in Einklang bringen? Wir erinnern uns, daß eben diese Säure mit dieser Form und Farbe zusammenhängt, aber er sagt, daß es nicht so ist, daß unser Geist sich nicht darauf beschränkt.

Und weiter: „Wenn diese Einschaltung nicht in der ersten Situation, die wir durchmachen, geschlossen würde, was für einen Grund gäbe es dann für die Reaktionen in der Zukunft?" Was soll das? Ein Spiel mit Worten? Anstatt zu sagen, daß sie zusammenhängen.

Dann beginnt ein reiner Unfug mit Worten:

„Die Einschaltung existiert auf der Grundlage der Reproduktion des Ähnlichen, was durch die Tatsache ausgedrückt wird, daß das Individuum versucht, die Reaktionen zu wiederholen, die ihm früher nützlich waren. Es wiederholt sie in identischer oder analoger Situation. Die Einschaltung ist zugleich das Prinzip der Generalisation und Induktion, die auf Grund des Gesetzes der Reproduktion des Ähnlichen vor sich gehen." *(159)*

Wenn das jemand anders liest, wird er denken: „Mein Gott, was für eine tiefe Weisheit, wie kann ich das verstehen!" In Wirklichkeit aber ist das kompletter Unsinn, einfacher blauer Dunst. Entschuldigen Sie; aber das werden Sie noch sehen. Ein gewöhnlicher Mensch wird denken: „Das heißt, daß ich ungebildet bin, d. h., daß ich einfach nichts weiß und es deshalb nicht verstehen kann." Ich aber stehe auf dem Standpunkt, daß das Spielerei ist.

„Alle diese Phänomene sind nichts anderes als Seiten ein und derselben Lebensnotwendigkeit." Was gibt es da zu streiten?

„Auf neue Situationen reagieren und sich auf alte Erfahrungen stützen" —, Erfahrung bedeutet aber Assoziation, — „das zeigt uns den Charakter, daß die Einschaltung ihre Wurzeln in die motorischen Schichten des Seins versenkt." Was soll das? *(Gelächter).* Er hat nichts erklärt, nichts bewiesen und verströmt eine solche Phrase.

Dann wird es noch besser: „Man könnte sagen, daß das Leben die Einschaltungen einschließt." Ach, du lieber Gott, was für ein unerträgliches Spiel mit Worten! Was soll das?

E. A. ASRATJAN: Läßt sich das nicht auf SCHELER zurückführen?

I. P. PAWLOW: Nein. Er ist ebenfalls ein Gegner der Assoziation, zugleich aber hat er sich das ausgedacht.

Dann wird es klar: „JAMES hat unlängst nachdrücklich das Gesetz des Zusammenwachsens vertreten, nach dem jede Gruppe von Eindrücken, die auf den Verstand trifft, der noch keine Gelegenheit hatte, sie einzeln und schwach zu erfahren, sich diesem als einfaches Objekt darstellt. Mit anderen Worten: Der Verstand stellt zwischen den verschiedenen Qualitäten, die verschiedenen Beziehungen entsprechen, ein notwendiges Verhältnis her. Wenn alle feuchten Objekte kalt und alle kalten Objekte feucht wären und wenn alle Flüssigkeiten durchsichtig und alle festen Körper undurchsichtig wären, dann würden wir aus der Kälte und der Feuchtigkeit, aus der Durchsichtigkeit und der Undurchsichtigkeit keine einzelnen Seiten der Dinge machen ..." Das versteht sich von selbst, denn wir schließen das eine in das andere ein. „... weil sie gemeinsam existieren. Das Gesetz des Zusammenwachsens erzeugt die Einschaltungen, bedingt die Einschaltungen, d. h. die Vereinigungen auf der Ebene der Wirkungen, und dann die Annäherung auf der Ebene der Vorstellung." Das sind alles Spielereien mit Worten.

„Nur dann, wenn wir in der Erfahrung die Qualitäten einzeln vorfinden, unterscheiden wir sie und betrachten wir sie als voneinander unabhängig", das ist selbstverständlich, „ohne daß die Wiederholung des Elementenpaares zwischen den Elementen die Verbindung der Einschaltung schüfe. Die Erfahrung aber greift nur ein, um diese einzelnen Einschaltungen aufzulösen, wenn sie sich als ungerechtfertigt erweisen. Die Notwendigkeit der Verbindung hat sich ergeben, und zwar schon von Anfang an. Wenn Sie von Anfang an die Qualitäten zusammen sehen, dann verbinden sie sich. Stünde die Notwendigkeit nicht am Anfang, dann wäre nicht einzusehen, wo sie in der Folgezeit herkommen sollte, da die Gewohnheit doch keine Notwendigkeit ist. Das Experiment greift nicht ein, um aufzubauen, sondern um alle Stufen der Wahrscheinlichkeit zu beseitigen oder ... der strengen Notwendigkeit unterzuordnen." Das versteht sich. Lange Zeit wird eine gewisse Erscheinung als Ursache angesehen, *(160)* dann wird plötzlich ein neuer Versuch angestellt, und die Verbindung erweist sich nicht als Ursache, sondern als unwesentlicher Bedingungskomplex. In der gesamten Wissenschaft passiert das bis heute ständig. Die Relativitätstheorie hat solche Beziehungen aufgelöst, die früher als notwendig angesehen wurden. Alles ändert sich in Abhängigkeit davon, wie sich die Verbindung verändert hat.

Nun zu dem, was uns betrifft:

„Die Einschaltung ist nicht ein Phänomen, das sich allmählich höher entwickelt; das zeigen die bedingten Reflexe ganz klar.“ Wie finden Sie das, daß „die Einschaltung nicht ein Phänomen ist, das sich allmählich höher entwickelt; das zeigen die bedingten Reflexe ganz klar“! Vor unseren Augen bilden sich alle bedingten Reflexe allmählich, entwickeln sich und verstärken sich.

„Man betrachtet sie gewöhnlich als zusätzliches Argument für die Doktrin der Assoziation.“ Er möchte gern auf die Assoziation hinaus. Ohne lange Vorrede faßt er unsere bedingten Reflexe und die Assozationen unter „implication“ zusammen und nennt sie nicht mehr „Assoziationen“, sondern „implication“.

„Sie lassen dagegen die typische Erscheinung der Einschaltung erkennen. Sie liefern uns eine glänzende Illustration.

B wird in A eingeschaltet. (A ist der bedingte Reiz, B die unbedingte Reaktion.) Wenn A gegeben ist, verhält sich das Subjekt dazu ebenso, wie es sich zu B verhalten würde.“ Das ist unsere Abhängigkeit.

„Das ist genau das, was den bedingten Reflex ausmacht. Die Reizung des Hundes mit der rosa Farbe A und das gleichzeitige Vorlegen des Futters B rufen eine sekretorische Speichelreaktion und eine Magenreaktion hervor, die dieses Futter B hervorruft. Der Hund reagiert auf A, als wenn es B enthielte, d. h., dieses wird in A eingeschaltet.“ Mit anderen Worten, er beschreibt eine „Assoziation“. Das ist interessant und uns allen klar, das kann er nicht vernebeln. „Wenn es eine einfache Assoziation und keine Einschaltung wäre, dann müßte die rosa Farbe im Gedächtnis des Hundes eine Erinnerung an das Futter hervorrufen, aber ohne eine Reaktion hervorzurufen, die zeigt, daß die rosa Farbe für das Futter gehalten wird und wie das Futter wirkt.“ Indessen ist es aber gerade so, und tatsächlich folgt das eine auf das andere. Wenn der Hund die Lampe sieht, die den bedingten Nahrungsreiz darstellt, und diese sich in geringer Entfernung befindet, dann beginnt er, sie zu belecken.

„Der Organismus und der ganze Reflexmechanismus stellen sich uns als Maschine für die Einschaltung dar.

Im bedingten Reflex liegt also nicht einfach eine mechanische Assoziation vor, die sich infolge der Nachbarschaft bildet.“ Wieso denn das? Das ist, wie Sie sehen, eine Irreführung mit Worten. Er hat von den bedingten Reflexen gelesen. Weiß er denn nicht, daß sich die bedingte Verbindung gerade immer im Laufe der Zeit entwickelt, daß sich dieser Prozeß festigt und nicht auf Anhieb existiert.

Erinnern Sie sich, bei Köhler gab es einen ähnlichen Gedanken. Wie kann man denn den Sinn so entstellen? *(161)*

„Es scheint im Gegenteil so zu sein, daß die Bildung dieser Bedingtheit eine kompliziertere ‚implication‘ enthält, die unter dem Zeichen des Bedürfnisses auftritt.“ Er bezieht sich darauf, daß sie im vorliegenden Falle mit dem Futterbedürfnis zusammenhängt.

„Wenn die rosa Farbe nach dem Futter B dargeboten würde, verbände sie sich niemals mit dem sekretorischen Speichelreflex.“ Von den Psychologen werden aber auch retrograde Assoziationen anerkannt.

„Damit sich diese Verbindung bildet, muß dieser Reiz vor dem Futter oder gleichzeitig mit ihm wirken. Das wäre nicht der Fall, wenn die rosa Farbe den Hund nicht interessierte, wenn er danach nicht das Futter erwartete. Infolge des Gesetzes des Zusammenwachsens macht der Hund A zu einem Attribut des Futters."

Genauso ist es. In unseren Versuchen ist das ständig der Fall, und wir verstehen, daß diese rosa Farbe, wenn sie allein, ohne Bekräftigung wirkt, keine Reaktion hervorruft, die der Reaktion auf Futter adäquat ist.

„Interessant ist auch", das ist schon wieder im höchsten Grade unverständlich und seltsam, wie man so mit Tatsachen operieren kann, „interessant ist es auch festzustellen, daß der bedingte Reflex allmählich erlischt, wenn man die rosa Farbe häufig darbietet, um sie mit dem Futter zu verbinden." Erklären Sie mir mal, was das bedeutet. Ich verstehe das nicht. Er wiederholt und betont, daß die ganze Sache auf Assoziationen hinausläuft, hier aber sagt er, es sei beschlossenermaßen eine Degradierung der Assoziation. Als wenn sich der bedingte Reflex durch Wiederholung nicht verstärkte und nicht sein Maximum erreichte. Bei uns tritt doch zunächst ein unvollständiger bedingter Reflex und später erst ein optimaler auf. Das ist bei uns eine Grundtatsache. Wo hat er das nur her?

„Diese Tatsache deckt sich ausgezeichnet mit dem, was wir von der Einschaltung gesagt haben. Die Einschaltung ist eine notwendige Beziehung, die sich von Anfang an zwischen zwei gemeinsam dargebotenen Erscheinungen herstellt, und diese Beziehung ändert sich, wenn die Erfahrung die dargebotenen Elemente differenziert, die vereinigt sind, indem sie aufdeckt, daß diese Vereinigung keine funktionelle Kraft mehr hat."

Was soll das bedeuten? Ich verstehe kein Wort.

Zugleich sagt er aber, daß diese Verbindung, wenn sie nicht weiterhin bestätigt wird, sofort schwächer wird oder verschwindet usw. Wie soll man das verstehen?

Ich habe drei Seiten vorgelesen. Ich sehe nicht den geringsten Grund, einen Unterschied zwischen „implication" und „Assoziationen" zu machen, zumal er doch von unseren Dingen spricht.

„Da indessen die Einschaltung durch den Begriff der Anpassung bestimmt wird und für das Bedürfnis der Anpassung verwendet wird, hat sie gewisse Wirkungen. Etwas einschalten heißt, es erwarten, und das heißt, nach dem zu streben, was man erwartet." Was soll das? Nichts als Gerede. Meine Damen und Herren, Sie sind zahlreich. Wer von Ihnen kann aus diesen drei Seiten *(162)* die wahre Begründung für den Unterschied zwischen „Assoziationen" und „Einschaltung" zeigen. Ich sehe sie nicht. Ich habe das nicht nur einmal durchgelesen und kann sie trotzdem nicht finden.

E. A. Asratjan: Das Grundlegende ist, daß er die bedingten Reflexe nicht begriffen hat.

I. P. Pawlow: Das ist zu einfach, damit bin ich nicht einverstanden.

I. O. Narbutowitsch: Er benutzt gewisse Befunde, die bei uns im Laboratorium nicht bestätigt wurden; es gibt aber auch entgegengesetzte Ergebnisse. Da ist zum Beispiel die Stelle, wo Sie vorlasen, daß sich kein bedingter Reflex bildet.

I. P. Pawlow: Ich weiß, die Psychologen verfügen gerade über einen solchen Befund.

I. O. Narbutowitsch: Er aber schreibt, der bedingte Reflex bilde sich nicht. Als ich mit elektrischem Strom mit „Überdecken" arbeitete, d. h. einen Ton mit Strom verband, bildete sich kein bedingter Reflex.

I. P. Pawlow: Dann hätten Sie es anders machen müssen.

I. O. Narbutowitsch: Als ich Ton und Strom miteinander verband, bildete sich kein bedingter Reflex, aber als der Strom weggelassen wurde, bildete er sich. Das steht dem entgegen, was er sagt.

I. P. Pawlow: Das und anderes.

„Was die Einschaltung von der Assoziation unterscheidet, ist, daß letztere, d. h. die Assoziation, vom Begriff der mechanischen Wiederholung regiert wird, sie ist eine Funktion der Wiederholung. Wörter, die ohne jeden praktischen Zweck miteinander verbunden sind, rufen einander nur dann hervor, wenn sie genügend fixiert und durch Wiederholung verbunden sind." Das und die bedingten Reflexe sind ein und dasselbe. Wo ist denn da ein Unterschied? Wenn Sie sie nicht miteinander verbinden, dann wird eben auch nichts. „Dagegen wird die Einschaltung vom Begriff der Anpassung regiert." Er nimmt also einen solchen Fall, bei dem Anpassung vorliegt. Es gibt aber auch den umgekehrten Fall, daß keine Anpassung vorliegt, die Assoziation sich aber bildet: Zum Beispiel verbinden sich zwei sinnlose Wörter. Hier geht es um das Wesen des Prozesses. Wo ist denn da ein Unterschied?

„Die Einschaltung wird von den Bedürfnissen der Anpassung regiert, sie ist aktiv wirksam." Aber erlauben Sie: „aktiv wirksam" — das ist jämmerliches Geschwätz. Wenn ein Schüler sich Wörter einprägen und sie miteinander verbinden soll, sie sich aber nicht merkt, dann bekommt er einen Strich, — und das ist ebenfalls aktiv wirksam, ist ihm ebenfalls unangenehm usw. Das ist ein Spiel mit Worten. Denken Sie doch nur daran, wie man sprechen lernt. Zunächst sagt das Kind „pa-pa, pa-pa"; wenn es dann beginnt, aus den einzelnen Silben Wörter zusammenzusetzen, muß es sie infolge des zeitlichen Zusammenfalls miteinander verbinden. Das ergibt dann seine vernünftige Sprache, mit deren Hilfe es andere versteht und die anderen das Kind verstehen. Es ist Unsinn, daß im einen Falle ein Bedürfnis vorliegen soll, in diesem Falle aber angeblich nicht.

Nein, das ist zweifellos ein besonderer Schlag von Menschen, das ist ein besonderes Gebiet, wohin der gewöhnliche Geist keinen Zutritt hat und wo er sich beständig — der Teufel weiß wohin — vergräbt. Das ist klar. „Sie ist aktiv wirksam. ‚Implication', *(163)* das heißt warten." Was heißt hier „warten"? Wenn ich das eine mit dem anderen vereinige, wo warte ich da? Ich brauche nicht zu warten, sondern kann anordnen. Was für ein Unsinn! Sich daran zu klammern, daß der Hund nach dem bedingten Reiz das Futter erwartet, das zu verallgemeinern und zur Eigenschaft zu machen; es bestünde die Tendenz zu warten. Nein, nein, das kann ich nicht begreifen und behaupte rundheraus, daß der gesunde Menschenverstand das überhaupt nicht begreifen kann. Das läßt sich nur auf irgendeine negative Eigenschaft des psychologischen Denkens zurückführen, — das ist der einzige Schluß, zu dem ich komme.

E. A. Asratjan: Sie nehmen an, daß er die bedingten Reflexe gut kennt? Er sagt, der bedingte Reflex würde sofort hervorgerufen. Er bringt die Assoziation und das Erlöschen durcheinander. Das zeugt davon, daß er keine Ahnung von den bedingten Reflexen hat.

I. P. Pawlow: Nein, hier handelt es sich nicht um Nichtwissen. Hier handelt es sich um ein Spiel mit Worten. Diese Herren überprüfen niemals den realen Sinn ihrer Worte, sie können die Worte nicht konkret fassen. Darin liegt alles. Es ist in der Tat eine besondere Neigung, mit Worten zu spielen, ohne sie mit der Wirklichkeit in Übereinstimmung zu bringen. Auch mit Claparède dauert unsere Auseinandersetzung schon 20 Jahre. Erinnern Sie sich, seine ersten Gedanken sind von Seljony übersetzt worden, als ich von Anfang an ganz scharf erklärte, daß die Tierpsychologie keine Daseinsberechtigung habe. Wenn der Mensch auch eine subjektive Erscheinungswelt hat, dann braucht es sie in der Tierpsychologie noch nicht zu geben, denn die Tiere erzählen uns nichts; wie können wir denn über ihre Innenwelt urteilen? Dabei sagte er: „Dann mögen Sie beweisen, daß Sie imstande sind, das Verhalten der Tiere zu erforschen und neue Beziehungen und Gesetze zu abstrahieren, aber nicht so wie heute, da die Psychologie Ihnen Wort für Wort vorsagt."

Jetzt ist es so ausgelaufen: Wir haben einen gewaltigen Haufen von Tatsachen zusammengetragen, systematisieren sie und rechnen absolut nicht mit der Psychologie. All das geht vor seinen Augen vor sich. Er macht sich beständig mit diesen Dingen vertraut. Nein, von einem Nichtwissen kann hier nicht die Rede sein, wenn diese Auseinandersetzung schon über 20 Jahre dauert. Dann ist es aber mehr als Leichtsinn, von etwas zu sprechen, worum man sich nicht kümmert.

E. A. Asratjan: Dann muß ich seine Ansichten restlos ablehnen.

I. P. Pawlow: Das heißt, das psychologische Denken ist etwas Besonderes. Es steht nicht auf dem Standpunkt, daß Worte Zeichen sind und daß man jede Minute mit seinen Worten die Wirklichkeit erfassen muß, wenn man Worte verwendet. Aber er tut das nicht, er will das nicht tun, anders kann man es nicht verstehen.

Auf Wiedersehen! *(164)*

MITTWOCHKOLLOQUIUM

vom 31. Mai 1935

(I. P. PAWLOW fehlt wegen Krankheit)

1. KRANKENGESCHICHTE IWAN PETROWITSCH PAWLOWS. BERICHT N. A. PODKOPAJEWS

N. A. PODKOPAJEW: Werte Kollegen, allen Anwesenden ist die bemerkenswerte Tradition IWAN PETROWITSCH PAWLOWS bekannt, daß jeder in seinem Laboratorium arbeitende wissenschaftliche Mitarbeiter die Pflicht hat, sich nicht nur für seine persönliche wissenschaftliche Arbeit zu interessieren, sondern auch für die aller Mitarbeiter des eigenen Laboratoriums und der anderen Laboratorien, die unter der Leitung IWAN PETROWITSCHS zusammengefaßt sind, zumindest aber über diese Arbeiten auf dem laufenden zu sein. Darin besteht der Grundgedanke der berühmten Mittwochkolloquien, die IWAN PETROWITSCH durchführt.

Sie wissen, daß infolge der Erkrankung IWAN PETROWITSCHS die Kolloquien unterbrochen worden sind. Unter uns tauchte nun der Gedanke auf, daß es im Hinblick auf die Unterbrechung der Arbeit mit Abschluß des Studienjahres recht nützlich wäre, sich zusammenzusetzen und untereinander zu diskutieren. Deshalb haben wir die Mitarbeiter aller drei Laboratorien und der Kliniken eingeladen.

Ich erlaube mir, Ihnen folgende Reihenfolge unseres Kolloquiums vorzuschlagen. Zunächst werde ich kurz die Krankengeschichte IWAN PETROWITSCHS vorlesen, die von den ihn behandelnden Ärzten verfaßt worden ist, und zwar bis zu den letzten Berichten. Dann soll ein Vertreter jedes Laboratoriums kurz über die Ergebnisse einiger Arbeiten berichten, die seit dem letzten Kolloquium fortgesetzt worden sind.

Wenn gegen diese Tagesordnung keine Einwände bestehen, dann gestatten Sie mir zu beginnen und zunächst ein kurzes Kommunique über den Verlauf der Erkrankung von Akademiemitglied I. P. PAWLOW zu verlesen. Es ist von allen ihn behandelnden Ärzten unterschrieben: Prof. GORSCHKOW, BOK, TSCHERNORUZKI und WOJATSCHEK. Es datiert vom 12. Mai.

„Am 27. März dieses Jahres erkältete sich Akademiemitglied I. P. PAWLOW infolge äußerst ungünstigen Wetters. Am übernächsten Tage trat Husten mit Auswurf auf. Gegen Abend stieg die Temperatur auf 38°. Im Gebiet der rechten Lunge wurde ein katarrhalischer Entzündungsherd bei ausgebreiteter Bronchitis *(165)* festgestellt. Die Temperatur stieg weiterhin an; es entwickelte sich ein allgemeiner Entzündungsprozeß in der rechten Lunge, der sich langsam ausbreitete und mit einer diffusen Bronchitis einherging.

Am 3. April trat ein Entzündungsherd in der linken Lunge auf, das Sputum war leicht rostrot verfärbt. Der Allgemeinzustand verschlechterte sich, der Appetit nahm ab, und es traten Spasmen im Gebiet der Speiseröhre auf, die einige Tage lang sogar das Schlucken von flüssiger Nahrung und Wasser erschwerten; die Zunge wurde trocken und belegt.

Am 4. April kam eine ausgebreitete rechtsseitige trockene Pleuritis hinzu.

Am 6. April traten Schmerzen im Abdomen auf; weiterhin Singultus, der sehr quälend wurde, Darmparesen mit heftigen Leibschmerzen, Meteorismus, Anurie und Flatulismus. Nachts kam es zu unruhigen Fieberphantasien und Halluzinationen. Durch spezielle Maßnahmen wurden die Erscheinungen der Darmparese abgeschwächt.

Der Entzündungsprozeß in beiden Lungen dauerte an; die trockene Pleuritis griff auf die linke Seite über bei zunehmender allgemeiner Schwäche und fast ununterbrochenem Singultus infolge Zwerchfellkrämpfen. Der Herzschlag wurde unregelmäßig, im Urin traten Eiweiß, Blut und hyaline Zylinder auf. Der Blutdruck begann etwas zu fallen.

Am 10. April wurde eine linksseitige eitrige Mittelohrentzündung mit Trommelfellperforation bei Abschwächung des Gehörs festgestellt. Das führte zu einem neuen Temperaturanstieg. Zur gleichen Zeit traten außerordentlich quälende spastische Anfälle von Atemnot auf mit gleichzeitiger Ausbreitung des Entzündungsprozesses auf die pleura mediastinalis und diaphragmatica, die einige Tage anhielten. Dann griff der Entzündungsprozeß auch auf das rechte Mittelohr über, und am 13. April wurde das rechte Trommelfell eröffnet.

Während dieser Zeit wurden gewisse Erregungserscheinungen als Ergebnis der allgemeinen schweren Infektion festgestellt. Die Herztätigkeit war geschwächt, was sich in leichten Knöchelödemen, pastösen Schwellungen am Kreuz und Stagnationserscheinungen in den Lungen äußerte.

Am 17. April begannen die Erscheinungen von seiten der Lungen abzuklingen; der Husten verminderte sich und die spastischen Anfälle von Atemnot und Singultus wurden merklich schwächer.

Am 19. trat plötzlich eine starke Herzarrhythmie mit mehr als 100 Pulsschlägen in der Minute auf, die einige Tage andauerte und dann allmählich verschwand.

Am 23. April besserte sich der Allgemeinzustand; die Temperatur näherte sich allmählich der Norm, der Puls war rhythmisch und gut gefüllt; *(166)* die dyspeptischen Störungen ließen nach, die Zunge reinigte sich; Appetit trat wieder auf.

Die Entzündungserscheinungen an Lungen und Pleura verschwanden; Husten, Singultus und die spastischen Anfälle von Atemnot hörten völlig auf.

Am 2. Mai konnte Iwan Petrowitsch sich bereits in den Sessel setzen.

Gegenwärtig ist nur noch der eitrige Entzündungsprozeß in den Ohren vorhanden, der zwar noch akut ist, aber doch schon eine gewisse Tendenz zur Besserung erkennen läßt. Der Allgemeinzustand und das Befinden sind gut. Die Kräfte kehren allmählich, aber merklich zurück."

Hier nun noch die letzten Berichte der Ohrenärzte und der Internisten.

„29. Mai 1935. Keinerlei Beschwerden, Allgemeinzustand und Befinden ausgezeichnet. Appetit gut (stärker als sonst). Stuhlgang und Harnabsonderung regelrecht. Schlaf gut.

GORSCHKOW TSCHERNORUZKI BOK"

„30. Mai 1935. Aus dem linken Ohr keinerlei Absonderungen, der rechte Tampon ist in 24 Stunden zu einem Drittel durchnäßt worden. Das linke Ohr ist mit Watte abgedeckt, in den rechten Gehörgang wurde ein Tampon eingelegt.

UNDRIZ"

Nach den Worten Prof. WOJATSCHEKS wird man in fünf Tagen davon sprechen können, daß IWAN PETROWITSCH an die frische Luft gehen kann. Die bedrohliche Erkrankung ist also vorüber, wovon ich Sie mit besonderer Befriedigung in Kenntnis setze.

Nun wollen wir zu unserem Kolloquium übergehen. Ich denke, wir beginnen mit P. S. KUPALOW, der uns berichten wird, was in letzter Zeit in der physiologischen Abteilung des Allunions-Instituts für experimentelle Medizin getan worden ist.

2. ÜBER DIE UMSCHALTUNG EINES ABWEHREFFEKTES AUF EINEN BEDINGTEN NAHRUNGSREIZ UND ÜBER DAS VERSCHWINDEN DES BEDINGTEN ABWEHRREFLEXES, DER AUF DEN BEKRÄFTIGTEN ABWEHRREFLEX FOLGT (VERSUCHE VON K. S. ABULADSE). BERICHT P. S. KUPALOWS

P. S. KUPALOW: Ich will mich nur über einige Ergebnisse unseres Laboratoriums äußern, die nicht einmal die wichtigsten und interessantesten sind. Über die Arbeit des größten Teils unseres Laboratoriums, den M. K.[1] leitet, wird ihrem Wunsch gemäß ausführlich berichtet werden, wenn wir eine weitere derartige Besprechung durchführen; zum Teil werden dann die Mitarbeiter selbst berichten.

Der erste Befund stammt von K. S. Darüber ist hier schon gesprochen worden. Er hat einen Hund, bei dem einerseits bedingte Nahrungsreflexe auf verschiedene Reize und *(167)* dann ein Abwehrreflex auf ein Metronom ausgearbeitet worden sind; der letztere wird mit elektrischem Strom bekräftigt. Diese Reflexe, der Abwehrreflex und die Nahrungsreflexe, halten sich die ganze Zeit völlig normal, und zwischen ihnen kommt es zu keinerlei Verwechslungen. Der Abwehrreflex wird für gewöhnlich einmal während des Versuchstages angewandt.

K. S. hat folgenden Versuch angestellt. Er bekräftigte das mit dem elektrischen Strom verbundene Metronom nicht, löschte es also einmal aus und setzte dann nach Verlauf von 5 Minuten den nun fälligen Nahrungsreiz, eine andere Metronomfrequenz. Dabei lieferte nach der Nichtbekräftigung die Nahrungsfrequenz des Metronoms eine eindeutige Abwehrreaktion.

Dieser Befund ist so aufzufassen, daß, nachdem das Abwehrmetronom gesetzt und nicht bekräftigt worden ist, für lange Zeit der Erregungszustand des Rindenzentrums des bedingten Abwehrreflexes bestehen bleibt Gewöhnlich wird das Zentrum durch Anwendung des unbedingten Reflexes von diesem Erregungszustand befreit; der unbedingte Reflex hemmt die Hirnrinde und macht so dem anhalten-

[1] M. K. PETROWA

den Zustand erhöhter Erregbarkeit ein Ende. Infolgedessen[1] führt bei Anwendung des bedingten Nahrungsreizes nach 5 Minuten dieser zu einem Abwehrreflex.

Dann hat K. S. noch weitere Versuche angestellt. Er führt ebenfalls einmalig die Prozedur des Auslöschens des Abwehrreflexes durch, wendet aber jetzt danach nicht den Nahrungsreflex an, sondern wiederholt noch einmal den Abwehrreflex; er reizt also mit der Abwehrfrequenz des Metronoms, bekräftigt sie nicht und setzt nach einer kurzen Zeitspanne, nach 30 Sekunden, noch einmal das Abwehrmetronom. Dabei ergibt das Metronom eine starke Abwehrreaktion. Im Grunde genommen ist es eine bekannte Tatsache, daß die Reflexe beim ersten Male nicht erlöschen, aber interessant ist die zweite Variation des Versuches. Wenn er nach dem Abwehrmetronom, das wie üblich mit elektrischen Strom bekräftigt wird, nach 30 Sekunden wiederum die Abwehrfrequenz des Metronoms setzt, dann erhält er keine Abwehrreaktion.

K. S. betrachtet diese weiteren Befunde als Bestätigung für die Interpretation des ersten Falles, daß sich die Rolle des unbedingten Reflexes tatsächlich teilweise darin äußert, daß er den weiteren Erregungszustand im Zentrum des bedingten Reizes kupiert. Das ist die Interpretation.

Ich glaube, diese Interpretation ist in ihrer allgemeinen Form vollauf richtig, und es läßt sich kaum etwas dagegen einwenden. Gehe ich aber zu den Details über und versuche, mir konkret vorzustellen, wie alles vor sich geht, dann wird es mir unverständlich, und ich glaube, es wäre nicht schlecht, diese Erklärung zu präzisieren. *(168)*

In der Tat, von welchem Zentrum des bedingten Reflexes ist denn die Rede? Wenn es sich um den akustischen Rindenpunkt handeln soll, ist es mir kaum verständlich. Wollte man annehmen, daß sich bei der Einwirkung mit jedem bedingten Reiz, der einen bestimmten rezeptorischen Rindenpunkt erregt, ein Zustand langdauernder Erregung ergibt, der bis zu 5 Minuten anhält, dann wäre das eine seltsame Funktion der Hirnrinde, die man doch als ein höchst vollkommenes und bewegliches Organ ansehen muß. Das ist das eine.

Ferner, selbst wenn wir annehmen, daß dieser Erregungszustand im Gebiet des Metronompunktes auftritt, dann ist aber nicht klar, weshalb sich der bedingte Nahrungsreiz als schwächer erweist als der Abwehrreiz, weshalb der bedingte Reflex bei Anwendung des Nahrungsmetronoms nach dem Abwehrmetronom auf die Abwehrreaktion umgeschaltet wird.

Dann müßte man sagen, daß dem bedingten Metronomzentrum des Abwehrreflexes im vorliegenden Falle eine besondere Bedeutung zukommt, daß es mit dem Zentrum des unbedingten Reizes eng verbunden ist. Nimmt man aber eine solche Verbindung des bedingten akustischen Punktes mit dem Zentrum des unbedingten Reizes an, dann ergeben sich Schwierigkeiten hinsichtlich der Beurteilung der Induktion usw. Mir erscheint es richtiger, sich diese anhaltende Erregung, die nach Anwendung des unbedingten Reizes aufhört, nicht im Gebiet des akustischen Punktes vorzustellen, sondern in der kortikalen Repräsentation des Abwehrreflexes, d. h. im Schmerzzentrum.

[1] Das heißt infolge Fehlens des unbedingten Abwehrreizes in diesem Falle

Ich glaube, wenn es jetzt bei uns üblich geworden ist, vom Geschmackszentrum zu sprechen, über das der Bogen des bedingten Reflexes geschlossen wird, wobei klar ist, daß dieses Zentrum stärker ist als die primäre rezeptorische Zelle, dann ist es nichts Unnatürliches, daß wir auch im Falle des Abwehrreflexes eine Bahn über die Großhirnrinde haben, die zunächst in die kortikale Repräsentation des Schmerzzentrums und dann in das unbedingte Zentrum der Abwehrreaktion läuft. Dann wäre das ganze besser verständlich, da natürlich die Funktionen des Geschmackszentrums wie auch dieses kortikalen Schmerzzentrums von denen der primären rezeptorischen Analysatorenzentren, in die die Erregung zunächst gelangt, nicht nur verschieden sein können, sondern sogar sein müssen. Das sind ganz zweifellos besondere Zentren. Vielleicht werden wir noch weiter über das Geschmackszentrum diskutieren, aber ich möchte schon jetzt sagen, daß ich nicht der Ansicht bin, daß dieser Gedanke in der Systematisierung unseres Materials den richtigen Platz gefunden hat. Lange Zeit ist dieser Gedanke sogar abgelehnt worden. Dann sind wir wieder darauf zurückgekommen. Zweifellos gibt es ein kortikales Geschmackszentrum und kortikale Repräsentanten der anderen unbedingten Reflexe, wobei dies besondere Zentren mit einem ganz besonderen Mechanismus sind.

Was ist das Geschmackszentrum? Es muß ein Analysatorenzentrum sein, aber natürlich ein besonderes. Wann kommen normalerweise Geschmackserregungen vor? Wenn der Hund vom Geschmack des Fleisches gereizt wird? Dann, wenn er *(169)* es frißt. Deshalb steht das analysatorische Geschmackszentrum dem Zentrum des unbedingten Reflexes weitaus näher, ist mit ihm weitaus enger verbunden und verfügt wahrscheinlich über große Trägheit. Dann könnte ich auch alle diese Befunde mit einem gewissen trägen Erregungszustand ganz klar verständlich machen.

Zu dieser Erklärung neige ich. Wenn Sie einen beliebigen bedingten Nahrungsreiz setzen, dann hält sich die Erregung für einige Zeit im kortikalen Repräsentanten des Nahrungsreflexes und bricht ab, wenn der unbedingte Reflex erscheint. Nur diese kleine Korrektur wollte ich machen.

F. P. Majorow: Als dieser Befund zum ersten Male mit Iwan Petrowitsch diskutiert wurde, wurde K. S. vorgeschlagen, den Versuch in umgekehrter Reihenfolge zu wiederholen: den bedingten Nahrungsreiz zu setzen und nach 5 Minuten den bedingten elektrischen Abwehrreiz und abzuwarten, ob sich dasselbe wie im ersten Falle ergibt. Ist das geschehen?

K. S. Abuladse: Ich habe es getan, wobei sich keine derartige Reaktion ergab.

F. P. Majorow: Die zweite Variante besteht darin, daß man die Klingel als Signal eines bedingten elektrischen Abwehrreizes anwendet und sie nach 30 Sekunden wiederholt, wobei die zweite Anwendung bekräftigt wird, die erste aber nicht.

Die dritte Versuchsvariante besteht darin, daß Sie die bekräftigte Klingel nehmen und nach 30 Sekunden die unbekräftigte Klingel. Das war bei 30 Sekunden; wenn Sie aber eine größere Pause machen, ergibt sich dann dasselbe?

K. S. Abuladse: Nein, das habe ich nicht getan.

P. S. Kupalow: Ferner wollte ich von einem Versuch D. A. Kaminskis berichten.

Er hat einen alten Hund. Ich kenne seine frühere Geschichte leider nicht genau. Nach Angaben von D. A. zeigte der Hund früher eine schlechte Arbeit; häufig trat bei ihm ein Dämmerzustand auf, niedrige bedingte Reflexe usw., mit einem Wort, es war ziemlich mühsam, mit ihm zu arbeiten.

W. I. Pawlowa: Hier wird erklärt, der Hund arbeitete gut, und ich hatte denselben Eindruck.

P. S. Kupalow: Dazu muß D. A. Stellung nehmen.

D. A. Kaminski: In den alten Heften finden sich häufig Nullwerte der Speichelabsonderung, und es wird gesagt, der Hund schlafe.

P. S. Kupalow: Wenn es so ist, dann erschwert das die grundsätzliche Einschätzung beträchtlich. Aber ich werde von gewissen Erwägungen sprechen, die von allgemeinem Interesse sein können, unabhängig von diesem Hund.

Ich stelle mir die Sache so vor, daß wir einen schwachen Hund hatten, der schlecht arbeitete und niedrige Reflexe hatte. Als D. A. den Versuch begann, ergab sich ständig ein hypnotischer Zustand, und er konnte keine vernünftige Arbeit erreichen. Er gewöhnte den Hund an den Versuch, begann den Versuch nicht sofort, sondern wartete 20 bis 30 Minuten; während dieser Zeit war der Hund schläfrig und schnarchte sogar, wie er sagt. Danach ergaben sich gute Reflexe. *(170)*

Hier einige Protokolle aus seinen Versuchen. Zum Beispiel beginnt er im einen Falle den Versuch ziemlich rasch, füttert den Hund vor dem Versuch nicht, und die Reflexe bleiben auf den positiven Reiz hin aus; im anderen Falle beginnt er den Versuch nach 30 Minuten und bekommt 60 Teilstriche Speichel auf das Metronom, 32 auf das Licht und 42 auf das Geräusch, d. h. ganz normale Verhältnisse und gute bedingte Reflexe.

Ich habe einen Versuch gemacht. Ich ging hin und begann sofort mit dem Versuch. Die Reflexe blieben fast völlig aus, wobei wir, wenn mich mein Gedächtnis nicht täuscht, auf das Metronom 2 Teilstriche erhielten, auf das Licht 14 und 10 und auf das Geräusch 4. So verlief die erste Hälfte des Versuchs. Dann gönnte ich dem Hunde Ruhe, ließ ihn 30 Minuten schläfrig stehen, und dann ging der Versuch glatt, freilich nicht mit besonders hohen Werten; aber auf jeden Fall lieferte das Metronom 25 Teilstriche, das Licht gab 4 und das Geräusch 10 bis 15, d. h. ein richtigeres Verhältnis und auf jeden Fall ein Hinweis auf bessere Arbeit. Man muß freilich berücksichtigen, daß wir die Pausen verlängerten und den früheren Stereotyp der Arbeit veränderten. Der Versuch ist also nicht voll überzeugend und muß wiederholt werden.

Folgendermaßen würde ich nun diesen Befund auffassen, ohne jedoch irgendwie darauf zu bestehen:

Ohne Zweifel hat der Schlaf an sich schon eine gewisse biologische Bedeutung. Es ist eine Regenerierungshemmung. Nach dem Schlafen wird das Nervensystem gegenüber unserer Versuchssituation widerstandsfähiger, und der Hund verfällt nicht so leicht in einen hypnotischen Zustand. Vor dem Versuch ist das Nervensystem stärker erschöpft, und da die Situation eintönig ist, liefert der Hund sofort eine diffuse Hemmung.

Ich glaube, es wäre gut zu überprüfen, wie der Umstand auf die Entwicklung des hypnotischen Zustandes wirkt, ob wir es mit einem frisch ausgeruhten Tier zu tun haben, dessen Nervensystem vollkommen wiederhergestellt ist, oder mit einem erschöpften.

K. S. Abuladse: Sie haben nicht gefragt, ob er den Versuch morgens nach dem Schlafen anstellt und wie das wirkt.

P. S. Kupalow: Ich habe nicht gefragt, weil ich weiß, daß der Hund auch tagsüber ständig schläft und weil das nicht voll überzeugend wäre. Wollte man das Problem grundlegend klären, dann müßte man den Hund unter ständige Beobachtung nehmen, feststellen, wann er gerade geschlafen hat, und dann den Versuch anstellen oder ihn, im anderen Falle, nicht schlafen lassen.

Derartige Versuche mit Schlaf hat aus anderen Motiven K. M. Bykow unternommen. Seine Ergebnisse kenne ich nicht.

Das ist also meine Erklärung. Wenn sie unzutreffend ist, kann sie zumindest einen Hinweis auf neue Versuche geben.

W. I. Pawlowa: Es wäre interessant zu klären, zu welchem Typ der Hund gehört.

P. S. Kupalow: Und um welche Tageszeit wurde der Versuch angestellt?

D. A. Kaminski: Zu den verschiedenen Tageszeiten ist der hypnotische Zustand bei ihm unterschiedlich: Bald ist er morgens stärker, bald zur Zeit der Fütterung; es ist also schwierig, einen Augenblick abzupassen, in dem der Dämmerzustand geringfügig ist. *(171)* Anfangs dachten wir, daß er gegen 5 Uhr mobil wird, um die Fütterungszeit, aber das hat sich nicht bestätigt.

Ich glaube, wenn der Hund auf das erste Metronom einen guten bedingten Reflex liefert, dann kann man sagen, daß der Dämmerzustand nicht besonders stark ausgeprägt ist.

Bezüglich des Typs bin ich mir nicht ganz klar. Ich glaube, er ist Sanguiniker.

W. I. Pawlowa: Wenn er Sanguiniker wäre, könnte es kaum so sein.

P. S. Kupalow: Es ist gleichgültig, von welchem Typ der Hund ist. Das muß für alle Nervensysteme gelten. Ich stelle die Frage in allgemeiner Form.

Zwischenruf: Was die Kinder betrifft, so legt man sie für 20 Minuten hin, sie machen ein Schläfchen und erholen sich so wieder, selbst wenn der Schlaf durch Verabreichung von Chloralhydrat hervorgerufen wird.

3. ÜBER DIE GESCHWINDIGKEIT DER UMARBEITUNG DES ERREGUNGS- UND DES HEMMUNGSPROZESSES (VERSUCHE W. W. JAKOWLEWAS). DAS PROBLEM DER LABILITÄT DER HIRNRINDE. BERICHT P. S. KUPALOWS

P. S. Kupalow: Nun weiter zu den Versuchen von W. W., die bei verschiedenen Hunden die Metronome umarbeitet. W. W. ist an dieser Arbeit ganz besonders interessiert. Sie möchte mit diesen Arbeiten Material zur Klärung der Frage sammeln, was die Labilität und die Trägheit, die Beweglichkeit der Nervenprozesse, für Eigenschaften darstellen. Ist das eine primäre Eigenschaft, wie sie behauptet, oder ist sie das Resultat der Wechselbeziehungen zwischen Erregung und Hemmung. So stellt sie die Frage. Damit hängt ihr Interesse für diese Arbeit zusammen.

Sie hat also begonnen, die Metronome umzuarbeiten. Ich muß nun sagen, daß sie hervorhob, die Umarbeitung sei so vor sich gegangen, daß das neue Hemmungsmetronom immer rasch seine hemmenden Eigenschaften bekommt, während sich das positive schlechter umarbeitet. Nimmt man die Werte aber ganz unvoreingenommen, dann würde ich sagen, daß das bei der ersten Umarbeitung bei „Jula" nicht so deutlich auftritt. Der Mittelwert des positiven Reflexes betrug vor der Umarbeitung 75 und der des hemmenden 7 bis 8. Bei graphischer Darstellung der Umarbeitung schnitten sich die Linien bei einer Größe des Reflexes von 35 Teilstrichen, d. h. nahezu bei der Hälfte der ersten Größe. Gewiß, der Hemmungsreflex hat gleichsam die Tendenz, sich schneller umzuarbeiten; nachdem er einmal abgesunken war, lieferte er ständig niedrige Werte, während sich der positive Reflex zwar bildete, aber nicht zu den normalen hohen Werten anstieg. Das ist richtig, aber ob das mit der Frage der Schwierigkeit der Umarbeitung in Verbindung zu bringen ist, ist eine andere Frage.

Die frühere Frequenz von 120 Schlägen wurde also zur Hemmfrequenz, während die zweite von 60 Schlägen positiv wurde. *(172)* Die Mittelwerte auf Metronom-60 waren etwas geringer als beim früheren positiven Metronom, aber vielleicht nur deshalb, weil Metronom-60 als physikalischer Reiz schwächer ist, Metronom-120 dagegen stärker. Deshalb machte sie sich an die entgegengesetzte Umarbeitung. Metronom-60 arbeitete sich sehr schnell in seine frühere Hemmungsbedeutung um, Metronom-120 aber, das bei der ersten Umarbeitung Hemmungseigenschaften bekommen hatte, arbeitet sich nur sehr schwer um und liefert bis zur Frist niedrige Werte.

Es fällt mir sehr schwer, das zu erklären, da doch die zweite Umarbeitung die früheren Verhältnisse wiederherstellt und man nicht sagen kann, daß diese keine Spur hinterlassen hätten. Ich weiß nicht recht, ob man daraus den Schluß ziehen kann, den man gerne ziehen möchte, daß nämlich die Erregung immer träger und nicht so beweglich ist.

Ich muß sagen, es hat mir große Schwierigkeiten bereitet, über dieses Thema nachzudenken, da ich mir nur schwer vorstellen kann, was wir unter Labilität verstehen sollen. Dieser Terminus stammt aus der Nerv-Muskel-Physiologie, aber dort hat er eine ganz bestimmte Bedeutung. Man versteht unter Labilität diejenige Geschwindigkeit, mit der ein Gewebe in den Zustand der Erregung übergeht, wie schnell es also in den Zustand der Erregung übergehen, diesen abbrechen und dann neuerlich wiederherstellen kann. Lapicque z. B. bestimmt sie an Hand der Chronaxie; dann ist ein labiles Gewebe ein Gewebe mit kurzer Chronaxie, während Wedenski die Definition gibt, daß ein labiles Gewebe ein solches ist, das in der Zeiteinheit eine größere Anzahl von Schwingungen wiedergeben kann, wie z. B. ein Muskel eine größere Anzahl von Kontraktionen zeigt. Aber bezüglich des Rückenmarks weiß ich nicht, ob irgend jemand von Labilität des Rückenmarks gesprochen hat und was unter Labilität des Rückenmarks zu verstehen ist. Der Kratzreflex zum Beispiel, bei dem es sich um einen Wechsel von Erregung und Hemmung handelt, läuft mit sehr konstantem Rhythmus ab. Zieht man eine Analogie zur Nerv-Muskel-Physiologie, dann könnte man unter Labilität die Grenzfrequenz verstehen, mit der ich meine Beine voreinander setzen kann und mit dieser Frequenz die Labilität messen. Ich würde sagen, daß bei den Tieren diese Frequenz ziemlich konstant ist und ein merklicher Unterschied zwischen den Tieren einer Art nur schwer festgestellt werden kann. Betrachtet man unter diesem Aspekt die Großhirnrinde, so müßte man die Anzahl von Bewegungen berechnen, die in der Zeiteinheit ausgeführt werden können. Stenotypistinnen und Maschinenschreiberinnen überprüft man manchmal und wählt dann diejenigen aus, die zahlreiche Bewegungen in der Zeiteinheit machen können. Das wäre dann Labilität. Das ist die eine Gedankenreihe, die für mich vollauf verständlich ist.

Andererseits müssen wir bei unseren Befunden auch von Labilität sprechen, aber anscheinend doch von einer besonderen Labilität; und für mich ergibt sich nun die Frage, ob man das auf den intimen Nervenprozeß zurückführen muß, der in der einzelnen Zelle abläuft, oder auf die Wechselbeziehungen, *(173)* die zwischen den komplexen Teilen des Nervensystems bestehen, oder ob man sogar von ganz etwas anderem dabei sprechen muß. Im Falle der Umarbeitung der Metronome handelt es sich um die Stabilität alter Verbindungen. Ich glaube, das ist nicht dasselbe, was wir sonst in anderen Fällen unter Labilität verstehen. Überhaupt ist die Interpretation des Wechselverhältnisses zwischen Erregung und Hemmung eine ziemlich komplizierte Angelegenheit. Ist es gerechtfertigt und kann man die Interpretation der Beweglichkeit der Nervenfaser auch auf die Großhirnrinde ausdehnen? Was die Fälle mit Umarbeitung der Metronome betrifft, so handelt es sich hier um eine besondere Beweglichkeit, die der höheren Nerventätigkeit eigen ist und die Funktion des hochkomplizierten Nervensystems charakterisiert. Diese Fakten lassen sich kaum so einfach interpretieren, wie wir es manchmal tun und wie W. W. sie auffassen wollte, d. h., daß es sich um bestimmte Rindenpunkte handelt und um den Übergang des Erregungszustandes in den Hemmungszustand, und zwar im engbegrenzten kortikalen Metronompunkt, wobei sie alles auf die Begriffe reduziert, die wir bezüglich des einfachen Nervensystems verwenden.

Das ist alles, was ich dazu sagen wollte. Vielleicht wird die weitere Fortsetzung der Arbeit in dieser Richtung, die weitere Umarbeitung, etwas Bestimmteres ergeben.

W. P. Golowina: Hier muß unbedingt der Typ des Hundes berücksichtigt werden.

P. S. Kupalow: „Jula" ist Sanguiniker. W. W. hat diesen Versuch auch bei einem anderen Hunde durchgeführt, an „Solotisty". Dieser ist träge. Bei ihm ergab sich, daß das Hemmungsmetronom rascher umgearbeitet wurde; als ich freilich darüber nachzudenken begann und die Protokolle durchsah, bestätigte sich das nicht so ganz. Zunächst bewegen sich die Reflexe auf einem hohen Niveau. Der positive Reiz liefert ziemlich hohe Werte, der Hemmreiz ist einwandfrei. Die Umarbeitung beginnt. Der ehemals hemmende Reiz fängt an, einen gewissen positiven Effekt zu liefern, während der positive zugleich ein wenig zu schwanken beginnt, sich dann umarbeitet und auf Null absinkt, d. h. bis zum Fehlen der bedingten Speichelabsonderung. Zur gleichen Zeit liefert der ehemals hemmende ebenfalls Nullwerte. Kann man da der Ansicht sein, der hemmende arbeite sich rascher um? Wir wissen, wenn wir eine Differenzierung ausarbeiten, belasten wir den positiven Reflex sehr stark. Das ist eine allgemeine Tatsache. Kann man nun diese Episode, die sich bei jeder Ausarbeitung einer Differenzierung ereignet, so zum Prinzip erheben, daß man sie als etwas Neues und Besonderes ansieht?

Betrachten Sie das ganze Bild unvoreingenommen, dann zeugt es an allen Ecken nur davon, daß sich immer, wenn Sie mit der Ausarbeitung einer Differenzierung beginnen, ein funktioneller Zusammenhang, eine Abhängigkeit zwischen den beiden Reizen, dem positiven und dem negativen, findet. Nur das ist hier eindeutig. *(174)*

W. W. Jakowlewa: Bei „Solotisty" ist das Bild anders. Bei ihm begann die Umarbeitung beim zweiten Male und geht beim Hemmreiz ganz glatt. Er ist träge, d. h., der Hemmer steht auf Nullwerten, und der positive Reflex erreicht die früheren Werte.

N. A. Podkopajew: Zur Labilität. Mir ist nicht ganz verständlich, weshalb der Begriff der Labilität, der in der allgemeinen Nerv-Muskel-Physiologie aufgestellt worden ist, so gegenüber demjenigen abgegrenzt werden soll, wie er hier aufgefaßt wird. Meiner Meinung nach ist das ein und dasselbe, und namentlich die Grundformulierung kann man auch hier beibehalten. Wie schnell geht die Zelle aus dem Zustand der Ruhe in den aktiven Zustand über, und wie schnell kehrt sie nach Aufhören der Tätigkeit wieder in den Zustand der Ruhe zurück? Weshalb soll denn das nicht auch hier gelten? Bei der Umarbeitung geschieht genau dasselbe. Da haben wir zwei Punkte. Um aus der Hemmung in den Zustand der Erregung überzugehen, muß das Zentrum über den Ruhezustand gehen. Das ist dasselbe, was die antagonistischen Zentren im Rückenmark zeigen. Mir scheint das ein gewisser Allgemeinbegriff zu sein, der sich auf das ganze Nervensystem bezieht, vom Nerv-Muskel-Apparat angefangen bis zu den Zentren des Rückenmarks und der Großhirnhemisphären. Gewiß, im Rückenmark sind noch viele Details unklar, trotz der großen Anzahl höchst sorgfältiger Arbeiten von Sherrington. Man kann sagen, daß die Arbeit über die bedingten Reflexe uns Material zur weiteren Forschung liefern wird, denn da befinden sich diese Prozesse in der Dynamik, im Werden und Entstehen. Ich glaube, hier braucht man nicht von einer besonderen Labilität zu sprechen. Verbindungen sind Verbindungen, aber die Verbindungen bilden sich in Abhängigkeit vom Zustand der Zentren. Ich glaube also, daß man den Begriff der „Labilität" nicht in 2 oder 3 Labilitäten aufzuspalten braucht. Im allgemeinen verstehen wir unter der Labilität der Großhirnhemisphären eben ihre Beweglichkeit. Ob das etwas Primäres oder etwas Sekundäres ist, wissen wir nicht, und mir scheint, daß die Versuche mit der bereits vorgenommenen Umarbeitung in die entgegengesetzte, sekundäre Umarbeitung wenig zur Lösung des Problems beitragen, da man doch berücksichtigen muß, daß diese umgearbeiteten Zentren schon nicht mehr dieselben sind, die sie bei der ersten Umarbeitung waren. Das ist etwas ganz anderes.

W. W. Jakowlewa: Mich interessierte das Problem des Trainings. Die Erfahrung zeigt eindeutig, daß die Umarbeitung trainiert werden kann. Bei dem Hunde, der eine schwache Hemmung liefert, verstärkt sich unter dem Einfluß des Trainings der Hemmungsprozeß. Ich habe untersucht, ob man auch die Labilität trainieren kann. Deshalb stelle ich auch die Umarbeitung an, um zu sehen, was sich beim Training der Labilität ergibt. Das ist es, was mich interessiert.

A. A. Lindberg: Ich möchte mich zur Labilität äußern. Wenn es einerseits das ist, was in der Nervenphysiologie die Initialgeschwindigkeit, die Geschwindigkeit bis zum Erreichen des Maximums und die Geschwindigkeit des Aufhörens bezeichnet, dann kann das auch auf die bedingten Reflexe angewandt werden: Wie schnell der Reflex *(175)* beginnt, wie schnell er das Maximum erreicht und wie lange er sich hält. Sobald wir aber zum Rückenmark übergehen, spricht man nicht mehr von Labilität. Sherrington spricht die ganze Zeit von Trägheit und beachtet nicht, daß in anderen Fällen die Reizung sehr rasch eine reflektorische Reaktion nach sich zieht. Sein Hauptaugenmerk ist darauf konzentriert, daß diese Reaktion nach Aufhören des Reizes lange anhält; auf Grund dessen spricht er von der Trägheit des Rückenmarks. Sobald man zum Mittelhirn übergeht und gar erst zu den Speicheldrüsen, dann wird ihre Trägheit augenfällig, und man findet keinerlei Beweglichkeit. Die Kategorie des Begriffes „Labilität" ist also doch völlig selbständig. Sie ist ein Kennzeichen des Prozesses und gilt für das ganze Nervensystem.

Eine andere Kategorie ist der Wechsel zwischen Erregungs- und Hemmungsprozessen, d. h. die Beweglichkeit zwischen ihnen. Das ist natürlich etwas ganz anderes, zumal im höchsten Abschnitt des Gehirns, wo all das nicht so wie im Rückenmark in Form alterierender Bewegungen bestimmt wird.

W. I. Pawlowa: Ich möchte über die Selbständigkeit der Eigenschaft der Labilität sprechen. Bei uns erhob sich die Frage, ob sie eine selbständige Eigenschaft oder von einer anderen nervalen Eigenschaft abgeleitet ist. Es gibt einen bestimmten Beweis dafür, daß es sich um eine selbständige Eigenschaft handelt, die nicht von der Ausgeglichenheit und Unausgeglichenheit der Nervenprozesse abhängt. Nehmen Sie die beiden starken Typen, den Phlegmatiker und den Sanguiniker. Ihr Fall ist ein Beweis dafür, daß die Beweglichkeit eine selbständige Eigenschaft ist, unabhängig von Stärke und Ausgeglichenheit. Er ist ein Beweis dafür, daß die Labilität eine selbständige Eigenschaft ist. Bei allen anderen Typen des Nervensystems aber, bei denen wir keine Ausgeglichenheit von Erregungs- und Hemmungsprozeß haben, kann sich die Labilität mit anderen Prozessen kombinieren, die regulierend sind und deshalb den Sachverhalt verschleiern; dort aber, wo die Labilität nicht larviert wird wie z. B. bei diesen starken Typen, sehen wir sie als selbständige Eigenschaft. Mir scheint das ein schlagender Beweis dafür zu sein, daß die Labilität eine selbständige Eigenschaft ist.

F. P. Majorow: Die Befunde, die von W. W. mitgeteilt worden sind, sind zur gleichen Zeit auch von mir ermittelt worden. Ich habe die Umarbeitung in der einen Richtung vorgenommen, und umgekehrt ergab sich dasselbe. Iwan Petrowitsch hat das als biologische Trägheit angesehen.

P. S. KUPALOW: Ich muß feststellen, daß sich offensichtlich ein kleines Mißverständnis ergeben hat. Will ich denn tatsächlich die Großhirnrinde isolieren und den Standpunkt vertreten, sie sei etwas Besonderes und dem anderen lebenden Gewebe unähnlich? Nein, davon habe ich nicht gesprochen.

Wir können es hier mit genau demselben Typ von Labilität zu tun haben wie bei den anderen Zellen, nur fehlt uns bisher noch die Methode, und wir haben sie noch nicht so erforscht wie in den anderen Fällen. *(176)*

4. ÜBER DIE ERSTAUNLICHE WIRKUNG EINER KOMBINATION VON BROM UND KOFFEIN AUF DIE BEDINGT-REFLEKTORISCHE TÄTIGKEIT EINES GESCHWÄCHTEN HUNDES VOM SCHWACHEN NERVENTYP (VERSUCHE A. M. PAWLOWAS). BERICHT N. A. PODKOPAJEWS

N. A. PODKOPAJEW: Ich muß mit demselben Vorbehalt beginnen, den P. S.[1] gemacht hat, d. h., ich werde über Teilergebnisse aus einigen Arbeiten unserer Mitarbeiter berichten. Meine Auswahl ist nahezu zufällig, und ich bitte die Laboratoriumskollegen, ihrerseits entsprechende Ergänzungen zu machen.

Zunächst über A. M.s Hund „Liss". Hier findet sich eine interessante Illustration jener Tatsache, die schon vor langer Zeit von IWAN PETROWITSCH unterstrichen wurde, daß wir nämlich in der Kombination von Brom und Koffein ein prächtiges Mittel haben, um das Nervensystem zu normalisieren und in einen Zustand völliger Arbeitsfähigkeit zu versetzen; freilich mit der Einschränkung, daß diese Kombination streng individualisiert angewandt werden muß. „Liss" liefert eine sehr schöne Illustration dieser These. Es ist ein schwacher Hund, und zwar, wie mir scheint, das einzige kastrierte Weibchen von allen Kastraten des Laboratoriums. Dieser Hund ist schon alt, zudem zeigte er Erscheinungen, die für den schwachen Typ außerordentlich charakteristisch sind, und zwar sowohl im Verhalten außerhalb des Gestells als auch bei der Arbeit im Gestell: sehr ungleichmäßige, schwankende, chaotische Reflexe. Immer wieder, zumal in der zweiten Hälfte des Versuchs, wurde das Futter abgelehnt, Atemnot als Ausdruck der Mühe trat auf usw.

Im vorigen Jahr wurde Brom allein angewandt. Man probierte es mit verschiedenen Dosen, aber Brom allein führte zu keiner Besserung. Dieses Jahr begannen wir, Brom mit Koffein anzuwenden; wir versuchten es ebenfalls mit verschiedenen Dosen und fanden schließlich die für diesen Hund richtige: Natriumbromid 0,7 g und Koffein (c. purum) 0,01 g. Diese Kombination hatte tatsächlich eine verblüffende Wirkung. Ich, der ich diesen Hund lange und gut kenne, war frappiert. Dieser schwache, alte, kastrierte Hund, der nicht einmal einen relativ einfachen Stereotyp vertrug und in der zweiten Hälfte des Versuchs das Futter abgelehnt hatte, Atemnot zeigte usw., verträgt jetzt auf Grund von Brom mit Koffein in entsprechenden Dosen die Knarre ausgezeichnet. Unruhe und Futterablehnung sind verschwunden. Das ist ein gutes Beispiel dafür, wie wichtig eine exakt individualisierte Dosis ist und welchen wirklich prächtigen Effekt sie haben

[1] P. S. KUPALOW

kann, wenn die Transmissionen zur entsprechenden Verstärkung des Erregungs- und des Hemmungsprozesses gefunden sind und sich dadurch ein Gleichgewicht der Prozesse ergibt.

5. ÜBER BESONDERHEITEN DER BEDINGT-REFLEKTORISCHEN TÄTIGKEIT UNTER DEM EINFLUSS DES ALTERS (VERSUCHE A. M. PAWLOWAS AN „JACK"). BERICHT N. A. PODKOPAJEWS

N. A. Podkopajew: Der zweite Hund ist „Jack" und gehört ebenfalls A. M. Über ihn lohnt es sich, ein Wort mehr zu sagen, denn hier wird die Untersuchung an einem alternden Nervensystem durchgeführt. Wenn die Methode der bedingten Reflexe *(177)* es auch gestattet, Hunde vom Welpenalter (von 6 bis 7 Monaten an) bis zum natürlichen Greisenalter und Tod zu untersuchen, so haben wir dennoch nur sehr wenige Arbeiten über alternde Nervensysteme. Ich habe aus diesem Anlaß die Literatur durchgesehen, und in unserer gesamten Literatur findet sich nur eine einzige Arbeit, die von L. A. Andrejew veröffentlicht worden ist. Deshalb ist jegliches Material in dieser Hinsicht von unzweifelhaftem Interesse, um so mehr, als unlängst Marinesco und Kreindler im „Journal de Psychologie" einen Artikel hierüber veröffentlicht haben.

„Jack" ist ungefähr 15 Jahre alt. An ihm wird jetzt speziell eine Untersuchung der Nervenprozesse beim Altern vorgenommen. Folgendes ist dabei interessant. Bei ihm war ein neuer Reflex auf ein Geräusch ausgearbeitet worden, das zwischen anderen Reizen stand. Erstens bildete er sich nur langsam; zweitens störte seine Anwendung den ganzen Stereotyp und brachte ihn stark durcheinander, wobei seine eigene Größe beträchtlich schwankte, bald war sie geringfügig, bald sehr groß, und die Anwendung dieses Reizes wirkte störend auf den Stereotyp, der vorher gut ausgeprägt war.

Iwan Petrowitsch äußerte den Gedanken, daß es sich hier um eine Stagnation des Erregungsprozesses handele und daß die Anwendung dieses Geräusches im Intervall eine so nachhaltige Spur hinterlasse, daß dadurch die nachfolgenden Reflexe gestört würden.

Zur Untersuchung dieses speziellen Zustandes, dieser Beweglichkeit oder Labilität, von der gerade die Rede war, machte sich A. M. daran, einen bedingten Spurenreflex mit kurzer Spur (15 Sekunden) auszuarbeiten. Gerade ist gesagt worden, es gäbe angeblich kein Verfahren zur Untersuchung der Labilität. Es gibt ein solches Verfahren: Die Beobachtung des Verlaufs der bedingten Speichelabsonderung in 5-Sekunden-Intervallen liefert sehr wertvolles Material.

W. I. Pawlowa: Darf ich etwas zur Charakteristik der Labilität ergänzen? Ich habe einen alten Hund, den mir I. S. Rosental vermacht hat. Er verfügt über eine gute Hemmung, die deutlich auftritt, wenn man die Speichelabsonderung alle 5 Sekunden verfolgt.

Nun ist charakteristisch, daß sich ganz zu Beginn des Hemmreizes ein gewaltiger Anstieg ergibt, der dann allmählich absinkt und beim Abrücken auf Null geht. Das ist ein charakteristischer Ausdruck von Labilität.

N. A. Podkopajew: Das zweite Verfahren zur Untersuchung der Labilität ist die Bildung eines bedingten Spurenreflexes. Dieser Verfahren bediente sich A. M., und es zeigte sich, daß sich trotz Training und Brom zwar ein Reflex, aber durchaus kein Spurenreflex ergab, d. h., in der alternden Hirnrinde findet sich offensichtlich Trägheit.

W. P. Golowina: Welche alten und neuen Differenzierungen hatte dieser Hund?

N. A. Podkopajew: Neue Differenzierungen wurden nicht ausgearbeitet, aber es lagen alte vor. *(178)*

W. P. Golowina: Ich habe bei meinem Hund eine neue Differenzierung auf zwei neue Reize gebildet. Sie bildete sich langsam und wirkte sich ungünstig auf das alte System aus.

N. A. Podkopajew: Ich habe an einem alten Hunde, an „Signal“, eine Umarbeitung vorgenommen, und es ergab sich ebenfalls das Vorhandensein von Trägheit beider Prozesse, vor allem des Hemmungsprozesses.

6. ÜBER EINEN HUND MIT ENTFERNTEN DISTANZREZEPTOREN (K. S. ABULADSES „PARNASS“). BERICHT N. A. PODKOPAJEWS

N. A. Podkopajew: Nun über die Arbeiten von K. S., die er in unserem Laboratorium durchführt. Der Hund „Parnaß“ gehört zur Gruppe derjenigen, denen die drei Distanzrezeptoren, Geruch, Gesicht und Gehör, entfernt worden sind. Ihnen ist bereits aus den Kolloquien Iwan Petrowitschs bekannt, daß sich dabei bei einem Hunde, nämlich bei „Rhebus“, ein sehr interessantes Bild ergab. Er schlief täglich 23½ Stunden, d. h., verhielt sich so, wie sich großhirnlose Hunde verhalten. Aber bei „Parnaß“ trat diese Erscheinung trotz der Entfernung der drei Distanzrezeptoren nicht auf, sondern die Schädigung wurde ausgeglichen. Außerdem bot sich die Möglichkeit, im Laufe eines Versuchstages zugleich verschiedene Reflexe anzuwenden. Es sind alles mechanische Hautreize, die aber mit verschiedenen unbedingten Reizen verbunden worden sind, und zwar mit einem Nahrungsreiz, einem Säurereiz und einem elektrischen Hautreiz; alle drei hielten sich und gaben einen vorzüglichen Effekt, während es „Rebus“, wie Sie sich erinnern, unmöglich war, zwei Reflexe gleichzeitig zu reproduzieren, was Iwan Petrowitsch mit der starken Tonuserniedrigung und dem starken Vorherrschen des Hemmungsprozesses erklärte, d. h. zu dem hypnotischen Zustand in Analogie setzte. Dieser Hund ergibt ein etwas anderes Resultat, und wiederum taucht die Frage auf, die auf einem der letzten Kolloquien Iwan Petrowitsch schon aufwarf: Weshalb der Unterschied? Liegt er im Typ dieses Hundes begründet? Liegt er in der Art und Weise der Operationen, d. h. darin, daß sie simultan oder sukzessiv vorgenommen worden sind? Das ist schwer zu sagen, aber die Tatsache ist deshalb interessant, weil bei einem Hunde, der nicht sieht, nicht hört und nicht riecht, die Großhirnrinde trotzdem nicht nur einen normalen Tonus aufweist, sondern auch bedingte Reflexe liefert, die mit verschiedenen unbedingten bekräftigt werden, und alles verläuft ganz glatt.

7. ÜBER DIE BEIDEN VERFAHREN DER AUSARBEITUNG EINER DIFFERENZIERUNG (VERSUCHE VON K. S. ABULADSE AN „ORION") BERICHT N. A. PODKOPAJEWS

N. A. PODKOPAJEW: Interessant sind die Versuche an einem anderen Hunde von K. S., an „Orion". Bei diesem Hunde setzte K. S. sich das Ziel, die Ausarbeitung der Differenzierung nach zwei Verfahren zu vergleichen. Das erste Verfahren der Bildung einer Differenzierung ist das gewöhnliche. Das zweite Verfahren der Ausarbeitung. einer Differenzierung besteht darin, daß das eine Metronom-65 ein Nahrungsmetronom ist, während das andere Metronom-120 mit einem elektrischen Hautreiz gekoppelt wird, d. h., hier wird die Unterscheidung *(179)* nach dem Mechanismus der Konzentration des Erregungsprozesses auf seinen unbedingten Reiz ausgearbeitet. Interessant ist, daß die übliche Differenzierung sich fast überhaupt noch nicht gebildet hatte, und zwar trotz mehr als 25 Versuchen mit dieser Differenzierung, gleichzeitig aber nach dem zweiten Verfahren die Unterscheidung beim fünften Mal vor sich ging. Der Hund unterschied das mit Futter bekräftigte Metronom-65 von dem durch einen elektrischen Hautreiz bekräftigten Metronom-120.

Zwischenruf: Und von welcher Art war die erste Differenzierung?

N. A. PODKOPAJEW: Die erste Differenzierung war eine Differenzierung auf Licht. In diesem Falle wurde die Differenzierung in üblicher Weise ausgearbeitet: Ein Licht von 200 Kerzen war positiv, während ein Licht von 50 Kerzen einfach nicht bekräftigt und so chronisch ausgelöscht wurde. Das positive Licht wurde mit Futter bekräftigt.

Daraufhin warf K. S. das Problem auf, daß diese beiden Verfahren der Bildung einer Differenzierung offensichtlich unterschiedlich sind und sich kraß voneinander unterscheiden. Ich teile diese Ansicht, oder richtiger, diese Fragestellung nicht ganz. IWAN PETROWITSCH hat tatsächlich davon gesprochen. Mir aber hat es immer so geschienen, daß man im Falle der Ausarbeitung einer Unterscheidung zwischen zwei positiven Reizen, die mit verschiedenen unbedingten Reizen bekräftigt werden, nicht ganz berechtigt ist, überhaupt von einer Differenzierung zu sprechen. Das ist keine Analogie zur Ausarbeitung einer Differenzierung. Mir schien es immer nicht ganz exakt, in diesem Falle den Terminus „Differenzierung" zu gebrauchen. Mit dem Terminus „Differenzierung" ist bei uns der Begriff der Ausarbeitung einer inneren Hemmung sehr fest assoziiert. Hier aber, wenn wir eine Differenzierung zwischen zwei positiven, aber mit verschiedenen unbedingten Reizen bekräftigten Reizen ausarbeiten, würde ich nicht von einer „Differenzierung" sprechen. „Unterscheidung" — ja, aber nicht „Differenzierung". IWAN PETROWITSCH spricht sehr häufig auch in diesem Falle von einer Differenzierung. Aber hier liegt ein ganz anderer Mechanismus vor. Hier haben wir es mit dem Mechanismus einer negativen Induktion von beiden Rindenpunkten aus infolge Konzentration des unbedingten Reizes in seinen Herd zu tun. Das ist ein anderer Mechanismus als die Ausarbeitung einer Differenzierung in üblicher Weise, wenn wir den einen der bedingten Reize chronisch nicht bekräftigen. Das veranlaßt mich, am Wert des Vergleichs dieser beiden Sachverhalte zu zweifeln. Meiner Meinung nach ist das keine Ausarbeitung einer Differenzierung. Es ist die Ausarbeitung einer Unterscheidung zweier positiver Reize. Das ist sehr wichtig, da es im Leben des Tieres und des Menschen ständig außer der üblichen Differenzierung auch zu diesem Verfahren der Ausarbeitung einer Unterscheidung zwischen zwei positiven Reizen kommt. Das aber irgendwie zu vergleichen und zu sagen, hier werde eine Differenzierung gebildet, ist nicht angebracht.

F. P. Majorow: Sie leugnen die Beteiligung des Mechanismus der gegenseitigen Induktion bei dieser Unterscheidung zwischen verschiedenartigen positiven Reflexen? Im Gegenteil, ich bin der Ansicht, daß diese Unterscheidung gerade darauf beruht. *(180)*

Dieser Mechanismus der gegenseitigen Induktion wirkt sowohl beim Vorlegen zweier verschiedenartiger Reflexe als auch bei der üblichen Differenzierung. Im einen wie im anderen Falle spielt der Mechanismus der gegenseitigen Induktion eine Rolle, nur beginnt es im üblichen Falle mit einem Erlöschen, im anderen Falle dagegen mit einer Konzentration der Erregung.

N. A. Podkopajew: Ich leugne nicht, daß dann, wenn Sie vom Metronom-120 das Hemmungsmetronom abdifferenzieren, wobei Sie eine stabile Differenzierung haben, zwischen den entsprechenden Zentren Induktionsbeziehungen entstehen. Das ist allen bekannt. Aber das ist das Endergebnis; die Differenzierung dagegen ist durch Ausarbeitung des Prozesses der inneren Hemmung vor sich gegangen. Wir sprechen aber davon, welcher Mechanismus zugrunde liegt. Hier aber, im Falle der Unterscheidung zwischen zwei positiven Reizen, welcher Mechanismus wirkt denn da primär? — Konzentration des unbedingten Reizes und negative Induktion. Hier fehlt das chronische Auslöschen völlig, hier ist auch nichts von einem Prozeß der inneren Hemmung zu sehen. Hier kann man eher von unbedingten Mechanismen in der Hirnrinde sprechen, wenn Sie es wollen. Wir wissen, daß die negative Induktion ein unbedingter Mechanismus ist. Es ist derselbe Mechanismus, den wir auch im Rückenmark beobachten, während die Differenzierung, wie wir alle sie auffassen, die Ausarbeitung eines Prozesses der inneren Hemmung ist.

K. S. Abuladse: Am Anfang stand die Ausarbeitung des bedingten Nahrungsreflexes, und dann ging ich zur Ausarbeitung des Abwehrreflexes über. Hier findet sich eine Analogie zur Ausarbeitung einer Differenzierung: Am Anfang steht das Erlöschen, und dann wird der Abwehrreflex ausgearbeitet. Also findet sich in der Hirnrinde eine völlige Stagnation.

N. A. Podkopajew: Weshalb denn Erlöschen? Ich glaube nicht daß das ein Erlöschen ist.

Zwischenruf: Und wo bleibt die Generalisation?

A. A. Lindberg: Auf dieser Ebene hat Konradi dieses Problem aufgeworfen. Seine Arbeit war auch betitelt: „Die Ausarbeitung bedingter Reflexe, die mit verschiedenen unbedingten Reflexen verbunden sind". Von Differenzierung spricht er nicht.

W. P. Golowina: Und was macht in diesen Fällen die Induktion?

N. A. Podkopajew: Da eine negative Induktion vorliegt, grenzt sie das vorher infolge der Generalisation Verbundene gegeneinander ab, sie grenzt diese beiden bedingten Punkte gegeneinander ab.

W. I. Pawlowa: Was K. S. sagte, daß er nämlich mit dem Nahrungsreflex begann und eine Irradiation des Nahrungsreflexes auf den Abwehrreflex erhielt, war eine gute Antwort auf die Frage von P. S.[1]. Bei Ihrer Analyse aber sagten Sie, daß diese Reaktion des Nahrungsreflexes auf den Abwehrreflex aus unerklärlicher Ursache heraus nicht aufgetreten sei. *(181)*

8. ÜBER DAS ENTSTEHEN EINER ÜBERBELASTUNGSHEMMUNG AUF STARKE BEDINGTE REIZE BEI VERKÜRZTER ZEIT (5 BIS 10 SEKUNDEN) DER ISOLIERTEN EINWIRKUNG DER BEDINGTEN REIZE UND UNVERÄNDERTER BEKRÄFTIGUNG NACH 30 SEKUNDEN (VERSUCHE I. R. PROROKOWS). BERICHT N. A. PODKOPAJEWS

N. A. Podkopajew: Nun etwas, worüber Iwan Petrowitsch zum Teil schon früher gesprochen hat; und zwar handelt es sich um eine Arbeit an einer Reihe von Hunden, an drei Hunden I. R.s. Er führt jenes Verfahren, das P. S.[1] als erster beschrieben hat, weiter und bearbeitet es im Detail. Diese interessante Erscheinung besteht in folgendem: Wenn Sie einen bedingten Reiz haben, der um eine halbe Minute abgerückt ist, und dabei eine bestimmte Größe der bedingten Speichelabsonderung finden, dann aber mit diesem bedingten Reiz statt 30 Sekunden nur 1 Sekunde einwirken, ihn abbrechen und die bedingte Speichelabsonderung 30 Sekunden lang notieren, dann erhalten Sie den früheren Effekt. Das ist eine hochinteressante Erscheinung, die I. R. jetzt in ihren Einzelheiten untersucht. P. S. wies darauf hin, daß man 0,5 Sekunden und 0,1 Sekunde in Betracht ziehen kann. Eine Apparatur, die das leistete, war vorhanden, aber dennoch ergab sich der volle Effekt, wenn man die übliche Zeit des Abrückens abwartet. Das erste und wichtigste Detail, auf das die weiteren Anstrengungen gerichtet wurden, das erste Detail, das I. R. registrierte, bestand darin, daß wir bei kurzer Anwendung des bedingten Reizes entgegengesetzte Stärkeverhältnisse finden. Wenn also, sagen wir einmal, ein bedingter Reflex, abgerückt um 30 Sekunden, auf einen starken Reiz vorlag, z. B. auf die Klingel, und 30 Teilstriche lieferte, und wenn dann weiter, ein um 30 Sekunden abgerücktes Licht 18 Teilstriche lieferte, dann lagen richtige Stärkeverhältnisse vor. Wenden Sie aber die Klingel nur 5 Sekunden lang an, warten Sie, machen Sie eine Pause von 25 Sekunden und bekräftigen dann und probieren auf dieselbe Weise das Licht — 5 Sekunden Licht, dann 25 Sekunden warten und bekräftigen — so finden Sie, daß das Licht weitaus mehr liefert als die Klingel; der schwache Reiz liefert mehr als der starke. Bei allen drei Hunden sind die Phänomene in gleicher Weise aufgetreten. Das ist die

[1] P. S. Kupalow

Erscheinung, für die sich Iwan Petrowitsch interessierte und die in letzter Zeit analysiert wurde. Es läßt sich noch eine interessante Einzelheit ergänzen. Man kann die Zeit dieser verkürzten Wirkung unterschiedlich variieren, und I. R. machte es folgendermaßen: Bei 30 Sekunden normalen Abrückens probierte er 5 Sekunden und eine Pause von 25 Sekunden, 10 Sekunden und eine Pause von 20 Sekunden, 15 Sekunden und eine Pause von 15 Sekunden usw. Es stellte sich heraus, daß sich diese paradoxen Verhältnisse zwischen schwachen und starken Reizen bei kurzen Reizungen nur dann halten, wenn Sie 5 Sekunden mit entsprechender Pause anwenden. Verlängert man aber die Einwirkungszeit auf 20 bis 25 Sekunden, dann verschwindet diese Erscheinung, und man erhält normale Verhältnisse; die starken Reize liefern mehr als die schwachen, d. h., in einer bestimmten Periode *(182)* dieser isolierten Wirkung ergibt sich ein Umschlag, und zwar gerade in der Mitte.

Iwan Petrowitsch stimmte der Ansicht zu, die von dem zu Besuch anwesenden polnischen Physiologen Konorski geäußert wurde; er analogisierte diese Erscheinung mit jener, die man bei Durchströmung eines Nerv mit Gleichstrom beobachtet, wobei Ende und Anfang der Reizung starke Reize sind. Das Ende der Reizung ist es, was wirkt, und Iwan Petrowitsch äußerte den Gedanken, daß wir infolge der Tatsache, daß das Ende der Reizung ein starker Reiz ist, einen starken Erregungsanstieg haben, der bis zum Grenzwert ansteigt und eine Überbelastungshemmung beim starken Reiz in stärkerem Maße auftaucht, der dem Grenzwert näher steht, als beim schwachen Reiz, bei dem diese Erscheinung entweder völlig fehlt oder in weitaus schwächerem Maße ausgeprägt ist. Im allgemeinen hängt also die Größe des Effektes auf einen starken Reiz bei kurzem Abrücken von der Entstehung einer Überbelastungshemmung ab. Davon zeugte unter anderem die detaillierte Analyse des Verlaufs der Speichelabsonderung in Intervallen von 5 Sekunden.

Vergleicht man den Verlauf der Speichelabsonderung in 5-Sekunden-Intervallen auf einen starken und einen schwachen Reiz bei der üblichen Zeit des Abrückens von 30 Sekunden, dann ergibt sich bei den vorliegenden Hunden das gewöhnliche Bild: ein erster, natürlicher, schneller Anstieg nach annähernd 5 Sekunden und dann ein Plateau mit kleiner Erhebung. Dasselbe beobachtet man auch bei einem schwachen Reiz: In den ersten 5 Sekunden wird sehr viel Speichel abgesondert, dann folgt ein Plateau. Das beobachtet man häufig beim Verlauf der Speichelabsonderung in 5-Sekunden-Intervallen.

Als wir uns die Frage vorlegten, worauf die Verringerung des starken Reflexes bei kurzem Abrücken zurückzuführen sei, zeigte sich, daß der Anstieg beim starken Reiz beim Abbrechen der Reizung nach 5 Sekunden größer ist als üblicherweise bei langem Abrücken. Es ergibt sich in der Tat der Eindruck, man verspürt tatsächlich gleichsam dieses Aufflackern, diese Verstärkung der Erregung infolge des Abbruchs des Reizes, man verspürt, wie sie sich der Grenze nähert und wie sich die Überbelastungshemmung entwickelt. Außer anderen Kontrollversuchen zur Klärung dieser Frage wurde beschlossen, die Bekräftigung 60 Sekunden abzurücken und zuzusehen, wie sich die Kurve der bedingten Speichelabsonderung dann verändert. Aber bis heute ist das noch nicht geschehen, da man einen frischen Hund nehmen muß, und zwar einen Hund vom erregbaren Typ, damit keine lange Latenzzeit und kein Verspäten auftritt. Bisher ist es noch nicht gelungen, einen solchen Hund zu finden.

I. R. Prorokow: Was Sie sagten, war nicht ganz richtig: Bei 15 Sekunden Reizwirkung und 15 Sekunden Abrücken wurde die Kurve der Speichelabsonderung bereits normal.

N. A. Podkopajew: Ich habe mich versprochen: Schon bei 15 Sekunden beginnt das normale Verhältnis. Bei 5 und 10 Sekunden ergibt sich ein umgekehrtes Verhältnis, bei 15 Sekunden aber bereits ein normales. *(183)*

Entschuldigen Sie, Kollegen, daß ich abschließe, obwohl noch Material vorliegt, aber ich muß den Platz räumen.

9. ÜBER DIE AUSARBEITUNG POSITIVER UND NEGATIVER BEDINGTER REFLEXE AUF EIN VERHÄLTNIS VON TÖNEN (VERSUCHE S. W. KLESTSCHOWS)

S. W. Klestschow: Das Thema meiner Arbeit war, zu ermitteln, inwieweit ein Verhältnis von Reizen bei einem Hemmungsreflex verallgemeinert wird. Zu diesem Zweck wurde bei einem Hunde ein Reflex auf die Wiederholung ein und desselben Harmoniumtones ausgearbeitet, wobei dieser Reflex auf alle 5 Oktaven verallgemeinert wurde. Als die vollständige Verallgemeinerung erreicht war, machten wir uns daran, zwei Töne zu differenzieren, die sich zueinander im Verhältnis der Septime befanden, wobei der Hemmton an ein und derselben Stelle gewählt wurde, während sich der positive die ganze Zeit änderte. Als positiver Reiz wurden 16 Töne aus den fünf Oktaven des Harmoniums genommen. Die Differenzierung bildete sich nur schwer, und in der letzten Zeit lieferte sie etwa 20% der Werte des positiven bedingten Reflexes.

Daraufhin prüften wir zwei Töne im Verhältnis einer Septime in anderen Oktaven. Zunächst untersuchten wir solche Töne, die nicht zum positiven Reiz gehörten. Wir erhielten sofort eine klare Unterscheidung, wobei die beiden Töne im Verhältnis einer Septime auf dem Niveau der Differenzierung standen. Dann versuchten wir es mit zwei Tönen im Verhältnis einer Septime, die wir jedoch aus denjenigen auswählten, die früher bekräftigt worden waren. Sie lieferten den Wert der positiven Reflexe. Unser Verhältnis ist also negativ nur auf die Töne verallgemeinert worden, die nicht mit dem Nahrungszentrum verbunden waren. Als wir aber mit dem Nahrungszentrum verbundene Töne wählten, trat die positive Verbindung in den Vordergrund.

Als wir weiter versuchten, neue Töne im Verhältnis einer Septime anzuwenden, verlor sich der Unterschied allmählich; zu guter Letzt entfiel dieser Unterschied fast ganz. Es zeigte sich, daß der Kern der Sache darin liegt, daß es dem Hund einfach schwer fällt, an verschiedenen Stellen eine Hemmung zu entwickeln.

Dann versuchten wir zwei Töne in anderen Verhältnissen, wir nahmen eine Sekunde, dann eine Quart und eine Oktave. Es zeigte sich, daß auch hier ein Unterschied vorliegt. Zunächst war er unbeträchtlich, erreichte aber bald die Größe der üblichen Hemmungsreflexe.

Dann nahmen wir Töne im Verhältnis einer Septime, aber von denjenigen, die bekräftigt worden waren. Sie lieferten zunächst einen geringen Unterschied, der jedoch immer schwächer wurde, je weiter es ging. Wir ließen diese Töne ständig die Plätze wechseln. Als wir aber bei einer Septime blieben, ergab sich der Unterschied sehr rasch. Die erste Anwendung dieser Septime ergab nahezu gänzlich den Wert der positiven Größe, die zweite, dritte und vierte ergaben 50%. *(184)*

Die Verallgemeinerung des Verhältnisses wurde also an den Punkten völlig erreicht, die nicht mit dem Nahrungszentrum zusammenhängen. An den Punkten aber, die mit dem Nahrungszentrum zusammenhängen, kommt es nicht immer zur Verallgemeinerung.

N. A. Podkopajew: Unsere Zeit ist um. Gestatten Sie, daß ich schließe.

Hier haben einige Kollegen zu bedenken gegeben, daß es im Hinblick auf die große Fülle des Materials und der Nützlichkeit solcher Kolloquien notwendig sei, sich noch einmal zu versammeln. Leider können wir unsere Räumlichkeiten nicht zur Verfügung stellen, da sie vor dem Kongreß renoviert werden. Ich glaube, es wäre rationeller, das Kolloquium bis zum September auszusetzen.

Auf Wiedersehen! *(185)*

MITTWOCHKOLLOQUIUM

vom 2. Oktober 1935

1. EINFLUSS DER ZERSTÖRUNG DER DREI DISTANZREZEPTOREN AUF DIE GROSSHIRNRINDE. NEUE TATSACHEN ÜBER DEN WECHSELSEITIGEN ZUSAMMENHANG DER UNBEDINGTEN REFLEXE MIT DEN BEDINGTEN (VERSUCHE VON K. S. ABULADSE)

I. P. PAWLOW *(wird mit Beifall begrüßt):*

Guten Tag! Auf zur Debatte! Immerhin kam die Unterbrechung unserer Kolloquien unerwartet, unverhofft. Herrn Grippe hat es gefallen, mich heimzusuchen. Nun, es ist nochmal gut abgelaufen, aber so einiges ist doch zurückgeblieben. Wie Sie sehen, sind die Ohren verstopft, das Herz ist nicht so ganz intakt und der Verdauungskanal nicht in Ordnung. Aber ich denke, das wird sich alles geben. Die einzige Frage ist: Wie wird sich das auf die Arbeitsfähigkeit, auf den Kopf auswirken? Wir werden sehen.

Meine Damen und Herren Bedinger! Da wir heute viele Gäste haben, ist es verständlich, daß ich, um ihnen nichts Unverständliches vorzusetzen, anders sprechen muß als mit Ihnen allein, d. h., ich muß ein paar Worte mehr sagen. Wir würden uns schon verstehen, wir treffen uns jeden Mittwoch und reden auch im Laboratorium täglich miteinander; aber für Außenstehende dürfte es doch nicht ganz faßlich sein, wenn ich in derselben Sprache spreche wie mit Ihnen. Ich muß etwas weiter ausholen.

Wie immer sprechen wir hier das durch, was im Laboratorium im Laufe der Woche vor sich geht. Jeder hat seine Aufgabe, aber hier werten wir alles gemeinsam aus, damit alle auf dem laufenden bleiben.

KALENIK SARDIONOWITSCH, Ihr Material kommt an erster Stelle. Im Laboratorium von Prof. SPERANSKI hat Doktor — und ich glaube jetzt sogar Professor — GALKIN eine sehr interessante neue Tatsache beobachtet und gesichert. Diese Erscheinung ist klinisch, wie es so häufig geschieht, schon vor sehr langer Zeit festgestellt worden, aber nur an einem einzigen Beispiel, an einem kranken Menschen, jetzt aber hat es der Experimentator in die Hand genommen. Der Versuch bestand in folgendem.

GALKIN schaltete bei einem vollkommen gesunden Hunde peripher, ohne das Gehirn zu schädigen, endgültig die drei Hauptrezeptoren aus, Geruch, Gehör und Gesicht, so daß der Hund der Möglichkeit beraubt war, irgend etwas aus der

Außenwelt mit diesen Rezeptoren wahrzunehmen. Und siehe da, *(186)* der Hund begann täglich 23½ Stunden zu schlafen, d. h., sein ganzes Leben verlief hauptsächlich im Schlaf, sogar in tiefem Schlaf, so daß man ihn ständig rütteln mußte, um ihn zu wecken. Es nützt nichts, ihn auf den Arm zu nehmen, Sie können ihn tragen, aber er schläft trotzdem; man muß ihn rütteln und schütteln, da er tief schläft.

Verständlicherweise interessierte es uns lebhaft, wie der Zustand der Großhirnhemisphären bei diesem ungewöhnlichen, fast durchgängigen Schlaf war.

Ich muß kurz unterbrechen. W. S. hat uns noch einen anderen Hund geschenkt. Haben Sie ihn schon bekommen?

Zwischenruf: Ja, wir haben ihn bekommen.

I. P. Pawlow: Wie wird er genannt?

Zwischenruf: Er hat noch keinen Namen.

I. P. Pawlow: Er muß doch einen Namen haben, Sie kennen ihn nur nicht.

Zwischenruf: Die Hunde waren numeriert.

I. P. Pawlow: Auf jeden Fall, wir haben den Hund. Ausgezeichnet. Wir haben also noch ein Geschenk von Wsewolod Semjonowitsch Galkin bekommen. Jetzt führt K. S. oder, kürzer, Dr. Abuladse, selbst in unserem Laboratorium derartige Operationen durch.

Diese Grunderscheinung von „Rebus" wiederholte sich nicht konstant und stand in Abhängigkeit von bestimmten Bedingungen. Wir hatten bis in die letzte Zeit nur den geschenkten Hund „Rebus", der 23½ Stunden täglich schlief, aber jetzt haben wir noch andere Hunde, die von Dr. Abuladse operiert worden sind. Zwischen ihnen fand sich ein Unterschied: Während „Rebus" durchweg schläft, liegen diese Hunde, die bei uns operiert worden sind, ruhig zusammengerollt da und befinden sich in leichtem Dämmerzustand. Man braucht sie nur zu berühren, und sofort stehen sie auf.

Wie man sieht, schläft im Endergebnis beim Fehlen dieser drei Rezeptoren der eine Hund durchgängig, während die anderen ohne tiefen Schlaf auskommen.

Damit ergibt sich die erste Frage: Worauf beruht das?

Wir lenkten unser Augenmerk darauf, daß der Hund „Rebus" auf einmal operiert worden war, alle drei Rezeptoren waren bei einer Operation gleichzeitig zerstört worden.

Aber diesen beiden Hunden, die K. S. operiert hat, sind die drei Rezeptoren nach und nach genommen worden, so daß zwischen der Entfernung der Rezeptoren große Pausen lagen. Man kann nun natürlich annehmen, daß der erste Hund plötzlich einer großen Anzahl von Reizen beraubt wurde, die gewöhnlich in die Großhirnhemisphären eindringen. Er hatte keine Gelegenheit, sich irgendwie von diesem Schlag, von dieser Erschütterung zu erholen, während die übrigen, bei denen die Rezeptoren nach und nach zerstört wurden, offensichtlich die restlichen Rezeptoren trainierten und auf diese Weise die Verbindung mit der Außenwelt behielten. Diese Beobachtung ist eine Reproduktion der Tatsache, daß Menschen, denen bestimmte Sinnesorgane fehlen, *(187)* stets die anderen Sinnesorgane verfeinern. Folglich passierte auch hier dieses übliche Phänomen, diese Anpassung. So ist dieser Sachverhalt zu verstehen.

Es war weiter anzunehmen, daß das Ergebnis auch von den verschiedenen Typen des Nervensystems abhängt, aber zuerst mußte man natürlich bei der ersten Annahme bleiben. In der Tat, als K. S. einem Hunde, den er „Pithekanthropos" nannte, alle Rezeptoren auf einmal entfernte, ähnelte dieser „Rebus", da er ebenfalls fast 24 Stunden schläft.

Auf diese Weise bestätigte sich die erste natürliche Vermutung: Wenn Sie die Rezeptoren nach und nach zerstören, trainiert der Hund allmählich die anderen Rezeptoren, engt seine Beziehungen zur Außenwelt ein, vervollkommnet aber dabei den Rezeptor stark, der übrig bleibt. Bei der ersten Operationsvariante ist das nicht der Fall.

Insgesamt haben wir vier Hunde: „Rebus" (geschenkt), „Pithekanthropos" (von K. S. selbst operiert), beide in jeweils einer Sitzung operiert, ihr ganzes Leben verläuft im Schlaf; und zwei Hunde, „Parnaß" und „Java", die sich im Gegensatz dazu entweder im Wachzustand oder einfach nur im Ruhezustand befinden.

Aber auch damit haben wir uns nicht begnügt. K. S. wird die Operation an zwei weiteren Hunden durchführen und absichtlich Hunde verschiedener Typen auswählen, um auch die zweite Annahme ein wenig zu überprüfen, ob nicht hier auch die verschiedenen Typen von Bedeutung sind. Dann kann diese Frage als endgültig geklärt angesehen werden.

Schon jetzt läßt sich sagen, daß ein Hund, den man auf einmal der drei Distanzrezeptoren beraubt, in tiefen Schlaf verfällt. Bei diesen Hunden fand sich, wie zu erwarten war, auch ein gewaltiger Unterschied in der Nerventätigkeit im Vergleich zu normalen Hunden und zu solchen Hunden, denen auch drei Rezeptoren entfernt worden sind, aber nacheinander und nicht auf einmal.

Bei der Untersuchung hat sich bisher kein wesentlicher Unterschied zwischen normalen Hunden und solchen Hunden gefunden, die drei Rezeptoren verloren haben, aber nicht auf einmal, sondern nach und nach.

Worauf beruht nun der Unterschied in der Tätigkeit der Großhirnhemisphären bei den Hunden, die auf einmal operiert worden sind und bei den übrigen Hunden?

Wir untersuchen die Tätigkeit der Großhirnhemisphären mit Hilfe der sogenannten „bedingten Reflexe", mit denen wir tatsächlich die ganze normale Tätigkeit der Großhirnhemisphären, die mit anderen Worten „psychische Tätigkeit" genannt wird, immer mehr erfassen. Als „psychische Tätigkeit" wird das komplizierte Verhältnis der Tiere zur Umwelt bezeichnet. Diese psychische Tätigkeit nennen wir „höhere Nerventätigkeit", um in unserem Denken dem Dualismus keinen Raum zu geben. Wir erforschen sie je länger um so umfassender mit Hilfe unserer bedingten Reflexe mit einer streng objektiven Methode, *(188)* wobei über das, was die Tiere erleben, weder gesprochen noch spekuliert wird. Dieses Gebiet wird in methodologischer Hinsicht auf dieselben Grundlagen gestellt wie die gesamte Naturwissenschaft.

Bei Untersuchung der bedingten Reflexe dieser Hunde zeigte sich ein gewaltiger

Unterschied. Sie wissen, daß man bei normalen Hunden ein sehr kompliziertes System bedingter Reflexe auf verschiedene Reize bilden kann, sowohl auf starke als auch auf schwache, und zwar nicht nur positive, sondern auch negative.

Natürlich zieht es die Aufmerksamkeit auf sich, daß man auch bei normalen Hunden mit den verschiedenen Typen rechnen muß. Damit es klar wird, will ich erwähnen, daß wir vier Haupttypen der höheren Nerventypen unterscheiden: Den zügellosen Typ, stark, aber zügellos, bei dem zwischen dem Erregungs- und Hemmungsprozeß kein Gleichgewicht herrscht und der Erregungsprozeß stark überwiegt; dann folgen weiter die beiden Kategorien starker und ausgeglichener Tiere, die sich aber in ihrer Beweglichkeit unterscheiden — die einen sind stark und ausgeglichen, zugleich aber auch in ihren Handlungen und in ihrer Tätigkeit flink, während die anderen zwar auch stark und ausgeglichen sind, in ihrer Nerventätigkeit aber langsam; dann kommt schließlich der schwache Typ, bei dem sowohl der Erregungs- als auch der Hemmungsprozeß schwach sind. Wenn wir es mit normalen Tieren zu tun haben, ergibt sich folgendes: Während bei starken Tieren leicht ein kompliziertes System bedingter Reflexe, starker und schwacher, positiver und hemmender, ausgearbeitet werden kann, ist es bei schwachen Tieren schon ein wirkliches Problem, mehrere Reflexe zu vereinigen, zumal wenn die Hunde altern, wenn die Nerventätigkeit im allgemeinen schwächer wird. Damit sie akkurat und korrekt arbeiten, muß man dieses System verkleinern, d. h. nicht 10 bis 15 Reize benutzen, sondern nur 2 bis 3.

Wie sich herausstellt, sind nun bei Hunden, denen alle drei Rezeptoren auf einmal entfernt worden sind, selbst zwei Reize nicht miteinander vereinbar. Sie können zum Beispiel einen Reflex über den Temperaturrezeptor, den mechanischen Hautrezeptor oder den Geschmacksrezeptor bilden, aber dieser Reflex existiert nur für sich allein; arbeiten Sie einen anderen Reflex aus, dann wird der erste von Ihnen zerstört. So begrenzt ist die Arbeitsfähigkeit der Rinde dieser Hunde. Das ist verständlich. Wenn die Unmenge der hauptsächlichen, beständigen und starken Reize der Großhirnhemisphären entfällt, dann erniedrigt sich ihre Tätigkeit stark, sie atrophiert sozusagen, ihr Tonus erniedrigt sich stark. Wenn Sie irgendeinen Reiz setzen, zieht dieser den ganzen Vorrat an Erregungsenergie auf sich. Dann bleiben alle übrigen Reize verschleiert, wie wir zu sagen gewohnt sind, unterdrückt. Bei hohem Rindentonus wirkt sich die Energieabnahme nicht auf die Tätigkeit aus; ist der Tonus aber erniedrigt und die Gesamtenergie stark verringert, dann genügt es, *(189)* den Erregungsprozeß an einer Stelle zu konzentrieren, und alle übrigen Stellen sind arbeitsunfähig, unterdrückt. So ist das aufzufassen.

Interessanterweise findet sich hier eine direkte Analogie zu gewissen hypnotischen Erscheinungen, wenn ein Mensch in einen hypnotischen Zustand versetzt wird oder, in unserer Ausdrucksweise, in einen Hemmungszustand. Wenn sich der Tonus seiner Hirnrinde erniedrigt, antwortet der hypnotisierte Mensch nur auf die Worte des Hypnotiseurs, während alle Nebenreize für ihn aufhören zu existieren. Darauf beruht auch die unabänderliche Wirkung der Suggestion: sie ist in einem einzigen Punkte konzentriert und von allen übrigen Punkten losgelöst. Sie befehlen einem Menschen, irgend etwas zu tun, und er tut es, aber unbewußt, da die Erregung von einem Punkt ausgeht, der von der ganzen übrigen Hemisphäre isoliert ist.

Der Zustand unseres Hundes befindet sich infolge der Tonuserniedrigung durch Zerstörung der drei Rezeptoren in völliger Analogie zu dem hypnotischen Zustand des Menschen, bei dem durch Reizung der Rindentonus ebenfalls erniedrigt wird und die Reizung sich nur an der einen Stelle konzentriert, auf die der Hypnotiseur einwirkt. Schon das ist sehr lehrreich und interessant, aber darauf beschränkt sich die Sache natürlich nicht. Wie üblich findet sich in all diesen Fällen bei verschiedenen Versuchen, bei Veränderung der Bedingungen sofort auch etwas Neues. Ich meine auch, es wäre für uns, die wir eine so ungeheuer komplizierte Angelegenheit wie die höhere Nerventätigkeit analysieren wollen, die auch als „psychische Tätigkeit" bezeichnet wird, seltsam, wenn wir sofort alles begreifen und aufklären könnten. Das wäre ein Beweis dafür, daß wir falsch denken und handeln, denn die gewaltige, unfaßbare und grenzenlose Kompliziertheit muß sich natürlich ständig bemerkbar machen. Wenn Sie irgendeine Erscheinung beherrschen, müssen Sie wissen, daß Sie bei weitem nicht alle möglichen Bedingungen erschöpfen.

Was ich eben sagte, ist für unsere Bedinger eine alte Sache. Ich habe es nur wiederholt. Davon war wiederholt die Rede; das aber, was ich jetzt hinzufüge, interessiert alle.

Es zeigte sich, wenn K. S. bei „Rebus" bedingte Reflexe auf der Grundlage verschiedener unbedingter Reflexe ausarbeitet (bald auf der Grundlage des Nahrungsreflexes, bald auf der Grundlage des Säure- oder Abwehrreflexes), dann können diese nicht gleichzeitig existieren. Immer bleibt nur ein wirksamer Reflex übrig, während der andere sofort zerstört wird. Das zeugt von der begrenzten Arbeitsfähigkeit eines Gehirns, dem Rezeptoren fehlen. Bei dem zweiten Hunde, „Pithekanthropos", dem die drei Rezeptoren auf einmal entfernt wurden, zeigte sich ebenfalls, daß es unmöglich ist, auf zwei mechanische Hautreize an verschiedenen Stellen der Haut gleichzeitig einen Säure- und einen Nahrungsreflex zu bilden. Bei einem normalen Hunde aber können nach Belieben gleichzeitig ein Säure- und ein Abwehrreflex existieren. Hier dagegen nicht. *(190)* Nun stellte sich heraus, daß dann, wenn er Nahrungsreflexe von verschiedenen Hautstellen aus ausarbeitet, diese Reflexe vereinbar sind. Wenn beide Reflexe mit Nahrung bekräftigt werden, dann halten sich beide und halten sich nicht nur, sondern vergrößern sich sogar.

Bei dem ewig schlafenden „Pithekanthropos" konnte von der einen Hautstelle aus ein Nahrungsreflex gebildet werden, der etwa 20 Teilstriche Speichel lieferte, während der Säurereflex, der aus der Reizung einer anderen Stelle gebildet wurde, etwa 35 Teilstriche ausmachte. Aber der Nahrungsreflex wurde zerstört, sobald zur Bildung des Säurereflexes übergegangen wurde. Die beiden konnten nicht miteinander vereint werden.

Nun steht vor uns, meine Damen und Herren, eine ganz neue Frage: Wie ist es zu verstehen, daß diese Reflexe, wenn man sie auf verschiedene unbedingte Reflexe, auf den Säure- und Abwehrreflex, bildet, nicht vereinbar sind und nur immer der übrig bleibt, der stärker ist, während die übrigen beseitigt werden, daß sie aber bestehen bleiben, wenn man sie aus verschiedenen Reizen, aber nicht mit verschiedenen unbedingten Reflexen bildet. Möchten Sie, meine Damen und Herren, nicht darüber nachdenken, wie das aufzufassen ist, weshalb das so ist? Das ist die Neuigkeit.

Ich hege folgende Vermutung. Sie und wir nehmen doch an — dazu liegt genügend Grund vor —, daß die Schließung, die Bildung dieser zeitweiligen Verbindung ausschließlich in der Hirnrinde vor sich geht, wobei angenommen wird, daß für unsere sogenannten „unbedingten Reflexe", für das Einflößen der Säure, das Verabreichen von Futter und die Einwirkung mit elektrischem Strom, eine kortikale Repräsentation dieser Reize existiert. Wenn es sich um einen Nahrungsreflex handelt, so bedeutet das, daß beim Freßakt das subkortikale Zentrum erregt wird und gleichzeitig die Erregung unausbleiblich auf die kortikale Repräsentation des subkortikalen Zentrums übergeht, im vorliegenden Falle auf die Geschmackszellen, in denen die Schließung der bedingten Reflexe vor sich geht. Dann muß man annehmen, daß ein Unterschied zwischen diesen kortikalen Zellen, die immer mit dem Subkortex zusammenhängen und die Repräsentanten eines niederen Zentrums sind, und zwischen der freien, indifferenten Zelle besteht, die wir mit diesen Zellen vereinigen und verbinden. Dann kommt es folglich bei den Hunden, denen drei Rezeptoren fehlen, nur in diesen Zellen, den wahren Repräsentanten der Zentren, zur Depression. Anders ist es nicht zu verstehen, weshalb Sie von zwei Analysatoren aus miteinander vereinbare Reflexe auf der Grundlage eines unbedingten Reflexes bilden können, während das nicht geht, wenn Sie verschiedene bedingte Reflexe, aber mit Reizung verschiedener Repräsentanten subkortikaler Zentren wählen. Anders ist das nicht zu verstehen. Nur so geht es. Das ist eine unausweichliche Schlußfolgerung. Nur dann, wenn diese bedingten Reflexe auf verschiedenen unbedingten beruhen, sind sie unvereinbar, beruhen sie aber auf einem unbedingten, dann können zwei Reflexe gleichzeitig existieren und sich sogar verstärken.

Ich weiß nicht, vielleicht nimmt jemand von Ihnen etwas anderes an, aber für mich ergibt sich das unausweichlich aus dem vorliegenden Fall. *(191)*

Aber dann kommt die Frage, weshalb das so ist. Mag das richtig sein, mag dagegen schwer etwas einzuwenden sein, aber weshalb ist die Vereinigung in den Zellen unmöglich, welche die kortikalen Repräsentanten des unbedingten Reflexes sind, während es im anderen Falle möglich ist?

Es ist durchaus möglich, daß sich die Sache daraus erklärt, daß in diesen Zellen der Tonus und die Größe des Erregungsprozesses anders ist als in jenen indifferenten Zellen. Der Tonus der freien Zellen ist schwächer, die Erregung weniger stark, sie kann sich sogar summieren, eine Konzentration ergibt sich nicht, negative Induktion tritt nicht auf. So denke ich es mir. Der Fall muß weiter untersucht werden, verschiedene Versuchsvarianten sind erforderlich.

Das Ganze läuft darauf hinaus, daß sich diese Erscheinung in zwei Kategorien von Zellen abspielt: entweder in den indifferenten Zellen oder in den Repräsentationszellen des unbedingten Reflexes und der niederen Zentren. Dies ist nahezu unbestreitbar. Ich kann mir zumindest nichts anderes vorstellen.

Meine Damen und Herren, möchte sich nicht jemand dazu äußern? Die Erscheinung ist zweifellos interessant und muß natürlich geklärt werden. Jedesmal, wenn sich auf unserem Gebiet eine neue Frage ergibt, ist das eine Gelegenheit, sich kennenzulernen und neue zusätzliche Mitteilungen zu bekommen.

P. S. Kupalow: Mir scheint das alles gut zu sein, aber hier ergibt sich eine kompliziertere Sachlage, weil dieser Hund auch einen elektrischen Abwehrreflex hatte. Auf elektrischen Strom wurde ein bedingter Reflex ausgearbeitet. Der Befund der Unvereinbarkeit figurierte bei uns so, daß der Hund keine drei Reflexe vereinigen konnte, einen Nahrungs-, einen Säure- und einen Abwehrreflex. Wenn ich mich genau erinnere, hatte der Hund drei verschiedene Reflexe, während die Unvereinbarkeit den Reiz auf den elektrischen Strom betraf.

I. P. Pawlow: Das heißt also, der elektrische Strom konnte mit dem Nahrungsreflex vereinigt werden?

Zwischenruf: Das war nicht möglich.

P. S. Kupalow: Ich meine ja auch, daß die Frage folglich nicht auf das Geschmackszentrum beschränkt werden darf, da außer dem Geschmackszentrum auch noch das Zentrum für elektrische Abwehrreize auf die Haut übrig bleibt, die man nicht vereinen kann.

I. P. Pawlow: Nein, nein, das ist völlig ein und dasselbe. Wie es einen Repräsentanten des Nahrungsreflexes in der Hirnrinde gibt, so gibt es auch einen Repräsentanten des Säure- und einen des Schmerzreflexes. Sie haben nichts Neues hinzugefügt.

P. S. Kupalow: Ich meine nur, hier sei die Angelegenheit komplizierter.

I. P. Pawlow: Das ist dasselbe. Wenn es sich um die kortikalen Repräsentanten handelt, ist eine Vereinigung unmöglich. Nur ein Reflex existiert, und ein anderer läuft nicht ab. Wenn das aber in den indifferenten Zellen vor sich geht, die zu ein und demselben unbedingten Reiz gehören, wird der eine Reflex nicht etwa durch den anderen ausgeschaltet, sondern sie summieren sich vielmehr. Sie haben das, wovon hier gesprochen wird, um nichts erweitert. *(192)*

I. S. Rosental: Kann sich hier nicht eine Konkurrenz bemerkbar machen, eine negative Induktion von seiten des kortikalen Zentrums?

Im Falle des Nahrungsreflexes ist der subkortikale Teil ein und derselbe, aber im Falle des Säure- und des Nahrungsreflexes kann der Subkortex schon verschieden sein.

I. P. Pawlow: Sie haben die Tätigkeit der Großhirnhemisphären geschwächt, und dann treten diese Phänomene auf. Was wollen Sie sagen? Sie wollen sagen, daß die gegenseitige Ausschließung dieser Reflexe auf verschiedene unbedingte Reize möglicherweise nicht in der Hirnrinde, sondern im Subkortex vor sich geht. Wollten Sie das sagen?

I. S. Rosental: Ja, ja.

F. P. Majorow: Dieselben Bedingungen können auch in der Hirnrinde vorliegen.

I. P. Pawlow: Es ist klar, daß das auch in der Hirnrinde möglich ist. Da die Hirnrinde ein stärker reaktives Gebiet darstellt als der Subkortex, muß man natürlich diese Erscheinungen eher von der Hirnrinde her beurteilen, als vom Subkortex her. Diese Frage bleibt also offen. Um so besser. Die Situation des Forschers ist immer etwas absonderlich: Einerseits befriedigt es einen, wenn man ein Ziel erreicht hat, wenn man etwas begriffen hat; das ist natürlich gut und ist die Triebkraft der eigenen Tätigkeit. Aber wenn man andererseits dabei stehen bliebe, würde man in einem begrenzten Kreis des Wissens bleiben. Es ist erfreulich, wenn man eine neue exakte Tatsache gefunden hat, aber andererseits sagt man sich: Damit ist die Sache nicht zu Ende, gehe weiter und stelle dir neue Fragen, die du lösen mußt. Deshalb muß man Komplikationen immer begrüßen; denn auf die Weise wird man in der Zukunft den Umfang seiner Erkenntnisse erweitern. Hier haben wir nun eine wichtige Frage vor uns, und vor allem muß überlegt werden, welche Versuchsvarianten angestellt werden müssen, um diese Frage zu entscheiden. Darüber, meine Damen und Herren, denken Sie bitte nach.

F. P. Majorow: Ich möchte den Gedanken von I. S. fortsetzen. Er stellt meiner Meinung nach keinen Einwand gegen Ihre Erklärung dar, sondern eine Fortsetzung. Wenn man an die Äußerung denkt, die Sie bezüglich der Irradiation der Erregung bei schwachen Reizen und starker Konzentration der Erregung durch starke Reize getan haben, dann liefert die bedingte Drüsenzelle, die einen schwächeren Tonus hat, immer eine Irradiation. Deshalb können auch zwei bedingte Nahrungsreflexe existieren, weil die Erregung verstärkt wird.

I. P. Pawlow: Ich bleibe dabei, daß im einen Falle der Tonus höher, im anderen dagegen niedriger ist. Die einen haben eine konstante Aufladung, die vom Subkortex ausgeht, dort ist der Tonus höher; die anderen erhalten keine solche Aufladung, sie sind indifferent und haben dazu keinerlei Beziehung. Es ist klar, daß der Tonus in den kortikalen Repräsentationszellen des subkortikalen Zentrums weitaus höher ist als in den indifferenten Zellen. Deshalb ist in den ersteren eine Konzentration bei höherem Tonus möglich, während in den zweiten eine Irradiation und deshalb eine Summierung stattfindet. So denke ich. Auf jeden Fall ist das eine Frage, die zu lösen ist. Das, meine Damen und Herren, ist eine neue Aufgabe; jetzt aber wollen wir zu einer anderen übergehen. *(193)*

2. DIE „VERHÄLTNISSE“ DER FREQUENZEN VERSCHIEDENER REIZE ALS FORM DES BEDINGTEN REIZES UND DIE FEHLER DER GESTALTPSYCHOLOGIE (VERSUCHE A. O. DOLINS UND NEUE BEFUNDE)

I. P. Pawlow: Ich werde besser mit den Befunden beginnen und mit den Überlegungen schließen. Mit dem Thema der zweiten Erscheinung, zu der ich übergehe, hat sich früher S. W.[1] in einer Versuchsanordnung befaßt, und jetzt befaßt sich A. O. in einer anderen Form damit, die er selbst vorgeschlagen hat. Sie haben bei einem Hunde einen positiven bedingten Reflex aus 120 Metronomschlägen in der Minute gebildet. Wenn das Metronom mit 120 Schlägen in der Minute gesetzt

[1] S. W. Klestschow

wird, dann bildet sich bei dem Hunde eine positive bedingte Speichelabsonderung; beim Metronom mit 60 Schlägen, dagegen hat sich ein negativer bedingter Hemmreflex gebildet, d. h., die Speichelabsonderung bleibt aus. Wenn Sie also das Metronom mit 60 Schlägen in Gang setzen, tritt keinerlei Nahrungsreaktion auf, umgekehrt sogar, der Hund protestiert, wendet sich ab; ein anderer Hund winselt, ein dritter will Ihre ganze Versuchsanordnung zertrümmern — das hängt vom Typ des Hundes ab.

Nun nimmt man neue Reize, irgendwelche akustischen Reize oder solche eines anderen Analysators, Licht, und wendet sie ebenfalls intermittierend an, wobei dieser neue Reiz bald 120 Unterbrechungen in der Minute aufweist, bald 60. Was fand sich nun? Es zeigte sich, daß sich bei dem anderen Reiz nicht nur im Analysator, sondern auch in einem anderen, z. B. bei Licht, aber mit denselben Unterbrechungen, genau derselbe Effekt ergibt. Ein 120mal unterbrochenes Licht liefert eine positive Nahrungsreaktion, ein 60mal unterbrochenes eine negative Nahrungsreaktion. Das ist der Befund.

Zwischenruf: Bildet sich das auf Anhieb?

I. P. Pawlow: Sie wissen, daß sich bedingte Reflexe nach und nach bilden. Mit jedem Mal wachsen sie stärker an und erreichen schließlich ein bestimmtes Ausmaß; hier aber geschah das auf Anhieb. Das ist für uns ein völlig neuer Befund, der zum ersten Mal in dieser Form im Laboratorium auftrat. Er ist früher einmal bei S. W. aufgetreten und jetzt in etwas anderer Form bei A. O. Wie ist das zu interpretieren?

Der Befund ist sehr einfach zu verstehen. Ich habe in meinem Buche „Vorlesungen über die Arbeit der Großhirnhemisphären“ schon früher gesagt, daß die erste Antwort auf die Frage, was als bedingter Reiz auftreten kann, lauten muß: selbstverständlich das, was von den Rezeptoren des Tieres aufgenommen wird. Und weiter: Wie ist das ganze System dieser Reize zu charakterisieren? Wir haben uns bisher ganz richtig vorgestellt, daß jeder Zustand, sowohl ein geringfügiger als auch ein sehr komplizierter, jeder besondere Zustand der Hemisphären ein einzelner bedingter Reiz sein kann. Folglich kann man auch in diesem Falle sagen, daß dieser Zustand, der sich bei 120 Unterbrechungen oder bei 60 Unterbrechungen ergibt, nicht davon abhängt, um welchen Reiz es sich handelt. Er wird auch *(194)* unabhängig von der Qualität der Reize reproduziert. Deshalb paßt diese Definition vollkommen auf den vorliegenden Fall. Es handelt sich also um jeden besonderen Zustand der Hemisphären, wobei es ganz gleich ist, ob er kompliziert ist oder einfach. Im vorliegenden Falle wird der Zustand durch das Verhältnis der Reize und die Eigenschaft des Reizes, sagen wir seinen intermittierenden Charakter, bestimmt. Hieran ist also nichts Besonderes.

Es sei gesagt, daß sich die Psychologen und speziell die Gestaltpsychologen eingebildet haben, unsere Physiologie hätte das von einer psychologischen Vorstellung entlehnt, aber das ist ein komplettes Mißverständnis. Diese Erscheinung, die aus einem besonderen Zustand besteht, stellt genauso einen Reiz dar wie ein anderer Zustand. Aus der unterschiedlichen Stärke der Reize können wir einzelne bedingte Reize machen. Genau auf dieselbe Weise können wir aus diesen verschiedenen

Unterbrechungen ebenfalls einen ganz besonderen Reiz machen; da gibt es keinen Unterschied. Es ist das Verhältnis zwischen den Reizen: Das eine Mal wird er 120mal in der Minute unterbrochen, dann aber 60mal. Stellen Sie sich auf den Standpunkt, daß jeder besondere Zustand ein besonderer Reiz ist, dann ist alles verständlich, und man braucht diesem Verhältnis keinerlei besondere Bedeutung zuzuschreiben. Die Sache ist ganz einfach.

Eine andere Sache ist es, wie man diese Reize im Unterschied zu allen anderen nennen soll, die aus einem hinsichtlich der Qualität besonderen Reiz bestehen. Hier ist die Qualität der Reize ein und dieselbe, nur der Zustand ist unterschiedlich.

Was gibt es hier Besonderes? Ich spreche von einem einzelnen Zustand des Reizes, und das ist alles. Wenn man aus der verschiedenen Intensität eines Reizes verschiedene Reize machen kann, weshalb soll man dann aus dem intermittierenden Charakter verschiedenen Grades keinen Reiz machen können? Daran ist nichts Besonderes, wie die Gestaltpsychologen gern denken möchten. Ich weiß nicht, wer bewiesen hätte, daß hier ein besonderer Unterschied vorliege. Wenn man aus jeder Intensitätsphase einen besonderen Reiz machen kann, weshalb soll man dann aus dem intermittierenden Charakter keinen Einzelreiz machen?

Immerhin, wie soll man diese Reize im Vergleich zu den anderen nennen? In diesem Falle kann man sich der Termini dieser Gestaltpsychologen bedienen. Sie nennen es auf Deutsch „Gestalt“, die Engländer verwenden gern ihr Wort „form“, andere nennen es „Figur“, man kann es auch „Verhältnis“ nennen. Nennen Sie es, wie Sie wollen!

A. O. hatte vier Hunde. Sobald aus einer unterschiedlichen Metronomfrequenz ein positiver und ein negativer Reflex gebildet wird, reproduzieren bei allen Hunden alle neuen Reize von entsprechender Frequenz sofort denselben Effekt. Jede Frequenz war ein besonderer Reiz, der von der Anzahl der Unterbrechungen abhing. Daraus ergibt sich, daß hier eine gewisse Besonderheit vorliegt. Wir kennen die Generalisation und Verallgemeinerung, wenn es sich um gleichartige Reize handelt. Wir wenden einen bestimmten akustischen Reiz an, und alle anderen Reize wirken auch, zunächst nicht vollständig, aber teilweise: *(195)* Folglich ist die Qualität verallgemeinert worden. Hier ist aber nicht die Qualität verallgemeinert worden, sondern der intermittierende Charakter. Dabei zeigt sich, daß die Verallgemeinerung nach dem Charakter des Reizes, nicht nach dem Wesen des Reizes, sondern nach seinem intermittierenden Charakter offensichtlich stärker ist als die Verallgemeinerung nach der Qualität; denn alle diese Reize sind hinsichtlich der Qualität unterschiedlich, aber ihr intermittierender Charakter faßt sie zusammen und macht sie identisch. Folglich ergibt sich die weitere Frage, weshalb das so ist. Welchen Vorteil bringt es dem Organismus, daß die Verallgemeinerung nach dem intermittierenden Charakter weitaus stärker ist und über die Verallgemeinerung nach der Qualität des Reizes überwiegt? Ich habe nicht darüber nachgedacht, weshalb es so ist. Wenn Sie einen bedingten Reiz haben, und einen anderen, schwächeren Reiz, aber von derselben Qualität anwenden, dann wirkt dieser schwächer als der erste. Man muß ihn besonders ausarbeiten. Eine Verallgemeinerung liegt vor, aber in mäßigem Grade, nicht vollständig. Handelt es sich aber um eine Verallgemeinerung nach dem intermittierenden Charakter, dann macht sich die Verallgemeinerung sofort in vollem Grade bemerkbar. Das ist eine Frage, die untersucht werden muß.

Was die Einzelheiten dieser Versuche betrifft, so stimme ich in diesem Falle S. W.[1] und A. O. zu. Die Sache läuft darauf hinaus, daß die Verallgemeinerung nach einer bestimmten Reizfrequenz sich nur dann bemerkbar macht, wenn ein völlig neuer Reiz wirkt, der vorher keinerlei ausgearbeitete bedingte Verbindung gehabt hat. Wenn aber dieser Reiz, den Sie intermittierend anzuwenden beginnen, schon früher eine gewisse Verbindung, eine gewisse positive bedingte Wirkung hatte, dann erschwert dies natürlich die Angelegenheit und erfordert eine besondere Ausarbeitung.

So war es auch bei „Pinscher", bei einem Hunde, mit dem A. O. arbeitete. Bei ihm war das Licht früher als durchgängiger bedingter Reiz angewandt worden. Als man es 120- und 60mal unterbrach, hatte es keine Metronomwirkung, sondern erwies sich in beiden Fällen als positiv. Es war also eine spezielle Ausarbeitung erforderlich, und da es ein Hund vom erregbaren Typ war mit schwachem Hemmungsprozeß und da er keine vollständigen Differenzierungen hatte und diese auch nicht ausarbeiten konnte, erwies es sich als notwendig, die Verallgemeinerung besonders auszuarbeiten. Das fiel dem Hunde schwer, es kam zur Zerrüttung, Futterablehnung usw. So war es bei „Pinscher". Dasselbe wiederholte sich bei „Rudko".

Bei dem zweiten Hunde hatte der Reiz, der später intermittierend mit einer Frequenz von 120 oder 60 gesetzt wurde, vorher als durchgängiger bedingter Reiz für einen verspäteten Reflex gedient. In diesem Falle werden Sie verstehen, daß seine erste Hälfte, d. h. die erste Hälfte seiner isolierten Wirkung, hemmend wirkte. Verständlicherweise wirkte er, als wir ihn intermittierend anwandten, bei beiden Frequenzen als Hemmreiz. Der positive bedingte Reflex mußte ziemlich lange ausgearbeitet werden. Auch diese Variante ist vollauf verständlich. Der allgemeine Sinn der Variation besteht darin, daß bei einem Reiz, der in durchgängiger Form *(196)* schon als positiver oder negativer Reiz angewandt worden ist, die Verallgemeinerung nach seinem intermittierenden Charakter entfällt und nicht auftritt. Genau dasselbe geschah auch bei S. W. mit seiner besonderen Versuchsanordnung.

Es ist also klar, daß der intermittierende Charakter ein besonderer Zustand ist, aus dem man besondere bedingte Reflexe ausarbeiten kann, daß diese Eigenschaft stark verallgemeinert ist, stärker als die anderen verallgemeinert. Das ist eine gesicherte Tatsache.

Dann ergibt sich eine andere Frage. A. O. wandte eine neue Frequenz an, die auf 200 vergrößert war. Wenn Sie einen stärkeren Reiz setzen (und die Frequenz 200 hat eine stärkere physikalische Energie als die Frequenz 60), dann ist verständlich, daß sich ein größerer bedingter Effekt ergibt. Das ist altbekannt. Danach prüft er die Frequenz 120. Jetzt liefert dieser Reiz einen weitaus geringeren Effekt als er für gewöhnlich vorher geliefert hat, d. h., das Verhältnis macht sich bemerkbar. Die geringere Frequenz wirkt hemmend, obwohl sie vorher einen großen Effekt

[1] S. W. Klestschow

lieferte. Gut, das wäre halb so schlimm, das wäre begreiflich, aber das ist noch nicht alles. Dasselbe müßte man doch auch am anderen Ende der Frequenzen erwarten. Als A. O. statt der früheren Hemmfrequenz (60 je Minute) 30 anwandte, erwiesen sich beide Frequenzen als hemmend.

Im ersten Falle machen sich die neuen Verhältnisse bemerkbar: Der frequentere Reiz wird positiv und die frühere Frequenz wird hemmend und liefert einen geringeren Effekt; im zweiten Falle dagegen geschieht das nicht. Da haben Sie wieder eine neue Komplikation, eine neue Aufgabe; aber das ist nur gut so. Eine Antwort darauf wissen wir zur Zeit nicht; ich habe dieses Ergebnis erst gestern erfahren und hatte folglich keine Zeit, darüber nachzudenken. Ich möchte gern klären, weshalb es so ist, weshalb das Verhältnis unterschiedlich wirksam wird; im einen Falle bleibt die besondere Eigenschaft erhalten, im anderen Falle dagegen aus irgendwelchen Gründen nicht. Aber um so besser. Die Hauptsache ist einerseits das Erlangen exakter Kenntnisse und andererseits das Auftauchen neuer Fragen, neuer Komplikationen. Das ist der gewöhnliche Gang der Forschung.

Bei dieser Gelegenheit möchte ich Frau Psychologie den Vorwurf machen, daß sie sich nicht an folgende weise Regel hält: Was positiv und gesichert ist, das akzeptiere und halte dich daran, wenn du aber etwas Neues gefunden hast, dann stelle eine neue Frage und trachte danach, auch diese einmal zu bewältigen. In der Psychologie (ich denke an die derzeitige Situation) ist das gerade nicht üblich, und das ist ihr großes Vergehen.

Vor langer Zeit erblickte die Assoziationspsychologie das Licht der Welt, in der man der Assoziation, d. h. der zeitweiligen Verbindung, große Bedeutung beimaß. Diese zeitweilige Verbindung sehen wir an speziellen Beispielen täglich an Hunderten von Hunden und vielleicht in Hunderttausenden von Versuchen und überzeugen uns ständig davon, daß es eine Assoziation gibt, d. h. eine zeitweilige Wechselbeziehung der Tätigkeit von Zellen, die vorher getrennt waren und zwischen denen vorher keinerlei Verbindung bestand. Das ist das wichtigste in der höheren Nerventätigkeit. Und was geschieht jetzt? Diese Herren Gestaltpsychologen sind auf die Verallgemeinerung nach dem intermittierenden Charakter verfallen. Darauf haben die Gestaltpsychologen *(197)* bestanden; ausgezeichnet, dagegen haben wir nichts, denn es ist in der Tat ein besonderer Reiz. Anstatt aber nun diese Verallgemeinerung zu bearbeiten, kriegen sie die Assoziation beim Kragen und fallen über sie her. Jetzt ist die Assoziationspsychologie von diesen neuen Gestaltpsychologen glatt an die Wand gedrückt worden. Einige Psychologen, die sich ihre Objektivität erhalten haben, sagen, daß die Assoziationspsychologie durch die bedingten Reflexe wie nie zuvor bestätigt worden sei. Wie finden Sie das? Als ob es nicht genügend sogenannte „psychologische Fakten" gegeben hätte, um das als gesicherte und ernst zu nehmende Errungenschaft anzusehen. Natürlich ist das Grundfaktum der Tätigkeit der Großhirnrinde und der höheren Nerventätigkeit die Assoziation, d. h. die zeitweilige Vereinigung von Zellen, die vorher getrennt waren und miteinander keine Verbindung hatten. Aber wie seltsam; wie es so üblich ist, eine Mode, die neue Gestaltpsychologie, erobert sich auch bei uns neue Positionen; man liebäugelt mit ihr. Das ist weiß Gott eine Entdeckung! Die

Tatsache ist altbekannt. Nehmen Sie Motive, die in verschiedenen Tonlagen dargeboten werden: Ob ein Tenor, ein Baß, ein Alt usw. sie interpretieren, den Eindruck erhalten Sie von der Verteilung dieser Töne. Das ist also eine alte, eine uralte Erscheinung. Wir erkennen sie an und verstehen, weshalb sie zum besseren Verständnis unserer Tätigkeit beiträgt. Aber warum soll man die Assoziationslehre gleichzeitig an die Wand drücken, als wenn es keine Assoziationen gäbe, wie es in dem Artikel von Köhler stand, den ich analysiert habe, wo er behauptet, alles beginne mit der Gestalt und es gäbe keine Bildung aus Elementen. Das ist Unsinn. Das ist ein Vergehen der Psychologen; sie haben irgendwie keinen festen Boden unter den Füßen. Was gesichert ist, darauf soll man fest beharren, und dazu mag man nach Belieben Neues hinzufügen. Bei ihnen aber schließt eine Tatsache die andere aus. Da ich niemals ein solcher Psychologe war, kann ich einfach nicht begreifen, weshalb sie, statt das zu ergänzen, was früher vorlag, wie es in der ganzen Naturwissenschaft üblich ist, die früheren Errungenschaften verwerfen. Das ist um so schlimmer, als die Assoziation eine unbestreitbare, offensichtliche Tatsache ist. Sie aber wollen sie irgendwie herabsetzen und beiseite schieben; weshalb, ist unbegreiflich.

3. PHOBIE VOR DER TIEFE (M. K. PETROWAS „JOHN"). PATHOLOGISCHE HEMMUNG ALS PHYSIOLOGISCHE GRUNDLAGE DER PHOBIE. BEHANDLUNG DER PHOBIE DURCH WIEDERHOLUNG EINES HYPNOTISCHEN ZUSTANDS. EIN NEUES PROBLEM: DIE BEHANDLUNG EINER HEMMUNG DURCH HEMMUNG

I. P. Pawlow: Der dritte Befund ist ebenfalls einerseits eine Errungenschaft und andererseits eine sehr interessante Frage. Es handelt sich um einen Befund von M. K., einen allen bekannten Befund, da er auf unserem Physiologenkongreß demonstriert wurde und sehr viele die Erscheinung gesehen haben. Es handelt sich um die experimentelle Phobie. Der Befund selbst erweckt keinerlei Zweifel: Man komme und sehe selbst. *(198)*

Der Sachverhalt besteht in folgendem: Es kam dahin, das M. K.s Hund „John" auf keine Art und Weise bewogen werden kann, an die Treppenflucht heranzutreten, sondern sich einen Arschin[1] vom Gitter entfernt hält und sogar Futter nur dann nimmt, wenn es einen Arschin von der Treppenflucht entfernt liegt.

Was ist da los? Diese Erscheinung haben Sie alle gesehen. Offensichtlich handelt es sich um Furcht vor der Tiefe.

Bisher benutze ich immer noch den unphysiologischen Terminus „Furcht", aber wie ist das zu interpretieren, was ist das physiologisch? Wenn ein normaler Mensch oder ein Tier vor irgendeiner Gefahr halt macht, im vorliegenden Falle vor der Tiefe, dann ist das ein Hemmungsvorgang.

Interpretiert man den Sachverhalt physiologisch, dann liegt bei „John" eine übersteigerte Hemmung vor, eine zu stark fühlbare Hemmung. Eine Phobie ist

[1] 1 Arschin = 71,12 cm (dt. Red.)

physiologisch ganz allgemein eine übersteigerte Hemmung. Das gilt nicht nur für die Tiefe, sondern auch für jeden anderen Gegenstand.

Was ist das für ein besonderer Hemmungszustand, der ein übersteigertes Verhältnis zu den Gegenständen der Umwelt bedingt? Der Hund tritt nicht nahe an das Gitter, sondern bleibt in einer gewissen Entfernung. Früher ist das bei dem Hunde nicht aufgetreten. Weshalb ist es dazu gekommen, und was ist hier los? Sollte man sich nicht durch spezielle Versuche davon überzeugen, daß es sich hier um eine pathologisch veränderte Hemmung handelt, um eine Hemmung, die sehr fühlbar geworden ist? Das wird aus den Versuchen von M. K. klar. Der Hemmungsprozeß dieses Hundes ist außerordentlich strapaziert worden. Die Hemmung wurde stark beansprucht. Sie wissen, es gibt bedingte Reflexe, positive und negative. Die positiven sind diejenigen, die in der Hirnrinde einen Erregungsprozeß hervorrufen; die negativen oder hemmenden sind solche, die in der Hirnrinde eine Hemmung hervorrufen. Bei unseren gewöhnlichen Versuchen wirkt der Reiz 10 bis 30 Sekunden. Bei „John“ dauerte der Reiz bis zu 10 Minuten, d. h., er wurde stark überbeansprucht. Außerdem wurde dieser Hemmreiz ohne Pause sofort nach dem Erregungsprozeß gesetzt, d. h., wir verursachten einen Zusammenstoß. Alles läuft in der Zeit ab. Für jeden Nervenprozeß ist Zeit erforderlich; aber hier hat man dem Nervensystem keine Pause gegönnt, um auf den anderen Prozeß überzugehen. Zudem wurde auch der Rhythmus dieser Versuche verändert: Der eine Reiz wurde nach 5 Minuten gesetzt, der andere nach 10 Minuten usw. Mit einem Wort, wir strapazierten die Hemmung, so stark es nur irgend möglich war. Das fiel dem Hunde schwer. Es äußerte sich darin, daß er heftig protestierte, winselte, jaulte, schwer atmete usw. Infolgedessen wurde die Hemmung pathologisch, und deshalb ergab sich ein übersteigertes Verhältnis nicht nur gegenüber der Tiefe, sondern auch gegenüber allem Drohenden, gegenüber Feuer, gegenüber Verbotsbefehlen des Experimentators usw. Hier muß man ein wenig überlegen: Im Endergebnis ist die Hemmung entweder übermäßig empfindlich geworden oder aber beweglicher und labiler als normalerweise. Das ist der Kern der Sache. Es ist ein pathologischer Hemmungszustand, der dazu führt, das alles, *(199)* was wir fürchten müssen, vor dem wir unsere Bewegungen hemmen, auf uns stärker wirkt als früher unter normalen Bedingungen. Das ist der allgemeine Mechanismus der Phobie.

Für die Neurologen ist das eine sehr wichtige Errungenschaft; denn wenn man den physiologischen Sinn der Furcht kennt, kann man leichter wirksame Gegenmittel finden.

Wenn jemand gegen diese Interpretation des Sachverhaltes Einwände hat, dann möge er es sagen. Ich finde keine. Bis jetzt bietet die Interpretation keinerlei besondere Schwierigkeiten; aber da ist noch etwas Neues, das man erfassen und mit den alten Befunden in Übereinstimmung bringen muß. Das Neue, die Ergänzung besteht darin, daß die Phobie verschwindet und ausgeheilt wird, wenn der Hund mit der Phobie während der Versuche mit ihm zufällig in einen hypnotischen Zustand verfällt. Hier ein konkretes Beispiel.

Lassen Sie auf den Hund die Hemmreize wirken, durch deren Anwendung Sie die Phobie hervorgerufen haben, dann hält die Phobie weiter an. Setzen Sie die

Versuche für einige Tage aus, dann hält die Phobie ebenfalls weiter an. M. K. hat die Versuche für 10 Tage unterbrochen, aber die Phobie blieb weiter bestehen.

Stellen Sie jedoch die Versuche an, aber ohne Hemmreize und ohne paarige positive Reize, d. h., wenden Sie das übrige System der bedingten Reflexe an, dann wird der Hund im Gestell allmählich hypnotisch. Stellen Sie eine Reihe solcher Versuche an, d. h., befindet sich der Hund mehrmals in einem hypnotischen Zustand, dann verschwindet die Phobie in diesem Falle und heilt aus.

Nun muß man die Frage stellen, wie das aufzufassen ist. Stellen Sie den Versuch so an, daß diese kranken Punkte des Nervensystems ausgeschaltet sind, dann verfällt der Hund in einen hypnotischen Zustand, und bei Wiederholung des hypnotischen Zustandes heilt die Phobie von einem zum anderen Tage aus und verschwindet. Das Komplizierte besteht nun darin, daß die Krankheit infolge übersteigerter Anwendung der Hemmung entstanden ist und der hypnotische Zustand unserer Überzeugung nach ebenfalls eine Hemmung darstellt. Wie Sie sehen, wird eine Hemmung durch Hemmung geheilt. Sehen Sie doch nur, welch gräßlicher Gedanke, daß man eine Hemmung mit einer Hemmung heilt. Da haben Sie eine verzwickte neue Frage.

Ich vermute folgendes. Bei allen Reizen, bei hemmenden wie bei positiven, beobachtet man das Gesetz, daß eine schwach angespannte Erregung oder Hemmung irradiiert, sich ausbreitet, sich nicht an einer Stelle konzentriert, sondern auseinanderfließt. Wenn die Hemmung stark ist, dann konzentriert sie sich und sammelt sich an einer Stelle. Also kann man sich vorstellen, daß sich bei Beanspruchung der Hemmung eine Konzentration der Hemmung und folglich eine Anspannung der Hemmung ergibt, Das bedingte dann den pathologischen Zustand. Wenn aber ein hypnotischer Zustand entsteht, dann liegt eine schwache Hemmung vor, eine Hemmung, die auseinanderfließt; das ist *(200)* kein Zustand von Anspannung der Hemmung, sondern umgekehrt eine schwache Hemmung. Man kann sich vorstellen, daß eine schwache Hemmung ein therapeutischer Faktor und ein günstiges Moment ist, das zur Besserung, zu einem normalen Zustand der Hemmung führt. Es ist eine Grundtatsache sowohl bei uns als auch in der Neurologie und Psychiatrie, daß dann, wenn die Situation des Nervensystems schwierig ist, als therapeutische physiologische Maßnahme ein diffuser, schwacher, aber die ganze Nerventätigkeit beruhigender Hemmungszustand auftritt.

Das ist meine Ansicht. Da hier viele Neurologen und Psychiater anwesend sind, darf ich Sie bitten, Stellung zu nehmen, ob das real und konkret oder ein Trugschluß ist. Also bitte, meine Herren, hat jemand etwas dazu zu sagen? Hat jemand statt meiner Erklärung und Vermutung eine eigene zu bringen? Das wäre interessant.

Ich muß noch etwas ergänzen. Wenn Sie diese Phobie durch den hypnotischen Zustand ausheilen, brauchen Sie den Hemmungsprozeß nur wiederum zu strapazieren, dann tritt ein Rezidiv dieser Phobie auf. Der Experimentator hat diese Phobie fest in Händen, er ruft sie entweder hervor, oder beseitigt sie.

F. P. Majorow: Ich erinnere mich, daß es bei M. K. vorgekommen ist, daß die pathogenen Reize aus dem Versuch ausgeschlossen wurden, aber keine Hypnotisierung aufgetreten ist.

M. K. Petrowa: Das half zunächst, aber nur halb. Die Phobie des Hundes veränderte sich nur quantitativ, er fürchtete sich nur noch vor einer großen Tiefe, aber nicht mehr vor einer kleinen. Die Phobie verschwand, als sich der hypnotische Zustand ausbreitete.

I. P. Pawlow: Ohne starke Belastung des Hemmungsprozesses trat die Phobie nicht wieder auf. Die Beseitigung der entsprechenden Reize allein half, aber nur palliativ. Die Phobie wurde weniger intensiv. Als aber der Hund zusätzlich wiederholt in einen hypnotischen Zustand versetzt wurde, verschwand die Phobie endgültig.

S. A. Petrow: Und wie erschien und verschwand die Phobie vor dem Feuer?

I. P. Pawlow: Die Phobie gegenüber dem Feuer war schwächer, weniger intensiv als die Phobie vor der Tiefe. Das ist für die Neurologie sehr wichtig. Phobie ist doch Phobie; aber worauf beruht es, daß diese Phobien doch einen gewissen speziellen Charakter haben? Der eine fürchtet verstärkt das Wasser, der andere fürchtet es nicht. Worauf beruht das? Ich glaube, es hängt von unseren Wechselbeziehungen ab, von unserem Wissen und unserer Erfahrung, daß wir das eine mehr fürchten, das andere weniger, uns in Beziehung zu dem einen stärker zurückhalten, in Beziehung zu einem anderen weniger. Ich glaube, hier ist es genau dasselbe, und daß „John" im Zustand der Phobie die Tiefe mehr fürchtet als das Wasser, ist aller Wahrscheinlichkeit nach durch seine Lebenserfahrung bedingt. Wenn der eine eine Menge von Dingen fürchtet, die allerverschiedensten Phobien hat, der andere aber nur ein bis zwei Phobien, dann ist dennoch aller Wahrscheinlichkeit nach das Wesen der Sache ein und dasselbe: Es ist das Resultat eines pathologischen Zustandes des Hemmungsprozesses, er wird empfindlich und sehr beweglich. Das äußert sich dann je nach dem, welche Erfahrungen Sie haben. *(201)*

M. K. Petrowa: Erinnern Sie sich, „Bely" fürchtete plötzlich einen schwachen Hund, über den er früher hergefallen war.

I. P. Pawlow: Das betrifft einen starken Hund vom zügellosen Typ, bei dem die Hemmung im allgemeinen nicht stark ist, so daß es ziemlich einfach war, sie zu strapazieren. Dieser Hund bedrohte früher zügellos jeden; nicht nur andere Hunde hielt er in Furcht, sondern er biß auch kräftig nach Menschen, ein verwegener Hund vom starken zügellosen Typ. Im Ergebnis der Überbeanspruchung seines Hemmungsprozesses war er nicht mehr wiederzuerkennen. Wenn „Bely" früher das Futter aus dem Napf fraß, duldete er keinen Rivalen, er knurrte und stürzte sich auf ihn; das Futter existierte nur für ihn. Als aber die Phobie erzeugt worden war, fraß ein feiges Hündchen aus seiner Schüssel, und der zügellose „Bely" wagte sich nicht heran. Das ist genau dieselbe Form einer Phobie.

Das waren die drei neuen Probleme.

4. DIE UMARBEITUNG DER METRONOME BEI W. W. JAKOWLEWAS „JULA“ UND DAS PROBLEM DER WECHSELBEZIEHUNGEN ZWISCHEN ERREGUNGS- UND HEMMUNGSPROZESS

I. P. PAWLOW: Und nun will ich noch eine Kleinigkeit ergänzen. Es ist eigentlich mehr für unsere Mitarbeiter. Ich möchte über „Jula“ sprechen, einen Hund von W. W. Bei diesem „Jula“ wurden die Metronome umgearbeitet, das positive machten wir negativ und das negative positiv. Das nennen wir „Umarbeitung entgegengesetzter bedingter Reflexe in ihr Gegenteil“. Die Umarbeitung verlief glatt, d. h., die Kurven des Anstiegs und des Absinkens der entsprechenden Reflexe kreuzten sich annähernd in der Mitte. Der Hemmreflex erhöhte sich also infolge der Bekräftigung, während der positive sich infolge der Nichtbekräftigung erniedrigte. Sie näherten sich auf mittlerem Niveau und verliefen annähernd gleich. Es endete damit, daß der frühere positive Reflex einen Nullwert ergab, d. h. aufhörte, eine bedingte Speichelabsonderung zu ergeben, während der hemmende, der bekräftigt wurde und positiv sein sollte, Schwankungen um Mittelwerte vollführte und seine normale Höhe einfach nicht erreichen konnte.

Auf Grund des neuen Versuchs konnte man unmittelbar annehmen, daß der Hemmungsprozeß des Hundes stärker ist als der Erregungsprozeß, denn der Erregungsprozeß, der sich in einen Hemmungsprozeß verwandeln sollte, erreichte den Nullwert rasch und blieb darauf stehen, während der Hemmungsprozeß, der positiv werden sollte, die normale Höhe nicht erreichte und stark schwankte. Es stellte sich heraus, daß diese Annahme leichtfertig und übereilt war, denn sobald neue Versuchsvarianten hinzugefügt wurden, zeigte sich der Sinn der Sache in ganz anderem Lichte. Als dieser Hemmreiz, der zu einem positiven umgearbeitet wurde, die normale Höhe einfach nicht erreichen wollte und gewaltig schwankte, ergab der umzuarbeitende Erregungsprozeß fast immer ein vollkommenes Ausbleiben der Speichelabsonderung. Aber seine isolierte Wirkung *(202)* wurde dabei verlängert, und zwar von einer halben Minute auf eine Minute, damit er das normale Ausmaß des bekräftigten Reizes ergab. Was bedeutet das? Es bedeutet, daß es nicht an der Stärke lag, sondern an einer Veränderung des Hemmungsprozesses infolge der Tatsache, daß das Verspäten exakter wurde, als es früher war, daß der Hemmungsprozeß des Verspätens jetzt infolge des zusätzlichen Trainings intensiver ist und fast bis zum Augenblick der Anwendung des unbedingten Reizes geht. Unsere Bedinger werden natürlich sofort verstehen, daß sich jetzt infolge des zusätzlichen Trainings der Hemmung das Verspäten weitaus exakter äußerte, d. h., es verband sich direkt mit dem Augenblick der Fütterung, und deshalb trat der Reflex entweder überhaupt nicht auf, oder er war geringfügig. Das ist also ein lehrreicher Fall: Wenn Sie vom Zustand des einen oder des anderen Prozesses, des positiven oder des hemmenden, sprechen wollen, dann rechnen Sie immer mit der Wechselwirkung dieser Reize!

Man kann sagen, das ist ein beständiges Verfahren: Wenn sich ein Prozeß verändert, muß man das wechselseitige Verhältnis berücksichtigen, den veränderten

Zustand nicht nur auf den einen Prozeß beziehen, sondern ihn auch unbedingt in seiner Abhängigkeit vom entgegengesetzten Prozeß sehen. Das ist also ein weiterer Anlaß zu einer exakteren Analyse. Meine Damen und Herren, wer von unseren Bedingern möchte dazu etwas ergänzen? Genieren Sie etwa unsere Gäste, daß das große Schweigen ausgebrochen ist?

M. K. Petrowa: Das wurde durch die paradoxe Phase bei W. K.[1] bestätigt.

I. P. Pawlow: Meine Damen und Herren, ich halte es neben allem anderen für meine Pflicht, bezüglich der Zeit ganz exakt zu sein, und deshalb enden die Kolloquien immer um 12.00 Uhr; dann vergleichen wir unsere Uhren. Ich möchte, daß in unserer Arbeit ständig eine solche Pünktlichkeit herrscht. Man muß immer bestimmte Gedanken im Kopfe haben, widerlegende, bestätigende usw. Das gehört auch etwas zum System. Für mich ist das ein Prinzip. Ich verlange, daß meine Uhren nicht nur auf die Minute, sondern sogar auf die Sekunde genau gehen. Wenn Sie aber ungenau gehen, suche ich zu ermitteln, von welchen Bedingungen die Ungenauigkeit abhängt, wovon die Schwankung abhängt. Wenn ich nicht einmal bei toten Dingen alle Bedingungen erfassen kann, wie soll ich dann die ganze Kompliziertheit des lebenden Organismus verstehen. Ich übe mich also auf diese Weise darin.

Auf Wiedersehen, meine Damen und Herren! *(Beifall) (203)*

---

[1] W. K. Fjodorow

MITTWOCHKOLLOQUIUM

vom 9. Oktober 1935

1. ÜBER EINE BESONDERE FORM DES ERLÖSCHENS BEDINGTER REFLEXE BEI INTERMITTIERENDER UND LANGANHALTENDER ISOLIERTER WIRKUNG STARKER UND SCHWACHER REIZE (VERSUCHE W. K. FJODOROWS)

I. P. Pawlow: Guten Tag!

Ich will über neue Versuche von W. K. an zwei Hunden sprechen, an „Smirny" und „Naljot". An dem einen ist ein Versuch angestellt worden, an dem anderen drei. Die Versuche stimmen in ihren Ergebnissen ausgezeichnet überein. Es handelt sich um eine besondere Form des Erlöschens. Und zwar geht es um folgendes. Bei diesen Hunden liegt bei den üblichen bedingten Reflexen eine präzise Abhängigkeit des Effekts von der Reizstärke vor.

Die Versuche werden so angestellt, daß die starken und schwachen Reize (als starker Reiz zum Beispiel die Klingel und als schwacher Reiz Licht) jeweils für vier Minuten angewandt werden, wobei ständig eine Reizung von 10 Sekunden mit einer Pause von 10 Sekunden abwechselt. Der Reiz dauert also vier Minuten, wobei er regelmäßig unterbrochen wird: 10 oder 15 Sekunden wirkt der Reiz, 10 oder 15 Sekunden dauert die Pause. Dann addiert W. K. die Speicheleffekte sämtlicher Reizperioden und sämtlicher Pausen. Es ergibt sich folgender interessanter und ganz exakter Befund: Die Summe der Effekte während der Reizperioden übertrifft bei starken Reizen die Summe der Effekte während der Pausen beträchtlich.

So beträgt zum Beispiel die Summe aller Effekte der Reizperioden bei „Smirny" 184 Teilstriche und die Summe der Effekte der Pausen 118 — ein krasser Unterschied; oder 216 in den Reizperioden und 108 in den Pausen usw. Untersucht man die Größe der Speichelabsonderung der einzelnen Perioden, dann ergibt sich ebenfalls, daß sich während der einzelnen Pausen die Speichelabsonderung im Vergleich zu der während der Reizwirkung verringert.

Das gilt nur bei einem starken Reiz, bei einem schwachen dagegen schwankt die Speichelabsonderung in denselben Perioden nur sehr wenig.

Ist es allen klar? Wenn jemandem etwas unklar ist, fragen Sie.

A. A. Lindberg: Wie häufig stellt W. K. diese Versuche an?

I. P. Pawlow: Er stellt jedesmal einen derartigen Versuch im Laufe eines Tages an. *(204)*

A. A. Lindberg: Und an den übrigen Tagen wurden diese Versuche nicht angestellt?

I. P. Pawlow: An den übrigen Tagen wurden die gewöhnlichen Versuche wiederholt. Ende Mai und Anfang Juni sind diese Versuche annähernd zur gleichen Zeit angestellt worden, wobei die Klingel und das Licht nicht in ein und demselben Versuch, sondern in verschiedenen Versuchen ausprobiert wurden. Zum Beispiel probierten wir bei „Naljot" das Licht am 7. Juni und die Klingel am 10. Juni. Aber alle Versuche ergaben übereinstimmende Ergebnisse.

Nun will ich Ihnen noch die einzelnen Werte jedes Versuchs und sogar jeder Minute angeben.

Zum Beispiel bei „Smirny" auf die Klingel bei 10 Sekunden Reizung und 10 Sekunden Pause: in der Reizperiode 32, in der Pause 22, in den folgenden 10 Sekunden Reizung 30, in der Pause 22. Auf Licht: in den ersten 10 Sekunden (Reizperiode) 19, in der Pause 17, in der Reizperiode 20, in der Pause 17, d. h., die Werte schwanken, freilich nur sehr schwach.

Das sind die Tatsachen. Wie ist das nun aufzufassen? Ich werde Ihnen meine Erklärung geben, sozusagen die sinnvollste.

Ich stelle mir den Sachverhalt folgendermaßen vor. Ich nehme an, daß der Reiz während der Reizzeit eine Funktion hervorruft, so daß die Zellen und jenes funktionelle Material, das zur Arbeit dient, zerstört und erschöpft werden. Wenn die Reizung zu Ende ist, beginnt die Regeneration, von der wir annehmen, daß sie in der Mehrzahl der Fälle mit einer Hemmung zusammenfällt. Ich interpretiere es so, daß bei einem starken Reiz auch der Abbau der, wie wir sagen, funktionellen Stoffe groß ist; aber sobald der Reiz zu Ende ist, beginnt auch sofort eine Hemmung, es beginnt eine Regeneration der Zellenergie. Bei einer schwachen Reizung ist der Abbau schwach, und deshalb verspäten sich Hemmung und Regeneration (denn diese werden ja bei uns in vielen Fällen als identisch angesehen).

Diese Interpretation würde nun in den Versuchen von Folbort ihre Bestätigung finden, der sich mit der Regeneration an den Speicheldrüsen befaßte. Seine Grundregeln habe ich mir aufgeschrieben. Es gibt mehrere solcher Regeln. So lautet die zweite Regel: „Nach intensivem Abbau geht die Regeneration schneller als nach allmählichem Abbau." Der Versuch von W. K. ist eine Illustration dieser Regel für Abbau und Regeneration. Je stärker der Abbau ist, um so rascher treten Hemmung und Regeneration auf, je schwächer der Abbau ist, um so langsamer geht die Hemmung oder, was dasselbe ist, die Regeneration vor sich.

Ich muß berichten, daß ich mit W. K. eine große Auseinandersetzung hatte, als er von diesen Resultaten berichtete. Er stand auf einem anderen Standpunkt, kam aber zu guter Letzt mit mir überein. Mich interessiert, wie man diese Versuche anders auffassen könnte.

P. S. Kupalow: Mich interessiert, wie bei diesem Hunde die Speichelabsonderung auf dieselbe Klingel verläuft, wenn diese 30 Sekunden durchgängig wirkt. Für gewöhnlich ist es so, daß wir in den letzten 10 Sekunden eine Vergrößerung der Speichelabsonderung finden. *(205)* Würde man also die Zelle nicht 10, sondern 30 Sekunden reizen, dann müßten die letzten 10 Sekunden, wie es im Versuch häufig passiert, eine stärkere Speichelabsonderung liefern. Der funktionelle Vorrat der Zelle reicht also für 30 Sekunden.

I. P. Pawlow: Das ist ganz einfach. Darum dreht es sich ja gerade, daß die vorliegenden Reize wirken und die Zelle abbauen, wogegen bei Unterbrechung ihrer Wirkung der entgegengesetzte Prozeß auftritt, eine Hemmung. Was den Verlauf der Speichelabsonderung betrifft, so ist er sehr verschieden. Hier kann man diesen Unterschied sehen.

P. S. Kupalow: Das ist eine gute Erklärung. Ich stimme dem Gedanken zu, daß die Verringerung der Speichelabsonderung in den zweiten 10 Sekunden schon ein Anzeichen der Regeneration ist, aber ich kann nicht begreifen, weshalb die Speichelabsonderung in den ersten 10 Sekunden schwächer, in den dritten, letzten 10 Sekunden aber bei den Hunden sehr häufig stärker ist, wenn man das Ausmaß der Speichelabsonderung in Abhängigkeit von der Menge des der Zelle zur Verfügung stehenden Materials setzt.

I. P. Pawlow: Das gehört nicht zur Sache, das ist eine andere Frage. Weshalb sollen wir darüber sprechen? Das Grundphänomen ist: Sie haben eine ganze Reihe wechselnder Perioden von Reizungen und Pausen sowie einen entsprechenden Effekt. Das ist und bleibt Tatsache. In dem von Ihnen angeführten Falle liegen ganz andere Bedingungen im Verlauf der halben Minute vor, eine Verspätungsperiode tritt auf, ein Kampf der Hemmung usw.

F. P. Majorow: Mich interessiert, ob diese Erscheinung vom ersten Versuch an auftrat oder nicht.

I. P. Pawlow: Danach zu urteilen, wie W. K. die ganzen Versuche dargestellt hat, trat es vom ersten Mal an auf.

N. A. Podkopajew: Ich erinnere mich an jüngste Versuche, die dem sehr ähneln. Es handelt sich um Versuche von P. S. und I. R.[1] Wir haben zur Erklärung angeführt, daß der Augenblick des Aufhörens des Reizes an sich schon ein Reiz ist. Weshalb tritt denn das hier nicht auf?

I. P. Pawlow: Bei jenen Versuchen liegt etwas anderes vor. In jenem Falle haben Sie die Wirkung eines Reizes vor sich, zu dem sowohl die reizende Wirkung des Anfangs als auch die des Endes als auch die Wirkung der Mitte gehört. In unserem Falle dagegen haben wir nur die Wirkungsperiode des Reizes und die Periode, in der der Reiz nicht wirkt.

N. A. Podkopajew: Mir ist trotzdem nicht verständlich, wo denn diese erregende Wirkung des Reizendes steckt, die wir zum Angelpunkt der Erklärung gemacht haben.

Sie haben folgende Werte: in den ersten 10 Sekunden der Reizwirkung 32 Teilstriche, in den ersten 10 Sekunden der Pause 22 Teilstriche. Bis hierher betrachte ich die Dinge erst einmal und frage, weshalb hier das Aufhören des Reizes keine Erhöhung des Reflexes hervorgerufen hat, so wie wir es früher beobachtet haben.

I. P. Pawlow: Genau derselbe Zweifel kam auch W. K. Wir wissen erstens noch nicht sicher, ob nicht im vorliegenden Falle diese Erscheinung doch auftritt wie in unserer allgemeinen Physiologie. Schön, selbst wenn nur *(206)* Anfang und Ende reizen, dann haben wir hier ja gerade einen Anfang und ein Ende, eine Zeitspanne, d. h.,

[1] I. R. Prorokow

eine Periode der Wirkung des Reizes. Im Ergebnis dieser summarischen Wirkung finden Sie den Effekt 32, und wenn alles vorüber ist, wenn die durchgehende Wirkung nicht mehr da und das Ende vorüber ist, dann tritt eine Pause, dann tritt Ruhe ein. Wenn Sie auf dem Standpunkt stehen, daß das Ende des Reizes wirkt, so wirkt es doch nicht eine Stunde oder zwei Stunden. Tatsache ist nur, daß der Effekt in der Reizperiode größer und in der Ruheperiode geringer ist. Das ist die unbestreitbare Tatsache. Diese Tatsache sehen Sie sowohl an jeder einzelnen Zahl, die sich auf eine Periode von 10 Sekunden bezieht, als auch im ganzen Versuch an Hand ihrer Summe. Es ist selbstverständlich, daß alle diese speziellen Einflüsse von jener allgemeinen Tatsache überdeckt werden, daß auf die Reizperiode mehr entfällt als auf die Periode der Pausen. Das ist nur ganz natürlich, und da ist nichts zu deuteln. Nicht das ist hier wesentlich, sondern vielmehr die Tatsache, daß die Sache bei starker Reizung so verläuft und bei schwacher anders. Das ist wesentlich und das muß man bedenken. Wir haben im vorliegenden Falle nicht zu ermitteln, wie Anfang und Ende wirken, was davon stärker wirkt, wie lange der Effekt der Endreizung anhält — das sind alles Spezialfragen, die vor dieser allgemeinen Erscheinung zurücktreten. Das ist meine Meinung. Wesentlich ist, daß man einen starken quantitativen Unterschied in den verschiedenen Variationen beobachtet, daß in den Perioden der Pausen der Effekt schwächer ist als in den Perioden der Reizung bei einem schwachen Reiz und noch schwächer bei einem starken Reiz.

Interessant ist das Gesamtergebnis, das besonders deutlich wird, wenn Sie es summarisch betrachten. Aber, meine Damen und Herren, wenn Ihnen dieses und jenes in den Sinn kommt, dann denken Sie weiter darüber nach, und wir werden uns noch einmal damit befassen.

A. A. Lindberg: Verfügt W. K. zum Vergleich über den Verlauf der Speichelabsonderung bei 4 Minuten durchgängiger Wirkung? Das wäre für unsere Überlegungen sehr wichtig.

I. P. Pawlow: Haben Sie durchgängig ausgelöscht?

W. K. Fjodorow: Bei diesem Hunde nicht.

I. P. Pawlow: Wir haben zusammen so viel ausgelöscht, daß ich nicht weiß, was Sie noch über das durchgängige Erlöschen wissen wollen. Sie wissen doch genau, daß häufig das eine wie das andere vorkommt. Größtenteils dauert das Auslöschen starker Reize länger als das Auslöschen schwacher; aber manchmal ist es auch umgekehrt.

A. A. Lindberg: Aber wie ist der Verlauf selbst?

I. P. Pawlow: Wir wissen, daß der Verlauf schwankt.

Ich muß Ihnen sagen, daß zu Beginn der Entwicklung der Lehre von den bedingten Reflexen der erste Befund, aus dem sich eine ungeheure Anzahl weiterer Befunde ergaben, das Erlöschen war. Das erste, was ich zusammen mit Tolotschinow feststellte, war, daß bedingte Reflexe erlöschen, wenn sie nicht bekräftigt werden. Damals legten wir uns die Frage vor, was das Erlöschen sei. Ich sage das deshalb, weil es gewiß noch manches Unklare gibt, aber das Erlöschen haben wir alle so und so oft gesehen, wir kennen alle Abweichungen und alle Schwankungen.

Aber das ist schon wieder eine Spezialfrage, die nicht zur Sache gehört. Im vorliegenden Falle *(207)* handelt es sich um zahlreiche Gegenüberstellungen der Reizperiode und der Pausen. Es versteht sich von selbst, wenn eine gewisse Zeit vergeht, sagen wir 10 Minuten, dann hört die Speichelabsonderung ganz auf. Wesentlich ist, daß sich ein Unterschied im Absinken des Effekts während der Pausen ergibt, daß das Absinken bei schwachen Reizen geringer ist als bei starken.

Wie ich sehe, stellen Sie sich diesen Sachverhalt anders vor als ich, und Sie können sich mit meiner Ansicht nicht so recht befreunden. Wir werden einmal darüber nachdenken; aber zunächst prägen Sie sich die Tatsache und meine Erklärung fest ein.

Überlegungen sind natürlich wesentlich, aber noch wesentlicher wäre es, wenn jemand zur Bestätigung seiner Ansicht sofort eine neue Versuchsanordnung ersänne. Meine Worte wie auch Ihre Worte sind gleich billig, aber interessant wäre die Versuchsanordnung, die sie widerlegte oder bestätigte. Da wir zu keiner Einigung gekommen sind, denken Sie darüber nach, dann werden wir nächstes Mal wieder darüber sprechen.

2. EINFLUSS DES ALLGEMEINEN RINDENTONUS AUF DIE GRÖSSE DER NAHRUNGS- UND SÄUREREFLEXE. DIE MÖGLICHKEIT VON PHASENERSCHEINUNGEN UND INDUKTIONSBEZIEHUNGEN ZWISCHEN IHNEN (VERSUCHE A. A. LINDBERGS). DER EINFLUSS EINER SEXUELLEN ERREGUNG AUF DIE HÖHERE NERVENTÄTIGKEIT DER HIRNRINDE (BEOBACHTUNGEN W. W. RIKMANS). DER NEGATIVE EINFLUSS EINER STARKEN NAHRUNGSERREGUNG AUF DIE BEDINGT-REFLEKTORISCHE TÄTIGKEIT (VERSUCHE M. K. PETROWAS)

I. P. Pawlow: Die Bedeutung des Rindentonus ist eine uns wohlbekannte Tatsache, die jedoch Hervorhebung verdient. Seine Bedeutung ist so groß, daß jeder unserer Bedinger ständig daran denken muß.

„Kaschtan" ist ein starker ausgeglichener Hund. Seine bedingt-reflektorische Tätigkeit ist normal bei richtigen Verhältnissen zwischen starken und schwachen Reizen. Ein starker Reiz (Ton und Telephon) liefert 24 Teilstriche und ein schwacher (Kälte und Kassalka) geringfügige bedingte Reflexe (die Kassalka z. B. 2 Teilstriche). Die Versuche werden ständig genau zur selben Zeit angestellt. Als es zufällig einmal zu einer Unregelmäßigkeit in der üblichen Arbeit kam und die Säurereflexe eine Stunde später gesetzt wurden, vergrößerten sie sich. Aus 20 Teilstrichen wurden 40 und aus 2 wurden 17, das Doppelte und mehr.

Das ist kein zufälliges Ergebnis; es wurde wiederholt, freilich mit einer kleinen Veränderung: Die Verspätung betrug 2 Stunden. Die Vergrößerung trat ebenfalls auf, war aber geringer. Man kann es also als gesicherte Tatsache ansehen, daß eine Veränderung des Zeitpunktes des Versuchs auf die Größe des Effekts von gewaltigem Einfluß ist.

Weshalb ist das wichtig, und was bedeutet es? Wir wissen seit langem, daß sich der Effekt der bedingten Reize deutlich und ausgeprägt verändert, wenn die Nahrungsreflexe eine oder mehrere Stunden später gesetzt werden. Diese Tatsache ist längst bekannt und weist auf eine Erhöhung der Nahrungserregbarkeit hin. Hier aber stellte sich heraus, *(208)* daß nicht das Nahrungszentrum gereizt wird, sondern das Säurezentrum. Auf welche Weise wirkt sich das nun auf das Säurezentrum aus? Hier muß folglich ein indirekter Einfluß vorliegen und kein direkter wie im Falle der Nahrungsreflexe. Bezüglich des Nahrungszentrums konnte man annehmen, daß die Nahrungserregbarkeit vom Augenblick der ersten Fütterung bis zur nächsten allmählich zunimmt. Darauf aber beschränkt sich die Sache nicht; dieser Einfluß macht sich vielmehr offensichtlich auch bei anderen Reflexen außer beim Nahrungsreflex bemerkbar, zum Beispiel beim Säurereflex. Im vorliegenden Falle muß man annehmen, daß die Erregung vom Nahrungszentrum, das bis zu einem gewissen Grade erregt ist, irradiiert und sich der ganzen Hirnrinde mitteilt. Auf diese Weise kann man verstehen, daß der Effekt des Säurereflexes, wenn dieser zu seiner Zeit gesetzt wird, nicht nur durch den Säuretonus bestimmt wird, sondern auch durch den Gesamttonus der Hemisphären, je nach der Erregungsetappe im Nahrungszentrum. Zu den verschiedenen Tageszeiten ist dieser Anteil unterschiedlich.

Wenn unsere Überlegung richtig ist, dann ist anzunehmen, daß sich die Erregung des Nahrungszentrums um so mehr konzentriert, je mehr sich der Augenblick der Fütterung nähert. Zunächst, wenn es bis dahin noch lange Zeit ist, irradiiert sie als schwache Erregung, summiert sich mit den anderen Erregungen und erhöht den Effekt. Nähert sich aber der Augenblick der Fütterung, dann konzentriert sich die Erregung des Nahrungszentrums immer mehr, und es ist zu erwarten, daß man keine Vergrößerung, sondern vielmehr eine Verringerung des Effektes bekommt, wenn der Säurereflex ein bis zwei Stunden vor der Fütterung gesetzt wird, denn dann kommt es nicht zur Irradiation und Summation mit dem Säurereiz, sondern zu einer negativen Induktion auf die übrigen Punkte, also auch auf den Punkt der Säurereizung.

Wenn unsere Interpretation richtig ist, müssen die Versuche so verlaufen, wie ich sagte.

Ein kleiner Hinweis darauf ist darin zu sehen, daß die Vergrößerung der Säurereflexe stärker war, wenn diese eine Stunde später gesetzt wurden statt zwei Stunden. Das ist sehr interessant.

Dieser Erklärung liegt eine Tatsache zugrunde, die wir schon vor langer Zeit gefunden haben. Es ist die Tatsache, daß die Erregung eines Zentrums drei Phasen aufweist: Wenn die Erregung schwach ist, irradiiert sie und führt folglich zu allen möglichen Summationen; wenn sie von mittlerer Stärke ist, konzentriert sie sich und führt zur negativen Induktion anderer Stellen in den Hemisphären; wenn sie aber, wie bei jenem Hund, mit dem M. Ja. Besbokaja arbeitete, sehr stark ist, dann kommt es zu einer zweiten Irradiation, die darauf beruht, daß der

Reiz zu stark ist, daß er nicht gezügelt werden kann und deshalb zu einer neuen Irradiation führt.

Wenn sich all das bestätigt, dann sehen Sie, wie sich die ganze Sachlage kompliziert, wie in allen Versuchen ständig bestimmte Bedingungen gegeben sind, die man nicht vergessen darf und an die man *(209)* fortwährend denken muß. Es ist tatsächlich so; das gilt nicht nur allein für das Nahrungszentrum und seine Erregungsetappen zwischen den beiden Fütterungen im Laufe des Tages. Als ich davon in Koltuschi sprach, machte W. W. mich darauf aufmerksam, daß er dasselbe häufig auch bei Erregung des Sexualzentrums beobachtet hätte. Wenn mit der Läufigkeitsperiode die sexuelle Erregung beginnt, fand er immer, daß die bedingten Reflexe sich zunächst tatsächlich erhöhen; dann aber, wenn die sexuelle Erregung der Rüden stark zunimmt, sinken die Reflexe völlig auf Null ab, d. h., sie verschwinden. All das äußert sich also nicht nur beim Nahrungszentrum, sondern auch beim Sexualzentrum und wahrscheinlich auch bei allen anderen Zentren.

Es ist also eine allgemeine Tatsache, daß die schwache Erregung eines Zentrums irradiiert; ist sie stark, dann konzentriert sie sich, und wenn sie noch mehr verstärkt wird und eine bestimmte Konzentrationsnorm erreicht, dann setzt sie die ganze übrige Tätigkeit auf Grund des Gesetzes der negativen Induktion herab.

Interessant ist folgendes: Als M. K. ihre Hunde untersuchte...

M. K. Petrowa: Das geschah zunächst zufällig.

I. P. Pawlow: ... da verringerten sich, da ihre sämtlichen Hunde entweder genetisch schwach oder durch Kastration geschwächt sind, die bedingten Reflexe dieser Hunde ständig zu den späteren Tageszeiten. Wir wußten früher, daß sich die Nahrungserregbarkeit beim starken Typ positiv auswirkt und die Reflexe vergrößert, daß sie dagegen beim schwachen Typ, der keinen starken Tonus verträgt, verringert. Fast bei allen Versuchen M. K.s fand sich das.

M. K. Petrowa: Bei den stärksten Hunden habe ich es nicht versucht.

I. P. Pawlow: Auf jeden Fall haben Sie es bei den Kastraten und bei den Alkoholikern versucht.

M. K. Petrowa: Bei all diesen sanken sie stark ab, auch bei „Mirta".

I. P. Pawlow: Diese Erscheinung ist also wesentlich, und keiner von uns darf sie vernachlässigen. Daraus ergibt sich die Notwendigkeit, bei den Versuchen Pünktlichkeit zu wahren. Häufig werden die Hunde jetzt nicht regelmäßig in Versuch genommen. Das darf nicht sein. Dann ist der Versuch schon nicht mehr ganz sauber. Sie täuschen sich selbst. Das ist eine methodisch außerordentlich wichtige und prinzipielle Angelegenheit. Die Versuche müssen zeitlich ganz exakt angestellt werden, nicht, wie es gerade kommt. Man darf die Hunde nicht vernachlässigen und mit ihnen unbedacht umgehen. Das ist im höchsten Maße wichtig.

3. DIE WIRKUNG REINER TÖNE ALS BEDINGTE REIZE IST DURCH EINE VERSTÄRKTE HEMMUNG KOMPLIZIERT (VERSUCHE F. P. MAJOROWS)

I. P. PAWLOW: Der nächste Hund ist „Najan". F. P. wollte das Problem des Einflusses der Stärke der Reize präzisieren, es mit physikalischer Exaktheit behandeln. Er benutzte reine, möglichst exakt gemessene Tonreize. Es ergab sich etwas ganz Besonderes. *(210)* Ein schwacher reiner Ton erwies sich hinsichtlich des Effekts seiner Wirkung als gleich oder schwächer als die Einwirkung eines schwachen Reizes, z. B. Licht. Das ist das erste.

Dann freilich wuchs der Effekt bei allmählicher Zunahme der Stärke des Tones. Ferner stellte sich heraus, daß der Effekt dieses Tones bei einer noch gar nicht sonderlich großen Stärke abzusinken beginnt, d. h., es tritt rasch eine Überbelastungshemmung auf. Das ist das zweite.

Hier die allgemeine Formulierung dieser Tatsachen: Die Wirkung eines reinen Tones ist durch das Vorliegen einer zusätzlichen Hemmung im Vergleich zu anderen Reizen kompliziert (bei für das Ohr gleicher Stärke wie andere Reize liefert er einen geringeren Effekt, d. h., es entsteht eine Überbelastungshemmung).

Ich muß Ihnen folgendes sagen: Offensichtlich steht mit dieser Tatsache ein Kuriosum in der Geschichte der bedingten Reflexe in Zusammenhang. Seinerzeit, als bei uns im Laboratorium ein reiner Ton angewandt wurde (wie ich mich erinnere, war diese Vorrichtung für reine Töne bei L. A.[1] gebaut worden), ergab sich dasselbe wie bei F. P. In Amerika stellte JOHNSON Versuche mit reinen Tönen an und erklärte, es sei unmöglich, auf diese Weise bedingte Reflexe herzustellen. Ein ziemlich seltsames Ergebnis, das wahrscheinlich mit den Vorgängen in Zusammenhang steht, die F. P. jetzt aufgedeckt hat. Wir sehen hier eine seltsame Beimischung einer Hemmung bei schwacher Tonstärke und ein sehr frühes Auftreten einer Überbelastungshemmung.

Die Grundfrage ist, wie man die Tatsache erklären soll, daß ein reiner Ton schwächere bedingte Reflexe liefert. Darin äußert sich das Vorhandensein eines Hemmungsprozesses.

Ich schlage folgende Erklärung vor, bei der ich bleiben möchte. Ich stelle mir die Sache folgendermaßen vor: Ein zusammengesetzter Ton besteht, wie die HELMHOLTZsche Tonanalyse gezeigt hat, aus mehreren Tönen (Obertönen) und reizt deshalb also gleichzeitig an mehreren Punkten. Man kann sich vorstellen, daß diese Reizung an mehreren Punkten irgendwie schwankt: Bald wird der eine Punkt stärker gereizt, bald ein anderer. Es ist möglich, daß sich hier Perioden von negativer Induktion zwischen zusammengesetzten Tönen einmischen, die die Aufladung dieser Elemente beschleunigen und ihnen so die Möglichkeit bieten, eine größere Arbeit zu leisten. Handelt es sich aber um einen reinen Ton, dann konzentriert sich die Reizung auf eine Zelle und verteilt sich nicht auf mehrere zugleich; dann sind solche Schwankungen unmöglich. Die Bedingungen für eine

[1] L. A. ANDREJEW

raschere Erschöpfung der Zelle nehmen also im Falle der Wirkung eines reinen Tones zu.

A. N. Pachomow: Im Falle der Wirkung eines zusammengesetzten Tones wird er auf viele Rindenzellen treffen, im Falle eines reinen Tones dagegen auf eine geringere Anzahl, vielleicht nur auf eine einzige Zelle. Zweifellos muß sich das stark auf den Effekt auswirken. *(211)*

P. S. Kupalow: Diese Tatsachen sind uns im Grunde bekannt, und wir haben sie bereits geklärt. Der erste Apparat mit reinen Tönen ist in unserem Laboratorium von O. P. Jaroslawzewa angewandt worden, als sie hemmende und positive Reize bestimmte und einen neutralen Punkt suchte. Damals fiel folgendes auf. Die Aufgabe bestand darin, beim Vorhandensein eines hemmenden und eines positiven Tones die Bedeutung des neutralen Punktes zwischen ihnen aufzuklären. Wir lenkten schon damals unsere Aufmerksamkeit darauf, daß ein reiner Ton irgendwie rascher einen Hemmungszustand ergibt.

I. P. Pawlow: Ein reiner Ton wird durch eine Hemmung kompliziert.

P. S. Kupalow: Damals sagten Sie, ein reiner Ton präge sich an einem Punkt ein, ein zusammengesetzter aber an verschiedenen. Das deckt sich mit der Empfindung. Wenn Sie einen reinen Ton hören und seine Intensität erhöhen, wird er unangenehm, er peinigt das Ohr.

I. P. Pawlow: Das stimmt. Bei einem zusammengesetzten Ton werden viele Punkte mäßig gereizt, jede einzelne Zelle wird mäßig gereizt, und die Stärke ergibt sich aus der Summation. Bei einem reinen Ton von gleicher Stärke muß dieser eine sehr starke Anspannung ergeben, die für die entsprechende Zelle unerträglich wird.

P. S. Kupalow: Als wir uns für diese Frage interessierten und die Literatur durchsahen, stellten wir, wie ich mich erinnere, fest, daß das Ohr des Hundes und anderer Tiere wenig für die Wahrnehmung reiner Töne geeignet ist.

I. P. Pawlow: Die Anpassung ist sehr einfach; ein und dieselbe Stärke wirkt im einen Falle auf ein Rindenelement, im anderen Falle auf eine Gruppe von Elementen. In diesem Falle entfällt auf jedes einzelne Element eine geringere Anspannung und ein geringerer Abbau Das ist ein ausgezeichneter Beweis dafür, daß die Zelle eine Belastungsgrenze hat; diese tritt im vorliegenden Falle ganz deutlich zutage. Handelt es sich um eine Zelle, dann ist eine gewisse Stärke der Grenzwert und führt zur Hemmung; ruft dieselbe Stärke aber eine Summation der Arbeit mehrerer Zellen hervor, dann muß diese Grenze höher liegen. Das ist sehr schön.

Vielleicht kann man von dieser Eigenschaft reiner Töne Gebrauch machen, denn Sie gewinnen damit die Möglichkeit, die Arbeit der einzelnen Zelle abzugrenzen und viele Gesetze, die diese Tätigkeit betreffen, sorgfältiger und genauer aufzuklären. Das muß man sich also einprägen und gegebenenfalls bei der Lösung entsprechender Fragen anwenden.

P. S. Kupalow: Ich habe zwei Versuche angestellt. Sie sind nicht veröffentlicht worden. Das eine war ein Versuch an „Pinscher". Da ich im Besitz eines ausgezeichneten, gut geeichten amerikanischen Tonapparates bin, untersuchte ich die

Irradiation hoher Töne einerseits und die niederer andererseits. Wenn Sie wollen, zeige ich es Ihnen. Es ergab sich eine ganz erstaunliche, direkt mathematische Kurve. Da aber der Befund schon früher beschrieben worden ist und ich lediglich einige Versuche angestellt habe, erachtete ich es nicht für richtig, das Ergebnis zu veröffentlichen. *(212)* Möglicherweise ist es so, wie Sie sagen, denn es handelte sich nicht um einen zusammengesetzten Akkord, sondern um einen Einzelton.

I. P. Pawlow: Wir können darin eine starke Analogie zu dem Versuch Katos finden, eine einzelne Nervenfaser zu isolieren.

4. ERKLÄRUNG DES ABFALLS DER GRÖSSE UNBEDINGTER NAHRUNGSREFLEXE NACH UNTERBRECHUNGEN IN DER ARBEIT MIT BEDINGTEN NAHRUNGSREFLEXEN (VERSUCHE F. P. MAJOROWS)

I. P. Pawlow: F. P. hat den sehr gut und regelmäßig arbeitenden Hund „Semerka". Er berechnete sowohl die Größe der bedingten Reflexe als auch die der unbedingten für jeden Tag der Woche. Es stellte sich heraus, daß die Summe der unbedingten Reflexe immer nach einem Erholungstag bis zum nächsten freien Tag größer wird.

Ferner wurde ermittelt, daß die Summe des unbedingten Effektes um so stärker abfällt, je größer die Unterbrechungen in den Versuchen sind. So betrug z. B. die Summe bei eintägiger Unterbrechung vor der Unterbrechung 1313 Teilstriche und nachher 983; ein anderer Versuch: 1031 vor dem freien Tag und 893 danach; als die Arbeit aber drei Tage unterbrochen wurde, fiel diese Summe noch stärker ab: von 1118 auf 896.

Wir kennen aber auch den umgekehrten Fall, wir kennen die Beziehungen der gegenseitigen Induktion zwischen den bedingten und unbedingten Reflexen: Einerseits werden die unbedingten Reflexe schwächer, wenn die bedingten Reflexe stärker werden; wird andererseits das unbedingte Zentrum stark erregt, dann kann eine völlige Hemmung des bedingten Zentrums auftreten. Aber im vorliegenden Falle zeigte sich, daß die fünf bis sechs Tage lang angewandten bedingten Reflexe den Tonus des unbedingten Zentrums erhöhen, denn die Summe der unbedingten Reflexe nimmt zu. Das wäre es. Hätte nicht jemand Lust, das zu erklären?

Wie üblich, lege ich Ihnen meine Annahme als Diskussionsthema vor. Wenn Sie einen bedingten Reiz und einen unbedingten anwenden, erzeugen Sie einerseits im bedingten Zentrum und andererseits auch im unbedingten eine konzentrierte Erregung. Die Entstehung einer negativen Induktion und eine hemmende Wirkung des einen Zentrums aufs andere sind nur natürlich. Aber bei ständiger Wirkung ändert sich der Sachverhalt ein wenig. Weshalb? Weil die Zelle des bedingten Reizes durch Ihre Prozedur mit dem Zentrum des unbedingten Reflexes verbunden wird und diese beiden nunmehr folglich ein einheitliches Ganzes darstellen. Der Tonus dieses einheitlichen Ganzen wird nicht nur von inneren Erregungen bestimmt, z. B. durch zunehmendes Hungern, sondern unterliegt auch der Reizung in Form der künstlichen bedingten Reizung. Folglich muß der Gesamttonus erhöht sein.

Das ist meine Interpretation.

A. N. PACHOMOW: Gewöhnlich beginnen doch bei einem neuen Hunde zu Beginn der Arbeit die unbedingten Reflexe mit kleinen Werten, die im Prozeß der Arbeit allmählich anwachsen. *(213)*

I. P. PAWLOW: Hier kann es sich darum handeln, daß zu Beginn des Versuchs die Neuheit der ganzen Situation das unbedingte Zentrum hemmt.

A. N. PACHOMOW: Aber der Hund frißt seine Portion auf.

I. P. PAWLOW: Natürlich, das stimmt.

P. S. KUPALOW: Ich wollte an einen Hund erinnern, bei dem es so war, daß die bedingten und unbedingten Reflexe beinahe ganz neu ausgearbeitet werden mußten, wenn man die Arbeit für ein oder zwei Wochen unterbricht. Darüber hat N. N. PAWLOW gearbeitet, ein Professor des Pädagogischen Institutes in Irkutsk.

I. P. PAWLOW: Das ist eine gute Illustration zu dem neuen Gesetz. Wenn ein Reiz wirkt und sich konzentriert, kommt es zur gegenseitigen Induktion. Da das unbedingte Zentrum stärker als das bedingte ist, macht der unbedingte Reiz, wie wir wissen, den bedingten zunichte. Da sie aber ein einheitliches Ganzes darstellen, kommt es zugleich im Nahrungszentrum immer zu einer zusätzlichen Erregung von seiten des bedingten Reizes. Sehr schön, gegen eine solche Auffassung der Angelegenheit auf Grund dieses Befundes dürfte wohl schwerlich etwas einzuwenden sein.

F. P. MAJOROW: Diese Summation wirkt also unmittelbar auf das subkortikale unbedingte Zentrum.

I. P. PAWLOW: Und dann hängt der Effekt einerseits von den inneren Zuständen ab, z. B. vom Hunger, und andererseits von unserem bedingten Reiz.

F. P. MAJOROW: Ich möchte sagen, daß diese Summation über das kortikale Geschmackszentrum verläuft.

I. P. PAWLOW: Bezüglich der Frage nach dem unbedingten Zentrum stehen wir seit langem auf dem Standpunkt, daß man eine Repräsentation dieses Zentrums in der Hirnrinde annehmen muß. Wir sind der Ansicht, daß die Bildung der Verbindung nur in der Hirnrinde vor sich geht, d. h. also einerseits in den Zellen des bedingten Reizes und andererseits in der Repräsentationszelle des subkortikalen Zentrums. Verständlicherweise ist der Repräsentant des subkortikalen Nahrungszentrums die Geschmackszelle in der Hirnrinde. Sie sind ständig miteinander verbunden. Das wird immer wieder bestätigt. Aber Sie fügen doch von sich aus noch eine weitere Zelle hinzu, die von den bedingten Reizen gereizt wird. Dabei macht sich nun die Summation bemerkbar. Der kortikale Repräsentant bildet aber immer mit dem subkortikalen Zentrum eine Einheit.

5. DIE URSACHEN FÜR DAS AUFTRETEN VON SCHLAF IN DEN PAUSEN UND FÜR DAS VERSCHWINDEN DER BEDINGTEN REFLEXE BEI DEM IDEALEN SANGUINIKER „TOMBUSCH“ (VERSUCHE M. K. PETROWAS UND I. P. PAWLOWS)

I. P. Pawlow: Weiter wollen wir über M. K.s Hund „Tombusch“ sprechen. Er ist ein idealer Sanguiniker. Bisher hat „Boy“ den ersten Rang unter den Sanguinikern eingenommen, aber das erwies sich als nicht ganz zutreffend. Es stellte sich heraus, daß in Wirklichkeit „Tombusch“ den ersten Rang als Ideal des sanguinischen Typs einnimmt. *(214)* Heute will ich die ergänzenden Befunde und die Erklärung hinzufügen.

Auf sehr starke Reize bildet er ebenso leicht bedingte Reflexe wie auf die gewöhnlicher Reize. Sein Erregungsprozeß ist stark. Der Hemmungsprozeß ist ebenfalls ideal. Die Beweglichkeit ist ausgezeichnet; so bildete sich zum Beispiel ein verspäteter Reflex bei ihm beim zweiten Male, man kann also sagen sofort. Auch die Aufgabe mit dem viermal angewandten Reiz, der nur beim vierten Mal bekräftigt wird, löste er rasch.

M. K. Petrowa: Und dreimal während eines Versuchs.

I. P. Pawlow: Das ist wahrlich das Ideal eines Nervensystems gemäß unseren Hauptmerkmalen: nach der Stärke beider Prozesse, nach ihrer vollkommenen Ausgeglichenheit und nach ihrer außerordentlichen Beweglichkeit.

Die Umarbeitung der Nervenprozesse geht bei ihm ungewöhnlich rasch vor sich. Spricht man also unter dem Aspekt der allgemeinen Physiologie und des Lebens, dann stellt er den Idealtyp des Nervensystems dar. Diese außergewöhnliche nervale Begabtheit von „Tombusch“ geriet nun mit unserem routinemäßigen Denken in Konflikt.

Es handelte sich darum, daß „Tombusch“ während der Pausen zwischen den bedingten Reizen in tiefen Schlaf verfiel. Die bedingten Reflexe verschwanden, aber das Futter nahm er ohne Widerstreben. Wir waren geneigt, ihn für einen Invaliden zu halten. Was war mit ihm los? Seine Aufgabe im Versuch besteht darin, zur rechten Zeit zu fressen. Diese Aufgabe erledigt er ausgezeichnet. Mag er schlafen oder nicht, sobald der Futternapf erscheint, ist er sofort bereit, seine Portion mit der üblichen Gier zu verschlingen. Folglich ist er unter diesem Gesichtspunkt vollkommen in Ordnung, aber unter unserem routinemäßigen Aspekt ist er irgendwie invalide.

Wie ist das zu erklären? Es erklärt sich daraus, daß er die überflüssigen Reaktionen weggelassen hat. Er ließ die bedingten Reflexe weg, weil es noch zu lange hin ist bis zum Futter und er vorzieht, während dieser Zeit zu schlafen, d. h. Kräfte zu sammeln und in seinen Nervenzellen Material aufzuspeichern. Wenn aber das dem Futter unmittelbar vorhergehende Signal erscheint, d. h. das Geräusch des sich bewegenden Futternapfes, dann springt er sofort auf und frißt voller Gier. Weshalb soll er denn in den Pausen wach sein? Während dieser Zeit schläft er besser ein wenig. Das hindert ihn nicht, auf die Lebensanforderungen in höchst idealer Weise zu reagieren. So also ist dieser Sachverhalt aufzufassen.

Viele weisen freilich darauf hin, daß das dem widerspräche, was ich immer gesagt habe, daß der vorhergehende Speichelfluß doch erforderlich sei, da er in allen Fällen auftritt. Gewiß, das ist für Hunde mit einer gewissen Trägheit notwendig, bei denen der Speichel allmählich abgesondert wird. Handelt es sich aber um eine ideale, labile Zelle, die momentan das Arbeitsmaximum erreicht, dann entfällt diese Notwendigkeit. Das wäre unsere umfassende Analyse dieses vollkommenen Typs, der keine Energie nutzlos verausgabt. *(215)*

Was also unter unserem üblichen Aspekt als Invalidität erscheint, ist in Wirklichkeit Vollkommenheit des Nervensystems.

Nun, meine Damen und Herren, möchte nicht jemand dazu seine Meinung sagen?

Zwischenruf: Das Problem bleibt nach wie vor bestehen, denn die Belastung der Zelle ändert sich. Sollte man nicht diesen „Tombusch" mit Säurereizen und elektrischen Hautreizen untersuchen, ob er tatsächlich absolut vollkommen ist, und erst dann Ihren Standpunkt vertreten?

I. P. Pawlow: Er arbeitet bedingte Reflexe auf sehr starke Reize augenblicklich aus.

F. P. Majorow: Auf solche Hunde stößt man bei der Untersuchung nach der Sekretionsmethodik selten, da die Sekretion ziemlich träge ist, aber bei der Untersuchung nach der motorischen Methodik findet man sie häufiger.

I. P. Pawlow: Ganz einfach, weil die motorische Reaktion natürlich im Leben unvergleichlich stärker geübt wird; wir hemmen doch ständig unsere Bewegungen, und falls nötig auch momentan. Bezüglich der Speichelreaktion bedarf es dessen nicht.

Man kann sagen, daß sich bei „Tombusch" die Begabung auch auf die unwillkürliche Tätigkeit erstreckt. Ich unterscheide bekanntlich die willkürliche Tätigkeit nicht von der unwillkürlichen.

Zwischenruf: „Solotisty" ist vom gleichen Schlag.

I. P. Pawlow: Aber nein. Wir wollen gleich einmal den Unterschied feststellen. Hier liegt nämlich ein wesentlicher Unterschied vor. Hier läuft der Prozeß auf eine exakte Differenzierung der Zeitabstände zwischen der Fütterung und den damit zusammenfallenden Reizen hinaus. „Tombusch" braucht nur geringe Übung. Nach der Sommerpause beginnt er mit den üblichen bedingten Reflexen und liefert während der Zeit der Einwirkung unserer gewöhnlichen bedingten Reize Speichel, freilich nur für eine gewisse Zeit. Schließlich kommt es dahin, daß nur das Geräusch des bewegten Futternapfes, das den Augenblick der Fütterung ankündigt, aktiv bleibt und konzentriert wirkt. Die Hemmung auf die übrigen Einwirkungen der experimentellen Situation bildet sich bei gleichzeitigem Vorliegen einer ausgleichenden und einer paradoxen Phase.

Ich denke so. Was kann man von einem Hund sagen, der während der Pause zwischen den Fütterungen schläft? Er ist doch nur beim letzten Signal unmittelbar vor dem Futter vollkommen wach.

Interessant; aber was soll man nun mit ihm anstellen, um bedingte Reflexe zu erhalten? *(216)*

Das ist höchst lehrreich. Es genügte, dem Hunde 0,01 g Koffein zu geben, dann traten die bedingten Reflexe auf. Damit machen Sie den Hund anomal. Sie stören nämlich das ungewöhnliche Gleichgewicht, das zwischen Erregung und Hemmung herrscht, verleihen dem Erregungsprozeß eine zusätzliche Erregbarkeit, und dann sondert der Hund den Speichel bereits vor der für ihn üblichen Zeit ab. Das ist interessant. Wie klein sind doch die Dosen, die den Effekt vollkommen verändern! Dabei geschieht das nicht einmal im Sinne einer Besserung des Nervensystems, sondern möglicherweise im Sinne einer Verschlechterung; denn Sie haben das Gleichgewicht zwischen Erregung und Hemmung gestört und dem Erregungsprozeß eine anomale, pathologische Erregbarkeit verliehen.

Wie notwendig ist es doch, vorsichtig zu sein, wenn man beurteilen will, was normal und was anomal, was Vollkommenheit und was Mangel ist! M. K. und ich haben einfach nicht gewußt, was wir davon halten sollten und überlegt, was das für eine Mißgeburt von einem Hunde sei; aber in Wirklichkeit waren wir die Mißgeburten, denn wir haben nicht erfaßt, was normal und was anomal ist, d. h., unser Blickwinkel war beschränkt.

Immerhin überzeuge ich mich dank einer scheinbar nutzlosen Tätigkeit, der Uhrenkontrolle, davon, daß im richtigen Gang des Uhrenmechanismus ständig Schwankungen auftreten: Sie haben Ihre Uhren genau gestellt, sie gehen wie ein Chronometer, vollführen aber, davon unabhängig, gewisse zirkuläre Schwankungen, bald nach der einen Richtung, bald nach der anderen, was doch an unsere Nerventätigkeit erinnert. Schwankungen treten auf, aber im ganzen gehen sie völlig normal.

Alles Gute! *(217)*

MITTWOCHKOLLOQUIUM

vom 16. Oktober 1935

1. ÜBER DEN ZUSAMMENHANG DER GRÖSSE DER BEDINGTEN REFLEXE MIT DER MENGE DER UNBEDINGTEN NAHRUNGSBEKRÄFTIGUNG (VERSUCHE I. I. FILARETOWS)

I. P. PAWLOW: Zunächst, meine Damen und Herren, eine kleine Frage. Ich wende mich an diejenigen, die sich mit dem Problem des Zusammenhangs der Größe des bedingten Effektes mit dem Ausmaß der Bekräftigung befaßt haben. Ich möchte fragen, welches Verhältnis zwischen den verglichenen Portionen bestand, beispielsweise 1:5, 1:10, 1:2?

Es geht darum, daß I. I., der ein Verhältnis von 1:2 anwandte, keinerlei Einfluß durch die Größe der Portion fand, beziehungsweise daß der Unterschied nahezu unmerklich war.

Betrug bei irgend jemand das Verhältnis 1:2 oder nicht?

S. W. KLESTSCHOW: Ich ging von einer Portion von 50 g auf 25 g über, und dabei ergaben sich unklare Resultate.

I. P. PAWLOW: Vielleicht liegt gerade darin ein Widerspruch, daß dieses Phänomen bei kleinem Verhältnis zwischen den Portionen nicht sehr deutlich auftritt, bei größerem Verhältnis aber markanter wird.

Zwischenruf: Wie lange hat er diese verringerten Portionen angewandt?

P. S. KUPALOW: Ich sprach über diese Frage mit GANTT. Er sagte, man müsse die Speichelmenge einer bestimmten Stufe gleichsetzen.

I. P. PAWLOW: Bei kleinen Portionen ist es kaum merklich und wird nur bei großen deutlich. Bei Ihnen betrug das Verhältnis also 2:1, von 50 auf 25, während das Verhältnis bei den anderen für gewöhnlich größer ist: 5:1, 4:1 oder 3:1.

Bei Ihnen sind also die Veränderungen der Größe der bedingten Reflexe nicht sonderlich groß. Dann tun Sie doch, was Sie vorhatten, und gehen Sie auf das Verhältnis 1:3 über.

I. I. FILARETOW: Ich habe die Portion verdoppelt.

I. P. PAWLOW: Dann verdoppeln Sie sie eben das nächste Mal nicht nur, wie Sie es bisher getan haben, sondern verdreifachen sie. *(218)*

2. ÜBER DEN STÄNDIGEN WECHSELSEITIGEN ZUSAMMENHANG DES ERREGUNGS- UND HEMMUNGSPROZESSES. ÜBER DAS VERSCHWINDEN DES GESETZES DER STÄRKEVERHÄLTNISSE UNTER DER GLEICHZEITIGEN EINWIRKUNG VERGRÖSSERTER PAUSEN UND VON BROM. WIEDERHERSTELLUNG NORMALER VERHÄLTNISSE BEI VERDOPPELUNG DER ISOLIERTEN WIRKUNGSDAUER DER BEDINGTEN REIZE (VERSUCHE A. A. LINDBERGS AN „DWOIKA"). TRÄGHEIT DES HEMMUNGSPROZESSES BEI „SMEI" NACH LÖSUNG EINER SCHWIERIGEN AUFGABE

I. P. Pawlow: Nun wollen wir uns neuen Befunden zuwenden. Sie erinnern sich an A. A.s Hund „Dwoika". Bei diesem fand sich ein Befund, für den uns bisher die Erklärung fehlte; aber jetzt haben wir sie gefunden. Es handelt sich um folgendes. Im allgemeinen gilt es uns ständig als logische Begründung, daß bei der Beurteilung der Größe des Erregungs- und Hemmungsprozesses diese Größen durch die wechselseitigen Beziehungen zwischen den beiden entgegengesetzten Prozessen, dem hemmenden und dem erregenden, bestimmt werden. Folglich ist die Größe des bedingten Reflexes an sich keine Konstante, sondern hängt vom anderen entgegengesetzten Prozeß ab. Folglich kann man eine Verringerung des Effektes des Erregungsprozesses aus einer Abschwächung dieses Prozesses oder aus einer Vergrößerung des Hemmungsprozesses infolge Irradiation oder Induktion erklären. Dasselbe gilt auch für die Hemmung. Die Größe der Hemmung ist durch den Zustand des jeweiligen Hemmungsprozesses in Abhängigkeit vom Erregungsprozeß bedingt, da zwischen diesen Prozessen einerseits die Irradiation und andererseits die gegenseitige Induktion wirksam ist. Folglich darf man eine vorgefundene Größe nicht für sich allein betrachten, sondern muß erwägen, welche Beziehungen zum entgegengesetzten Prozeß bestehen. Das ist die eine Begründung. Die zweite Begründung besteht in folgendem: Bei einem bedingten Reflex müssen Sie immer berücksichtigen, daß es sich nicht nur um einen sich in bestimmter Weise verändernden Erregungsprozeß handelt, sondern daß hier natürlich auch sowohl das Verspäten als auch die erwähnte Hemmung beteiligt ist, mit denen folglich gerechnet werden muß. Ständig muß man daran denken, wie ihr wechselseitiges Verhältnis ist; aber das wird auf Schritt und Tritt vergessen, und dann zermartert man sich über einem Problem den Kopf, ohne diese beiden Grundthesen in Betracht zu ziehen.

Zu diesem Thema liegen zwei neue Versuche vor, die jüngst angestellt worden sind.

Bei „Dwoika" passierte folgende seltsame Geschichte. A. A. untersuchte an ihm den Einfluß der Pause zwischen den bedingten Reizungen auf die Größe des bedingten Reflexes. Bei diesem Hunde fand sich nun beim gegebenen Zustand des Erregungs- und Hemmungsprozesses eine eindeutige Abhängigkeit von der Pausenlänge. So lieferten zum Beispiel starke Reize bei einer Pause von 4 Minuten einen bestimmten Effekt, bei einer Pause von 8 Minuten dagegen einen wesentlich höheren. Das ist die Grundtatsache.

Auch mit Hilfe von Brom ließ sich diese veränderte Größe des starken bedingten Reizes erreichen. Diese beiden Bedingungen wurden ermittelt. Sie wiesen auf zwei Einflüsse hin, welche die Größe *(219)* des Effekts der starken bedingten Reize bestimmen. Bei schwachen Reizen war es anders. Als nun A. A. diese beiden Bedingungen miteinander verband, die Pause vergrößerte und Brom gab, erhielt er einen seltsamen Effekt. Bevor diese beiden günstigen Faktoren gleichzeitig angewandt wurden, war die Abhängigkeit des Effektes von der physikalischen Stärke der Reizung in diesem System bedingter Reflexe ganz deutlich ausgeprägt. Als beide fördernden Bedingungen gleichzeitig angewandt wurden, glichen sich die starken bedingten Reflexe den schwachen an, und die Abhängigkeit verschwand. Weshalb das so war, blieb ein Rätsel. Bis jetzt haben wir auf diese Frage noch keine Antwort gefunden.

Lange Zeit konnten wir nicht enträtseln, was hier los war, was das bedeutete. Beide Bedingungen trugen zur vollständigeren Regeneration der Zelle nach ihrer Tätigkeit bei. Es ist verständlich, daß sich die Zelle während der Reizung verausgabt hat und die Pause von ihr benutzt wird, um sich zu regenerieren. Ganz genauso war auch der Einfluß des Broms aufzufassen, da wir ja wissen, daß Brom zur Hemmung und zur Regeneration in Beziehung steht. In den Versuchen M. K.s[1] an Kastraten trat das ganz exakt und deutlich zutage.

Unlängst untersuchte A. A. nun einen verlängerten Reiz. Die übliche isolierte Wirkung der bedingten Reize von 15 Sekunden verlängerte er auf 30 Sekunden. Daraufhin stellten sich die normalen Verhältnisse wieder ein, d. h., die starken Reize lieferten ständig einen größeren Effekt als die schwachen. Die Befunde sind ganz exakt. Bis jetzt ist es so geblieben?

A. A. Lindberg: Ja, aber nur in der zweiten Hälfte der isolierten Wirkung.

I. P. Pawlow: In den ersten 5 Sekunden bleibt alles, wie es war, d. h., die starken Reize liefern keinen größeren Effekt als die schwachen, aber bei weiterer Reizung bis zu 30 Sekunden stellen sich die Stärkeverhältnisse wieder her.

Meine Interpretation besteht darin, daß sich wahrscheinlich die Stärke oder die Wirkung der Verspätungshemmung verändert hat. Die Hemmung hat unter diesen Bedingungen eine Veränderung erfahren und ist träge geworden. Deshalb dehnte sie ihre Wirkung, statt auf 15 Sekunden, länger aus als erforderlich war, und als es unter normalen Bedingungen geschah. Auf diese Weise verwischte sie den Unterschied, der zwischen den starken und schwachen Reizen besteht. Als aber schließlich diese träge Hemmung aufhörte und dem Erregungsprozeß freie Bahn ließ, trat auch das übliche Verhältnis wieder auf.

Mit anderen Worten bestand die Veränderung unter dem Einfluß der Vereinigung der beiden günstigen Bedingungen (sie hängen beide mit der Hemmung zusammen) darin, daß der Hemmungsprozeß träge und weniger beweglich wurde,

---

[1] M. K. Petrowa

folglich seine Wirkung 15 Sekunden lang nicht einstellte und diesen Unterschied zwischen dem Effekt der starken und der schwachen Reize verwischte. Die Verlängerung *(220)* der isolierten Wirkung des bedingten Reizes gab dem Erregungsprozeß die Möglichkeit, zur Wirkung zu kommen. Was Sie also geneigt waren, auf eine Schwächung des Erregungsprozesses zurückzuführen, läuft in Wirklichkeit auf eine Veränderung des Verhältnisses zwischen dem Hemmungs- und Erregungsprozeß hinaus.

Das ist meine Interpretation dieses Befundes.

Folglich handelt es sich hier nicht um eine Veränderung des Erregungsprozesses, sondern vielmehr um eine Veränderung des Hemmungsprozesses, der nach der Prozedur des Verspätens träge geworden ist. Wir haben ihn überbeansprucht, und die Hemmung machte gewisse Veränderungen durch, die sich in Trägheit äußerten.

E. A. Asratjan: Sind bei dem Hunde von A. A. die Latenzzeiten verlängert oder nicht?

I. P. Pawlow: Anscheinend nicht, aber das ist belanglos. Die Trägheit hat zwei Seiten: Das ist einerseits das langsame Eintreten und zum anderen das langsame Verlassen des gegebenen Zustandes. Folglich können sie nicht streng symmetrisch sein. Unter Umständen ändert sich das Eintreten der Reaktion nicht, während sich die Trägheit darin äußert, daß sich das Verlassen des betreffenden Zustandes länger hinzieht. Das kann man sich vorstellen. Aber auf jeden Fall ist das Trägheit. Wir müssen zusehen und klären, wie häufig es vorkommt, daß die Trägheit auf beiden Seiten, aber unsymmetrisch auftritt, wie häufig sie beim Wirkungseintritt nicht auftritt, wohl aber beim Aufhören der Wirkung.

N. A. Podkopajew: Ich wollte fragen, ob nicht bei diesem Aufhören der Wirkung des trägen Hemmungsprozesses bei langem zusätzlichem Abrücken die verschiedenen Momente der Bekräftigung eine Rolle spielen. Vielleicht hängt das Aufhören des trägen Hemmungsprozesses davon ab, daß in der 15. Sekunde eine starke Erregung beginnt.

I. P. Pawlow: Dieses Detail kann man sich so vorstellen, daß der Prozeß nicht etwa an sich aufhört, sondern daß vielmehr ein stärkerer Impuls des Erregungsprozesses wirksam würde. Möglicherweise läßt sich das noch ergänzen. In gleicher Weise verliefen bei uns auch andere Versuche.

Sie erinnern sich an die Hunde „Liss“ und „Smei“. Beides sind sehr starke, ausgeglichene Hunde mit guter Beweglichkeit. Das geht aus jenem entscheidenden Versuch hervor, bei dem zwischen alten bedingten Reflexen viermal ein neuer Reiz angewandt wurde, den wir nur beim vierten Mal bekräftigten. Das ist eine jener schwierigen Aufgaben, die nur diese beiden Hunde, „Liss“ und „Smei“, glanzvoll gelöst haben. Dadurch zeichneten sie sich vor allen anderen Hunden aus.

Bei denselben Hunden wurde zur Untersuchung ihrer Beweglichkeit auch noch eine andere Methode angewandt, die Umarbeitung der Metronome. Dabei fand sich zwischen den beiden ein Unterschied. Dieser bestand in folgendem. Während „Liss“ die erste Aufgabe sichtlich nur mit Mühe bewältigte (er geriet in heftige Unruhe, quälte sich ab, winselte und versuchte, sich den Speichelballon abzureißen), erledigte „Smei“ *(221)* sie absolut gleichmütig und gab durch nichts zu erkennen, daß sie ihm etwa Mühe bereitete. Es stellte sich heraus, daß „Smeis“ Hemmungsprozeß stärker ist als der von „Liss“. Als wir aber mit der Umarbeitung der Metronome anfingen, verliefen bei „Liss“ diese Umarbeitungen vollkommen gleich, sowohl die Umarbeitung des hemmenden Reizes in einen erregenden wie auch die des erregenden in einen hemmenden. Bei „Smei“ war das nicht der Fall. Während der positive Reiz rasch in einen hemmenden überging, verlief der entgegengesetzte Prozeß sehr langsam. Zunächst schien es also, als sei der Erregungsprozeß bei „Smei“ schwächer als der Hemmungsprozeß.

So erschien der Fall auf den ersten Blick ohne alle Überlegung und ohne jede Analyse.

Dann jedoch stellte sich heraus, daß der Hemmungsprozeß und nicht der Erregungsprozeß der springende Punkt war.

Ich muß erwähnen, daß wir während der ersten Versuche bei „Smei“ sehr lange, und zwar 20 bis 25 Versuche lang, die hemmende Wirkung dieser unwirksamen Wiederholung ausprobieren mußten, wobei wir den Reiz jeweils beim vierten Male bekräftigten. Der Zusammenstoß zwischen den beiden entgegengesetzten Prozessen zog sich also über 20 bis 25 Versuche hin. Das war bei „Liss“ in diesem Maße nicht der Fall.

Worin machte sich aber nun dieser Zusammenstoß bemerkbar? Das zeigte der jüngste Versuch, als die isolierte Wirkungsdauer der bedingten Reize ebenfalls von 15 auf 30 Sekunden verlängert wurde und als der Hemmungsprozeß, der in einen positiven Prozeß umgearbeitet werden sollte, bei „Smei“ einfach nicht die übliche Größe des positiven Prozesses erreichte, sondern um 50% niedriger blieb. Die Zeit des Abrückens wurde von 15 auf 20 Sekunden vergrößert. Daraufhin ergab sich ganz eindeutig genau dieselbe Größe des erregenden, positiven Metronoms, die es unter normalen Bedingungen aufwies.

Das läßt sich so interpretieren, daß der Hemmungsprozeß infolge des Zusammenstoßes träge geworden ist und deshalb dem Erregungsprozeß nicht die Möglichkeit gab, in den dritten 10 Sekunden wirksam zu werden, wie es normalerweise der Fall war. Diese Trägheit machte sich also speziell beim positiven Metronom bemerkbar. Wie Sie sehen, decken sich die Befunde vollkommen. Das ist ein exakter Beweis dafür, daß man die Größe des Erregungs- oder Hemmungsprozesses niemals so beurteilen darf, daß man nur einen Prozeß beachtet, denn beide sind sie ständig durch Wechselwirkung miteinander verbunden. So verhält es sich also hiermit.

Das ist für unsere logischen Erwägungen über die bedingten Reflexe von grundlegender Wichtigkeit. Niemals darf man diese Prozesse einzeln betrachten, man muß sie vielmehr immer im Zusammenhang miteinander sehen. Den Effekt des einen Prozesses muß man immer in Abhängigkeit vom anderen, entgegengesetzten Prozeß einschätzen. Das gehört zur Methodologie der bedingten Reflexe. Es ist ein Grundprinzip, das jederzeit gewahrt bleiben muß. *(222)*

3. DIE WIRKUNG KLEINER ALKOHOLDOSEN AUF DIE HÖHERE NERVENTÄTIGKEIT EINES HUNDES. POSTALKOHOLISCHE HYPNOSE ALS PHYSIOLOGISCHER SELBSTSCHUTZMECHANISMUS DES ORGANISMUS (VERSUCHE M. K. PETROWAS UND W. K. FJODOROWS)

I. P. Pawlow: Nun gehe ich zu einem Versuch über, der mir restlos unverständlich ist und über den ich auch keinerlei Vermutungen anstellen kann. Freilich hat sich hier auch eine kleine Komplikation ergeben.

Am Dienstagabend überdenke ich immer unsere Versuche und werfe Probleme auf, abgesehen von den Problemen, von denen in den Diskussionen im Laufe der Woche speziell die Rede ist. Gestern hatte ich freilich unerwarteten Besuch und konnte nicht überlegen, aber über diese Frage habe ich schon früher nachgedacht, ohne daß mir etwas eingefallen wäre.

Es ist eine hochinteressante Frage. Ich bitte Sie alle um besondere Aufmerksamkeit.

Zur Zeit befassen sich M. K. an einer großen Anzahl von Hunden und W. K. an einem Hunde mit chronischer Vergiftung der Tiere mit Alkohol. Das begann schon einige Monate vor Beginn des Sommers und wird jetzt fortgesetzt. Im Ergebnis wurde bei all diesen Hunden das Nervensystem stark geschwächt, was sich in Form eines hypnotischen Zustandes äußerte. Die bedingten Reflexe fielen ab, und die hypnotischen Phasen stellen sich ein, die ausgleichende oder die paradoxe oder die ultraparadoxe Phase.

Natürlich hat die lange Sommerruhe diesen Zustand zum Besseren gewandt. Das zeigte sich am ersten Versuchstag nach der Sommerpause. Aber auch ohne Anwendung von Alkohol fingen die bedingten Reflexe an abzusinken. Offensichtlich hilft also bei chronischer Schwächung des Nervensystems Erholung, aber nur sehr schwach und nur für sehr kurze Zeit.

Bei dieser schwachen Tätigkeit und bei diesem hypnotischen Zustande stieß nun M. K. auf folgenden, im höchsten Grade unerwarteten und kuriosen Befund. Als sie kleine Alkoholdosen anwandte, hatten diese eine gewisse verstärkende, günstige Wirkung. Zwei verschiedene Versuchsanordnungen wurden angewandt. In den einen Fällen verabreichte M. K. den Alkohol akut, unmittelbar vor dem Versuch in geringer Menge, zum Beispiel ½ g Alkohol in Milch. Daraufhin wurde das System wesentlich besser und näherte sich der Norm. In anderen Fällen verabreichte sie eine ebenfalls relativ geringe, aber größere Dosis als im ersten Falle, sagen wir, nicht ½ g, sondern 10 g, und zwar nach dem Versuch, wobei sie die Veränderungen am darauffolgenden Tage beobachtete. Auch dann fand sich dasselbe, daß diese größere Dosis ebenfalls den Zustand der Hunde günstig beeinflußte.

Wie soll man nun begreifen, was das bedeutet, auf welche Weise bei chronischer alkoholischer Schwächung des Nervensystems die Anwendung solcher Dosen — akut oder sogar mit einem Tag Abstand — die Nerventätigkeit bessert oder wiederherstellt. Mir fällt der Ausdruck ein, „den Kater vertreiben". Es ist wie bei einem Menschen, der sich am Vortage einen gehörigen Rausch angetrunken hat und sich so lange miserabel fühlt, bis er ein Gläschen genehmigt. *(223)* Dann wird ihm besser. Wer weiß, ob das tatsächlich irgendeinen Zusammenhang damit hat oder nicht, aber mir fällt nichts anderes ein.

A. A. Lindberg: Analoge Erfahrungen haben auch W. K. und ich gemacht, als wir einem Hunde, es war „Satyr", der sich in chronischem hypnotischem Zustand befand, kleine Dosen von Chloralhydrat verabreichten. Dabei vergrößerten sich die bedingten Reflexe, und die übliche Verzögerung bei der Futteranahme verkürzte sich.

W. K. Fjodorow: Mir ist das gleiche mit „Naljot" passiert.

I. P. Pawlow: Das ist doch der Hund, bei dem sich der Zustand je nachdem änderte, wie Sie ihn fütterten. Als er sich in der hypnotischen Phase befand, vergrößerte eine Gabe von Chloralhydrat seine Reflexe. Das ist fast die gleiche Erscheinung. Letztlich handelt es sich um die Abschwächung eines hypnotischen Zustandes.

A. A. Lindberg: Man könnte also vielleicht auch bei diesen Fällen annehmen, daß Alkohol in großen Dosen immer zu einer Schwächung des Hemmungsprozesses führt. Bei den Hunden, die chronisch alkoholisiert worden sind, kam es zu einer beträchtlichen Schwächung der höheren Nerventätigkeit mit diesem hypnotischen Zustand. Eine kleine Alkoholdosis hilft ihnen. Bei diesen Hunden hat eine Alkoholdosis von 0,5 cm^3 denselben Erfolg wie eine kleine Dosis Chloralhydrat bei hypnotisierten Hunden.

I. P. Pawlow: Mir ist etwas anderes aufgefallen, worin ich einen weiteren Beweis dafür sehe, daß der hypnotische Zustand beim Alkoholismus keine pathologische Erscheinung ist, sondern ein physiologischer Mechanismus gegen die Krankheit.

Der Hund „Naljot" schläft einfach; er ist nicht krank, sondern einfach hypnotisiert. Er ist kerngesund, aber wenn er zum richtigen Zeitpunkt seine Nahrungsbekräftigung erhält, fehlt die Nahrungserregung; die einförmige Versuchssituation schläfert ihn ein. Das ist ein gesunder Schlaf, eine normale Hypnotisierung. Bei den alkoholischen Hunden dagegen sind wir geneigt anzunehmen, daß es sich um einen krankhaften Zustand handelt. Es zeigt sich aber, daß es ebenfalls ein reiner hypnotischer Zustand ist. Die Krankheit äußert sich durchaus nicht in diesem hypnotischen Zustand, sondern in der Schwäche des Erregungsprozesses, für den alle gewöhnlichen Reize zur Überlastung führen. Was Sie hier vor sich sehen, ist kein Krankheitssymptom, sondern eine physiologische Maßnahme.

Zwischenruf: Ich stimme Ihnen vollkommen zu, denn ich habe es an mir selbst erlebt.

I. P. Pawlow: Wir wissen doch, sobald für das Nervensystem irgendeine Schwierigkeit auftaucht, sobald wir einen Hund in eine schwierige Situation versetzt haben, tritt der hypnotische Zustand auf. Das ist eine Grundtatsache, das ist für uns ein ständiges Problem. Weshalb äußert sich ein schwieriger Zustand des Nervensystems in dieser einen Form, im hypnotischen Zustand? Weil jedesmal, wenn sich für das Nervensystem eine Schwierigkeit ergibt, als physiologisches Heilmittel ein Hemmungsprozeß in Form des hypnotischen Zustandes auftritt. *(224)*

Ich habe das bei dieser Gelegenheit mit erwähnt, aber das eigentliche Kernproblem besteht darin, wie das zu verstehen ist.

Es läßt sich so auffassen, daß kleine Dosen gleichsam die Wirkung des Hemmungsprozesses abschwächen, daß kleine Dosen also zunächst den Hemmungsprozeß angreifen. Das ist eine gute Erklärung.

Es war nicht leicht, auf diesen Gedanken zu kommen, denn hier ruft der Alkohol einerseits Hypnotisierung und Schwäche hervor, und andererseits heilt er sie auch.

E. A. Asratjan: Läßt es sich nicht auch anders erklären, und zwar so, daß bei kleinen Dosen nicht der Hemmungsprozeß geschwächt, sondern die Erregbarkeit erhöht wird, da doch bei großen Dosen ebenfalls der Hemmungsprozeß geschwächt wird. Welcher Unterschied bestünde denn sonst zwischen dem Effekt kleiner und großer Dosen?

I. P. Pawlow: Es ist eine klare Angelegenheit, die wir deutlich sehen. Es handelt sich um die Tatsache, daß bei der Einwirkung von Paralysatoren auf das Nervensystem diese zunächst eine Schwächung des Hemmungsprozesses bewirken und dann erst den Erregungsprozeß angreifen. Anzunehmen, daß der Hemmungsprozeß übriggeblieben ist, der Erregungsprozeß dagegen paralysiert wird, das geht nicht. Gewiß, mein Lieber, die Pharmakologie hat das gesagt. Es ist die alte schablonenhafte Ansicht, daß es bei der Wirkung von Paralysatoren zwei Phasen gibt, zunächst eine erregende und dann eine paralysierende. Das hat sich als falsch herausgestellt. Wir haben keine ausreichenden Gründe anzunehmen, daß Chloralhydrat zunächst erregt und dann paralysiert. Es hängt davon ab, in welcher Reihenfolge und wie es das Nervensystem paralysiert. Als wir normale Tauben nahmen, rief Chloralhydrat zunächst eine Erregung und dann eine Paralyse hervor; als wir aber den Tauben die Großhirnhemisphären entfernten, verschwand diese Erscheinung. Offensichtlich hat das Chloralhydrat zunächst den empfindlicheren Teil, den obersten Teil des Nervensystems, gehemmt und den niederen durch positive Induktion von oben erregt.

Auf diesen alten Standpunkt kann man sich nicht mehr stellen. Man muß ihn erst einmal beweisen, ehe man sich seiner bedient.

E. A. Asratjan: Bei Adrenalin ist die Sache klar.

I. P. Pawlow: Diese Annahme ist sowohl in den Versuchen von A. A. als auch in denen von W. K. ganz eindeutig bestätigt worden. Wie oft haben wir nicht gesehen, daß der Hemmungsprozeß paralysiert, der Erregungsprozeß aber nicht angerührt wurde. Das ist eine Tatsache, dic wir ausgezeichnet kennen.

W. P. Golowina: Beim Morphinisten ist es genau dasselbe. Gibt man ihm nur eine Spritze, dann ist er Mensch, andernfalls tritt eine vollständige Hypnotisierung ein.

I. P. Pawlow: Ja, ja, Morphium ist auch ein Paralysator, und es muß mit einer Paralyse des Hemmungsprozesses beginnen. Wie schön bestätigt es sich doch, daß die Hypnotisierung ein sehr wichtiges physiologisches Mittel gegen eine schwierige Situation, eine krankhafte Situation des Nervensystems ist. Mir gefällt das ausgezeichnet! Bitte sehr, die natürliche Hypnotisierung wie die Hypnotisierung bei einem krankhaften Zustand sind ein und dasselbe. Das ist sehr schön! Das wird jetzt hervorragend durch die Erscheinungen bei der schizophrenen Katatonie bestätigt. *(225)*

In der psychiatrischen Klinik haben wir das letzte Mal bei einem Patienten sozusagen den Beginn einer Schizophrenie gesehen. Luminal, d. h. also ein Hemmungszustand, half ihm sichtlich gut. Ein anderer Fall fand sich unlängst, ich glaube, in der Nervenklinik.

Zwischenruf: Gehört hierher nicht auch die Zyklothymie?

I. P. Pawlow: Von Zyklothymie ist bisher nicht die Rede.

Wie soll man es denn anders erklären? Bei „Naljot" tritt ein ganz normaler hypnotischen Zustand auf, der natürlich eine Funktion der Hemmung ist. Darüber braucht man nicht zu diskutieren. Und gerade dieser Zustand wird sofort beseitigt und durch einen aktiven Zustand des Nervensystems ersetzt, wenn jenes Agens angewandt wird, von dem wir wissen, daß es die Hemmung paralysiert. Da aber der „Krankheits"-Zustand, d. h. die Hypnotisierung, nicht die Krankheit selbst ist, diese vielmehr die Hypnotisierung nur hervorruft, bewirkt Alkohol als Agens, das zunächst die Hemmung schädigt, genau dasselbe. Meiner Ansicht nach paßt das trefflich zusammen! So bedeutungsvoll sind also jene Variationen der Versuche. Ohne die Tatsachen zu kennen, vermochte ich nichts zu sagen, denn das Denken fand keinen Anhaltspunkt, aber beim Vergleich mit diesen Befunden wird alles klar.

E. A. Asratjan: Wie würde nun Koffein wirken?

I. P. Pawlow: Es könnte helfen. Der Erregungsprozeß ist schwach. Natürlich nur Koffein in sehr kleinen Dosen, die diesen schwachen Erregungsprozeß ein klein wenig verstärken würden. Bei kleinen Dosen wäre zu erwarten, daß das Koffein eine solche Wirkung hat. Aber es ist sehr wohl möglich, daß es nicht in dem Maße wirken würde wie Alkohol, denn wenn Sie eine große Dosis nähmen, würde sich eine Überbelastungshemmung ergeben. Aber bei einer kleinen Dosis könnte es gehen; man müßte es versuchen.

M. K. Petrowa: Bei „Tombusch" verschwand der hypnotische Zustand unter dem Einfluß von 0,01 g Koffein.

I. P. Pawlow: Davon haben sie berichtet. Hier muß man exakt dosieren und unbedingt eine kleine Dosis wählen.

4. EINZELERGEBNISSE DER LABORATORIUMSARBEIT: a) STRENGE SPEZIALISIERUNG EINER ZWANGSREAKTION BEI K. S. ABULADSES „SEWS“; b) REZIDIV EINER AGGRESSIVEN ABWEHRREAKTION BEI F. P. MAJOROWS „RATNIZA“; c) REFLEX AUF DIE EINSAMKEIT BEI F. P. MAJOROWS „PREMIER“; d) FURCHT VOR DEM GESTELL NACH EINEM STURZ BEI S. A. NESHDANOWAS „ROGDAI“; e) ANGST VOR DEM HERABSPRINGEN VOM GESTELL BEI O. M. TSCHEBOTAREWAS „URSINKA“ NACH SCHWIERIGER AUSARBEITUNG EINES VERSPÄTETEN BEDINGTEN REFLEXES

I. P. Pawlow: Das waren schwer zu lösende Fragen, aber sie sind Gott sei Dank einwandfrei geklärt worden. Jetzt kommen Einzelergebnisse, an die man immer denken muß.

a) Es handelt sich um K. S.s „Sews“. Ich berichtete schon davon, daß eine starke Reizung, *(226)* die ein noch junges Nervensystem traf, Trägheit zum Ergebnis hatte. Die Geschichte mit „Sews“ verlief folgendermaßen. In seinem Zwinger befand sich ein Kumpan, ebenfalls ein Hund seines Wurfes. „Sews“ war stärker und konnte es nicht vertragen, daß sein Zwingergefährte, seine eigene Schwester, aus derselben Schüssel fraß wie er. In dem Augenblick wurde er aggressiv: Wehe dir, du frißt, meinte er, warte gefälligst. So verlief seine Kindheit. „Sews“ wuchs heran. Seine Schwester ging ein. Jetzt ist er etwa zwei bis drei Jahre alt. Stellen Sie sich vor, diese Reaktion hat sich ohne jeglichen Anlaß dazu nach wie vor gehalten: Während er frißt, unterbricht er ständig sein Fressen, bellt nach der Seite und bleckt die Zähne. Aber dafür liegt keinerlei Anlaß vor.

A. A. Lindberg: Er ist erblindet und ertaubt.

I. P. Pawlow: Bei ihm hält sich also diese Trägheit, d. h. diese Zwangshandlung, dieser Stereotyp, für das ganze Leben.

Interessant ist, daß diese Reaktion stark spezialisiert ist. Wenn ihm dasselbe Futter außerhalb des Zwingers vorgelegt wird, tritt diese Zwangshandlung nicht auf, er frißt hintereinanderweg, ohne nach der Seite zu bellen. Außerdem tut er es selbst im Zwinger dann nicht, wenn es sich nicht um dasselbe Futter handelt, das er normalerweise frißt, sondern um etwas anderes, z. B. um Milch. Sie sehen, wie stark die einmal eingetretene Erregungstätigkeit spezialisiert ist; es muß unbedingt völlig die gleiche Situation sein wie damals; sobald sich aber die Situation ändert, tritt diese Reaktion nicht mehr auf.

Das ist hochinteressant. Nur eines ist nicht gut, daß wir in diesem Falle K. S. einfach glauben müssen, denn er kann das nicht demonstrieren. Die Zwangshandlung verschwindet, sobald Nebenreize das Tier treffen; dann tritt ein Orientierungsreflex auf. Es braucht nur ein anderer Mensch da zu sein (sein Geruchssinn ist verschärft, da er Gesicht und Gehör verloren hat), und sofort wird die

Reaktion gehemmt. Wir müssen also in diesem Falle restlos der Sorgfalt, der Beobachtung und der Zuverlässigkeit von K. S. vertrauen. Es ist interessant, wie lange und hartnäckig sich das hält.

b) Nun einzelne Tatsachen über F. P.s „Ratniza". Es ist ein Hund, der sich als stark erwies, aber einen passiven Abwehrreflex hat, über dessen Genese wir schon oft gesprochen haben. Er hängt damit zusammen, daß der Hund vom Tage seiner Geburt an im Zwinger gehalten wurde. Sein Reflex der natürlichen biologischen Vorsicht, der passive Abwehrreflex, war beträchtlich verstärkt, und er hielt sich, obwohl der Hund an sich stark ist.

Als F. P. ihn in der vergangenen Arbeitssaison zum ersten Male zu Versuchen heranzog, mußte er sich interessanterweise einen ganzen Monat mit ihm abgeben, um ihm diesen passiven Abwehrreflex abzugewöhnen. Schließlich änderte er sein Verhalten völlig. Es zeigte sich also, daß es bei seiner Stärke möglich war, diesen vorher trägen Reflex zu überwinden. Er stellte an diesem Hunde Versuche an, bis die Sommerpause herankam. Während des Sommers war der Hund im Zwinger. Man brachte ihn nicht ins Laboratorium und auch nicht auf den Hof, so daß diese neuen Gewohnheiten, die jenen Reflex unterdrückt hatten, *(227)* fehlten und dieser Reflex neuerlich auftrat. Die neuen Bedingungen brauchten nur einige Zeit lang zu fehlen, und schon kehrte der Reflex in vollem Umfange zurück. Das gehört zum Thema der Überschichtung, der Rückkehr zu Früherem, des Rückfalls!

Ich habe irgendwo bei Mc Dougall gelesen, daß ein Mann, der während des Krieges verschüttet war, hinsichtlich seiner Sprechweise und seiner Motorik wieder ein Kind wurde und in der Kindersprache zu sprechen begann, so wie die Kinder ganz zu Beginn der Sprachentwicklung sprechen. Alle späteren Lebensjahre waren gleichsam fortgespült und verdrängt.

c) Unsere Pflicht ist, alles im Verhalten der Tiere zu erfassen. Manchmal ist das schwierig. Aber ich bestehe trotzdem immer darauf, daß wir die Absicht haben, das gesamte Verhalten des Tieres physiologisch zu erklären, und folglich nicht das Recht haben, uns vor schwierigen Hunden hinsichtlich der Arbeit mit den bedingten Reflexen zu drücken. Ich habe dabei „Premier" im Auge. Mag diese Aufgabe uns auch schwer fallen, aber wir müssen sie auf jeden Fall anpacken. Es liegen einige Befunde vor, die auf einen besonderen Einfluß des Experimentiertisches hinweisen, auf dem unsere Hunde stehen.

Zunächst einmal zu „Premier". Mit ihm hat sich zunächst M. A.[1] rechtschaffen abgequält, dann F. P., und schließlich ist er M. K.[2] in die Hände gefallen, aber auch sie hat ihn verworfen.

Ich habe mich mit ihm befaßt; seine Absonderlichkeit ist zum Teil geklärt, aber noch nicht restlos. Dieser Hund macht allen Experimentatoren dadurch große Schwierigkeiten, daß er über alle Maßen erregt ist: Er winselt, windet sich im Gestell, Atemnot tritt auf usw. F. P. hat eine ihn betreffende Frage aufgeklärt. Aus irgendwelchen Gründen verträgt der Hund es nicht, im Gestell zu stehen,

[1] M. A. Ussijewitsch

[2] M. K. Petrowa

wenn dieses sich auf dem Tisch befindet. Wenn F. P. das Gestell auf den Fußboden setzt, verschwinden Atemnot und Speichelfluß.

Aber wie ist das zu verstehen? Was bedeutet das, weshalb verträgt er es nicht, auf dem Tisch zu stehen? Andererseits springt er aber selbst auf den Tisch und vom Tisch.

Es wurde sogar davon gesprochen, ihn für einen akuten Versuch zu benutzen, aber das wäre ziemlich verantwortungslos. Das hieße, wir würden uns selbst für besiegt erklären. Er muß auf jeden Fall untersucht werden, und zwar gründlich.

Was läßt sich hier nun vermuten? Was hat ihn gegen das Gestell aufgebracht? Er ist ein schöner, schneeweißer Hund, der so gebaut ist, daß man ihn bis zu einem gewissen Grade als Hundearistokrat bezeichnen könnte. Er ist ein Setter.

Einem weißen Setter bin ich schon einmal in meinem Leben begegnet, als ich mich noch nicht mit den bedingten Reflexen beschäftigte. Dieser weiße Setter war irgendwie übermäßig an menschliche Gesellschaft gebunden; er war tatsächlich ein Aristokrat höchsten Grades: „Mir genügt meine hündische Umwelt nicht, ich stehe über ihr. Ich brauche einen Menschen." Ich entsinne mich genau, daß wir von dem alten Laboratorium aus, in dem wir Hunde am laufenden Band operierten, den Hof sahen, wo sich die Hunde befanden. *(228)* Ich war verblüfft darüber, daß dieser Hund seine Hundekumpane absolut ignorierte. Man sollte es nicht glauben, er beschnüffelte sie nicht einmal. Er beschäftigte sich damit, den ganzen Tag (der Hof war mit einem hohen Zaun umgeben) andauernd in die Höhe zu springen, um die Umzäunung zu überspringen. Das gelang ihm freilich nicht. Er hatte einen unbezwingbaren Drang, aus dieser Kumpanei hinauszugelangen. Das fesselte meine Aufmerksamkeit. Ich holte ihn mir ins Laboratorium, und er geriet restlos aus dem Häuschen, preßte sich an meine Brust usw. Dann brachte man ihn wieder zurück. Daraufhin trat bei ihm eine andere Reaktion auf. Stundenlang stand er da, unseren Fenstern zugewandt, und fixierte sie mit seinen Augen. Buchstäblich wie aus Holz geschnitzt stand er da und blickte zum Fenster. Es war ein unbezähmbares Verlangen nach menschlicher Gesellschaft festzustellen.

Bei unserem jetzigen Hunde haben wir das gleiche Aussehen, dieselbe Rasse und dieselben Eigenschaften. F. P. sagt, der Hund habe sich in ungewöhnlich kurzer Zeit eng an ihn angeschlossen. Er nahm ihn zu sich nach Hause, und als er von Hause fortging, stand der Hund stundenlang an der Tür. Bei diesen Hunden findet sich also eine besondere Bindung an die menschliche Gesellschaft oder an ihren Herrn. Ich weiß nicht, ob sie vielleicht besonders darauf trainiert worden sind.

M. A., der als erster mit ihm arbeitete, saß für sich und war von ihm durch eine einfache Tür mit einem Loch getrennt, durch das er blickte, so daß der Hund sehen konnte, wenn F. P. auf ihn blickte, und alle Geräusche genau hörte. Er betrug sich relativ erträglich, und man konnte mit ihm arbeiten. Als er aber in die schalldichte Kammer kam, geriet er in so starke Erregung, winselte so stark und riß sich aus dem Gestell los, daß F. P. mit ihm nichts anzufangen wußte und ein wenig mit Brom nachhalf. Das läßt sich so interpretieren, daß er ebenfalls Kontakt mit Menschen brauchte. Das muß als Besonderheit dieses Hundes anerkannt werden.

Man kann annehmen, daß sich die Einsamkeit, sein Fernsein von menschlicher Gesellschaft für ihn mit dem Aufenthalt im Gestell verbunden hat. Bisher läßt es sich so erklären.

Dennoch bleibt die Frage offen, weshalb er selbst ins Gestell springt.

Offensichtlich macht sich diese Einsamkeit nach und nach bemerkbar. Im ersten Augenblick regt ihn vielleicht die Nahrungserregung an, der Futternapf, das Futter, das er fressen will, und je länger er dasteht, um so mehr packt ihn der Einsamkeitsinstinkt. So kann es in der Tat sein.

Bei einem Hunde trat ein „Freiheitsreflex" auf, er vertrug es nicht, angebunden zu sein, was jedoch bei „Premier" nicht auftrat. Dieser Hund sprang auf und fraß, aber je länger er stand, um so unruhiger wurde er, und schließlich lehnte er das Futter ab, biß in die Riemen usw.

Die einzige Erklärung ist die, daß für ihn die Einsamkeit ein bedrückender Zustand ist und sich auf diese Weise zwischen dem Aufenthalt im Gestell und der Furcht vor der Einsamkeit eine unlösbare Assoziation gebildet hat.

F. P. Majorow: Sein Erregungszustand nimmt gegen Ende des Versuchs zu. *(229)*

I. P. Pawlow: Genauso wie beim Freiheitsreflex, wo es ebenfalls so verlief, daß der Hund die erste Futterportion fraß, dann aber nichts mehr nehmen wollte. Eine andere Erklärung kann ich nicht geben.

M. K. Petrowa: Wahrscheinlich ist es so, denn bei mir ist er ruhiger, bei mir hat er nicht gebellt.

Ich würde mit ihm arbeiten, wenn ich Zeit hätte, aber ich habe eine andere Aufgabe und brauche unbedingt einen normalen Hund. Atemnot trat bei ihm auf, aber er war ruhiger als bei M. A. Ich habe aber eine andere Aufgabe, und deshalb habe ich von ihm abgelassen.

I. P. Pawlow: Schon gut, rechtfertigen Sie sich nur!

d) Nun noch einmal über das Gestell. Da ist S. A.s Hund „Rogdai". Auch er fühlt sich im Gestell nicht wohl. Hier ist die Ursache ziemlich klar, denn er ist einmal aus dem Gestell gefallen.

Zwischenruf: Wir haben jetzt eine Abschirmung angebracht.

I. P. Pawlow: Danach fühlte er sich im Gestell nicht mehr ungefährdet. Und als er fiel, weshalb fiel er da? Die Sache kam so, daß der frühere Tisch unter dem Gestell durch einen neuen ersetzt worden war, und dieser neue Tisch war etwa einen Werschok[1] höher.

Wie ist das zu erklären? Es muß offensichtlich so erklärt werden, daß der Sprung entsprechend der Wahrnehmung der Höhe eingerichtet wird. Anscheinend hat der Hund einfach nicht berücksichtigt, wir wollen psychologsch sprechen, daß das Gestell jetzt in einer anderen Höhe steht. Er orientierte sich auf die alte Höhe. Nach dem Sturz begann er das Gestell zu fürchten. Hier ist alles ziemlich einfach.

---

[1] 1 Werschok = 4,4 cm (dt. Red.).

e) Und nun ein Fall, der noch mehr zu unseren bedingten Reflexen gehört, aber auch noch nicht endgültig geklärt ist und ebenfalls mit dem Auf- und Abspringen zusammenhängt. Es handelt sich um O. M.s Hund „Ursinka". Es ist ein Weibchen, ein starker Hund. Bei der Untersuchung des Typs bildeten wir einen verspäteten Reflex. Der verspätete Reflex wollte sich nicht bilden. Der Hund mußte zum erregbaren Typ mit geringer Beweglichkeit gerechnet werden. Früher sprang er immer prächtig in das Gestell und vom Gestell, aber dann bemerkte O. M., daß der Hund nach Anwendung des verspäteten Reflexes nicht mehr vom Tisch herabsprang. Im Gestell nimmt er das Futter aus dem Napf, aber wenn Sie den Napf fortnehmen, damit der Hund herabspringt, tut er das nicht. Früher war es so, daß diese seltsame Reaktion nach Anwendung des verspäteten bedingten Reizes auftrat, jetzt aber äußert sie sich auch außerhalb dieses Zusammenhanges.

Wie ist das zu verstehen, und warum ist das so? Wir nahmen an, daß hier die Anspannung der Hemmung und der Zusammenstoß eine Rolle spielen. Bei der Ausarbeitung einer Verspätung stößt die Entwicklung des bedingten Hemmungsprozesses auf den vorhandenen Erregungsprozeß. Bisher bildete er sich noch nicht in einen Hemmungsprozeß um. Wir dachten auch, bei ihm träte die Phobie vor der Tiefe auf wie bei M. K.s „John". Wir führten ihn an die Treppenflucht, aber es fand sich keinerlei Hinweis auf eine derartige Phobie. Was geht da nun vor sich?

Zwischenruf: Vielleicht liegt es am endokrinen System? *(230)*

I. P. Pawlow: Wieso hängt denn das endokrine System mit dem verspäteten Reflex zusammen? Was soll das? Ich habe aber bemerkt, daß der Hund nach dem verspäteten Reflex irgendwie erstarrt; ich habe immer wieder gesehen, daß er manchmal eine Minute, manchmal zwei Minuten nach dem Fressen in ein und derselben Stellung stehenbleibt, ohne sich zu regen. Bei ihm tritt eine Art Katalepsie auf, und es ist anzunehmen, daß sich die Hemmung wahrscheinlich speziell im motorischen Analysator bemerkbar macht. Nicht etwa, daß er schliefe, das ist nicht der Fall, er ist wach; mit erhobenem Kopf, gespreizten Beinen, in straffer Haltung erstarrt er für eine Minute und mehr. Wir haben es also mit einer zeitweise auftretenden Katalepsie zu tun. Der Sprung wird dann ausgeführt, wenn das Nervensystem dank der zentripetalen Nerven zur vollen Arbeitsfähigkeit zurückkehrt; wenn aber in der Hirnrinde ein Hemmungssignal vorliegt, ist es verständlich, daß man nicht springt. Ich stelle es mir so vor, daß infolge der fortwährenden Zusammenstöße eine Hemmung entstanden ist, die sich hauptsächlich auf das motorische Gebiet auswirkt. Denn wenn Sie ihm Futter vorlegen, kann er es fressen, aber er springt nicht herunter. Ein einzelner bedingter Reflex läuft also ab. Aber dieser andere, große, umfassende lokomotorische Akt wird nicht ausgeführt.

Daß es tatsächlich so ist, daß sich hier ein Hinweis auf eine Depression im motorischen Gebiet und auf die Möglichkeit der Ausführung eines komplizierten lokomotorischen Aktes findet, beweist die Tatsache, daß er herabspringt, wenn man ihm einen Stuhl unterschiebt, die Aufgabe also erleichtert. Ich denke doch, es muß so erklärt werden. Wir werden es weiter untersuchen; die Frage ist interessant.

Es liegt also eine Hemmung des motorischen Gebietes vor, die den Hund hindert, einen komplizierten lokomotorischen Akt zu vollführen.

F. P. Majorow: Springt er ohne Hilfe hinauf?

Zwischenruf: Gestern sprang er nur beim ersten Mal mit dem Stuhl, dann aber selbst damit nicht mehr.

F. P. Majorow: Wie gelangt der Hund in das Gestell?

Zwischenruf: Das macht er allein.

I. P. Pawlow: Früher war die Hemmung akut und trat nur unmittelbar nach Anwendung des verspäteten Reflexes, also im Augenblick nach dem Zusammenstoß auf; jetzt aber dehnt sie sich auch schon auf die Tage aus, an denen das Verspäten nicht angewandt wird. Das ist sehr interessant.

Auf Wiedersehen! *(231)*

MITTWOCHKOLLOQUIUM

vom 23. Oktober 1935

1. BEDEUTUNG DES RINDENTONUS FÜR DEN WIRKUNGSCHARAKTER KLEINER DOSEN VON ALKOHOL UND CHLORALHYDRAT (VERSUCHE W. K. FJODOROWS UND A. A. LINDBERGS)

I. P. Pawlow: Letztes Mal haben wir uns mit der Frage befaßt, weshalb bei unseren Alkoholikerhunden auf dem Hintergrunde eines hypnotischen Zustandes, in dem sie sich jetzt befinden, alle kleinen Alkoholdosen, wie sich zeigt, diesen hypnotischen Zustand zerstreuen. Die Frage war schwer zu lösen. Dann erinnerten A. A. und W. K. daran, daß bei ihnen Befunde vorlagen, die den Sachverhalt klären. Wenn ein hypnotischer Zustand die Irradiation einer leichten Hemmung ist, dann ist klar, daß kleine Alkoholdosen beim Hemmungsprozeß zu wirken beginnen und dieser zerstreut wird. Die Erklärung erwies sich als durchaus natürlich und versetzte mich sogar infolge der verschiedenen Gegenüberstellungen in eine gewisse Begeisterung.

Aus diesem Grunde bat ich sofort nach jenem Kolloquium, mir diese Dokumente, die Unterlagen von A. A. und W. K., vorzulegen. Sie erwiesen sich als völlig identisch.

W. K. hatte den Hund „Naljot", der sehr leicht aus dem Wachzustand in den hypnotischen Zustand überging. Das erklärt sich aus seiner Nahrungserregbarkeit. Wenn W. K. ihn gründlich fütterte, verfiel er während des Versuchs in einen hypnotischen Zustand, ließ er ihn sich aber nicht restlos sattfressen, dann blieb er wach. Auf diese sehr einfache Weise ließ sich im Versuch entweder ein Wachzustand oder ein hypnotischer Zustand erzeugen.

Dasselbe lag auch bei A. A.s Hund „Satyr" vor, der überhaupt geneigt war, im Gestell in einen hypnotischen Zustand zu verfallen. Der hypnotische Zustand dieser beiden Hunde konnte also vom Experimentator gelenkt werden.

Bei diesem hypnotischen Zustand bemerkten beide Beobachter, daß die Anwendung kleiner oder mittlerer Dosen von Chloralhydrat den Hemmungszustand zerstreut.

Hier habe ich die Versuche an „Naljot" mit kleinen Dosen von Chloralhydrat bei herabgesetzter Nahrungseregbarkeit und folglich bei hypnotischem Zustand des Hundes. In diesen Versuchen erhielt W. K. durch Addition der Summe der Effekte des ganzen Versuches 119, 112, 118, 95 und manchmal sogar 160 Teilstriche. *(232)* Als er demselben Hund aber während des hypnotischen Zustandes 2 bis 2,5 g

Chloralhydrat gab (seine Maximaldosis betrug etwas über 4 g), verdoppelten sich die Effekte (252 bis 254 Teilstriche), d. h. also, der hypnotische Zustand wurde energisch zerstreut.

Genau dieselben, etwas weniger markanten Erfahrungen freilich in genau demselben Sinne machte A. A. an seinem Hunde „Satyr". Da wir aber wissen, daß Chloralhydrat ebenso wie Alkohol als Paralysator mit einer Schwächung des Hemmungsprozesses beginnt, wird die schwache Irradiation der Hemmung aufgehoben, und das Tier gelangt aus dem hypnotischen in einen wacheren Zustand.

Alles läßt sich sehr zufriedenstellend klären und interpretieren.

Interessant war, daß der hypnotische Zustand, der durch die einförmige Umgebung hervorgerufen wurde, sich nicht nur hinsichtlich des Auftretens dieser paradoxen und ultraparadoxen Phasen als mit jenem hypnotischen Zustand identisch erweist, der auf Grund des chronischen Alkoholismus entsteht, sondern auch hinsichtlich der Chloralhydratwirkung. Der eine wie der andere Zustand wird durch kleine Dosen Chloralhydrat, wie überhaupt durch narkotische, paralysierende Mittel aufgehoben.

Bis jetzt ist alles sehr schön und glatt verlaufen und hat mich außerordentlich erfreut, weil diese wichtigen Tatsachen sich so harmonisch ineinanderfügen.

Aber hier hat sich nun gleich wieder etwas Neues ergeben, womit sich, wie es so üblich ist, auch eine neue Frage ergibt, auf die ich noch keine Antwort weiß und über die wir jetzt sprechen werden.

Bei dem gleichen „Naljot", bei dem auf so leichte Weise, nämlich durch geringere Fütterung, der hypnotische Zustand zerstreut wird und alle bedingten Reflexe zunehmen, zeigt sich nun, daß dieselben Dosen Chloralhydrat bei bedingten Reflexen, die gegenüber der üblichen Norm erhöht sind, zu einer starken Verringerung der bedingten Reflexe führen. Während z. B. im Wachzustand die Summe aller bedingten Effekte während des Versuchs 714 beträgt, beträgt sie bei Verabreichung von Chloralhydrat in einer Menge von 2 bis 2,5 g nur 236, d. h. etwa ein Drittel.

Es ergibt sich also die höchst bemerkenswerte Tatsache, daß dieselbe Dosis des Paralysators Chloralhydrat die bedingten Reflexe vergrößert und den hypnotischen Zustand zerstreut, wenn sie bei hypnotischem Zustand einwirkt, dagegen die Reflexe stark herabsetzt, wenn sie bei dem gleichen Hund die Großhirnhemisphären in einem anderen Zustand antrifft.

Es bleibt zu ermitteln, was hier los ist, wie das zu erklären ist. Es sei gesagt, daß es sich hier um einen Befund von allgemeiner Bedeutung für das Nervensystem handelt. In vielen Fällen wirkt doch ein und dasselbe Agens auf Zentren mit verschiedenem Tonus direkt entgegengesetzt, direkt konträr.

Im ersten Falle sind wir mit den Befunden anscheinend befriedigend zurechtgekommen. Nun muß dieser Fall erklärt werden, bei dem der Tonus hoch ist und derselbe Paralysator den Tonus erniedrigt. *(233)*

Ich stelle es mir so vor, daß der Paralysator auf denjenigen Prozeß einwirkt, der jeweils vorherrscht, und diesen dann paralysiert. Im Falle eines hypnotischen Zustandes steht der Hemmungsprozeß im Vordergrund der funktionellen Tätigkeit, und dann führt die paralysierende Energie des Narkotikums, sagen wir Chloralhydrat, zur Schwächung dieses Prozesses.

Wenn der entgegengesetzte Zustand vorliegt, d. h., wenn der Erregungsprozeß vorherrscht, der Hemmungsprozeß dagegen völlig inaktiv ist, dann greift der Paralysator den positiven Prozeß an.

So habe ich es mir vorgestellt, aber wer weiß, vielleicht ist das nur eine Erklärung mit Worten. Deshalb stelle ich diese Frage ebenfalls zur Diskussion. Die Tatsachen selbst sind im höchsten Grade übereinstimmend und imponierend. Der Befund selbst steht außer jedem Zweifel. Weshalb aber paralysiert dasselbe Agens einmal den Hemmungsprozeß und ein anderes Mal den positiven Prozeß, je nachdem, welcher von ihnen gerade vorherrscht?

Mir fällt ein, daß ich wohl schon früher mal auf diese Erscheinung und diese Frage gestoßen bin, schon bei einer gemeinsamen Arbeit mit Sawadski, und ich glaube, es ist damals schon irgendwie experimentell geklärt worden. Leider habe ich gestern diese Arbeit Sawadskis bei mir nicht gefunden.

W. K. Fjodorow: Gestatten Sie, ich erinnere mich an Ihre damalige Erklärung dieses Befundes, als wir es seinerzeit analysiert haben. Es war dieselbe, die Sie auch jetzt gegeben haben, nur etwas detaillierter.

Sie nahmen damals an, daß das Chloralhydrat dann, wenn es bei niedrigen Reflexen wirkt, den Hemmungsprozeß aufhebt, auf den Erregungsprozeß aber deshalb nicht einwirkt, weil dieser weit unter der Grenze der Arbeitsfähigkeit liegt. Sind die Reflexe aber hoch und stehen sie nahe der Grenze der Arbeitsfähigkeit, dann paralysiert Chloralhydrat nicht nur den Hemmungsprozeß, sondern setzt auch den Erregungsprozeß herab.

N. A. Podkopajew: Ich meine, wenn eine kleine Narkotikumdosis nur auf den Hemmungsprozeß wirken sollte, dann könnte man das auch auf den Fall von hohem Tonus anwenden, indem man annimmt, daß sich eine extreme Explosivität ergibt, d. h., daß die Grenze erreicht wird.

I. P. Pawlow: Dieser Reiz hält sich gut. Hinweise auf eine Überbelastungshemmung finden sich überhaupt nicht.

N. A. Podkopajew: Aber worauf ist denn die Verringerung der Gesamtsumme der bedingten Reflexe zurückzuführen? Weshalb sind bei der Anwendung des Chloralhydrats bei hohem Tonus die Reflexe schwächer? Dann ist doch jeder einzelne Reflex niedriger.

Vielleicht weist das doch darauf hin, daß hier eine Überbelastung vorliegt. Würde man in 5-Sekunden-Abständen beobachten, dann würde man vielleicht eine Hemmungserscheinung noch während der Wirkung des bedingten Reizes sehen.

I. P. Pawlow: Wie verliefen die Reflexe bei „Naljot" im Falle eines hohen Tonus?

W. K. Fjodorow: Gewöhnlich stiegen sie an. *(234)*

I. P. Pawlow: Darauf fanden sich keine Hinweise.

Bei dieser Frage, meine Damen und Herren, muß also überlegt werden, was hier los ist; es müssen Tatsachen beigebracht und Experimente ersonnen werden, die diese Frage lösen können. Das ist eine sehr wichtige Frage, denn der Befund ist sehr ausgeprägt: Im einen Falle verdoppeln sich die Reflexe und im anderen sinken sie auf ein Drittel und weniger ab.

I. O. Narbutowitsch: Ihre Erklärung, die Sie heute gaben, daß Chloralhydrat den vorherrschenden Prozeß paralysiert, wird auch durch klinische Tatsachen bestätigt.

Als ich bei einer Schizophrenie bei dem Patienten S. Alkohol anwandte, fiel das deutlich ins Auge. Ich habe Ihnen darüber seinerzeit berichtet. Ich denke besonders an zwei Patienten: An eine Patientin, die in starker Sprecherregung war, sie redete ununterbrochen; aber sobald wir Alkohol verabreichten, verstummte sie sofort. Bei S. dagegen, der monatelang nichts gesprochen hatte, war es gerade umgekehrt. Ich habe in dieser Arbeit sogar geschrieben, daß sich der Gedanke aufdrängt, daß Alkohol denjenigen Prozeß paralysiert, der früher auftritt. Ich werde das heute auf jeden Fall überprüfen und dann demonstrieren.

I. P. Pawlow: Das wäre dann ein gewisser neuer Zug in der Rindentätigkeit. Das wäre eine neue Tatsache. Das ähnelt doch stark dem, was wir hier vorliegen haben.

Motivieren, erklären kann man auf alle mögliche Weise, tiefschürfend oder oberflächlich. Chemisch ist das sehr einfach. Die ganze Energie der Substanz entfällt auf den Kampf gegen den Prozeß, der gerade in Funktion ist. Es wäre interessant, das faktisch durch bestimmte Experimente festzustellen. Wenn es sich aber bestätigt, dann wäre das eine außerordentlich wichtige Ergänzung zu unserem Wissen über das Nervensystem: Der Wirkung des Chloralhydrats und Alkohols unterliegt das, was gerade in Funktion ist.

P. S. Kupalow: Das ist eine allgemeine Tatsache. Ich kann ein Beispiel aus der Röntgenologie beibringen, wenn man auf das Nervensystem einwirkt. Angenommen, es liegt eine Atonie des Darmes oder Magens vor. Unter der Wirkung der Röntgenstrahlen kommt es zur Normalisierung. Liegt aber eine Hyperfunktion vor, dann tritt eine Paralyse auf.

I. P. Pawlow: Ja, ja, auf diese Tatsache bin ich in der Physiologie schon vor langer Zeit gestoßen; aber bisher gab es noch keine Erklärung. Hier tritt es sehr ausgeprägt auf, und wir müssen versuchen, es verständlich zu machen.

2. NOCH EINMAL ÜBER DIE WIRKUNG EINER KOMBINATION VON BROM UND KOFFEIN (M. K. PETROWAS „BOY" UND A. M. PAWLOWAS „LISSA")

I. P. Pawlow: Nun das nächste. Es geht um die uns schon bekannte Wirkung einer Kombination von Brom und Koffein.

Sie wissen, daß sie bei „Mampus" ein wahres Wunder vollbracht hat. Jetzt liegen uns zwei neue, sehr eindrucksvolle Fälle vor: erstens ein Fall M. K.s an „Boy" und zweitens ein Fall A. M.s an „Lissa". *(235)*

Sie erinnern sich an „Boy", diesen vorzüglichen Sanguiniker, den in letzter Zeit ein anderer Sanguiniker, „Tombusch", überflügelt hat. „Boy" ist dadurch gekennzeichnet, daß bei ihm Stärke des Erregungsprozesses und Stärke des Hemmungsprozesses positiv miteinander gekoppelt sind. Er besitzt große Stärke und Ausgeglichenheit. Verblüffend ist bei ihm aber die starke Labilität, die starke Beweglichkeit der Nervenprozesse; hat er doch alle unsere schwierigsten Aufgaben spielend bewältigt, im Vergleich zur ganzen übrigen Menge der Hunde in nahezu unwahrscheinlicher Weise.

Über diesen unseren Helden nun — beachten Sie, daß er dieses Heldentum als Kastrat zeigte, und das betont natürlich die Stärke seines Nervensystems noch mehr —, über diesen Helden sind mehrere Unglücksfälle in Form von Krankheiten hereingebrochen; aber er hielt sich doch, allem zum Trotz.

Dann wurde ihm in letzter Zeit eine sehr schwere Aufgabe gestellt, wenn auch in etwas erleichterter Form. Er sollte einen bedingten Reflex auf einen Reiz ausarbeiten, der dreimal unbekräftigt wiederholt und erst beim viertenmal bekräftigt wurde; freilich nicht wie in anderen Fällen, wo dieser neue Reiz an verschiedenen Stellen gesetzt wurde. Für ihn wurde diese Aufgabe vereinfacht, der Reiz wurde einfach in der Mitte der angewandten Reize und an letzter Stelle gesetzt. Und dieser Hund löste die Aufgabe in zwei Tagen!

Da er noch andere akustische Reize hatte, trat bei Anwendung des neuen Reizes, der Hupe, eine schwache Irradiation und Verallgemeinerung auf. Die erste unbekräftigte Anwendung der Hupe ergab einen kleinen Effekt, der bei der zweiten Anwendung absank und beim drittenmal völlig verschwand. „Boy“ wurde also rasch mit der Generalisation fertig und beseitigte die auf Grund der Generalisation entstandene Wirkung.

Dann ergab diese Reizgruppe (Hupe) bei der zweiten Wiederholung bereits eine regelmäßige Zunahme des Effekts von der ersten unbekräftigten Anwendung bis zur vierten, die bekräftigt wurde. Als diese Gruppe im selben Versuch zum drittenmal wiederholt wurde, ergab sie bereits eine vollständige Ausarbeitung.

Am nächsten Tage war dann alles schon fix und fertig: Nullwerte auf die ersten drei Male und ein starker positiver Reflex bei der vierten, bekräftigten Anwendung. Tatsächlich ein wahres Wunder, eine erstaunliche Tätigkeit.

Aber bei diesem nervalen Heldentum brach er dann schließlich zusammen. Zunächst hielten sich, wie es bei nervalen Zerrüttungen üblich ist, die alten Reflexe, aber dann begannen sie abzusinken. Gewöhnlich hielten sich bei ihm die alten, gut ausgearbeiteten Reflexe auf gleicher Höhe, aber nun begannen sie zu schwanken und abzusinken. Die schwierige Aufgabe wirkte sich also auf die Arbeitsfähigkeit aus.

Dies geschah im Frühjahr. Dasselbe war auch im Herbst noch der Fall. Ein hypnotischer Zustand trat auf, der immer Ausdruck einer Erkrankung ist. Das hielt sich lange Zeit. Daraufhin wurde zunächst Koffein allein versucht. Zur Zeit ist es schwierig, reines Koffein zu bekommen. Irgend jemand hat M. K. mit einer großen Menge Kolatabletten versorgt, in denen sich ebenfalls Koffein befindet. Kola enthält noch viele andere Stoffe, aber eben auch Koffein. Als sie diese Tabletten anwandte, *(236)* ergab sich (wir wollen einmal annehmen, nur durch das Koffein) eine gewisse Besserung, aber keine besonders starke. Erst als eine Kombination mit Brom angewandt wurde, als zum erstenmal 1 g Brom und eine halbe Kolatablette verabreicht wurden (wieviel Koffein sie enthält, läßt sich nicht genau sagen), kam es zu einer wesentlichen Besserung. Nach einem Tag Erholung wurde es dann noch besser. Als weiterhin Koffein und Brom verabreicht wurde, normalisierte sich die bedingt-reflektorische Tätigkeit nahezu vollständig. Diese höchst hartnäckige Neurose ist also nur unter dem Einfluß einer Kombination von Brom und Koffein radikal beseitigt worden.

Ein ebenso markanter Fall, der vielleicht sogar noch verblüffender ist, liegt bei A. M. mit ihrem Hunde „Lissa" vor. „Lissa" ist bei uns im Laboratorium der älteste Kastrat. A. M., wie viele Jahre ist er schon kastriert?

Zwischenruf: Er wurde 1927 kastriert.

I. P. Pawlow: Also acht Jahre. Er ist der älteste.

Bezüglich „Lissa" muß ich berichten, daß wir ihn vor der Kastration nicht untersucht haben. Nach der Kastration wurde er ein vollkommenes Wrack, mit ihm war nichts anzufangen. Weder taugte der Erregungsprozeß zu irgend etwas, noch weniger aber der Hemmungsprozeß. Der Hund war für unsere Versuche einfach nicht zu gebrauchen. Das zog sich nun einige Jahre hin. So sehr wir ihn auch bemutterten, die Anzahl der Reize herabsetzten, die starken ausschalteten, nichts half, und auf keine Weise konnten wir bei ihm eine reguläre Arbeit erreichen. Nach 6 bis 7 Jahren fruchtloser Anstrengungen wandten wir nun endlich Brom an, wieder nichts, eine kleine Besserung trat ein, aber zur Arbeit wurde er dennoch nicht tauglich.

Und jetzt erst, im vergangenen Jahre, griffen wir zum ersten Male zu diesem Mittel. Diesmal geschah tatsächlich ein wahres Wunder, das dem bei „Mampus" nicht nachsteht. Der Hund änderte sich derartig und verlor seine früheren Krankheitssymptome in einem solchen Maße, daß man jetzt mit ihm außerordentlich schwere Untersuchungen anstellen kann, und zwar mit vollem Erfolg, ohne den geringsten Schaden. Früher zerstörte eine geringfügige Erhöhung der Reizstärke alles; jetzt aber wird die sehr starke Knarre angewandt (bei einem Kastraten, und dazu noch bei einem so tief erschütterten!), und er verträgt sie, liefert Speichel. Mit demselben vollen Erfolg arbeitet er die Metronome um und steht dabei den starken, gesunden Hunden in nichts nach.

Zwischenruf: Nur bei Anwendung der Kombination.

I. P. Pawlow: Ich muß erwähnen, auch hier bleibt dieser wundertätige Einfluß der Kombination immer akut und unmittelbar. Solange Sie diese Kombination verabreichen, hält er sich mustergültig, setzen Sie sie aber ab, dann verschlechtert sich die Sache sofort.

Zwischenruf: Zur Zeit arbeitet er ohne die Kombination, und es trat Futterablehnung auf.

I. P. Pawlow: Mit einem Wort, es ist ebenfalls ein äußerst markanter Befund. Daraus ergibt sich, daß die „Nervenärzte" das sehr ernsthaft *(237)* beachten müssen und dabei sehr gewissenhaft vorgehen müssen. Überhaupt kommt es häufig vor, daß diese Kombination nicht etwa hilft, sondern vielmehr zu einer Schwächung führt. Natürlich muß die Dosierung sehr sorgfältig ermittelt werden Man muß den Patienten viele Male sorgfältig beobachten, seinen Zustand einschätzen und dementsprechend die Menge des einen Agens und die des anderen verändern; nur so geht es. Ich möchte direkt sagen, es wäre ein ärztlicher Kunstfehler, wenn sich der Arzt nicht nach Kräften bemühte, diese Angelegenheit zum Ende zu bringen. Die Versuche versprechen Großes und Wichtiges für die Nervenklinik.

3. FALL VON STÖRUNG DES GESETZES DER ABHÄNGIGKEIT DER BEDINGTEN REFLEXE VON DER STÄRKE DES REIZES UND DIE METHODEN, ES AUFZUFINDEN: ERNIEDRIGUNG DES NAHRUNGSTONUS ODER ZERSTÖRUNG DES REFLEXES AUF DIE ZEIT (VERSUCHE A. A. LINDBERGS AN „MARS")

I. P. Pawlow: Nun gehen wir von diesen pharmakologischen Versuchen zu rein physiologischen über.

Es sei gesagt, daß wir unsere Gesetze oder Regeln der höheren Nerventätigkeit, wie sie beim Studium der bedingten Reflexe aufgedeckt werden, natürlich möglichst allseitig präzisieren müssen. Ein Gesetz ist ein Gesetz, aber es ist unausweichlich an bestimmte Bedingungen gebunden, und diese Bedingungen können oft sehr zahlreich sein. Wir haben die Pflicht, alle Bedingungen, die die Wirkung eines Gesetzes bestimmen, zu erforschen und zu erfassen.

So ist zum Beispiel unser Gesetz der Abhängigkeit des bedingten Reflexes von der physikalischen Stärke des bedingten Reizes eine exakte Angelegenheit, dagegen gibt es nichts zu sagen; aber gleichzeitig gibt es auch Abweichungen, d. h., es müssen eine Anzahl von Bedingungen berücksichtigt werden, unter denen diese Regel auftritt. Wir müssen letzten Endes alle diese Bedingungen zusammentragen. Wenn wir alle Bedingungen aufdecken, dann können wir sagen, wir haben die Gesetze und Regeln exakt ermittelt.

So ist gerade bei „Mars", einem sehr starken und erregbaren und zugleich sehr gierigen Hund A. A.s mit sehr starkem Nahrungsinstinkt, die Abhängigkeit des Effekts von der Stärke des Reizes nicht zu sehen. Sowohl ein sehr starker Reiz als auch Kälte, die wir für einen schwachen Reiz halten, gaben ein und denselben Effekt. Aus irgendwelchen Gründen verschwand dieses Gesetz der Abhängigkeit des Effekts von der Reizstärke. Dann aber stellte sich heraus, daß sich Bedingungen finden lassen, unter denen es eindeutig zutage trat.

Die erste Bedingung war, die außerordentlich hohe Nahrungserregbarkeit zu beseitigen, welche die Hirnrinde auf einen hohen Tonus einstellte, so daß alle Reize einen Maximaleffekt ergaben. Zu diesem Zweck mußte dem Hunde eine Stunde vor den Versuchen die volle Tagesration gefüttert werden. Der Tonus brauchte nur erniedrigt zu werden, dann wurde diese Regel klar und deutlich.

Jetzt hat sich bei diesem Hunde noch etwas anderes gefunden. *(238)*

Im Zusammenhang mit diesem Problem mußten wir den Stereotyp mit gleichen Pausen in der Richtung verändern, daß die Pausen unterschiedlich wurden: bald drei Minuten, bald acht Minuten, bald zehn Minuten, wobei sie in jedem Versuch geändert wurden, d. h. zwischen verschiedene Reize gesetzt wurden. Auf diese

Weise wurde der Reflex auf die Zeit zerstört und vernichtet. Dann wurde der Unterschied zwischen der Wirkung starker und sehr schwacher physikalischer Reize ganz deutlich. Sobald wir den Reflex auf die Zeit vernichtet hatten, trat ein beträchtlicher Unterschied zwischen den starken und schwachen Reizen auf. Die Abhängigkeit von der Stärke war durch den Reflex auf die Zeit bei hohem Rindentonus larviert worden.

Unsere vordringlichste Aufgabe besteht darin, für jedes Gesetz alle Bedingungen erschöpfend zu ermitteln. Daran haben wir fast überhaupt nicht oder nur wenig gedacht.

Zwischenruf: 1929 hatte ich den Hund „Drushok". Bei ihm verschwand ebenfalls die Abhängigkeit der Größe des Effekts von der Reizstärke. Wir stellten zwei verschiedene Versuche an: Wir fütterten ihn vor dem Versuch und setzten so die Nahrungserregbarkeit herab. Im Versuch stellte sich die normale Abhängigkeit wieder her. Dann überfütterten wir ihn zwei Monate lang im Zwinger. Er wurde füllig, fett, nahm stark an Gewicht zu, und das Gesetz der Abhängigkeit von der Stärke war wiederhergestellt.

I. P. Pawlow: Gut. Und wie war es bei Wassilenko?

Meine Damen und Herren, ich muß Ihnen folgendes sagen. Wenn es mir auch zu verzeihen ist, wenn ich etwas vergesse — immerhin sind 86 Jahre ein ganz schönes Alter —, bei jedem wird das Gedächtnis schwächer, so ist es doch bei Ihnen, unter denen sich sehr junge Menschen befinden, einfach eine Schande. Sie hätten daran denken müssen und mich in dieser Hinsicht ständig korrigieren sollen. Ich stehe nämlich auf dem Standpunkt, daß derjenige, der mit den bedingten Reflexen zu tun hat, sich ständig damit beschäftigen muß.

A. A. Lindberg: Wassilenko begann die Ausarbeitung bedingter Reflexe bei einem neuen Hunde und arbeitete bei ihm zwei Reflexe auf einen starken Reiz aus.

Dann machte er sich daran, einen Reflex auf einen schwachen bedingten Reiz, auf Licht, auszuarbeiten, wobei er immer das gleiche Intervall anwandte. In der zweiten Hälfte des Versuchs war das Licht in seiner Größe den Reflexen auf starke Reize gleich. Das erwies sich als Übergangsphase. In dem Maße, wie die Versuche fortgesetzt wurden, nahm das Licht seine normale Stellung ein. Es wurde die Erklärung gegeben, daß in der ersten Zeit der Reflex auf die Zeit jedesmal bekräftigt wurde und sich mit der Wirkung des schwachen Reizes summierte. Später wurde dann, dem Training entsprechend, der Reflex auf die Zeit so präzise, daß er mit dem Beginn des unbedingten Reizes zusammenfiel.

I. P. Pawlow: In diesem Falle wurde die Erscheinung dadurch überwunden, daß der Reflex auf die Zeit sehr präzisiert und genau dem Augenblick der Fütterung angeglichen wurde.

Bei Ihnen aber hat er aufgehört zu existieren, weil Sie die Pause verändert haben. Der Sinn ist ein und derselbe, nur ist es in jenem Falle zufällig passiert, in diesem dagegen mit Vorbedacht geschehen. *(239)*

Zwischenruf: In der Dissertation Feokritowas ist seinerzeit ebenfalls darauf hingewiesen worden, daß nach der Bildung von bedingten Reflexen auf die Zeit beim Metronom eine Summation auftrat, während das Metronom fast keinen Effekt ergab, wenn man es allein setzte.

I. P. Pawlow: Bei Stukow und Feokritowa war es so, daß der Hund alle halben Stunden gefüttert wurde und dann die Speichelabsonderung alle halben Stunden von selbst auftrat. Das war ein Reflex auf die Zeit.

Diesen Befund hat es tatsächlich gegeben; er hat sich mir aber nicht sonderlich fest eingeprägt. A. A. und mir ist es nicht eingefallen. Dieser Befund muß registriert und in die systematische Darstellung unseres gesamten Materials aufgenommen werden. Ich fühle mich verpflichtet, das in allernächster Zeit zu tun und mich dabei auf das gesamte Material zu stützen. Aber wer weiß, ob es mir gelingen wird, diese Pflicht zu erfüllen. Immerhin, wenn irgend jemand diese Dinge darlegen sollte, muß er, wenn vom Gesetz der Abhängigkeit von der Stärke die Rede ist, die Aufmerksamkeit auf all die Bedingungen konzentrieren, bei denen dieses Gesetz zutage tritt. Daraus ergibt sich die Aufgabe, diesen Sachverhalt experimentell umfassender zu erforschen.

4. SONDERFALL DER UMARBEITUNG DER METRONOME (VERSUCHE L. O. SEWALDS AN „RATNIZA 2")

I. P. Pawlow: Nun zu folgendem Befund: L. O.s Hund „Ratniza" befindet sich in Koltuschi. Der Hund befand sich vom Tage seiner Geburt im Zwinger und behielt für das ganze Leben den Reflex der erhöhten biologischen Vorsicht mit einem verstärkten Reflex auf Neuigkeiten, der für gewöhnlich bei Welpen infolge Erweiterung des Tätigkeitsbereiches des Tieres überwunden wird. Der Hund behielt also, wie wir sagen, den passiven Abwehrreflex. Alles Neue hemmt ihn. Es treten bei ihm zwei Formen dieser Reaktion auf: Erstens reagiert er auf die geringste Veränderung des Milieus unausweichlich mit einer Orientierungsreaktion, und andererseits erleidet er eine sehr starke Hemmung, wenn der Reiz stark und neu ist. Mit diesem Hund in der gewöhnlichen Umgebung zu arbeiten, wo auf ihn die verschiedenartigsten zufälligen Reize treffen, ist vollkommen unmöglich. Seine Tätigkeit ist chaotisch. Da half nichts; aber als wir diesen Hund in unsere schalldichte Kammer brachten und von allen äußeren Reizen völlig isolierten, begann er umgekehrt, mustergültig zu arbeiten. Das bestätigt gut, wie notwendig es bei gewissen Hunden ist, bei denen sich der passive Abwehrreflex gehalten hat, die Arbeit in unserer Kammer durchzuführen und nicht in einer mehr oder weniger improvisierten Umgebung.

Das sei nur nebenbei bemerkt. In der schalldichten Kammer erwies er sich als starker ausgeglichener Hund. Wahrscheinlich könnten viele Hunde, die von uns als völlig untauglich angesehen werden, gut arbeiten, wenn man sie in eine bessere Umgebung brächte. *(240)*

Zur Typenbestimmung wurden bei „Ratniza" die Metronome umgearbeitet. Mein Laboratorium in Koltuschi ist ein Laboratorium für experimentelle Genetik der höheren Nerventätigkeit. Die Hauptarbeit besteht dort in der Bestimmung des Typs der Hunde, um sie dann miteinander zu kreuzen usw.

Bei diesem Hunde fand sich eine interessante Eigentümlichkeit im Vergleich zu anderen Hunden. Bis jetzt stellten sich die Metronome bei den verschiedenen Hunden auf dreierlei Weise um: Entweder werden beide Metronome leicht und mit gleicher Geschwindigkeit umgearbeitet, oder es geht beim positiven leicht, beim hemmenden dagegen langsam, oder die Umarbeitung des positiven bleibt gegenüber der des hemmenden zurück.

Bei diesem Hunde ergab sich ein gewisser Sonderfall Das früher hemmende Metronom wurde positiv, erreichte jedoch nicht die Höhe des früher positiven, während das früher positive, das ständig nicht mehr bekräftigt wurde, ebenfalls keine vollständige Hemmung ergab.

Die Lösung verlief also auf besondere Weise: Die Metronome wurden umgearbeitet, jedoch nicht vollständig, und zwar bei beiden Prozessen; weder das positive noch das hemmende Metronom erreichte die frühere Höhe.

Wie ist das zu verstehen? In den früheren Fällen haben wir gesagt, der eine Prozeß sei stärker und der andere schwächer. Aber wie soll man nun hier beurteilen, weshalb es so verläuft?

Ich hatte keine Gelegenheit, darüber nachzudenken, und jetzt fällt mir nichts ein, was zu diesem Fall zu sagen wäre.

Zwischenruf: Vielleicht ein Mangel an Labilität?

I. P. Pawlow: Wieso Labilität? Wie soll man diese Prozesse charakterisieren, was ist mit ihnen passiert, weshalb erreicht der positive nicht die frühere Höhe und weshalb sinkt der hemmende nicht so stark ab wie früher? Was bedeutet das? Wie soll man diesen Sachverhalt in unseren Termini, in unseren Begriffen ausdrücken? Weshalb sind der Erregungs- und der Hemmungsprozeß geringer geworden?

Zwischenruf: Möglicherweise liegt es an der Induktion, daran, daß die gegenseitige Induktion leidet. Sind früher keine Versuche über die gegenseitige Induktion angestellt worden?

I. P. Pawlow: Aber die Reize divergierten doch vorher stark. Folglich bestanden zwischen ihnen Induktionsbeziehungen. Ich verstehe nicht, was mit der Induktion passiert sein soll, damit sie diese Erscheinung hervorruft.

P. S. Kupalow: Und wie lange Zeit dauerte es, bis sich das frühere Verhältnis wiederherstellte? Sie sagten, man habe mit „Ratniza“ lange und schlecht gearbeitet.

I. P. Pawlow: Sobald er in die passende Umgebung versetzt wurde, stellten sich die bedingten Reflexe ein und hielten sich ganz präzise.

Sobald wir die störenden Bedingungen ausschalteten, die den passiven Abwehrreflex verursachten, begann er gut zu arbeiten. *(241)* Ich weiß einfach nicht, weshalb beide Prozesse ganz gleichmäßig schwächer geworden sind. So etwas kann also vorkommen. Man muß folglich annehmen, daß hier ein Zusammenstoß stattgefunden hat und im Ergebnis dieser Prozedur beide Prozesse in genau dem gleichen Maße schwächer geworden sind. Ihr allgemeines Verhältnis ist richtig geblieben, der eine ist höher, der andere niedriger, entsprechend den Bedingungen, aber sie haben in genau demselben Grade gelitten. So muß man es letzten Endes ausdrücken. Ein solches Resultat einer Hemmung haben wir noch nie gesehen.

F. P. Majorow: Ich wollte diesen Befund so erklären, daß ich von einer Schwäche des Hemmungsprozesses ausging, aber das klappt nicht ganz. Man könnte folgendes sagen: Da der Hemmungsprozeß schwach war, d. h. keine absolute Differenzierung vorlag, könnte man leicht erklären, daß das positive Metronom eben infolge der Schwäche des Hemmungsprozesses und des Fehlens der positiven Induktion niedriger geworden ist.

I. P. Pawlow: Man kann diesen Befund also daraus erklären, daß bei diesem Zusammenstoß beide Prozesse gleichermaßen gelitten haben.

P. S. Kupalow: Es ist ein irgendwie besonderer Hund. Ich kann mich nicht an Hunde erinnern, bei denen die Hemmung nicht absolut war und sich buchstäblich Monate lang völlig ohne Schwankungen hielt. Dieser Befund muß überdacht werden.

I. P. Pawlow: Nein, solche Fälle gibt es, man findet sie bei starken, erregbaren Hunden.

Auf jeden Fall haben wir jetzt insgesamt vier mögliche Fälle: Entweder eine vollständige Umarbeitung, wobei sowohl für den Hemmungseffekt als auch für den positiven Effekt die frühere Größe erreicht wird, oder eine von beiden herrscht vor (zwei Varianten), oder sie leiden beide unter diesem Zusammenstoß und stehen auf einer gewissen mittleren Höhe.

Zwischenruf: Ist das ein neuer „Ratniza“ oder der Hund von F. P.?

Zwischenruf: Ein neuer.

I. P. Pawlow: Es ist bei uns ein ständiges Übel, daß sich die Namen der Hunde wiederholen.

5. VARIATIONEN DER PHOBIE VOR DER TIEFE (O. M. TSCHEBOTAREWAS „URSINKA“)

I. P. Pawlow: Nun, meine Damen und Herren, noch einmal zur Phobie. Ich glaube, ich habe am letzten oder vorletzten Mittwoch über dieses Thema gesprochen. Jetzt will ich auf den Hund mit dem sentimentalen Namen „Ursinka“ eingehen. „Ursinka“ ist eine Hündin vom starken Typ und erinnert mich ein wenig an „Diana“, denn diese war eine ausgezeichnet starke Hündin. Sie vertrug starke Reize großartig, gehörte aber doch zum erregbaren, unausgeglichenen Typ. Sie lieferte zwar gute bedingte Reflexe auf einen sehr starken Reiz, auf die Knarre, konnte aber keine vollständige Differenzierung auf negative Reize bilden.

„Ursinka“ wurde zur Untersuchung ihres Typs die Aufgabe gestellt, einen verspäteten Reflex zu bilden. Die Versuche zogen sich hin. *(242)*

Ein völlig neues Symptom trat auf. Der Hund, der früher ohne alle Umstände auf das Gestell hinauf und von ihm herab sprang, weigerte sich plötzlich, vom Gestell zu springen. Es wurde festgestellt, daß er sich speziell dann weigert, wenn Versuche mit dem verspäteten Reflex angestellt wurden, wobei sich herausstellte, daß ihm das schwer fiel.

Man gedachte, ihm zu helfen, indem man die Versuche nur alle zwei Tage anstellte. In letzter Zeit verläuft die Sache, wie mir scheint, so, daß er manchmal auch an den Tagen nicht herabspringt, wenn der verspätete Reflex nicht gesetzt wird; dieses Symptom verstärkt sich folglich. Es ist im höchsten Grade deutlich ausgeprägt.

Ich habe mehrmals an diesen Versuchen teilgenommen. Im allgemeinen ist der Hund sehr umgänglich und zärtlich. Im Gestell steht er ruhig. Wir stellten Versuche mit dem verspäteten Reflex an, und es war nicht zu erwarten, daß er nicht selbst vom Tisch springen würde. Der Hund ist wach, und an äußere Symptome eines hypnotischen Zustandes ist gar nicht zu denken. Er wedelt mit dem Schwanz, umschmeichelt seinen Herrn, man kann ihn mit Futter reizen und ihm den Napf hinschieben, und er zeigt sofort Interesse für dieses Futter. Wenn man ihm zu fressen gibt, dann frißt er, wenn Sie aber mit dem Futternapf weggehen und ihn locken, damit er herabspringen soll, dann tut er das nicht. Selbst wenn man ihn an der Kette zieht, rührt er sich nicht. Offensichtlich will er nicht, oder er hat Angst herabzuspringen.

Was ist da los? Natürlich kann man sagen, daß er nicht herabspringen will; aber man muß die Ursache suchen, weshalb er sich scheut, diesen Sprung zu machen.

Wir haben überlegt, ob das nicht Furcht vor der Tiefe sein könnte. Wir haben versucht, ihn an den Rand der Treppenflucht zu führen. Von einer Phobie, wie sie bei „John“ vorlag, fand sich nichts.

Da waren wir ratlos. Ich richtete das Augenmerk darauf, daß bei ihm meines Erachtens, als ich ihn im Gestell beobachtete, ein kataleptischer Zustand auftrat, so als erstarre er häufig in gewissen Haltungen; er hebt ein Bein oder spreizt die Beine und erstarrt nicht etwa in passiver Stellung, sondern in aktiver und bleibt so für einige Zeit stehen. Ich war geneigt, diese Erscheinungen in Verbindung zu bringen.

Daraufhin wurde eine kleine Variation vorgenommen, und wir mußten wieder auf den Gedanken der Phobie vor der Tiefe zurückkommen. Weshalb? Weil er dann, als wir ihm einen Stuhl hinstellten, d. h. die Tiefe verringerten, ohne besondere Mühe herabkletterte: Erst sprang er auf den Stuhl und vom Stuhl auf den Boden. Offensichtlich leidet er an Phobie vor der Tiefe.

Wie aber ist das alles zu verstehen? Zunächst wurden wir ein wenig konfus, dann aber dachte ich, daß man das alles erklären könne.

Man muß sich doch vorstellen, daß es ihm an Hemmung fehlt, wenn er keinen verspäteten Reflex bildet und ihm diese Aufgabe folglich schwer fällt. Die Stärke der Hemmung und ihre Beweglichkeit sind unzureichend, folglich wird der Hund die ganze Zeit Zusammenstößen ausgesetzt. Nach 100 Wiederholungen bildete sich die Verspätung noch immer nicht. Die unzureichende Hemmung *(243)* wird also sozusagen strapaziert, da sie mit dem Erregungsprozeß zusammenstößt. Dadurch gerät sie in einen gewissen pathologischen Zustand.

Wir wollten die Frage der Phobie vor der Tiefe klären, indem wir ihn an die Treppenflucht führten, hatten aber nicht daran gedacht, daß das verschiedene Dinge sind: Im einen Fall handelt es sich um den Anblick der Tiefe, im anderen Fall sollte gesprungen werden. In beiden Fällen liegt eine Phobie vor der Tiefe vor, aber von unterschiedlicher Intensität. Das ist eine diffizile Sache, die zugleich zeigt, welche Schwierigkeiten beim Übergang von der psychologischen Interpretation zur physiologischen entstehen. In der psychologischen Erklärung sind wir geübt, verfügen über verschiedene Begriffe usw., begreifen aber im Grunde nichts. Gehen Sie aber auf den physiologischen Standpunkt über, dann wird das Wesen der Sache klar. Es können also verschiedene Stadien oder Phasen der Hemmung vorkommen, eine gewaltige Mannigfaltigkeit von Abstufungen der Hemmung. Ihnen entsprechen verschiedene Worte; dabei haben die Worte eine solche Macht über uns gewonnen, daß wir gar nicht überlegen, welcher physiologische Prozeß jeweils abläuft. Zum Beispiel haben Sie da die „Angst"; wenn ein Mensch vor Angst zusammenbricht, ist das natürlich eine Hemmung, darüber kann es gar keine Diskussion geben. Die „Furcht" tritt aber weniger deutlich auf; man gebraucht das Wort „Furcht", aber was steckt physiologisch dahinter, ist es dasselbe wie bei der „Angst", oder ist es eine andere Hemmung? Und nehmen Sie das „mangelnde Selbstvertrauen"; hier finden sich sogar keinerlei Hinweise auf eine Hemmung, aber dennoch ist es auch eine Hemmung. Im vorliegenden Falle könnte man vom Hund „Ursinka" sagen, er habe kein Selbstvertrauen, heil unten anzukommen. Das ist ein interessanter Fall. Es ist einerseits ein psychologisches Phänomen und andererseits einfach ein bestimmter Hemmungsgrad.

Physiologisch ist der Sachverhalt hier klar. Ich traue der Psychologie nicht. Obwohl die Psychologie schon 2000 Jahre existiert, wenn man von der Aristotelischen Psychologie an rechnet, tappt sie bis heute in vielen Fällen im Dunkeln und hat bisher noch keine exakten Gesetze aufzuweisen, was seinerzeit schon Setschenow geschrieben hat. Es ist ein Streit von Theorien, ein Kampf alter Theorien gegen neue. Die Worte sind verschieden, aber das Wesen der Sache läuft nur auf graduelle Unterschiede hinaus. Für die Psychologen sind das einzelne Prozesse, während es physiologisch nur Stufen ein und desselben Prozesses sind. Eben deshalb behaupte ich auch, daß die Situation der Psychologie im höchsten Grade schwierig ist. Dinge, die dem Wesen nach unterschiedlich sind, werden von der Psychologie mit ihren Begriffen häufig in einen Topf geworfen, während sie dagegen das voneinander trennt, was dem Wesen nach ein und dasselbe ist. Das ist ihre fatale, tragische Situation. An diesem Beispiel wird das besonders deutlich.

W. P. Golowina: Hat O. M. Ihnen nicht von den beiden letzten interessanten Einzelheiten berichtet?

Es handelt sich darum, daß O. M., als „Ursinka" aus dem Gestell genommen war, zu mir kam und wir uns unterhielten. Plötzlich springt der Hund von selbst munter in das Gestell. Das Gestell ist für ihn also durchaus nicht furchterregend. Aber damit nicht genug. Gewöhnlich *(244)* haben wir ihm extra einen Stuhl zum Herabspringen hingestellt; jetzt stand der Stuhl anders, weiter hinten, und der Hund fand ihn selbst und sprang selbst über den Stuhl vom Gestell. So unerläßlich ist für ihn diese Bedingung.

F. P. Majorow: Vielleicht haben wir nicht ganz richtig verstanden. Sie nehmen an, daß bei O. M.s „Ursinka" die Phobie vor der Tiefe in einem schwächeren Grade auftritt als bei „John", oder umgekehrt.

I. P. Pawlow: Bei wem stärker und bei wem schwächer? Offensichtlich bei „John" stärker. Es ist offensichtlich, daß dieser pathologische Zustand der Hemmung bei „John" weitaus energischer ist als bei „Ursinka".

6. BEMERKUNGEN ÜBER DAS BUCH VON KRETSCHMER „KÖRPERBAU UND CHARAKTER". DIE ZÜGE DES TYPS UND DIE ZÜGE DES CHARAKTERS

I. P. Pawlow: Nun, meine Damen und Herren, eine weitere interessante Angelegenheit.

Mir ist neulich das Buch von Kretschmer „Körperbau und Charakter" wieder in Erinnerung gekommen. Ich habe es gelesen, als es erschien und damals wiederholt gesagt, daß es mich in Verlegenheit gebracht hat. Kretschmer hat einen Fehler gemacht (was für ein talentierter Mensch er auch ist, möglicherweise sogar wegen seiner künstlerischen Talentiertheit), als er die ganze Menschheit, die auf dem Erdball lebt, in den Rahmen seiner beiden klinischen Typen hineinzwängen wollte: in die Schizophrenen und die Zirkulären. Es ist natürlich eine tolle Fragestellung, daß Typen, die unter den Kranken vorherrschen und letzten Endes in die psychiatrische Klinik kommen, als Grundtypen angesehen werden sollen. Die überwiegende Mehrheit der Menschen hat doch keinerlei Beziehung zu dieser Klinik. Er hat einen Fehler gemacht, er ist sehr für die Klinik begeistert und hat die übrige Welt vergessen.

Ich kann nicht begreifen, warum alle hervorragenden Menschen unbedingt entweder den Schizophrenen oder den Zyklothymen zugeordnet werden sollen. Ich habe anderen diese Frage vorgelegt, aber auch sie konnten mir nicht helfen, das zu verstehen, und voller Hoffnungslosigkeit habe ich den Einfall beiseite geschoben.

Jetzt, nachdem zehn Jahre vergangen sind und nachdem die Arbeit auf dem Gebiet der Typenforschung vorwärtsgegangen ist, habe ich beschlossen, es zum zweitenmal zu lesen; aber ich kann nicht und habe es nach einiger Zeit wieder weggelegt. Es ist eine völlig unfruchtbare Beschäftigung. Ich kann ihn nicht verstehen, weil bei ihm alles von einem grundlegenden Fehler durchdrungen ist; er will sich auf zwei Typen beschränken. Aber sogar unsere Hunde haben doch gezeigt, daß es nicht zwei Typen gibt, sondern mindestens vier. Außerdem hat er sich mit Gesunden überhaupt nicht beschäftigt. Er hat an sie nicht gedacht, über sie überhaupt nicht gesprochen.

Noch eine Seltsamkeit. Er macht keinen Unterschied zwischen Typ und Charakter, und das ist natürlich auch ein grober Fehler.

Wir stehen heute fest auf dem Standpunkt, daß es angeborene Eigenschaften des Menschen gibt und andererseits solche, die durch die Lebensumstände erworben sind. Das ist klar. Das heißt, wenn von angeborenen Eigenschaften gesprochen wird, so ist es der Typ des Nervensystems. Wenn es sich aber um den Charakter handelt, dann haben wir *(245)* es mit einer Mischung angeborener Neigungen, Triebe mit im Laufe des Lebens unter dem Einfluß der Lebenseindrücke erworbenen Eigenschaften zu tun.

Darin liegt sein Fehler. Bei ihm geht das durcheinander. Er gibt keinen deutlichen Unterschied zwischen der Erforschung des angeborenen Typs und des Typs, den der Mensch im Laufe des Lebens erworben hat.

Wenden wir uns jetzt den Hunden zu. Das Studium der Typen verknüpfen wir immer mit drei Erscheinungen: mit der Stärke der entgegengesetzten Nervenprozesse, mit ihrem gegenseitigen Gleichgewicht (ausgeglichen oder unausgeglichen) und schließlich mit ihrer Beweglichkeit.

Andererseits haben wir auch Tatsachen, die auf das hinweisen, was zum Charakter gehört.

Nehmen wir z. B. den Hund „Ratniza", dem Typ nach ist er stark. Bei seinem Charakter aber kann man mit ihm, wie die Versuche gezeigt haben, auf keine Art und Weise in der üblichen Kammer arbeiten, weil er durch alles unnütz abgelenkt wird.

Wir können noch eine andere für den Charakter des Hundes wichtige Tatsache feststellen, die dem Tier ein ganz bestimmtes Wesen verleiht.

Zum ersten Male sind wir im letzten Jahre darauf gestoßen. Wir hatten zwei Hunde mit ausgeprägtem Wächterreflex. Sie erkannten nur ein Individuum an, mit dem sie auf gutem Fuß standen. Ihm, ihrem Herren, erlaubten sie, mit ihnen zu tun, was ihm beliebte. Gegen alle übrigen waren sie heftig aufgebracht und gingen wütend auf sie los. Diese Verbindung mit dem Herrn zeigte sich nur unter bestimmten Bedingungen, unter anderen Bedingungen aber nicht.

Wir wollen über den genau untersuchten „Ussatsch" sprechen. Wenn er in einem Gestell stand, das sich in einem Einzelraum befand und während M. K.[1] sich mit ihm beschäftigte, war es niemandem möglich, an ihn heranzutreten. Für mich war es eine Nervenprobe, als ich mich, um am Versuch teilzunehmen, neben M. K. setzte. Der Hund bellte mich heftig an und, hätte er sich losreißen können, ich glaube, er hätte mich zerreißen mögen.

Man brauchte diesen Hund nur vor die Tür des Zimmers zu setzen, dann veränderte sich die Situation sofort. Sie sehen, wie das Verhalten mit bestimmten Bedingungen zusammenhängt!

Dieser Hund befindet sich jetzt im Laboratorium von W. K.[2]. Mit ihm kann sich nur W. K. beschäftigen, alle übrigen beißt er rechts und links, so daß man nicht heran kann.

Das heißt, es ist ein besonderer Hund. Es zeigt sich ein ganz bestimmter Charakterzug, eine gewisse Wildheit.

Es ist interessant, daß eine ganz spezielle Bedingung ihn so mit W. K. aussöhnt. Es ist die Schlinge eines Stricks, die ihm um den Hals gelegt ist, und deren Ende W. K. festhält. Zunächst konnte niemand an den Hund heran. Dann wurde ihm durch das Käfiggitter eine Schlinge um den Hals gelegt und W. K. nahm das Ende des Stricks *(246)* in die Hand. Darauf beruht seine ganze Macht. Er kann den Hund führen, mit ihm schalten und walten. Sie sehen, wieweit dies spezialisiert ist.

---

[1] M. K. Petrowa

[2] W. K. Fjodorow

In dieser Beziehung fällt mir noch ein früheres Erlebnis ein. In Rjasan hatten wir ein eigenes Haus und hielten einen Hund in der Hundehütte. Damit der Hund wirklich zum Wächter wurde, wurden nicht alle an ihn herangelassen. Im Hause hatte nur ein Hausknecht Beziehung zu ihm, der ihn anbinden und losbinden konnte. Andere aber konnten nicht an ihn heran, alle übrigen wollte er beißen. Ein solcher Hund an der Kette stürzt sich auf alle. Man braucht aber nur die Kette abzunehmen, dann kümmert er sich um niemanden mehr, er nutzt seine Freiheit.

Einerseits ist das eindeutig ein Charakterzug, andererseits ein erworbener Zug.

Der Wächterreflex ist die großartige Illustration eines Charakterzuges und nicht eines Typs. Auch der passive Abwehrreflex ist kein Zug eines Typs, sondern ein Charakterzug, der im Laufe der individuellen Existenz erworben wird.

Auf Wiedersehen, meine Damen und Herren! *(247)*

MITTWOCHKOLLOQUIUM

vom 6. November 1935

1. NEUE VERSUCHE AN HUNDEN, DENEN DREI REZEPTOREN FEHLEN (VERSUCHE K. S. ABULADSES AN „REBUS" UND „PITHEKANTHROPOS")

I. P. PAWLOW: Nun wollen wir wieder über diese hochinteressanten und wichtigen Hunde von K. S. sprechen, denen drei Rezeptoren bei einer Operation entfernt worden sind und die folglich hinsichtlich ihres außerordentlich herabgesetzten nervalen Tonus der Großhirnhemisphären stark von normalen Hunden abweichen. Unlängst haben sich einige weitere Befunde und möglicherweise einige Komplikationen ergeben.

Sie erinnern sich an die Grunderscheinung von „Rebus", daß er nicht einmal ein System bedingter Reflexe aus zwei bedingten Reizen bei verschiedenen unbedingten zustandebringen konnte. Ständig wirkte bei ihm nur der Reflex, der hinsichtlich der physikalischen Stärke kräftiger war, während alle übrigen ausgeschaltet wurden und mit ihm nicht vereinigt werden konnten. Sie erinnern sich, der Nahrungsreflex wurde vom Säurereflex unterdrückt und dieser wiederum von einem starken Abwehrreflex auf elektrischen Strom. Bei dem neuen analogen Hunde „Pithekanthropos" finden sich anscheinend gewisse Abweichungen davon.

Bei „Rebus" wirkte immer nur der Säurereflex, während der Nahrungsreiz ohne Wirkung blieb, gleichgültig, wie K. S. die Reize im Laufe des Versuchs anordnete.

Jetzt hat er den Versuch dergestalt modifiziert, daß er den Säurereiz viermal hintereinander setzt. Wie Sie wissen, nimmt der Effekt der Säurereflexe mit ihrer Wiederholung ständig zu, das unbedingte Säurezentrum wird tonisiert. Als die bedingten Säurereflexe sehr stark geworden waren, setzte er den mechanischen Hautreiz auf Nahrung an einer neuen Hautstelle und erhielt einen starken bedingten Nahrungsreflex (30 Tropfen). Als dieser Reiz zum zweiten Mal wiederholt wurde, fiel der Effekt stark ab.

Man sieht, anscheinend wirken jetzt beide, sowohl der Säure- als auch der Nahrungsreiz, im Gegensatz zu dem, was sich früher gezeigt hatte.

Nun taucht die Frage auf, was das für ein Effekt am Punkt des mechanischen Hautreizes ist, ob es tatsächlich ein Nahrungsreflex ist oder irgend etwas anderes. *(248)*

Ich nehme an, daß es natürlich kein Nahrungsreflex ist, sondern eine Irradiation des Säurereflexes. Das geht daraus hervor, daß er in starkem Ausmaß nur unmittelbar nach Anwendung der Reize mit Säurebekräftigung auftritt und bei Wiederholung sofort stark abfällt.

Wenn es ein Nahrungsreflex wäre, weshalb sollte er dann so stark abfallen? Es ist anzunehmen, daß der Säurereflex früher, als er nicht sonderlich stark war, den Nahrungsreflex durch negative Induktion überdeckte und larvierte; als der Säurereflex aber durch die viermalige Wiederholung beträchtlich verstärkt wurde, trat er an die Stelle des Nahrungsreflexes.

Die Sachlage ist um so einfacher, als sich beide bedingten Punkte im selben Analysator befinden, im Hautanalysator. Wenn der Nahrungspunkt gereizt wird, verschmilzt er folglich mit dem Säurezentrum, da dieses sich in hohem Tonus befindet. Wahrscheinlich handelt es sich einfach um eine Ausdehnung des Säurereflexes, und hier tritt keinerlei Widerspruch zu den früheren Befunden auf.

Diese ganz natürliche Überlegung wird durch frühere Beobachtungen von K. S. bestätigt, bei denen er sehr eng benachbarte Reize anwandte und bei Nichtbekräftigung des einen einen entsprechenden Effekt auf den anderen bekam.

Damals entschieden wir uns folgendermaßen. Außer der Irradiation von seiten des Säurezentrums kann auch die viermalige Einflößung von Säure den Rindentonus so erhöht haben, daß die Eigenschaften der Hirnrinde wesentlich verändert worden sind und die gleichzeitige Existenz zweier bedingter Reflexe auf der Grundlage von verschiedenen unbedingten möglich geworden ist.

Im Zusammenhang damit verstärkte K. S. den Rindentonus durch eine geringfügige Koffeindosis, und danach zeigte sich, daß der Nahrungsreflex nach dem Säurereflex auftrat, freilich erstens bei weitem nicht so stark wie nach dem Säurereflex, sondern beträchtlich schwächer, und zweitens verlief dieser Nahrungsreflex bei Wiederholung nach einem ganz anderem Schema, d. h., er fiel bei Wiederholung nicht ab, sondern vergrößerte sich.

Das weist darauf hin, daß sich im vorliegenden Falle der Rindentonus nicht allgemein erhöht hat und daß dies ein Irradiationsreflex ist. Ich glaube, das ist vollkommen klar und durch diese Einzelheiten bestätigt worden. Wenn jemand eine andere Meinung hat, dann soll er sie vorbringen, und wir werden zuhören.

Eine andere Reaktion tritt bei dem Duplikat von „Rebus" auf, bei „Pithekanthropos". Dieser Hund ist ebenfalls in einer Sitzung operiert worden und stellt in seinem Verhalten eine Wiederholung von „Rebus" dar. Zunächst verlief bei ihm alles ganz genau so wie bei „Rebus", aber als ein Abwehrreflex gebildet wurde, ergab sich eine Abweichung. Gewöhnlich verlaufen die Versuche bei K. S. so, daß er zwei bis drei Reizungen mit dem unbedingten Säurereiz verbindet und die anderen mit Nahrungsreizen. Die Besonderheit bestand nun darin, daß dann, wenn er mit dem Abwehrreflex beginnt, dieser wirkt, der Nahrungsreflex nach ihm aber nicht. *(249)* Beginnt er die Versuche am nächsten Tage mit dem Nahrungsreflex, dann wirkt dieser, aber der Abwehrreflex nicht. Freilich gilt das nicht für den Säurereflex, wenn er am selben Tag wie der Nahrungsreflex angewandt wird.

Wie ist dieser Unterschied zu verstehen, weshalb ergab sich diese Besonderheit? Offensichtlich ist diesmal entweder eine andere Stromstärke genommen worden, oder die Leitfähigkeit der Haut des Tieres war anders. Wahrscheinlich war dieser elektrische Strom nicht stärker, sondern schwächer als der Säurereiz. Weshalb? Weil bei Anwendung des Stromes nur eine rein lokale Reaktion auftritt, Heben des Beines, ein ganz isolierter Reflex ohne allgemeine Erregung, während beim unbedingten Säurereflex außer der lokalen Reaktion auch noch eine allgemeine Unruhe auftritt.

Wie ist das zu verstehen? Weshalb hat der Säurereiz als stärkerer Reiz bei „Rebus" eine negative Induktion auf den Nahrungspunkt hervorgerufen, und zwar sowohl sofort im Versuch als auch am nächsten Tage, während sich bei „Pithekanthropos" bei gleicher Stärke dieser beiden Reize, des Abwehr- und des Nahrungsreizes, die negative Induktion nur am jeweiligen Tage bemerkbar macht? Wenn also zu Beginn der Abwehrreiz gesetzt wird, versetzt er den Nahrungspunkt in einen Hemmungszustand, und der entsprechende Reflex bleibt aus. Beginnt man dagegen den Versuch mit dem Nahrungsreflex, dann wird dieser durch die Bekräftigung aufgeladen und liefert mit dem bedingten Reiz zusammen eine negative Induktion auf den Hautpunkt des Abwehrreflexes. Meiner Meinung nach läßt sich das höchst einfach erklären: Es hängt ab von der Stärke der Reize.

Bei „Rebus" war die Reihenfolge der absoluten Stärke der Reize folgende: Der Nahrungsreiz war der schwächste, der Säurereiz war stärker und der Abwehrreiz am stärksten. Dann herrschte ständig das stärkere Zentrum vor, das im jeweiligen Versuch tätig war. Hier aber waren, so ist anzunehmen, zwei Reize in ihrer Stärke annähernd gleich, und deshalb befand sich die negative Induktion in Abhängigkeit davon, welcher dieser Reize an erster Stelle stand.

Ich finde, alle diese Versuchsvariationen ändern nichts am Wesen der Grundtatsache, daß der Rindentonus so niedrig ist, daß der eine Reflex den anderen ausschließt und zwei Reflexe nicht nebeneinander existieren können. Diese Variationen machen unsere Erklärung noch überzeugender und sind keine Widerlegung. So stelle ich mir die Sache vor.

I. S. Rosental: Findet bei diesen Reflexen eine Generalisation statt?

I. P. Pawlow: Im Falle des Säurereflexes ja. Dabei treten eine Generalisation und eine sehr starke Erregung auf. Darauf beruht die Erscheinung, daß der Nahrungspunkt gereizt wird und ein Säurereflex auftritt.

I. S. Rosental: Kann man bei diesem Hunde an einem Tag zwei Reflexe von verschiedenen Hautstellen aus erhalten? *(250)*

I. P. Pawlow: Diese Frage ist aufgeworfen worden. Sie kann von Bedeutung sein, muß aber erst untersucht werden.

Diese Hunde sind natürlich bemerkenswert, denn sie sind insgesamt nur etwa eine halbe oder eine ganze Stunde täglich wach; sonst schlafen sie. Das ist ein ganz außergewöhnlicher Zustand der Großhirnhemisphären, der ausgenutzt werden muß.

2. ÜBER DIE BEWEGLICHKEIT DER NERVENPROZESSE BEIM SANGUINIKER UND BEIM PHLEGMATIKER (VERSUCHE E. A. ASRATJANS AN „ATLAS" UND „GOLOWAN")

I. P. Pawlow: Nunmehr gehe ich zu Versuchen von E. A. über. Zunächst einmal handelt es sich um eine Ergänzung seiner alten Versuche bezüglich der Untersuchung eines Sanguinikers und eines Phlegmatikers, „Atlas" und „Golowan".

Er untersuchte die Rheobase und Chronaxie mit demselben Verfahren und derselben Methode wie Lapicque. In Übereinstimmung mit unseren Folgerungen bezüglich der Beweglichkeit der Nervenprozesse und Nervenzellen ergab sich, daß Rheobase und Chronaxie bei „Atlas" beträchtlich geringer sind als bei dem trägen „Golowan".

Für uns ist besonders interessant, daß sich die Veränderung der Rheobase und Chronaxie ganz eindeutig und vollständig mit der weitaus größeren Beweglichkeit von „Atlas" gegenüber „Golowan" deckt. Das stimmt vollkommen mit unseren Schlußfolgerungen überein.

Dann versuchte er, mit unseren Verfahren den Unterschied dieser beiden Typen zu präzisieren. Zunächst probierte er den Einfluß einer Veränderung der Pausenlängen aus. Die Pausen sind ja auch in jedem Einzelfall Gegenstand der Ausarbeitung. Der mit der Fütterung zusammenfallende Augenblick wird positiv, das ist unser Reflex auf die Zeit, wie Sie wissen. Die auf die Pausen entfallenden Momente müssen hemmende Wirkung bekommen. Das ist klar. Während des Versuchs haben diese Zeitpunkte entsprechend der Fütterung unterschiedliche Bedeutung. Die mit dem Augenblick der Fütterung zusammenfallenden sind positiv, während die der Pause, speziell der Mittelpunkt der Pause, natürlich hemmend sein müssen. Wenn Sie die Pause verändern, müssen diese Momente umgearbeitet werden; dazu bedarf es der Eigenschaft der Beweglichkeit der Nervenprozesse.

Es stellte sich heraus, daß diese Umarbeitung bei „Atlas" sehr rasch ging und der Hund dabei völlig ruhig blieb, während „Golowan" dadurch restlos aus dem Konzept gebracht wurde. Er wurde erstens unruhig, und zweitens wurde während des ganzen Zwischenraums Speichel abgesondert.

Während bei „Atlas" bei einer neuen Pause diese Zeitpunkte rasch abdifferenziert wurden und in der Mitte der neuen Pause ein vollkommener Nullwert auftrat, der Reflex auf die Zeit also sauber und rasch gebildet wurde, floß bei „Golowan" während der ganzen Pause Speichel. *(251)*

Ferner wurde dieses Hundepaar mit jener schwierigen Aufgabe untersucht, bei der ein neu eingeführter Reiz viermal gesetzt und nur beim vierten Mal bekräftigt wird. Sie erinnern sich, wie stark unterschiedlich „Atlas" und „Golowan" diese Aufgabe lösten. Bei „Golowan" bedurfte es einer zwei- bis dreimal so langen Zeit sowie großer Anspannung und Unruhe im Vergleich zu „Atlas".

Als diese Reizfolge bei beiden Hunden ausgearbeitet war, beschloß E. A., alle vier Reize zu positiven Reizen zu machen und bekräftigte sie. Wiederum geschah dasselbe. Während „Atlas" das sehr leicht und rasch erledigte, strengte „Golowan" sich stark an. Das ist wieder ein Beitrag zum Thema der Beweglichkeit des Nervensystems.

Die Schwierigkeit der Lösung der ersten Aufgabe ist begreiflich Es möchte scheinen, daß die zweite Aufgabe, bei der bei allen vier Reizen gefüttert wird, weitaus leichter ist. Dennoch bietet sie ebenfalls Schwierigkeiten. Die Schwierigkeit liegt hier nicht nur im Kampf gegen die Nahrungserregung, sondern im Austausch des Hemmungs- oder Erregungsprozesses in den Punkten, wo sie vorher nicht vorhanden waren. Das ist ganz klar.

So war es bei „Liss", so war es bei „Smei", und so war es jetzt auch bei „Atlas" und „Golowan". Sie sehen also, daß die Beweglichkeit der Nervenprozesse bei den Untersuchungen an diesen vier Hunden auf unterschiedliche Weise zutage trat. Der Vergleich ist ganz exakt. Diese Aufgabe kann also bis zu einem gewissen Grade als nahezu erledigt angesehen werden.

3. RELATIVE STÄRKE DES ERREGUNGSPROZESSES BEI ZUSAMMENFALLENDEN UND ABGERÜCKTEN BEDINGTEN REFLEXEN (VERSUCHE E. A. ASRATJANS)

I. P. Pawlow: Nun eine andere Versuchsreihe E. A.s, die neben der selbstverständlichen rein theoretischen Bedeutung auch praktisch und methodisch von großer Bedeutung ist. Er versuchte, die Stärke des Erregungsprozesses bei zusammenfallenden und abgerückten bedingten Reflexen zu vergleichen. Es stellte sich heraus, daß der Erregungsprozeß desjenigen Agens, aus dem ein bedingter Reflex nach dem zusammenfallenden Verfahren gebildet wird, weitaus stärker ist als der Erregungsprozeß bei Hunden, bei denen er mit Abrücken ausgearbeitet wurde.

E. A. hat diese Stärke auf verschiedene Weise untersucht. Zunächst verglich er die Geschwindigkeit des Auslöschens des zusammenfallenden und abgerückten Reflexes. Es fand sich, daß der zusammenfallende weitaus langsamer erlischt als der abgerückte.

Ein anderes Verfahren bestand in der Erniedrigung der Nahrungserregbarkeit der Hunde mit nachfolgender vergleichender Untersuchung zusammenfallender und abgerückter bedingter Reflexe. Die zusammenfallenden Reflexe änderten sich dabei sehr wenig, während die abgerückten stark erniedrigt wurden oder völlig verschwanden.

Schließlich wirkte ein äußerer Reiz (Katze) wesentlich stärker auf die abgerückten bedingten Reflexe als auf die zusammenfallenden. *(252)*

Schließlich probierte er außerdem manchmal ohne alle bedingten Reize einfach den Napf mit Futter vorzusetzen, wiederholte das einige Male und setzte dann den leeren Napf vor. Es ist klar, daß das Vorsetzen des Napfes, d. h. das dabei entstehende Geräusch und sein Anblick, ebenfalls ein bedingter Reiz, eine der starken Komponenten des bedingten Reizes ist. Es stellte sich heraus, daß es weitaus schwieriger ist, das Vorsetzen des leeren Napfes auszulöschen als ein zusammenfallendes Agens auszulöschen.

Wie ist das zu verstehen? Man kann sagen, daß der Futternapf mit der Bekräftigung mit Futter noch enger und unmittelbarer zusammenhängt; zugleich ist er ein Komplexreiz, der mit dem akustischen und dem optischen Analysator in Verbindung steht. Schließlich muß man sagen, daß dieser Reflex, diese Verbindung noch unmittelbarer ist als ein Reflex auf bedingte Reize; denn unsere bedingten Reize sind künstliche Reize, und wir verbinden sie und verleihen ihnen die Reizbedeutung im Laboratorium, während die Schüssel mit dem Inhalt, dem Futter, andauernd verbunden wird, sowohl während der Versuche als auch im Zwinger. Es ist klar, daß dieser Reiz noch stabiler sein muß als unsere künstlichen Reize. Das ist interessant und man muß es sich gut einprägen.

Deshalb sehen wir auch auf Schritt und Tritt bei verschiedenen Hemmungszuständen unserer Hunde und während der Hypnotisierung, daß die bedingten Reflexe nicht wirken, auf das Erscheinen des Futternapfes hin der Reflex aber auftritt und der Hund aufsteht.

4. ÜBER DIE VERSUCHE VON BETHE UND DIE ANTWORTVERSUCHE E. A. ASRATJANS ZUR FRAGE DER PLASTIZITÄT DES NERVENSYSTEMS. DER EINFLUSS DER IDEALISTISCHEN WELTANSCHAUUNG AUF DIE EINSTELLUNG DER WISSENSCHAFTLER ZUR LEHRE VON DEN BEDINGTEN REFLEXEN

I. P. Pawlow: Sie wissen, wie ich Ihnen aus der Entwicklungsgeschichte der Lehre von unseren bedingten Reflexen mitgeteilt habe, unsere bedingten Reflexe begegnen in den Köpfen der Menschen, die vom Dualismus durchdrungen sind, heftigem Widerstand. Darüber kann es keine Diskussion geben. Hier findet der Zusammenstoß des Rechts der Physiologen mit dem der Psychologen statt, der dualistischen Vorstellung vom Menschen mit der monistischen Vorstellung. Ich spreche von einer Tatsache, die ich schon lange hervorgehoben und erst unlängst wieder in den Vorlesungen gebracht habe, die ich im Institut für ärztliche Fortbildung las. Zu unserer Physiologie der höheren Nerventätigkeit — und wer wird leugnen, daß es eine Physiologie ist — verhalten sich die Menschen ganz anders. Sie erinnern sich, wie in meinem ersten Laboratorium für bedingte Reflexe ein Mitarbeiter über unsere Versuche, unseren neuen Weg zur Untersuchung der Hunde, unwillig wurde. Er lebt noch heute und wird jedesmal ein wenig verlegen, wenn ich ihn treffe.

Andererseits begegnete uns auch der Engländer Sherrington mit Mißtrauen. Als ich mich 1912 mit ihm unterhielt, sagte er: „Nein, Ihre Versuche werden in England keinen Erfolg haben, weil sie materialistisch sind", weil sie gegen die dualistische Vorstellung angehen. *(253)* Darin liegt die ganze Ursache, davon sprechen auch die vorjährigen Vorlesungen von Sherrington, in denen er als Dualist auftrat und erklärte, daß der Mensch ein Komplex zweier Substanzen ist: des höheren Geistes und des sündigen Leibes. Er erklärte sogar direkt, wie seltsam das auch für einen Physiologen der Gegenwart ist, daß möglicherweise zwischen dem Verstand und dem Gehirn kein Zusammenhang besteht.

Wir müssen begreifen, daß die bedingten Reflexe in der physiologischen Welt deswegen eine Ausnahmestellung einnehmen, weil viele wegen ihrer dualistischen Weltanschauung gegen sie Abneigung empfinden. Das ist ganz offensichtlich. Die bedingten Reflexe werden sich Bahn brechen. Sie kämpfen ständig gegen diesen Dualismus, der sich natürlich nicht ergeben will.

Das ist mehr oder weniger deutlich daraus ersichtlich, daß die bedingten Reflexe in der Physiologie so langsam anerkannt werden. Viele Physiologen, die Lehrbücher schreiben, führen das Material unserer Versuche über die bedingten Reflexe nicht an, so seltsam das auch ist. Unlängst wurde in Moskau ein gutes, solides Lehrbuch von Höber übersetzt. Er erwähnt nichts von den bedingten Reflexen. Daraufhin hat der Redakteur auf speziellen Wunsch jemanden von uns beauftragt, ein Kapitel über die bedingten Reflexe zu schreiben. Ebenso ist es auch in anderen Lehrbüchern: Von den bedingten Reflexen wird nahezu nichts erwähnt. Das zeugt davon, wie fest der Dualismus in den Köpfen der Gelehrten sitzt.

Zu letzteren kann man z. B. Herrn Bethe zählen, einen recht bekannten deutschen Physiologen aus Frankfurt am Main. Ich glaube, er hat in seiner Arbeit beim Kampf gegen die bedingten Reflexe einen recht groben Fehler gemacht, obgleich er, das muß man sagen, ein im allgemeinen verständiger Mann ist. Jetzt korrigiert E. A. ihn. Das gereicht ihm natürlich gehörig zur Schande und erinnert ihn daran, daß er in sein wissenschaftliches Denken seine allgemeine Weltanschauung nicht zu sehr einflechten darf. Einstweilen sind das verschiedene Dinge.

Er entfernte in verschiedenen Kombinationen teilweise oder vollständig die Gliedmaßen von Hunden.

Es ist verständlich, daß der Hund nach jeder Verstümmelung entsprechend dem operativen Eingriff für einige Zeit zum Invaliden wurde. Im Laufe der Zeit glich sich diese Invalidität allmählich aus, und die Hunde erlangten die Möglichkeit, sich manchmal recht gut fortzubewegen, d. h., die Lokomotion stellte sich wieder her.

Das kann man auch an Menschen sehen. Ich erkläre aber, daß solche Versuche ohne jeden Nutzen unternommen worden sind. Als er 1926 darüber in Stockholm einen Vortrag hielt, saß ich, ein sündiger Mensch, dabei und entrüstete mich: Warum verstümmelst du die armen Hunde? Daraus geht keinerlei Nutzen hervor. Was willst du damit beweisen?

Eine große Anzahl von Menschen sieht das an sich selbst. Weshalb wurden 20 bis 30 Hunde verstümmelt, nur um diese Erscheinung aufzuklären? *(254)*

Die ganze Analyse dieser Erscheinung war für ihn an Hunden sehr einfach. Er erklärte das Ganze durch die Plastizität des Rückenmarks. Allen ist die Tatsache bekannt, daß eine Verstümmelung sich im Laufe der Zeit ausgleicht. Er aber fügte dem folgende Worte hinzu: „Man muß das auf eine bis zu einem gewissen Grade geheimnisvolle (weil ohne weitere Analyse) Eigenschaft des Rückenmarks zurückführen." Da haben Sie seine ganze Arbeit und sein ganzes Gerede über die Plastizität. Ich möchte das wiederum als Einfluß des Dualismus auffassen. Nun, was hat er denn mit seinen ganzen, völlig unnützen Versuchen geschafft. Aber trotzdem fand er sogar Anhänger. Das ist kein Fortschritt. Hier sind leere Worte gemacht worden. Der dualistische Eifer gegen den Monismus, der sich in unseren bedingten Reflexen zeigt, hat Herrn BETHE derartig benebelt, daß es ihm gar nicht in den Kopf gekommen ist, seine Aufmerksamkeit auf die bedingten Reflexe zu richten. Aber, gestatten Sie, alles, was Sie von der Plastizität des Rückenmarks erzählen, all das läßt sich auch auf unsere bedingten Reflexe in der Hirnrinde anwenden. Folglich hätte er sich als erstes, wenn er nicht der Macht der dualistischen Weltanschauung verfallen gewesen wäre, sondern die Aufmerksamkeit ein wenig auf unsere bedingten Reflexe gerichtet hätte, fragen müssen, als diese Hunde schließlich lernten, sich zu bewegen, die Lokomotion sich wiederherstellte, ob sie nicht diese Tätigkeit verlieren, wenn man die Großhirnhemisphären entfernt. Dann wäre die ganze Sache auf die bedingten Reflexe der Großhirnrinde zurückgeführt worden. Er hat das nicht getan, aber E. A. hat es getan, und es erwies sich als richtig. Alle Hunde stellten die Lokomotion mit Hilfe der Großhirnhemisphären wieder her, d. h., mit Hilfe der bedingten Reflexe. Wenn man einem Hund die Großhirnhemisphären entfernt, der nach der Verstümmelung gelernt hat, sich zu bewegen, dann wird er zu einem unheilbaren Krüppel.

Da sehen Sie, was es heißt, mit Worten zu spielen, sich mit Worten zu begnügen. Da sehen Sie, was es heißt, das Wort „Plastizität" hinzuwerfen und damit Schluß zu machen und sich zur Ruhe zu setzen.

Das ist eine sehr lehrreiche Geschichte.

Störungen der Lokomotion kann man nicht nur durch Amputation eines oder zweier Beine erzeugen, sondern auch durch Durchtrennung und Zusammennähen von Nerven. Die Hunde werden invalide, lernen aber nach einiger Zeit, die Organe mit den zerstörten Nervenverbindungen teilweise zu gebrauchen.

Eine solche teilweise Regeneration geht infolge der Anpassungsfähigkeit des Nervensystems im ganzen, darunter auch der Großhirnrinde der Tiere vor sich.

E. A. ASRATJAN: Hier werden drei Hunde demonstriert.

Der eine Hund lebt seit etwa 5 Monaten ohne beide Hemisphären und vor zwei Monaten wurden ihm beide Pfoten entfernt. Er hat nicht wieder gelernt zu gehen, während ein normaler Hund, d. h. ein Hund mit normalem Gehirn, schon vom dritten bis vierten Tage an umherzuhumpeln beginnt.

Beim anderen Hund fehlt eine Hemisphäre und ebenfalls beide Pfoten. Er springt bereits seit dem dritten Tage wieder umher. *(255)*

Beim dritten Hund sind Medianus und Vagus zusammengenäht worden. Es trat eine vollkommene Regeneration ein. Im April wurde ihm die eine Hemisphäre entfernt. Danach kehrte die Paralyse zurück und verschwindet nicht wieder. *(Die Hunde werden demonstriert.)*

I. P. PAWLOW: Das ist eine gute Lehre für denjenigen, der die allgemeine idealistische Weltanschauung in die wissenschaftliche Analyse hineintragen will.

5. ZUM PROBLEM DER KERNE UND DER VERSTREUTEN ELEMENTE IN DER HIRNRINDE. VERSUCHE E. A. ASRATJANS MIT EXSTIRPATION DES GYRUS SIGMOIDEUS

I. P. Pawlow: Von dem Gedanken L. A.s[1] ausgehend, daß das sympathische Nervensystem adaptationstrophische Funktionen ausübt, tauchte der Gedanke auf zu untersuchen, welche Folgen eine Exstirpation des oberen Halsganglions für die Gehirntätigkeit hat, wie sie sich uns in Form der bedingten Reflexe darstellt.

E. A. hat diese Arbeit durchgeführt und einen Hinweis darauf gefunden, daß diese Tätigkeit in beträchtlichem Maße gestört wird, wenn man sie an Hand der bedingten Reflexe überprüft: Die normale Ernährung und die Funktionen der Zellen in den Großhirnhemisphären werden eingeschränkt. In dem Versuch, von dem ich berichten will, betraf die Angelegenheit einen speziellen Punkt. Bei einem Hunde von E. A. wurden beide gyri sigmoidei exstirpiert, d. h. das Kerngebiet des motorischen Analysators. Wie so häufig wurden dabei bei dem Hunde keine sonderlich starken Störungen beobachtet. Augenscheinlich gibt es in der Großhirnrinde außer diesem Kernpunkt oder Kerngebiet auch noch verstreute Elemente derselben Rezeptoren. Das wurde schon vor langer Zeit ganz eindeutig für den optischen und akustischen Rezeptor physiologisch festgestellt.

Ich muß sagen, das ist für uns eine ganz offenkundige Wahrheit, die Tatsachen sprechen eindeutig dafür, aber trotzdem stehen die Gehirnhistologen diesem Phänomen bisher noch skeptisch gegenüber. Weshalb? Deshalb, weil sie ungenügend exakt denken und den Gedankengang zu sehr simplifizieren. Sie glauben, das, was sie zur Zeit mit ihren Augen im Mikroskop sehen können, sei schon die absolute Gesamtheit der Erscheinungen. Sie überschätzen natürlich ihre Methodik stark. Es ist durchaus verständlich, daß die Kernfasern und die verstreuten Fasern ganz unterschiedlich sein können. Es wäre denkbar, daß sich die einen mit Hilfe der derzeitigen Arbeitsmethoden feststellen lassen, während das bei den anderen nicht der Fall ist und sie verborgen bleiben. Ich behaupte und habe diesen Standpunkt schon seit langem vertreten, daß dasselbe auch für den motorischen Analysator gelten muß: Es muß Kerngebiete und verstreute Elemente geben. Heute wird das sowohl physiologisch als auch klinisch bestätigt.

Im Juli hörte ich in London eine Vorlesung Försters, eines sehr bekannten deutschen Klinikers. Er las über die Versuche Jacksons und zeigte *(256)* eine Karte der Anordnung des Kerns des motorischen Analysators, der der Fähigkeit der Tiere zu komplizierten Bewegungen, zu Analyse und Synthese entspricht, und zugleich über die Großhirnhemisphären verbreitete Zonen, die den verstreuten Elementen entsprechen. Jetzt kann man sagen, daß diese Wahrheit physiologisch auch für den motorischen Analysator gesichert ist.

Als nämlich von E. A. die beiden gyri sigmoidei exstipiert worden waren, die dem Kern des motorischen Analysators entsprechen, blieb die Fähigkeit und Möglichkeit der Ausarbeitung einzelner bedingter Reflexe erhalten.

---

[1] L. A. Orbeli

Als er den Sympathikus durchtrennte, ergab sich interessanterweise, daß die motorischen Reflexe rasch verschwanden, wobei sie sich bei einer bestimmten Intensität halten konnten, bei Wiederholung aber schwächer wurden und schließlich völlig verschwanden. Offensichtlich kann dieses isolierte motorische Rindenelement unter dem Einfluß der Sympathikusdurchtrennung und des Ausfalls der normalen Ernährung keine langanhaltende Tätigkeit ertragen wie ein normales Element. Das ist ein weiterer Befund, der einen Beweis für die Existenz isolierter Elemente und für den Einfluß des Sympathikus auf die Ernährung der Rindenzellen darstellt. Das ist sehr wertvoll und wichtig.

E. A. Asratjan: Der Nahrungsreflex ist völlig einwandfrei.

I. P. Pawlow: Ach ja, ich vergaß zu sagen, daß die Nahrungsreflexe erhalten blieben. Es ist folglich klar, daß es sich nur um eine spezielle pathologische Veränderung isolierter motorischer Reflexe handelt, d. h., unter dem Einfluß der Störung ihrer normalen Ernährung haben speziell die isolierten motorischen Rindenelemente gelitten.

6. EINFLUSS GROSSER ALKOHOLDOSEN AUF DIE HÖHERE NERVENTÄTIGKEIT (VERSUCHE W. K. FJODOROWS AN „LICHOI"). EXPERIMENTELLE ERGEBNISSE UND AMNESIE BEI CHRONISCHEM ALKOHOLISMUS

I. P. Pawlow: Nun kommen die Erfahrungen W. K.s mit Alkohol. Die Versuche von M. K.[1] an einer großen Anzahl von Hunden sowie die von W. K. haben gezeigt, daß bei Hunden, die sich unter ständiger Einwirkung großer Alkoholdosen (bis zu 100 cm^3) befinden, die normale Rindentätigkeit stark absinkt. Wir wissen genau, daß Alkohol zunächst den Hemmungsprozeß und dann den Erregungsprozeß paralysiert. Bei systematischer chronischer Alkoholverabreichung wurden die Hunde zu einer bedingt-reflektorischen Tätigkeit nahezu unfähig und gerieten in einen hypnotischen Zustand. Das wurde gleichermaßen in den Versuchen M. K.s deutlich wie auch an dem einen Hunde W. K.s, an „Lichoi". Wenn aber das, was Sie im Gestell sehen, ein Dauerzustand des Nervensystems ist, dann müßte der Hund auch außerhalb des Gestells und Laboratoriums ebenso untauglich sein. Das ist aber nicht der Fall. Er kann gehen und reagiert in bestimmter Weise auf Menschen; *(257)* jeden Tag bringt man diesen Hund wie alle anderen Hunde an der Leine ins Laboratorium, und er unterscheidet sich nicht sonderlich von anderen Hunden.

Es ist folglich klar, daß der Zustand, in dem sich der Hund im Gestell befindet, ein spezieller Zustand ist, der durch die besondere Umgebung bedingt ist, d. h., kürzer und einfacher gesprochen, es ist ein hypnotischer Zustand, und zwar um so mehr, als er durch paradoxe und ultraparadoxe Phasen gekennzeichnet ist.

Es war interessant zu ergründen, wodurch sich ein solcher Hund wohl von einem normalen Hund unterscheidet, wenn er sich auf ebener Erde befindet. Zu diesem Zweck wurde „Lichoi" auf den Boden gesetzt, und es wurde beschlossen,

---

[1] M. K. Petrowa

einen bedingten Nahrungsreflex auf einen schwachen Wärmereiz (48°) auszuarbeiten. Sobald die Wärme die Haut des Tieres berührte, wandte „Lichoi“ sich um, äußerte also einen ganz deutlichen Orientierungsreflex.

Als aber dieser Wärmereiz bei einer Abrückungszeit von 20 Sekunden bekräftigt wurde, bildete sich trotz 29maliger Bekräftigung kein Reflex. Wenn wir den Reflex jedoch kurz abrückten (5 Sekunden), trat der bedingte Reflex am zweiten Tage auf und erreichte eine beträchtliche Größe. Natürlich müssen diese Versuche fortgesetzt werden, und zwar auch mit starken Reizen.

Ich stelle mir vor, daß ein abgerückter bedingter Reiz rasch erlischt.

Mir scheint, daß sich in diesem beschleunigten Erlöschen die tatsächliche Krankheit der Nervenzelle äußert. Analoge Befunde haben wir auch schon früher gefunden. Denken Sie doch nur einmal an die Versuche von RASENKOW, der auf beiden Seiten den Kern des Hautanalysators exstirpierte. Gewöhnlich verschwanden die Hautreflexe. Als sie aber zu zusammenfallenden Reflexen gemacht wurden, traten sie auf.

Ich hätte Lust, diesen Befund (er muß natürlich noch detailliert verfolgt werden, das leugne ich nicht) mit dem kortikalen Hauptsyndrom zu vergleichen, mit jener besonderen Erkrankung des Alkoholikers, der starken postalkoholischen Vergeßlichkeit beim Menschen.

Es ist doch ein charakteristischer Zug eines besonderen Zustandes der Großhirnrinde, daß sich die Wirkung eines Reizes im Nervensystem nur relativ sehr kurze Zeit hält.

M. K. PETROWA: Grob gesagt, bei allen Hunden tritt reizbare Schwäche ein.

I. P. PAWLOW: Zweifellos ist das eine Schädigung des Erregungsprozesses. Aber hier wird hervorgehoben, daß er so schwach gemacht wird, daß er nur kurze Zeit existiert, dann rasch erlischt und sich verflüchtigt oder verschwindet, so daß nichts da ist, was sich mit der Bekräftigung verbinden könnte. Das entspricht vollkommen der Tatsache, daß ein Mensch im Augenblick etwas gehört oder gesehen hat, sich abwendet und nicht mehr weiß, ob es tatsächlich geschehen ist oder nicht.

F. P. MAJOROW: Aber weshalb schließen Sie die Möglichkeit der Entwicklung einer Hypnotisierung aus?

I. P. PAWLOW: Es fehlen alle Symptome, der Hund nimmt das Futter, obwohl der Reiz fünfmal wiederholt wird. Für die Hypnotisierung ist charakteristisch, daß sie *(258)* mit Wiederholung des Reizes zunimmt, aber das ist hier nicht der Fall. Hier die Werte der bedingten Reflexe: 0, 7, 5, 10, 11. Und in einem anderen Versuch: 1, 4, 3, 7, 4.

Ich glaube, wir haben im Laboratorium schon die Hauptpunkte der Alkoholvergiftung erfaßt. Diese Versuche verknüpfen das Laboratorium mit der Klinik der Alkoholpsychosen.

7. ÜBER DIE PARADOXE PHASE BEI SCHIZOPHRENIE. ERGEBNISSE DER ANWENDUNG SCHWACHER WORTREIZE ZUR KONTAKTGEWINNUNG MIT KATATONIEPATIENTEN NACH DEN ANGABEN EINES ITALIENISCHEN PSYCHIATERS

I. P. PAWLOW: Nun will ich eine Frage berühren, die besonders diejenigen Bedinger angeht, die hauptsächlich in Kliniken, in der Nervenklinik und der Psychiatrischen Klinik, sitzen und arbeiten.

Bitte sehr, wenn in der ganzen Welt selbst führende Physiologen, Psychiater und Neurologen unter dem Einfluß der dualistischen Weltanschauung stehen, dann ist es auch nur natürlich, daß Gott auch uns auferlegt hat, dasselbe auszukosten, zumindest einigen von uns, je nachdem, wie es im Kopfe aussieht.

Immerhin finde ich, daß unsere Laboratoriumsergebnisse von den Klinikern nicht gebührend geschätzt werden, von ihnen nicht in gebührender Weise mit dem klinischen Material in Einklang gebracht werden. Dafür habe ich einen unbestreitbaren Beweis.

Schon lange, an die zwanzig Jahre, kennen wir in unseren Versuchen den paralytischen Rindenzustand, wobei starke Reize hemmend wirken. Ihnen ist bekannt, daß man bedingte Reflexe auf schwache Reize erzeugen kann, während sie auf starke Reize verschwinden.

Schon längst habe ich davon gesprochen, daß dieser Befund von den Klinikern hoch eingeschätzt und klinisch fruchtbar gemacht werden muß.

Unter meinem Einfluß hat N. W.[1] sogar eine klinische Untersuchung angestellt, daraus aber keinerlei klinische Konsequenz gezogen.

Zwischenruf: Das ist im ersten „Sammelband" der Psychiatrischen und Nervenklinik abgedruckt.

I. P. PAWLOW: Aber diese Methode ist dann in unserer Klinik nicht angewandt worden. Auf diesen Artikel — nicht auf Ihren Artikel, sondern auf einen Artikel von mir — hat eine Kollegin der Psychiatrie in Italien reagiert. Sie veröffentlichte in einer Zeitschrift eine Arbeit „Eine wirksame Methode, welche die Möglichkeit bietet, von Mutatikern eine Antwort zu bekommen", also von Menschen, die sich im Zustande des Mutismus befinden.

Hier ein Auszug aus dieser Arbeit:

„Auf Grund dieser Untersuchungen scheint es mir nicht nur angebracht, sondern sogar notwendig, dieses Explorationsverfahren systematisch in die psychiatrische Methodik aufzunehmen." Wir aber haben das in so klarer Form *(259)* nicht getan, und das ist für uns etwas peinlich. Sie stehen der bedingt-reflektorischen Tätigkeit im Laboratorium so nahe, daß Sie das hätten stärker beachten können als ein Abseitsstehender. Sie aber hat daraus ein grundlegendes klinisches Verfahren gemacht.

Der Psychiater braucht häufig Auskünfte vom Patienten, kann diese aber wegen des Mutismus, in dem sich der Patient befindet, nicht erhalten. Unser Rat kann die klinische Untersuchung des Patienten erleichtern.

[1] N. W. WINOGRADOW

Es ist bedauerlich, daß wir das nicht getan haben; ein Mensch dagegen, der nur davon gehört hat, hat es getan. Immer und immer wieder lasse ich mich über dieses Thema aus, trotzdem aber ist es nicht in die Tat umgesetzt worden. Und da haben Sie nun die Folgen. Sehen Sie, wie sie das Gespräch führt. Es handelt sich um Menschen, die sich im Zustand des Mutismus befinden und von denen man jahrelang kein einziges Wort gehört hat. Mit diesen Menschen führt sie längere Gespräche. Hier ein Beispiel.

Patientin N., 48 Jahre, kam am 4. März 1927 ins Krankenhaus. Niemand hatte jemals die Stimme dieser Patientin gehört. Die Ärztin beginnt nun, mit ihr nach unserem Verfahren zu sprechen, d. h. in einem Einzelzimmer, in dem es völlig still ist, die Beleuchtung sogar herabgesetzt ist, wobei sie selbst mit leiser Stimme spricht:

„Wie heißt du?"
„..."
„Das ist der Zuname, und wie ist der Vorname?"
„Ida."
„Wie alt bist du?"
„49 oder 50, ich weiß es nicht genau."
„Wen hast du denn noch zu Hause?"
„Den Mann und zwei Töchter, die eine ist verheiratet, die andere noch nicht."
„Wie fühlst du dich?"
„Jetzt fühle ich mich etwas besser, aber anfangs ging es mir schlecht, der Kopf tat so weh."
„Was ist das hier für ein Krankenhaus?"
„Ich weiß nicht."
„Welches Jahr haben wir?"
„Ich kann mich nicht erinnern."
„Welche Jahreszeit?"
„Ich glaube, Winter, denn es ist kalt" (in Wirklichkeit war es November).
„Wie lange bist du schon hier?"
„Ich weiß es nicht genau, aber auf jeden Fall mehrere Jahre."
„Woher bist du gebürtig?" (Sie nennt den Ort.)
„Was ist dein Mann von Beruf?"
„Er ist Maurer, zumindest, als ich bei ihm zu Hause war."
„Möchtest du nach Hause zurück?"
„Ja, dort würde ich mich wohler fühlen. Ich würde lieber zurückkehren, denn dann wäre mir wohler, und meine Verwandten wären bei mir."
„Die anderen Patienten stören dich?"
„Ja, sie machen mich mit ihrem dauernden Zank und Streit nervös. Die eine Frau hat mich geschlagen."
„Schläfst du nachts?"
„Schlecht."
„Ich weiß, man muß dich zum Essen zwingen. Weshalb? Hast du keinen Appetit? Vielleicht deshalb, weil du Stimmen hörst?" *(260)*
„Ja, sie ärgern mich sehr viel, ich höre Schimpfworte. Das ist häßlich."
„Auf Wiedersehen, Ida, du kannst ins Krankenzimmer zurückgehen."
„Auf Wiedersehen, Signora!"

Sie geht fort und lächelt mir freundlich zu. Das ist die gleiche Frau, die immer so vergrämt gewesen ist. Sie dankt mir herzlich. Bevor sie aus dem Zimmer geht, wird sie von einer Krankenwärterin angehalten, die schweigend an der Tür gewartet hat und sie nun nach dem befragt, was ich mit ihr gesprochen habe. Die Frage wird mit lauter Stimme gestellt. Die Patientin zieht eine Grimasse, nimmt eine ablehnende Haltung ein und sagt kein einziges Wort. Ich versuche ebenfalls, mit lauter Stimme zu fragen: „Nicht wahr, du wirst dich nicht mehr weigern zu essen?" Wieder eine Grimasse und keine Antwort.

Sie kehrt in das Krankenzimmer zurück und setzt sich wieder mit gesenktem Kopf in katatonischer Haltung in eine Ecke.

Als ich einige Zeit später den Patienten, die sich im Krankensaal befanden, einige Fragen stellte, reagierten sie überhaupt nicht und blieben im katatonischen Zustand sitzen.

Die Ärztin berichtet, daß sie immer, wenn sie ihre Patienten abhorcht, diese fragt und mit ihnen spricht: „Husten Sie, atmen Sie schneller, atmen Sie langsamer usw."

Für Sie, als Nervenärzte dürfte es peinlich sein, daß ein Außenstehender, der meine ständigen Hinweise, die ich Tag für Tag wiederhole, nicht hört, diese dennoch ausgewertet und in die Praxis übernommen hat, während Sie sich nicht sonderlich darum gekümmert haben. Ich fasse es so auf, daß Sie auch alles andere nur sehr schwerfällig aufnehmen. Das muß ich Ihnen, verehrte Damen und Herren, vor Augen halten, das ist falsch!

Wenn wir ein Ergebnis im Laboratorium finden, dann muß es klinischen Befunden entsprechen. Hier kann es keinerlei Streit und Zweifel geben. Halten Sie sich also sorgfältig an das, was Sie an unseren Hunden im Laboratorium sehen und übertragen Sie es in die Klinik. Das kann nur von Nutzen sein.

I. O. Narbutowitsch: Darf ich ein paar Worte über unsere Psychiater bezüglich der paralytischen Phase sagen? Es ist nur die eine Arbeit von N. W. gedruckt worden, das ist richtig. Aber daß die Psychiater dieses Verfahren nicht nur in Leningrad, sondern auch in anderen Städten anwenden, das ist ebenfalls richtig. Ich verfüge über zuverlässige Nachrichten. Als ich z. B. zufällig mit Psychiatern aus Charkow zusammentraf, habe ich von ihnen darüber gehört.

I. P. Pawlow: Das ist natürlich Protopopow! Er ist ein geistig aufgeschlossener Mensch und sagte, man müsse Schizophrene nicht mit Erregung, sondern mit Ruhe behandeln. Ja, er ist ein geistig sehr aufgeschlossener Mensch.

I. O. Narbutowitsch: Es ist interessant, daß die Jugend sich dessen annimmt, und man berichtet, man beobachte sehr viele Fälle, in denen solche Patienten antworten.

I. P. Pawlow: Um so schmachvoller für Sie.

Auf Wiedersehen! *(261)*

MITTWOCHKOLLOQUIUM
vom 13. November 1935

1. „ASSOZIATION" — EIN GATTUNGSBEGRIFF, „BEDINGTER REFLEX" — EIN ARTBEGRIFF (VERSUCHE A. O. DOLINS AN MENSCHEN ÜBER HELLIGKEITSADAPTATION)

I. P. PAWLOW: Zunächst kommt die Physiologie und dann die Pathologie.

Gestern berichtete mir A. O. von einem sehr interessanten Versuch. Er benutzte das Phänomen der Helligkeitsadaptation. Die Versuche sind an Menschen durchgeführt worden. Er hielt seine Versuchspersonen eine halbe Stunde im Dunkeln und setzte sie dann der Lichtwirkung aus. Zunächst nahm die Sehschärfe ab und kehrte dann allmählich zur Norm zurück. Er untersuchte die Kurve der Helligkeitsadaptation, d. h. die Kurve der Regenerationsgeschwindigkeit, der Rückkehr zur Norm. Als er Licht anwandte, nachdem sich die Helligkeitsadaptation vollständig entwickelt hatte, nahm die Sehschärfe sofort ein wenig ab.

Er hatte die übliche photochemische Reaktion vor sich. Dann nahm er ein Metronom mit 120 Schlägen, und als die Kurve den Gipfel erreichte, also die Sehschärfe sich normalisiert hatte, setzte er das Metronom einmal, zweimal, dreimal. Zunächst hatte das Metronom keinerlei Einfluß auf die Adaptationskurve. Dann verband er die Wirkung des Metronoms einige Male (fünfmal) mit der Wirkung des Lichts, durch das er diese Kurve störte. Im Ergebnis stellte sich bei der folgenden Metronomprobe heraus, daß es genau dieselbe Wirkung wie das Licht hatte. Das Licht wurde vollständig durch das Metronom ersetzt.

Wie konnte das geschehen? Es geschah so, daß sich die akustische Zelle mit der optischen Zelle verband und assoziierte. Die äußere Energie des Metronoms ging in Form eines Erregungsprozesses auf die optische Zelle über und bewirkte dasselbe, was das Licht bewirken würde.

Das ist natürlich ein ausgezeichnetes Beispiel einer Assoziation, eine sehr schöne Form, eine sehr interessante Demonstration unserer Grundtatsache. Man muß sich nur wundern, wie die Herren Psychologen, Gestaltpsychologen und andere eine so prägnante Erscheinung herabwürdigen und entwerten können. Wie offensichtlich ist doch diese Verbindung. Die akustische und die optische Zelle haben eine funktionelle Einheit gebildet. Das Geräusch ersetzt das Licht vollständig. *(262)*

Wer, meine Damen und Herren, kann dagegen etwas sagen? Wie soll man nun diese Erscheinung nennen? Soll man sie als „Assoziation" oder als „bedingten Reflex" bezeichnen?

Sehen Sie, die Assoziation ist ein Gattungsbegriff, d. h. die Vereinigung dessen, was früher getrennt war, die Vereinigung und Verbindung zweier Punkte in funktioneller Hinsicht, ihre Verschmelzung zu einer Assoziation; der bedingte Reflex dagegen ist ein Artbegriff. Er ist natürlich ebenfalls eine Vereinigung zweier Punkte, die vorher nicht vereinigt waren, aber es ist ein Spezialfall einer solchen Vereinigung, der eine bestimmte biologische Bedeutung hat. Im Falle eines bedingten Reflexes werden wesentliche und beständige Züge eines bestimmten Gegenstandes (der Nahrung, eines Feindes usw.) durch zeitweilige Signale ersetzt. Das ist der Spezialfall einer Assoziation.

Ein anderer Fall ist es aber schon, wenn die Erscheinungen deshalb miteinander verbunden werden, weil sie gleichzeitig auf das Nervensystem einwirken; dann werden zwei Erscheinungen miteinander verbunden, die auch in der Realität ständig verbunden auftreten. Das ist eine andere Art von Assoziation; das ist die Grundlage unserer Kenntnisse, die Grundlage des Hauptprinzips der Wissenschaft, der Kausalität, der Ursächlichkeit. Das ist eine andere Art von Assoziation, die möglicherweise keine geringere, sondern eher eine größere Bedeutung hat als die bedingten Reflexe, die Signalverbindungen.

Und schließlich der einfachste Fall (wie soll man ihn nennen: künstlich, zufällig, unwesentlich, unwichtig), wenn z. B. psychologisch zwei Töne miteinander verbunden werden, die nichts miteinander zu tun haben; sie werden nur deshalb miteinander verbunden, weil der eine wiederholt nach dem anderen einwirkt, und schließlich verbinden sie sich, der eine ruft den anderen hervor.

Alle diese Fälle muß man natürlich auseinanderhalten. Es sind alles verschiedene Arten von Fällen, Artbegriffe, während die assoziative Verbindung natürlich der Gattungsbegriff ist.

Wie ist es nun im vorliegenden Falle, den wir analysieren, mit der Verwendung des Begriffes „bedingter Reflex"?

Als wir gestern den von A. O. gewonnenen Befund mehrmals als „bedingten Reflex" bezeichneten, ergriffen mich Zweifel, ob das richtig sei, aber jetzt, nachdem ich nachgedacht habe, scheint es mir doch richtig zu sein, denn das Licht ruft eine chemische Reaktion hervor, eine Dissimilation usw., und statt des Lichtes tut das Metronom dasselbe. Also bitte, im vorliegenden Falle kann man es „bedingten Reflex" nennen.

Wenn aber ein Affe seinen Turm baut, um eine Frucht zu erreichen, darf man das nicht als „bedingten Reflex" bezeichnen. Das ist ein Fall von Kenntnisentwicklung, von Erfassen des normalen Zusammenhangs der Dinge. Das ist ein anderer Fall. Hier muß man sagen, daß es sich um den Beginn von Kenntnisbildung handelt, um das Erfassen des ständigen Zusammenhangs zwischen den Dingen, was ja auch der gesamten wissenschaftlichen Tätigkeit und dem Kausalgesetz usw. zugrunde liegt. *(263)*

Darauf wollte ich Ihr Augenmerk lenken. Ich habe schon darüber gesprochen, aber aus der Unterhaltung war ersichtlich, daß es nicht besonders zur Kenntnis genommen worden ist. Jetzt stütze ich mich auf neue Fälle.

Meine Damen und Herren, hat jemand zu dieser Frage, daß das ein bedingter Reflex ist, etwas zu sagen oder einzuwenden?

A. A. LINDBERG: Ich wollte sagen, daß es im vorliegenden Versuch ziemlich schwierig ist, sich den ganzen Mechanismus des bedingten Reflexes vorzustellen, auf jeden Fall fällt es mir schwer.

Es handelt sich darum, daß bei diesen Adaptationserscheinungen doch das eine wesentliche Rolle spielt, was in den peripheren Elementen vor sich geht. Das wird doch dem Sehzentrum als Signal übermittelt.

I. P. PAWLOW: Gestatten Sie, weshalb? Wie fassen Sie die Adaptation auf, zum Beispiel die Helligkeitsadaptation? Sie haben sich im Dunkeln befunden, die Dunkelheit hat sehr viel Purpur angehäuft und das Netzhautelement übermäßig empfindlich gemacht. Nun wirkt das Licht, also ein äußeres Agens, ein unbedingter Reiz. Dieser unbedingte Reiz zersetzt den Purpur und hebt folglich die starke Empfindlichkeit allmählich auf. Das ist ein einfacher Reflex: Ein äußeres Agens, das Licht wirkt auf den in der Netzhaut befindlichen Stoff, auf den Purpur, und zersetzt ihn. Das kann man als Reflex ansehen. Dann zeigt sich, daß statt des Lichtes als unbedingter Reiz das Metronom dasselbe bewirkt, und zwar offensichtlich deshalb, weil es das Licht ersetzt. Die Besonderheit besteht hier darin, daß man direkt sieht, wie die äußere Energie, in diesem Falle akustische Energie, in einen Erregungsprozeß akustischen Charakters verwandelt wird, seine Färbung in Form einer akustischen Empfindung bekommt und sich zugleich der optischen Zelle mitteilt und für uns in Form einer Lichtempfindung erscheint.

Meiner Meinung nach ist das also völlig klar. Sie sehen direkt, wie die Lichtenergie die chemische Reaktion hervorruft und wie dann die akustische Energie, also eine fremde Energie, dieselbe Reaktion zur Folge hat. Meiner Meinung nach ist hier alles klar.

N. A. PODKOPAJEW: Mir scheint das ein ganz typischer bedingter Reflex zu sein, d. h. der Ersatz eines Signals durch einen reflektorischen Akt.

Das ist deshalb besonders interessant, weil vor gar nicht so langer Zeit bei L. A.[1] der Einfluß reflektorischer Akte auf die Dunkeladaptation untersucht worden ist. Ein Mensch legte die Hand in kaltes Wasser, und es stellte sich heraus, daß sich die Dunkeladaptation beschleunigte. Das ist also ein typischer bedingter Reflex.

I. P. PAWLOW: Hier ist interessant, daß dieser Versuch die Identität der Energie noch deutlicher macht. Zugleich steht er mit einer wichtigen Frage der Physiologie, mit dem Problem der sogenannten „spezifischen Sinnesenergie", in Verbindung. *(264)* Hier ist klar, daß ein und dieselbe Energie, wenn sie zur akustischen Zelle gelangt, uns in Form einer akustischen Empfindung erscheint; gelangt diese Energie aber in die optische Zelle, dann erscheint sie uns in Form einer Lichtempfindung. Hier ist die Transformation ein und derselben Energie in den verschiedenen Zellen deutlich sichtbar.

JEWLACHOW: Ich erinnere mich aus meiner früheren Tätigkeit, es war noch an der historisch-philologischen Fakultät, daß bei Schriftstellern, Vertretern der französischen Dekadenz, sehr häufig akustische und optische Bilder vermengt werden. Bei BAUDELAIRE findet sich der Vers: „Les couleurs, les parfums et les sons se répondent." Er sagt, daß Töne, Düfte und Farben einander entsprechen.

[1] L. A. ORBELI

I. P. Pawlow: Das hat mir sehr gefallen. Aber dennoch ist es ein Beweis der tatsächlich beträchtlichen Ohnmacht des psychologischen Denkens, der psychologischen Betrachtung dieser Wirklichkeit, dieser höheren Nerventätigkeit. Ich bitte Sie, eine im Grunde genommen so markante und wichtige Erscheinung, und diese will man an die Wand drücken und diskriminieren! Wahrscheinlich haften dem psychologischen Denken gewisse fundamentale Mängel an, die den Psychologen hindern, die Hirntätigkeit fruchtbringend zu erforschen. Nur so kann ich das verstehen.

2. VARIANTEN UND ZWISCHENTYPEN DES NERVENSYSTEMS (W. P. GOLOWINAS „TRESOR", A. A. LINDBERGS „SATYR" UND W. I. PAWLOWAS „TOM")

I. P. Pawlow: Nun zu den Typen. Natürlich haben die griechischen Haupttypen, die sogenannten „Temperamente", in unseren Versuchen an Hunden ihre Bestätigung erfahren. Diese Übereinstimmung der Ergebnisse an Mensch und Tier spricht höchst überzeugend für die Berechtigung dieser Klassifikation, für die Richtigkeit dieser Systematik.

Aber es ergibt sich die Frage, weshalb die Griechen nur vier Temperamente kannten und auch wir an unseren Hunden nur vier Typen unterscheiden. Denn selbstverständlich kann man auf den Grundlagen, auf denen diese Typen aufgebaut sind, weitaus mehr Kombinationen als vier herstellen; aber wir erachten es für möglich, uns nur auf vier zu beschränken.

Das ist verständlich. Unsere Grundlagen sind die Stärke der beiden Nervenprozesse, ihre Ausgeglichenheit und ihre Beweglichkeit. Diese Grundzüge sind auch der Einteilung der menschlichen Typen zugrunde gelegt worden. Offenbar heben sich gerade in diesen vier Fällen die im Leben vorherrschenden und hauptsächlichsten Besonderheiten und Grundzüge des Typs deutlich heraus.

Nehmen wir z. B. den starken oder den schwachen Typ. Das bestimmt den hauptsächlichen Lebenswert dieses Typs. Der eine ist stark und vermag alles, der andere aber schwach und entbehrt fast aller Möglichkeiten. *(265)* Dann ist es unwichtig, ob bei diesem schwachen Typ zwischen dem Erregungs- und Hemmungsprozeß Gleichgewicht herrscht und ob die Beweglichkeit groß oder klein ist; das tritt in den Hintergrund, denn die Schwäche beherrscht alles. Solche Varianten sind also von geringer Bedeutung.

Damit ist aber natürlich nicht die ganze Wirklichkeit erfaßt: Die Natur, die Wirklichkeit, bietet eine Menge von Übergängen und Abstufungen. Zum Verständnis all dieser Besonderheiten muß man diese Möglichkeiten und tatsächlich in großer Anzahl existierenden Übergangstypen parat haben. Man muß also alle möglichen Zwischentypen im Kopf haben und mit ihnen rechnen, denn sonst steht man in vielen Fällen ratlos da und versteht nicht, was los ist.

Nehmen wir z. B. den starken unausgeglichenen Typ. Sein Grundzug, der ihn zum Typ macht, ist das fehlende Gleichgewicht zwischen dem Erregungs- und Hemmungsprozeß. Sein Erregungsprozeß ist sehr stark, der Hemmungsprozeß dagegen relativ schwach. Aber man kann den Hemmungsprozeß leicht trainieren, ihn leicht hervortreten lassen.

Daneben existiert ein Zwischentyp. Er wird bei uns von den beiden Hunden „Tresor“ und „Satyr“ repräsentiert, deren Grundzug die Unausgeglichenheit ist und bei denen diese Unausgeglichenheit besonders groß ist. Während unser unausgeglichener, zügelloser, starker und erregbarer Typ leicht mit der Hemmung fertig wird und sich auf sie eintrainiert, liegen die Dinge bei diesen Hunden „Tresor“ und „Satyr“ so, daß man sich mit ihnen weidlich abquälen mußte, um sie schließlich normalen Tieren ähnlich zu machen. Bei W. P. vergingen bei seinem „Tresor“ etwa zwei bis drei Jahre, bis er schließlich mehr oder weniger ordentlich zu arbeiten begann. Dieselben Scherereien haben wir jetzt mit „Satyr“ schon fast vier Jahre, bevor er eine Differenzierung auszuarbeiten begann.

Das also ist ein Zwischentyp. Er ist unausgeglichen, aber ein Zwischentyp, denn die Unausgeglichenheit ist größer als beim Haupttyp.

Bei W. I. fand sich eine andere Variante dieses Typs, und zwar nicht nur dieses Typs, sondern eine Variante zwischen dem unausgeglichenen und dem schwachen Typ, mit einem Wort, noch so ein Zwischentyp. Dieser Hund, „Tom“, machte zunächst den Eindruck eines sehr starken Hundes. Er schien sehr mutig zu sein, was wir gewöhnlich der Stärke zuschreiben. Er hatte gute Reflexe, zeigte eine gute Abhängigkeit der Reflexe von der Reizstärke usw. Er arbeitete mustergültig, und der Allgemeineindruck war so, daß man ihn zum ausgeglichenen starken Typ rechnen konnte.

Die erste Besonderheit, welche die Aufmerksamkeit fesselte, war die außerordentlich langsame Bildung der Differenzierung. Das war nicht weiter verwunderlich, denn bei Hunden vom erregbaren Typ kommt das vor. Aber dann fand sich etwas Befremdliches: Als wir diese ausgearbeitete Differenzierung *(266)* von 15 Sekunden auf 20 Sekunden verlängerten, verschwanden alle Reflexe, und für lange Zeit war mit ihm nichts mehr anzufangen.

Zunächst also schien es so, als sei er ein ausgeglichener Typ, ähnlich „Tresor“ und „Satyr“.

Nun mußte seine Stärke erprobt werden. Lange Zeit verwirrte uns die Tatsache, daß er seinem Verhalten nach als stark erschien.

Vor relativ kurzer Zeit wandten wir zur Probe die starke Knarre an. In der ersten Zeit trat das auf, was auf Grund seines Verhaltens zu erwarten war. Er zeigte keinerlei Furcht vor der Knarre und begann unmittelbar danach zu fressen. Gewöhnlich tritt bei den Hunden dabei infolge des starken Orientierungsreflexes eine Verzögerung auf, aber hier war das nicht der Fall. Vom erstenmal an fraß er und lieferte einen beträchtlichen bedingten Reflex, und zwar infolge einer Generalisation.

Als wir diesen Reflex wiederholten, nahm er zunächst sogar zu, wodurch bestätigt wurde, daß sein Erregungsprozeß stark war. Als wir ihn dann aber nach zwei bis drei Tagen wiederholten, sank er ab.

Sie erinnern sich, bei „Satyr“ wurden zwei sehr starke Reize angewandt, Knarre und Glocke, und diese konnten eine ganze Woche angewandt werden und hielten sich. Hier aber sank der bedingte Reflex rasch bis zum völligen Verschwinden ab und störte schließlich alle übrigen Reflexe, obwohl die Knarre nicht einmal täglich wiederholt wurde. Wider alles Erwarten, entgegen dem Allgemeineindruck stellte sich heraus, daß „Tom“ einen sehr schwachen Erregungsprozeß hat.

Worin liegt nun die Besonderheit dieses Typs. Seltsamerweise liegt bei diesem Typ bei Schwäche des Hemmungsprozesses zugleich auch eine besondere Schwäche des Erregungsprozesses vor. Bedenken Sie, bei einem sehr starken Reiz lieferte er zunächst einen schwachen Effekt, dann einen maximalen, und schließlich fiel der Effekt stark ab. Zugleich trat kein passiver Abwehrreflex auf.

Wir überlegten, was wir nun weiter anstellen sollten. In letzter Zeit wandten wir bei „Tom“ die Drehscheibe an, die viele Hunde erschreckt; es bildet sich darauf ein passiver Abwehrreflex, denn ein bewegter Gegenstand wirkt stärker als ein unbewegter. Aber diesen Hund zog es gerade zu dieser Drehscheibe hin, er betrachtete sie usw. Statt des passiven Abwehrreflexes trat also ein Untersuchungsreflex auf, d. h. eine ganz eigenartige Kombination.

Was heißt das, und wie ist das zu verstehen? Vom passiven Abwehrreflex abgesehen, muß man „Tom“ natürlich als Mitteltyp zwischen stark und schwach und dabei zugleich in gewissem Grade als unausgeglichen ansehen. Jedoch kann man ihn nicht mit M. K.s „Mirta“ vergleichen, denn „Mirta“ verfiel bei diesem Reiz unvermittelt in Neurose. „Tom“ dagegen blickte neugierig auf die Drehscheibe, am nächsten Tage erhöhte sich der Effekt usw. *(267)*

Was aber bedeutet das Fehlen des passiven Abwehrreflexes?

M. K. Petrowa: Erziehung.

I. P. Pawlow: Er muß also eine besonders glückliche Kindheit gehabt haben, so daß er diesen Reflex der natürlichen Vorsicht allmählich restlos in einen Untersuchungsreflex umgearbeitet hat und auf alles Neue und Starke nicht mit einer Hemmung reagiert, sondern mit einem Untersuchungsreflex.

Wir haben hier also eine große Mannigfaltigkeit von Zwischentypen vor uns. Man muß sie natürlich kennen, um in der weiteren Interpretation alle Variationen beim Menschen zu erfassen.

Vor uns steht also die Frage der Zwischentypen, und wir müssen außer über die Grundtypen auch ständig über diese Zwischentypen Buch führen und sie beachten.

F. P. Majorow: Als ich bei meinem „Najan“ einen sehr starken Ton anwandte, trat dieselbe Reaktion auf, die ein Element der Orientierungsreaktion enthielt; bei ihm verstärkte sich die Bewegung in Richtung auf diesen Ton.

I P. Pawlow: Der Orientierungsreflex ist seinem Wesen nach ein Untersuchungsreflex. Was bedeutet der Orientierungsreflex? Er ist die Einstellung auf den jeweiligen Reiz. Der Orientierungsreflex ist ein Untersuchungsreflex, und man kann ihn auch direkt so bezeichnen.

3. MÖGLICHKEIT DER ENTWICKLUNG EINER HYPNOTISIERUNG BEI REIZEN UNTERSCHIEDLICHER STÄRKE, DIE ABER EINEM ANALYSATOR ENTSPRECHEN (W. I. PAWLOWAS „JULA")

I. P. PAWLOW: Weiter. W. I. hat den Hund „Jula", bei dem bedingte Reflexe auf verschiedene akustische Reize gebildet worden sind. Interessanterweise verringerten sich diese bedingten Reflexe rasch und führten zu einer Hypnotisierung des Tieres, so daß außer der Verringerung eine paradoxe Phase auftrat und die Reflexe auf schwache akustische Reize stärker wurden als auf starke. Ferner zeigte sich, daß Reize eines anderen Analysators, z. B. ein mechanischer Hautreiz, einen weitaus stärkeren Effekt ergaben als ein starker akustischer Reiz, der für gewöhnlich immer über der Kassalka steht. Die Einförmigkeit als hypnotisierendes Moment wirkt folglich nicht nur bei Wiederholung gleichartiger Reize; dieses Moment kann auch durch Wiederholung verschiedenartiger Reize ein und desselben Analysators auftreten. Das ist an mehreren Hunden überprüft worden. Besonders deutlich war es bei „Jula" ausgeprägt, der ganz allgemein einen recht starken Typ darstellt.

Auch wurde das Stärkegesetz durchbrochen. Ein gewöhnlicher starker akustischer Reiz lieferte einen kleinen Effekt, während die speziell gesetzte Kassalka einen großen Effekt lieferte und gleichzeitig *(268)* den allgemeinen Rindentonus erhöhte. Dasselbe rief auch das Licht hervor, es erhöhte ebenfalls den Gesamttonus, wenn sich das auch nicht auf die Größe des Effektes auswirkte.

Es ergibt sich also, daß eine Hypnotisierung möglich ist, wenn die Reize auf einen Analysator konzentriert sind. Es sei bemerkt, daß das eine besondere, begrenzte Hypnotisierung ist, die sich aus irgendwelchen Gründen auf einen Analysator konzentriert und sich nicht auf die anderen Analysatoren ausbreitet. Das ist eine ganz besondere Erscheinung, mit der man rechnen und die man beachten muß.

4. BEDEUTUNG DER PAUSEN ZWISCHEN DEN BEDINGTEN REIZEN IN ABHÄNGIGKEIT VON DEN INDIVIDUELLEN BESONDERHEITEN DES HUNDES (A. A. LINDBERGS „DWOIKA", I. I. FILARETOWS „OSTAP"). MÖGLICHKEIT DES EINFLUSSES DER MUSKELANSPANNUNG (DES STEHENS) DES HUNDES AUF DIE BEDINGTE SPEICHELREAKTION

I. P. PAWLOW: Bei der Aufstellung und Überprüfung unserer Gesetze der höheren Nerventätigkeit muß man die Mannigfaltigkeit der Bedingungen berücksichtigen, unter denen sie auftreten oder larviert werden können. Eine solche Bedingung kann der Einfluß der Pausen auf die Größe der bedingten Reflexe sein.

Das zeigte sich ganz eindeutig an A. A.s Hund „Dwoika". Eine Vergrößerung der Pausen zwischen den bedingten Reizen hat eine Vergrößerung des Effektes zur Folge, zumindest bei gewissen Reizen.

Das Problem der Pausen ist sehr wichtig: Weshalb sind die optimalen Pausen für die verschiedenen Hunde unterschiedlich? Bei „Dwoika“ zeigte sich, daß sich eine Vergrößerung der Pausen auf mehr als vier Minuten auf die schwachen Reize nicht auswirkt, bei den starken aber den Effekt erhöht.

Bei I. I. trat nun aber an seinem neuen Hunde „Ostap“ das genaue Gegenteil auf: Je mehr er die Pausen verlängerte, um so geringer wurde der Effekt. Wie Sie sehen, geht das scheinbar durcheinander.

Im ersten Falle gelingt es der Rindenzelle anscheinend nicht, sich innerhalb von vier Minuten zu regenerieren, und deshalb regeneriert sie erst vollständig, wenn die Pause auf acht Minuten vergrößert wird; dann ergibt sich ein normaler Effekt. Bei schwachen Reizen hat die kurze Pause keinen Einfluß auf die Größe des Effektes.

Und wie ist nun der gegenteilige Fall zu erklären?

Im zweiten Falle haben wir es mit einem höchst gierigen Hund zu tun. Er bebt geradezu in Erwartung des Futters und spitzt angestrengt die Ohren, d. h., er ist muskulär stark angespannt. Man kann sich leicht vorstellen, daß sich bei Vergrößerung der Pause auch die muskuläre Anspannung vergrößert. Wir kennen aber den Antagonismus zwischen der muskulären und sekretorischen Reaktion. Je länger also die Pause ist, um so stärker wird die sekretorische Reaktion negativ induziert. *(269)*

Das ist ein gutes Beispiel dafür, wie notwendig es ist, die konkreten Bedingungen jedes einzelnen Versuchs zu beachten. Unsere Aufgabe besteht ja gerade darin, alle diese Thesen von allen Seiten zu beleuchten, d. h., alle die Bedingungen einzuschätzen, von denen sie bestimmt werden. Das ist unerläßlich, um Phantastereien zu vermeiden.

Zwischenruf: Ich hatte den Hund „Tungus“ und arbeitete mit ihm bei einem Abrücken von 30 Sekunden. Die Reflexe waren sehr gering, und zwar ergab sich die Depression der Reflexe daraus, daß er außerordentlich starr dastand. Als Archangelski mit einem Abrücken von 60 Sekunden zu arbeiten begann ...

I. P. Pawlow: Dabei handelt es sich um das Abrücken, nicht um die Pause.

Zwischenruf: ... wurden die bedingten Reflexe ausgezeichnet. Hier hat wahrscheinlich die motorische Reaktion die Gehemmtheit durchbrochen.

I. P. Pawlow: I. R., ist nicht auch bei Ihrem Hunde „Begemot“ etwas Ähnliches aufgetreten?

I. R. Prorokow: Bei langem Abrücken bestand kein Unterschied zwischen den Reflexen. Als wir 30 Sekunden und mehr abrückten, waren die starken und schwachen Reflexe gleich, als wir aber 5 bis 7 Sekunden einwirkten, zeigte sich der Unterschied der Reizstärke ausgezeichnet.

I. P. Pawlow: Die allgemeine Erregung erhöhte also den Rindentonus, und die starken Reize wurden den schwachen gleich; als sich aber die allgemeine Erregung legte, trat auch die normale Abhängigkeit auf.

Nun Ihr Fall mit „Tungus“. Als Sie den Reiz 30 Sekunden setzten, stand er starr da? Ist er nicht einer der Jagdhunde?

Zwischenruf: Die Reflexe waren gering, 12 bis 20 Teilstriche.

I. P. Pawlow: Ich erinnere mich an diesen Fall. Dann lag bei diesem Hund vielleicht Trägheit vor, d. h., der Erregungsprozeß vermochte sich in 15 Sekunden nicht in ausreichendem Maße zu entwickeln, um die Hemmung oder den negativen Einfluß der motorischen Reaktion zu überwinden. Da er starr dastand, wirkte diese Starre infolge ihrer negativen Induktion auf die Speichelreaktion und störte die Erregung. So kann man es sich vorstellen.

5. NEUE BEFUNDE ÜBER DIE TRÄGHEIT DES ERREGUNGS- UND HEMMUNGSPROZESSES (W. W. JAKOWLEWAS „SOLOTISTY")

I. P. Pawlow: Nun, meine Damen und Herren, der letzte Punkt zur Physiologie unserer bedingten Reflexe. Wie Sie sich erinnern, trat bei „Solotisty" zum ersten Male eine ausgeprägte Trägheit auf, und zwar eine Trägheit beider Prozesse, sowohl des Erregungs- als auch des Hemmungsprozesses. „Solotisty" stellt einen im höchsten Grade starken Hund dar, der starke Reize prächtig verträgt, sie wie gewöhnliche Reize behandelt, der die Hemmung ausgezeichnet aushält, zugleich aber zur Arbeit ungeeignet ist, weil man bei ihm keine normalen bedingten Reflexe erhalten kann. Ihre Größe ändert sich ständig. *(270)*

Schließlich wurde auf Grund der früheren Versuche entschieden, daß es sich um das Resultat einer Trägheit handeln müsse, daß er also seine Prozesse einfach nicht rasch genug den jeweiligen Bedingungen anpassen kann, damit ein Verspäten von 5 bis 6 Sekunden auftritt, das dann dem Erregungsprozeß Platz macht. Bei ihm geriet das ständig durcheinander. Als der Hund aber Brom entsprechend seiner Stärke in großen Dosen (7,0 g täglich acht Tage lang) erhielt, war das von günstigem Einfluß.

Sobald das Brom aber abgesetzt wurde, verfiel er wieder in seinen chaotischen Zustand.

Es fand sich ein anderes Verfahren, mit dessen Hilfe dieses Chaos zu beheben war. Das war die Verlängerung der Pausen von 5 auf 9 Minuten. Danach wurden die Reflexe wieder prächtig. In diesem Falle hatte unser Verfahren wahrscheinlich auf den Erregungsprozeß Einfluß. Folglich bewirkte die Pause irgendwelche Veränderungen des Erregungsprozesses, freilich nicht hinsichtlich der Stärke, da er ja ohnehin stark war, sondern hinsichtlich eines anderen Zuges, seiner Beweglichkeit. Der Erregungsprozeß wurde beweglicher. Die „Unstimmigkeit" der Nervenprozesse, das ständige Chaos, hatte offensichtlich zwei Gründe, und zwar sowohl im Hemmungs- als auch im Erregungsprozeß, wobei das Brom die Trägheit des Hemmungsprozesses überwand und das große Intervall die Trägheit des Erregungsprozesses. So muß man es sich vorstellen.

Jetzt sind bei diesem Hund die Metronome umgearbeitet worden. Diese Umarbeitung gelang nicht sonderlich rasch und bot zugleich folgende Besonderheit.

Zunächst schien es, als ob sich der positive Prozeß mit Erfolg in einen hemmenden umarbeitete, da die bedingten Reflexe des früher positiven Reizes ziemlich rasch verschwanden; was jedoch den alten Hemmungsprozeß betrifft, so lieferte er stark inkonstante positive Effekte.

Man hätte damals so urteilen können, daß die Geschichte mit der Umarbeitung natürlich eine schwierige Angelegenheit, daß sie ein langanhaltender chronischer Zusammenstoß ist. Folglich war anzunehmen, daß dieser Zusammenstoß den Erregungsprozeß ruinierte, dieser kehrte zu seinem früheren Zustand zurück, wurde aber irgendwie unstimmig und chaotisch, während der Zusammenstoß den Hemmungsprozeß anscheinend nicht berührte, da das positive Metronom in ein negatives umgearbeitet wurde. Aber der Hemmungseffekt war von besonderer Art. Als W. W. ihn auf eine Minute ausdehnte, wurde er beträchtlich enthemmt. Vor der Umarbeitung war das aber nicht der Fall. Selbst wenn sie ihn auf 5 Minuten ausdehnte, ergab er während der ganzen Zeit keine Speichelabsonderung. Nach der Umarbeitung hatte sich der Hemmungsprozeß offensichtlich verändert. Anscheinend waren nach der Umarbeitung der Metronome beide Prozesse, sowohl der Erregungs- als auch der Hemmungsprozeß, anders geworden.

Ich fasse das so auf, daß die Umarbeitung nun einmal eine schwierige Aufgabe ist (sie ist doch eine Probe auf die Beweglichkeit) und infolgedessen *(271)* die Beweglichkeit gelitten hat, und zwar trotz der günstigen Bedingungen, d. h., obwohl diese Versuche bei verlängerter Pause durchgeführt wurden. Die Belastung der Beweglichkeit, die Umarbeitung, versetzte also die Beweglichkeit wieder in ihren früheren Zustand, in den gleichen Zustand, den die verlängerte Pause beseitigt hatte. Sie sehen, wie sich vor uns die Charakteristik des trägen Typs enthüllt.

W. W. begegnete einem solchen Beispiel an einem anderen Hunde. Bei „Rjabtschik" hielt sich der Hemmungsreflex vor der Umarbeitung 5 Minuten und länger. Nach der Umarbeitung der Metronome blieb der Hemmungsreflex bei einer Wirkung von einer halben Minute derselbe wie bei fünf Minuten langer Wirkung des Reizes. Ich frage das Auditorium, das mit der Umarbeitung vertraut ist, welche Beobachtungen zu dieser Frage gemacht worden sind. Das muß an umfangreichem Material überprüft werden.

Ich glaube, bei der Gesamtheit aller Versuche an „Solotisty" führt dieser Befund zu der Schlußfolgerung, daß wir in ihm ein typisches Beispiel für einen trägen Typ vor uns haben, wobei sowohl der Erregungs- als auch der Hemmungsprozeß träge sind.

Das, meine Damen und Herren, war der physiologische Teil, der viel Neues und viel Interessantes enthält.

6. DIE PHOBIE VOR DER TIEFE BEI M. K. PETROWAS „JOHN" IST EINE PATHOLOGISCHE LABILITÄT DES HEMMUNGSPROZESSES MIT BESONDERER FÄRBUNG

I. P. Pawlow: Nun der nicht weniger interessante Teil, der pathologische Teil. Dieser pathologische Teil gehört restlos M. K. Hier fesselt vor allem „John" unsere Aufmerksamkeit, d. h., die Entstehung einer künstlichen Phobie im Laboratorium.

Das hat nicht nur auf uns starken Eindruck gemacht, sondern auch auf das Ausland. Ich erinnere mich, auf dem Kongreß saß HILL neben mir und sagte, daß die Versuche mit der Phobie auf ihn sehr großen Eindruck gemacht hätten. Daraus entnahm ich, daß er sich auch in der Physiologie ein wenig auskennt. Er sagte: „Daraus ergibt sich sehr viel." Er versteht sich also auch auf die Physiologie.

Auch wer die Phobie vor der Tiefe nicht gesehen hat, erinnert sich doch wohl daran. Vor unseren Augen ist diese Phobie jetzt verschwunden, und es scheint, daß sie nicht wieder auftreten wird.

Ich habe schon seinerzeit erwähnt, daß diese Phobie auch früher inkonstant war. Aber dennoch war es einfach, sie wieder hervorzurufen. Jetzt aber sieht es so aus, als ob sie endgültig beseitigt ist.

M. K. erzeugte diese Phobie, wie ich immer sage, durch Strapazierung und Drangsalierung des Hemmungsprozesses; sie ruinierte die Hemmung nach allen Regeln der Kunst. Bald wandte sie den Hemmreiz eine Minute an, bald zehn Minuten, bald nach dem positiven Reiz, bald vor dem positiven Reiz usw.

Dem Hund fiel es wahrlich schwer, das war aus seinem Verhalten ersichtlich: Er drehte und wand sich, geriet in Unruhe und gab Pfötchen. Es ist wichtig, daß er Pfötchen gab, d. h. also, er bat um Hilfe.

Wenn man ihn in diesen Zustand versetzte, dann hielt sich die Phobie für unbestimmt lange Zeit, wie es z. B. vor dem Kongreß geschah, *(272)* als man ihn ausgezeichnet demonstrieren und filmen konnte usw. Wendete man aber dann (wie es früher geschah), das übliche System der bedingten Reflexe an und schaltete man das Reizpaar aus, mit deren Hilfe der Hund strapaziert wurde, dann beruhigte er sich und verfiel in einen hypnotischen Zustand. Danach verschwanden die Reflexe. Das fesselte schon damals unsere Aufmerksamkeit. Die Reflexe verschwanden. Aber sobald wir diese Reize von neuem einführten, sobald die Strapaze von neuem begann, kehrten die Reflexe zurück und auch die Phobie. Die Phobie lag folglich in den Händen des Experimentators.

Gleichzeitig fand sich auch ein Mittel, um den Hund von der Phobie zu befreien; ein Hemmungszustand in Form eines hypnotischen Zustandes, der eine gewisse Zeit lang im Nervensystem wirkte.

Während des Kongresses wurde diese Phobie ständig demonstriert, dann kam eine Unterbrechung, wobei keinerlei Versuche mit dem Hund angestellt wurden, und danach wurde die Phobie verständlicherweise schwächer.

Dann wurde beschlossen, diese Phobie von neuem zu erzeugen, wobei wiederum dasselbe System angewandt wurde; aber die Strapaze endete dieses Mal anders. Dieses Mal endete die Sache mit einer tiefen Schlafhemmung während der Versuche.

M. K. wandte einen positiven und einen hemmenden Reiz an, die sie bald 10 Minuten, bald länger variierte; aber der Hund schlief, ohne darauf zu achten, in aller Ruhe, er schnarchte sogar. Irgendwie entzog sich der Hund der Erschöpfung des Nervensystems mit Hilfe einer Hemmung.

Was ist eine Phobie? Eine Phobie ist ein krankhafter Zustand der Hemmung infolge von Erschöpfung, von Zusammenstößen usw.

Daraus ergibt sich, daß die Phobie eine pathologische Abart der Hemmung darstellt.

Darüber werden wir später sprechen. Jetzt ist interessant, wie man diese Phobie wieder hervorrufen soll.

Drei Wochen sind es jetzt schon, seit die Phobie verschwunden ist und der Hund während der Versuche seelenruhig schläft. Das ist ein gutes Beispiel dafür, wie sich ein physiologischer Mechanismus schwierigen Situationen entzieht, die der Mensch mit Vorbedacht schafft. Es wäre interessant, durch unser Wissen diese Selbstheilung zu überwinden.

Wie ist dieser Schlafzustand aufzufassen? Die Hemmung hat also das Übergewicht über die Erregung bekommen, und der Kampf zwischen Erregung und Hemmung hat aufgehört. Hier hat er mit einem Sieg der Hemmung über den Erregungsprozeß geendet. Vielleicht kann man den alten Zustand wiederherstellen, wenn man dem Erregungsprozeß eine größere Stärke verleiht? Wie soll man den Zustand neuerlich erzeugen? Zu diesem Zweck mußte Koffein verwandt werden. Als wir Koffein verabreichten, schlief der Hund nicht mehr ein, obwohl im Nervensystem die Hemmung herrschte. Die ganzen strapazierenden Verfahren äußerten ihre Wirkung, und der frühere Zustand stellte sich wieder ein. Das hat der gestrige Tag ergeben. Es ist also klar, *(273)* durch den Selbstschutzprozeß wurde unter diesen für das Nervensystem schwierigen Bedingungen allmählich ein Übergewicht des Hemmungsprozesses über den Erregungsprozeß geschaffen. Daraufhin verschwand die ganze Erkrankung, sowohl die krankhafte Färbung des Hemmungsprozesses als auch die Phobie. Als wir aber den Erregungsprozeß verstärkten, trat die alte Geschichte wieder auf. Das ist höchst lehrreich. Das ist eine feine Analyse.

Jetzt aber steht eine andere Frage vor uns. Als sich die Phobie zum ersten Male zeigte, wollte ich neue Versuchsvariationen zum Studium der beiden Prozesse, des Erregungs- und Hemmungsprozesses, einführen und faßte die Phobie als pathologische Labilität auf. Deshalb sagte ich auch in meinem Referat in London, die Phobie sei eine Illustration für eine pathologische Labilität des Hemmungsprozesses.

Jetzt aber ergibt sich die Frage: Kann man sagen, daß es sich um eine pathologische Labilität des Hemmungsprozesses handelt? Ich betone, daß hier eine besondere Bedingung vorliegt: eine Tönung von Gequältheit oder Schmerzhaftigkeit des Hemmungsprozesses.

Es ergibt sich die Frage, ob man die Schmerzhaftigkeit von der pathologischen Labilität unterscheiden muß, oder ob dies ein und dasselbe ist.

Ich muß sagen, was den Erregungsprozeß betrifft, so trat dort ebenfalls gleichsam ein Verschmelzen von Labilität und Schmerzhaftigkeit auf, und es ergab sich die reizbare Schwäche. Vielleicht wird diese pathologische Labilität als schwieriger und unerträglicher Zustand vom Hunde nur mit Schmerzen ertragen. Vergleichen Sie die Phobie mit der reizbaren Schwäche.

M. K. PETROWA: „Mampus" sprang umher, jaulte und streckte die Pfote aus.

I. P. PAWLOW: Das ist eindeutig Schmerzhaftigkeit. Auch hier bei der Phobie liegt ein Anflug von Schmerzhaftigkeit vor, darüber kann es keine Diskussion geben. Als ich damals darüber sprach, habe ich diese Erscheinung einfach als „pathologische Labilität" bezeichnet, aber die Phobie ist durch einen markanten unbestreitbaren Zug kompliziert, durch objektive Qualen. Wenn ein Mensch sich fürchtet, leidet er unter dieser Furcht, und hier finden sich alle entsprechenden äußeren Anzeichen.

Insgesamt ist das eine hochinteressante Sache.

7. TROPHISCHE HAUTVERÄNDERUNGEN NACH FÜR DAS NERVENSYSTEM SCHWIERIGEN AUFGABEN (VERSUCHE M. K. PETROWAS). MÖGLICHKEIT EINES KORTIKALEN EINFLUSSES AUF PATHOLOGISCHE PROZESSE INNERER ORGANE

I. P. Pawlow: Weiter hat M. K. außerordentlich interessante und prägnante Befunde aufzuweisen, die freilich Krylow schon an dem Hund „Back" gesehen hat. Er wandte einen Komplexreiz an, beispielsweise zwei Töne gleichzeitig, und machte aus jedem von ihnen einzeln einen bedingten Hemmungsreflex. Das ist natürlich ein Beispiel für einen starken Zusammenstoß. Die Wiederholung dieses Experiments führte zum Auftreten eines trophischen Geschwürs bei diesem Hund. *(274)*

Jetzt wiederholt sich dieser Befund bei M. K. an vier Hunden: An „Boy"; „Bely", „Mampus" und „Back".

Wie Sie sich erinnern, ist „Boy" ein prächtiger Sanguiniker, der dadurch Aufsehen erregte, daß er die Umarbeitung der Metronome, ich glaube, beim drittenmal bewältigte und einen verspäteten Reflex nahezu sofort ausarbeitete. Nach der Kastration und nach einer Reihe nichtexperimenteller Erkrankungen genas er schließlich wieder und wurde neuerlich mit verschiedenen schwierigen Aufgaben untersucht, insbesondere mit vier Reizen, von denen nur der vierte bekräftigt wurde. Das gilt bisher bei uns als schwierigste Aufgabe. Er löste diese Aufgabe sofort, blieb aber dabei auf der Strecke.

M. K. Petrowa: Er blieb nicht gleich auf der Strecke, sondern erst im Sommer.

I. P. Pawlow: Das ist wieder eine interessante Einzelheit.

Nach dem Sommer begann er also, sehr schlecht zu arbeiten, und gleichzeitig trat bei ihm, wie M. K. sich technisch ausdrückt, ein trockenes Ekzem auf. Die Hautoberfläche rötete sich, was früher nicht der Fall war.

Weshalb passierte das nach dem Sommer? Eigentlich hätte doch die Sommerpause seine Kräfte wiederherstellen müssen. Es kommt recht häufig vor, daß sich die Ergebnisse nervaler Belastungen bei den Hunden nicht unverzüglich äußern.

Jetzt findet sich bei uns ein analoger Fall in noch ausgeprägterer Form. Es handelt sich um den Hund „Woltschok", der mit einem starken bedingten Reiz zwei Monate lang arbeitete. Gewiß, er schaffte es nicht ganz, aber immerhin waren die Reflexe da, er nahm das Futter usw. Dann gewährten wir ihm vier Monate Erholung: Bessere dich in dieser Zeit. Das Gegenteil trat ein: Als nach vier Monaten derselbe starke Reiz gesetzt wurde, ergab sich eine gewaltige Divergenz zwischen der motorischen und der sekretorischen Reaktion, dann fielen die Reflexe ab, der Hund lehnte das Futter ab und so fort, bis eine Kombination von Brom und Koffein angewandt wurde.

Bei „Boy" war es dasselbe: Vor dem Sommer löste er die Aufgabe und ging in dieser Verfassung in die Ferien; aber nach dem Sommer erwies er sich als krank. Dieses Mal ist die Tatsache wichtig, daß sich diese nervale Schwierigkeit in einer Hautkrankheit äußerte. Es mußten einige erleichternde Mittel angewandt werden. Wir setzten die schwierige Aufgabe ab, machten bei der Arbeit Pausen von zwei bis drei Tagen und wandten eine Kombination von Brom und Koffein an. Danach stellte er sich wieder her. Gleichzeitig ist auch das Ekzem verschwunden.

Es ist ganz klar, daß die Hautkrankheit mit dem schwierigen Zustand des Nervensystems zusammenhängt.

Genau dasselbe fand sich bei „Mampus". Sie wissen doch, „Mampus" ist ein alter und kranker Hund. Sie erinnern sich, daß lange Zeit bei ihm eine ultraparadoxe Phase vorhanden war, daß das positive Metronom nicht wirkte, das hemmende aber positive Wirkung bekam usw. *(275)*

M. K. Petrowa: Das begann bei ihm, nachdem wir ihn im Juni täglich arbeiten ließen, statt Pausen zu machen.

I. P. Pawlow: Als er täglich arbeitete, das Brom mit Koffein abgesetzt und der positive Reiz auf eine halbe Minute abgerückt wurde, begann die übliche Geschichte: Das Metronom blieb Null, Explosivität tauchte auf, und dann traten die trophischen Erscheinungen auf: ein gewaltiges feuchtes Ekzem auf dem Rücken und Geschwüre an den Beinen.

Sobald wir aber die Situation erleichterten, ihm Brom mit Koffein gaben, die Versuche nicht täglich, sondern alle drei bis vier Tage anstellten und schließlich das positive Metronom zusammenfallend anwandten, kehrte seine ganze normale bedingt-reflektorische Tätigkeit wieder, und gleichzeitig wurde er von dem Ekzem geheilt.

M. K. Petrowa: Die Heilung dauerte zehn Tage, während früher dieses rezidivierende Ekzem erst nach drei Monaten wieder verschwand.

I. P. Pawlow: Das ist also wieder ein höchst markanter Zusammenhang einer Hauterkrankung mit einem schwierigen Zustand des Nervensystems.

Schließlich war dasselbe bei „Bely" der Fall, der zum erregbaren Typ gehört. Er vertrug einfach keine Differenzierungen. Erst mit Hilfe von Brom und Koffein begann er, die Differenzierung auszuarbeiten. Länger als zwei Jahre hatte er große und kleine Geschwüre an den Beinen und am Rücken. Als wir so günstige Resultate mit der Behandlung der trophischen Ekzeme und Geschwüre an den anderen Hunden hatten, beschlossen wir, dieselbe Behandlung und dieselben Verfahren auch bei diesem Hund anzuwenden: Bei der Arbeit wurde ihm Erholung gegönnt, d. h., die Versuche mit den bedingten Reflexen wurden nicht täglich angestellt, und alle drei bis vier Tage bekam er Brom mit Koffein. Daraufhin schlossen sich die kleinen Geschwüre, bezüglich der großen Geschwüre aber ist der Prozeß noch nicht abgeschlossen.

Auf jeden Fall steht es bezüglich dieser vier Hunde außer allem Zweifel, daß bei einer Schwierigkeit des Nervensystems eine Hautkrankheit auftrat. Weshalb gerade eine Hautkrankheit? Gewiß, die Haut ist ständig äußeren Einwirkungen ausgesetzt, Wärme, Kälte usw., aber andererseits ist auch die Möglichkeit nicht ausgeschlossen, daß sich ein solcher schwieriger Nervenzustand auch auf die inneren Organe auswirken kann. Das ist aus logischen Gründen sehr wahrscheinlich.

Es ergab sich die Frage, ob nicht die Krampfanfälle, die wir häufig bei unseren Hunden beobachten, mit den Schwierigkeiten dieser Versuche in Zusammenhang stehen. Immerhin sind die bedingten Reflexe doch eine Belastung der geistigen und nervalen Tätigkeit der Hunde. Es ist durchaus möglich, daß die Anfälle gerade durch unsere Versuche bedingt sind. Es ist seltsam, aber mir ist nicht bekannt, daß bei Jagd- oder Haushunden häufig epileptische Krampfanfälle vorkommen, während das doch bei unseren Hunden sehr häufig der Fall ist. Wer weiß, möglicherweise ist das ein Ergebnis des schwierigen Zustandes des Nervensystems, *(276)* in den wir die Hunde versetzen; wir komplizieren die Nerventätigkeit, und sie wird zerrüttet.

Bei einem unserer Hunde trat Hämaturie auf. Wer weiß, wenn unsere Arbeit eine Hauterkrankung hervorruft, weshalb soll man dann nicht annehmen, daß dasselbe nicht auch in den inneren Organen geschehen kann. Daran ist nichts Besonderes, das ist ein völlig berechtigter Schluß.

Auf Wiedersehen! *(277)*

MITTWOCHKOLLOQUIUM

vom 20. November 1935

1. ZUM TYPENPROBLEM: K. S. ABULADSES „HERKULES“ — EINE BESONDERE FORM DER PASSIVEN ABWEHRREAKTION; M. K. PETROWAS „TOMBUSCH“ — EINE VARIANTE DER AGGRESSIVEN REAKTION DES STARKEN TYPS

I. P. PAWLOW: Zunächst wollen wir über die Typen sprechen, denn uns liegt einiges neues Material zu den Zwischentypen und Typenvarianten vor.

Ich berichtete schon von einem Hund, von K. S.s „Herkules“, der dadurch auffällt, daß er sich als Antwort auf die Reizung mit elektrischem Strom im Gestell hinlegt. Die gewöhnliche Reaktion der Hunde besteht darin, daß sie bei schwachem Strom aufstehen und die Pfote zurückziehen, bei starkem Strom aber in allgemeine Unruhe geraten, sich aus den Gurten loszureißen versuchen usw.

Das hat natürlich unser Interesse erregt. Mir fiel „Petka“ ein, der sich bei schmerzhafter Reizung auf alle Weise anpaßte und sogar auf besondere Weise hinlegte. A. A.[1] urteilte richtiger, als er annahm, daß das aller Wahrscheinlichkeit nach eine Form des üblichen primären passiven Abwehrreflexes ist, wobei das Tier sich bemüht, unbemerkt zu bleiben und erstarrt.

Dann haben wir einen einfachen Kontrollversuch angestellt: Wir wandten einen überstarken akustischen Reiz an und erwarteten eine analoge Reaktion.

Unsere Vermutungen bestätigten sich.

Es steht also außer jedem Zweifel, daß das eine der Formen des passiven Abwehrreflexes ist.

Wenn die Reizung der Pfote mit Strom abgesetzt wird, dann müssen drei, vier oder fünf Tage vergehen, ehe der Hund seine Gewohnheit verliert, sich hinzulegen und dazu übergeht, wie gewöhnlich wach im Gestell zu stehen, wie es jahrelang vor der Wirkung des elektrischen Stromes war. Dieselbe Nachwirkung beobachteten wir auch nach Anwendung eines starken akustischen bedingten Reizes.

In dieser Situation machte K. S. eine kleine, aber interessante Beobachtung. Als der Hund sich nach Anwendung eines starken Tones *(278)* gleich zu Beginn des Versuchs hinlegte, versuchte er, ihn hochzuheben und bemerkte dabei Tränen in den Augen des Hundes. Diese Beobachtung fesselte unsere Aufmerksamkeit, zumal Tränen im menschlichen Leben eine gewaltige Rolle spielen. Tränen sind doch eine Schutzreaktion des Auges. Offensichtlich kann diese Abwehrreaktion generalisiert werden und in Form einer allgemeinen Abwehrreaktion wirken.

Ich glaube bezüglich des Menschen ist das sehr wahrscheinlich. Diese Methode ist bekanntlich besonders bei Frauen als unbewußtes Verteidigungsmittel üblich.

[1] A. A. LINDBERG

Worum handelt es sich aber in diesem Falle? Entweder ist es eine Kombination des starken Typs mit zufälligen Lebensbedingungen, die ihm nicht die Möglichkeit boten, den Reflex der natürlichen Vorsicht abzulegen, so daß er seinen ursprünglichen Erstarrungsreflex nicht in einen Untersuchungsreflex umwandelte, oder er ist ein schwacher Typ, den diese starken neuen Reize ständig deprimieren.

Aus diesem Grunde wird die Typenuntersuchung bei „Herkules" von besonderem Interesse sein.

Bisher verfügen wir in dieser Hinsicht über keinerlei Ergebnisse. Sie haben ihn doch noch nicht auf den Typ untersucht, so daß er vielleicht tatsächlich ein schwacher Typ ist, und kein starker, den der Aufenthalt im Zwinger daran hinderte, den Komplex der passiven Abwehrreaktion in eine aktive Untersuchungsreaktion umzuarbeiten?

Vor uns steht also die Aufgabe, erstens die Bedeutung des Tränenflusses genauer zu ermitteln und zweitens den Typ des Nervensystems des Hundes exakt zu bestimmen. Es ist interessant, daß wir gleichzeitig einen anderen, völlig entgegengesetzten Typ haben. Es ist M. K.s Hund „Tombusch".

„Tombusch" ist ein sehr starker Hund, man kann sagen, ein idealer Hund, ein idealer Sanguiniker, der über einen sehr starken Erregungsprozeß, einen sehr starken Hemmungsprozeß und zugleich über hohe Beweglichkeit dieser Prozesse verfügt. Folglich muß man ihn direkt als Ideal eines Nervensystems ansehen. Er hat sogar seinen Orientierungsreflex beseitigt und ist damit von unserem Routinestandpunkt aus für uns recht wenig brauchbar geworden. Bezüglich des Lebens ist das aber sicher die höchste Anpassung, denn wenn er auch keine bedingte Speichelabsonderung liefert, mit der wir operieren, so gereicht ihm das doch durchaus nicht zum Schaden, weil das Futter, mit dem wir die bedingten Reize bekräftigen, bei ihm momentan eine normale, sehr starke unbedingte Tätigkeit hervorruft. Darüber habe ich schon gesprochen.

Eine andere, sehr interessante Seite, die wir sehr gründlich untersuchen müssen, ist folgende Erscheinung.

Er war ein Haushund, sehr gepflegt, sehr umgänglich, zumal mit seinem Herrn, sehr anschmiegsam, sogar zärtlich. M. K. wollte zu irgendeinem Zweck bei ihm einen Abwehrreflex *(279)* auf elektrischen Strom ausarbeiten. Der Hund lieferte dabei eine starke negative Bewegungsreaktion und antwortete auf alle folgenden Reizungen mit schwächerem Strom weiterhin in gleicher Weise. Er wandte sich ab, kehrte dem Futternapf den Rücken zu und lehnte das Futter ab.

Was ist das? Während im ersten Falle Züge einer sklavischen Schwäche auftraten, so ist es hier, wie man annehmen muß, Stolz: „Gut, du hast mich um nichts und wieder nichts gekränkt; nun will ich von dir nichts mehr wissen!" Anscheinend hat hier die aggressive Reaktion negativen und besonders anhaltenden Charakter angenommen.

Das ist schon eine Variante des entgegengesetzten Typs, der sich seiner Stärke bewußt ist, menschlich gesprochen seiner Würde, und wenn man sich ihm gegenüber verletzend, d. h. falsch, verhalten hat, dann will er nichts mehr von einem wissen. Diese Reaktion hielt dann bei ihm einige Zeit an.

2. ÜBER DIE SUMMATION BEDINGTER ABWEHR- UND SÄUREREFLEXE (VERSUCHE I. I. FILARETOWS UND A. A. LINDBERGS)

I. P. Pawlow: Nunmehr wollen wir zu unseren üblichen Themen übergehen. Sie wissen, daß sich unsere bedingten Reflexe summieren können, manchmal mit verblüffender Exaktheit, bis zur arithmetischen Summe.

Zunächst wurde diese Erscheinung an Nahrungsreflexen festgestellt. Wenn Sie Ihre schwachen bedingten Nahrungsreize nehmen und sie gleichzeitig, zusammen anwenden, dann ergibt sich in einem solchen Falle häufig die genaue arithmetische Summe der Einzelreflexe.

Angenommen, ein starker Reiz liefert Ihnen 20 Teilstriche, die schwachen dagegen (mechanischer Hautreiz und Licht) je 10 Tropfen, dann erhalten Sie, wenn sie die letzteren gemeinsam anwenden, 20 Tropfen. Das hat sich häufig wiederholt. Eine erstaunliche arithmetische Summierung!

Ferner wissen Sie, daß Sie schon ein anderes Ergebnis bekommen, wenn Sie schwache und starke oder zwei starke Reize summieren. Dann ist der Effekt immer geringer als die arithmetische Summe. Sie wissen auch, daß das auf der Überbelastungshemmung beruht.

Lange Zeit waren diese Befunde bei uns auf Nahrungsreflexe beschränkt. Jetzt hat I. I. diese Erscheinung an bedingten Abwehrreflexen gesehen, und A. A. zeigt dasselbe bei seinem Hunde „Kaschtan“ an Säurereflexen.

Wenn bei Säurereflexen zwei schwache Reize angewandt werden, dann ergibt die Reaktion fast genau ihre arithmetische Summe. Dieser Befund ist sehr wichtig, denn man muß daraus schließen, daß die bedingten Reflexe in der Hirnrinde ablaufen.

Das ist eine Erweiterung und Bestätigung unserer alten Ergebnisse über Summation. *(280)*

3. HERSTELLUNG EINER CHRONISCHEN ULTRAPARADOXEN PHASE DURCH SPEZIELLES AUSLÖSCHEN DES POSITIVEN REIZES EINES ASSOZIIERTEN PAARES (VERSUCHE W. A. TROSCHICHINS)

I. P. Pawlow: Beim nächsten Punkt geht es um die ultraparadoxe Phase. Wenn Sie ein Paar entgegengesetzter Reflexe haben, wie z. B. ein Reflexpaar auf Metronome verschiedener Frequenz, d. h. ein assoziiertes Reizpaar, dann ergeben sich unter bestimmten Bedingungen entgegengesetzte Effekte, d. h., der positive Reiz ergibt einen Hemmeffekt, der negative dagegen eine positive bedingte Speichelabsonderung. Diese ultraparadoxe Phase wurde zum erstenmal (wenn ich mich nicht irre von Schischlo) festgestellt, als der betreffende Hund sich im hypnotischen Zustand befand. Dann stießen wir sehr häufig bei verschiedenen krankhaften Zuständen unserer Tiere auf diese Erscheinung.

Vielleicht ist bis jetzt noch unklar, ob man das als Sonderfall ansehen muß oder ob es Fälle eines hypnotischen Zustandes sind. Die überwiegende Mehrzahl schwieriger nervaler Krankheitszustände der Hunde äußert sich doch in Form einer Hypnose. Ob dieser Zusammenhang im Wesen der Krankheit liegt oder ob es sich immer nur um eine Verbindung in Form einer Schutzmaßnahme, in Form einer Hypnose handelt, das ist für uns bisher noch eine ungelöste Frage. Auf jeden Fall beobachten wir diese ultraparadoxe Phase häufig auch beim Wachzustand der Tiere.

Wir interpretieren die ultraparadoxe Phase in bestimmter Weise. Wir stellen uns vor, daß wir ein assoziiertes Paar für zwei Punkte des Nervensystems schaffen, daß diese dann miteinander verbunden sind, obwohl sie in wechselseitigen Induktionsbeziehungen stehen, ähnlich wie die Flexoren und Extensoren in den Rückenmarkversuchen SHERRINGTONS ein entgegengesetztes Paar bilden. Die wechselseitigen Induktionsbeziehungen sind konstante, streng fixierte Beziehungen. Man kann also sagen, daß diese beiden Rindenpunkte in reziproken Induktionsbeziehungen stehen. Wenn wir also den positven negativ machen, dann muß man annehmen, daß der ehemals hemmende infolge der wechselseitigen entgegengesetzten Induktion positiv wird. Das ist unsere Interpretation. Wenn wir dagegen den hemmenden positiv machen, dann wird der positive hemmend. Das ist eine sehr wichtige Vorstellung, und wir möchten sie nicht nur mit Worten, sondern auch experimentell begründet sehen. Dazu sind schon viele entsprechende Experimente angestellt worden. Bis jetzt haben sich noch keine konstanten Befunde ergeben. In der Regel tritt die ultraparadoxe Phase zufällig auf, so daß wir Schwierigkeiten haben, sie, wenn es erforderlich ist, anderen zu zeigen. Bei pathologischen Zuständen ist das nicht erstaunlich, aber ein isolierter Fall einer ultraparadoxen Phase findet sich einzig und allein an unserem Hund „Mampus" von M. K.[1]. Bei ihm *(281)* ergab der positive Reiz, solange der Hund nicht speziell mit einer Kombination von Koffein und Brom behandelt wurde, einen negativen Effekt, soviel wir ihn auch bekräftigten, während der Hemmreiz, obwohl er überhaupt nicht bekräftigt wurde, stets einen positiven Effekt lieferte. Das ist unser einziger Fall einer chronischen ultraparadoxen Phase. Zur Bestätigung unserer Interpretation und Analyse wäre wichtig, diesen Befund konstant zu machen und ihn dann zu erzeugen, wann wir es wünschen.

Neben anderen Arbeiten befaßt sich W. A. mit dieser Frage. Er probierte das Auslöschen und das Abrücken durch. Durch diese Hemmwirkungen wollen wir bei dem assoziierten Paar den positiven Reiz in einen hemmenden verwandeln, damit dann der hemmende positiv wird. In einzelnen Fällen gelingt das, aber einen konstanten Versuch erhalten wir nicht.

Es scheint, daß es W. A. jetzt endlich gelungen ist. Die Erscheinung ist an sich interessant, um so mehr, als sie in der psychiatrischen und Nervenpathologie vollständige Anwendung gefunden hat.

Erinnern Sie sich, bei PIERRE JANET beruht darauf das Gefühl der Bemächtigung, bei KRETSCHMER die Inversion usw. Diese Erscheinung gibt es nicht nur bei Hunden, sondern auch beim Menschen.

Dieses Mal wurden, um die Erscheinung der ultraparadoxen Phase konstant zu machen und so unsere Interpretation zu bestätigen, nicht das Auslöschen und das

[1] M. K. PETROWA

Verspäten angewandt wie bisher, sondern das Überdecken. Beim Überdecken wird der Versuch so durchgeführt, daß Sie dem Hunde Futter geben, und wenn er zu fressen beginnt und der unbedingte Reflex sich voll entwickelt, dann setzen Sie Ihren positiven bedingten Nahrungsreiz.

Darüber haben schon mehrere gearbeitet.

Mit diesem Verfahren können Sie erreichen, daß der positive Reiz, den Sie ab und zu mit Abrücken ausprobieren, immer schwächer und schließlich zu einem Hemmreiz wird.

Dieses Verfahren wurde im vorliegenden Falle bei den Kassalkas angewandt. Die eine Hautstelle war positiv und die andere negativ. War die Differenzierung in Ordnung?

Zwischenruf: Drei Teilstriche.

I. P. Pawlow: Fast absolut. Dann wurde die positive Kassalka überdeckt, d. h., sie wurde dann gesetzt, wenn man dem Hunde Futter gegeben hatte, wenn er zu fressen begonnen hatte.

Dann wurde diese positive Kassalka manchmal nicht bekräftigt, d. h., es folgte keine Nahrungsbekräftigung, vielmehr wurde kurz nach ihr die Hemmkassalka ausprobiert.

Als die positive Kassalka ständig überdeckt wurde, die hemmende dagegen immer isoliert ausprobiert wurde, zeigte sich, daß die Hemmkassalka ständig enthemmt wurde. In einer langen Reihe wiederholter Überdeckungen *(282)* zeigte jeder Versuch mit der Hemmkassalka starke Schwankungen. Diese Schwankungen hielten einige Zeit an, aber dann wurde sie in einer bestimmten Etappe mehr oder weniger konstant positiv.

Hier, meine Damen und Herren, sehen Sie drei Abbildungen. *(Er demonstriert Diagramme W. A.s).*

Wie ist diese Wellenförmigkeit bei der Enthemmung der negativen Kassalka zu verstehen und was bedeutet sie?

Wenn Sie den positiven Reiz überdecken, muß er sich in einen hemmenden verwandeln, d. h. erlöschen. Bekanntlich verläuft das Erlöschen gewöhnlich allmählich und wellenförmig. Im vorliegenden Falle sehen Sie das wellenförmige Erlöschen des positiven Reflexes nicht an ihm selbst, sondern an seinem Antagonisten, d. h. am assoziierten Reflex, der folglich entsprechend den Veränderungen des Zustands des positiven Reflexes auch seine Veränderungen durchmacht. Wenn der positive Reflex abfällt, dann nimmt der hemmende entsprechend zu und umgekehrt. Das dauert so lange, bis schließlich die Hemmung des positiven Reflexes konstant ist, d. h., bis die Hemmung des paarigen Punktes konstante positive Wirkung hat. Der Befund ist ganz offenkundig.

Es ist doch erstaunlich, wie sehr man bei der Lösung einer Frage den Versuch variieren muß, d. h. diesen Details, diesen Prozessen kommandieren muß, um das Gewünschte zu erhalten.

Nach allem zu urteilen, wird bei dieser Versuchsanordnung wahrscheinlich jedesmal stets dasselbe herauskommen. Wahrscheinlich ist es eben eine Eigenschaft dieser Hemmung, die dieser Erscheinung die Möglichkeit gibt, ständig reproduzierbar zu sein. Bis jetzt ist das noch nie passiert, niemals haben wir eine solche konstante Verwandlung eines Hemmreflexes in einen positiven Reflex gesehen. Hier haben wir es erreicht. Ich bezweifle nicht, daß das ein konstanter Befund ist. Welch schöner Versuch, ich möchte sogar sagen, welch wunderbarer Versuch.

Ich bitte Sie, Sie haben einen Reiz, den Sie niemals bekräftigen, und jetzt wirkt er ständig. Das ist eine komische Sache, aber ihr Sinn ist höchst einfach.

Irgendwann habe ich geschrieben, und jetzt bestätigt es sich, daß wir in unseren Versuchen über die höhere Nerventätigkeit dieselben Überraschungen und Wunder erleben werden, wie sie die ganze wissenschaftliche Welt auf dem Gebiet der Chemie und Physik erlebt.

Zwischenruf: Und wenn man den positiven Reiz probiert, wirkt er dann an sich?

I. P. Pawlow: Das ist längst bekannt. Der positive Reiz kann mit dieser Methode völlig hemmend gemacht werden, so daß man ihn neuerlich ausarbeiten muß. Bei starken Reizen ist das nur mit Mühe zu erreichen, bei schwachen aber ohne Schwierigkeit. Deshalb probiert W. A. dasselbe an anderen Hunden mit Licht. *(283)*

Wir haben die ultraparadoxe Phase also jetzt in unserer Hand. Ich bin überzeugt, wir werden sie jedermann zeigen können. Das bestätigt auch unsere Auffassung vom Mechanismus der ultraparadoxen Phase. Das ist eine große Errungenschaft.

W. P. Golowina: Und der Hund ist während dieser Zeit nicht schläfrig?

I. P. Pawlow: Dieser Hund ist offensichtlich stark, und sein Hemmungsprozeß ist immer gut konzentriert.

Zwischenruf: Bei einer zusätzlichen Kassalka erhalte ich auch eine zweite positive Reaktion, eine motorische, was bisher noch nie der Fall war.

I. P. Pawlow: Es ist klar, wenn sich eine positive Speichelreaktion ergibt, dann ergibt sich auch eine motorische Reaktion. Das sind zwei Komponente, zwei Signale ein und desselben Prozesses. Das ist eine sehr schöne Sache.

4. AUSARBEITUNG EINES STEREOTYPS BEI EINEM SYSTEM BEDINGTER REFLEXE MIT VERSCHIEDENEN UNBEDINGTEN BEKRÄFTIGUNGEN (VERSUCHE MIT K. S. ABULADSES „JAVA")

I. P. Pawlow: Es hat sich auch eine Ergänzung bei K. S.s „Java" ergeben, die nicht ohne Interesse ist.

Bisher haben wir einen Stereotyp bei Reflexen mit ein und demselben unbedingten Reiz, dem Nahrungsreiz, gesehen.

Wie sich zeigt, bildet sich ein Stereotyp auch bei einem System von Reflexen auf verschiedene unbedingte Reflexe. K. S. hat das an „Java" durchgeführt. Wenn das auch einen Hund betrifft, dem drei Rezeptoren fehlen, so ist das doch in diesem Falle bedeutungslos.

Er hat Kassalkareflexe an drei verschiedenen Hautstellen: An der einen Stelle einen elektrischen Abwehrreflex — er hebt die Pfote auf Reizung dieser Stelle —, an der anderen Stelle einen positiven Nahrungsreflex und an der dritten Stelle einen Differenzierungsreflex, d. h., er zeigt keinerlei Reaktion. Der Versuch wird so durchgeführt, daß zunächst die Abwehrkassalka gesetzt wird, dann zweimal die positive Nahrungskassalka, dann die negative Nahrungskassalka und zum Schluß noch einmal die positive. Diese Versuchsreihe wird Tag für Tag durchgeführt.

Wenn K. S. die erste, die Abwehrkassalka ausläßt, dann ergibt die zweite Kassalka (die Nahrungskassalka) eine Abwehrreaktion, d. h., es macht sich der Stereotyp bemerkbar, der dieses Mal auf der Grundlage verschiedener unbedingter Reflexe gebildet worden ist. Dieser Stereotyp hielt sich drei Tage, und erst nachdem die erste Kassalka drei Tage lang nicht gesetzt worden war, ergab die Nahrungskassalka schließlich eine Nahrungsreaktion.

Es ist offensichtlich, daß sich der Stereotyp äußerte, trotz der unterschiedlichen unbedingten Bekräftigung. *(284)*

Man muß ständig daran denken, und das wird nicht beachtet, daß an der Wirkung des bedingten Reizes alles beteiligt ist, was im gegebenen Moment das Tier trifft, alles, was auf das Nervensystem wirkt.

Der Hund wird ins Gestell gebracht, er verspürt alle Reize, die gesetzt werden: wie man ihn hinstellt, wie die Vorrichtung angeklebt wird usw. All das wirkt auf ihn und hinterläßt eine gewisse Spur. Es ist anzunehmen, daß mit dem ersten bedingten Reiz, im vorliegenden Falle mit dem Hautpunkt, alle vorhergehenden Reizungen verbunden sind. Wenn der Versuch beginnt, dann verschmelzen anscheinend alle vorhergehenden Reize mit diesem Abwehrpunkt der Haut und erhöhen folglich assoziiert seinen Tonus.

Nun ergibt die Reizung, wenn statt der angeführten Ordnung zuerst ein anderer Hautpunkt gereizt wird, natürlich, wie wir wissen, eine Irradiation, und da der erste Punkt infolge der assoziierten Einwirkung einen erhöhten Tonus aufweist, summiert sich offensichtlich die vom Nahrungspunkt irradiierende Erregung mit jenem Punkt und verleiht ihm große Stärke. Es kommt ein Effekt vom Abwehrpunkt aus zustande. Man muß bedenken, was das für eine subtile Angelegenheit ist.

Dieser Befund ist eine Wiederholung der Versuche Abuladses an „Delphin".

Ich empfehle Ihnen, in diese Angelegenheit gründlich einzudringen, und wenn sie jemandem unverständlich ist, so möge er nach den Einzelheiten fragen. Wir müssen diesen Mechanismus erfassen.

Hier wird besonders klar, welche gewaltige Bedeutung diese Nebenreize haben.

Ich zum Beispiel bediene mich bei meinem alternden Gedächtnis ständig dieses Mechanismus. Wenn ich mir etwas merken will, verbinde ich die jeweiligen Vorstellungen absichtlich mit Begleitreizen.

Ich möchte wünschen, daß alle unsere Bedinger sich das fest einprägen. Das ist eine der Grundtatsachen.

5. BEDINGTE REFLEXE AUF VERHÄLTNISSE VON REIZEN (VERSUCHE A. O. DOLINS)

I. P. PAWLOW: Nun, meine Damen und Herren, noch eine Illustration einer alten Tatsache mit einer gewissen neuen Ergänzung.

Sie erinnern sich an einen Versuch aus neuerer Zeit, von dem ich berichtete, daß das Verhältnis zwischen Reizen ein bedingter Reiz sein kann.

Dieser Befund wurde bei uns in zwei Formen demonstriert: einerseits in Form von Tönen — sie erinnern sich an die Versuche von S. W.[1]? Andererseits zeigte sich dieses Verhältnis in deutlicherer Form in folgendem Versuch. *(285)* Man nimmt ein Metronom mit 120 Unterbrechungen in der Minute und eines mit 60 Unterbrechungen in der Minute; das eine ist positiv, das andere negativ. Dann nimmt man einen anderen Reiz, eine Klingel, und unterbricht sie ebenfalls 120- oder 60mal in der Minute. Die Klingel mit 120 Unterbrechungen in der Minute erwies sich auf Anhieb als positiv und die 60mal unterbrochene Klingel als hemmend. Folglich war das Verhältnis bedingter Reiz: die 60- oder 120malige Unterbrechung. Das wurde an vielen Beispielen völlig bestätigt, nicht nur am akustischen Analysator, sondern auch an anderen Analysatoren. So liefert zum Beispiel ein Licht, das Sie 120mal in der Minute unterbrechen, sofort einen positiven Effekt, während ein Licht, das 60mal unterbrochen wird, einen Hemmungseffekt ergibt.

A. O. hat eine neue Variante dieser Versuche angestellt. Bei ihm war Metronom-120 positiv und Metronom-60 negativ, und er machte es umgekehrt: Die Klingel, die 60mal unterbrochen wurde, machte er positiv, die 120mal unterbrochene hemmend. Natürlich ist das geschehen, was zu erwarten war. Was geschah?

A. A. LINDBERG: Eine Zerrüttung als Ergebnis des Zusammenstoßes.

I. P. PAWLOW: Das geschieht, wenn der Hund schwach ist. Das erste Verhältnis wurde zerstört. Wenn Sie 60 Unterbrechungen bekräftigen und den Effekt positiv machen, 120 Unterbrechungen dagegen negativ, dann muß genau dasselbe geschehen wie bei der Umarbeitung eines positiven Metronoms in ein negatives. Die Aufgabe erforderte eine gewisse Mühe und Zeit.

A. A. LINDBERG: Als A. O. diese neue Klingel nahm, wandte er den ersten Reiz nicht mehr an?

I. P. PAWLOW: Ja, er mußte abgesetzt werden. Schließlich wurde 60 positiv und 120 negativ.

Hier gingen unsere und A. O.s Meinungen ein wenig auseinander. Ich würde mir die Frage vorlegen: Was ist mit dem Metronom geschehen? Aber er war, wie es sich gehört, geduldiger. Als er aus der Klingel den entsprechenden Reflex gebildet hatte, versuchte er den nächsten neuen Reiz, einen unterbrochenen Ton. Verständlicherweise passierte mit dem Ton dasselbe wie mit der Klingel. Er reproduzierte rasch das Verhältnis der Klingel: Auf 60 lieferte er einen positiven Reflex und auf 120 einen negativen.

---

[1] S. W. KLESTSCHOW

Nun ist natürlich interessant, was wird, wenn wir die beiden entgegengesetzten Paare gleichzeitig anwenden. Das wird wahrscheinlich eine der schwierigsten Aufgaben für den Hund. Für mich bleibt es eine ungelöste Frage, ob das Ziel erreicht wird oder nicht. Möglicherweise wird dabei auch ein starker Hund zerrüttet. Vielleicht ergibt das eine Probe auf den starken Typ, vielleicht wird es aber auch eine Probe, die immer pathogen wirkt.

A. A. Lindberg: Ich zweifle nicht, daß diese Differenzierung bei einem starken Hunde gelingen wird.

I. P. Pawlow: Ich bin gespannt, ob sie gelingen wird oder nicht. *(286)*

Man muß beachten, daß den Gestaltpsychologen diese Erscheinung aus irgendeinem Grunde als Fiasko aller bedingten Reflexe erschien, wenn ich auch nicht weiß, weshalb.

Ich habe die These aufgestellt, daß jeder einzelne Zustand des Nervensystems, gleichgültig, ob nur eine Zelle oder viele daran beteiligt sind, ein besonderer bedingter Reiz sein kann. Im vorliegenden Falle ist der besondere Zustand, der sich in einem Verhältnis, in einer Kombination verschiedener Reize ausdrückt, bedingter Reiz. Alles das wird durch die Vorstellung von diesen bedingten Reflexen restlos erfaßt.

6. ANALYSE DER ERGEBNISSE DER UMARBEITUNG DER METRONOME BEI „MARSIK". VIER BEWEISE FÜR EINE SCHWÄCHUNG DES HEMMUNGSPROZESSES

I. P. Pawlow: Nun noch eine weitere für die Forschung wichtige Frage. Es geht um „Marsik", einen starken Hund, freilich mehr vom erregbaren Typ, da er keine absolute Differenzierung hatte.

Zwischenruf: Früher war seine Differenzierung immer absolut.

I. P. Pawlow: Selbst wenn eine vollständige Differenzierung vorlag, darf man doch nicht vergessen, daß das Ausbleiben der Speichelabsonderung verschiedene Bedeutung haben kann. Der Einfachheit halber sagen wir, daß Hemmungsnullwerte verschiedene Tiefe haben können.

„Marsik" hatte ganz exakte, gut ausgearbeitete Reflexe.

Es begann die übliche Umarbeitung der Metronome. Und was zeigte sich nun als Ergebnis? Es zeigte sich, daß sich das positive in ein negatives umarbeitete, das hemmende aber nicht in ein positives. Die Hemmung trat an der neuen Stelle auf, während das frühere Hemmungsmetronom auf keine Weise positiv gemacht werden konnte. Auf den ersten Blick schien es, als ob „Marsik" eine starke Hemmung und eine schwache Erregung habe.

Ich aber glaube, daß eine sorgfältige und exakte Analyse zum genau entgegengesetzten Schluß führt, daß sein Erregungsprozeß stark und sein Hemmungsprozeß schwach ist; und hier haben Sie die Begründung dafür.

Bedenken Sie, daß Stärke der Hemmung immer mit Konzentration der Hemmung einhergeht. Wenn die Hemmung stark ist, konzentriert sie sich gleichzeitig gut und liefert folglich auch keine Nachhemmung.

Deshalb zerfallen unsere Hunde, wenn man bei ihnen ein Paar entgegengesetzter Reflexe bildet, in zwei Kategorien: Bei den einen vergrößert die vorhergehende Differenzierung den positiven Reflex, weil die Differenzierung bei starker Hemmung konzentriert ist und den positiven Reiz positiv induziert; bei den anderen ist sie schwach, und wenn sie dem positiven Reiz vorangestellt wird, liefert sie eine Hemmung, die sich auf ihren paarigen positiven Reiz auswirkt. *(287)*

Bildet man zum Beispiel bei „Satyr“ (einem Hund mit außerordentlich schwachem Hemmungsprozeß) eine Differenzierung, dann verschwindet der positive Reflex, und man muß die Hemmung lange trainieren und üben, damit sie sich konzentriert und das Auftreten des positiven Reflexes ermöglicht.

Welche Begründung liegt aber dafür vor anzunehmen, daß im vorliegenden Falle der Hemmungsprozeß tatsächlich schwach ist? Hier ist sie: Früher lieferte der Hemmungsprozeß durchgängig ein und dieselbe Größe, entweder war er geringfügig oder die Reaktion blieb vollkommen aus (Nullwert). Jetzt aber liefert er sogenannte „Nullwerte“ außerordentlich selten.

Ferner. Früher ist es nicht vorgekommen, daß der Hund eine ultraparadoxe Phase zeigte. Jetzt, nach der Umarbeitung, war mehrere Male eine ultraparadoxe Phase, eine extreme Schwächung des Hemmungsprozesses festzustellen.

Ein anderer Befund. Früher ergab der Hemmungsprozeß immer eine Erniedrigung der Speichelabsonderung im Laufe von 50 Sekunden bis zum vollständigen Ausbleiben der Speichelabsonderung gegen Ende der Wirkung des Hemmreizes. Jetzt dagegen zeigt er einen umgekehrten Verlauf, und gegen Ende der Reizung ergibt sich der größte Wert.

Einen vierten Beweis dafür, daß namentlich der Hemmungsprozeß schwach geworden ist, kann man in Besonderheiten der motorischen Reaktion sehen. Früher, vor der Umarbeitung, war der Hemmungsprozeß so stark, daß er eine negative motorische Reaktion ergab und der Hund sich zur entgegengesetzten Seite wandte; die Hemmung der Muskulatur war also so stark, daß sie die entgegengesetzten Zentren negativ induzierte, statt der Flexoren die Extensoren. Jetzt aber, nach der Umarbeitung, läßt der Hund den Kopf hängen, d. h., es zeigt sich eine umfassende Irradiation der Hemmung.

Es unterliegt also nicht dem geringsten Zweifel, daß vier exakte und unstrittige Anzeichen dafür vorliegen, daß bei „Marsik“ nach diesen Zusammenstößen die Hemmung schwach geworden ist, und wenn der Erregungsprozeß nicht die frühere normale Größe erreicht, so deshalb, weil vom geschwächten Hemmungspunkt aus eine ständige Irradiation stattfindet, die diesem Punkte, wie im Falle „Satyrs“, nicht die Möglichkeit gibt, die entsprechende Größe zu erreichen.

Es ist höchst lehrreich, wie sehr man sich davor hüten muß, bei der Interpretation von Befunden übereilt und naiv vorzugehen; man muß vielmehr eine mehr oder weniger detaillierte Analyse vornehmen. Dann wird der Sinn der Sache ganz offenkundig.

Es wird erforderlich sein, diese Interpretation zu untersuchen und weiter zu bestätigen. Speziell der Erregungsprozeß muß untersucht werden.

Ich habe die Reihenfolge der Darlegung etwas durcheinander gebracht. Ich könnte jetzt die Ergebnisse über die Schädigung des Erregungsprozesses bei Alkoholikern anfügen. Da aber M. K.[1] nicht da ist, können wir das aufschieben. *(288)*

7. NOCH EINMAL ÜBER DIE TYPEN. DER ZÜGELLOSE UND BIS ZUM HOHEN ALTER STARKE „POSTREL“ W. K. FJODOROWS

I. P. Pawlow: Ich habe schon von den Typen gesprochen. Wir haben weiteres zusätzliches Material.

Wir haben einen Vertreter des erregbaren, zügellosen Typs, der sowohl einen gewaltigen Erregungsprozeß als auch einen starken Hemmungsprozeß hat, wobei der Hemmungsprozeß jedoch nicht ganz den Erregungsprozeß erreicht. Es handelt sich um „Postrel“.

„Postrel“ hat fast sein ganzes Leben bei uns verbracht. Er kam als junger Hund, ich glaube im Alter von einem halben oder einem Jahr zu uns. Bei M. K. hat er acht Jahre gearbeitet, bei W. K. sechs, und wenn man annimmt, daß er damals etwa zwei Jahre alt war, dann ist er jetzt also 15 bis 16 Jahre. Ich muß sagen, daß somatische Anzeichen seines Greisentums vorhanden sind. Er hat schon grauen Star auf beiden Augen. Das Muskelsystem ist schwach geworden, das Fell hat sich gelichtet. Früher war er ein sehr lebhafter Hund, jetzt kann er nicht mehr lange im Gestell stehen und legt sich sofort hin. Es liegen alle Anzeichen vor, daß er somatisch, d. h. an allen Organen, außer dem Nervensystem, stark gealtert und verbraucht ist. Aber das Nervensystem befindet sich demgegenüber, man kann sagen, in einem wunderbaren Zustand.

Früher regte er einen direkt durch seine Zügellosigkeit auf. Einmal war W. W. Sawitsch bei einem Versuch anwesend; er ist Jäger und ein Mann mit Charakter. „Postrel“ randalierte derart, daß W. W. ihn heftig am Genick packte und ihm eine gehörige Tracht Prügel verabreichte. Nach dieser Lektion schlief „Postrel“ ein. Das ist ein interessantes Verfahren der Hypnotisierung eines starken Typs.

Mit großer Mühe bildeten sich bei ihm eine Differenzierung und ein bedingter Hemmer. All das ging nur sehr langsam.

Als wir später seinen Hemmungsprozeß ein wenig beanspruchten, wurde er zerrüttet, die Hemmungsfunktion wurde untergraben. Es genügte, bei ihm aus einem bedingten Hemmer einen Reflex zweiter Ordnung zu bilden, und sofort bildete sich der Reiz, der früher ein bedingter Hemmer war, in einen positiven Reiz um. Es ist also ein typisch erregbarer, zügelloser Typ, stark, aber mit zurückgebliebenem, vielleicht sogar schwachem Hemmungsprozeß.

Es war zu erwarten, wie wir es von starken Hunden kennen, daß sich dieser Mangel des Hemmungsprozesses trainieren läßt. Tatsächlich wurde durch eine lange Reihe von Versuchen, die bei W. K. volle sechs Jahre in Anspruch nahmen, der gegenüber dem Erregungsprozeß zurückgebliebene Hemmungsprozeß so diszipliniert und vervollkommnet, daß „Postrel“ sowohl eine gute Differenzierung als

[1] M. K. Petrowa

auch einen bedingten Hemmer als auch einen verspäteten Reflex bilden konnte. Er konnte sogar auf den stärksten Reiz, die Knarre, die viele unserer Hunde nicht ertragen, einen Hemmungsreflex bilden. Sie sehen, was das Training alles vermag! *(289)*

Ich muß Ihnen sagen, daß einer der stärksten Eindrücke meiner ganzen 35jährigen Arbeit mit den bedingten Reflexen für mich die gewaltigen, grenzenlosen Möglichkeiten des Nervensystems sind.

Es genügt zu sagen, daß jetzt, da „Postrel" 16 Jahre alt und ein Greis ist, da sein Körper stark verbraucht ist, dennoch bei ihm Reflexe auf zehn einzelne Reize vorhanden sind, auf positive und negative, eine Differenzierung auf die Knarre, ein bedingter Hemmer und ein verspäteter Reflex. Welch großartige Empfehlung! Und stellen Sie sich vor, wir haben ihm in letzter Zeit die allerschwierigste Aufgabe gestellt, nur daß wir statt vier Reizen drei nahmen, einen neuen Reiz, die Kassalka, die zweimal unbekräftigt angewendet und beim drittenmal bekräftigt wurde. Diese letzte Heldentat hat er tatsächlich vollbracht. Wie anderen Hunden ist es auch ihm nicht billig zu stehen gekommen. Er löste die Aufgabe beim 130. Male. Das ist verblüffend! Es sind insgesamt zehn Reize, die Kassalka steht an dritter Stelle und liefert zwei Teilstriche, an sechster Stelle liefert sie drei und an neunter Stelle 16 Teilstriche.

Nehmen wir andere Werte. Zum Beispiel: 4, 1, 15 oder 0, 7, 17. Die Aufgabe ist gelöst.

Ich muß sagen, daß es solche Beispiele auch beim Menschen gibt. Wie ich mich erinnere, setzte mich immer der ruhige Chemiker N. in Erstaunen. Er war schon ein gebrechlicher Greis, als die ersten Arbeiten von RAMSAY erschienen, in denen er einige neu entdeckte indifferente Edelgase darstellte. N. trat auf Konferenzen mit einer Reihe von Reden auf, und wir waren alle von der Lebendigkeit seines Denkens und der Kraft seiner Rede erstaunt.

Dasselbe war bei KONI der Fall. Bis ins hohe Alter dachte und sprach er ausgezeichnet.

Es ist interessant, daß das Nervensystem infolge seiner Subtilität und Kompliziertheit das höchste Organ des Organismus ist. Es könnte doch nun scheinen, daß es, da es am subtilsten und kompliziertesten ist, auch als erstes verfallen müßte, aber erstaunlicherweise zeigt sich in gewissen Fällen das Gegenteil: Der Körper verfällt, aber das Nervensystem zeigt höchste Fähigkeiten. Das heißt: „Ich war das Haupt, der Kommandeur, und so wird es auch bis zum Schluß bleiben, alle übrigen haben sich ergeben, aber ich bleibe."

Alles Gute! *(290)*

MITTWOCHKOLLOQUIUM

vom 27. November 1935

1. DER HYPNOTISCHE ZUSTAND DER HIRNRINDE ALS SCHUTZREAKTION DES ORGANISMUS UND DIE SYMPTOME EINES PATHOLOGISCHEN ZUSTANDES DER HÖHEREN NERVENTÄTIGKEIT

I. P. Pawlow: Beginnen wir heute mit der Pathologie. Ich muß sagen, daß sich auch in der allgemeinen Medizin Schwierigkeiten ergeben, wenn Sie bei einem Krankheitsbild unterscheiden sollen, was daran das Ergebnis der Schädigung und was das Ergebnis der Gegenwirkung des Organismus gegen die Schädigung ist. Diese beiden Kategorien von Erscheinungen vermengen sich stark miteinander. Es ist Sache der Wissenschaft und des ärztlichen Talentes, sie auseinanderzuhalten und zu erfassen, was die wirkliche Krankheit und was physiologische Maßnahme gegen die Krankheit ist.

Um so mehr gilt das für die Pathologie des Nervensystems.

Wie wir aus dem Laboratorium wissen, ruft das Ergebnis eines schwierigen Zustandes des Nervensystems gewöhnlich eine Schutzreaktion des Organismus hervor, die sich in einem hypnotischen Zustand äußert. Darin ist weder auf Grund des Laboratoriumsmaterials noch auf Grund des klinischen Materials in irgendeiner Weise zu zweifeln.

In vielen Fällen wird es sehr schwierig zu trennen, was im jeweiligen Bilde krankhafte Störung und was hypnotischer Zustand ist, um so mehr, als sich auch im Bilde des hypnotischen Zustandes eines ganz normalen Tieres, das durch eine einförmige Situation gereizt wird, eine Menge ähnlicher Züge findet. Sie wissen, der hypnotische Zustand bei ganz normalen Tieren mit normalem Nervensystem, der unter dem Einfluß einförmiger Reizungen entsteht, äußert sich im Abfallen der bedingten Reflexe vom Beginn des Versuchs gegen sein Ende hin, in ausgleichenden Phasen, in der paradoxen Phase der Reize, in Enthemmung und in der ultraparadoxen Phase. Sie sehen, wie kompliziert das Bild der hypnotischen Zustände ist, und ich habe sie nicht einmal alle aufgezählt, denn in Wirklichkeit existieren weitaus mehr Phasen, Einzelerscheinungen usw.

Dasselbe Bild tritt auch bei rein pathologischen Störungen der Nerventätigkeit auf. Und da soll man nun herausfinden, was zu dem hypnotischen Zustand als Kampfmittel gegen die Krankheit und was zur Krankheit selbst gehört. Diese sehr schwierige Frage ist bisher theroretisch wenig geklärt worden. Das ist die eine Schwierigkeit. *(291)*

Eine andere Schwierigkeit, die ebenfalls wesentlich und tiefgreifend ist, besteht darin, daß die normale Tätigkeit des Nervensystems das Resultat der ständigen Wechselwirkung zweier entgegengesetzter Prozesse ist, Erregung und Hemmung. Deshalb ergibt sich jedesmal, wenn die Norm gestört ist, die Frage, woraus der jeweilige Zustand hervorgeht, aus dem Erregungs- oder aus dem Hemmungsprozeß. Da ist z. B. der Erregungseffekt abgesunken; weshalb ist er abgesunken, weil der Erregungsprozeß schwächer geworden ist oder weil der Hemmungsprozeß das Übergewicht bekommen hat? Dasselbe gilt für ein Absinken der Hemmungsfunktion. Wodurch kommt sie zustande, durch eine Schwächung der Hemmungsfunktion oder durch ein Übergewicht des Erregungsprozesses? Bei der Analyse treten sehr große Hindernisse bei der Interpretation und richtigen Auffassung der Bedeutung der jeweiligen Zustände auf, und nur in den Fällen liegen die Dinge ein wenig günstiger (wenn ich auch nicht sagen würde, absolut gut), wenn ein einzelner Punkt geschädigt ist und ein allgemeiner hypnotischer Zustand fehlt.

Diese Analyse ist sehr schwierig, selbst unter experimentellen Bedingungen, wo wir alle Möglichkeiten haben, mit dem Tier anzustellen, was wir wollen, ohne seine Interessen zu berücksichtigen.

Diese Vorbemerkung habe ich deshalb gemacht, weil man allgemein darüber immer wieder nachdenken muß und es sich um eine äußerst wichtige Aufgabe handelt.

2. SYMPTOME EINER CHRONISCHEN ALKOHOLVERGIFTUNG DER HUNDE (VERSUCHE M. K. PETROWAS UND W. K. FJODOROWS). PHOBIE EINES ALKOHOLIKERHUNDES ALS ANALOGON DES ALKOHOLISCHEN VERFOLGUNGSWAHNS

I. P. Pawlow: Nun will ich zu den Hunden übergehen, mit denen sich M. K. und W. K. befassen und die chronisch mit Alkohol vergiftet werden. Die Versuche werden nach zwei Methoden durchgeführt, was gewisse Vorteile für die Analyse der Erscheinungen bietet.

Ein Hund von M. K. wies eine sehr schlechte, spärliche Speichelabsonderung auf, so daß keinerlei Möglichkeit bestand, mit ihm zu arbeiten. Deshalb ging M. K. zur motorischen Methodik über, d. h., der Hund mußte auf einen bestimmten bedingten Nahrungsreiz hin die Pfote auf eine Stütze legen. Das war in gewissen Beziehungen recht aufschlußreich. Nicht alles, was die Pfote unter dem Einfluß eines pathologischen Zustandes zeigen kann, kann die Speichelreaktion zutage bringen.

Unsere chronischen Alkoholiker — und wir haben jetzt viele (sechs Hunde) — haben sehr viel Alkohol zu sich genommen und befinden sich im Zustand eines chronischen Alkoholismus. Wir verfügen über eine allgemeine Charakteristik ihres Zustandes, die bei beiden Methodiken, der motorischen und der sekretorischen, eindeutig und übereinstimmend ist: Rückgang des Gesamteffektes, zunehmender

Rückgang im Verlauf des Versuchs, ausgleichende und paradoxe Phasen, Enthemmung, ultrapradoxe Phase, folglich Negativismus usw. Das ist ein pathologisches Bild *(292)* und zugleich ein hypnotisches, da sich auch in der Hypnose dieselben Erscheinungen finden.

Wir müssen analysieren, was bei diesem Bild rein pathologisch ist und was zur Hypnotisierung als Schutzanpassung des Hundes gehört. Wir können uns schon von dem pathologischen Zustand des Erregungs- und Hemmungsprozesses bei diesen Hunden ein Bild machen, der den Rahmen des allgemeinen Bildes eines gewöhnlichen hypnotischen Zustandes etwas überschreitet.

Und sehen Sie, diese Besonderheiten zeigen sich deutlicher im motorischen Bild als im sekretorischen.

Bei den Hunden M. K.s trat eindeutig reizbare Schwäche auf, d. h. eine pathologische Beweglichkeit des Erregungsprozesses (was auch in jenem Versuch W. K.s der Fall war, von dem ich schon berichtet habe). Diese reizbare Schwäche besteht darin, daß die Hunde, bei denen die positive Bewegungsreaktion des Auflegens der Pfote auf die Stütze bei Wirkung des bedingten Reizes ausgearbeitet worden ist, stets und ständig schon vor der Wirkung des Reizes schnell die Pfote auf die Stütze legen. Es liegt folglich eine pathologische Beschleunigung des Erregungsprozesses, eine pathologische Beweglichkeit des Erregungsprozesses vor.

Die Schwäche des Erregungsprozesses äußert sich darin, daß ein bedingter Nahrungsreiz allein stets unzureichend ist, um die entsprechende Reaktion des Hundes auszulösen; es ist notwendig, die Reize zu verstärken und zu isolieren, indem man die Worte hinzufügt: „Pfötchen hoch!" Manchmal genügt es, einmal zu sagen „Pfötchen", manchmal aber muß man es auch mehrmals wiederholen. Das weist bereits auf eine gewisse Trägheit des Erregungsprozesses hin.

Zugleich äußert sich die Schwäche auch darin, daß sich starke bedingte Reize ständig als unwirksam erweisen und nur schwache Reize wirken.

Es liegen folglich Hinweise sowohl auf eine Schwäche des Erregungsprozesses als auch auf eine beginnende Trägheit des Erregungsprozesses vor.

Es finden sich auch Hinweise auf Zirkularität des Erregungsprozesses, die sich in Form von wellenförmigem Ablauf der motorischen Reaktionen äußert. Beispielsweise legt der Hund während der Wirkungsdauer des Reizes zwar die Pfote auf die Stütze, nimmt sie aber schnell wieder herab, als ob er keine durchgängige Erregung vertrüge.

Wie ist das zu interpretieren? Ist das das Ergebnis eines Kampfes der beiden entgegengesetzten Prozesse, oder ist es Zirkularität, die auf dem Bedürfnis nach notwendiger Erholung beruht? Das wird weiterhin untersucht und analysiert werden.

Schließlich muß als Abschlußerscheinung, die an zwei Hunden beobachtet wurde, eine im höchsten Grade ausgeprägte Trägheit erwähnt werden. Sie besteht darin, daß der Hund die Pfote auf die Stütze legt und sie nicht nur während der Reizung dort läßt, sondern auch in den Pausen, *(293)* d. h. während des ganzen Versuchs. Das ist schon eine typische, im höchsten Grade ausgeprägte Trägheit.

Sie sehen also, daß sich bei chronischer Alkoholzufuhr alle nur irgendwie denkbaren Veränderungen des Erregungs- und Hemmungsprozesses finden: Schwächung des Erregungs- und Hemmungsprozesses und entgegengesetzte Veränderungen der Beweglichkeit dieser Prozesse, d. h. pathologische Labilität und pathologische Trägheit.

Außerdem treten auch noch andere Äußerungen dieses pathologischen Zustandes auf. Bei einem Hund zeigte er sich in Form einer Phobie. Sehen Sie, auf Grund all dieser Befunde kann man sich schon im klinischen Bild des Alkoholismus zurechtfinden.

Bei diesem Hund äußert sich die Phobie darin, daß er seinen Herrn fürchtet, mit dem er zwei Jahre lang im besten Einvernehmen gelebt hat. Jetzt nimmt er in Gegenwart von M. K. kein Futter, aber M. K. braucht nur aus dem Zimmer zu gehen, dann macht er sich über das Futter her und beginnt zu fressen.

Ich glaube, daß man mit vollem Recht mit dieser Phobie ein pathologisches Symptom der Alkoholiker erklären kann, den Verfolgungswahn. Es ist verständlich, daß es sich dabei um einen labilen, sehr empfindlichen Zustand des Hemmungsprozesses handelt. Wenn die Hemmreaktion sehr beweglich und empfindlich wird, dann fürchtet der Mensch natürlich alles, und es scheint ihm, daß ihm von allen Seiten Gefahr drohe.

Andererseits hängt es, wie ich im Falle des Versuchs von W. K. erklärt habe, in beträchtlichem Maße mit der reizbaren Schwäche zusammen, wenn das Gedächtnis für Gegenwärtiges stark geschwächt ist, und zwar deshalb, weil entweder der Erregungsprozeß sehr schwach ist oder weil er so träge ist, daß er bei Wirkung eines kurzen Reizes keinerlei Spur zurückbehält; man vergißt, was auf einen eingewirkt hat.

Diese Befunde sind also sehr wertvoll: Sie gestatten, vieles auf den Menschen zu übertragen. So also stellt sich die Sache dar. Hat vielleicht jemand etwas zu ergänzen? Es scheint, ich habe unser gesamtes Tatsachenmaterial erschöpft.

Aber ich betone nochmals nachdrücklich die Schwierigkeit der Unterscheidung, was hypnotischer Zustand und was tatsächlich das Ergebnis einer Schädigung des Nervenapparates und der Nervenzelle ist. Wir warten natürlich auf weitere Befunde, die uns das gesamte Bild des menschlichen Alkoholismus klar machen werden. Natürlich bleiben noch viele Fragen übrig. Eines meiner wichtigen Motive für die Untersuchung des experimentellen Alkoholismus war der Wunsch, zu guter Letzt unsere grundlegenden Ergebnisse auf den Menschen zu übertragen. Es gibt doch Alkoholiker, die sich mit allen Kräften vom Alkoholismus frei machen möchten, aber es fehlt ihnen an Willenskraft. Speziell diese Erscheinung möchten wir klären. Zu diesem Zweck müssen wir bei unseren Hunden unbedingt eine Leidenschaft für den Alkohol entwickeln, die bisher noch nicht vorhanden ist, und dann, wenn sie sich bildet, nach Mitteln suchen, um sie zu beseitigen. Das wird dann eine große Hilfe für den Menschen werden. *(294)*

Ich glaube, das, was bis jetzt getan worden ist, läßt uns hoffen, daß vielleicht alle unsere Berechnungen von Erfolg gekrönt werden.

3. BEISPIELE FÜR DIE STARKE WIRKUNG DER STÖRUNG EINES STEREOTYPS AUF DIE HÖHERE NERVENTÄTIGKEIT (VERSUCHE A. O. DOLINS AN „ALTAI" UND S. A. NESHDANOWAS AN „ROGDAI")

I. P. Pawlow: Nun wollen wir zu Erscheinungen übergehen, die der Ausdruck dieser oder jener Schwäche, dieser oder jener Besonderheit des jeweiligen Nervensystems sind.

Ich werde über zwei Hunde sprechen, über A. O.s „Altai" und über S. A.s „Rogdai". Bei diesen beiden Hunden fällt die starke Empfindlichkeit gegenüber einer Störung des Stereotyps auf, d. h. gegenüber einer Störung unseres Systems von bedingten Reflexen, das von den Hunden tagaus, tagein wiederholt wird.

„Altai" arbeitete früher bei L. A.[1] und jetzt bei A. O., der ihn zum Studium der Frage nach der Bedeutung des Reizverhältnisses als bedingter Reiz benutzte. Sie erinnern sich, ich habe davon schon berichtet.

Das Neue an „Altai" besteht in folgendem. Wenn die Reize mit 120 Unterbrechungen in der Minute positiv und die mit 60 Unterbrechungen negativ werden, macht A. O. die Probe auf eine höhere Unterbrechungsfrequenz, z. B. auf ein Metronom mit 200 Schlägen in der Minute. Dann ergibt sich, wie auch zu erwarten ist, daß sich bei 200 Unterbrechungen ein stärkerer bedingter Effekt ergibt als bei 120. Danach versucht er es am anderen, entgegengesetzten Ende der Frequenzen und gibt statt 60 nur 30 Unterbrechungen in der Minute. Hier fand sich kein Unterschied.

Im ersteren Falle läßt sich verstehen, daß die häufigeren Reizungen einen stärkeren Reiz darstellen. Weshalb fehlt aber bei den langsameren Frequenzen dieser deutliche Unterschied der Reizwirkung?

Nun, beachten Sie erst einmal etwas anderes. Ich muß Ihnen sagen, daß bei „Altai" die Generalisation dieses Verhältnisses der Unterbrechungsfrequenz besonders gut geht, besonders sauber ist, zahlenmäßig exakt. Wenn A. O. auf 120 Metronomschläge eine bestimmte Größe des Speicheleffektes erhielt, dann erhält er bei Unterbrechung einer Klingel mit derselben Frequenz genau dieselbe Größe, genauso wie bei 60 Schlägen, beim Hemmreiz. In dieser Hinsicht arbeitet der Hund mustergültig.

Aber als A. O. zum erstenmal die Frequenz 200 statt 120 ausprobierte, wurde der Hund für mehr als eine Woche gleichsam krank, d. h., er zeigte statt der früheren ausgezeichneten Arbeit eine chaotische. Dasselbe geschah beim Übergang von 60 Unterbrechungen auf 30. Der Hund erwies sich einer Veränderung des Frequenzstereotyps gegenüber als stark empfindlich.

Wir kennen die Bedeutung des Stereotyps an Hand von Beobachtungen an anderen Hunden. Bei „Altai" ist diese Empfindlichkeit extrem groß. So genügte es, wenn der Experimentator den Gasbrenner in der Kammer *(295)* bei der Vorbereitung zum Versuch nicht zur üblichen Zeit auslöschte oder absichtlich in der

[1] L. A. Andrejew

Kammer ein Handtuch zurückließ, damit bei dem Hund für lange Zeit das deutlich ausgearbeitete System bedingter Reflexe gestört wurde.

Dasselbe beobachtete S. A. an ihrem „Rogdai". Sie braucht nur die Plätze zweier Reize zu vertauschen, dann wird seine Arbeit für eine Woche und mehr chaotisch. Manchmal müssen wir sogar zu Brom, zu Unterbrechungen in den Versuchen, zu Erholung usw. unsere Zuflucht nehmen.

Es ergibt sich die sehr wichtige Frage, was hier los ist. Natürlich muß man das als Ausdruck einer außergewöhnlichen Trägheit des Nervensystems ansehen. Auf jede geringfügige Veränderung der Umgebung und der Reihenfolge der Reize reagiert der Hund mit eindeutigen Beschwerden und sogar mit einem krankhaften Zustand. Hängt nun diese Trägheit mit einer allgemeinen Schwäche des Nervensystems zusammen, oder ist es ein Einzelsymptom, wenn die Trägheit des Erregungsprozesses zu groß ist? Diese Frage muß jetzt entschieden werden.

A. O. und S. A. müssen also sagen, ob ihnen Hinweise auf eine Schwäche des Nervensystems bei diesen Hunden bekannt sind. Wenn ein Hund schwach ist, fällt ihm alles schwer, gleichgültig, ob der Erregungsprozeß, der Hemmungsprozeß oder die Beweglichkeit der Nervenprozesse überbeansprucht wird. Dann gehört das zu den Symptomen des schwachen Typs. Sind die Hunde aber stark, dann muß man das speziell auf eine Trägheit des Erregungsprozesses beziehen, und dann ist es Kennzeichen des trägen Typs.

Als was muß man „Rogdai" ansehen, als stark oder schwach?

S. A. Neshdanowa: Ich habe ihm Koffein gegeben und fand bei 0,5 g Koffein einen geringfügigen Abfall der bedingten Reflexe, freilich trat dabei keine Umkehr des Verlaufs des Erregungsprozesses auf. Einen starken Reiz habe ich noch nicht angewandt.

I. P. Pawlow: Das Problem bleibt also noch ungeklärt, aber diese Untersuchung muß bis zu Ende geführt werden.

A. O. Dolin: Für „Altai" ist eine rasche Bildung positiver und negativer Reflexe auf Reize verschiedener Stärke und Fehlen der passiven Abwehrreaktion bei der Knarre charakteristisch.

I. P. Pawlow: Offensichtlich ein starker, aber zugleich träger Typ; er ist folglich ein Phlegmatiker, der einfach keine Veränderung des Stereotyps verträgt, der lange Zeit braucht, um sich an die neuen Bedingungen und an das neue System von Reizen zu gewöhnen.

4. VERALLGEMEINERTE WIRKUNG EINER ÜBERBELASTUNG DES HEMMUNGSPROZESSES BEI W. K. FJODOROWS „DRAKON" UND LOKALE WIRKUNG EINER ÜBERBELASTUNG DES HEMMUNGSPROZESSES BEI W. P. GOLOWINAS „TRESOR"

I. P. Pawlow: Ein anderer interessanter neuer Hund ist W. K.s „Drakon". W. K. bildete bei ihm gleichzeitig vier Reflexe, und zwar sind zwei von ihnen kurz und zwei um drei Minuten abgerückt. Sie bildeten sich sehr rasch. *(296)*

Muß man das nun auf Besonderheiten des Nervensystems des Hundes zurückführen, darauf, daß er sehr stark und ausgeglichen ist, oder darauf, daß die Ausarbeitung gleichzeitig vorgenommen wurde und ohne eine lange Periode von Anwendung zusammenfallender und kurz abgerückter Reize? Diese Frage bleibt offen, bis der Typ des Hundes festgestellt ist.

Aber darum geht es nicht. Es handelt sich vielmehr darum, daß bei ihm zwei Reizpaare existieren, die beiden ersten kurz abgerückt, ein starker und ein schwacher, und zwei verspätete, ein starker und ein schwacher.

Es sei gesagt, daß der Hund sehr jung ist und gerade erst aus dem Welpenalter heraus. Nach allem zu urteilen, ist er nicht schwach, denn er bildete die Reflexe schnell und ohne Schwierigkeiten.

Hier findet sich eine kleine Besonderheit, die ich hervorheben möchte. Während sich beim ersten Paar, dem starken und schwachen kurz abgerückten Reiz, sehr schnell das richtige Verhältnis entsprechend dem Gesetz von Stärke und Effekt einstellte, lieferte beim zweiten Paar, den verspäteten Reizen, im Gegensatz dazu der zuletzt stehende Reiz, und zwar das Licht, für lange Zeit einen größeren Effekt als der paarige starke Reiz. Das war wenig verständlich.

Folgendes war anzunehmen. Die Erklärung konnte auf eine spezielle Bedingung zurückgeführt werden. Es war ein junger, sehr beweglicher Hund, und es war ihm natürlich lästig, im Gestell angebunden zu sein usw. Wie Sie wissen, geraten viele Hunde in starke Erregung, wenn der Versuch zu Ende ist. Bei diesem jungen Hund war das wahrscheinlich besonders ausgeprägt. Diese Annahme bestätigte sich. Als wir die Plätze der Reize vertauschten, geschah dasselbe auch mit dem anderen Reiz, der an letzter Stelle stand; er lieferte einen stärkeren Effekt.

Während bei dem starken Reiz, der an dritter Stelle stand, das Verspäten ganz exakt verlief, schwankte es an letzter Stelle ständig und war unregelmäßig. Offensichtlich äußerte sich die Erregung, die das Versuchsende begleitete, für das der letzte Reiz das Signal war, in einer Entstellung des Verspätens.

Das sei beiläufig zur Methodik unserer Versuche bemerkt. Hier wurde besonders deutlich, daß der letzte Reiz im Versuch im Vergleich zu allen übrigen eine besondere Stellung einnimmt. Ein anderer wichtiger Befund bestand in folgendem. Ein neuer Reiz wurde eingeführt und eine dazugehörige Differenzierung. Nach ihrer Festigung wurde die Wirkung des Differenzierungsreizes beträchtlich verlängert. Die Differenzierung wurde enthemmt. Als dann die Wirkungsdauer des Differenzierungsreizes wieder normalisiert wurde, stellte sich die Differenzierung schnell wieder her. Es ist interessant, daß sich die Störung bei den verspäteten Reflexen noch sehr lange bemerkbar machte, während der Einfluß der verlängerten Wirkung der Differenzierung bei Anwendung der üblichen Wirkungszeit des Hemmreizes rasch wieder verschwand. *(297)* Beim Verspäten hingegen entstand eine Entstellung des Verlaufs der Speichelabsonderung.

Was wird dadurch bewiesen? Es wird bewiesen, daß der Hemmungsprozeß bei der Differenzierung für das Nervensystem eine weitaus leichtere Aufgabe darstellt als die Hemmung im Falle eines verspäteten Reflexes.

Wir haben schon vor langer Zeit einen Hinweis darauf gefunden, daß unsere Variationen des Hemmungsprozesses verschiedene Stärke, verschiedene „Empfindlichkeit" haben. Hier ist das deutlich hervorgetreten. Die Differenzierungshemmung wurde durch Verlängerung der Wirkung des Hemmreizes verdorben, stellte sich aber rasch wieder her. Mit dem verspäteten Reflex passierte das nicht. Das ist auch verständlich. Im Falle der Differenzierung hängen die Prozesse mit verschiedenen Reizen zusammen. Im Falle des verspäteten Reflexes dagegen ist die Hemmung auf ein und denselben Reiz gerichtet, der in der ersten Phase hemmend ist, während der Erregungsprozeß in der nächsten Phase wirkt. Es ist klar, daß die Situation im Nervensystem komplizierter, subtiler und folgenschwerer ist. So war es auch.

Zugleich ist hier auch noch eine andere Erscheinung interessant. Die Hemmung, die durch die Differenzierung bedingt war, d. h. durch einen Speziallfall, der einen einzelnen Punkt betraf, wirkte sich offensichtlich ganz allgemein auf die gesamte Hemmungsfunktion der Großhirnhemisphären aus, da sie auch bei einem anderen Reiz verdorben war. Dieser Zustand hielt längere Zeit an. Der Ruin der Hemmungsfunktion in einem Punkte teilte sich der gesamten Großhirnrinde mit.

Jetzt ist in den Versuchen von W. P. an „Tresor“ etwas anderes herausgekommen. Sie erinnern sich, „Tresor“ ist ein sehr schwacher Hund mit sehr schwachem Hemmungsprozeß, der jahrelang trainiert werden mußte und jetzt endlich in eine ordentliche Verfassung gebracht worden ist. Dieser Hund hat zwei Paare entgegengesetzter Reflexe: ein Quadrat und einen Kreis, und andere Reflexe: eine Kassalka an zwei verschiedenen Stellen. Hier stellte sich heraus, daß eine Störung des Hemmungsprozesses lokal begrenzt bleibt. Wenn W. P. zum Beispiel die Differenzierung auf die optischen Reize (Quadrat und Kreis) verlängert, sie belastet und diese Hemmung zum Ruin bringt, der darin besteht, daß der positive Reiz ebenfalls hemmend wird, dann bleibt das andere Reflexpaar unverändert regelrecht.

Folglich hat sich in diesem Falle der Ruin der Hemmung in einem Punkte nicht auf einen anderen Punkt übertragen, nicht ausgebreitet; er wurde nicht verallgemeinert. Das eine wie das andere kommt also vor.

Vor uns stand die neue Aufgabe zu klären, worauf das beruht und weshalb es so ist.

Ich erinnere daran, daß der erste Hund stark, „Tresor“ aber schwach ist. Seltsamerweise wurde die Störung im ersten Falle verallgemeinert, blieb dagegen bei „Tresor“ isoliert, wobei die Kassalkas, wenn die Wirkung von Quadrat und Kreis ausgeschaltet wurde, einwandfrei wirkten; die positive Kassalka *(298)* gab einen positiven Effekt, die hemmende einen hemmenden. Als W. P. denselben Versuch an der Kassalka wiederholte und die Hemmungskassalka überbeanspruchte, geschah dasselbe: Die positive Kassalka verlor ihre Wirkung, während das optische Paar unverändert blieb.

Es zeigte sich also auf zweierlei Weise, daß bei diesem Hund eine Störung des Hemmungsprozesses in einem Punkte nicht auf die ganze Hemmungsfunktion der Hirnrinde verallgemeinert wird.

Worauf das beruht, wer weiß? Auf jeden Fall ist das eine interessante Frage, mit der wir uns auch befassen müssen.

I. O. Narbutowitsch: Ich glaube, W. P.s Hund ist sehr alt, und seine Hemmungsreflexe sind stark spezialisiert. Die Spezialisierung hat einen solchen Grad erreicht, daß sich keine Irradiation ergibt.

I. P. Pawlow: Alt bezüglich des Trainings, im Sinne der Wiederholung. Darin haben Sie recht.

W. P. Golowina: Die Zeit der Arbeit mit den Kassalkas beträgt zwei Jahre, die mit den optischen Reizen ein Jahr.

I. P. Pawlow: Ganz recht. Aber W. K. hat einen Anfängerhund, einen relativ frischen. Es ist richtig, daß sich im einen Falle die Prozesse durch die häufige Wiederholung im Laufe von zwei Jahren oder einem Jahr fixiert haben, während das im anderen Falle nicht so war. Das wäre die einfachste Erklärung. Wir wissen genau, daß die Trägheit gerade darauf beruht: Lange wiederholte Erregungs- und Hemmungsprozesse werden fixiert.

I. S. Rosental: Ich habe die Reihenfolge des Versuchs bei W. K. nicht verstanden. Die ersten beiden bedingten Reize sind 30 Sekunden abgerückt, die zweiten um 3 Minuten verspätet. Und dann arbeitet er die Differenzierung aus?

W. K. Fjodorow: Ich nehme einen zusätzlichen neuen Reiz und eine zugehörige Differenzierung, die ebenfalls kurz abgerückt ist.

I. P. Pawlow: Es ergibt sich eine Erkrankung dieses Punktes, eine Enthemmung.

5. AUSLÖSCHEN BEDINGTER REFLEXE BEI INTERMITTIERENDER WIRKUNG DER AUSZULÖSCHENDEN REIZE. DIE VERSCHIEDENE BEDEUTUNG DER PERIODEN DER EINWIRKUNG UND DER PERIODEN DER PAUSEN BEI STARKEN UND SCHWACHEN REIZEN (VERSUCHE W. K. FJODOROWS)

I. P. Pawlow: Und nun eine neue Ergänzung zu alten Versuchen. Sie erinnern sich an den Befund von W. K., als er die Reize nicht durchgängig ohne Unterbrechung auslöschte, sondern auf andere Weise, und zwar setzte er den Reiz mit Unterbrechungen, mit Pausen. Die Wirkung des auszulöschenden Reizes dauert ununterbrochen jeweils 10 Sekunden mit Pausen von ebenfalls 10 Sekunden.

Als er die Effekte der Speichelabsonderung während der Periode der Einwirkung des starken und des schwachen bedingten Reizes und während der entsprechenden Pausen addierte, zeigte sich, daß während der Pausen die Effekte des starken Reizes insgesamt weitaus geringer waren als während der Perioden der Reizung, *(299)* während beim schwachen Reiz dieser Unterschied nicht auftrat; in diesem Falle waren die Summen der Effekte während der Pausen und während der Perioden der Einwirkung des Reizes gleich.

Sie erinnern sich an diesen Versuch. Ich habe ihn auf die Weise erklärt, daß die Zelle, wenn ein starker Reiz wirkt, während der Zeit des Reizes folglich stark dissimiliert wird und daß dann natürlich der Effekt während der Pause stärker abfällt als der Effekt der anderen Zelle, die nur ein schwacher Reiz trifft, die also nur sehr wenig dissimiliert worden ist, so daß sich die Pause nicht auswirkt.

Diesen Versuch hat S. W.[1] wiederholt und gefunden, daß diese Erscheinung auch bei seinem Hund bestätigt wird. Er bemerkte dabei noch eine interessante Tat-

[1] S. W. Klestschow

sache. Mißt man die Größe der Speichelabsonderung in je 5 Sekunden, so ist der Effekt bei einem starken Reiz während der Pause in den ersten 5 Sekunden geringer als der Effekt in 5 Sekunden der Reizungsperiode, während es beim schwachen Reiz immer umgekehrt ist: In der Pause wird in den ersten 5 Sekunden mehr abgesondert als in den zweiten 5 Sekunden der Reizungsperiode.

Prägen Sie sich das ein. Ich wiederhole noch einmal. Beim starken Reiz ist der Effekt in den ersten 5 Sekunden der Pause geringer als der Effekt der zweiten 5 Sekunden der Reizungsperiode, während es beim schwachen Reiz anders ist: Die ersten 5 Sekunden der Pause liefern einen größeren Effekt als die zweiten 5 Sekunden der Wirkung dieses Reizes.

Das ist der Befund. Worauf beruht er?

Ich sagte, wenn man die Perioden insgesamt nimmt, dann bleibt die Regel bestehen, die sich bei W. K. ergab, daß der Effekt während der Pausen beim starken Reiz geringer ist als während der Reizungsperioden, während die Effekte beim schwachen Reiz (Licht) gleich sind.

A. A. Lindberg: Mich interessiert nicht die Periode der Pausen, sondern der Reizung. Unterteilt man diese Reizungsperiode in 5-Sekunden-Abschnitte, sind dann bei beiden Reizen die zweiten 5 Sekunden größer als die ersten?

I. P. Pawlow: Die Tatsache bleibt bestehen, daß die Summe der Reizungsperiode größer ist als die der Pausen.

Wie aber ist es zu erklären, daß bei einem schwachen Reiz der Effekt im Verlauf der ersten 5 Sekunden größer ist? Ich stelle es mir so vor, daß die Unterbrechung der Reizung ein Ende der Reizung ist, ein Reiz aber, wie wir wissen, speziell mit seinem Anfang und Ende reizt. Wenn folglich ein starker Reiz 10 Sekunden lang gewirkt hat, dann ist die Zelle so erschöpft, daß das Ende der Reizung nicht imstande ist, den Effekt zu erhöhen, während bei einem schwachen Reiz, bei einem kurzen, die Erschöpfung der Zelle geringfügig war und das Ende der Reizung den Effekt erhöhen kann und auch beträchtlich erhöht. So erkläre ich es. S. W., so war es doch wohl bei Ihnen?

Zwischenruf: Ja, ja.

N. A. Podkopajew: Was ist denn das für ein starker Typ, wenn er nach 10 Sekunden erschöpft ist, was ist denn das für eine starke Zelle? Wir wissen, daß *(300)* das ununterbrochene Auslöschen bei einem starken Reiz länger dauert als bei einem schwachen. Sie sagen der Abfall in den ersten 5 Sekunden der Pause bei einem starken Reiz sei das Ergebnis der Tatsache, daß die Rindenzelle schon in 10 Sekunden erschöpft ist; aber wie steht es da mit dem ununterbrochenen Auslöschen? Das dauert doch bei einem starken Reiz länger als bei einem schwachen, dauert also nicht 10 Sekunden, sondern länger.

I. P. Pawlow: Die Regel gilt nicht immer, daß bei einem schwachen Reiz der Abfall rascher geht als bei einem starken. Man muß ständig die Tendenz berücksichtigen, daß es sich natürlich von ersten Augenblick an bemerkbar machen muß, wenn der Energievorrat stärker angegriffen ist.

Die Tatsache bleibt bestehen, daß bei einem starken Erregungsprozeß bei Unterbrechung der Effekt abfällt, während er bei einem schwachen Erregungsprozeß anhält und sogar zunimmt. Wie soll man es anders interpretieren? Nur so, daß das Ende der Reizung als erregendes Moment im vorliegenden Falle einen Boden findet, auf dem es sich äußern kann, der dagegen im anderen Falle fehlt. Die Zellen sind ein und dieselben, aber sie werden unterschiedlich gereizt: durch den starken Reiz wird die Zelle stärker gereizt, durch den schwachen schwächer. Wie soll man es sich sonst anders vorstellen? Anders kann man es sich nicht vorstellen. Der Befund ist aber ganz eindeutig und hat sich häufig wiederholt. Daran ist nicht zu zweifeln. Dieser Überlegung kann man nicht ausweichen.

6. ERGÄNZUNG ZUM PROBLEM DER ULTRAPARADOXEN PHASE (VERSUCHE W. A. TROSCHICHINS)

I. P. Pawlow: Wie Sie sich erinnern werden, berichtete ich letztes Mal von einem bei dem Hunde „Kupez" gewonnenem Befund, der sich auf den Mechanismus der ultraparadoxen Phase bezieht.

W. A. befaßt sich in letzter Zeit mit der Aufdeckung des Mechanismus der ultraparadoxen Phase, wobei wir angenommen haben, daß ein Paar entgegengesetzter Reflexe ein assoziiertes Paar ist, bei dem sich ein konstantes wechselseitiges Induktionsverhältnis herausgebildet hat.

In diesem Zusammenhang stellt die ultraparadoxe Phase das Ergebnis einer Schwächung des einen oder anderen Prozesses dar. Es wurden mehrere Verfahren angewandt, um den positiven Reiz abzuschwächen: Durch den Einfluß eines Differenzierungsreizes, durch Erlöschen usw. Mit verschiedenen Hemmern suchten wir den positiven Reflex in der Absicht zu schwächen, daß der hemmende durch Induktion eine positive Wirkung bekommt. Eine solche Enthemmung ergibt im Endergebnis eine ultraparadoxe Phase. Bis jetzt ist das bei allen Versuchsanordnungen sowohl bei W. A. als auch bei S. A.[1] nicht oder nur sporadisch gelungen. Zum ersten Male gelang es W. A. bei einer neuen Variante des Hemmungsprozesses, und zwar bei jener Hemmung, die sich beim positiven Reiz beim Überdecken ergibt, d. h., *(301)* wenn Sie diesen positiven Reiz häufig nach Beginn des unbedingten Reizes setzen.

Wie seinerzeit Soloweitschik und Rait gezeigt haben, verliert ein solcher positiver Reiz seine positive Wirkung, wenn Sie diese Prozedur lange Zeit fortsetzen. Dann war darauf zu rechnen, daß der paarige Hemmreiz positive Wirkung bekäme.

Das geschah auch bei W. A., als er einen konstanten paarigen Kassalkareflex ausarbeitete. An einer Stelle war die Kassalka also ein positiver Reiz und an einer anderen ein hemmender. Dann überdeckte er die positive Kassalka ständig, setzte sie also, während der Hund fraß, und probierte dabei von Zeit zu Zeit die hemmende, unbekräftigte Kassalka aus. Es dauerte lange Zeit, während der der Hemmreiz bald enthemmt wurde oder sich dann wieder seiner üblichen Größe näherte. Das hielt so während 10 bis 15 Überdeckungen an; die Hemmungskassalka zeigte schwankende Wirkung.

---

[1] S. A. Neshdanowa

Dann, nach einer gewissen Anzahl von Überdeckungen der positiven Kassalka, begann die hemmende ständig eine positive Wirkung hervorzurufen.

Die Erscheinung war klar; das Überdecken wirkte zunächst wellenförmig, es kam zu einem Kampf gegen die positive Funktion des positiven Reizes, und dann überwand das Überdecken die Erregung auf die Kassalka und verlieh ihr schließlich bis zu einem gewissem Grade Hemmungsbedeutung.

Während dieser Zeit kam es zu einer zufälligen Unterbrechung in den Versuchen. Nach der Unterbrechung war alles zum früheren Zustand zurückgekehrt, und die Hemmkassalka lieferte einen schwachen Effekt.

Ich weiß nicht, W. A., setzen Sie diese Versuche fort?

W. A. Troschichin: Ich setze sie fort, und die Reflexe beginnen anzusteigen.

I. P. Pawlow: Es ist klar, sobald das Überdecken aufhörte, machte sich der positive Reiz von sich aus von der erworbenen Hemmungsbedeutng frei, und als er positiv wurde, wurde der hemmende wiederum negativ. Das ist sehr schön. Ich glaube, das löst endgültig die Frage, worauf die ultraparadoxe Phase beruht. Ich weiß nicht, vielleicht werden sich später gewisse Einwände ergeben, aber bisher sind keine da.

7. STÖRUNG DES STÄRKEGESETZES DER REIZE BEI GLEICHZEITIGER WIRKUNG ZWEIER GÜNSTIGER FAKTOREN

I. P. Pawlow: Der nächste Befund ist ebenfalls alt, aber gut. Bei A. A.[1] trat er besonders deutlich an seinem Hunde „Dwoika“ auf.

Ich muß bemerken, daß in alten Arbeiten etwas Ähnliches zu finden ist, aber wir haben dem keine besondere Bedeutung beigemessen. *(302)*

Zum Beispiel probierten wir in den Arbeiten von M. K.[2] mit der Kastration ständig im Laufe eines Versuches die Wiederholung ein und desselben Reizes aus. Wir sahen, daß der Effekt dieses Reizes mit der Wiederholung entweder abfällt oder unverändert bleibt. Wir glaubten, damit die Stärke oder Schwäche des Erregungsprozesses zu messen. Vielleicht hängt das aber mit dem Auftreten eines hypnotischen Zustandes zusammen.

Jetzt haben wir beschlossen, diese Frage speziell zu untersuchen. Hat ein Befund von ein und derselben Erscheinungsweise immer die gleiche Bedeutung oder kann er verschiedene Bedeutungen haben, je nach dem Typ, dem Charakter der Reizung usw.?

„Dwoika“ hatte starke und schwache Reize, wobei der starke Reiz bei Wiederholung abfiel, der schwache jedoch nicht.

Worauf beruht das? Im Hinblick auf gewisse Überlegungen wurde beschlossen, den Einfluß verschiedener Pausen auf die Veränderung der entsprechenden Reflexe zu untersuchen. Der erwähnte Befund war bei Pausen von 4 Minuten registriert worden. Die Pause wurde auf 8 Minuten verlängert. Daraufhin zeigte sich, daß

[1] A. A. Lindberg
[2] M. K. Petrowa

der starke Reiz bei Wiederholung nicht mehr abfiel. Zugleich trat deutlich ein anderer Befund auf: Der Effekt des starken Reizes vergrößerte sich beträchtlich, während der des schwachen sich fast überhaupt nicht veränderte.

Bei einer Pause von 4 Minuten und bei Wiederholung ein und desselben Reizes während des Versuchs fallen folglich die Effekte auf die starken Reize ab, die auf die schwachen aber nicht. Als die Pause zwischen den Kombinationen verdoppelt wurde, von 4 auf 8 Minuten, fielen die bedingten Reflexe auf den starken Reiz nicht mehr ab und vergrößerten sogar ihren Effekt beträchtlich im Vergleich zu dem, der bei Pausen von 4 Minuten auftrat. Die Wirkung des schwachen Reizes blieb unverändert.

Die natürliche Schlußfolgerung, die daraus gezogen wurde, bestand darin, daß bei einem starken Reiz, der die Zelle während seiner Wirkung stark erschöpft hat, die Pause von 4 Minuten zur Regeneration der Zelle unzureichend war. Der schwache Reiz aber baute die Zellsubstanz so wenig ab, daß 4 Minuten zur Regeneration vollkommen ausreichten. Als wir die Pause auf 8 Minuten vergrößerten, bekam die Zelle des starken Reizes die Möglichkeit, sich vollkommen zu regenerieren. Deshalb fiel der Effekt auf den starken Reiz bei Wiederholung nicht mehr ab. Der schwache Reiz vergrößerte dabei seinen Effekt aus verständlichen Gründen nicht.

Das ist ein wichtiger Befund mit einem sehr klaren Resultat. Alles ist ganz natürlich. Ich halte diese Interpretation für vollauf befriedigend.

Dieser Befund wiederholte sich bei einem anderen Hund, bei „Argus", nur mit folgender Besonderheit. *(303)*

Bei „Argus" war für den schwachen Reiz eine Pause von 5 Minuten unzureichend, so daß sich bei Verlängerung der Pause auch der Effekt des schwachen Reizes erhöhte. Das ist vollauf verständlich, da wir noch kein exaktes Verhältnis zwischen der Pause und dem Abbau der Zelle haben und ein solches Gesetz noch fehlt.

Bei „Dwoika" zeigte sich, daß die Verlängerung der Pause zwischen den Reizen vollkommen durch die Anwendung von Brom ersetzt werden kann. Bei diesem Hund war also bei einer Pause von 5 Minuten eine Erhöhung der Wirkung der starken Reize dadurch zu erreichen, daß wir dem Tier Brom zuführten. Wie die Erfahrung zeigt, fördert Brom die Regeneration der Zelle, indem es den Hemmungsprozeß verstärkt. Dieser Befund, der ganz eindeutig und restlos verständlich ist, ging in der Folgezeit mit einer völlig unerwarteten Erscheinung einher.

Als wir den Versuch so anstellten, daß sowohl die Pause verlängert als auch gleichzeitig Brom verabreicht wurde, d. h., als wir gleichsam die Regeneration übersteigerten bzw. die beiden Bedingungen für eine besonders starke Regeneration summierten, stellte sich seltsamerweise heraus, daß das Stärkegesetz nicht mehr galt.

Meine Damen und Herren, prägen Sie sich das gut ein und merken Sie es sich; aber ich weiß nicht, ob alle Zuhörer es behalten.

Wiederum ein höchst interessanter Befund. Was geschieht dabei? Sie haben günstige Bedingungen kombiniert, und das stört aus irgendwelchen Gründen das Gesetz der Abhängigkeit von Stärke und Effekt.

Seinerzeit habe ich dafür die Erklärung gegeben, daß diese übersteigerte Regeneration gleichsam die Hemmung träge gemacht habe. Folglich wurde die Verspätungsperiode der kurz abgerückten Reflexe, die auf einer Hemmung beruht, durch die Trägheit der Hemmung zeitlich vorverlegt und näherte sich dem Augenblick der Bekräftigung. Dadurch verringerte sich der Effekt des starken Reizes.

Wenn das richtig ist, muß sich das Stärkegesetz wieder einstellen, wenn der bedingte Reiz länger abgerückt wird. Und tatsächlich ist es so. Als wir von 15 Sekunden Abrücken auf 30 Sekunden übergingen, stellte sich diese Abhängigkeit wieder ein.

Ich weiß nicht, ob Ihnen das verständlich ist oder nicht. Der Befund ist vollkommen gesichert. Wenn Sie die Dauer des Abrückens verlängern, stellt sich die Abhängigkeit wieder ein.

W. K. Fjodorow: Gewöhnlich kommt das bei einem hypnotischen Zustand vor. Liegt nicht auch hier infolge bestimmter Umstände ein hypnotischer Zustand vor?

I. P. Pawlow: Bei diesem Hund fanden sich keinerlei Hinweise auf einen hypnotischen Zustand. Was könnte man denn dagegen einwenden, daß bei dem neuen Abrücken die Erregung auf den Augenblick der Bekräftigung, auf den Zeitpunkt der Wirkung des unbedingten Reflexes entfällt.

A. A. Lindberg: Nein, bei mir nicht, denn ich habe das neue Abrücken auf Kosten einer Verkürzung des Intervalls vorgenommen. Bei mir beträgt das Intervall 4 Minuten. *(304)*

W. K. Fjodorow: Mir scheint, daß dieser Umstand die Schwierigkeit nicht behebt, denn der Hund hat einen Reflex auf die Zeit und zugleich auch einen sehr stabilen Stereotyp: einen Reiz von 15 Sekunden und dann das Futter. Dieser Stereotyp bleibt in gleicher Weise bestehen.

I. P. Pawlow: Es ist schwer zu entscheiden, ob das tatsächlich nur von geringer Bedeutung ist. Wir wollen uns nicht sonderlich daran klammern. Wir werden diesen Versuch jetzt an einem anderen Hund anstellen, und wenn unsere Überlegungen falsch sind, dann werden uns gewisse Besonderheiten an dem anderen Hund schon zeigen, was in Wirklichkeit vor sich geht. Zunächst mag das Problem also weiterhin als ungelöst gelten.

Wenn Sie bei den nächsten Versuchen an „Argus" sowohl die Pause verlängern als auch mit Brom wirken, müßte eigentlich dasselbe wie bei „Dwoika" geschehen. Ich bin gespannt, ob auch bei ihm das Stärkegesetz unwirksam wird, wenn wir beide Bedingungen zugleich anwenden.

I. S. Rosental: Hierzu gehört doch auch die Tatsache, daß das Erlöschen bei größeren Intervallen langsamer geht.

I. P. Pawlow: Ja. Diesen Versuch hat schon Babkin angestellt.

8. FALL VON UNGÜNSTIGEM EINFLUSS EINER ARBEITS-UNTERBRECHUNG NACH LÖSUNG SCHWIERIGER AUFGABEN („WOLTSCHOK")

I. P. Pawlow: Dann haben wir noch „Woltschok", einen Hund, der dadurch zerrüttet wurde, daß bei ihm während sehr langer Zeit, etwa zwei Monate lang, ein sehr starker Reiz angewandt wurde. Bis zu den Sommerferien vertrug er ihn. Die Schwäche seines Nervensystems äußerte sich nur darin, daß die Effekte auf die Reize unter dem Einfluß dieses sehr starken Reizes gegen Ende dieser Periode etwas schwächer wurden. Als aber nach Verlauf von vier Monaten wiederum derselbe Reiz bei ihm gesetzt wurde, erwies er sich als völlig pathologisch. Zunächst also hatte sich das Nervensystem anscheinend ohne Schädigung gehalten, als aber eine Pause gemacht worden war, kapitulierte es. „Woltschok" wurde vollkommen invalide, nahm kein Futter mehr, die Reflexe verschwanden usw.

Ich habe davon schon berichtet und auch erwähnt, daß er mit einer Kombination von Brom und Koffein geheilt wurde. Dann wurden zwei neue Reize angewandt, von denen der eine ein Differenzierungsreiz war. Ganz zu Beginn der Ausarbeitung der Differenzierung kam es zu einer fünftägigen Unterbrechung. Nach dieser Unterbrechung lehnte der Hund im Gestell das Futter ab, d. h., es wiederholte sich das gleiche, was bei dem sehr starken Reiz aufgetreten war, die Folgen der Überbeanspruchung äußerten sich nach der Unterbrechung.

Es ist hochinteressant, daß genau dasselbe bei dieser neuen, geringfügigen Aufgabe geschah. Als während dieser zweiten ständigen Belastung eine Pause von 5 Tagen gemacht wurde, befand sich der Hund hinterher in stark geschwächtem Zustand und weigerte sich zu fressen, d. h., es geschah absolut dasselbe wie im ersten Fall, nur in anderem Maßstab. *(305)*

Nach der Unterbrechung verfiel der Hund in einen hypnotischen Zustand, in einen gehemmten, schwachen Zustand.

M. K. Petrowa: Ich möchte Sie daran erinnern, daß Kastraten, denen man 2 Tage Erholung gönnt, besser arbeiten, wenn man ihnen aber 5 bis 6 Tage gönnt, schlechter.

I. P. Pawlow: Dafür habe ich letztes Mal eine Erklärung gegeben und weiß auch kaum eine andere. Ich habe es so erklärt, daß im Organismus gegen jeden starken Reiz sofort Maßnahmen ergriffen werden müssen, die der erregenden Wirkung dieses Reizes entgegenwirken. Es kommt zu einem Kampf zwischen der Wirkung des starken Reizes und den Schutzmitteln des Organismus. Wenn der Reiz nicht mehr angewandt wird, werden die Abwehrmaßnahmen eingestellt, während sich aber die Nachwirkung des starken Reizes noch bemerkbar macht. Das äußert sich dann in einem pathologischen Zustand.

I. O. Narbutowitsch: Darf ich ein paar Worte sagen? Mir scheint, hier könnte man unter dem Aspekt der Lehre vom Stereotyp vorgehen. Zum Beispiel bei dem Befund von M. K.: Wenn eine Pause von einem Tag gemacht wird, ist das für den Hund keine ausgefallene Angelegenheit; denn auch normalerweise kommen Feiertage vor, und deshalb wirkt sich eine Unterbrechung von einem Tag nicht auf den Stereotyp aus. Wird die Erholungszeit aber verlängert, dann treffen in dieser Zeit neue Reize auf den Hund. Eine Veränderung des Stereotyps tritt ein.

I. P. Pawlow: Aber wie wirkt der Stereotyp?

I. O. Narbutowitsch: Wenn auch der Hund während der Sommerferien von der Arbeit mit den bedingten Reflexen frei ist, so läuft doch bei ihm irgendeine Nerventätigkeit ab, und folglich wird bei ihm ein neuer Stereotyp geschaffen.

I. P. Pawlow: Eine bestimmte Arbeit, die er ihm Laboratorium geleistet hat, ist weggefallen.

I. O. Narbutowitsch: Unser künstlich geschaffener Stereotyp ist weggefallen, aber seine natürliche Nerventätigkeit geht weiter.

I. P. Pawlow: Tatsache ist, daß während des Sommers unsere Laboratoriumsarbeit wegfällt. Was ergibt sich daraus?

I. O. Narbutowitsch: Daß sich seine Nerventätigkeit verändert.

I. P. Pawlow: Es dürfte wohl gerade umgekehrt sein: Wenn die Laboratoriumsarbeit kompliziert war, dann muß die Unterbrechung die Schwierigkeit beheben. Der Hund müßte sich erholen. Sie mögen es drehen und wenden, wie Sie wollen, es klappt nicht.

I. O. Narbutowitsch: Das Training ist weggefallen.

I. P. Pawlow: Das heißt, die Gegenwirkung des Organismus gegen die pathogene Wirkung ist weggefallen. Es ist ganz klar, daß unsere ganze Funktion darauf beruht, daß sich nach jeder Reizung in der Zelle sofort eine Hemmung entwickelt, um sie wieder zu normalisieren.

Alles Gute! *(306)*

MITTWOCHKOLLOQUIUM

vom 4. Dezember 1935

1. ÜBER DIE PRIMÄRE SCHWÄCHUNG DES HEMMUNGSPROZESSES BEI ANGESPANNTER RINDENTÄTIGKEIT. ANALYSE DER ERGEBNISSE VON UMARBEITUNGEN BEDINGTER REIZE IN ENTGEGENGESETZTE („MARSIK", „RATNIZA", „SOLOTISTY", „BELOGRUDKA")

I. P. PAWLOW: Sprechen wir noch einmal über das gleiche Thema, über die Schwierigkeit unserer Analyse. Wir haben es ständig mit zwei entgegengesetzten Prozessen zu tun, und jedesmal, wenn wir bestimmte Erscheinungen finden, müssen wir die Frage klären, ob es sich um eine Verstärkung des einen und eine Schwächung des anderen Prozesses handelt oder umgekehrt.

Wir können also die Befunde nicht einfach so nehmen, wie sie vor unseren Augen stehen, sondern müssen vielmehr eine schwierige Analyse durchführen.

Wie Sie sich erinnern, sprach ich über die Umarbeitung entgegengesetzter bedingter Reflexe in ihr Gegenteil. Der Befund, der sich bei dieser Umarbeitung der Prozesse gewöhnlich ergibt, sieht so aus, daß sich der neue Hemmungsprozeß anscheinend leicht bildet, während sich der neue Erregungsprozeß als schwach erweist. Der unmittelbare Eindruck besteht darin, daß bei der Umarbeitung der Erregungsprozeß leidet.

Die Analyse hat aber das Gegenteil ergeben, daß der Hemmungsprozeß schwächer ist und nicht der Erregungsprozeß, während die scheinbare Schwächung des Erregungsprozesses eine mittelbare, sekundäre Erscheinung ist, die auf einer Schwächung des Hemmungsprozesses beruht. Der geschwächte Hemmungsprozeß irradiert und setzt so den Effekt des positiven Prozesses herab.

Jetzt haben sich an verschiedenen Hunden weitere Bestätigungen für diese These ergeben. So war es bei „Marsik". Ich habe vier Beweise dafür beigebracht, daß gerade der Hemmungsprozeß schwach ist, während sich die Schwächung des Erregungsprozesses in einer Irradiation vom Hemmungsprozeß auf den positiven Prozeß äußert.

Jetzt kann ich diesen vier Befunden noch einen fünften hinzufügen, und zwar folgenden.

Wenn das erste Paar entgegengesetzter Reflexe angewandt wird, steht im Laufe des Versuchs gewöhnlich ein positives Metronom oder ein anderer positiver Reiz davor. *(307)*

Wenn die Funktionen dieser Reize durch die Umarbeitung eingestellt werden, so daß der positive hemmend und der frühere hemmende positiv wird, dann wird der hemmende Reiz vor den neuen positiven gestellt. Dann ist es möglich, daß der hemmende Reiz, wenn er schwach ist, eine Hemmungsirradiation auf den neuen positiven ergibt und folglich der Effekt des letzteren herabgesetzt wird.

Wie läßt sich das beweisen? Einer der einfachsten Beweise ist die Umstellung der Reize. Es stellte sich heraus, daß der positive Reiz in diesem Fall seine normale Größe erreicht. Das ist der fünfte Beweis dafür, daß nicht der Erregungsprozeß an sich schwach ist, sondern daß er durch den neuen Hemmungsprozeß beeinflußt wird. So war es bei dem einen Hunde.

Als bei einem anderen Hunde, bei „Ratniza", die entgegengesetzten bedingten Reize umgearbeitet wurden, erreichte weder der eine noch der andere seine frühere Größe: Der Erregungseffekt war schwächer, als er sein sollte, und auch die Differenzierung war größer, als sie hätte sein sollen. Aber das Verhältnis hielt sich. Der neue positive Reflex war etwas größer als der neue hemmende.

Man hätte annehmen können, daß beide gelitten haben, sowohl der Erregungs- als auch der Hemmungsprozeß, aber das erwies sich als falsch. Wiederum entsprach das, was man sah, nicht dem Wesen und der Wirklichkeit. In Wirklichkeit war wieder der Hemmungsprozeß schwächer geworden, der vollkommen enthemmt wurde und eine Irradiation der Hemmung auf den Erregungsprozeß ergab. Weshalb? Als die Umarbeitung weitergeführt wurde, festigte sich der Hemmungsprozeß, wurde stark und konzentrierte sich; infolge dieser Festigung stieg der Effekt des Erregungsprozesses an. Wiederum lag die primäre Ursache für diese Erscheinung in einer Schwäche des Hemmungsprozesses, von dem aus die Hemmung ständig irradiierte. Das ist ein augenfälliger Beweis.

Nun über die Versuche an „Solotisty". Sie erinnern sich, er ist ein sehr träger Hund, bei dem keine konstanten bedingten Reflexe zu erzielen waren; sie schwankten und verschwanden vollkommen. Als dann W. W.[1] statt der Pausen von 5 Minuten solche von 9 Minuten machte, wurden die bedingten Reflexe konstant und erreichten eine beträchtliche Größe.

Dann wurden die Reflexe umgearbeitet. Im allgemeinen ist „Solotisty" ein starker ausgeglichener, aber träger Typ.

Bei der Ausarbeitung einer Differenzierung zeigte sich, daß der Hemmungseffekt scheinbar in Ordnung war, der Erregungseffekt war dagegen die ganze Zeit über unbeträchtlich. Wieder sah es so aus, als ob der Erregungsprozeß gelitten hätte und nicht der Hemmungsprozeß. Als jedoch der Hemmreiz ausgeschaltet wurde, stieg das ganze System der bedingten Reflexe und auch das positive Metronom. Es wurde offenkundig, daß die Schwäche im Hemmungsprozeß und nicht im Erregungsprozeß liegt. *(308)*

Auf diese Weise überzeugen wir uns immer wieder davon, daß bei Umarbeitungen vor allem der Hemmungsprozeß leidet und die äußere Erscheinung nicht dem Wesen der beobachteten Phänomene entspricht.

---

[1] W. W. Jakowlewa

Ich kann noch einen vierten Fall anführen, „Belogrudka", einen Hund von S. W.[1] Bei ihm wurde nach der Umarbeitung der Hemmreiz träger, als er vorher war. Vorher, vor der Umarbeitung, ergab der Hemmreiz ein vollständiges Ausbleiben der Speichelabsonderung, während er nach der Umarbeitung in den ersten Sekunden nach Beginn der Wirkung des Hemmreizes eine gewisse Enthemmung zeigte. Also ist der Hemmungsprozeß nach der Umarbeitung geschädigt und träger geworden.

Außerdem änderte sich auch der Erregungsprozeß beträchtlich. Das äußerte sich darin, daß er geringer wurde und der Verlauf umgekehrt war. Früher nahm die bedingte Speichelabsonderung vom Beginn der isolierten Wirkung des positiven Reizes bis zum Augenblick seiner Bekräftigung allmählich zu, wie es normalerweise sein soll. Jetzt ist es umgekehrt. Die Kurve der bedingten Speichelabsonderung fällt gegen Ende des Abrückens ab. Also haben scheinbar beide Prozesse gelitten, der Erregungs- und der Hemmungsprozeß. Wir wissen jedoch, daß sie in gegenseitiger Abhängigkeit stehen. Hier fand sich ein Beweis, daß das Ganze durch eine Störung des Hemmungsprozesses bedingt ist.

Vorher, vor der Umarbeitung dieser entgegengesetzten bedingten Reize, war bei dem Hund die Wirkung einer großen Bromdosis (7 g) ausprobiert worden. Sie hatte eine Schädigung des Hemmungsprozesses zur Folge. Der Hemmungsprozeß wurde träge, d. h., er wurde zu Beginn der Wirkung des Differenzierungsreizes ein wenig enthemmt. Dasselbe passierte auch mit dem Erregungsprozeß, die Kurve der bedingten Speichelabsonderung zeigte einen entgegengesetzten Verlauf.

Wie kann man das auffassen? Der Hemmungsprozeß ist zweifellos schwächer geworden, wie aus der veränderten Wirkung des negativen Reizes ersichtlich ist.

Bei der Wirkung des positiven Reizes greift unter normalen Bedingungen gewöhnlich eine Hemmung in Form des Verspätens ein. Die Umkehr des Verlaufs der Speichelabsonderungskurve kann man natürlich auch aus einer Schwächung der Wirkung des Hemmungsprozesses und seiner trägen und allmählichen Entwicklung erklären.

Genau dasselbe ergab sich bei der Umarbeitung. Das ist ein neuer Beweis dafür, daß bei der Umarbeitung nicht der Erregungsprozeß leidet, sich verändert und von der Norm abweicht, sondern der Hemmungsprozeß. Die Veränderung des Erregungsprozesses ist eine mittelbare Erscheinung, ein sekundäres Phänomen. Sie sehen also, ein und dasselbe wiederholt sich auf verschiedene Weise. Trotz der äußeren Erscheinung besteht das Wesen der Sache bei der Umarbeitung darin, daß der Hemmungsprozeß mehr leidet als der Erregungsprozeß. *(309)*

Auf diese Weise wird unsere alte Vorstellung bestätigt, daß bei allen schwierigen Zuständen in erster Linie der Hemmungsprozeß leidet. Deshalb haben wir ihn für besonders instabil, schwächlich und labil gehalten, was jetzt bei der Analyse unserer zahlreichen Versuche bestätigt wird.

---

[1] S. W. Klestschow

2. VERSUCHE, AN DEN BEDINGTEN REFLEXEN DIE REGELN JU. W. FOLBORTS ÜBER DIE ERSCHÖPFUNG UND REGENERATION DER SPEICHELDRÜSEN ZU BESTÄTIGEN. BEDEUTUNG DER VERSUCHE W. K. FJODOROWS. ZUM PROBLEM VON ÄUSSERER ERSCHEINUNG UND WESEN DER PHÄNOMENE

I. P. Pawlow: Ich habe Ihnen erzählt, daß Ju. W. schon seit langem den Regenerationsprozeß des Gewebes nach einer Funktion sehr sorgfältig erforscht und diese Untersuchungen, wie mir scheint, auch weiterhin fortsetzt. Sein Forschungsobjekt ist die Speicheldrüse, womit auch ich mich zu Beginn meiner Tätigkeit befaßt habe. Auf Grund seiner Befunde ist er zu bestimmten Thesen oder Regeln gekommen. Ich habe mir vier dieser Regeln aufgeschrieben.

W. K. hat sich nun auf den Standpunkt gestellt, daß dasselbe natürlich auch bei der Funktion der Nervenzelle auftreten muß. Er wollte also das, was sich bei Folbort an der Speicheldrüse ergeben hat, in Beziehung zur Nervenzelle bringen. Es handelt sich darum, daß die Arbeit und Erschöpfung der Speicheldrüse durch die Menge des organischen Stoffes bestimmt wird, den diese Drüse zu erzeugen imstande ist.

Die erste Regel Folborts für die Speicheldrüse bestand darin, daß bei Erschöpfung, wenn die Drüse fast nur noch Wasser und keine organische Substanz mehr liefert, zwei kurze Fütterungen genügen, um die Funktion der Speicheldrüse wiederherzustellen und im Speichel einen größeren Rückstand zu bekommen.

W. K. wollte dasselbe am Hunde bei ununterbrochenem Auslöschen eines bedingten Reflexes sehen.

Für den Hund „Sokol" ist ein Knall ein starker Reiz. Dieser Reiz wird ausgelöscht, wobei alle 20 Sekunden gemessen wird. Am Ende der 7. Minute ergeben sich 3 Nullwerte, d. h. ein völliges Ausbleiben der Speichelabsonderung während dreier Beobachtungsperioden. Nach 20 Sekunden wird die isolierte Wirkung des Reizes für 5 Sekunden ausprobiert. Bei den Versuchen von Folbort wurde also gefüttert, und hier wird mit dem bedingten Reiz 5 Sekunden lang gereizt; dabei tritt praktisch keinerlei Effekt auf. W. K. läßt weitere 20 Sekunden verstreichen, dann probiert er den bedingten Reiz zum zweitenmal. Dabei erhält er 5 Teilstriche Speichel. Wie Sie sehen, passiert genau dasselbe wie mit der Fütterung bei der Speicheldrüse. Beim erstenmal nach dem Auslöschen erhielt er einen Nullwert und beim zweitenmal eine Speichelabsonderung.

Die zweite These Ju. W.s: Nach intensivem Abbau geht die Regeneration schneller als nach langsamem Abbau. W. K. *(310)* löscht mit Unterbrechungen in der Weise aus, daß 10 Sekunden lang der bedingte Reiz wirkt, 10 Sekunden Pause, 10 Sekunden Reiz, 10 Sekunden Pause usw. Das führt er zunächst mit einem starken Reiz durch, der die Nervenzellen der Hirnrinde stark abbaut, und dann mit einem schwachen. Sie erinnern sich, er fand, daß bei einem starken Reiz der Effekt der Pausen geringer ist als der Effekt der Reizwirkung. Folglich stellen sich jetzt die Nervenzellen intensiver wieder her, es tritt eine Hemmung auf, da er die Hemmung mit der Erschöpfung in Analogie setzt. Bei einem schwachen Reiz ist es umgekehrt: Die Effekte der Speichelabsonderung waren in den Pausen und in den Reizperioden gleich.

Wiederum findet sich gleichsam eine vollständige Reproduktion des FOLBORT-schen Befundes. Sie wissen, dieser Befund ist später von S. W.[1] bestätigt worden. Also wird auch die zweite These bestätigt, da die Erscheinungsweise der Phänomene gleich ist.

Nun die dritte These. Wenn in der Pause eine vollständige Regeneration nach Erschöpfung der Zelle vor sich gegangen ist, dann ergibt der folgende Abbau eine beschleunigte Regeneration. So fand FOLBORT es an der Speicheldrüse.

Jetzt macht W. K. dasselbe an der Nervenzelle mit dem Auslöschen. Er nimmt einen bedingten Reflex, löscht ihn aus und stellt ihn nach einer bestimmten Zeit, gewöhnlich nach 6 Minuten, wieder her, indem er die Bekräftigung anwendet. Bei der ersten Bekräftigung erhält er einen Teilstrich, dann bekräftigt er nach 6 Minuten noch einmal und bekommt 14, dann 16 und schließlich 25 Teilstriche. Nach vier Bekräftigungen hat er also die normale Größe des bedingten Reflexes, mit der das erste Auslöschen begann.

Dann löscht er den Reflex von neuem aus und versucht, ihn nach denselben Pausen zum zweitenmal wiederherzustellen. Dabei ergibt sich ein neuer Verlauf der Regeneration. Während im ersten Fall nach der ersten Bekräftigung die Speichelabsonderung einen Teilstrich beträgt, sind es im zweiten Fall 11 Teilstriche, nach der zweiten Bekräftigung entsprechend 14 und 20 und nach der dritten 16 und 20 Teilstriche.

Es ergab sich ein streng symmetrischer Verlauf der Erscheinungen, genau wie bei der Speicheldrüse.

Schließlich die vierte These FOLBORTS: Wenn man wiederholt bis zur Grenze, bis zur vollkommenen Erschöpfung der Speicheldrüse arbeitet, verzögert sich die Regeneration beträchtlich.

Nun macht W. K. das an der Nervenzelle der Hirnrinde wieder mit dem Auslöschen.

Zunächst liefert der Knall eine Speichelabsonderung von 32 Teilstrichen. Das vollständige Erlöschen ergibt sich bei 3 Minuten ununterbrochener Reizwirkung. Nach einer Pause von 5 Minuten stellt sich die Größe des bedingten Reflexes wieder her und erreicht 35 Teilstriche. Nach 5 Minuten wird zum zweitenmal ausgelöscht.

Das Erlöschen geht sehr schnell: In der zweiten Minute tritt vollständiges Erlöschen ein. 5 Minuten Pause. Der bedingte Reflex stellt sich wieder her, *(311)* freilich jetzt geringer, und beginnt mit 9 Teilstrichen. Das dritte Auslöschen geht noch schneller.

Dann passierte eine zufällige Verzögerung im Versuch, irgendeine Vorrichtung löste sich am Hunde. Das folgende Auslöschen verlangsamte sich deshalb und dauerte 3 Minuten. Als er das Auslöschen noch viermal wiederholte, stellte sich

[1] S. W. KLESTSCHOW

der Reflex nach 5 Minuten nicht wieder her, d. h., es kam in unserer Terminologie zum vollkommenen Auslöschen oder, analog gesprochen, zu einer vollkommenen Erschöpfung der Zelle. Verständlicherweise war dann die Regeneration des bedingten Reflexes stark erschwert. Die Ausgangsgröße des bedingten Reflexes, mit der die Auslöschversuche an diesem Tage begonnen hatten, wurde erst bei der siebenten Bekräftigung wieder erreicht. Wiederum finden wir eine vollkommene Reproduktion der FOLBORTschen Regel.

Sie sehen also, daß alle vier FOLBORTschen Regeln, die von ihm für die Speicheldrüse aufgestellt wurden, wo es sich unstrittig um eine Erschöpfung und Regeneration handelt, da die Gewichtsmenge der erzeugten Trockensubstanz in dieser Drüse bestimmt wurde, restlos bestätigt worden sind. Aber der Parallelismus der Erscheinungen sagt nichts über den Parallelismus ihres Wesens aus. Im Nervensystem gibt es doch zwei verschiedene Prozesse, Hemmung und Erregung, wobei wir noch nie versucht haben, die Hemmung vollständig mit der Regeneration zu identifizieren. Wir haben gesagt, daß sie irgendwie zusammenhängen, daß die Hemmung durch einen Abbau hervorgerufen wird, haben aber nie gesagt, daß Hemmung und Regeneration identisch sind. Dann ist verständlich, daß das Wesen der Sache natürlich unterschiedlich ist, wenn sich auch die äußere Erscheinung dieser Versuche deckt.

Nehmen wir z. B. den letzten Versuch. Wohlbegründet sagen wir einfach, daß durch das wiederholte Auslöschen der Hemmungsprozeß wesentlich verstärkt worden ist. Deshalb muß der Erregungsprozeß sehr lange gegen die Verstärkung der Hemmung ankämpfen, um schließlich seine Stärke zu zeigen.

Sie sehen, daß diese Befunde, obwohl sie äußerlich ähnlich sind, hinsichtlich des Wesens der Sache dennoch unterschiedliche Bedeutung haben.

Soll man nun aber von diesen Versuchen W. K.s sagen, sie seien vollkommen nutzlos? Nein, das kann man auf keinen Fall sagen. Es sind nützliche Verfahren zur Variierung der Versuche. Besonders wertvoll ist die zweite und dritte Form der Versuchsanordnung von W. K. Sie haben uns zur Entdeckung neuer Befunde geführt.

All das ist also sehr interessant. Die äußere Erscheinung ist das eine, das Wesen aber etwas anderes.

Ich weiß nicht, inwieweit das allen verständlich geworden ist und Ihnen leicht eingegangen ist, weil es sich um etwas Neues, Eigenartiges handelt.

3. BEDEUTUNG DER VERHÄLTNISSE ODER FREQUENZEN ALS BESONDERE FORM EINES BEDINGTEN REIZES (VERSUCHE A. O. DOLINS, ANALYSE DER BEFUNDE UND DISKUSSION)

I. P. PAWLOW: Und nun, meine Damen und Herren, eine andere Frage, die mir viel Kopfzerbrechen verursacht hat. Ich muß höchst aufmerksam sein, um mit dieser Angelegenheit klar zu kommen. Es bezieht sich auf die Versuche von A. O. und erfordert gehörige Anspannung der Aufmerksamkeit. *(312)*

Sie erinnern sich, daß bei uns seit den ersten Arbeiten S. W.s[1] das Problem behandelt wird, welche Bedeutung nicht ein Einzelreiz, sondern ein Verhältnis von Reizen für die bedingten Reflexe hat.

In der ersten Arbeit S. W.s und dann auch in der zweiten wurde vollauf die Tatsache bestätigt, daß ein Verhältnis von Reizen, eine gewisse Reizkombination, einen selbständigen Faktor darstellt, aus dem man einen besonderen bedingten Reiz machen kann. A. O. hat das in anderer und sogar noch demonstrativerer Form wiederholt und die Richtigkeit der Versuche S. W.s bestätigt. Er nahm einen intermittierenden Reiz, ein Metronom, wobei, wie wir es immer gemacht haben, 120 Schläge je Minute den positiven Reiz darstellten und 60 Schläge in der Minute den negativen. Als er dieselben Unterbrechungsfrequenzen bei anderen Reizen anwandte, die sich nicht nur auf den akustischen Analysator bezogen, stellte er fest, daß die Reizfrequenzen in der Großhirnrinde des Hundes verallgemeinert werden.

Das Verhältnis als Reiz wird also vollkommen generalisiert; es erstreckt sich nicht nur auf den Analysator, zu dem der untersuchte Reiz gehört, sondern auch auf einen anderen Analysator. So liefert z. B. Licht bei 120 Unterbrechungen in der Minute einen positiven Wert und bei 60 Unterbrechungen in der Minute einen Hemmwert, der im Vergleich zum positiven geringer ist.

Das habe ich Ihnen schon berichtet. Dieser Befund wurde bestätigt.

Eine neue Ergänzung wurde auf dem letzten und vorletzten Kolloquium erwähnt. Sie bestand darin, daß er eine 60mal in der Minute unterbrochene Klingel bekräftigt, 120 Unterbrechungen dagegen nicht, wobei die Versuche nur mit Klingelreizen durchgeführt werden und die Metronome weggelassen werden. Eine solche Umarbeitung eines generalisierten bedingten Reizes erfordert Mühe. Schließlich hat er es erreicht, daß die Klingel-60 positiv wurde, die Klingel-120 aber hemmend. Als er danach das Metronom ausprobierte, ergab es entsprechend veränderte Effekte. Das war die neue Ergänzung.

Und nun kommt die allerneueste. Jene ersten Befunde sind relativ einfach, dieser letzte Befund aber ist schwierig für einen Kopf, der anscheinend auf eine bestimmte Beweglichkeit beschränkt ist.

Folgender Befund ist ebenfalls interessant. Metronom-120 ist positiv und Metronom-60 hemmend. Sie setzen nun außerdem das Metronom-200. Auf Grund unserer früheren Befunde und allgemeiner Überlegungen muß dieser Reiz einen stärkeren Effekt ergeben als das Metronom-120. Das ist eine einfache, altbekannte Tatsache. Wenn Sie jetzt neuerlich das Metronom-120 ausprobieren, ergibt sich etwas Neues: Der Effekt ist wesentlich geringer, als er vor der Anwendung des Metronoms-200 war. *(313)*

Das wiederholte sich bei allen Hunden. Man muß also mit diesem Befund rechnen. Wie ist er zu interpretieren? Er ist ziemlich einfach zu verstehen. Es handelt sich darum, daß im Nervensystem die maximale Unterbrechungsfrequenz als positiver bedingter Reiz herrscht, die geringere Frequenz aber als hemmender Reiz.

---

[1] S. W. Klestschow

Man könnte nun einwenden, weshalb denn der Effekt auf das Metronom-120 geringer wurde, als er vor Anwendung des Metronoms-200 war. Man könnte die Interpretation vorschlagen, daß das Metronom-200 als stärkerer Reiz, der einen Erregungsprozeß von stärkerer Konzentration hervorruft, auf den bedingten Reflex des Metronoms-120 durch die Stärke seiner negativen Induktion einwirken könnte.

Dann müßte man notwendigerweise beim Hemmungsmetronom denselben Versuch anstellen. Es war zu erwarten, daß sich dieses Verhältnis auch am anderen Ende der Metronomfrequenz äußern würde. Es war anzunehmen, daß sich Metronom-30 als hemmend erweisen würde. Der Versuch bestätigte unsere Annahme: Metronom-30 erwies sich als hemmend. Aber danach hätte Metronom-60 positiv werden müssen, denn jetzt sind auch hier zwei Typen von Reizen: einer mit geringer und einer mit hoher Frequenz; der mit der selteneren Frequenz ist hemmend, und Metronom-60 hätte als höher frequent im Vergleich zu Metronom-30 positiv sein müssen. Aber im Versuch erwies es sich ebenfalls als hemmend. Sie sehen, zwischen der Bedeutung der extremen Metronome ergab sich ein Widerspruch. Folglich wird anscheinend unsere Vermutung nicht bestätigt. Eine verzwickte Sache! Gestern habe ich das bei meiner altersbedingten geringen Beweglichkeit der Nervenprozesse nicht sofort erfaßt. Hier muß man ein wenig überlegen.

Na und, blieb es so? Durchaus nicht, es blieb nicht so. A. O. machte die Frequenz 60 zum positiven Reiz und die Frequenz 120 machte er hemmend. Jetzt, wo 60 positiv und 120 negativ ist, wollen wir doch einmal sehen, was passiert, wenn wir auf 30 übergehen.

Im Versuch zeigte sich, daß die Frequenz 30 sofort einen positiven Effekt ergibt, und wenn wir danach die Frequenz 60 ausprobieren, ergibt diese einen stark herabgesetzten Effekt.

Als ich gestern zum erstenmal davon hörte, habe ich es nicht sofort begriffen. Hier muß man sehr rasch denken können. Das ist eine schöne Prüfung für die Geschwindigkeit der Nervenprozesse. Nun also, meine Damen und Herren, haben Sie das alles erfaßt oder nicht?

Wenn Sie alles bewältigt haben, werde ich weitergehen, denn andernfalls wird es schwieriger, das Ganze zu entwirren. Nach diesem Versuch muß man den Schluß ziehen, daß unsere frühere Erklärung für die positive Wirkung der Frequenz 200 entfällt. Während sich die Verhältnisse am Erregungsprozeß in beiden Fällen ganz deutlich zeigten, hat sich die Bedeutung der Verhältnisse am Hemmungsende wiederum verwischt.

Nehmen Sie die Frequenz 200, dann zeigt sie sich als Hemmreiz. Danach bleibt die Frequenz 120 ebenfalls hemmend. *(314)* Wahrlich, ein tolles Stück! Am Hemmungsende macht sich also das Verhältnis wiederum nicht bemerkbar

Aber damit ist die Sache noch nicht zu Ende. Hier fand sich wieder ein Haken, auf den A. O. seine Aufmerksamkeit lenkte.

Bei anderen Hunden ergab sich ein Unterschied in den absoluten Werten der Hemmungseffekte, und zwar erwies sich bei „Pinscher“ nicht die Frequenz 120, sondern die Frequenz 200 als Grundhemmer, und bei „Hera“ war der Wert bei 200 höher als bei 120. Die Frequenz 200 hatte also gewissermaßen eine positive Wirkung. Strenggenommen, tritt hier also das Verhältnis nicht auf.

Ich wiederhole also: Beim Erregungsprozeß macht sich das Verhältnis bemerkbar, beim Hemmungsprozeß dagegen nicht, und selbst wenn es merklich wird, dann nur ganz geringfügig. Bei einem Hunde machte es sich nicht bemerkbar und bei einem anderen nur in sehr geringem Maße.

Ist damit nun die ganze Reihe der Befunde zu Ende? Wie sich herausstellt — nein. Die Sache hat noch einen weiteren Haken, auf den A. O. sein Augenmerk lenkte. Wenn Sie die Frequenz 200 zum ersten Male anwenden und dieser Reiz auf Grund des Verhältnisgesetzes noch stärker hemmend sein muß als die Frequenz 120 und wenn Sie ihn dann nicht bekräftigen, verstärken Sie also die Hemmung. Es ist möglich, daß sich die Nachhemmung auf die Frequenz 120 auswirkt. Bei dem einen Hunde hat die Frequenz 120 überhaupt keinen Erregungseffekt und bei dem anderen nur einen sehr schwachen.

Dann macht sich das Verhältnis vielleicht doch an beiden Enden bemerkbar. Aber bei dem einen Hund trat die Bedeutung des Verhältnisses zutage, und die Differenzierung wurde enthemmt, bei dem anderen dagegen nicht. Ob das vielleicht deshalb so ist, weil bei dem einen die Hemmung extrem stark ist, während sie bei dem anderen noch durch die Wiederholung trainiert wird?

Diese Frage konnte durch Vergleich der Versuchsprotokolle von „Pinscher“ und „Hera“ überprüft werden. Bei „Pinscher“ kam es durch Eingreifen des Erregungsprozesses nicht zur Enthemmung der Differenzierung auf die Frequenz 120, während das bei „Hera“ der Fall war, d h., der Einfluß des Erregungsprozesses, der Einfluß des Verhältnisses trat zutage.

Es stellte sich heraus, daß bei „Pinscher“ die Hemmung nicht vollständig ist, so daß eine Wiederholung des Hemmreizes ohne Bekräftigung die Hemmung verstärkt.

Folglich können wir erklären, daß sich bei „Pinscher“ die Hemmung vertiefte und die Bedeutung des Verhältnisses verwischte, während das bei „Hera“ nicht der Fall war. Das ist die eine Form der Kontrolle. Es muß aber noch eine andere angewandt werden. Es ist also sehr wahrscheinlich, daß sich das Verhältnis schließlich sowohl beim Erregungsprozeß als auch beim Hemmungsprozeß zeigen wird. Auf jeden Fall, meine Damen und Herren, bin ich davon überzeugt, daß sich viele, die die bedingten Reflexe kennen, diesen Sachverhalt noch nicht klar vorstellen. Das ist nicht so leicht, das ist direkt eine Probe auf die Beweglichkeit des Denkens; ich verspüre das an mir selbst ganz deutlich. *(315)*

I. S. Rosental: Man könnte in einem Versuch das Metronom-200 bekräftigen. Für gewöhnlich hat A. O. es nicht bekräftigt.

I. P. Pawlow: Seine hemmende Wirkung abschwächen? Natürlich können noch einige weitere Versuchsvariationen durchgeführt werden.

F. P. Majorow: Waren die Intervalle gleich?

W. K. Fjodorow: Gestatten Sie eine Frage? Könnte man diesen Befund nicht so auffassen: Vielleicht liegt hier ein unterschiedlicher Konzentrationsgrad des Erregungsprozesses einerseits und des Hemmungsprozesses andererseits vor. Dabei ergibt sich, daß sich der Erregungsprozeß stärker konzentriert als der Hemmungsprozeß. Deshalb ergibt sich auf der positiven Seite nach der Probe mit 200 oder 30 eine negative Induktion von diesem Punkte aus auf den Effekt, je nachdem, auf welcher Seite der Erregungsprozeß steht, aber auf der Hemmungsseite des nachfolgenden Reizes wird dieser Hemmungsprozeß nicht konzentriert, und die Hemmung irradiiert auf die nachfolgende Kombination. Dadurch wird die Bedeutung des Verhältnisses bei Hemmfrequenzen larviert. Das könnte mit dem Typ des Nervensystems der verschiedenen Hunde zusammenhängen.

I. P. Pawlow: Es sei gesagt, daß die Hunde von A. O. alle stark und ausgeglichen sind, so daß diese Annahme unmittelbar ausgeschlossen werden kann.

F. P. Majorow: Ich habe W. K. so verstanden, daß der Sachverhalt nicht aus dem Typenunterschied der Hunde erklärt wird, sondern aus dem Unterschied der Konzentration und Irradiation des Erregungs- und Hemmungsprozesses.

I. P. Pawlow: Aber das läuft doch dem Typ parallel. Wenn der Erregungsprozeß und der Hemmungsprozeß stark sind, dann sind sie auch konzentriert.

P. S. Kupalow: Das ist keine Widerlegung, denn der Hemmungsprozeß und der Erregungsprozeß sind unter besonderen Bedingungen untersucht worden. Wir haben sie schwierigen Bedingungen ausgesetzt. Es geht um das, womit Sie den Bericht begonnen haben, daß immer unter schwierigen Bedingungen der Hemmungsprozeß leidet. Es steht doch außer jedem Zweifel, daß Sie mit diesen extremen Proben sowohl den einen als auch den anderen Prozeß untergraben. Wahrscheinlich leidet der Hemmungsprozeß stärker. Wenn er Befunde aufweisen könnte, die für eine vollständige Hemmung beweisend wären...

I. P. Pawlow: Hier tritt doch etwas Neues auf, und Gott weiß, was; es ist nicht einfach eine Umarbeitung. Sie stoßen hier auf etwas Neues, d. h. also, es geht um die Einmischung eines Orientierungsreflexes. Aber bei einem starken Hunde macht sich der Orientierungsreflex nur wenig bemerkbar.

Man kann beliebig viel Einwände vorbringen. Die Wahrheit darf keine Einwände fürchten. Jede wissenschaftliche Wahrheit bekommt erst dann Bedeutung, wenn sie allen Gegenargumenten gewachsen ist. Für mich ist das kein gewichtiger Einwand, denn hier findet sich nur eine kleine Neuigkeit: Statt 120 sind 200 angewandt worden und statt 60 nur 30, was ist denn das schon für eine Neuigkeit! Hier kommt es zu keinem Zusammenstoß. Also kann man es nicht mit dem vergleichen, was ich über die Schwierigkeit bei der Umarbeitung gesagt habe Das ist *(316)* ein sehr interessanter Sachverhalt. Einerseits ist es eine schöne Illustration für die Bedeutung des „Verhältnisses", dieses bedingten Reizes, der gleichzeitig die gesamte Großhirnrinde umfaßt, und andererseits ist es eine Untersuchung der Geschwindigkeit unserer eigenen Nervenprozesse.

4. PSYCHIATRISCHE KLINIK. VERSCHIEDENE MECHANISMEN DES WAHNS. PROGRESSIVE PARALYSE UND ZWEITES SIGNALSYSTEM

I. P. Pawlow: Nunmehr will ich mich der psychiatrischen Klinik zuwenden. Wie Sie wissen, besuche ich regelmäßig die neurologische und psychiatrische Klinik. Während ich meine Position in der Nervenklinik für sehr stabil und fest halte, weil ich bei der physiologischen Interpretation der Krankheitsbilder buchstäblich (vielleicht hängt das von meiner Phantasie ab, obwohl ich dazu nicht neige) auf keinerlei Schwierigkeiten stoße und das für mich eine sehr leichte Arbeit ist, gerate ich in der psychiatrischen Klinik auf Schritt und Tritt in Sackgassen. Diesen Eindruck habe ich immer wieder.

In der Nervenklinik haben wir es nicht mit dem Wahn zu tun, d. h. mit einem entstellten Verhältnis des Menschen zu seiner Umwelt. Was ist der Wahn? Es ist ein entstelltes Verhältnis des Denkens zur Umwelt und ihren tatsächlichen Gegebenheiten. In der Nervenklinik tritt diese Entstellung im Denken nicht auf. In der psychiatrischen Klinik dagegen ist sie im Gegenteil eine ständige Erscheinung in Form des Wahns. Ein ganzes Jahr habe ich mich mit dem Wahn befaßt. Der Wahn ist nicht immer von gleicher Art. Allem Anschein nach entsteht er auf Grund ganz unterschiedlicher Mechanismen.

Einen Mechanismus des Wahns habe ich schon im Zusammenhang mit der Phobie eines Hundes von M. K.[1] erwähnt, und zwar meine ich den Verfolgungswahn, wobei es dem Menschen in seinen Gedanken so scheint, als ob andere etwas gegen ihn im Schilde führten. Das ist ein Denkfehler, eine falsche Auslegung der Wirklichkeit. Es ist mehr ein Wahn des Gefühls als ein Wahn des Denkens. Er läßt sich mit vollem Recht auf eine pathologische Entstellung des Hemmungsprozesses zurückführen; denn Furcht ist doch unbestreitbar ein Hemmungsprozeß. Das sehen wir an prägnanten physiologischen Beispielen, wenn Insekten infolge Berührung, infolge einer starken Reizung hinfallen oder wenn höhere Tiere aus Furcht stehenbleiben, zurückweichen, sich an den Boden pressen oder allen anderen Reizen gegenüber unempfindlich werden. Zweifellos ist die physiologische Grundlage der Angst eine Hemmung. Die vielfältigen Ausdrucksformen von Furcht und Angst sind also verschiedene Grade und kleine Variationen des Hemmungsprozesses.

Zum Verfolgungswahn gehören auch Argwohn und Mißtrauen usw. *(317)*

Ich möchte in diesem Fall mich selbst als Beispiel anführen. Ich bin außerordentlich besorgt, wenn zum Beispiel Angehörige meiner Familie, mit der ich sehr herzlich verbunden bin, spät nach Hause kommen (vor allem war das früher der Fall, als die Kinder noch klein waren, und jetzt erstreckt es sich auch auf die Großen), ich aber mit einer früheren Rückkehr gerechnet habe. Sofort denke ich dann an alles mögliche Unheil: ob nicht etwas passiert ist, ob der Autobus keinen Zusammenstoß gehabt hat usw. Ich leide unter dieser Besorgnis. Aber mir ist klar, daß das eine Variation des Hemmungsprozesses ist.

---

[1] M. K. Petrowa

Ich bin ein erregbarer Typ, und mein Hemmungsprozeß ist ausgesprochen schlecht. Ich kann zum Beispiel nicht lange warten. Diese Variation eines schlechten Hemmungsprozesses äußert sich auch in Argwohn, Mißtrauen usw. Ich fasse also diese ganze Reihe von Erlebnissen als pathologische Hemmung auf.

Um zum Problem des Wahns überzugehen, so muß ich sagen, daß es mehrere Arten von Wahn gibt. Ich bin in das Problem eingedrungen. Es haben sich mehrere Mechanismen gefunden.

Die erste Grundlage des Wahns ist ein pathologisch negativer Zustand des Hemmungsprozesses eines Menschen; das sind dann alle Varianten von Angst, dieser Mensch fürchtet alles.

Es gibt auch Arten des Wahns, denen ich ratlos gegenüberstehe und deren physiologische Mechanismen ich mir bisher noch nicht habe erklären können. Von dieser Art ist der Wahn echter Schwachsinniger und progressiver Paralytiker. Gerade jetzt waren in der Klinik zwei progressive Paralytiker. Ihr Denken ist ungereimt, aber sie sprechen vollständig überzeugt.

Wie soll man diesen typischen Wahn eines Schwachsinnigen erfassen? Was liegt hier vor? Worauf beruht er? Gerade damit möchte ich mich jetzt beschäftigen.

Besonders eindrucksvoll war für mich ein progressiver Paralytiker mit rasch verlaufendem Prozeß. Er weiß, mit wem er spricht, faselt aber trotzdem unerträglichen Blödsinn. Wie ist dieser Wahn aufzufassen? Was geht bei ihm vor?

Als ich letztes Mal die Klinik verließ, war ich sehr bedrückt. Es bedrückt mich immer, wenn ich ratlos vor irgendeiner Frage stehe; das macht mich direkt melancholisch.

Wir haben uns zwei Stunden mit diesem Kranken beschäftigt; A. G.[1] war besonders gut in Form, unterhielt sich endlos mit usw. Ich aber ging fort und begriff nichts, und das bedrückte mich sehr.

Zunächst muß entschieden werden, welche Einzelfragen wir uns vorlegen müssen, auf die wir eine Antwort finden müssen, um uns in diesem Problem ein wenig zu orientieren. Ich glaube, auf Grund dessen, was wir wissen, müssen folgende Fragen gestellt werden.

Man muß von dem Gedanken ausgehen, daß unser tatsächliches Verhältnis zur Außenwelt irgendwie auf die Tätigkeit *(318)* von zwei völlig verschiedenen Systemen beruht: Es ist vollkommen klar, daß die Tiere und die Urmenschen, solange diese sich noch nicht zu wirklichen Menschen entwickelt und sich noch nicht unserem Zustand genähert hatten, mit ihrer Außenwelt nur mit Hilfe derjenigen Eindrücke verkehrten, die sie durch jede einzelne Reizung in Form aller möglichen optischen, akustischen, thermischen u. a. Empfindungen erhielten. Dann, als schließlich der Mensch erschien, wurden diese ersten Signale der Wirklichkeit, durch die wir uns ständig orientieren, in beträchtlichem Maße durch Wortsignale ersetzt. Bei einigen erwies sich das Verhältnis dieser Systeme sogar als sehr übertrieben. Verständlicherweise entwickelten sich bei uns auf Grund der Eindrücke der Wirklichkeit, auf Grund dieser ersten Signale der Wirklichkeit die zweiten Signale in Form von Wörtern. Die Menschheit mußte sie bilden, und jeder von uns mußte sie bilden,

[1] A. G. Iwanow-Smolenski

besonders, wenn er zum Studium einer neuen Sprache übergeht: Mit jeder Erscheinung muß er einen neuen Lautkomplex verbinden. Man muß bedenken, daß das zweite Signalsystem nur über das erste Signalsystem und in Verbindung mit ihm Bedeutung hat; wird es aber vom ersten Signalsystem losgelöst, dann sind Sie ein Schwätzer und Phrasendrescher und werden im Leben nicht bestehen können. Das beweisen die Psychastheniker, bei denen das zweite Signalsystem vom ersten losgelöst ist.

Folglich wird ein normaler Mensch, wenn er auch die zweiten Signale benutzt, die ihm die Möglichkeit gegeben hat, die Wissenschaft zu schaffen, sich zu vervollkommnen usw., das zweite Signalsystem nur so lange wirksam benutzen, als es ständig und richtig mit dem ersten Signalsystem in Beziehung steht, d. h. mit dem ganz unmittelbaren Vermittler der Wirklichkeit.

Die erste Frage besteht also in folgendem: Wenn es sich um Schwachsinn, um Gedankenschwäche und um intellektuellen Wahn handelt, dann muß man vergleichen, in welchem Verhältnis das erste und zweite Signalsystem zueinander stehen. Wenn Sie diese Frage gelöst haben, welches System gut und welches schlecht arbeitet, dann ergibt sich die nächste Frage. Wir wissen doch, daß unsere normale Tätigkeit von zwei Nervenprozessen abhängt, vom Erregungs- und vom Hemmungsprozeß. Wir kennen sie, wenn sie normal sind, und wissen, was mit ihnen los ist, wenn sie pathologisch, wenn sie krank werden. Sie können an Stärke verlieren und ganz ausfallen, sie können ihre Beweglichkeit verändern, und zwar nach beiden Seiten, in Richtung auf eine pathologische Beschleunigung oder eine pathologische Verlangsamung. Folglich muß die Tätigkeit des ersten wie auch des zweiten Signalsystems detailliert dahingehend untersucht werden, wie es sich mit den Erregungs- und Hemmungsprozessen bzw. ihrer pathologischen Abweichung im einen und im anderen System verhält. *(319)*

Es unterliegt keinem Zweifel und ist eine ganz offenkundige Wahrheit, daß die Grundgesetze des Erregungs- und Hemmungsprozesses mit all ihren Veränderungen natürlich für beide Signalsysteme in vollem Umfang gültig bleiben müssen.

Das Programm für die Untersuchung des Wahns muß in der Analyse der Grundfragen bestehen, was mit diesen Systemen los ist; vielleicht ist das eine abgeschwächt, das andere nicht, das eine ist schwächer, das andere stärker. Dann muß eine detaillierte Analyse folgen, wie wir sie auch bei unseren Hunden am ersten Signalsystem durchführen.

Wie ist nun das normale Verhältnis zwischen diesen Signalsystemen, dem ersten und dem zweiten? Da alle Menschen im Verkehr untereinander und in ihrer Beziehung zur Wirklichkeit die zweiten Signale, die Worte, benutzen, ist es klar, daß das Wortsystem, das zweite Signalsystem, natürlich vorherrschend und im höchsten Abschnitt des Zentralnervensystems besonders stark in Geltung sein muß und folglich auf das erste Signalsystem ständig negativ induzierend einwirkt. Die Aufteilung in ein erstes und zweites Signalsystem darf man sich aber nicht rein anatomisch vorstellen, sie wird wahrscheinlich hauptsächlich funktionell sein.

Wenn also von einer Aufteilung dieser Systeme die Rede ist, darf man nicht eine anatomische Lokalisation im Auge haben, sondern hauptsächlich eine funktionelle sowie das Training dieser Systeme. Da wir nicht nur im Umgang, sondern auch bei unseren Erlebnissen die Worte benutzen, so ist die allgemein menschliche Tatsache verständlich, daß das zweite Signalsystem das erste ständig am Zügel hält.

Das ist der Grund, weshalb wir uns im Wachzustand niemals Töne oder die Spuren früherer optischer Reize lebhaft vorstellen können. Denn im Wachzustand ist das erste Signalsystem immer stärker gehemmt. Erst wenn sich über die Großhirnrinde eine Schlafhemmung, eine hypnotische Hemmung ausbreitet, tritt das erste Signalsystem in den Vordergrund. Deshalb sehen wir im Schlaf, wenn wir träumen, die Gegenstände in einer Weise, wie wir sie im Wachzustand nicht bemerken. Häufig sehe ich im Schlaf, wie ein Gegenstand vor mir steht, im Schlaf kann ich einen Ton hören, ich höre eine Stimme, die ich im Wachzustand niemals wahrgenommen habe, d. h. eine Stimme, die durch Erinnerungsspuren bedingt ist. Alle früheren Erregungen haben doch Spuren hinterlassen, die sich erneuern können. Im Schlaf nun erreichen diese Spuren die Stärke unmittelbarer Eindrücke, während das im Wachzustand nicht der Fall ist, von gewissen Naturen abgesehen, bei denen das erste Signalsystem besonders stark ist. Bei Künstlern aber kommt es zum Vorherrschen des ersten Signalsystems gegenüber dem zweiten; sie zeichnen Porträts von Personen, die nicht anwesend sind, und stützen sich dabei auf die anschaulich reproduzierten Spuren, als wenn der betreffende Mensch vor ihnen stünde. *(320)*

Es ist also klar, daß man es als Tatsache anerkennen muß, daß im Wachzustand bei uns normalen Durchschnittsmenschen das erste Signalsystem immer gehemmt ist und der Schlafzustand uns diese Spuren in der vollen Stärke ihrer Enthemmung zeigt. Das muß man sich merken.

Wendet man sich der ganzen Mannigfaltigkeit der Funktionen des menschlichen Gehirns zu, dann muß man annehmen, daß der Grad dieses Wechselverhältnisses zwischen erstem und zweitem Signalsystem bei den verschiedenen Individuen außerordentlich unterschiedlich ist.

Ich nehme nicht einmal die extremen Fälle, die Hysteriker und Psychastheniker. Vielmehr ergeben sich auch unter den mehr oder weniger normalen Menschen verschiedene Variationen gesunder Menschen, Variationen des Verstandes: Der eine denkt einwandfrei, aber nicht konkret, nicht real, die Verbindung zwischen erstem und zweitem Signalsystem ist bei ihm ziemlich locker; ein anderer dagegen denkt ebenfalls vernünftig und logisch, hat aber ständig die Tendenz, hinter dem Wort den realen Eindruck zu sehen, d. h. die ersten Signale; er hat zur umgebenden Wirklichkeit stärkere Beziehung als der erste. Auch für die normalen Geister macht sich also der Grad des Verhältnisses zur Wirklichkeit bemerkbar: Beide sind verständig, aber die Erwägungen des einen stehen der Wirklichkeit fern, wähend der andere die Wirklichkeit richtig widerspiegelt. Offensichtlich ist bei dem einen diese Verbindung des zweiten Signalsystems mit dem ersten fest, bei dem anderen dagegen locker.

Natürlich muß man nach dem, was ich gesagt habe, sich weiter fest einprägen, daß das zweite Signalsystem als phylogenetisch jüngeres System (die Tiere und die ersten Urmenschen haben das Wort entweder überhaupt nicht oder nur sehr begrenzt benutzt, während wir auf Schritt und Tritt das Wort gebrauchen) empfindlicher und allen schädlichen Einflüssen zugänglicher, andererseits aber auch komplizierter ist, weil die Wörter und Wortkombinationen weitaus mehr umfassen als das erste Signalsystem. Verständlicherweise wird das zweite Signalsystem infolge der größeren Empfindlichkeit und Kompliziertheit unter dem Einfluß schädlicher Einwirkungen mehr leiden als das erste.

Weiter muß ich über die außerordentliche Kompliziertheit des zweiten Signalsystems, des Wortsystems, noch folgendes sagen. Es hat dem Menschen außerordentlichen Nutzen gebracht. Deshalb ist es gleichsam zum Herrn über das erste Signalsystem geworden. Infolge der Abstraktion, dieser besonderen Eigenschaft des Wortes, die bis zu umfassender Generalisation gegangen ist, haben wir unsere Beziehung zur Wirklichkeit in die allgemeinen Formen von Zeit, Raum und Kausalität gefaßt. Wir benutzen sie einfach als zur Orientierung in der Umwelt bereitliegend, häufig ohne die Tatsachen zu analysieren, auf denen diese allgemeine Grundform, dieser Allgemeinbegriff, beruht.

Gerade dank dieser Eigenschaft der Wörter, welche die Tatsachen der Wirklichkeit verallgemeinern, tragen wir den Forderungen der Wirklichkeit unverzüglich Rechnung und benutzen unmittelbar diese allgemeinen Formen im Leben. *(321)*

Nunmehr gehe ich zu unserem pathologischen Material über. Da wäre also der progressive Paralytiker. In seiner gesamten Hirnrinde befinden sich Spirochäten, wie das von einem japanischen Bakteriologen gezeigt worden ist. Ob nun diese Spirochäten mechanisch wirken, indem sie auf die Nervenzelle drücken, oder ob sie für ihre Existenz Säfte entziehen oder ob sie toxisch wirken, das ist vollkommen einerlei; auf jeden Fall findet sich eine ausgebreitete Einwirkung der Spirochäten auf die gesamte Hirnrinde und ihre beiden Systeme. Da in der Hirnrinde das zweite Signalsystem empfindlicher und komplizierter ist, ist es verständlich, daß sich die pathogene Wirkung vorzugsweise nur im zweiten Signalsystem auswirkt. Mit der Schädigung des zweiten Signalsystems entfallen auch alle Vorteile des Wortes, alle Allgemeinbegriffe, mit denen wir uns in der Umwelt orientieren. Können wir doch im Normalzustand von jeder Erscheinung sagen, ob sie möglich oder unmöglich, real oder irreal ist. Die Allgemeinbegriffe sind im Leben unser ständiges Kriterium.

Beim progressiven Paralytiker ist also das erste Signalsystem noch relativ lebendig und aktiv. Man muß sagen, daß bei ihm offensichtlich in erster Linie das zweite Signalsystem stark geschwächt, wenn nicht sogar völlig zerstört sein muß. Daß es nicht restlos zerstört ist, ist verständlich, versteht er doch Wörter und gebraucht sie auch; folglich ist noch eine gewisse Funktion da, die jedoch beträchtlich geschwächt ist. Die komplizierteren Komplexe des zweiten Signalsystems in Form der Allgemeinbegriffe, Gesetze usw. sind bei ihm natürlich wahrscheinlich zerstört. Er befindet sich in völlig derselben Situation wie ein gesunder Mensch in der ersten Phase des Schlafs oder des hypnotischen Zustandes, wenn man einschläft oder aufwacht. Die ständige negative Induktion von seiten des zweiten Signalsystems wird schwächer, und deshalb erreichen die Spuren des ersten Signalsytems die Stärke unmittelbarer Eindrücke. Andererseits hat der Patient Kombinationen von Eindrücken, die in Wirklichkeit niemals vorkommen, da die Ordnung, die regulierende Tätigkeit des zweiten Signalsystems auf Grund der Allgemeinbegriffe von Zeit, Raum, Kausalität usw. bei ihm fehlt und die Verkettung der Spuren des ersten Signalsystems auf der Grundlage der Allgemeinbegriffe nicht reguliert. Diese Spuren werden auf Grund ihrer relativen Stärke, Frische usw. wiederbelebt. Deshalb können die Verbindungen und Zusammenhänge vollkommen den Gesetzen der Wirklichkeit widersprechen. Sie wissen, wenn Sie Träume haben, wird das zweite Signalsystem nicht mit seinen Allgemeinvorstellungen von den wirklichen Verhältnissen benutzt. Sie sehen Ungereimtheiten, ohne jedoch in der Mehrzahl der Fälle dagegen Einwände zu haben. Das Vergangene vermengt sich mit dem Gegenwärtigen, das eine taucht statt des anderen auf, und zur Wirklichkeit besteht keinerlei Verbindung, aber Sie bleiben teilnahmslos, weil das zweite Signalsystem nicht arbeitet. So muß man das auffassen.

Der Zustand dieses Schwachsinnigen, den wir vergangenen Mittwoch gesehen haben, ist also dem Zustand eines Menschen analog, *(322)* der träumt; sein zweites Signalsystem ist geschwächt. Die Allgemeinbegriffe, die dem Gesetz der Lebensbeziehungen entsprechen, wirken nicht, und es erhebt sich bei ihm keinerlei Widerspruch; gleichgültig, wie sie sich auch verbinden mögen, er stützt sich auf die Empfindungen, die ins erste Signalsystem gelangen und kombiniert sie weiß Gott wie.

Im vorliegenden Falle behauptet dieser Patient nun im Wachzustand ständig, wenn er mit Ihnen spricht, es sei eine Schnur an einen seiner Zähne gebunden, und eine Dame aus Metall ziehe an dieser Schnur. Er sagt ganz klar, es sei eine Dame aus Metall, die sich gleichzeitig bewege, nach oben schwebe und nach unten sinke. Dabei blieb er. Wenn A. G. an dem Gespräch über diese Dame teilnimmt, ihn bei Widersprüchen und Ungereimtheiten ertappt, dann sagt der Patient interessanterweise: „Ich weiß nicht.“ Er dringt in den Sinn des Widerspruchs nicht ein, weil sein zweites Signalsystem nicht normal arbeitet; bei ihm fehlt die vorherrschende Wirkung der Grundbegriffe, die den gesetzmäßigen Beziehungen entspricht. Deshalb verknüpft er seelenruhig diese Ungereimtheiten, wie sie in Träumen beim normalen Menschen verknüpft werden.

So würde ich also diesen ganzen Sachverhalt auffassen. Es ist in erster Linie eine starke Schwächung, wenn auch keine vollständige Zerstörung des zweiten Signalsystems. Daraus resultiert das Fehlen der regulierenden und korrelierenden Einflüsse der verbalen Allgemeinbegriffe, die die Grundgesetze des Lebens in sich widerspiegeln und die es nicht zulassen, daß in den Vorstellungen Verbindungen existieren, die den in der Wirklichkeit vorhandenen Verbindungen widersprechen. Ein solcher Kranker läßt die phantastischsten Verbindungen von Erscheinungen zu, die bei ihm im ersten Signalsystem auf Grund gewisser realer Empfindungen entstehen.

Seine Geschichte ist folgende. Ein Zahn tat ihm weh. Er wurde entfernt. Das mag schmerzhaft gewesen sein, wobei übrigens eine Ärztin den Zahn entfernte. Seine Zähne sind allgemein schlecht. Er hat einen Zahn behalten, der eine Metallkrone hat. Da haben Sie den Eindruck des Schmerzes, dann des Instruments, mit dem dieser Zahn gezogen wurde, dann die Dame, die mit diesem Instrument hantierte usw. Das sind seine realen Grundeindrücke, die auf das erste Signalsystem eingewirkt haben und die er so entsetzlich durcheinandergebracht hat. Er stellt es sich bisher so vor und begreift nicht, daß gar keine Dame da ist.

Und nun stelle ich die Frage: Sind seine weiteren Erzählungen mehr oder weniger aktualisierte Spuren der Vergangenheit? Da sein zweites Signalsystem schlecht arbeitet, ist da vielleicht, wenn er allein ist und ihn keine Fragen stören, wenn er nicht mit Worten erlebt, sondern durch die Spuren von Eindrücken und in den Schlafzustand verfällt, ist da vielleicht zum erstenmal diese von der Wirklichkeit losgelöste Verbindung von Vorstellungen entstanden?

Für mich ist die Frage außerordentlich wichtig, wann bei ihm dieser wüste Wahn entstanden ist, ob zu einer Zeit, als er mit Menschen Umgang hatte *(323)* und sein zweites Signalsystem folglich arbeitete, oder als er allein war und im Schlaf diese Schmerzeindrücke, diese Zange, diese Dame, die den Zahn zog usw., erlebte, d. h. zu einer Zeit, in der das erste Signalsystem so arbeitete, wie es sich jetzt ständig in Form der außergewöhnlich starken Verbindung von Eindrücken wiederholt.

Ich möchte fragen, wer etwas Näheres über die Genese dieses seines speziellen Wahns sagen kann.

P. Ja. Japonzew: Das ist vor dem Zeitpunkt geschehen, als er zu uns kam, und zwar einige Zeit, nachdem man ihm den Zahn gezogen hatte. Der Zahn wurde ihm im Juni gezogen, und nach einiger Zeit trat der erste Wahn auf, wobei er zu Haus erzählte, daß eben diese Frau mit einem Faden an den Zahn angebunden sei. Er sagte das nicht im Schlaf, sondern als Wirklichkeit. Man muß die Tatsache berücksichtigen, daß dieser Wahn andauernd bekräftigt wird, weil akute myelitische Herde im Kiefer zurückgeblieben sind, so daß er ständig diese Schmerzempfindung hat. Das ist die Grundlage dafür, daß seine wahnhafte Einstellung ständig reproduziert und aufrechterhalten wird.

I. P. Pawlow: Wenn ein neuer Wahn auftaucht, ist es höchst interessant zu wissen, wie dieser Wahn entsteht, ob während eines Gesprächs, wenn das zweite Signalsystem immerhin ein wenig arbeitet, oder wenn der Kranke allein ist, wenn er dieses zweite Signalsystem nicht benutzt, sondern unmittelbar aus den Empfindungen lebt und in einen gewissen schlafähnlichen Zustand gerät.

Sie wissen genau, daß wir beim Einschlafen immer gewisse Empfindungen haben. Diese Empfindungen des ersten Signalsystems ergeben Assoziationen, und ein Traum entsteht. Es ist im höchsten Grade interessant, wie schwach doch bei ihm das zweite Signalsystem arbeitet. Weist man ihn auf eine Ungereimtheit hin, dann begreift er sie nicht und antwortet: „Ich weiß nicht". Er ist unfähig, selbst die Widersprüche zu sehen, ihm fehlen die grundlegenden Allgemeinbegriffe, an Hand deren wir uns orientieren. Er kann selbst nichts erwidern, wenn andere ihm widersprechen, denn beim Fehlen des zweiten Signalsystems kann er das nicht beurteilen und sagt dann: „Ich weiß nicht."

Alles Gute! *(324)*

MITTWOCHKOLLOQUIUM

vom 11. Dezember 1935

1. DER SCHWACHE TYP DES NERVENSYSTEMS (K. S. ABULADSES „HERKULES“)

I. P. Pawlow: Zunächst einmal wieder über die Typen. Sie haben von K. S.s Hund „Herkules“ gehört, der auf den bei uns häufig angewandten elektrischen Reiz, die Reizung der Haut mit elektrischem Strom, eine unerwartete Reaktion zeigte. Gewöhnlich wird der Hund dabei entweder unruhig, oder er hebt die gereizte Pfote, oder er tut beides. Aber dieser „Herkules“ legte sich aus irgendwelchen Gründen bei Anwendung der elektrischen Hautreizung jedesmal hin.

Nach einigen Überlegungen haben wir uns auf den Standpunkt gestellt, daß dies eine passive Abwehrreaktion ist. Der Hund rettet sich also vor dieser unangenehmen, zerstörenden Reizung dadurch, daß er sich, wie es schwache Hunde tun, lang auf den Boden legt. Aber das mußte bestätigt werden, denn wir hegten auch noch andere Vermutungen.

Für den Fall, daß es so ist, daß das schwache Nervensystem tatsächlich auf jeden starken Reiz mit einer passiven Abwehrreaktion antwortet, beschlossen wir, das Nervensystem auf andere Weise dadurch zu untersuchen, daß wir einen sehr starken Ton anwandten. Tatsächlich geschah dasselbe. Auch bei dem starken Ton legte er sich sofort im Gestell hin, wobei er in unterwürfiger, jämmerlicher Haltung dalag, mit gesenktem Kopf, zusammengekrümmt wie ein erschrockener Mensch. Nach einiger Zeit, wenn dieser Reiz nicht angewandt wird, steht er dann wieder auf. Dasselbe geschieht auch nach Anwendung des elektrischen Stroms.

Ferner wurde bemerkt, daß er bei einem starken Reiz, der auf ihn einwirkt, nicht nur eine passive Abwehrhaltung einnimmt, sondern außerdem auch noch weint. Es ergibt sich also, daß es ein sehr schwacher, melancholischer Typ ist, ein hündischer Heulpeter.

Nachdem der elektrische Strom mehrmals und der starke akustische Reiz zweimal angewandt worden waren, stand „Herkules“ in den Pausen nicht mehr auf. Er lag ständig in dieser jämmerlichen Haltung, und seine Augen wurden naß.

Darauf beschlossen wir, den Hund in ein anderes Zimmer zu bringen. Stellen Sie sich vor, in dem anderen Zimmer blieb er stehen, und seine Augen blieben trocken. *(325)*

Das ist ein weiterer Beweis dafür, wie bedingt alle Einwirkungen sind. Da er den starken Reiz in dem einen Zimmer bekommen hatte, in der einen Umgebung, wurde die Umgebung selbst zu einem starken Reiz. Das ist eine sehr schöne Illustration dafür, wie alles das bedingt werden kann.

Nun ergibt sich für uns die Frage, ob es sich hier um einen schwachen Typ handelt, oder ob es Charakter, erworbene Züge sind. Das wird die Untersuchung des Typs nach dem Standard ergeben, den wir zur Untersuchung dieser Typen anwenden. Wir haben bis jetzt noch keinen Hund gesehen, bei dem sich die Reaktion in einer so typischen Abwehrhaltung und sogar in Tränen äußert.

K. S., bleibt er weiterhin in derselben Kammer?

K. S. Abuladse: Bisher ist er bald in der einen, bald in der anderen.

I. P. Pawlow: Und immer ist es so, daß er in der einen Kammer liegt, in der anderen aber steht. Der allgemeine Anblick des Raumes hat sich in einen bedingten Reiz und in eine pathologische Reaktion verwandelt und ersetzt den Strom.

Jetzt werden wir den Typen etwas mehr Augenmerk widmen, denn nach der Ermittlung der Grundtypen müssen wir auch alle Variationen und Zwischentypen erfassen, die bei unserem Hundematerial begegnen.

2. ÜBER DIE REFLEXE AUF EIN VERHÄLTNIS ODER AUF EINE UNTERBRECHUNGSFREQUENZ (VERSUCHE A. O. DOLINS AN „PINSCHER“)

I. P. Pawlow: Die Versuche an A. O.s „Pinscher“ werden fortgesetzt. Ich erinnere Sie daran, daß es um das Reizverhältnis als bedingten Reiz geht, wobei die eine Metronomfrequenz, sagen wir 120, zum Hemmreiz und 60 zum positiven Reiz gemacht worden ist.

Bei diesem Versuch findet sich ein Spezialfall der Wirkung dieses Verhältnisses. Nehmen wir an, 60 Metronomschläge oder Lichtunterbrechungen sind der positive Reiz und 120 der hemmende. Nun wenden sie plötzlich die Frequenz 30 an. Dieser Reiz liefert einen guten Effekt, der möglicherweise manchmal sogar stärker ist als bei 60 Unterbrechungen.

Aber nachdem Sie 30 ausprobiert und einen starken Effekt bekommen haben, gehen Sie nun auf 60 über. Es zeigt sich, daß der alte positive Reiz einen minimalen Effekt liefert und jetzt gleichsam die Rolle eines Hemmreizes spielt.

Weshalb? Weil Sie von der Frequenz 30 zur häufigeren Frequenz übergegangen sind, die häufigere aber in unserem Versuch die Hemmfrequenz ist. Das Verhältnis der Bedingungen hat sich sofort auf den Effekt ausgewirkt.

Sie erinnern sich, all das haben wir schon letztes Mal analysiert. Wichtig ist, daß am hemmenden Ende der Frequenzen diese Erscheinung nicht auftrat. Wenn die Frequenz 120 ständiger Hemmreiz ist, dann erhalten Sie nach Anwendung der Frequenz 200 einen verstärkten Hemmeffekt. Wenn Sie aber nach der Frequenz 200 wiederum die Frequenz 120 ausprobieren, dann ist dieser Reiz *(326)* jetzt nicht stärker, als er war, wie man eigentlich hätte erwarten sollen.

Wie ist das zu erklären? Zunächst meint A. O., daß die Hemmung vom funktionellen Abschnitt der Frequenz 200 auf den Abschnitt 120 irradiiert ist. Deshalb hat die Frequenz 120 keinen positiven Effekt gezeitigt und sich sogar als gehemmt erwiesen.

In einer anderen Versuchsanordnung machte A. O. folgendes. Als die Frequenz 120 als Reiz gesetzt wurde, ergab sie in der ersten Zeit keine besonders vollständige Differenzierung. Bei Wiederholung wurde die Differenzierung stärker. Folglich war anzunehmen, daß sie sich jetzt stärker konzentrierte.

Nachdem er jetzt die Frequenz 200 ausprobiert hatte, die ebenfalls eine gute Differenzierung ergab, und nun zur Frequenz 120 überging, lieferte diese eine ausgeprägt positive Größe des Effekts. Die Frequenz 200 gab 28 Teilstriche, während die positiven Werte über 100 gehen. Das ist eine ganz anständige Differenzierung. Als er dann zur Frequenz 120 überging, die vorher einen Effekt vom gleichen Ausmaß ergab, erhielt er über 50 Teilstriche, fast das Doppelte. Das war in dem einen Versuch. In einem anderen Versuch erhielt er auf die Frequenz 200 10 Teilstriche und auf 120 mehr als 40, also viermal mehr. Folglich ergab sich dasselbe wie am positiven Ende, als er von 30 auf 60 überging, auf den ursprünglichen positiven Reiz, und der Effekt auf diesen sich verringerte.

Man kann also jetzt sagen, daß sich dieses Verhältnis als Reiz in jedem Falle bemerkbar macht und über die ganze Hemisphäre generalisiert wird.

Jetzt ist der Sachverhalt mehr oder weniger klar.

3. DER EINFLUSS VON KONSTANTEN REIZEN AUF DEN ALLGEMEINTONUS DER GROSSHIRNHEMISPHÄREN (VERSUCH N. A. PODKOPAJEWS AN „JIM")

I. P. Pawlow: Nun, meine Damen und Herren, ein Sonderfall von Erhöhung der bedingten Reflexe bei N. A.s „Jim".

„Jim" hatte das übliche System der bedingten Nahrungsreflexe. Der Hund stand im Gestell immer ohne Hinterriemen. Als aber die Riemen angelegt wurden, erhöhten sich die bedingten Reflexe ein wenig. Wer weiß, was das zu bedeuten hat. Man könnte sagen, es sei ihm unangenehm, er errege sich, und diese zusätzliche Reizung wirke irgendwie auf den Tonus der Großhirnhemisphären und erhöhe ihn ein wenig.

Weiterhin wurde ein nicht sehr starkes Geräusch als ständiger Reiz gesetzt. Der Hund arbeitete bei diesem Geräusch im selben Raum, und alle bedingten Reflexe erhöhten sich sehr stark. Es sei gesagt, daß im System der Reflexe 3 positive Reize waren, die in der ersten Hälfte des Versuchs angewandt wurden, dann wurde eine Differenzierung auf einen davon gesetzt, und schließlich wurden die drei Reize noch einmal wiederholt. *(327)* Gewöhnlich waren die bedingten Reflexe bei „Jim" in der zweiten Hälfte, also nach der Differenzierung, erniedrigt. Offensichtlich war die Differenzierung nicht ganz vollkommen und lieferte eine Nachhemmung, eine Irradiation.

So wiederholte es sich ständig unter den üblichen Bedingungen. Wenn der Hund bei diesem neuen Geräusch, diesem konstanten Reiz arbeitete, vergrößerte sich der Effekt beträchtlich, und zwar sowohl in der ersten Hälfte als vor allem auch in der zweiten, so daß die zweite Hälfte der ersten gleich kam.

Diesem Befund messe ich große prinzipielle Bedeutung bei. Er bedeutet, daß alle Reize, die über unsere Rezeptoren in das Zentralnervensystem, in die Großhirnhemisphären gelangen, eine sehr wesentliche Bedeutung haben. Sie haben einerseits eine spezielle Bedeutung, d. h., sie sind mit bestimmten Reflexen verbunden, mit reflektorischen Antworten, und zwar mit ganz gewöhnlichen, der ständigen Orientierung, wenn das Tier den Sinn der Sache erfassen muß und auf jeden neuen Reiz, der in der Umgebung auftaucht, mit einer Orientierungsreaktion antworten, sich sozusagen darauf konzentrieren und ihn besser betrachten muß, um, falls erforderlich, bestimmte besondere Maßnahmen zu ergreifen, der Gefahr zu entgehen usw. Das sind eine Reihe von Reflexen auf diese neue Veränderung der Umgebung.

Wenn sich zeigt, daß dieser Reiz nichts Besonderes nach sich zieht, dann erlischt gewöhnlich, wie wir wissen, die Orientierungsreaktion; sie entfällt aber nicht für das Nervensystem. Immerhin kommt hier doch neue Energie an, die ins Nervensystem eindringt und folglich irgendeine Wirkung hat. Diese allgemeine Wirkung besteht in einer Erhöhung des Tonus der Großhirnhemisphären. Man muß es also so auffassen, daß jeder konstant wirkende Reiz in der ersten Zeit eine spezielle Wirkung hat. Bei „Herkules" zum Beispiel ruft er eine passive Abwehrreaktion hervor. Wenn aber keine speziellen Reaktionen mehr auftreten, gelangt dieser Reiz dennoch als Energie in die Großhirnhemispären und äußert sich in einem erhöhten Allgemeintonus. Das ist eine alltägliche Erscheinung, die wir jedoch in unseren Versuchen bisher nicht deutlich hervorgehoben haben.

Nehmen Sie doch z. B. die Versuche mit Hunden, bei denen drei Rezeptoren zerstört sind. Das Fehlen der Eintrittspforten für die Reize endet damit, daß der Rindentonus furchtbar absinkt und der Hund schläft.

Nun zu den Menschen. Sie wohnen z. B. in der Stadt. Auf Sie dringt der Straßenlärm ein. Klingeln, Hupen, Rufe usw. Sie sind ins Landhaus übergesiedelt, wo dieser Stadtlärm fehlt. Sie können dasselbe tun, sie können lesen, schreiben, denken, aber Sie fühlen sich wohler. Warum? Deshalb, weil Ihr Allgemeintonus infolge des Fehlens der für sie indifferenten Reize abgesunken ist. Das ist ein spezieller Punkt, den man berücksichtigen muß. *(328)*

Wir haben darüber lange nachgedacht. Als wir mit den Hunden in die schalldichten Kammern gingen, sahen wir, daß viele Hunde einfach einschlafen, und andererseits dachten wir selbst, daß sie infolge dieses Unterschieds zur gewöhnlichen Umgebung zu Schlaf neigen würden, was sich auch bestätigte. Ich habe sogar eine Zeitlang mit JE. A.[1] daran gedacht, in den Kammern eine konstante Erregung in Form irgendeines Lautes oder anderer Reize zu schaffen, die sich jedoch in unserer Gewalt und Disposition befinden sollten. Seltsamerweise wurde dieser Gedanke nicht nachdrücklich betont; jetzt aber, da er in Form eines Versuchs wieder aufgeworfen worden ist, wird es ganz klar, und es stellt sich heraus, daß man immer mit dieser allgemeinen Wirkung indifferenter Reize rechnen muß. Es ist eine Energie, die in ihr Gehirn, in ihre Großhirnhemisphären gelangt und sie auf einen bestimmten Tonus einstellt.

---

[1] JE. A. GANIKE

I. S. ROSENTAL: Unter bestimmten Bedingungen kann ein indifferenter Reiz den Tonus erhöhen, unter anderen Bedingungen aber kann er ihn herabsetzen.

I. P. PAWLOW: Andererseits haben diese einförmigen Reize eine besondere hypnotische Wirkung. Das ist aber schon ein Spezialfall eines Reizes und kein allgemeiner. Wenn die Umgebung einförmig ist und keine Notwendigkeit zu irgendeiner besonderen Tätigkeit vorherzusehen ist, benutzt der Organismus die Gelegenheit, um sich zu erholen.

4. BESONDERHEITEN REINER TÖNE ALS BEDINGTE REIZE. ERSCHWERTE BILDUNG EINER DIFFERENZIERUNG (VERSUCHE F. P. MAJOROWS AN „NAJAN")

I. P. PAWLOW: Nun eine interessante und verzwickte Frage; es handelt sich um F. P.s Hund „Najan", von dem schon die Rede war.

Hierbei handelt es sich einen Hund, bei dem ein möglichst reiner Ton als bedingter Reiz angewandt wird. Sie erinnern sich an die Besonderheiten dieses reinen Tons: Seine Wirkung zeigte in ihrem Ausmaß verschiedene Etappen je nach seiner Stärke. Bei geringer Stärke war der Effekt seiner Wirkung wesentlich geringer als der Effekt des gewöhnlichen Metronoms und sogar geringer als bei einem so schwachen Reiz wie der Kassalka.

Als die Intensität des Tones erhöht wurde, nahm der bedingte Effekt einige Zeitlang zu. Als die Intensität noch mehr erhöht wurde, wurden die Effekte inkonstant. Interessant ist, daß der Effekt seiner Wirkung geringer war als der Effekt des Metronoms, obwohl er bei diesen Intensitäten wesentlich stärker als das Metronom und für das menschliche Ohr sogar einfach unerträglich war. Es ist offensichtlich ein Reiz von ganz besonderer Qualität.

Wir haben es so erklärt, daß ein reiner Ton sich in einem Punkte konzentriert und nicht irradiiert wie die anderen, üblichen Reize, deren Wirkung gleichsam eine Summenwirkung ist. So haben wir es erklärt. *(329)*

Die Unterbrechung im Anwachsen der bedingten Reflexe bei Verstärkung der Intensität des reinen Tones haben wir damit erklärt, daß bei dem Hund eine Überbelastungshemmung auftrat.

Alles das bezieht sich auf die speziellen Eigenschaften des reinen Tones, der sich in einem engeren Gebiet konzentriert als die übrigen, zusammengesetzten akustischen Reize.

Es schien, als hätten wir bis zu einem gewissen Grade recht. Aber da ist nun etwas Neues aufgetaucht, worauf man nicht sofort eine Antwort geben kann. Es war von Interesse zu erfahren, was geschehen würde, wenn wir auf diesen Ton eine Differenzierung ausarbeiteten. Jetzt wird der 16. Intensitätsgrad des Tones angewandt. Er ist schon 90mal wiederholt worden. Kann von diesem Ton ein anderer vom Intensitätsgrad 7 abdifferenziert werden? Wo liegt hier die Verzwicktheit und Besonderheit der Situation? Der Effekt des Intensitätsgrades 16 ist bei diesem Ton schwächer als beim Metronom und sogar noch schwächer als bei der Kassalka. Dieser Reiz steht also unter dem Einfluß einer Überbelastungshemmung. Wenn wir aus diesem Ton eine Differenzierung ausarbeiten, fügen wir eine innere Hemmung hinzu. Gewöhnlich haben wir die Hemmungsarten nach den Entstehungsbedingungen unterschieden, hatten aber dem Wesen der Sache nach keinerlei Grund, sie für verschieden zu halten. Ihr eigentlicher physikalisch-chemischer Prozeß ist wahrscheinlich ein und derselbe.

Was ist nun hier zu erwarten? Bildet sich nun eine Differenzierung und wie wird sie gebildet? Wenn eine Überbelastungshemmung den Effekt dieses sehr starken reinen Tones herabsetzt, dann möchte es doch scheinen, daß sich die Angelegenheit so darstellt, daß sich die Differenzierung rasch bildet, und zwar infolge Summation der Hemmung.

Was aber stellte sich in Wirklichkeit heraus? Diese Vermutung bestätigte sich gerade nicht.

Zur Bildung einer Differenzierung auf ein Metronom mit 60 Schlägen in der Minute war bei diesem Hund 15maliges Ausbleiben der Bekräftigung erforderlich. Im vorliegenden Falle bildete sich die Differenzierung jedoch erst beim 21. Ausbleiben der Bekräftigung.

Jetzt stelle ich die Frage: Wie ist das zu verstehen, weshalb ist das so?

Ich glaube, das ist natürlich ein sehr wichtiger Versuch für all unsere theoretischen Vorstellungen. All unsere theoretischen Vorstellungen sind Verfahren, um die Erscheinungen zu systematisieren und sie richtig zu verstehen. Das darf man natürlich niemals aus dem Auge verlieren. Es ergibt sich die interessante Frage, inwieweit wir recht hatten, als wir diese Erscheinungen, die Überbelastungshemmung, die innere Hemmung usw. voneinander unterschieden. Gerade in diesem Falle ergibt sich die Frage, weshalb es zu keiner Summation kommt.

P. S. Kupalow: Mir ist nicht ganz klar: Die Differenzierung wurde auf den Intensitätsgrad 7 ausgearbeitet? Welcher Stärke des positiven Tones wurde diese Intensität beim erstenmal gegenübergestellt? Und war es beim zweitenmal auch der Intensitätsgrad 16?

I. P. Pawlow: Intensitätsgrad 7 war eine Lautstärke, bei der der Effekt dieses reinen Tones zunahm, also eine erträgliche Lautstärke. Nach der Intensität 7 *(330)* folgten einige neue Intensitäten, die eine gewisse Hemmung hervorriefen, und deshalb erhöhte sich der Effekt ihrer Wirkung nicht. Dann begannen wir, den Intensitätsgrad 16 abzudifferenzieren.

Wir stellen es uns so vor, daß beim Anwachsen der Intensität des reinen Tones keine entsprechende Zunahme des Effektes auftrat, weil die Überbelastungshemmung in Aktion trat und die Zunahme unterdrückte oder die Erregbarkeit herabsetzte; das können Sie sagen, wie Sie wollen. Bei Ausarbeitung der Differenzierung auf den Intensitätsgrad 16 trat aber das Gegenteil auf: Die Differenzierung bildete sich erst bei der 21. Kombination.

Das ist eine heikle Frage und eine Erprobung unserer Interpretationen und theoretischen Erklärungen. Gott sei Dank ist es natürlich um so besser, je mehr Fragen wir haben, denn um so mehr nähern wir uns der Wahrheit.

I. O. Narbutowitsch: Vielleicht kann man es so auffassen, daß dieser positive Ton 16 im Grunde einen schwachen Erregungsprozeß hervorruft und deshalb die von ihm ausgehende negative Induktion bei der Bildung der Differenzierung ebenfalls geringer ist.

I. P. Pawlow: Ihre Worte dürften nicht der Wirklichkeit entsprechen, denn der Erregungsprozeß ist bei der Intensität 16 von genau derselben Größe wie bei der Intensität 7.

I. O. Narbutowitsch: Ich nehme ein Metronompaar und ein Tonpaar. Wenn die Differenzierung auf das Metronom sich bildet, dann infolge der Tatsache, daß die Erregung durch das Metronom stark ist, sich gut konzentriert und eine negative Induktion auf die ausgearbeitete Metronomdifferenzierung ergibt; hier aber findet sich das Gegenteil.

I. P. Pawlow: Hier ist der Erregungsprozeß schwach.

I. O. Narbutowitsch: In seinem Verlauf liefert er bei der Ausarbeitung der Differenzierung auf den Ton 7 eine negative Induktion. Die negative Induktion ist schwach.

P. S. Kupalow: Wir haben viel über die Ausarbeitung einer Differenzierung auf die Tonintensität im allgemeinen gearbeitet, haben nur die Ergebnisse nicht veröffentlicht.

Es war interessant, die Grenze der Feinheit der Differenzierung zu erfassen. Als wir exakt die Energie maßen (wir erfaßten sie in Form der Stromstärke, die zum Lautsprecher ging), waren wir von der relativen Grobheit und Schwierigkeit der Differenzierung auf die Intensität erstaunt. Während bekanntlich gewöhnlich das menschliche Ohr bei einer gewissen Frequenz schon keine Unterschiede mehr macht, wohl aber der Hund, war es hier durchaus nicht so: Der Hund merkte den Unterschied nicht und brachte die Intensitäten durcheinander, während unser Ohr sie ganz eindeutig unterschied.

I. P. Pawlow: Kurz gesagt, war also die Unterscheidung des Unterschiedes bei der Intensität schwieriger.

P. S. Kupalow: Bei der Intensität schwieriger; zumindest unterschieden wir sie noch leicht, während der Hund schon durcheinander geriet. *(331)*

I. P. Pawlow: Als früher ein reiner Ton genommen wurde, fand sich kein besonderer Unterschied zwischen Intensitäten und Frequenzen bei der Bildung von Differenzierungen.

P. S. Kupalow: Sind Sie bei reinen Tönen bis zu einer solchen Differenzierung gegangen, die man mit dem Ohr nicht mehr unterscheiden kann?

I. P. Pawlow: Bei reinen Tönen fiel im Gegensatz zu zusammengesetzten Tönen auf, daß die Unterscheidung der Intensität bei Ausarbeitung einer Differenzierung schwieriger ist als die Unterscheidung von Reizunterbrechungen. Das wird niemand bestreiten.

P. S. Kupalow: Ich nehme ja auch an, daß die Schwierigkeit der Differenzierung möglicherweise daher rührt, daß es sich um die Differenzierung eines reinen Tones handelt.

I. P. Pawlow: Aber es ist doch interessant, wie das aufzufassen ist. Hier liegt doch eine Überbelastungshemmung vor. Also ergibt sich, daß die Überbelastungshemmung günstig wirken müßte. Aber trotzdem ist diese Differenzierung erschwert, obwohl hier eine Summation der Hemmung gegeben ist. Worauf die Erschwerung beruht, ist noch nicht endgültig geklärt.

P. S. KUPALOW: Als wir darüber nachdachten, sagte irgendein Ohrenspezialist, das Hundeohr sei an die Unterscheidung feiner Intensitäten weniger angepaßt als an die Unterscheidung von Höhe, Rhythmus usw.

I. P. PAWLOW: Wenn Sie jetzt die akustische Energie genau messen, möchte ich folgendes fragen: Was haben Sie bisher getan, als sich ergab, daß der Effekt auf das Metronom höher ist als der Effekt auf einen Ton, der eine hohe Intensität erreicht hat?

P. S. KUPALOW: Wir haben es untersucht. Ein reiner Ton hat eine gewaltige Energie, eine größere als das Metronom.

I. P. PAWLOW: Mich interessiert: Wie ist der Intensitätsunterschied beim schwächsten Intensitätsgrad des Tones? Das ist eine wesentliche Frage.

N. A. PODKOPAJEW: Ich überlege folgendes: Wenn dieser Reiz eine Überbelastungshemmung hervorruft, ergab sich dann nicht ein gewisser pathologischer Zustand des Hemmungsprozesses infolge dieses Hemmungsaufwandes? Ich stütze mich auf ein subjektives Beispiel, d. h., wenn man einen reinen Ton hört, ruft er eine sehr unangenehme subjektive Empfindung hervor. Bei uns hat F. P. ziemlich häufig einen Reiz angewandt, der eine Überbelastungshemmung erzeugte; die Hemmung litt, wurde pathologisch, und deshalb bildet sich die Differenzierung dort schlecht, wo eine richtige, einwandfreie und vollständige Hemmung erforderlich ist.

Möglicherweise kann man im Zusammenhang damit folgenden Kontrollversuch anstellen.

Man nimmt einen gewöhnlichen reinen Ton oder einen überstarken akustischen Reiz, der eindeutig eine Überbelastungshemmung erzeugt, und versucht, daraus eine Differenzierung auszuarbeiten. Vielleicht bildet sie sich dann auch schlecht? *(332)*

I. P. PAWLOW: In dieser Hinsicht verfügen wir über Material an „Postrel". „Postrel" wurde der Wirkung der außerordentlich starken Knarre ausgesetzt, aber dennoch hatte er eine Differenzierung.

W. K. FJODOROW: Er stellte sie neben andere Reflexe und über andere.

I. P. PAWLOW: Es zeigte sich also keine Überbelastung, und die Differenzierung bildete er einwandfrei. Dann muß zu diesem Thema Material gesammelt werden.

F. P., Ihnen ist diese Stärke unangenehm, aber was ist beim Hund zu merken, bemerkt man etwas oder nicht? Schüttelt er die Ohren?

F. P. MAJOROW: Das habe ich nie gesehen. Aber ich selbst habe es gemerkt, und I. I.[1] auch.

I. P. PAWLOW: Das ist eine sehr wichtige Frage.

Dieser Fall mit den reinen Tönen ist an sich interessant, mit all seinen Besonderheiten, angefangen mit der Frage, was es wohl bedeutet, daß er hinsichtlich seines Effekts so furchtbar zurückbleibt.

I. S. ROSENTAL: Weshalb lehnen Sie einen Einfluß der positiven Induktion ab?

---

[1] I. I. FILARETOW

I. P. Pawlow: Bei schwachen Reizen finden Sie das nicht.

I. S. Rosental: Von der Überbelastungshemmung geht vielleicht eine zu schwache positive Induktion auf die Differenzierung aus, und das behindert ihre rasche Bildung.

F. P. Majorow: Hier hat I. S. den Einwand erhoben, daß man diese Enthemmung der Differenzierung auf den Ton 7 als positive Induktion von seiten der Überbelastungshemmung auf den Ton 16 erklären kann. Aber aus der Kurve ergibt sich gerade das Gegenteil.

I. P. Pawlow: Hier ist noch ein Befund, den ich nicht erwähnt habe. Während der Ausarbeitung der Differenzierung auf die Intensität 7 beobachtet man immer wieder, daß der positive Reiz im Versuch ständig dem negativen vorangeht und daß sich aus unbekannten Gründen der positive Effekt des positiven Reizes nach Unterbrechung erhöht. Wenn dieser positive Reiz ansteigt, dann wird die Differenzierung auf jeden Fall enthemmt.

Nun, Gott gebe es, je mehr Komplikationen, um so tiefer dringen wir in die Wirklichkeit ein und um so mehr nähern wir uns ihr mit unserer physiologischen Interpretation.

5. WEITERE BEITRÄGE ZUR PHOBIE VOR DER TIEFE. GESCHWINDIGKEIT DES ÜBERGANGS EINES PATHOLOGISCHEN ZUSTANDES IN DEN NORMALEN UND UMGEKEHRT (VERSUCHE M. K. PETROWAS AN „JOHN")

I. P. Pawlow: Nun kommen die Hunde von M. K.

Sie wissen, bei „John" findet sich das Phänomen einer Phobie. Man kann kaum daran zweifeln — wenn der eine oder andere es auch aus irgendwelchen Gründen nicht begreift —, *(333)* daß eine Phobie natürlich eine physiologische Hemmung ist, und zwar eine „flinke" und „empfindliche", d. h. pathologisch labile Hemmung. Dagegen lassen sich keine ernsthaften Einwände vorbringen. Im Gegenteil, die Konsequenzen daraus sind sehr weitreichend. Daraus erklärt sich eine große Anzahl unserer subjektiven Erlebnisse, der Mangel an Selbstvertrauen, das Mißtrauen und der Argwohn, all das kann auf die gleiche physiologische Art und Weise entstehen, durch die gleiche Hemmung mit verschiedenen Eigenschaften in verschiedenen Phasen Erstaunlich ist die Geschwindigkeit, mit der diese Erscheinung entsteht und verschwindet. Deshalb glaube ich, daß schließlich doch die folgenden Adjektiva am besten passen: eine flinke, pathologisch labile und empfindliche Hemmung.

Beginnen wir mit der Phobie vor der Tiefe. Trotz noch so großer Gier nach Fleisch geht der Hund doch nicht zu einem Fleischstück, das am Gitter der Treppenflucht liegt.

Jetzt steht dieser Hund im Versuch, wobei die Hemmreize und die entsprechenden positiven Reize weggelassen werden und ein System anderer bedingter Reize ausprobiert wird. Der erste positive Reiz liefert einen bedingten Effekt, der zweite liefert keinen. Wird das Futter vorgelegt, dann frißt der Hund es. Die Hemmung existiert also nur bei dem bedingten, dem schwächeren Reiz. Wenn der Futternapf sich bewegt, und erst recht, wenn das Futter selbst erscheint, beginnt der Hund zu fressen. So versuchen Sie es mit mehreren Reizen und bemerken dabei, daß diese Reize selbst einen Hemmungszustand hervorrufen. In den Pausen wird der Hund etwas wacher, aber während die Reize wirken, gerät er in einen Hemmungszustand und senkt den Kopf. Wenn der Futternapf erscheint, wacht er auf, wird er wach und frißt.

Sie haben diesen Versuch durchgeführt. Nun führen sie den Hund an die Treppe und stellen fest, daß von der Phobie nichts übriggeblieben ist. Es genügte, die Hemmung in der üblichen Form der hypnotischen Hemmung anzuwenden, und schon verlor die frühere Hemmung des Hundes ihre pathologischen Eigenschaften, ihre Flinkheit und Empfindlichkeit.

Nun ein anderer Fall. Bei dem Hund ist nichts von einer Phobie zu merken. Gestern wandte M. K. im Versuch bei diesem Hund wieder die pathologischen Reize an, den positiven und den hemmenden, erneuerte damit die Schwierigkeiten, setzte sie fort, und am selben Tage trat die Phobie wieder auf.

Das ist also der umgekehrte Fall: Der Hund war ohne Phobie, und ganz schnell, mit einem Male kehrte die Phobie wieder. Buchstäblich, wie man einen Stöpsel hineinsteckt und herauszieht, haben wir die Phobie beseitigt und wieder hervorgerufen.

Gestern fiel die erstaunliche Geschwindigkeit auf, mit der man das Nervensystem wie einen einfachen Apparat lenken kann. Gestern erreichte die Phobie keinen extremen Grad. Folgendes war zu bemerken. Der Hund nimmt das Fleischstück, das ein wenig weiter vom Gitter entfernt liegt, und ist schon mit gesenktem Kopf auf dem Sprung, zum folgenden Stück zu gehen, das näher am Gitter liegt. Aber sobald er sich dem Gitter nähert, weicht er sofort wieder zurück. *(334)* Es war ganz klar, daß es die Nähe der Tiefe war, die ihn abstieß und auf die sich bei ihm die Hemmung entwickelt.

M. K. Petrowa: Dazu noch folgendes: Wenn man das Gitter verdeckt, nimmt er das Futter.

I. P. Pawlow: Das ist ein kleines Detail. Verblüffend ist, wie rasch der pathologische Zustand in den normalen und der normale in den pathologischen umschlägt. Das ist eine schöne Illustration dafür, wie man die subtilen Nervenprozesse lenken kann.

6. BEHANDLUNG DER REIZBAREN SCHWÄCHE MIT EINER KOMBINATION VON BROM UND KOFFEIN, MIT ERHOLUNG UND ÜBERDECKEN DES POSITIVEN REIZES (VERSUCHE M. K. PETROWAS AN „MAMPUS")

I. P. Pawlow: Nun ein ebenfalls interessanter Versuch an „Mampus". Sie erinnern sich, „Mampus" ist ein alter Hund. Er hatte ein positives Metronom, das seine positive Wirkung verlor und ständig einen Nullwert der Speichelabsonderung ergab.

Ferner wurde ständig die Erscheinung beobachtet, daß das positive Metronom einen Nullwert ergab, die Differenzierung aber, zumal diejenige, die nach der Anwendung des positiven Reizes folgte, ständig enthemmt wurde.

Dann ergab sich ein neuer pathologischer Zustand; jener Reiz, der hinter der zweiten, ständig enthemmten Differenzierung stand, zeigte Erscheinungen von reizbarer Schwäche. Es war das Gluckern. Wenn das Gluckern angewandt wurde, sprang der Hund rasch auf, äußerte extreme Gier, lieferte in den ersten 15 Sekunden der Wirkung dieses Reizes einen gewaltigen Effekt, aber gegen Ende der isolierten Wirkung des Gluckerns blieb die Speichelabsonderung aus, und wenn das Futter vorgelegt wurde, nahm der Hund es nicht. Eine eindeutige reizbare Schwäche.

Zunächst trat diese reizbare Schwäche nur bei dem Reiz auf, der auf die enthemmte Differenzierung folgte, aber dann breitete sie sich auf nahezu alle Reize aus.

Das war der pathologische Zustand des Hundes. Keine Maßnahme half. Wir wandten Brom an. Brom half nicht. Die positiven und negativen Metronome wurden abgesetzt, aber das änderte die Sachlage auch nicht. Vielleicht verringerte sich die Explosivität, aber die Reflexe blieben geringfügig. Der Hund war weiter in einem pathologischen Zustand.

Dann wandten wir eine Dosis von 0,01 g Koffein und 0,6 g Brom an; daraufhin besserte sich die Sachlage: Die Enthemmung der Differenzierung verschwand, ebenso die Explosivität, und das Metronom bekam positive Wirkung, wobei es manchmal ziemlich stark war und fast den anderen starken bedingten Reizen nahe kam. *(335)*

Um eine vollständige Wiederherstellung der Norm zu erreichen, wurden zwei weitere Verfahren angewandt, und zwar wurde die Arbeit nicht täglich durchgeführt, sondern mit ein- bis zweitägigen Unterbrechungen. Außerdem wurde das positive Metronom nicht immer abgerückt angewandt, sondern zwei- bis dreimal als zusammenfallender Reiz, und dann abgerückt ausprobiert.

Diese Kombination von Maßnahmen muß nicht täglich angewandt werden. Sie kann für einige Tage weggelassen werden, da die günstige Wirkung anhält.

Jetzt versuchte M. K. eine andere Variation der bedingten Reize. Sie setzte alle positiven und negativen Metronome an 5., 8., 9. und 10. Stelle des Stereotyps ab. Auf diese Metronomplätze entfielen jetzt andere Reize. Interessanterweise ergab sich an der Stelle des ersten hemmenden Metronoms ein Nullwert der Speichelabsonderung, d. h., diese Stelle wirkte als hemmende Stelle. An der Stelle des positiven Metronoms ergab sich ebenfalls ein Nullwert der Speichelabsonderung.

Am nächsten Tage wirkte sich die neue Anordnung der Reize noch stärker aus. Dann besserten sich die bedingten Reflexe.

Sie sehen also, dieses ganze Behandlungssystem besserte den Zustand beträchtlich, denn früher brauchte man nur diese Kombination abzusetzen, dann blieb das ganze System inaktiv. Jetzt aber, nach langer Anwendung dieser vielen Verfahren ergab sich eine deutliche Besserung des ganzen Systems; die Großhirnhemisphären sind von dem pathologischen Zustand nahezu geheilt.

M. K. Petrowa: Nur an den Stellen, wo das positive pathologische Metronom war, liegt noch reizbare Schwäche vor.

I. P. Pawlow: Es ist interessant, daß bei dem Reiz, der auf die Stelle des positiven Metronoms entfällt, doch noch reizbare Schwäche vorliegt.

Insgesamt hinterläßt diese ganze Behandlung eine positive, günstige Nachwirkung.

7. DIE VERSCHIEDENEN FORMEN DES NORMALEN SCHLAFS BEIM MENSCHEN

I. P. Pawlow: Nun eine sehr interessante Erfahrung an mir selbst. Sie bezieht sich auf den Schlaf. Ich muß jetzt über den Schlaf nachdenken: Wie lassen sich alle Ergebnisse über den Schlaf auf Grund der vorliegenden experimentellen Ergebnisse formulieren?

Ich werde zusammen mit den Psychiatern und Neurologen über den Schlaf lesen. Hier hat sich nun bei mir etwas ereignet, was sich mehrmals wiederholte.

Wir kennen eine ganze Reihe von Variationen des hypnotischen Zustandes an Hunden. Bezüglich des Menschen braucht man gar nicht erst davon zu sprechen, denn es versteht sich, daß bei ihm ebenfalls verschiedene Arten von Schlaf auftreten: traumloser Schlaf, Schlaf mit Träumen, Alpdrücken usw. An mir selbst stelle ich jetzt noch eine besondere Art von Schlaf fest. *(336)*

Ich habe folgende Gewohnheit: Nach dem Abendessen lege ich mich schlafen und habe früher gut geschlafen, wenn auch nur eine Stunde; dann konnte ich wieder vier Stunden arbeiten und bis zwei Uhr nachts lesen oder schreiben.

Unlängst habe ich folgendes bemerkt.

Mittwochs bin ich sehr erregt, denn der Mittwoch ist für mich ein schwerer Tag: Hier spreche ich zwei Stunden, ständig mit angespannter Aufmerksamkeit, und dann verausgabe ich mich in den Kliniken noch mehr. Dort verbringe ich etwa drei Stunden und höre außerordentlich angespannt zu. Natürlich hört kein einziger der Zuhörer den Bericht über den Patienten so gespannt wie ich, da ich kein einziges Wort überhören möchte. Ich verbürge mich dafür, daß es keinen so aufmerksamen Zuhörer gibt wie mich. Folglich belaste ich mein altes Nervensystem stark. Nach dem Abendessen lege ich mich wie üblich schlafen. Und da geschieht nun folgende seltsame Geschichte. Ich schlafe zweifellos ein, aber so, daß ich es einfach nicht merke. Ich lege mich zum Beispiel um 7 Uhr hin. Ich schlafe nicht ein, denn ich kann nicht sofort einschlafen. Ich höre es halb acht, und dann sogar halb neun schlagen und schlafe bis neun wieder nicht. Als es acht schlug, habe ich nichts gehört; aber ich bin mir nicht bewußt, ob ich geschlafen habe oder nicht, denn ich bemerke weder das Vorstadium des Schlafs noch das Nachstadium. Wenn ich um neun aufstehe, weiß ich nicht, ob ich geschlafen habe oder nicht. Aber ich erinnere mich genau, daß ich es halb acht und halb neun habe schlagen gehört, aber 8 Uhr habe ich es nicht schlagen gehört. Ich war eine halbe oder ganze

Stunde in bewußtlosem Zustand. Ich stehe auf und kann nicht sagen, ob ich geschlafen habe oder nicht.

Zwischenruf: Das kommt sehr häufig vor.

I. P. Pawlow: Ich habe das zum erstenmal erlebt.

N. A. Podkopajew: Viele behaupten: „Ich habe nicht geschlafen", haben aber in Wirklichkeit geschlafen.

I. P. Pawlow: Diese Erscheinung ist also tatsächlich bekannt, aber ich habe sie erst in meinem 86. Lebensjahr kennengelernt. Sehr angenehm. Es ist also eine verbreitete Form des Schlafs, die man nicht erkennt. Also auch der übliche Schlaf tritt in mehreren verschiedenen Formen auf: Schlaf mit Träumen, traumloser Schlaf, Alpdrücken, ruhiger Schlaf und schließlich unbemerkter Schlaf. Nun, das ist ausgezeichnet.

8. ÜBER ZWEI ARTEN VON TROPHISCHEN NERVEN, SOLCHE, DIE DIE LEBENSTÄTIGKEIT DER GEWEBE ERHÖHEN, UND SOLCHE, DIE SIE ERNIEDRIGEN (ARBEIT AUS DER SCHULE L. A. ORBELIS)

I. P. Pawlow: Nun stelle ich das Problem der physiologischen Mechanismen der Schlafphänomene zur Diskussion. Außer unserer Vorstellung vom Schlaf gibt es den Hinweis auf die Möglichkeit einer anderen Vorstellung. Der Hinweis findet sich bei Hess, der das Schlafzentrum zerstört. Ich habe mich absichtlich auf seinen Standpunkt gestellt und seine Ansicht auch am Freitag in Koltuschi auf unserer Besprechung verteidigt, um zu sehen, wie sich das verstehen läßt und was man dagegen sagen kann. *(337)*

Ich habe lange einen bestimmten Standpunkt vertreten, es ist ein alter Gedanke von mir, der auf Grund des experimentellen Materials entstand, als ich mich sehr viel mit Operationen am Verdauungskanal befaßte. Ich habe ihn deutlich in einem Vortrag aus Anlaß der Jubiläumsfeier von Dr. Netschajew im Jahre 1921 geäußert. Ich habe auf dem Standpunkt gestanden, daß zweifellos einzelne trophische Nerven existieren, d. h. Nerven, die im Endergebnis die physikalisch-chemischen Prozesse der lebenden Materie bestimmen, diese also entweder intensivieren oder sie völlig einstellen bzw. auf ein Minimum reduzieren. Es gibt zwei Arten von Nerven: einen positiven, der die Lebensfähigkeit des Gewebes verstärkt, und einen negativen, der sie herabsetzt.

Unter diesem Aspekt versuchte ich, den großen pathologischen Teil der Prozesse des Organismus zu verstehen, wobei ich annahm, daß bei der Entstehung pathologischer Erscheinungen in den einen Fällen die negativen Nerven wirken, dann liegt eine Erniedrigung der Lebensfähigkeit vor und die Feinde überwältigen den Organismus, während in anderen Fällen die positiven trophischen Nerven in Aktion gesetzt werden, die die Energie des Lebensprozesses verstärken und so zur Überwindung des Feindes führen.

Gegenwärtig findet sich anscheinend ein Beweis für die Existenz dieser Nerven, und zwar handelt es sich um Versuche von L. A. Orbeli und seiner Schule sowie um einige andere. Unzweifelhaft kann man nämlich bei Reizung sympathischer

Nerven eine Verstärkung der Lebenstätigkeit von Muskeln erhalten, die absichtlich durch experimentelle Arbeit geschwächt worden sind. Sie haben also einen speziellen Nerven vor sich, der auf die physikalisch-chemischen Prozesse der quergestreiften Muskulatur wirkt und ihre Tätigkeit erhöht. Andererseits gibt es auch einen vorsätzlich gewonnenen, experimentellen Befund für die Existenz entgegengesetzter Effekte. Es handelt sich um einen Befund von A. W.[1] (einer Assistentin von L. A.), die gezeigt hat, daß der bekannte Versuch I. M. SETSCHENOWS durchaus nicht auf der üblichen Hemmung beruht, wie wir ihn jetzt verstehen, sondern auf der Einmischung eines trophischen depressorischen Nerven. Legt man z. B. nach Entfernung der Großhirnhemisphären auf das Froschhirn einen reizenden Stoff, ein Stückchen Kochsalz, dann führt das zur Vergrößerung der Zeitspanne zwischen Reizung und dem Anziehen der Beine, was von uns allen als gewöhnlicher Hemmungsprozeß angesehen wurde, der im Nervensystem vor sich geht und eine Besonderheit des Nervensystems im Gegensatz zu seinem Erregungsprozeß darstellt. Hier aber ergab sich folgendes: Diese Erscheinung verschwand wieder, als die sympathischen Nerven durchschnitten wurden, die nach unserer früheren Vorstellung keinerlei Beziehung zum motorischen Akt haben. Das konnte man sich so vorstellen, daß hierbei depressive sympathische Fasern wirken, und auf diese Weise die Reflexe verschwinden. *(338)*

Das geschieht also durchaus nicht auf Grund der gewöhnlichen Hemmung, sondern infolge eines speziellen Einflusses auf die Lebenstätigkeit der Nervenzellen.

Herr HESS hat sich auch auf den Standpunkt gestellt, daß der ganze Schlaf, wie wir ihn kennen, durch das Eingreifen gerade dieser Fasern vor sich geht. Er stellt sich also die Sache so vor, daß meinetwegen der Hypothalamus, von dem er einzelne Teile reizt, ein Zentrum dieser positiven und negativen sympathischen und parasympathischen Nerven besitzt.

Als er infolge der Reizung Schlaf erhielt, überlegte er: Wie kommt das? Elektrischer Strom ruft doch einen Erregungsprozeß hervor, wie kommt es dann zum Schlaf? Das paßt nicht zueinander. Daraufhin stellte er sich vor, daß der Strom das Zentrum dieser negativen trophischen Nerven erregt, die dann eine gewisse Erniedrigung der Lebenstätigkeit sowohl im ganzen Körper als auch in diesen Nervenzellen hervorrufen. Folglich können in den Großhirnhemisphären solche depressiven trophischen Nerven vorhanden sein.

HESS ist also geneigt, den Schlaf als eine Angelegenheit depressiver trophischer Nerven aufzufassen.

Was die trophischen Nerven betrifft, auf Grund der Versuche von A. W., so muß ich sagen, daß ich diesen Befund ganz genau so interpretiert habe.

Ich habe im Laboratorium verschiedene Formen von Darmbewegungen demonstriert. Ich habe bei einem Hund die Pankreasschlinge unter die Haut verlegt, so daß man durch die Haut die Veränderungen und Bewegungen dieses Darmstücks sehen konnte. Dabei setzte ich den Darm einigen Reizungen aus, denen er noch niemals ausgesetzt worden war: Wahrscheinlich einer größeren Abkühlung,

[1] A. W. TONKICH

da er sich unmittelbar unter der Haut befand, dann größeren mechanischen Einwirkungen, da er sich früher unter einer Hautmuskelschicht befunden hatte, jetzt aber nur noch unter der Haut. Ich beobachtete nun zwei verblüffende Erscheinungen, die vor meinen Augen zehn Tage lang abliefen: einerseits eine aufsteigende Paralyse des Rückenmarks und schließlich der medulla oblongata, so daß der Hund schließlich infolge Atemstillstand starb, und andererseits eine progressive Stomatitis, die zum Absterben der gesamten Mundschleimhaut führte. Ich habe es genauso erklärt, daß das ein reflektorischer Einfluß der unnatürlichen Reize dieses Darmes auf die negativen hemmenden trophischen Nerven ist, die das Rückenmark und die Schleimhaut zerstörten (weshalb, ist eine andere Frage). Diesen Befund habe ich immer so aufgefaßt.

Was ist eine Erkältung? Die Medizin behauptet, es existiere ein Erkältungselement. Aber was ist das? Ich stelle mir vor, es ist ein spezieller Hautreiz durch Kälte und Feuchtigkeit zugleich; diese spezielle Reizung führt zur Erregung eines depressiven Nerven, setzt die Lebenstätigkeit des Organismus und seiner einzelnen Organe, der Lungen, Nieren usw. herab, und dann bekommen alle Arten von Infektion, die immer vorhanden sind und denen sozusagen nur kein freier Lauf gelassen wird, das Übergewicht und führen einmal zu einer Nephritis, ein andermal zu einer Pneumonie usw. Ich sage, daß *(339)* für mich die Existenz nicht nur positiver, sondern auch negativer trophischer Nerven keinem Zweifel unterliegt.

Herr Hess möchte aber nun den Schlaf darauf zurückführen.

Wenn ich noch Zeit hätte, könnte ich eine ganze Reihe von Argumenten anführen, die diese Ansicht verteidigen, nur fehlt mir leider die Zeit, und ich muß zum Schluß kommen.

Aber all das ist natürlich nur eine Phantasie von Hess. Die Hemmungsnerven sind eine besondere Sache. Es sind lediglich äußerlich gleiche Erscheinungen, denn sowohl die trophischen Nerven als auch speziell funktionelle Nerven, positive und negative, sind schon vor langer Zeit am Herzen festgestellt worden. Es ist klar, daß das ganz verschiedene Nerven sind, denn man kann sie anatomisch trennen: Im Herzsympathikus finden sich einerseits beschleunigende Nerven und zugleich positive trophische Nerven, die die Lebenstätigkeit der Muskulatur erhöhen, und im Vagus als parasympathischem Nerv findet sich einerseits ein verzögernder Nerv als besonderer Nerv, der einen speziellen Nervenprozeß hervorruft, und andererseits ein trophischer negativer Nerv, der die Herztätigkeit tatsächlich herabsetzt. Es ist also vollkommen klar, daß trophische negative Nerven existieren, aber zweifellos existiert auch ein nervaler Hemmungsprozeß für sich. So liegen die Dinge.

Ich stelle fest: Wenn man diese Tatsache anerkennt, kann man viele Argumente zugunsten der Erklärung beibringen, daß unsere ganze nervale Hemmung eine trophische negative Wirkung ist. Das kann man sich vorstellen, aber natürlich ... *(blickt auf die Uhr).*

Auf Wiedersehen! *(340)*

MITTWOCHKOLLOQUIUM

vom 18. Dezember 1935

1. REFERAT D. A. KAMINSKIS ÜBER DIE ARBEIT MIT AFFEN IN SUCHUMI

I. P. PAWLOW: Meine Damen und Herren, zunächst wird Dr. KAMINSKI, der unsere Versuchsstation in Suchumi leitet, einen Vortrag über Neurosen bei Affen halten.

D. A. KAMINSKI: IWAN PETROWITSCH war so liebenswürdig mir zu gestatten, Ihnen die Ergebnisse mitzuteilen, die wir bei unserer Arbeit in der subtropischen Zweigstation gefunden haben.

Wir haben uns die Aufgabe gestellt, zu klären, ob man mit der motorischen Methodik an einem anderen Objekt, nämlich am Affen, die gleichen pathologischen Abweichungen erzielen kann, wie sie im Laboratorium von Akademiemitglied PAWLOW gewonnen worden sind.

I. P. PAWLOW: Das ist selbstverständlich; die Methode hat keinerlei Bedeutung.

D. A. KAMINSKI: Uns interessierte es besonders, zu klären, welche speziellen Abweichungen dabei auftreten würden und welche Erscheinungen wir dabei beobachten könnten.

Ich will nicht darüber sprechen, auf welche Weise diese Neurosen erzeugt werden. IWAN PETROWITSCH hat auf dem Neurologen-Kongreß die Bedingungen formuliert, die einen neurotischen Zustand hervorrufen. Diese Bedingungen sind folgende: Überbeanspruchung des Hemmungsprozesses, Überbeanspruchung des Erregungsprozesses und unmittelbarer Zusammenstoß des Erregungs- und Hemmungsprozesses.

Die Arbeit wurde in einer speziellen Kammer durchgeführt. Die Besonderheit dieser Kammer besteht darin, daß es uns gelang, eine objektive Registrierung vorzunehmen. Wir arbeiteten die zugrunde liegenden bedingten Reflexe so aus, daß der Affe dabei an ein und derselben Stelle saß. In einiger Entfernung von ihm befand sich der Futternapf, und der Affe hatte einen geraden Weg zurückzulegen. Dort, wo der Affe saß, und am Platz des Futternapfes wurde eine hölzerne Plattform angebracht und darunter eine pneumatische Übertragung. Auf diese Weise konnten wir die Latenzzeit der Reaktion berechnen, d. h., die Zeit vom Beginn des bedingten Reizes bis zu den ersten Anzeichen einer Bewegung des Affen sowie auch die Geschwindigkeit der Bewegung selbst.

Objekt unserer Untersuchung waren fünf Affen: drei Affen von der Art Macacus lapunder („Jaschka", „Tobi" und „Lobi"), *(341)* ein Affe von der Art Macacus rhesus („Malysch") und ein Affe („Paschka") von der Art Anubis.

Wir bildeten bedingte Reflexe auf folgende Reize: Positiv waren Metronom-120, Klingel, Telefon und bei einigen Affen auch noch weißes Licht; Differenzierungsreiz war Metronom-60.

Nach dem ersten Eindruck zu urteilen, schien „Malysch" vom hemmbaren Typ zu sein. Bei der Arbeit stellte sich heraus, daß er ziemlich rasch sowohl positive als auch negative bedingte Reflexe bildete.

Der nächste Affe ist „Paschka". Wenn man nach der Ausarbeitung der Differenzierung urteilt, ist er ein zügelloser, erregbarer Typ; die Bildung einer Differenzierung fiel ihm außerordentlich schwer und gelang erst bei der 457. Kombination. Im weiteren werde ich zeigen, wie es uns gelang, diese Differenzierung zu festigen.

Von „Jaschka", bei dem wir eine Neurose erzielten, war es schwer zu sagen, zu welchem Nerventyp man ihn rechnen sollte, aber im Laufe unserer Untersuchung stellte sich heraus, daß er bei uns der schwächste Typ war.

Schließlich wurde bei den letzten beiden Affen, bei „Tobi" und „Lobi", ein Stereotyp ausgearbeitet. Regelmäßig alle 3 Minuten wurde ein Reiz gesetzt, wobei Metronom-120, weißes Licht, Ton und Telefon positiv waren und zwei Differenzierungen, rotes Licht und Metronom-60.

Um die Ausarbeitung der Differenzierung bei den sehr erregbaren Affen — „Paschka" und „Tobi" — zu erleichtern, trainierten wir die Hemmung.

Bei „Paschka" mußten wir das Auslöschen anwenden. Zunächst wandten wir das intermittierende und dann das durchgängige Auslöschen an. In der ersten Zeit half das überhaupt nicht, und die Differenzierung war trotz des Auslöschens ständig enthemmt. Das Auslöschen mußte sehr lange angewandt werden, und zwar zwei Monate lang.

Im Ergebnis dieses Trainings der Hemmung arbeitete „Paschka" eine ideale Hemmung aus. Es bildete sich eine stabile Differenzierung.

Diese Versuche wurden gemeinsam mit F. P.[1] durchgeführt.

Die gleichen Ergebnisse mit dem Training der Hemmung erhielten wir bei dem Affen „Tobi".

Nunmehr will ich zur Pathophysiologie der höheren Nerventätigkeit übergehen.

Nachdem wir uns mit der Literatur, hauptsächlich mit der Arbeit von M. K.[2] bekannt gemacht hatten, stellten wir uns folgende Aufgabe: Den Einfluß eines Zusammenstoßes und einer Umarbeitung von Reizen bei den Affen „Jaschka" und „Malysch" zu untersuchen.

Hier der Normalversuch bei „Malysch" *(er demonstriert ein Diagramm).* Sie sehen hier ideale positive Reflexe. *(342)* Bei der Wirkung des bedingten Reizes ging der Affe sofort zum Futternapf, oder er blieb reglos sitzen, wenn ein Hemmreiz gesetzt wurde.

Im Ergebnis des ersten Zusammenstoßes beobachteten wir keinerlei Abweichungen. Nach dem zweiten Zusammenstoß fanden sich einige feine, subtile

[1] F. P. Majorow
[2] M. K. Petrowa

Abweichungen. Sie bestanden darin, daß der bedingte Reflex auf Metronom-120 wie auch der bedingte Reflex auf den schwächsten Reiz, auf weißes Licht, verschwanden. Es trat ein hypnotischer Zustand ein. Der Affe saß völlig reglos da und ließ den Kopf hängen, aber bei allen starken Reizen (Klingel und Telefon) war die Reaktion ziemlich ausgeprägt. Daraufhin erzeugten wir in einem Versuch drei Zusammenstöße hintereinander. Im Ergebnis zeigten sich lediglich geringfügige Abweichungen, die wir nicht als Zerrüttung ansehen können. Wir erzeugten einen weiteren Zusammenstoß. Es zeigte sich, daß sich der Affe ausgezeichnet an die Zusammenstöße angepaßt hatte. Wir erhielten keine Zerrüttung.

An dem Affen „Jaschka" wurde folgender Versuch angestellt. Wir beschlossen, die Stärke des Nervensystems dieses Affen mit Hilfe einer Verlängerung der Hemmung und einer Überbeanspruchung des Hemmungsprozesses zu erproben.

Beim Normalversuch liegt eine gute Differenzierung vor. Die positiven motorischen Reflexe sind deutlich ausgeprägt.

Im folgenden Versuch vergrößerten wir die Wirkungsdauer des Differenzierungsmetronoms-60 auf 3 Minuten. Nach dieser Verlängerung fanden sich keinerlei Abweichungen. Die positiven Reflexe waren ausgeprägt, die Differenzierung war ebenfalls in Ordnung, und das Verhalten des Affen war wie gewöhnlich.

Daraufhin verlängerten wir noch einmal die Differenzierung auf Metronom-60 auf drei Minuten ohne Unterbrechung. Im folgenden Versuch traten schon die ersten Symptome auf, die dafür sprachen, daß die Verlängerung der Differenzierung an dem Affen nicht spurlos vorübergegangen war: Die Differenzierung-60 wurde sofort enthemmt.

Wir beschlossen, noch weiter zu gehen und verlängerten die Differenzierung (Metronom-60) auf 6 Minuten. Danach begann neben der Enthemmung der Differenzierungen, die schon in diesem Versuch vorlag, eine ganze Reihe von Abweichungen in der höheren Nerventätigkeit.

Ich will versuchen, kurz zu formulieren, welche Symptome wir bei diesem Affen beobachteten.

Erstens tauchte neben der vollständigen Enthemmung der Differenzierungen ein ausgeprägtes Verspäten bei den positiven Reflexen auf; schon beim Metronom-120 und erst recht beim starken Reiz fand sich ein Verspäten. Während früher die Latenzzeit ein bis zwei Sekunden betrug, setzte jetzt ein Verspäten von 5, 6, 7 oder 8 Sekunden ein, und periodisch blieb der Reflex sogar vollkommen aus.

Ferner tauchte noch ein anderes Symptom auf, das darin besteht, daß der Affe neben der motorischen Unruhe, neben der motorischen Erregung wie unter einem Zwang zur Tür strebte. *(343)*

Sehen wir uns einmal den Bau der Kammer an: An einer Stelle befindet sich eine Luke, durch die wir den Affen in die Kammer lassen, und in der Mitte befindet sich eine Tür für die Reinemachefrau. Wenn die starken Reize (Klingel und Telefon) wirkten, strebte der Affe wie unter einem Zwang zur Tür. Beim Setzen des bedingten Reizes (Klingel und Telefon) lief der Affe stereotyp statt zum Futternapf zu diesen Türen und von der Tür in Richtung auf die Öffnung des Futternapfes. Das geschah trotz der hohen Nahrungserregbarkeit (wir hielten ihn die ganze Zeit auf herabgesetzter Ration).

Schließlich bestand eine weitere Erscheinung darin, daß der Affe in den Pausen zwischen den Kombinationen andauernd zum Futternapf strebte, zur Öffnung ging, gleichsam um Futter bettelte und am Futternapf zerrte, während bei Wirkung der bedingten Reize ein Verspäten und manchmal sogar Futterablehnung beobachtet wurde.

All diese Erscheinungen kann man an Hand der Versuchsprotokolle verfolgen. Ich werde einige Protokolle vorlegen.

Im Zusammenhang mit der Reparatur der Kammer beschlossen wir, diesem Affen eine Pause von einem Monat und fünf Tagen zu gewähren. Es interessierte uns zu sehen, was nach dieser Zeit los sein würde.

Am ersten Tag nach der Unterbrechung war die Arbeit anscheinend normal. Die Differenzierung war zwar enthemmt, aber immerhin waren die motorische Erregung und das zwanghafte Streben zur Tür verringert, und auch die Züge von Negativismus, die sich darin äußerten, daß er bei vorliegendem Verspäten zum Futter strebte, glichen sich allmählich aus. So ging es einige Tage. Dann wurde die Tätigkeit wieder anomal, und nach sieben Tagen trat eine klassische ultraparadoxe Phase auf. Die positive Reaktion auf Metronom-120 blieb aus, während Metronom-60 eine eindeutig positive Wirkung hatte. Dieser Befund war so verblüffend, daß wir ihn zum Gegenstand einer speziellen Untersuchung gemacht haben.

Da uns bekannt ist, daß Iwan Petrowitsch den Mechanismus der ultraparadoxen Phase als Induktionserscheinung ansieht, stellten wir folgende Versuche an. Wir beschlossen, das Metronom-120 abzusetzen und zuzusehen, wie sich diese ultraparadoxe Phase nun äußern würde. Es sei gesagt, daß das pathologische, zwanghafte Streben zur Tür besonders klar und deutlich vor allem beim Vorhandensein der ultraparadoxen Reaktion auftrat. Bei Absetzen des Metronoms-120 trat die Differenzierung wieder auf, und der Affe wurde etwas ruhiger. Das zwanghafte Streben hielt zwar an, aber die Differenzierung war sofort vollständig.

Durch neuerliches Setzen von Metronom-120 erhielten wir wieder eine klassische ultraparadoxe Reaktion, auf das Metronom-120 fehlte die Reaktion, während Metronom-60 wiederum positive Wirkung bekam.

Da wir an Hand der Untersuchungen von M. K. wissen, daß Brom in schwachen Dosen dem schwachen Typ hilft, begannen wir, diesen Affen Brom zu verabfolgen. *(344)* Die erste Versuchsreihe, die wir mit Brom durchführten, zeigte folgendes. Wir wandten zunächst kleine Bromdosen an. Dabei, vor allem bei 0,06 g, zeigte das Metronom-120 wieder seine positive Wirkung, die ultraparadoxe Reaktion verschwand gleichsam zur Hälfte, die Differenzierung war jedoch enthemmt. Auch das zwanghafte Streben zur Tür blieb.

Es zeigt sich, daß diese Befunde denen analog sind, die M. K. bei einem ihrer Hunde fand, und zwar bei „Mampus“, bei dem die ultraparadoxe Phase durch Brom nicht beseitigt wurde.

Nach der Versuchsreihe mit Brom wurden zwei Versuche ohne Anwendung von Brom angestellt. Hier zeigte sich wieder der gesamte pathologische Zustand des Affen: zwanghaftes, streng stereotypes Streben zur Tür, Verspäten und gleichzeitig starke motorische Erregung, aber beim Setzen des Reizes Ablehnung des Futters. Klar und deutlich zeigten sich das Verspäten, das negative Verhalten gegenüber dem positiven Reiz und zugleich beim Setzen von Metronom-60 ein rasches Hinstreben zur Öffnung des Futternapfes. Offensichtlich muß eine Kombination von Brom und Koffein angewandt werden.

Die nächste Versuchsreihe wurde an den Affen „Tobi" und „Lobi" durchgeführt. Eine ganze Reihe von Mitarbeitern Iwan Petrowitschs, A. O. Dolin, F. P. Majorow und andere, haben diese Untersuchungen an Affen durchgeführt. Die Untersuchung an „Jaschka" wurde von einem Mitarbeiter aus dem Laboratorium von L. A. Bam durchgeführt.

Bei diesen beiden Affen war der Stereotyp ausgearbeitet worden, von dem ich schon gesprochen habe. Der Stereotyp wurde während des Versuchs zweimal wiederholt. Die Differenzierungen waren hier rotes Licht und Metronom-60. Die ersten Versuche führte F. P. durch. Es war ein Versuch, das Verhalten der Affen zu studieren, wenn man eine doppelte Umarbeitung vornimmt: den Hemmreiz in einen positiven Reiz und den positiven Reiz in einen Hemmreiz umarbeitet. Die Aufgabe erwies sich als zu schwer. Die Affen, hauptsächlich „Lobi", reagierten so, daß sie die Arbeit vollkommen ablehnten. Daraufhin beschlossen wir, auf einen einfacheren Stereotyp überzugehen und setzten nur vier Reize, zwei positive, weißes Licht und Metronom-120, und zwei hemmende, rotes Licht und Metronom-60.

Was erhielten wir infolge dieser Umarbeitung? Es fiel auf, daß „Lobi" mit dieser Aufgabe nicht fertig wurde. Es trat ein hypnotischer Zustand auf, eine fast vollständige Ablehnung der Bekräftigung der positiven Reize, wobei ab und zu die alten Verhältnisse des Metronoms-120 und des weißen Lichtes wieder auftraten. Diese Umarbeitung dauerte zwei Monate.

Gewiß, als wir über unsere Versuche berichteten, sagte Iwan Petrowitsch, daß zwei Monate möglicherweise zu wenig seien. Auf Grund der vorliegenden Bedingungen kamen wir zu der Entscheidung, daß der Affe doch nicht mit der Aufgabe fertig würde und kehrten zum alten Stereotyp zurück. Wir hofften, der Affe würde nach der Rückkehr zum alten Stereotyp wieder normal arbeiten. Es stellte sich aber heraus, daß die Umarbeitung doch nicht spurlos an ihm vorübergegangen war. Die folgende Versuchsreihe zeigte das Vorliegen *(345)* von Verspäten, Hypnotisierung und, was besonders charakteristisch ist, bei „Lobi" eine Veränderung des Verhaltens außerhalb der Kammer. Es ist ein recht zahmer Affe. Die Wärter konnten ohne weiteres zu ihm in den Käfig gehen usw. Im Ergebnis der Umarbeitung (das beobachteten L. A. Bam und unsere Wärter) verwandelte sich der Affe in ein aggressives Tier; er wurde bissig, sein Charakter änderte sich vollkommen, und zwar so auffällig, daß die Wärter, die diesen Affen beaufsichtigten, ins Laboratorium kamen und erklärten, das Verhalten von „Lobi" im Käfig, außerhalb der Versuchsstation, habe sich völlig geändert.

Danach gaben wir einige Male Brom, hauptsächlich 0,25 g, und erhielten eine klare, normale Arbeit. Die positiven Reflexe waren ziemlich ausgeprägt, die hypnotische Phase verschwand, und die Differenzierung stand an ihren gewöhnlichen Stellen. So ging es einige Tage. Dann begann wieder die Hypnotisierung.

Danach begannen wir, dem Affen systematisch Brom zu geben. Diese Ergebnisse sind bei uns noch nicht verarbeitet, aber ich habe Iwan Petrowitsch schon davon informiert. Eine Dosis von 0,25 g erwies sich als optimal. Wir arbeiteten nicht täglich, sondern alle zwei bis drei Tage. Die Bromierung in Kombination mit den Unterbrechungen und Erholungspausen führte dazu, daß der Affe wieder normal arbeitete.

An dem nächsten Affen, an „Tobi“, führten wir dieselbe Umarbeitung durch. Dieser Affe erwies sich hinsichtlich seines Typs als stark. Man kann nicht sagen, daß der Affe mit dieser Umarbeitung fertig wurde, aber vielleicht haben wir auch nur zu wenig Versuche durchgeführt. Aber hier fand sich die Erscheinung, daß nach einigen Tagen eine positive Reaktion auf Metronom-60 auftrat, während gleichzeitig hartnäckig die alten Verhältnisse wieder erschienen, Metronom-120 bildete sich nicht um.

Als wir überzeugt waren, daß der Affe nicht vollständig mit dieser doppelten Umarbeitung fertig werden würde und zu den alten Verhältnissen zurückkehrten, arbeitete der Affe sofort wieder normal, wurde vollkommen ruhig, jegliche Erregung verschwand, die positiven Reflexe entsprachen der Stärke der bedingten Reize, und die Differenzierungen standen an ihren Stellen. Die Umarbeitung wirkte sich bei diesem Affen darin aus, daß er bei der Rückkehr zum alten Stereotyp eine Hemmungszerrüttung zeigte und wir ihn mit Brom behandeln mußten, da er ohne Brom nicht arbeiten konnte. Offensichtlich ist „Tobi“ im Vergleich zu „Lobi“ ein stärkerer Typ.

Hier noch einige von uns gewonnene Ergebnisse, die ebenfalls mit der Bromierung der Affen zusammenhängen. Im Ergebnis der Anwendung von Brom bei zwei Affen, „Tobi“ und „Paschka“, arbeiteten wir mit Mühe eine Differenzierung durch Trainierung der Hemmung aus. Die Hemmung hielt sich etwa sieben Monate, aber dann kam es wieder zur Enthemmung, und wir wandten verschiedene Bromdosen an. Während der Bromierung wandten wir an jedem Versuchstag vier Differenzierungsreize auf rotes Licht an. *(346)*

Wenn der Affe nicht innerhalb von 10 Sekunden zum Futternapf lief, sahen wir das als positive Differenzierung an. Wenn er im Verlauf von 10 bis 15 Sekunden nicht zum Futternapf ging, betrachteten wir das als absolute Hemmung, die mit der Wirkung des bedingten Hemmreizes zusammenhängt.

Hierbei fiel auf, daß der Affe eine größere Anzahl von Differenzierungen bei 0,5 g Brom verträgt.

Es war interessant aufzuklären, was bei einer Erhöhung der Bromdosis geschehen wird, wenn man bedenkt, daß es sich um einen erregbaren und starken Typ handelt. Dieser Versuch wurde angestellt, und wir stellten fest, daß bei einer Dosis von 2 bis 3 g Brom die Differenzierung vollkommen enthemmt wurde. Kehrten wir zu kleinen Dosen zurück, dann bildeten sich die Hemmreflexe erneut.

Als adäquateste und günstigste Dosis erwies sich für diesen Affen eine Dosis von 0,5 g Brom. Diese Tatsache, daß beim erregbaren Typ eine große Bromdosis zur Überbeanspruchung des Hemmungsprozesses und zur Enthemmung der Differenzierung führt, ist in den Laboratorien von Akademiemitglied PAWLOW bereits bekannt.

Dies sind die Ergebnisse bei „Tobi“ und „Paschka“, bei denen die Differenzierungen umgearbeitet wurden.

Das war der kurze Bericht, den ich Ihnen geben wollte.

I. O. NARBUTOWITSCH: Sagen Sie, wie oft wurde während der Umarbeitung die Differenzierung täglich wiederholt?

D. A. KAMINSKI: Wir arbeiteten nach einem Stereotyp, und zwar nach folgendem: zweimal Differenzierungsmetronom-60 und zweimal rotes Licht.

I. O. NARBUTOWITSCH: Und beide wurden umgearbeitet?

D. A. KAMINSKI: Darum geht es ja gerade, daß sie sich nicht umarbeiten ließen; der Affe wurde mit dieser Aufgabe nicht fertig. Es kam zu keiner stabilen Umarbeitung.

Wir richteten hier das Augenmerk nicht so sehr auf den Prozeß der Umarbeitung als vielmehr auf die Tatsache, daß bei Rückkehr zum alten Stereotyp, als wir einen vollkommenen Ausgleich der bedingten Reaktionen erwarteten, bei dem einen Affen eine Zerrüttung auftrat. Der eine Affe wurde rasch zerrüttet, der andere zeigte im Verlauf eines Jahres Zerrüttungen der Hemmung, und erst unlängst gelang es, ihn mit Hilfe von Brom in Kombination mit Erholung wiederherzustellen.

Zwischenruf: Normalerweise, als die bedingten Reflexe ausgearbeitet wurden, war da die Differenzierung immer absolut oder nicht?

D. A. KAMINSKI: Sie haben sicher bemerkt, daß sich die Differenzierung bei uns für gewöhnlich nur sehr langsam bildete. Bei einigen Affen mußten wir sehr viel Zeit auf die Ausarbeitung der Differenzierung verwenden. In dieser Hinsicht machten wir nur dann Proben, wenn wir ein Minimum von 90% der Ausarbeitung der Differenzierung erreicht hatten. Selbst bei dem erregbaren „Paschka“ stellten wir so lange keine experimentellen Untersuchungen an, als nicht alle Differenzierungen während des Versuchs absolut waren. Das beanspruchte natürlich sehr viel Zeit, da sich *(347)* der Affe vom Hund dadurch unterscheidet, daß seine Reflexe besonders labil sind. Die Differenzierung kann sich zwei Wochen halten, dann ist sie enthemmt, und danach hält sie sich wieder drei Wochen stabil. Deshalb mußten wir die Hemmung fast ein Jahr ausarbeiten, damit sie sich stabil hielt. Das ganze Jahr 1933 ging darüber hin, eine stabile Differenzierung auszuarbeiten, damit wir auf experimentellem Wege die Abweichungen erzielen konnten, die uns als Neurologen interessierten. Aber dennoch trat keine absolute Differenzierung auf. Wenn wir z. B. 6 Differenzierungskombinationen im Versuch setzten, dann sahen wir es schon als Idealzustand an, wenn 5 Differenzierungen absolut und eine relativ waren. Wenn die Hälfte der Differenzierungen stabil war, betrachteten wir das als unvollständige Hemmung und festigten diese Differenzierungen wieder.

A. A. LINDBERG: Ich habe eine Frage: Was bezeichnet Dr. KAMINSKI als Training der Hemmung? Wenn ich ihn richtig verstanden habe, wandte er ständig ein Auslöschen des positiven Reflexes an, wenn ihm die Ausarbeitung der Differenzierung nicht gelang.

D. A. KAMINSKI: Nein, ich wiederholte das Metronom-60.

A. A. LINDBERG: Sie setzten es einfach häufiger?

D. A. KAMINSKI: Ich verlängerte es. Zunächst wurde intermittierend ausgelöscht, dann aber durchgängig. Im Laufe von vier Monaten gelang es uns, diese Differenzierung beim erregbaren Typ zu festigen.

A. A. LINDBERG: Sie haben den Hemmungsprozeß permanent überbeansprucht.

D. A. KAMINSKI: Natürlich, das ist für den Affen eine schwierige Aufgabe.

Ich habe vergessen, auf folgende interessante Erscheinung hinzuweisen. Die Festigkeit der Differenzierung wird durch folgende Versuchsreihe bestätigt, die ich nicht angeführt habe. Wir verlängerten die Differenzierung, um einerseits die Grenze der Hemmung bei dem betreffenden Affen zu ermitteln und um andererseits eine Zerrüttung zu erreichen, die uns ja die ganze Zeit interessiert. Eine Zerrüttung erhielten wir nicht, da es ein ideal starker Typ war. Wir verlängerten die Differenzierung von 8 bis 9 auf 25 Minuten. Und siehe, der Affe konnte die Differenzierung 25 Minuten aushalten. Freilich beobachteten wir Erscheinungen, die von außerordentlicher Anstrengung zeugten. Die ganze Zeit zappelte der Affe auf seinem Platz hin und her, warf sich hin und her und schrie. Es war eine wahre Tortur, aber zugleich hielt er die Differenzierung schließlich bis zu 25 Minuten aus. Dieser Befund verblüffte uns, da er vom zügellosen Typ war, dem es außerordentlich schwer fällt, eine Differenzierung zu bilden.

I. P. PAWLOW: „Paschka" ähnelt „Postrel"; dieser ist auch ein zügelloser Typ, aber als wir bei ihm die Hemmung sehr lange trainierten, konnte die Wirkung der Differenzierung sehr lange hingezogen werden, bis zu 10 Minuten, ohne daß sie enthemmt wurde. Man muß also daraus den Schluß ziehen (das gilt sowohl für „Postrel" als auch für „Paschka"), *(348)* daß offensichtlich beim starken zügellosen Typ zwar ein Divergenz zwischen Erregungs- und Hemmungsprozeß vorliegt, der Hemmungsprozeß aber dennoch schwach ist und man ihn durch Training zu großer Stärke bringen kann. Das unterscheidet diese Tiere von den anderen unausgeglichenen, bei denen das nicht der Fall ist. Bei ihnen ist vielleicht der Erregungsprozeß geübt worden, wie bei „Tresor" und „Satyr", aber der Hemmungsprozeß bleibt doch bis zuletzt schwach, soviel man ihn auch übt und so vorsichtig man ihn auch behandelt.

M. K. PETROWA: Bei dem zweiten zügellosen Hund, „Bely", wandten wir den Differenzierungsreiz häufig im Versuch 15 Minuten lang an, und er wurde ebenfalls nicht enthemmt.

I. P. PAWLOW: Beim zügellosen Typ ist die Hemmung nicht schwach, selbst wenn er von Anfang an unausgeglichen ist. Was meinen Sie, zu welchem Heldentum man ihn durch Training bringen kann!

Ihr „Paschka" ist ein vollkommenes Analogon, ein Verwandter dieses „Postrel".

F. P. Majorow: Ich wollte mich zu dem Versuch mit „Paschka" äußern. Wir haben versucht, seine Nahrungserregbarkeit stark zu reduzieren. Wir vergrößerten die Tagesration und fütterten ihn außerdem vor dem Versuch so viel, wie er fressen konte. Das besserte seine Differenzierung nicht, sie blieb trotzdem enthemmt.

D. A. Kaminski: Wir gaben ihm morgens direkt vor dem Versuch Futter. Trotzdem konnte er die Hemmung nicht halten.

F. P. Majorow: Brom hatte ebenfalls nicht die Ergebnisse, die wir nach dem Training der Hemmung erhielten; aber nach dem Training der Hemmung gelang die Differenzierung. Als wir das intermittierende Auslöschen anwandten, ergab sich kein so gutes Ergebnis wie bei durchgängigem Auslöschen, als wir die Differenzierung für 1, 2, 3 oder 4 Minuten setzten. Danach hielt sich die absolute Differenzierung stabil.

D. A. Kaminski: Mich interessiert hauptsächlich dieses zwanghafte Streben des Affen. Es hing mit der Überbeanspruchung des Hemmungsprozesses zusammen. Wie ist es aufzufassen: als Flucht vor Schmerz oder vor der Schwierigkeit?

I. P. Pawlow: Ein Hund wendet sich nach der anderen Seite ab, und ein Affe möchte aus dem Raum heraus, wo man ihn quält. Daran ist nichts Besonderes. Es fällt ihm eben einfach schwer, und er möchte nach Hause, wo er mehr Ruhe hat und wo man ihn nicht so quält. Es ist nur eine andere Form der gleichen Erscheinung, die wir bei uns sehen, wenn ein Hund entweder vom Gestell springen will oder die Vorrichtungen abreißt, die an ihm befestigt sind, oder wenn er sich zur anderen Seite wendet. Das ist alles Ausdruck einer Schwierigkeit.

I. O. Narbutowitsch: Mich interessiert die Anzahl der Differenzierungen; was meinen Sie, sind nicht vier Differenzierungen in einem Versuch etwas viel für ein schwaches Nervensystem? Ich erinnere mich an einen Versuch mit einem meiner Hunde, als er in Schlafzustand verfiel und Sie, Iwan Petrowitsch, *(349)* mich veranlaßten, drei Differenzierungen am Tage anzuwenden. Der Hund geriet in Erregung. Es handelte sich um „Pingel".

I. P. Pawlow: Das hing von dem Ziel ab, das der Versuch hatte. Wenn das Ziel darin bestand, eine Umarbeitung vorzunehmen, mußte man auf den Zustand des Hundes eingehen und ihm helfen, wenn er schwach ist; sollte aber eine Zerrüttung hervorgerufen werden, dann müßte man es eben so handhaben.

Es unterliegt keinem Zweifel, daß eine Umarbeitung ein Zusammenstoß ist. Der Erregungsprozeß stößt ständig mit dem Hemmungsprozeß zusammen, den Sie entwickeln, oder umgekehrt. Ebenso war es auch hier. Die Umarbeitung wurde nicht erreicht, wohl aber eine Zerrüttung, eine Neurose. Ich sehe keinen besonderen Unterschied und glaube, daß alle, die mit Hunden arbeiten, keinen besonderen Unterschied zwischen dem Mechanismus der Zerrüttung bei Hunden und Affen sehen. Bei dem einen Affen, von dem gerade die Rede war, entstand die Zerrüttung auf Grund eines Zusammenstoßes, einer Überbeanspruchung der Beweglichkeit seiner Nervenprozesse, bei den anderen dagegen offensichtlich durch eine Überbeanspruchung des Hemmungsprozesses. Sämtliche Phänomene sind genau dieselben, wie sie uns auch bei Hunden begegnen. Es liegt also eine vollkommene Identität sowohl bezüglich der pathogenen Verfahren vor, die zu Neurosen führen, als auch bezüglich des Charakters der Neurose, die dabei entsteht. Es findet sich eine vollkommene Übereinstimmung, und ich sehe keinerlei Abweichungen.

Meine Damen und Herren, gibt es jemanden unter uns, der tatsächlich einen Unterschied zwischen den Neurosen bei Affen und Hunden sieht? Ich sehe keinen Unterschied, aber vielleicht jemand anders? Sie schweigen jedoch, ein Zeichen der Zustimmung.

D. A. Kaminski: Ich glaube, das Ziel unserer weiteren Untersuchungen besteht darin, die spezifischen Züge bei Affen zu erfassen; zur Zeit jedoch hat man den Eindruck, daß die Ergebnisse, die wir gewonnen haben, eine Wiederholung der an Hunden gewonnenen Ergebnisse darstellen.

M. K. Petrowa: Sie haben bemerkt, daß Brom bei Affen stärker wirkt als bei Hunden, daß man ihnen geringere Dosen geben muß und sie anscheinend gegenüber Brom empfindlicher sind.

D. A. Kaminski: Im Vortrag habe ich das nicht angeführt, darüber haben wir in einer Privatunterhaltung gesprochen. Ich sagte, daß man nach den Ergebnissen von M. K. und denen einer ganzen Reihe von Laboratorien bei der Arbeit an Hunden vom erregbaren starken Typ gewöhnlich 2 bis 2,5 g Brom gibt, während wir bei „Paschka", diesem zügellosen Typ, ein adäquates Ergebnis bei einer Dosis von 0,5 g Brom erhielten.

Ein weiterer Befund: Ich vergaß im Vortrag zu sagen, daß wir bei langen Bromgaben, nach Verabreichung von 53 g Brom, bei „Tobi" die ersten Vergiftungssymptome fanden, während auf Grund der Ergebnisse von Dr. Ussijewitsch, der diese Arbeit an Hunden durchführte, starke Hunde eine große Menge Brom schlucken können, und eine Bromvergiftung erst ziemlich spät auftritt. *(350)*

Deshalb hatte ich zunächst den Eindruck, daß Affen möglicherweise gegen Brom empfindlicher seien als Hunde. Das kann von vielem abhängen; deshalb stelle ich jetzt keine solche These auf.

I. P. Pawlow: Man kann sie auch gar nicht aufstellen. Offensichtlich liegen die Dinge bisher doch so, daß das Verhalten des Tieres und die Wirkung des Broms von der Stärke der Hemmung bei dem jeweiligen Tier bestimmt werden; was aber die Hemmung bei verschiedenen Tieren betrifft, so ist sie auch bei unseren Hunden sehr unterschiedlich. Auf Grund einer so kleinen Anzahl von Befunden aber sagen zu wollen, wer gegenüber Brom empfindlicher ist, ist nicht möglich. „Premier" vertrug reine Mammutdosen, während ein anderer starker Hund vom erregbaren Typ nur eine weitaus schwächere Dosis vertrug. Hier sind die Abstufungen groß.

M. K. Petrowa: Man muß auch die Tatsache berücksichtigen, daß sie anfangs größere Dosen vertragen, je nach dem Zustand des Nervensystems. Starke Tiere vertragen 5 g Brom.

Möglicherweise sind die Versuche an den Affen in einer Periode angestellt worden, da sie stark geschwächt waren.

I. P. Pawlow: Ja, vorerst läßt sich darüber nichts sagen. Dafür ist gewaltiges Material erforderlich.

Hat jemand etwas zu sagen? Dann gestatten Sie mir, Ihnen zu danken. Es war für uns interessant.

2. VERSCHWINDEN EINER BESONDEREN PASSIVEN ABWEHRREAKTION (ANGST) DURCH ÜBERFÜHRUNG DES HUNDES IN EINE ANDERE KAMMER ODER DURCH VERSTÄRKUNG DES ERREGUNGSPROZESSES MIT KOFFEIN (VERSUCHE K. S. ABULADSES AN „HERKULES")

I. P. Pawlow: Nunmehr wollen wir uns mit unseren eigenen Angelegenheiten beschäftigen.

Es geht um „Herkules". Sie erinnern sich, es ist ein besonderer Hund, sozusagen der einzige Hund in unserem Material, der bei der erstmaligen Anwendung von elektrischem Strom zur Bildung eines positiven bedingten Reflexes ein Verhalten an den Tag legte, wie kein anderer Hund, und zwar legte er sich in jämmerlicher Unterwerfungspose nieder. Wir stellten fest, daß das eine besondere Form des passiven Abwehrreflexes ist. Das wurde in der Folgezeit dadurch bestätigt, daß er sich ebenso auf den Boden legte, als wir statt des elektrischen Reizes einen sehr starken Ton anwandten. Gewöhnlich tut er es nach Anwendung von starkem elektrischem Strom. Diese Reaktion hält sich einen, zwei oder drei Tage und geht dann vorüber. Vor Anwendung des elektrischen Stromes blieb er immer stehen, legte sich nicht hin, während er sich jetzt, wenn dieser Reiz angewendet wird, sofort hinlegt. Als wir dann weiterhin diesen Reiz absetzten und ihn nicht mehr anwandten, verschwand die Reaktion nach zwei bis drei Tagen, und der Hund blieb stehen.

Dann habe ich noch hinzugefügt, daß diese Reaktion nach Wiederholung der elektrischen Reizung mit starkem Strom bei ihm lange anhielt. Sie hatte sich offensichtlich einfach mit dem Zimmer, mit der ganzen Umgebung verbunden. *(351)* Man mußte den Hund in ein anderes Zimmer überführen, dann nahm er wieder die normale Haltung an. Diese Reaktion erwies sich also als suggeriert. Die Zimmereinrichtung hatte sich rasch mit der passiven Abwehrreaktion verbunden und rief sie nun bedingt hervor.

Nun war es von Interesse, den Versuch noch weiter zu variieren, um zuzusehen, wie diese Reaktion zu beseitigen sei. Natürlich ist diese Reaktion eine Hemmung. Darüber kann es gar keine Meinungsverschiedenheit geben, für uns ist das restlos klar. Drückt man sich physiologisch aus, dann ist Angst natürlich eine Hemmung.

Deshalb versuchten wir, gegen diese Hemmung anzukämpfen. Womit? Mit Verstärkung des Erregungsprozesses. Wir wandten zwei Formen der Verstärkung des Erregungsprozesses an. Einerseits verstärkten wir durch Hungern speziell die Nahrungserregbarkeit, aber das war völlig wirkungslos. Wir ließen ihn einen und auch zwei Tage hungern. Es gelang also nicht, diese Hemmung, die Grundlage der Angst, durch Erhöhung der Nahrungserregbarkeit zu beseitigen.

Als wir dann andererseits den allgemeinen Erreger des Nervensystems, Koffein, anwandten, legte er sich nicht mehr hin. Jetzt ist das ganze also restlos klar. Diese Reaktion ist eine Angstreaktion, ein passiver Abwehrreflex auf einen starken, schmerzhaften Reiz, und ihre Grundlage ist eine Hemmung. Als wir den Erregungsprozeß verstärkten, verschwand die Hemmung und verschwand auch die Angst. Ich glaube, dieses Ergebnis ist sehr lehrreich.

Meine Damen und Herren, möchte jemand von Ihnen zu diesem Fall etwas sagen? Niemand?

Das ist ein interessanter Fall. Hier wird restlos klar, was Angst ist, was ihre physiologische Grundlage ist und wie man sie überwinden kann.

F. P. Majorow: 0,1 Koffein?

K. S. Abuladse: 0,5.

I. P. Pawlow: Hier ist noch ein kleines Detail, das man beachten muß.

Ich sagte, es sei im Hinblick darauf, daß dieser Hund eine spezielle Reaktion, einen passiven Abwehrreflex zeigte, wenn ihm durch einen sehr starken elektrischen Strom Schmerz verursacht wurde, es sei also im Hinblick darauf riskant, das Koffein mit der üblichen Spritze zu verabreichen, da dabei Schmerz entstehen könnte. Deshalb mischten wir es mit Milch und verabreichten es per os.

K. S. Abuladse: Wir nahmen 0,5 g Koffein, 50 g Milch und 10 g warmes Wasser.

I. P. Pawlow: Sie wissen, daß dieser Hund auch noch deswegen interessant ist, weil er ein Feigling und Heulpeter ist. Überführt man ihn in ein anderes Zimmer, dann bleiben die Augen vollkommen trocken. Als er Koffein bekommen hatte, blieben seine Augen ebenfalls trocken. Diese Reaktion auf einen starken Reiz ist also komplex. Sie besteht aus einer besonderen Körperhaltung und aus Tränenfluß.

F. P. Majorow: Es gibt Hunderassen, wie z. B. die japanischen Schoßhündchen, bei denen man fast ständig Tränenfluß aus den Augen beobachtet. *(352)*

I. P. Pawlow: In diesem Falle kann auch ein anderer Grund vorliegen, vielleicht ist die Hornhaut sehr empfindlich od. ähnl. Das läßt sich nicht genau sagen; hier aber ist es Tatsache, daß im einen Falle Tränen fließen, im anderen aber nicht. Ein einfacher Fall, über den es keinerlei Meinungsverschiedenheiten geben kann. K. S. berichtet es, und ich habe es auch selbst gesehen. Es stimmt.

F. P. Majorow: Und bei Koffein verschwanden die Tränen?

I. P. Pawlow: Bei Koffein sind sie ebenso verschwunden, wie wenn er sich in einem anderen Zimmer befindet. Diese beiden Reaktionen (die sekretorische und die motorische) laufen vollkommen parallel.

A. A. Lindberg: Gestern wandte K. S. wieder die Knarre an, und es floß ein Strom von Tränen wie nie zuvor.

I. P. Pawlow: Wir kommen also der physiologischen Interpretation des Tränenflusses beim Menschen näher.

F. P. Majorow: Der Name des Hundes ist unpassend.

I. P. Pawlow: Natürlich, vollkommen unpassend: „Herkules" und ein Flenner! Eine gewaltige Diskrepanz, das kann man wohl sagen. Es ist doch beschlossen worden, ihn unbedingt auf seinen Typ zu untersuchen. Bisher ist noch kein

Versuch angestellt worden, aber es ist klar, daß es ein schwacher Typ ist, trotz des mächtigen Wuchses. Sie haben in dieser Hinsicht nichts unternommen?

K. S. Abuladse: Wir haben begonnen, einen bedingten Reflex auf die Knarre auszuarbeiten.

I. P. Pawlow: Sie sind ja optimistisch, einen bedingten Reflex auf die Knarre auszuarbeiten, wo er doch flennt. Sie müssen mit einem leichteren Verfahren anfangen, so haben Sie keinerlei Chancen.

3. ENTHEMMUNG DER DIFFERENZIERUNG UND UMKEHR DES VERLAUFS DER BEDINGTEN SPEICHELABSONDERUNG UNTER DER WIRKUNG VON CHLORALHYDRAT UND KOFFEIN (S. W. KLESTSCHOWS „MOPS")

I. P. Pawlow: Ein anderer Hund, auf den ich eingehen möchte, ist S. W.s „Mops", ein Hund vom starken Typ. Dieser Hund bekommt einmal Chloralhydrat, einmal Koffein, bald jedes für sich, bald beides zusammen. Bei ihm zeigte sich, daß man unter dem Einfluß bestimmter Dosen von Chloralhydrat eindeutig eine Verstärkung, eine Vergrößerung der Trägheit des Hemmungsprozesses feststellen kann. Die Hemmung wird nicht vollkommen zunichte gemacht, wohl aber bekommt sie eine ungewöhnliche Trägheit. Früher, vor der Anwendung des Chloralhydrats, fehlte bei ihm bei Anwendung des Differenzierungsreizes von Beginn der Wirkung an die Speichelabsonderung, während es jetzt, nach Chloralhydrat, mit einer Enthemmung in den ersten 10 Sekunden beginnt und die Speichelabsonderung gegen Ende des Abrückens des Hemmreizes aufhört. Man muß also sagen, daß die Veränderung auf das Konto einer Trägheit des Hemmungsprozesses kommt, daß sich die Hemmung im ersten Augenblick der Wirkung des Hemmreizes nicht entwickeln kann, sondern erst gegen Ende der Wirkung dieses Reizes auftritt. Das trat gewöhnlich nach Anwendung starker Dosen nach ein oder zwei Tagen in Form einer Nachwirkung auf. *(353)*

S. W. Klestschow: Wenn Koffein mit Chloralhydrat gegeben wurde.

I. P. Pawlow: Gleichzeitig mit dieser Erscheinung ist auch die Wirkung der positiven Reize entstellt. So wächst z. B. der Effekt während der isolierten Wirkung eines positiven bedingten Reizes nicht allmählich an, sondern beginnt vielmehr mit einer beträchtlichen Größe und wird dann gegen Ende des Abrückens schwächer.

Das geschieht jetzt ziemlich häufig, zumal, wenn nach dem Chloralhydrat noch Koffein angewandt wird.

Es ergibt sich die Frage, wie das zu verstehen ist. Man kann es natürlich so auffassen, daß es die Folge einer Vergrößerung der Trägheit des Hemmungsprozesses ist. Sie wissen, wenn der Hemmungsprozeß unter der Wirkung von Chloralhydrat, wie ich sagte, träge wird, wenn er nicht so rasch entsteht wie früher, wenn er seine Stärke erst am Ende der Wirkung des Hemmreizes entfaltet, dann kann man sich vorstellen, daß die Umkehr des Effektes der positiven Reize ebenfalls darauf beruht. Unsere üblichen positiven Reize steigern den Effekt der

Speichelabsonderung während der Periode des Abrückens nämlich deshalb, weil zunächst eine Hemmung vorliegt, ein Verspäten, das wir anfangs, als wir uns in der Sache noch nicht auskannten, fälschlicherweise als „Latenzzeit" bezeichnet haben. Im vorliegenden Falle könnte man die Umkehr der Kurve der bedingten Speichelabsonderung gerade im Zusammenhang mit der Trägheit des Hemmungsprozesses verstehen. Die Verspätungshemmung kann sich infolge ihrer Trägheit nicht rechtzeitig entwickeln und bietet so dem positiven Effekt die Möglichkeit, sich zu äußern. Wenn sich dann aber diese Hemmung entfaltet, setzt sie den positiven Effekt herab, und auf diese Weise ergibt sich statt der normalen Kurve eine umgekehrte Kurve der bedingten Speichelabsonderung. So könnte man es interpretieren. Wenn Sie Chloralhydrat allein anwenden, dann ist diese Erscheinung nicht möglich. Aber wenn Sie zusätzlich Koffein geben, tritt sie auf. Man kann annehmen, daß wir einerseits den Hemmungsprozeß träge gemacht haben und andererseits das Koffein den Erregungsprozeß in den ersten 5 Sekunden der isolierten Wirkung des positiven Reizes erhöht; dann greift die Hemmung ein und erniedrigt den Effekt gegen Ende des Abrückens.

Man könnte aber auch mutmaßen, ob nicht bei diesen Vergiftungen die Erscheinung der Explosivität entsteht; d. h., bis jetzt habe ich das ganze mit einer Veränderung des Hemmungsprozesses, mit seiner Trägheit erklärt, aber vielleicht verändert sich dabei auch der Erregungsprozeß, indem er die Eigenschaft der reizbaren Schwäche bekommt, oder, wie wir sagen, die Eigenschaft der Explosivität.

Das ist eine interessante Frage: Wie kann man zwischen diesen beiden Erklärungen die Wahl treffen, ist es nun eine Veränderung auf Kosten des Hemmungsprozesses, ein Ergebnis seiner Trägheit, oder ist es eine spezielle Veränderung des Erregungsprozesses in Richtung auf Explosivität? Ich stelle Ihnen also die Frage: Wie ist das aufzufassen? *(354)*

Mir scheint, um diese Frage zu beantworten, gibt es einen einzigen Ausweg, eine einzige Versuchsvariation: diese Vergiftung mit Chloralhydrat zusammen mit Koffein an einem Hunde vorzunehmen, bei dem ein streng zusammenfallender Reflex ausgearbeitet ist und folglich das Verspäten am Effekt des positiven Reizes nicht beteiligt ist. Dann muß die Ursache direkt deutlich werden, von der das abhängt. Wenn dieses Phänomen auch an einem solchen Hund auftaucht, spricht dies für Explosivität, für eine Veränderung des Erregungsprozesses.

So stelle ich mir dies vor. Aber vielleicht denkt jemand darüber anders; dann soll er es sagen. Der Befund ist klar, und es gibt zwei begründete Erklärungen. Die eine Erklärung hat eine unbestreitbare Grundlage, die andere eine mögliche. Die endgültige Antwort muß im Experiment gefunden werden.

F. P. Majorow: Aber weshalb halten Sie es denn nicht für möglich, die eine und die andere Erklärung zu vereinbaren, d. h., jedesmal, wenn die Hemmungsfunktion gestört wird, kann doch auch das Phänomen der reizbaren Schwäche auftreten.

I. P. Pawlow: Richtig. Aber im vorliegenden Falle ist zu zeigen, was geschieht, wenn der Hemmungsprozeß träge ist. Kann ich es nur daraus erklären? Ich weiß nicht, ob auch eine Veränderung des Erregungsprozesses beteiligt ist oder nicht. Vielleicht genügt es, diese Erscheinung auf diese Art und Weise zu erklären. Aber es ist denkbar und natürlich möglich, daß sowohl das eine als auch das andere seine Wirkung hat; aber das muß im vorliegenden Falle bewiesen werden. Die Trägheit des Hemmungsprozesses sehen Sie am Effekt der Differenzierung, denn sie hat ihren Charakter geändert; erst war sie durchgängig, aber jetzt ist sie zu Beginn der Wirkung des negativen Reizes enthemmt.

Aber nicht alles muß unbedingt mit einem Eingreifen der Hemmung zusammenhängen. Die Möglichkeit einer Veränderung des Erregungsprozesses, die Möglichkeit der Explosivität bleibt bestehen. Das muß bewiesen oder widerlegt werden. Meiner Meinung nach geht es nur so.

Zwischenruf: Bei mir ergab sich in einem Versuch dieselbe Erscheinung, aber nur bei einem Reiz, beim Metronom. Alle übrigen positiven Reize zeigten nicht die geringste Veränderung. Das spricht dafür, daß hierbei ausschließlich der Hemmungsprozeß geschädigt wird.

I. P. Pawlow: Hier muß man die Möglichkeit eines ununterbrochenen Einflusses im Auge haben. Wie Sie sich erinnern, entstand bei dem Affen „Jaschka" die Zerrüttung nach Verlängerung der Hemmung. Zugleich wurde bei ihm der Effekt auf den positiven Reiz zerstört, und es ergab sich eine ultraparadoxe Phase, d. h., der positive Reiz verlor seine Wirkung, während der hemmende Reiz positiv wirkte. Dann ist alles gleich, dann müssen Sie diesen positiven Reiz, zu dem eine assoziierte Differenzierung vorliegt, speziell zu einem zusammenfallenden Reiz machen. *(355)*

Die gewonnenen Tatsachen sind von großer Bedeutung. Man muß bedenken, daß sich die Schädigung der Hemmung auf einen Reiz nicht immer nur auf eine Hemmung des jeweiligen Reizes beschränkt, zu dem ein entsprechender positiver Reiz vorhanden ist; diese Schädigung kann sich auf die gesamte Hemmungsfunktion der Großhirnhemisphären ausdehnen. Man muß berücksichtigen, daß sich die Schädigung der Hemmung im einen Falle nur auf das Metronomgebiet konzentrieren konnte, ohne sich auf andere Gebiete auszudehnen, während sie sich in einem anderen Falle über die ganze Hirnrinde und die gesamte Hemmungsfunktion der Hemisphären erstrecken kann; dann würde sie sich auch bei allen anderen Reizen bemerkbar machen.

4. FALL VON AUSSERORDENTLICHER STABILITÄT EINES SEHR LANGE (JAHRELANG) ANGEWANDTEN STEREOTYPS (M. K. PETROWAS „MAMPUS")

I. P. Pawlow: Nun kommen noch einige sehr interessante Errungenschaften der Pathologie.

Zunächst einmal geht es um „Mampus". „Mampus" ist allen wohlbekannt, da über ihn schon einige Jahre diskutiert wird.

Es ist das jener Hund, der ein Paar entgegengesetzter Reflexe auf ein und denselben Reiz hatte, auf Metronom-120 und Metronom-60. Jetzt haben diese Zahlen schon Gesetzeskraft erlangt, denn sie sind auch auf die Affen übertragen worden.

M. K. Petrowa: 200 und 100.

I. P. Pawlow: So war es richtig! 200 war also das positive Metronom und 100 das hemmende, negative. Das positive Metronom-200 wurde lange Zeit der Nachhemmung anderer Differenzierungen und eines verspäteten Reflexes ausgesetzt. Schließlich litt dieses positive Metronom so stark, daß auch das hemmende Metronom positive Wirkung bekam. Das ist ein klarer Fall, der sich aus der Induktion erklärt. Sobald der positive Reiz dieses Paares gehemmt war, ergab er keine negative Induktion auf den Hemmreiz mehr (bei den Affen „Jaschka" ergab sich, wie Sie sich erinnern, diese ultraparadoxe Phase auf andere Weise, durch Verlängerung des Hemmreizes). Ich glaube, bei uns ist es bei Hunden nicht vorgekommen, daß wir nach Verlängerung des Hemmreizes eine ultraparadoxe Phase erhielten.

M. K. Petrowa: Wir erhielten sie an dem Kastraten „Back", als er nach der Kastration geschwächt war und wir ihm große Bromdosen zu je 3 g gaben; daraufhin trat bei ihm eine chronische ultraparadoxe Phase auf. Wir haben den Hemmungsprozeß chronisch überbeansprucht.

I. P. Pawlow: Bei „Back" ist es also aufgetreten. Gut. Bei diesem „Mampus" nun ergab sich eine ultraparadoxe Phase, der positive Reiz ergab keinen Effekt, der hemmende dagegen die Größe des positiven.

Mit diesem Zustand haben wir uns weiß Gott wie lange herumgeschlagen, ohne ihn ändern zu können, obwohl wir Hunderte von Malen den positiven Reiz bekräftigten und den hemmenden nicht. *(356)*

Bei „Mampus" bestand das System der bedingten Reflexe aus 10 Reizen, wobei 8 positiv waren, wenn man auch das positive Metronom einrechnet, obwohl es jahrelang keinen positiven Effekt geliefert hatte; weiter gab es zwei Hemmmetronome, die wiederholt wurden, das eine zu Beginn, an dritter Stelle, und das andere an neunter Stelle.

Es ist doch interessant, was wir auch gegen die chronische ultraparadoxe Phase unternahmen, nichts half. Nach zwei Jahren kam noch eine neue pathologische Erscheinung hinzu, und zwar traten bei dem zehnten positiven Reiz, dem Gluckern, das nach der zweiten Differenzierung im Versuch stand, Explosivität und reizbare Schwäche auf. Diese Erscheinungen bestanden darin, daß der Hund bei der Wirkung des Gluckerns abrupt und mit Geheul aufsprang und eine sehr starke Nahrungsreaktion zeigte, wobei er einen gewaltigen Speichelfluß lieferte, der jedoch nur in der ersten Hälfte der isolierten Wirkung des bedingten Reizes auftrat und in der zweiten Hälfte bis zu vollkommenem Stillstand abfiel. Der Hund lehnte die Nahrungsbekräftigung ab. Sie sehen, ein markantes Phänomen von Explosivität, von reizbarer Schwäche. Zunächst trat es an neunter Stelle, an der Stelle des Hemmungsprozesses, der einen positiven Effekt lieferte, auf, breitete sich dann aber auf die anderen Reize aus und erschien sogar in den Pausen zwischen den Reizen.

Zu jener Zeit zeigte der Hund zwei pathologische Erscheinungen: einerseits auf das positive Metronom-200 eine konstante negative Reaktion trotz ständiger Bekräftigung, und auf das zweimal angewandte hemmende Metronom-100, vor allem auf das am Schluß des Versuchs angewandte, trat ständig ein positiver

Effekt auf, wobei das zweite Metronom einen größeren Effekt als das erste lieferte. Diese pathologische Phänomen hielt drei bis vier Jahre an.

Erst als M. K. drei Verfahren anwandte: Kombination von Koffein und Brom, die Versuche nicht täglich, sondern aller drei bis vier Tage anstellte und im Verlauf jedes Versuchs zwei bis drei zusammenfallende positive Reize setzte, erst da wurde alles normal. Die Explosivität verschwand, und das positive Metronom wurde endlich nach drei- bis vierjähriger Inaktivität positiv, wobei es manchmal die Größe anderer starker positiver akustischer Reize erreichte.

Das ist eine alte Geschichte, die ich für diejenigen berichte, die zum erstenmal hier sind. Das ist noch nicht das Wesen der Sache. Das Wesen der Sache besteht in jenem Neuen, das ich zu berichten habe und wozu ich jetzt übergehe.

Als der Hund vollkommen geheilt war, wurde folgender Versuch angestellt. Koffein und Brom wurden abgesetzt, und beide Metronome wurden aus dem Stereotyp weggelassen. Da geschah etwas Interessantes: Nur die ersten beiden Reize hatten weiterhin positive Wirkung, *(357)* während die übrigen verschwanden. Es sei jedoch gesagt, daß das nur bei dem plötzlichen Absetzen der ganzen Prozedur geschah, sich dann aber nach zwei bis drei Tagen wieder besserte. Die positiven Reize wirkten wieder besser. Dann fielen sie neuerlich ab. Aber nicht nur, daß die bedingten Reflexe verschwanden, der Hund nahm auch das Futter nicht mehr.

Und hier beginnt nun ein ganz besonderer Fall. Es ist doch interessant, daß die ersten beiden positiven Reize wirken und daß beim dritten Reiz eine starke Hemmung mit Futterablehnung beginnt.

Was bedeutet das? Weshalb beginnt es an dieser Stelle? Weil an dritter Stelle ein alter Reiz stand.

Ich möchte Ihnen speziell demonstrieren, wie stabil dieser drei- bis vierjährige Stereotyp war. Der Stereotyp wurde am 28. November zum erstenmal abgesetzt, und am 12. Dezember machten sich noch die den alten positiven und negativen Metronomen entsprechenden Stellen bemerkbar. 16 Tage lang beharrte dieser Stereotyp also, und jene Bedeutung, die die entsprechende Stelle im System hatte, macht sich noch jetzt bemerkbar, da das System bereits verändert ist.

Ferner ist interessant, daß nach der dritten Stelle und nach der neunten wiederum Explosivität auftrat. Wenn der Hund auch keine bedingten Reflexe liefert, so ist das doch an der Bewegungsreaktion festzustellen: Er springt auf und winselt, wie es nach der Differenzierung der Fall war. Es ist einfach erstaunlich, wie wichtig so ein Stereotyp ist. Auf ein solches Beispiel stoßen wir zum erstenmal.

Freilich haben wir auch zum erstenmal einen Stereotyp vor uns, der so lange gedauert hat. Im vorliegenden Falle macht sich der Stereotyp 23 Tage lang bemerkbar, und zwar mit den Eigenschaften, die ehemals vorhanden waren. Das ist ein Sonderfall, den man sich einprägen muß und der vieles in der Nervenklinik erklären kann. Manchmal wissen wir nicht, woher irgend etwas kommt, aber dann muß man eben mit einem Stereotyp rechnen, mit der Bedeutung eines bestimmten Moments im Stereotyp. Dem muß besonderes Augenmerk gewidmet werden.

5. REFLEXE AUF EIN VERHÄLTNIS. ZERRÜTTUNG EINES SCHWACHEN HUNDES NACH EINEM ZUSAMMENSTOSS (A. O. DOLINS „PINSCHER“)

I. P. Pawlow: Ein anderer pathologischer Fall ist der von „Pinscher“. Sie erinnern sich an die Versuche von A. O. mit dem Verhältnis, das als positiver oder negativer Reiz wirkte.

Für diejenigen, die zum ersten Male zuhören, will ich es erzählen. Bei „Pinscher“ wurde ein Reflex auf Metronom-120 (positiv) und auf Metronom-60 (negativ) ausgearbeitet. Als zum erstenmal eine intermittierende Klingel mit 120 Unterbrechungen je Minute angewandt wurde, zeigte sich, daß diese Klingel mit gleichem Rhythmus die Effekte des Metronoms absolut reproduziert. *(358)*

Auf diese Weise ergibt sich, daß das Verhältnis als Reiz generalisiert wird; bei einem Reiz erzeugt, wird es bei jedem anderen neuen Reiz reproduziert. Diese Tatsache nennen wir „Generalisierung eines Verhältnisses als Reiz“. Nicht nur das, man kann nicht nur Reize desselben Analysators, sondern auch Reize eines anderen Analysators nehmen. Dasselbe geschieht z. B. mit Licht.

Interessant ist folgendes. Während intermittierendes positives Licht einen schwächeren Effekt als das positive Metronom-120 und die Klingel-120 liefert, ergibt negatives intermittierendes Licht keine bessere Differenzierung. Dann ergab sich dieselbe Generalisierung des Verhältnisses auch in anderer, interessanterer Form.

Sie versuchen für sich zum erstenmal das Metronom-200. Es liefert Ihnen einen starken Effekt. Das ist verständlich. Dann gehen Sie neuerlich zum Metronom-120 über und erhalten eine starke Verringerung des Effekts im Vergleich zum früheren Effekt auf dieses Metronom.

Nun wird dasselbe mit dem Hemmungsmetronom-60 gemacht. Eine Unterbrechungsfrequenz von 30 je Minute liefert Ihnen einen Hemmeffekt, der möglicherweise sogar vollständiger ist als der der Frequenz 60; aber wenn Sie nach Anwendung der Frequenz 30 auf 60 übergehen, dann liefert diese einen ausgeprägt positiven Effekt. Das war eine kurze Wiederholung des Gesamtverlaufs des Versuchs.

Dann geschah folgendes. Ich muß noch ergänzen, daß das Licht, das zum Thema „Verhältnis“ angewandt wurde, für „Pinscher“ früher ein positiver Reiz war. Als es als intermittierender Reiz angewandt wurde, bildete sich dieses Licht am einen Ende, und zwar bei der selteneren Frequenz, in einen Hemmreiz um. Folglich kam es zum Zusammenstoß. Dieser Zusammenstoß ging bei dem Hund mit einer starken Störung und starken pathologischen Erscheinungen einher. Der Hund wurde zerrüttet.

Die Versuche wurden für einige Zeit unterbrochen.

Als der Hund vollkommen wiederhergestellt war und dieser Reflex auf das Verhältnis wie gewöhnlich verlief, geschah folgendes zufälliges Ereignis. Im Laboratorium befanden sich zwei Lampen. Die eine diente zur Beleuchtung, und die andere war die Experimentierlampe, die bei den Versuchen verwandt wurde. Es machte sich erforderlich, die Lampe einzuschalten, die seinerzeit infolge dieser Versuche für den Hund die Bedeutung eines pathogenen Agens bekommen hatte. Als sie nach neun Monaten wieder eingeschaltet wurde, machte diese Lampe alle weiteren Versuche zunichte. Ein lehrreiches Beispiel.

Alles Gute!

MITTWOCHKOLLOQUIEN DES JAHRES 1936

15. JANUAR BIS 19. FEBRUAR

MITTWOCHKOLLOQUIUM

vom 15. Januar 1936

1. ÜBER DIE BEDEUTUNG DER ERHOLUNG BEI DER LÖSUNG SCHWIERIGER AUFGABEN (BEOBACHTUNGEN F. P. MAJOROWS)

I. P. PAWLOW: Zunächst ein Punkt, der sich auf die Methodik bezieht, denn jeder muß die Methodik kennen und ständig im Kopfe haben.

Ich empfehle Ihnen dringend, sich der Bestätigung und Wiederholung von Fakten hingebend zu widmen, denn das ist eine unausweichliche, wesentliche Eigenart der wissenschaftlichen Arbeit. Wer sich nur auf das Neue freut und es dann leicht vergißt, ist ein unexakter Forscher und Wissenschaftler, und ich würde mich nicht sonderlich auf ihn verlassen.

Nun zur Methodik. Das ist eine alte Sache. Wir wissen schon seit langem, daß bei der Lösung einer schwierigen Aufgabe auf allen Gebieten der menschlichen Tätigkeit die Sache zunächst anscheinend glatt geht, aber dann kommt es zu einem Stillstand, ein Hindernis türmt sich auf, und Sie sind in Verlegenheit, was Sie weiterhin tun sollen und was das zu bedeuten hat. Auch bei uns im Laboratorium ist das ebenso wie im Leben häufig vorgekommen. Dann muß man eine Pause machen und dem Mechanismus, der arbeitet und die betreffende Aufgabe löst, Erholung gönnen. Durch die Schwierigkeit der Lösung der Aufgabe entsteht eine Erschöpfung, die das Ergebnis des Trainings larvieren kann.

Wir haben hier gerade ein neues Beispiel, auf das ich Sie hinzuweisen für nützlich erachte.

Bei einem Hunde F. P.s wurde eine Differenzierung ausgearbeitet, die auf einem bestimmten Niveau stehenblieb und sich nicht weiterentwickelte. Was heißt das? Wie ist das aufzufassen?

Dann kam es zu einer ungewollten Arbeitsunterbrechung. Zum Erstaunen F. P.s war die Lösung der Aufgabe nach der Unterbrechung so gut wie fertig.

Wir stoßen auf diesen Befund, und auch im Alltag ist er bekannt, aber man muß ihn immer bei der Lösung aller Aufgaben berücksichtigen. Wenn Sie von einem Hund mit entsprechenden Methoden die Lösung einer Aufgabe verlangen und bis zu einem gewissen Punkt gelangt sind, müssen Sie immer untersuchen, ob sich nicht eine Erschöpfung eingemischt hat. Unterbrechen Sie die Arbeit für einige Tage und sehen Sie dann zu, was los ist! Daran muß man immer denken. *(362)*

2. KONZENTRATION DER HEMMUNG ALS MASSNAHME GEGEN EINE HYPNOTISIERUNG DES TIERES (VERSUCHE AN „SATYR“)

I. P. Pawlow: Nun ein anderer Befund.

Er ist uns ebenfalls gut bekannt. Hier hat sich eine neuerliche Wiederholung ergeben, und ich kann mir nicht die Befriedigung versagen, sie Ihnen mitzuteilen.

Wir wissen sehr genau, daß ein hypnotischer Zustand durch Brom beseitigt wird, das eine spezielle Beziehung zur Hemmung hat. Brom lüftet gleichsam an bestimmten Punkten den Hemmungsschleier, den die Hypnotisierung darstellt, und befreit die Großhirnhemisphäre von der diffusen Hemmung.

Hier geht es um „Satyr“. „Satyr“ ist ein Hund, der zu jener Gruppe gehört, bei der die Divergenz zwischen der Stärke des Erregungsprozesses und der des Hemmungsprozesses sehr groß ist. Der Erregungsprozeß ist sehr stark und der Hemmungsprozeß sehr schwach. Es ist also eine Variante eines Typs, die wir bisher noch gar nicht kennen. Man kann ihn nicht dem erregbaren Typ zurechnen. Der erregbare Typ ist ebenfalls durch fehlendes Gleichgewicht zwischen Erregungs- und Hemmungsprozeß gekennzeichnet, aber dabei ist die Hemmung nur relativ schwach, schwach in bezug auf den sehr starken Erregungsprozeß, aber nicht an sich schwach. Jedoch im Falle „Satyrs“ liegt ein sehr starker Erregungsprozeß vor; zwei Wochen oder sogar noch mehr, ich erinnere mich nicht genau, vermochte der Hund zwei sehr starke Reize zu ertragen, den lauten Knall und die Glocke. Er arbeitete ausgezeichnet und zeigte keinerlei Symptome einer Schwächung des Erregungsprozesses. „Satyrs“ Hemmungsprozeß ist entsetzlich schwach. Mit ihm kann er so gut wie überhaupt nicht arbeiten. Er versank ständig in einen hypnotischen Zustand. Das äußerte sich darin, daß alle bedingten Reize im Verlauf des Versuchs allmählich absanken und schließlich sogar auf Null zurückgingen. Wenn ein und dieselben Reize in der ersten und zweiten Hälfte des Versuchs vorkommen, fallen sie in der zweiten Hälfte sogar gewaltig ab.

Wir mußten irgendwie von diesem außerordentlich schwachen Hemmungsprozeß freikommen.

Wir gaben dem Hund Brom. Die Bromgaben beseitigten die Hypnotisierung, d. h., das Brom konzentrierte den Hemmungsprozeß. Das wollten wir nun auch durch funktionelles Training erreichen, ohne zur Einwirkung zusätzlicher Stoffe zu greifen. Wir erreichten es schließlich dadurch, daß der Hemmungsprozeß 5 bis 6 Minuten andauerte und wir dann nur allmählich jeweils 5 Minuten hinzufügten, indem wir auf 10 Minuten usw. gingen.

Es ist interessant, daß die Hypnotisierung in dem Maße verschwand, wie sich die Differenzierung bildete und folglich der Hemmungsprozeß verstärkte. *(363)*

Die bedingten Reflexe vergrößerten sich in der zweiten Hälfte der Versuchstage allmählich und wurden hinsichtlich der Größe den bedingten Reflexen der ersten Hälfte dieser Tage gleich.

Das ist eine gute Illustration dieser Erscheinung.

Mir bereiten solche Versuche besonderes Vergnügen. Wir haben uns ein übriges Mal davon überzeugt, daß das richtig ist und wir uns darauf verlassen können.

3. ÜBER DEN MECHANISMUS DER ULTRAPARADOXEN PHASE UND ÜBER DIE GRENZEN DER VOLLKOMMENHEIT DES NERVENSYSTEMS

I. P. Pawlow: Nun, Erfahrungen im Hinblick auf den Mechanismus der ultraparadoxen Phase. Wie Sie wissen, wenn verwandte Reize zwei Effekte liefern, einen positiven Effekt und einen hemmenden, dann beobachten wir unter gewissen Bedingungen einen hypnotischen Zustand des Hundes. Während des hypnotischen Zustandes geschieht es nun häufig, daß der positive Reiz nicht wirkt, der hemmende dagegen positive Wirkung bekommt. Das ist eine ultraparadoxe Phase, auf die wir jetzt immer wieder stoßen.

Leider bestand ein wesentlicher Mangel bei uns darin, daß wir sie nicht auf Wunsch jederzeit demonstrieren konnten. Wir nahmen an, daß der Hemmreiz, wenn der positive einer Hemmung ausgesetzt wird, positive Bedeutung bekommt, interpretierten es also als positive Induktion von seiten des positiven Reizes, der hemmend geworden ist. Das ist unsere Erklärung.

Es war unumgänglich, diese Erscheinung zu beherrschen und die Möglichkeit zu bekommen, sie unter bestimmten Bedingungen jederzeit zu reproduzieren.

Dieses Mal hatten wir einen bedingten mechanischen Hautreflex, wobei eine Stelle positiv, eine andere hemmend war; der positive Reiz lieferte einen positiven Effekt, der hemmende war immer null. Dann gingen wir daran, den positiven ständig zu überdecken, d. h., wir gaben dem Hund zunächst Futter und setzten, während er fraß, d. h., während der unbedingte Reiz wirkte, die positive Kassalka. Nach einigen solcher Überdeckungen bekam der frühere Hemmreiz, der nicht bekräftigt, aber wiederholt wurde, positive Wirkung. Diese Versuche dauern schon sehr lange an.

Zwischenruf: 60mal bei insgesamt 178 Überdeckungen.

I. P. Pawlow: Das heißt, der Hemmreiz hat nach 50 bis 60 Überdeckungen des positiven Reizes positive Wirkung bekommen. Die positive Wirkung des Hemmreizes wächst weiterhin an. Wenn wir dabei ab und zu den positiven Reiz in üblicher Weise ausprobierten, erwies er sich als noch wirksamer. Wir setzten das Überdecken fort. Schließlich kam der Augenblick, in dem der positive keinen positiven Effekt mehr lieferte. Er ist ständig gehemmt. Der früher positive Reiz ist durch das Überdecken hemmend geworden. *(364)* Dafür zeigte der hemmende, der vorher 170mal nicht bekräftigt worden war, jetzt ständig einen positiven Effekt.

Nehmen wir z. B. folgenden Versuch. Der Hemmreiz liefert 30 bis 40 Teilstriche, und der positive, überdeckte, liefert null, d. h., es liegt eine ganz präzise ultraparadoxe Phase vor. Der positive Reiz ist zu null geworden, und der niemals bekräftigte hemmende hat eine konstante und gründliche positive Wirkung bekommen. Natürlich ist die Erscheinung an sich seltsam. Man könnte fragen: Das Gehirn hat wohl Unsinn getrieben, was? Ein Reiz, der niemals bekräftigt wurde, hat positive Wirkung bekommen. Wir haben also die Natur selbst irgendwie überlistet, denn scheinbar wirkt sie doch manchmal völlig regelwidrig. Daß der positive Reiz nicht wirkt, ist begreiflich, da liegt negative Induktion von seiten des unbedingten Reizes vor usw.; aber weshalb gibt dieser niemals bekräftigte Reiz eine Wirkung?

Jetzt sind wir natürlich daran interessiert, zuzusehen, wie lange sozusagen dieser physiologische Unsinn dauern wird.

Aber dann ergibt sich noch folgende Frage: Welche Bedeutung hat denn das, was liegt hier vor? Nun ja, das muß man schon einen „Unsinn der Natur“ nennen, nicht wahr? Es ist eine komplette Ungereimtheit. Alles in allem glaube ich, daß das ein Mangel der Natur ist. Es ist klar, daß das allgemeinste Naturgesetz das Gesetz der Bedingungen ist: Eine bestimmte Erscheinung tritt nur unter ganz bestimmten Bedingungen auf. Folglich ist denkbar, daß sich das Gesetz nicht äußert, wenn Sie eine ungewöhnliche Bedingung schaffen, weil dann die erforderlichen Bedingungen nicht gegeben sind. Wahrscheinlich haben wir im vorliegenden Falle so vollkommen künstliche Bedingungen geschaffen, wie sie in der Natur nicht vorkommen, und wir haben dadurch ein seltsames Ergebnis bekommen.

Ich glaube, es ist tatsächlich so, daß alle Gesetze an bestimmte Bedingungen geknüpft sind. Unter anderen Bedingungen gelten auch andere Gesetze.

Im vorliegenden Falle waren künstliche und in der Natur nicht vorkommende Bedingungen gegeben, deshalb auch das absurde Resultat.

Ich habe mir die Frage vorgelegt, ob es nicht menschlicher Hochmut ist, wenn der Mensch sogar die Natur überlisten will. Aber wir alle, Sie und ich, sind doch das höchste Naturprodukt auf der Erde, das wird niemand bestreiten wollen, denn das versteht sich von selbst. Wir sind der Ansicht, daß jedes einzelne pflanzliche und tierische Objekt, Sie und ich eingeschlossen, „Maschinen“ sind. Nun ja, Maschinen, aber solche, die streng den Gesetzen der Wirklichkeit entsprechen. Wir sind eine Maschine mit höchster Selbstregulation, und es ist denkbar, daß unsere Selbstregulation beträchtlich weitergegangen ist als die der tiefer als wir stehenden Systeme. Wir setzen uns in komplizierten Lagen erfolgreich durch, während das Nervensystem der Hunde mit diesen Bedingungen nicht fertig wird und absurde Phänomene zeigt. Ich nehme also an, daß es hier alles in allem nichts Sinnloses gibt, daß vielmehr alles an bestimmte Bedingungen *(365)* geknüpft ist, und wenn diese fehlen, ergibt sich ein ungereimtes Resultat.

Sehen Sie, so stelle ich es mir vor. Meine Damen und Herren, möchte nicht jemand etwas zu diesem Fall sagen?

Was das Ergebnis betrifft, so bestätigt es natürlich den Mechanismus der ultraparadoxen Phase.

Früher behauptete man eine absolute Vollkommenheit der Organismen und ihrer Funktionen, aber seit HELMHOLTZ sind z. B. am Auge trotz all seiner Vollkommenheit doch eine ganze Reihe von Mängeln festgestellt worden. Folglich kann es sich bei diesem Nervensystem genau so verhalten. Das ist schon eine alte Geschichte, eine theoretische Diskussion.

4. DIFFERENZIERUNG ZWEIER VON DREI GLEICHARTIGEN REIZEN DURCH W. K. FJODOROWS „POSTREL“

I. P. PAWLOW: Nunmehr kommen neue Befunde. Es geht um die Versuche W. K.s an „Postrel“. Der Greis „Postrel“ ist sicherlich dem Tode nicht mehr fern; ist er doch schon über 16 Jahre alt.

Aus irgendwelchen, aber nicht zureichenden Gründen haben wir bis jetzt 15 Jahre für das Höchstalter eines Hundes gehalten.

Wir haben eine Aufgabe, die wir für unsere schwerste halten: die Bildung eines bedingten Reflexes auf einen Reiz, der innerhalb eines Systems anderer ausgearbeiteter Reize dreimal nicht bekräftigt und erst beim viertenmal bekräftigt wird. Wie Sie wissen, haben die Hunde „Liss" und „Smei" diese Aufgabe mit Erfolg gelöst, während die anderen sie nur mit ziemlicher Mühe oder nur zum Teil lösten.

Nun haben wir diesem Greis „Postrel" zu guter Letzt, nach allen möglichen anderen Aufgaben, die er erfolgreich bewältigte, auch eine Variation dieser Aufgabe aufgegeben, und zwar wegen seiner Stärke, die er bisher gezeigt hat.

Die Kassalka wurde dreimal gesetzt, aber nur beim drittenmal bekräftigt. „Postrel" sollte die ersten beiden Male der Anwendung vom drittenmal abdifferenzieren, d. h. also, sie hemmen und das dritte Mal positiv reagieren. Mit der Kassalka zusammen wurden 10 verschiedene Reize angewandt. Die Kassalka wurde an verschiedenen Stellen gesetzt, war also nicht an einen bestimmten Platz in der Folge der Reize gebunden. Schließlich löste „Postrel" diese Aufgabe; die ersten beiden mechanischen Hautreize waren null, während der dritte einen großen Effekt lieferte. Der Greis bewältigte diese Aufgabe.

W. K. hat nun eine kleine Abänderung ersonnen, die anscheinend sofort die ausgearbeiteten Verhältnisse zum Verschwinden brachte. Er setzte einfach alle drei mechanischen Hautreize ganz an den Anfang des Systems bedingter Reflexe, dann waren sie alle null. Die Lösung der Aufgabe war verschwunden. *(366)*

Das bedeutet, daß sich doch alle Erscheinungen immer als komplizierter erweisen, als wir sie uns vorstellen; das muß man sich merken. Dieser Fall beweist ein übriges Mal, daß unser Gegenstand kompliziert ist und wir so nach und nach immer mehr in diese Kompliziertheit eindringen.

Das heißt, jener Differenzierungsreflex, den wir vorher gewonnen haben, hat eine andere Grundlage, als wir uns vorgestellt haben. Wir haben uns vorgestellt, daß die wiederholten Reize in allen Fällen unterschieden werden, daß der erste möglicherweise einen bestimmten Zellenzustand darstellte, der zweite einen etwas anderen und der dritte noch einen neuen, so daß der Hund folglich diese verschiedenen Zellenzustände unter dem Einfluß der Reizwiederholung differenzierte. Das war nicht einfach ein Produkt unserer Phantasie, sondern hing mit einem bestimmten Befund zusammen, mit der Ausarbeitung eines verspäteten Reflexes. Dabei werden doch die ersten Momente der Reizwirkung hemmend und unterscheiden sich von den späteren, die positiv sind. Es ist klar, wenn ein Reiz andauert oder wiederholt wird, dann ist jeder Moment seiner intermittierenden oder durchgängigen Wirkung spezifisch und eigenartig. Die einen Zustände der Rindenzelle werden mit einer Hemmug und die anderen mit einer Erregung verbunden.

Aber im vorliegenden Falle haben wir uns geirrt. Hier war es anscheinend anders, denn als alle drei Kassalkas zu Beginn des Versuchs gesetzt wurden, waren sie alle null, und als sie am Ende wiederholt wurden, waren sie alle positiv. Auf diesen Fall paßt also unsere Hypothese nicht.

Wie ist das aufzufassen? Es ist sicher, daß jeder Moment der Tätigkeit des Gesamtgehirns und jedes einzelnen Punktes einen gewissen besonderen Zustand darstellt; jede Etappe des Versuchsverlaufs verändert den Zustand des Gehirns. Alles ist mit der allgemeinen Gehirnveränderung verknüpft und nicht nur mit unserer Zelle des mechanischen Hautreizes. Wir haben genügend Beispiele dafür, daß sich im Laufe der Versuche die Gehirntätigkeit verändert.

Heute habe ich den hypnotischen Zustand erwähnt. Die ersten Reize liefern einen vollen Effekt und die letzten null. Da haben Sie die Abstufung des Gehirnzustandes im Laufe des Versuchs. Es kann bei der Hypnotisierung aber auch umgekehrt sein. Wir hatten Hunde, die im Gestell vom Fleck weg hypnotisiert wurden. Diese Hypnotisierung verdrängen wir dadurch, daß wir den Hund füttern. Der ansteigende Tonus zerstört die Hypnotisierung. Die bedingten Reflexe beginnen zu steigen. Folglich stellt jeder Versuchsverlauf verschiedene Etappen des Gehirnzustandes dar.

Bei „Postrel" fallen die bedingten Reflexe im Laufe des Versuchs ebenfalls ein wenig ab; folglich macht das ganze Gehirn verschiedene Stadien durch. Wenn Sie die Kassalka dreimal an verschiedenen Stellen setzen, dann ist klar, daß die erste Kassalka zumeist auf den ersten Teil des Versuchs entfällt, die zweite auf den Mittelteil und die dritte auf das Ende. Es ergibt sich also eindeutig, daß die erste Kassalka mit der ersten Periode des gesamten Versuchs zusammenhängt, *(367)* die zweite mit der mittleren und die dritte mit der letzten. Hier bildet sich eine Verbindung des Hemmungs- und Erregungsprozesses nicht nur mit der Veränderung dieser Kassalka, sondern mit der Gesamtveränderung des Gehirns im Laufe dieser Zeit. Wenn Sie nun drei Kassalkas setzen (bald an erster Stelle, bald in der Mitte des Versuchs und bald am Ende), dann ergeben sich neue Veränderungen der Kassalkazelle. Jetzt wird das schon merklich.

Aber ist denn am Ende keine Bildung zu bemerken?

W. K. Fjodorow: Bisher nicht.

I. P. Pawlow: Das ist verständlich und nur von Nutzen für uns. Folglich vertiefen wir die Analyse immer mehr, und die Erscheinungen werden uns immer klarer, als wir sie ganz zu Anfang betrachtet haben. In diesem Sinne ist jede Hypothese eine Stufe, auf der wir uns der Erfassung der Wirklichkeit nähern. Das zeigt, daß wir tiefer eindringen und nicht an einem Fleck stehenbleiben.

5. AUSARBEITUNG BEDINGTER REFLEXE AUF EIN VERHÄLTNIS (RHYTHMUS) VON REIZEN UND UMARBEITUNG DER BEDEUTUNG NEUER REIZE (VERSUCHE A. O. DOLINS)

I. P. Pawlow: Ein anderer Fall bei A. O. Sie erinnern sich, daß das Verhältnis, das einige Physiologen aus dem Konzept gebracht und zu Absurditäten verleitet hat, ebenso ein sinnlicher bedingter Reiz sein kann wie der Einzelzustand einer Zelle oder einer Reihe von Zellen, der einem bestimmten Reiz entspricht.

Eine eindeutige und prägnante Illustration fand sich in den letzten Versuchen von A. O. Er hatte auf 100 Metronomschläge je Minute einen positiven bedingten Reflex gebildet und auf 50 Schläge einen hemmenden. Als er dann einen anderen

Reiz nahm, eine Klingel oder einen Ton, oder sogar einen Reiz eines anderen Analysators, beispielsweise Licht, und diesen Reiz mit derselben Frequenz anwandte, zeigte sich, daß diese neuen Reize genauso wirkten wie die Metronome. Folglich wird das Verhältnis der Reize, das wir mit den Metronomen eingehalten haben, vollkommen generalisiert; es breitet sich auf die ganze Großhirnrinde aus und äußert sich bei jedem neuen Reiz. Nicht der Einzelreiz fungiert hier als Reiz, nicht die einzelne gereizte Zelle, sondern das besondere Verhältnis, das Sie durch die verschiedenen Unterbrechungen hervorgerufen haben. Ich habe nur wiederholt, was eine ganz eindeutige und unbestreitbare Tatsache ist, um so mehr, als sie sich auch schon früher in Arbeiten von S. W.[1] in anderen Formen gefunden hat.

Nun ergibt sich die Frage: Was wird wohl passieren, wenn wir nicht die 100mal unterbrochene Klingel bekräftigen, sondern die 50mal unterbrochene, d. h., wenn wir der Generalisation *(368)* dieses Verhältnisses entgegenarbeiten? Wie zu erwarten war, läßt sich durch vorsätzliche Manipulationen die Generalisation dieses Verhältnisses zerschlagen.

Nun aber, A. O., ist folgende Frage interessant: Wenn wir zwei entgegengesetzte Verhältnisse haben, dann fragt sich, welchem Verhältnis ein analoger Rhythmus eines neuen Reizes folgen wird und wie er sich äußern wird. Das muß ausprobiert werden. Was daraus wird, werden wir sehen.

6. GENESE DER REIZBAREN SCHWÄCHE BEI ÜBERBEANSPRUCHUNG DES ERREGUNGSPROZESSES

I. P. Pawlow: Nun wollen wir zur Pathologie übergehen, zu Befunden, die an die Pathologie grenzen. Es handelt sich um den Hund „Nymphe“ aus Koltuschi, der dem verehrten Publikum zum ersten Male vorgestellt wird. Bisher hatten wir mit ihm noch nichts zu tun. T. A.[2] hat sich weidlich mit diesem Hund herumgeschlagen und ist irgendwie mit ihm nicht fertig geworden. Es handelte sich um den Typ. Es sah sogar fast so aus, als sei er schwach. Jetzt stellt sich aber heraus, daß er ganz schön stark ist.

Vor allem waren wir mit seiner Differenzierung unzufrieden, denn sie war nicht absolut, schwankte gehörig und verdarb den Effekt der Abhängigkeit vom Stärkegesetz. Als wir diese Differenzierung verstärkten, kam auch die positive bedingtreflektorische Tätigkeit in Ordnung. Daraufhin beschlossen wir, den Hund auf seine Stärke zu untersuchen, d. h., wir wandten einen starken Reiz an, die starke Knarre.

Hören Sie nun: Als wir die unter dem Tisch angebrachte Knarre betätigten, machte sie auf den Hund außerordentlich starken Eindruck, er warf sich hin und her und winselte.

Als wir die Knarre beim nächstenmal an einen anderen Platz stellten, da zeigte sich, daß das Verhältnis des Hundes zu ihr schon ganz anders war. Das ist ein interessanter Befund von gewaltiger Bedeutung für das Leben. Solange Geräusche

---

[1] S. W. Klestschow
[2] T. A. Timofejewa

seitlich von mir entstehen, stehen sie mir fern, gehen sie mich nicht viel an und rühren mich nicht sonderlich, entstehen sie aber unter mir, dann ist das schon eine andere Sache. Man muß berücksichtigen, daß die Stellung des Reizes im Raum von gewaltiger Bedeutung ist. Im vorliegenden Falle zeigte sich das ganz eindeutig: Bei der ersten Anordnung der Knarre verweigerte der Hund das Futter, als wir aber die Knarre seitlich anbrachten, lieferte der Hund auf Anhieb einen starken bedingten Reflex.

Der ganze Versuch wurde nur mit der Knarre angestellt, und der Hund vertrug sie so gut wie ohne jeglichen Abfall der bedingten Reflexe.

Uns interessierte, wie es weitergehen würde. Wir beschlossen, mit dieser Knarre fortzufahren, aber am nächsten Tage begann die Kapitulation der bedingten Reflexe, und am dritten Tage sanken sie noch weiter ab.

Dann unterbrachen wir die Versuche. Nach der Unterbrechung stiegen die bedingten Reflexe wieder an. Folglich wirkte sich der Einfluß der Erholung eindeutig *(369)* auf die Arbeitsfähigkeit der Zelle aus. Danach verlängerten wir das Intervall von 6 auf 8 Minuten. Von einem Abfall der Reflexe war nichts mehr zu bemerken, vielmehr vergrößerten sie sich.

Die Bedeutung der Intervalle muß jeder beachten, wenn Schwierigkeiten auftreten. So war es bei W. W.s[1] Hund „Solotisty". Der ganze Witz bestand darin, daß dieser Hund zu den Vertretern des phlegmatischen Typs gehört, d. h. zu den Hunden mit außerordentlich langsamen Erregungs- und Hemmungsprozessen.

Es stellte sich heraus, daß sich sein Erregungsprozeß bei dem Intervall nicht wiederherstellt, mit dem gewöhnlich der Versuch durchgeführt wird.

Daß es sich hierbei tatsächlich um Trägheit handelte, wird dadurch bewiesen, daß man das Intervall nur von 6 auf 8 Minuten zu verlängern brauchte, und schon zeigte sich ein prächtiger Reflex. Bei diesem Intervall konnte sich der Erregungsprozeß regenerieren, und der Hemmungsprozeß konzentrierte sich gut. Das kennen und wissen wir.

Bei Intervallen von 8 Minuten kann dieser Hund also prächtig arbeiten, wobei die bedingten Reflexe bei Wiederholung des starken Reizes nicht abfallen.

Nachdem die Sache bei Intervallen von 8 Minuten glatt ging, gingen wir plötzlich auf ein Intervall von 4 Minuten über. Die Reflexe verringerten sich und wurden ruiniert. Hier trat nun ein hochinteressanter Befund auf, der neu ist und über den wir jetzt sprechen wollen.

Das Wesen der Sache besteht darin, daß bei den Intervallen von vier Minuten und beim Abfall der Größe der bedingten Reflexe im Laufe des Versuchs ein Reflex auf die Zeit auftauchte und allmählich zunahm.

Dieses Phänomen fesselte unsere Aufmerksamkeit. Was bedeutet das? Die abnehmende Größe der bedingten Reflexe zeigt, daß sich die Rindenzellen erschöpften. Seltsamerweise tritt gleichzeitig ein Reflex auf die Zeit auf. Ich habe das als reizbare Schwäche aufgefaßt, d. h., daß der Erregungsprozeß gleichzeitig mit der Erschöpfung und Schwächung fahrig, pathologisch labil wurde. Hier werden wir also mit einer wichtigen Bedingung für die Entstehung der pathologischen

[1] W. W. JAKOWLEWA

Labilität bekannt. Wenn der Erregungsprozeß sehr belastet wird und seine liebe Not und Mühe hat, dann wird er zugleich pathologisch labil, zeigt also die Erscheinung der reizbaren Schwäche.

Als wir daraufhin auf Intervalle von 8 Minuten übergingen, stiegen alle Reflexe beträchtlich an. Der Reflex auf die Zeit vergrößerte sich ebenfalls.

Das ist wieder eine Illustration für die Wichtigkeit des Intervalls. Es ist eine prächtige Illustration dafür, in welchem Maße die Arbeitsfähigkeit der Zelle von den Intervallen abhängt, von der Zeit, die Sie ihr zur Regeneration lassen. Als wir wieder auf eine Pause von 4 Minuten übergingen, versteht sich, *(370)* daß die bedingten Reflexe wiederum abfielen. Beim Übergang auf größere Pausen aber kam alles wieder in Ordnung.

Dann beschlossen wir zuzusehen, was Brom bei einer Pause von 8 Minuten und bei maximaler Arbeit vermochte. Beim erstenmal gaben wir nur 1 g Brom. Das Gegenteil trat auf, es wurde schlechter.

Daraufhin gaben wir 3 g Brom. Die Größe der bedingten Reflexe stieg dabei beträchtlich an.

Sie sehen also, für diesen Hund war das Maximum seiner Arbeitsfähigkeit noch nicht erreicht; man konnte Brom mit einem überstarken Reiz kombinieren, und es ergaben sich maximale Reflexe ohne jede fallende Tendenz.

Dann probierten wir die alten Reize ohne Anwendung des starken aus. Es zeigte sich, sie waren beträchtlich vergrößert. Der Tonus blieb weiterhin hoch.

Hier muß noch folgendes ergänzt werden. Während bei schwachem Hemmungsprozeß bei Verlängerung der Wirkungsdauer der Differenzierung eine sehr starke Enthemmung erfolgt, war im vorliegenden Falle keinerlei Enthemmung zu bemerken. Der Effekt blieb auf gleicher Höhe, d. h., Hinweise auf einen Bankrott der Hemmung fehlen, sie hält sich. Was ist das, wie soll man das nennen? Wir haben uns daran gewöhnt, die endgültige, vollständige Stärke der Hemmung im Nullwert zu sehen. Hier aber ergeben sich keine Nullwerte und andererseits auch keine Hinweise auf eine Schwäche der Hemmung (sie hält sich beliebig lange). Daß das Nervensystem eine Hemmung lange verträgt, ist unserer Meinung nach ein Anzeichen von Stärke. Hier ergibt sich, daß der Hund die Hemmung verträgt, aber auf seinem bestimmten Niveau. Ich weiß nicht, wie ich das formulieren soll, welchen Begriff ich dafür anwenden soll, wie ich mich über dieses Phänomen äußern soll. Über diesen Hund muß man nachdenken. Es ist etwas Neues für unser Denken.

Der Hauptbefund, auf den ich das Augenmerk gelenkt habe, ist die reizbare Schwäche, die mit einer Überbeanspruchung des Erregungsprozesses verbunden ist.

7. REIZBARE SCHWÄCHE BEI EINER BESONDEREN FORM VON INTERMITTIERENDEM ERLÖSCHEN (VERSUCHE S. W. KLESTSCHOWS)

I. P. Pawlow: Nun weiter. Bei S. W. haben sich Versuche an seinem Hund „Mops“ ergeben, die sich auf das Problem der reizbaren Schwäche beziehen. Die reizbare Schwäche oder pathologische Labilität des Erregungsprozesses sehen wir darin, daß der Verlauf der sich entwickelnden Erregung während der isolierten Wirkung des bedingten Reizes umgekehrt ist. Der übliche, normale Verlauf der Kurve der bedingten Speichelabsonderung während der Einwirkung des isolierten Reizes besteht in einem allmählichen und konstanten Anstieg vom Beginn der Wirkung des Reizes bis zu seiner Bekräftigung, weil sich zunächst der Einfluß des Verspätens bemerkbar macht, *(371)* dann aber der Erregungsprozeß obsiegt. Unter gewissen Bedingungen ergibt sich jedoch das Gegenteil: Wenn Sie den isolierten Reiz setzen, findet sich der stärkste Effekt gleich zu Anfang, und dann ist der Verlauf des positiven Effektes bis zum Augenblick der Bekräftigung umgekehrt.

Bei dem Hund „Mops" wurde das absichtlich durch eine Kombination von Chloralhydrat und Koffein erzeugt. Es ist leicht zu verstehen, daß Sie durch das Chloralhydrat die Arbeitsfähigkeit herabsetzen und den Erregungsprozeß einschränken, während sie ihn durch Koffein aufpeitschen. Dabei befindet sich der Erregungsprozeß in einer schwierigen Lage, er wird überbeansprucht, und es ergibt sich reizbare Schwäche: der Erregungsprozeß wird labil.

Das ist die eine Form.

Die andere Form bei „Mops" sind Versuche mit intermittierendem Erlöschen. Sie kennen, meine Damen und Herren, das intermittierende Erlöschen. In diesem Falle wurde das intermittierende Erlöschen nicht in der alten Form durchgeführt, sondern auf andere Weise: Der bedingte Reiz wurde 10 bis 15 Sekunden gesetzt, dann für 10 bis 15 Sekunden unterbrochen, danach wirkte er wieder usw.

Natürlich geschah dasselbe wie in den Versuchen von W. K.[1]. Sie erinnern sich an diese Versuche. Die Sache bestand in folgendem. Als er den Effekt der Wirkung während der Reizperioden und während der Pausen verglich, ergab sich ein krasser Unterschied zwischen starken und schwachen Reizen. Es zeigte sich, daß bei einem starken Reiz der Effekt in den Pausen geringer ist als in den Reizperioden, während das bei einem schwachen Reiz nicht der Fall war. Als S. W. bei Variation dieser Versuche diese Periode zur Berechnung des Effekts in Abschnitte von je 5 Sekunden einteilte, erhöhten sich bei den schwachen Reizen sogar die Effekte in den ersten Augenblicken der Pausen. Bei einem starken Reiz fällt der Effekt beim Übergang zur Pause rasch ab. Bei mehrfacher Wiederholung eines derartigen Versuchs kapitulierte der Erregungsprozeß, da das ja immerhin ein Zusammenstoß ist.

Dieses neue Auslöschverfahren ist eine wichtige Methode zur Erzeugung von Zusammenstößen und läßt sich zur Untersuchung der Hunde auf ihre Stärke verwenden.

Interessant ist folgendes. Als diese neue Prozedur des intermittierenden Erlöschens häufig wiederholt wurde (8mal), trat ganz offensichtlich eine pathologische Labilität des Erregungsprozesses zutage. Der Beginn des Erregungsprozesses verstärkte sich beträchtlich, dafür fiel er dann aber rasch ab, d. h., es ergab sich eine reizbare Schwäche.

Auf diese Weise zeigt sich, daß der Erregungsprozeß jedesmal, wenn Sie ihn überbeanspruchen, durch Veränderung seiner Beweglichkeit Komplikationen zeigt. Er wird labiler, beweglicher, und produziert im Augenblick des Reizbeginns den

[1] W. K. Fjodorow

stärksten Effekt, fällt danach aber abrupt ab. *(372)* Sie sehen den gewaltigen Effekt in den ersten 5 Sekunden und, wenn der Reiz andauert, einen raschen Abfall in den zweiten 5 Sekunden. Das ist das typische Bild der reizbaren Schwäche.

8. REIZBARE SCHWÄCHE IN VERSUCHSVARIATIONEN BEI M. K. PETROWAS „MAMPUS"

I.P. Pawlow: Nun die letzte besondere Erscheinung, die M. K. gefunden hat.

Sie erinnern sich, daß wir die reizbare Schwäche zum ersten Male an einem Hund von M. K. gesehen haben. Sie trat „auf Anhieb" auf. Es handelte sich um den Hund „Mampus", mit dem schon jahrelang gearbeitet wird. Bei ihm trat ein umgekehrter Verlauf des Erregungseffekts während der Zeit der isolierten Wirkung des Reizes auf. Immer wieder war der Effekt in den ersten Augenblicken der Reizung bei diesem Hund größer als gegen Ende. Freilich geschah das nicht immer; dennoch zeigte er keine besonderen pathologischen Abweichungen, abgesehen davon, daß sein Metronomreiz die Prüfung nicht bestand. Das gab Anlaß zu der Vermutung, daß er im allgemeinen nicht stark sein dürfte, da wir doch seit langem wissen, daß ein intermittierender Reiz stärker wirkt als ein gewöhnlicher. Da das Metronom ein intermittierender Reiz ist, war anzunehmen, daß das für seine Schwäche spräche.

Nun trat bei ihm auch noch eine ultraparadoxe Phase auf, d. h., das Metronom, das von Anfang an nicht gerade besonders gut war, wurde ganz schlecht, verwandelte sich in ein hemmendes Metronom und blieb lange so. Bei „Mampus" sahen wir zum ersten Male eine ultraparadoxe Phase als konstante Erscheinung. Während das positive Metronom null war, war das hemmende, das zweimal im Versuch wiederholt wurde, zu Anfang und am Ende, positiv, vor allem das zweite, das auf die Anwendung des positiven Metronoms folgte. Sie erinnern sich, wie wir „Mampus" lange behandelten. Endlich fanden wir ein Mittel: eine Kombination von Brom und Koffein und zusätzlich Erholung. Die Versuche wurden nicht täglich angestellt, sondern alle zwei bis drei Tage. Dann fügten wir noch einen weiteren günstigen Umstand hinzu, und zwar wurde das positive Metronom in einigen Versuchen kurz abgerückt angewandt. Nur durch Kombination dieser drei Verfahren erreichten wir es, daß das Metronom eine befriedigende Wirkung ergab. Mit einem Wort, der Hund war scheinbar geheilt; aber diese Heilung erwies sich als palliativ.

In letzter Zeit hat M. K. das ganze System der anderen Reize abgesetzt und nur das positive und das hemmende Metronom übriggelassen, die miteinander abwechselten, wobei das positive überdeckt wurde. Zunächst verhielt sich der Hund ruhig und war auch nach dem Versuch munter.

Am dritten Tag traten aber wieder die ultraparadoxen Verhältnisse auf, und der Hund geriet in unwahrscheinliche Erregung und in einen qualvollen Zustand. *(373)*

Ich wollte Sie fragen, M. K., wie sich der Effekt während dieses Abrückens verteilte, als die Hemmreize bei dem qualvollen und furchtbar schweren Zustand des Hundes zu wirken begannen.

Trat gegen Ende kein Absinken auf?

M. K. Petrowa: Der Hund zeigte eine stürmische Reaktion, bei jedem Hemmreiz sprang er auf, knurrte und bellte.

I. P. Pawlow: Der Hund sprang momentan auf, buchstäblich, als hätte man ihm einen elektrischen Schlag versetzt. Es geschah genau dasselbe wie früher, wie in den früheren Versuchen, als diese Reize ohne das System angewandt wurden.

Dieses explosive Verhalten des Hundes trat in den früheren Versuchen zuerst bei dem Hemmreiz auf, der am Ende nach dem positiven Reiz angewandt wurde, und dann als Antwort auf das Gluckern, das auf den Hemmreiz folgte.

Die ganze Zeit lang bewegte uns die Frage, was das bedeute, wie das aufzufassen sei und in welchem Augenblick diese Explosivität auf das Gluckern auftrat.

Als sich die Explosivität auf das Gluckern entwickelt hatte, das hinter dem ultraparadoxen Effekt des zweiten Hemmreizes stand, breitete sie sich allmählich über die ganze Hirnrinde aus. Auch die Effekte auf andere Reize wurden explosiv, und dann äußerte sich die Explosivität sogar in den Intervallen.

Dieser Befund ist von außerordentlicher theoretischer Bedeutung! Wir können jetzt sagen, wie diese Explosivität auftrat und können dann sogar auf dieser Grundlage unsere frühere Vorstellung vom Mechanismus dieser ganzen Erscheinung etwas abändern.

Die Zelle, auf die der positive Reiz wirkt, war offensichtlich sehr geschwächt, da es mehrerer fördernder Umstände bedurfte, damit sie entsprechend der Stärke des Metronoms zu wirken begann. Es mußten kurz abgerückte Reize angewandt, dem Hunde Erholung gegönnt, wenig Arbeit verlangt werden usw. Die Schwäche des Erregungsprozesses war offensichtlich. Bei Überbeanspruchung sehen Sie dann diese qualvolle reizbare Schwäche.

Auf Grund all dieser Tatsachen ist also jetzt die Grundbedingung der reizbaren Schwäche restlos verständlich: Jedesmal, wenn der Erregungsprozeß überbeansprucht wird, tritt reizbare Schwäche auf, d. h. pathologische Labilität.

Verständlicherweise sehen wir die physikalisch-chemischen Prozesse nicht, und kein einziger Physiologe sieht sie. Wir sehen eine oberflächliche Widerspiegelung dessen, was in der Hirnrinde vor sich geht. Folglich können wir nur Mutmaßungen aufstellen, und zwar nur zeitweilige, um das Material zu systematisieren, und auf dieser Grundlage weitere Versuche, Prüfungen, Untersuchungen usw. anzustellen. Wir haben uns früher vorgestellt, daß im Metronompunkt irgend etwas räumlich verteilt wird, wenn Sie meinetwegen auf 100 Metronomschläge in der Minute einen positiven bedingten Reiz bilden und auf 60 Schläge einen negativen, (374) so daß dann in der einen Hälfte der Erregungsprozeß und in der anderen der Hemmungsprozeß herrscht, sie also bis zu gewissem Grade voneinander getrennt sind. Unter diesem Aspekt konnten wir uns ohne weiteres die ultraparadoxe Phase vorstellen; wenn Sie einen wechselseitig zugehörigen entgegengesetzten Zustand bilden, d. h., wenn Sie den positiven Reiz hemmend machen, dann muß da, wo sich der hemmende Prozeß befand, infolge der Induktion ein positiver Prozeß entstehen. Dieses Schema befriedigte uns.

Dieser Versuch beweist aber schlagend, daß in diesem Falle nur ein und derselbe Erregungsprozeß vorhanden ist, und nicht zwei, wie wir uns vorgestellt haben, d. h. an der Stelle des positiven Reizes und im Falle der Induktion an der Stelle des Hemmreizes. Hier aber wird restlos klar, daß der Erregungsprozeß, der auf Grund der wechselseitigen Induktion auftritt, derselbe Prozeß ist, der durch den positiven Reiz hervorgerufen wird. Er ist krank, und wenn man einen kranken Prozeß zur Funktion veranlaßt, äußert er seine Schwäche und Pathologie in Form dieser Explosivität, dieses schweren Zustandes des Tieres usw. Es ist kein irgendwie besonderer Prozeß, sondern derselbe, aber kranke Prozeß, und wenn er durch den Mechanismus der Induktion hervorgerufen wird, dann zeigt er eben, daß er schwach und krank ist.

Die Vorstellung von einer Verteilung auf zwei Punkte ist also schematisch. Eine vorläufige Erklärung ist das eine, eine exakte Verbindung von Tatsachen aber ist etwas anderes. Was unsere Arbeitshypothesen betrifft, so werden wir sie auf Grund der Weiterentwicklung unseres Materials korrigieren.

Ich bitte das ganze Auditorium, über diesen Gegenstand nachzudenken und darüber, ob ich all das so darstellen kann.

Sie sehen, die Unterbrechung unserer Kolloquien hat uns eine ganze Reihe sehr schöner Bestätigungen und viel Tatsachenmaterial gebracht, ja sogar einige unserer theoretischen Vorstellungen verändert.

Alles Gute! *(375)*

MITTWOCHKOLLOQUIUM

vom 5. Februar 1936

1. DREI FÄLLE DER EINWIRKUNG BEDINGTER REIZE AUF DIE HIRNRINDE: SCHWACHE REIZE IRRADIIEREN, MITTELSTARKE KONZENTRIEREN SICH, SEHR STARKE IRRADIIEREN (VERSUCHE M. JA. BESBOKAJAS AN „KALMA" UND W. K. FJODOROWS AN „AREI")

I. P. Pawlow: Meine Damen und Herren, da heute einige Kollegen unter uns sind, die mit unserer Arbeit weniger bekannt sind, werde ich etwas ausführlicher sprechen.

Wenn eine Erregung in die Hirnrinde gelangt, hat sie verschiedene Stufen, hauptsächlich je nach der Stärke des Reizes, zumindest lenke ich jetzt darauf Ihre Aufmerksamkeit.

Wir haben schon lange auf Grund unserer Befunde angenommen, daß man drei Fälle unterscheiden muß.

Wenn die Erregung, die über den entsprechenden Nerven in irgendeinen Punkt der Großhirnhemisphären geleitet wird, schwach ist, dann liefert sie eine irradiierende Erregungswelle, deren Effekt sich auf zwei Wegen äußert. Wenn ein Punkt mit unterschwelliger, latenter Erregung vorhanden ist, dann ergibt die Summation mit der irradiierenden Erregungswelle einen positiven Effekt; liegt ein latenter Hemmungspunkt vor, dann enthemmt die Erregungswelle ihn und verwandelt ihn in einen positiven Effekt. Derart ist der Effekt einer schwachen Erregung.

Ist der Reiz stärker, dann kommt es statt der Irradiation zu einer Konzentration der Erregung in demjenigen Punkte, auf den die mittelstarke Reizung trifft, und dann liefert dieser Punkt, in dem sich die Erregung konzentriert, einen normalen Effekt; dafür gerät dann der ganze übrige Raum in einen Hemmungszustand. Das ist die sogenannte „negative Induktion". Das eine wie das andere sind ziemlich häufige Fälle.

Jetzt konnten wir beim Studium unseres Materials noch einen dritten Fall aufdecken: Wenn die in die Hirnrinde gelangende Erregung sehr stark ist, dann kommt es wieder zur Irradiation, die Erregung konzentriert sich nicht in einem Punkte, sondern erfaßt nahezu alle übrigen Punkte der gesamten Hemisphäre.

Zur Bestätigung dessen wurde in einer Arbeit von Dr. Besbokaja ein Versuch an dem Hunde „Kalma" angestellt. Dieser Hund war *(376)* durch einen ausgeprägten sogenannten „Wächterreflex" gekennzeichnet. Die Sache bestand darin, daß der Hund, wenn er sich mit seinem Experimentator zusammen im

Isolierraum befand, gegenüber jedem anderen Menschen, der dieses Zimmer betrat, eine wütende aggressive Reaktion zeigte. Wir hatten zwei solche Hunde. Der eine befand sich bei BESBOKAJA und der andere bei M. K.[1]

Ich beobachtete an „Kalma" folgendes: Wenn BESBOKAJA mit ihm allein arbeitete, ergaben sich bedingte Reflexe von bestimmter Größe, je nach der Stärke des Reizes. Wenn ich aber ins Zimmer kam und die Wutreaktion des Hundes mir gegenüber auftrat, erhöhten sich alle bedingten Reflexe beträchtlich, und zwar vergrößerten sie sich für gewöhnlich um 20 bis 30% im Vergleich zu ihrer üblichen Normalgröße. Offensichtlich konzentrierte sich die Erregung, die ich von mir aus in das Gehirn des Hundes schickte, nicht an einer Stelle, sondern irradiierte, floß auseinander und erhöhte den Tonus aller bedingten Reflexe. Folglich war das ein im höchsten Grade starker Reiz.

Aber rasch bemerkte ich auch, daß diese Wutreaktion nur so lange auftrat, wie ich mich ungezwungen benahm, mir alle möglichen Bewegungen erlaubte usw. Wenn ich still hielt, d. h. mich bemühte, Bewegungen zu vermeiden, beruhigte sich der Hund, und die einzige Reaktion auf mich bestand darin, daß er mich die ganze Zeit mit seinen Augen fixierte. Offensichtlich erniedrigte sich der Tonus der Großhirnhemisphären, und die üblichen Reize waren sogar beträchtlich geringer als normalerweise. Folglich konzentrierte sich die Erregung auf mich gleichsam in einem Punkte und lieferte eine negative Induktion auf die ganze übrige Hirnrinde, woher auch die Erniedrigung aller bedingten Reflexe rührte. Dieser Zustand ließ sich nach Belieben verändern. Ich brauchte mich nur zu bewegen, und schon bellte der Hund los, stürzte auf mich zu und zerrte an den Riemen, die bedingten Reflexe erhöhten sich gegenüber der Norm beträchtlich usw.

Bisher war dieser Befund bei uns der einzige seiner Art. Ich habe die ganze Zeit auf einen anderen, analogen Fall gewartet. Ein solcher Fall bot sich W. K. und mir. W. K. hatte einen furchtbar aggressiven Hund. Während bei „Kalma" die aggressive Reaktion nur in einer bestimmten Situation auftrat, wenn der Hund mit seinem Herren in der Isolierkammer saß, entsteht bei „Arei" die aggressive Reaktion unter allen beliebigen Bedingungen. Nur seinem Herrn gegenüber verhält sich „Arei" freundlich und fügt sich ihm, während er alle übrigen in jeder beliebigen Situation beißen will. Während also bei dem ersten Hund gleichsam eine spezialisierte aggressive Reaktion vorlag, war es bei dem zweiten eine universelle.

Daraufhin beschlossen W. K. und ich, diesen Hund zur Wiederholung des Versuchs von BESBOKAJA zu benutzen. Die Versuche wurden in verschiedenen Formen durchgeführt, entsprechend dem Verhalten des Hundes. Im ersten Fall rief ich die aggressive Reaktion durch mein Erscheinen hervor. Im zweiten Fall ging *(375)* JE. A.[2] in die Kammer und rief bei dem Hund einen Wutausbruch hervor. Im Augenblick seines Eintretens war die Reaktion des Hundes außerordentlich wütend, als er aber mehr oder weniger ruhig dasaß, beruhigte sich der Hund wieder. Als er dasaß, erniedrigten sich alle bedingten Reflexe beträchtlich, d. h.,

[1] M. K. PETROWA
[2] JE. A. GANIKE

er wirkte als mittelstarker Reiz, der auf alle übrigen Hemisphärenpunkte eine negative Induktion zur Folge hat.

In diesem Fall sank die Größe des bedingten Reflexes auf das Metronom von 76 Teilstrichen auf 26, auf Licht von 87 auf 7 usw. Alle bedingten Nahrungsreflexe erniedrigten sich stark, aber die Differenzierung wurde enthemmt; es ergab sich also eine ultraparadoxe Phase.

Dieser Fall ist deswegen interessant, weil also die Hemmung durch negative Induktion analog der hypnotischen Hemmung ebenfalls die uns wohlbekannte ultraparadoxe Phase hervorrufen kann.

Beim zweitenmal opferte sich K. S.[1], wobei er 5 Minuten vor der Wirkung des bedingten Reizes eintrat. Daraufhin ergab sich dasselbe, was wir bei BESBOKAJA in den vorhergehenden Versuchen gefunden hatten.

Während das Metronom im Normalversuch 57 Teilstriche lieferte, ergab es in Gegenwart von K. S. (er trat 5 Minuten vor dem Reiz ein) 80 Teilstriche, ein starker Knall gab 121 statt 93, Licht 75 statt 47 usw.

Auf diese Weise verfügen wir über zwei prägnante Versuche, die unsere Formulierung bestätigen, daß ein Reiz in der Hirnrinde drei Stärkegrade darstellt, wobei ein schwacher Reiz irradiiert, ein mittelstarker sich konzentriert und ein sehr starker dagegen wieder irradiiert.

Beim Vergleich dieser Laboratoriumsbefunde mit psychologischen Erlebnissen, mit subjektiven Erscheinungen, erinnere ich mich an zwei derartige Fälle, einen aus dem Leben und einen aus der Literatur.

Der eine Fall stammt aus der Gerichtspraxis der Vergangenheit. Es handelte sich um einen intelligenten Kriminalverbrecher, der nach Art des Helden aus DOSTOJEWSKIS Roman „Schuld und Sühne“ einen sorgfältig ausgeklügelten und in allen Einzelheiten überlegten Mord beging. Er wurde nicht gefaßt. Aber er hatte nicht alles bedacht, und an einem Punkt kam die Sache zum Platzen. Als der Staatsanwalt oder der Untersuchungsrichter ihn auf diesen Punkt hinwiesen, den er übersehen hatte, geriet er in starke Erregung. In dieser für ihn tragischen Minute verspürte er plötzlich so starken Appetit, daß er bat, man möge ihm zu essen geben, anders könne er nicht sprechen. Das ist genau dasselbe. Es ist eine Irradiation einer starken Erregung, die ein im Augenblick überhaupt nicht zur Sache gehöriges Zentrum erregte.

Der andere Fall ist aus „Anna Karenina“. Sie haben natürlich alle „Anna Karenina“ gelesen. Mir fällt folgende Stelle ein. Als Anna Karenina vor ihrem Selbstmord einen Zustand höchster Erregung durchmachte und auf den Bahnhof ging, um sich vor den Zug zu werfen, *(378)* schreibt TOLSTOI, daß sie sich darüber wunderte, wie klar sie alle diese Schilder sah, an denen sie vorbeiging und die sie früher nicht beachtet hatte, d. h., bis zu welchem Grade bei ihr der Orientierungsreflex verstärkt war. Das ist offensichtlich eine Erscheinung gleicher Art. Der große Künstler hat diese Seite bemerkt und geschildert in der Hoffnung, daß dieses künstlerische Material irgendwann zu psychologischem Material werde, das man unter dem Aspekt eines psychologischen Prozesses verstehen könne. So ist

[1] K. S. ABULADSE

es auch im vorliegenden Falle. Deshalb hat uns auch dieser „Arei" durch seine Wut einen großen Dienst erwiesen.

Meine Damen und Herren, hat jemand dazu etwas zu sagen? Das ist ein sehr interessanter Fall.

L. B. Gakkel: Darf ich über einen Fall berichten? Bei mir liegt zur Zeit ein Patient, ein sehr schwacher Typ, dessen grundlegendes Krankheitssymptom eine Parese der Beine ist, so daß er nicht richtig gehen konnte. Als es mit ihm nun besser wurde, ging er am Stock. Als ihn der Arzt gesund schrieb, erlebte er einen furchtbaren Wutaffekt und beschloß, den Arzt zu töten. Dabei kam es zu einer Wunderheilung, die Paralyse verschwand. Vier Stunden lang ging er unbeschwert. Als er sich beruhigt hatte, trat die Parese wieder auf.

I. P. Pawlow: Sie sehen, wie eng unsere physiologischen Befunde bei Hunden mit den Erscheinungen unseres menschlichen Lebens verflochten sind, mit ungewöhnlichen psychologischen Erlebnissen, mit so komplizierten nervalen Erscheinungen ... Klinik, Roman und Laboratorium haben sich also vereinigt.

2. ÜBER DAS PRINZIP DER ÜBERSCHICHTUNG IN VERSUCHEN MIT ALTEN VERSPÄTETEN REFLEXEN

I. P. Pawlow: Ein anderer Fall passierte mit dem Hund „Welikan". Hier wurde ein alter Befund bestätigt. Ich liebe Bestätigungen, jeder Forscher muß sie lieben.

Dieser Hund war der erste neue Hund, bei dem wir auf Grund gewisser Erwägungen mit der Ausarbeitung eines verspäteten Reflexes begannen. Wir behandelten die Frage, weshalb sich ein verspäteter Reflex nur schwer bildet. Wir verfielen nun auf den Gedanken, ob das nicht daher rühren könne, daß bei der Anwendung eines verspäteten Reflexes zwischen kurz abgerückten das von uns im Nervensystem hergestellte Verhältnis die Bildung neuer Verhältnisse behindert. Diesmal versuchten wir, den verspäteten Reflex ganz am Anfang der Arbeit des Hundes zu bilden. Tatsächlich bildete sich der verspätete Reflex auf das Metronom rasch aus.

Er wurde ziemlich lange angewandt und dann für drei bis vier Monate abgesetzt. Nach der Unterbrechung begann eine andere Arbeit mit kurz abgerückten Reflexen. Der eine verspätete Reflex auf das Metronom war also alt, und das kurz abgerückte Metronom war neu.

Als wir dann bei der erstmaligen Anwendung des Geräuschs (an erster Stelle) dieses um 3 Minuten abrückten, fehlten naturgemäß jegliche Hinweise auf ein Verspäten. *(379)* Interessant ist lediglich folgendes. Als wir das Geräusch zum erstenmal anwandten und es nach 3 Minuten bekräftigten, äußerte sich das beim verspäteten Metronom darin, daß dieses statt 40 Teilstriche 17 ergab und statt mit einer Latenzzeit von 3 Sekunden mit einer Latenzzeit von 5 Sekunden auftrat.

Am nächsten Tag wandten wir das Geräusch ebenfalls um 3 Minuten abgerückt an. Dieses Mal erlitt das verspätete Metronom eine noch tiefere Hemmung, wobei es lediglich 3 Teilstriche statt der normalen 40 und eine Latenzzeit von 17 Sekunden ergab.

Schließlich wurde das Geräusch am folgenden Tage zum drittenmal wiederholt. Der verspätete Reflex auf das Geräusch hatte sich nicht gebildet, aber dennoch gab das Metronom einen Nulleffekt.

Aus diesem Versuch läßt sich ein wichtiger Schluß ziehen. Infolge der neuen Bedingungen verwandelte sich das frühere verspätete Metronom in ein kurz abgerücktes. Es entstand die Frage nach dem Schicksal des verspäteten Reflexes: War er spurlos verschwunden oder nicht?

Wir haben diese Frage schon früher aufgeworfen. Was geschieht zum Beispiel mit den alten Verbindungen, wenn eine Umarbeitung vor sich geht und wenn auf die alten Erregungen eine gewaltige Schicht neuer gelagert wird? Wir nannten dies das „Prinzip der Überschichtung" und gleichzeitig das „Prinzip der Vernichtung".

Sie ersehen aus diesem Versuch, daß die alte Bedeutung des verspäteten Reflexes erhalten bleibt. Es ist interessant, daß sich der ehemalige verspätete Reflex auf das Metronom nicht bemerkbar machte, als im Nervensystem kein solches Verhältnis vorlag wie bei einem verspäteten Reflex; in diesem Fall lieferte er einen Effekt von 40 Teilstrichen nach 3 Sekunden. Als wir aber das Geräusch an erster Stelle dreimal abrückten, lebte das alte, unterdrückte oder ausgelöschte Verhältnis des verspäteten Reflexes sofort wieder auf.

Das ist schön.

Diese Tatsache muß umfassende Anwendung auf die Erscheinungen der subjektiven Welt finden. Das ist eine alte, aber diffizile Angelegenheit. Es ist doch ein altes psychologisches Gesetz, daß sich ein altes, durch neue Bedingungen unterdrücktes Verhältnis bei neuerlicher Hervorhebung der früheren Verhältnisse rasch wieder auswirkt. Natürlich muß dieser Versuch wiederholt werden.

So erfaßt unsere Physiologie allmählich die subjektive Welt.

3. VERALLGEMEINERUNG DER REAKTIONEN MIT VERSCHIEDENEN UNBEDINGTEN REIZEN. GEGENÜBERSTELLUNG DER LABORATORIUMSBEFUNDE K. S. ABULADSES MIT SUBJEKTIVEN ERSCHEINUNGEN BEIM MENSCHEN

I. P. Pawlow: Nun ein Hund von K. S. Es geht um die Arbeit mit Entfernung der Distanzrezeptoren bei Hunden.

Sie wissen, daß diese Arbeit im Laboratorium A. D. Speranskis von Galkin begonnen wurde. Jetzt hat K. S. viele neue Hunde mit zerstörten Distanzrezeptoren, denen also Geruch, Gesicht und Gehör fehlen. Sie wissen genau, daß sich das sehr stark in der höheren Nerventätigkeit *(380)* der Hunde äußert. Wenn die Distanzrezeptoren auf einmal zerstört worden sind, weichen die Hunde sehr stark von der Norm ab. Sie schlafen bis zu 23½ Stunden, und die Fähigkeit zur Bildung bedingter Reflexe fällt kraß ab. Werden diese Rezeptoren nacheinander im Laufe von einem bis anderthalb Monat zerstört, dann bleibt der Hund normal.

Der Sinn dieser Erscheinung liegt darin, daß der übrigbleibende Rezeptor ständig trainiert wird und die anderen Rezeptoren ersetzt. Das ist auch in unserem Leben bekannt: Bei Blinden werden der Tastsinn und die anderen Sinnesorgane beträchtlich schärfer. Wenn der Hund alle drei Rezeptoren auf einmal verliert, erniedrigt sich der Rindentonus furchtbar, und die Nerventätigkeit ändert sich wesentlich. Bei diesem erniedrigten Tonus verträgt die Hirnrinde keine komplizierte Arbeit, sie kann keine bedingten Reflexe mit verschiedenen unbedingten Reflexen bilden und bildet keine Differenzierung.

Im vorliegenden Falle sind die Hunde „Sirene" und „Gawai" nach und nach operiert worden, dergestalt, daß bei „Sirene" zwei Rezeptoren zerstört worden sind, und zwar Geruch und Gehör, bei „Gawai" dagegen nur der Geruch. Die Hunde bleiben dabei mehr oder weniger normal.

Diese Hunde haben jetzt je drei bedingte Hautreflexe. Sie halten sich einwandfrei und können sowohl mit Hilfe einer unbedingten elektrischen Abwehrbekräftigung als auch mit einer unbedingten Säurebekräftigung gebildet werden. Wenn bei „Sirene" der Säurereiz angewandt wird, gibt er gewöhnlich auch eine Abwehrreaktion auf elektrischen Strom. Sie werden verallgemeinert, und zwar als bedingte Reize. Bei „Gawai" tritt die Abwehrreaktion auf elektrischen Strom nur dann auf, wenn Säure eingeflößt wird, d. h., die unbedingten Reflexe werden verallgemeinert.

Ich glaube, dieser Befund ist völlig neu. Aber A. A.[1] flüstert mir soeben zu, daß dieser Befund schon von KONRADI an seinem Hund registriert wurde, bei dem er eine elektrische Abwehrbekräftigung, eine Säure- und eine Nahrungsbekräftigung anwandte.

Das ganze läuft darauf hinaus, daß die Gruppe der Reaktionen von positiver Bedeutung (Nahrungsreaktionen) von der Gruppe der negativen Reaktionen abgesondert wurde, denen das Tier ausweicht. Man muß beachten, daß sich eine solche Gruppierung in gewissen Fällen bemerkbar macht.

Mir fällt ein, in einer Arbeit von LASHLEY fand sich so eine Art Einwand gegen den physiologischen Aspekt, gegen die Reflextheorie. Er fragt, wie es physiologisch aufzufassen sei, wenn z. B. ein Schüler, der ein bestimmtes grammatikalisches Schema gelernt hat, dieses Schema reproduzieren kann, wenn er sich mit einem anderen Stoff beschäftigt. Wie ist das reflektorisch aufzufassen?

Es ist anzunehmen, daß alle diese Reaktionen bei uns unausweichlich in Gruppen eingeteilt werden und Klassen darstellen, die voneinander abdifferenziert sind. *(381)* Das hängt natürlich von der Beweglichkeit, Stärke und Ausgeglichenheit unserer beiden Nervenprozesse ab, des Erregungs- und des Hemmungsprozesses.

Ich stelle ein analoges Beispiel dar. Jetzt, da sich bei mir die Beweglichkeit erniedrigt hat, sage ich immer wieder ein Wort statt eines anderen, d. h., mir gelingt bei Worten gleichen Charakters oder gleicher Bedeutung die Differenzierung nicht rechtzeitig. Hier liegt dasselbe vor, eine Gruppe negativer Reaktionen, wobei es an Differenzierungshemmung fehlt, um die eine Reaktion

[1] A. A. LINDBERG

von der anderen zu trennen, die Säurereaktion von der elektrischen Reaktion, eben weil sie beide negative Reaktionen sind.

Sie sehen, wie viele Gegenüberstellungen höchst subtiler subjektiver Erscheinungen mit unseren simplen, an Hunden gewonnenen Laboratoriumsbefunden jetzt möglich werden.

4. BESONDERHEITEN DER ENTWICKLUNG BEDINGTER REFLEXE AUF DIE WIRKUNG REINER TÖNE. BEDEUTUNG DES HEMMUNGSPROZESSES FÜR DIE WIEDERHERSTELLUNG DER ARBEITSFÄHIGKEIT DER RINDENELEMENTE

I. P. PAWLOW: Der Hund „Najan" wird mit reinen Tönen gereizt. Das ist von besonderem Interesse. Es zeigt sich, daß ein bedingter Reflex auf einen reinen Ton von gleicher Stärke wie unsere gewöhnlichen akustischen Reize immer beträchtlich geringer ist als ein Reflex auf die letzteren.

Offensichtlich handelt es sich darum, daß ein reiner Ton sich in der Hirnrinde mit einer kleineren Zellengruppe verbindet als unsere üblichen akustischen Reize. Bei der Wirkung dieser Reize erhalten wir sozusagen einen Summationseffekt. Das ist der erste Befund, der eine bestimmte Bedeutung hat. Ein weiterer Befund ist folgender.

Wenn der Ton verstärkt wird, erreicht er sehr rasch das Maximum seines Effekts. Zunächst folgt er den allgemeinen Regeln. Wenn Sie mit einem reinen schwachen Ton begonnen haben und ihn dann allmählich verstärken, vergrößert sich der Effekt entsprechend der Regel über die Abhängigkeit des Effekts von der Reizstärke. Diese Erscheinung hört gewöhnlich bald auf und wird bei weiterer Verstärkung des reinen Tones vom Gegenteil abgelöst: Der Effekt verringert sich mit dem Anwachsen der Reizstärke.

Das ist auch verständlich. Die Grenze der Arbeitsfähigkeit liegt in diesem Falle niedriger. Deshalb tritt eine intensivere Überbelastungshemmung auf.

Wir müssen also zwei Befunde berücksichtigen, deren wir uns bei der weiteren Analyse bedienen können.

Im nächsten Versuch gingen wir daran, gegenüber einem positiven bedingten Reiz auf einen reinen Ton vom 7. Intensitätsgrad eine Differenzierung auf einen Ton vom 16. Intensitätsgrad auszuarbeiten. Ich erinnere daran, daß der 7. Intensitätsgrad der optimale ist, nach dem die Effekte abzusinken beginnen. Diese Differenzierung bildete sich aus. Als sie sich festigte, vergrößerte sich der Effekt auf den Ton vom 7. Intensitätsgrad deutlich. *(382)*

Also erhöht die Hemmung offensichtlich die Arbeitsfähigkeit der Zelle, so daß diese fähiger wird, diesen starken Reiz zu ertragen.

Es sei gesagt, daß wir diesen Befund übrigens schon kennen. Wenn Sie bei irgendeinem positiven Reiz einen paarigen Differenzierungsreiz ausarbeiten, erhalten Sie zwei Kategorien von Befunden: Bei den einen Hunden vergrößert sich dabei der positive Effekt, während er sich bei den anderen verringert. Das hängt von der Stärke der Hemmung ab. Wenn sich die Hemmung bei dem entsprechenden Hunde gut konzentriert, dann liefert sie verständlicherweise eine positive Induktion auf den positiven Reiz, und auf diese Weise vergrößert sich sein Effekt. Liegt dagegen eine schwache Hemmung vor, dann liefert sie ständig eine Nachhemmung auf den entsprechenden positiven Reiz.

Ich bin gespannt, wie die Sache weitergehen wird; denn eine vollständige Differenzierung liegt noch nicht vor. Wir haben hier eine wunderbare Illustration für den helfenden, schützenden und verstärkenden Einfluß der Hemmung vor uns.

F. P. Majorow: Sie wollten die Aufmerksamkeit darauf richten, daß sich das Verhalten des Hundes verändert hat.

I. P. Pawlow: Als F. P. bei der Ausarbeitung des positiven bedingten Reflexes zum 16. Intensitätsgrad kam, teilte sich die Belastung des umschriebenen Zentrums der ganzen Hirnrinde mit: Der Hund ging widerwillig in die Kammer, man mußte ihn ständig führen, und er drehte sich oft um. Als aber derselbe 16. Intensitätsgrad blieb, jedoch die Differenzierung vorlag, verschwanden diese Erscheinungen. Der Hund kam willig, wedelte mit dem Schwanz usw. Die Vergrößerung der Arbeitsfähigkeit und der Stärke der Zelle ist auch in seinem allgemeinen Verhalten zu beobachten. Sie sehen, welche gewaltige Bedeutung die Hemmung für das Leben hat.

5. AUSARBEITUNG BEDINGTER REFLEXE AUF DEN RHYTHMUS DER BEDINGTEN REIZE (VERSUCHE A. O. DOLINS)

I. P. Pawlow: Und nun kommen die Hunde von A. O. „Pinscher“ und „Ger“. Sie erinnern sich, hier liegt jene einfache Versuchsanordnung vor, bei der nicht der Reiz selbst dominiert und den Effekt bestimmt, sondern sein Verhältnis.

Als bei „Pinscher“ Metronom-120 positiv und Metronom-60 negativ war, konnte man anschließend irgendeinen beliebigen Reiz nehmen, Klingel oder Telephon, und nicht nur aus dem akustischen Analysator, sondern auch aus dem optischen usw., man brauchte sie nur in entsprechender Weise 120mal und 60mal zu unterbrechen, dann waren auf Anhieb der eine positive und der andere negativ. Als Reiz wirkt hier also nicht der Reiz an sich, sondern das Verhältnis zwischen diesen Reizen.

Ich erinnere daran, wie die Herren Gestaltpsychologen, auf Grund der Bedeutung der Verhältnisse ein großes Geschrei wider die bedingten Reflexe erhoben. In Wirklichkeit aber ist das alles höchst einfach. Jeder Zustand der Zelle ist ein besonderer Reiz. *(383)* So ist es auch schon vor langer Zeit in meinem Buch formuliert worden. Jeder einzelne Zustand einer Zelle oder Zellgruppe, einer Summe von Zellen kann ein spezieller Reiz sein. Im vorliegenden Fall sind die Unterbrechungen, der Rhythmus der spezielle Reiz, unabhängig davon, welcher Reiz unterbrochen wird. Sie sehen, dieses Verhältnis ist ein universeller Reiz. Ich glaube, auch die Erscheinung der Generalisation von Spurenreflexen gehört offensichtlich in diese Gruppe. In diesem Fall liegt auch ein besonderes Verhältnis vor: Der Reiz wird nicht dann bekräftigt, wenn er andauert, sondern wenn er unterbrochen wird. Dabei liegt ein besonderes Verhältnis zwischen dem bedingten und dem unbedingten Reiz vor, zwischen ihnen befindet sich dabei immer eine Pause.

Es ergibt sich die selbständige Frage, ob man die Bedeutung des Verhältnisses bei einem anderen Reiz umarbeiten kann. Wenn ich z. B. Metronom-120 bekräftigte, Metronom-60 aber nicht, dann eine Klingel nehme, sie 120- und 60mal unterbreche und diese dann dasselbe ergibt, kann ich dann vielleicht bei der Klingel das Umgekehrte machen und die 60mal unterbrochene Klingel positiv und die 120mal unterbrochene negativ machen?

Man muß annehmen, daß das eintreten muß, wenn die Bedingungen es fordern. Die Aufgabe der Hirnrinde besteht ja gerade darin, auf alle sich ändernden Bedingungen zu reagieren. So geschah es auch. Freilich ist das eine schwierige Aufgabe. „Pinscher" löst diese Aufgabe nur mit Mühe und macht andauernd Fehler.

A. O., wobei trat denn damals bei „Pinscher" die Zerrüttung auf?

Zwischenruf: Beim Licht.

I. P. Pawlow: Bei diesem Hund trat eine Zerrüttung auf, und zwar aus folgendem Anlaß. Früher war bei ihm ununterbrochenes Licht ein positiver Reiz, Metronom-120 war positiv und Metronom-60 negativ. Als wir zum erstenmal das intermittierende Licht anwandten, mußte der Hund die positive durchgängige Wirkung des Lichtes in eine hemmende Wirkung umarbeiten, wenn es 60mal je Minute unterbrochen wurde. Das erwies sich als so schwer, daß der Hund für einige Zeit die Arbeit verweigerte.

Zwischenruf: Wir mußten fast drei Wochen aufwenden, um die normale Tätigkeit wiederherzustellen.

I. P. Pawlow: Also ist „Pinschers" Nervensystem nicht sonderlich beweglich. Jetzt beendet er die Lösung dieser Aufgabe jedoch glatt, ohne alle Zerrüttung. Wie ist das zu erklären? Ob er sich an der ersten Aufgabe geübt und deshalb diese, ebenfalls schwierige Aufgabe leichter bewältigt, oder ob er sie infolge der Beweglichkeit seines Nervensystems löst, ist jetzt schwer zu sagen.

Ich bin deshalb darauf eingegangen, weil wir unsere Typen mit verschiedenen Einzelversuchen bestimmt haben; wir haben einen ausgearbeiteten Standard für die Typenbestimmung. Ich überlege, ob man nicht auch noch etwas anderes anwenden soll. Ich urteile auf Grund eigener Erfahrung: Ich muß ganz schön aufpassen, um diese beiden Reize von entgegengesetzter Bedeutung zu unterscheiden. Ich sage das nach meinem subjektiven Eindruck, vielleicht rührt das von meiner Altersträgheit her. *(384)* Im vorliegenden Fall läßt sich schwer etwas sagen, denn hier hat sich das Training ausgewirkt. Die Erfahrung an anderen Hunden wird es zeigen.

Es wäre interessant, bei „Pinscher" einen neuen rhythmischen Reiz auszuprobieren. Wie werden dann die geschaffenen entgegengesetzten Verhältnisse reproduziert werden? Es wäre interessant, diese Erscheinungen an Reizen unterschiedlicher Stärke sowie an solchen, die zu verschiedenen Analysatoren gehören, zu überprüfen.

Ferner fand sich folgendes Detail bei dem Hunde „Ger".

Sie haben bei ihm eine Klingel oder ein Metronom mit 120 und mit 60 Unterbrechungen. Die Frequenz 120 ist der positive Reiz und die Frequenz 60 der hemmende.

Wenn Sie nun zusätzlich bei diesem Hund einen Reiz von 200 Unterbrechungen ausprobieren, erhalten Sie denselben Effekt wie bei 120 oder sogar noch mehr. Das ist verständlich, da es ein stärkerer Reiz ist. Wenn Sie aber nun nach der Anwendung der Frequenz-200 die Frequenz-120 ausprobieren, verringert sich der Effekt beträchtlich. Dieser Befund wiederholt sich ständig. Das ist ebenfalls verständlich, da der seltenere Reiz mit 60 Unterbrechungen gewöhnlich hemmend war und 120 in Relation zu 200 seltener ist. Analoge Erscheinungen finden sich auch am anderen Ende der Frequenzen. Wenn Sie 30 Unterbrechungen nach 60 anwenden, dann ergibt sich ein Hemmungseffekt. Wenn nun der Effekt bei 30 Unterbrechungen ausgeblieben ist und Sie auf 60 übergehen, dann liefert 60 eine positive Größe, da Sie von der selteneren zur häufigeren Frequenz übergehen, die häufigere aber der positive Reiz ist.

Dieser Befund ist ganz exakt und einfach.

P. S. Kupalow: In der akuten Form des Versuchs an einem anderen Hund, an „Altai", ergab der Rhythmus 60 nach 30 einen Nullwert und lieferte erst nach Übung eines positiven Effekt. Wie soll ich hier abgrenzen: Was entfällt hier auf das Verhältnis und was auf die absichtliche Ausarbeitung?

I. P. Pawlow: Wie auf die absichtliche Ausarbeitung? Sie haben auf den Rhythmus-60 bei „Ger" eine Hemmung ausgearbeitet. Wenn Sie den Rhythmus-30 nehmen, bleibt der Effekt ebenfalls aus. Das ist verständlich. Wenn Sie aber von 30 auf 60 übergehen, d. h. von der selteneren zur häufigeren Frequenz, dann verwandelt sich der Nullwert in eine positive Größe.

P. S. Kupalow: Der Rhythmus-60 liefert bei den ersten Proben nach dem Rhythmus-30 einen Nullwert. Das war der grundlegende Unterschied der Erscheinungen im Vergleich mit der positiven Seite.

I. P. Pawlow: Dieser spezielle Umstand bezieht sich auf einen Hund mit trägem Nervensystem.

F. P. Majorow: Nein, das ist keine Einzelerscheinung, das hat prinzipielle Bedeutung. Denn als wir das Metronom-120 nach dem Metronom-200 ausprobierten, gab es beim erstenmal keinen Hemmungseffekt, und auf der Hemmungsseite gab das Metronom-60, als es zum erstenmal nach dem Metronom-30 gesetzt wurde, nicht gleich einen positiven Effekt, sondern einen Nullwert.

I. P. Pawlow: Da haben Sie einen Beweis dafür, daß es wahrscheinlich einem Hund noch schwerer fallen muß, wenn es schon einem Menschen schwerfällt. *(385)*

Wenn bei der ersten Probe des Rhythmus 60 nach dem Rhythmus 30 jener ebenfalls einen negativen Effekt lieferte, dann war die Hemmung auf 60 folglich sehr stabil ausgearbeitet. Dann lieferte Rhythmus 60 erst allmählich einen positiven Effekt.

Wenn das Denken ein neues Detail und eine ernstzunehmende Erweiterung aufdeckt, muß es sich auch eine neue Frage stellen, aber wenn das Detail geklärt ist, weshalb sich dann damit herumschlagen und sich unnütz den Kopf zerbrechen? Hier ist alles klar. Überlegen Sie, und Sie werden darauf kommen, daß diese Interpretation vollkommen richtig ist: Beschleunigung ist der positive Reiz und Verlangsamung der hemmende.

Nun macht folgende Ergänzung diese Sache verständlicher: Wenn Sie nach dem Rhythmus 30 einen neuen, verlangsamten Rhythmus anwenden, dann erhalten Sie ebenfalls einen Nullwert, weil Verlangsamung eben der Hemmreiz ist. Gehen Sie nun aber auf 60 über, dann bekommt Ihr früherer hemmender Rhythmus 60 positive Wirkung, weil der Rhythmus 60 im Vergleich zu 30 eine Beschleunigung ist. Aber das geschieht nur dann, wenn die Pause zwischen den Reizen nicht zu lang ist. Dauert die Pause länger als 5 Minuten, dann verschwindet diese Erscheinung. Folglich verschwinden die Spuren der Verhältnisse mit der Zeit. Der Sachverhalt ist so subtil, daß er nicht gerade einfach zu erfassen ist.

Für uns ist das neu. In diesem Jahre sind wir zum erstenmal darauf gestoßen, obwohl die Sache schon wesentlich früher begonnen hat.

S. W.,[1] wann haben Sie mit den Versuchen bezüglich der Verhältnisse begonnen?

Zwischenruf: Im Jahre 1927.

I. P. Pawlow: Das Problem ist vor 7 bis 8 Jahren unter dem Einfluß der Einwände der Gestaltpsychologen aufgeworfen worden. Damals berichtete mir mein ständiger Korrespondent aus Paris, daß sich die Gestaltpsychologen deswegen gegen die bedingten Reflexe erhoben, weil das Verhältnis ein besonderer Reiz ist. Damals stellte ich mit S. W. zum erstenmal einen derartigen Versuch an; vollständig konzentrierten wir unsere Gedanken jedoch erst später auf diese Frage. Die dem Rhythmus verliehene Bedeutung wirkt sich als besondere Art eines bedingten Reizes aus. Im einzelnen verändert sich die besondere Bedeutung des Reizrhythmus in Abhängigkeit von der Größe der angewandten Pausen.

Insgesamt ist das eine wertvolle Ergänzung und ein großer Schritt näher an die psychologischen Erscheinungen.

6. DIE EXPERIMENTELLE PHOBIE UND DIE THERAPEUTISCHE BEDEUTUNG DER HEMMUNG (VERSUCHE M. K. PETROWAS)

I. P. Pawlow: Nun noch über die Phobie von M. K.s „John". Damit Sie sich die Sache besser vorstellen können, will ich wiederholen.

Sie erinnern sich, der Hund hat eine Phobie vor der Tiefe. Dieser Hund, der früher ganz ruhig auf den Treppenabsatz der zweiten oder dritten Etage ging *(386)* und an dem den Lichthof umgebenden Gitter fraß, ist jetzt außerstande, das Futter zu nehmen; er weicht vor dem Treppenrand zurück wie vor etwas Furchtbarem. Offensichtlich ist das eine Phobie vor der Tiefe.

Wie ist sie entstanden? Sie entstand, wie ich mich ausdrücke, nach Strapazierung des Hemmungsprozesses. M. K. rief bei diesem Hund alle möglichen Zu-

[1] S. W. Klestschow

sammenstöße zwischen dem Hemmungs- und Erregungsprozeß hervor, indem sie den Hemmungsprozeß auf 5, ja sogar auf 10 Minuten usw. verlängerte. Diese ganze Prozedur nenne ich „Strapazierung". Dann entsteht im Endergebnis eine Phobie.

Ich habe es damit erklärt, daß jedes Stehenbleiben vor einer Tiefe Ausdruck einer normalen Hemmung ist. Hier aber ist diese Hemmung übersteigert. Ohne jeden Nutzen und zum eigenen Schaden hält sich der Hund einen Meter und mehr vom Treppenrand entfernt.

Eine weitere interessante Besonderheit. Diese Phobie kann man ständig so oder so wenden, man kann sie auf Kommando hervorrufen und kann sie auf Kommando beseitigen.

Diese Phobie kann einen guten Monat anhalten, wenn Sie den Hund in dieser Zeit nicht ins Gestell bringen. Haben Sie den Hund aber ins Gestell gebracht — er verfällt im Gestell rasch in einen hypnotischen Zustand —, dann genügt es, diesen Versuch ein bis zweimal zu wiederholen, und die Phobie verschwindet. Das ist mehrmals wiederholt worden.

M. K. Petrowa: Zehnmal.

I. P. Pawlow: Bliebe noch die knifflige Seite der Angelegenheit: Weshalb ist das so? S. W. hat diese Frage noch schärfer formuliert: Wenn der Hund für einen Monat in den Zwinger überführt worden ist, schläft er doch dort; Schlaf aber ist eine Hemmung. Weshalb heilt ihn der Schlaf nun nicht von der Phobie, und weshalb bekommt die Hemmung ihre besondere Bedeutung nur im Gestell, wenn der Hund dort in einen Hemmungszustand, einen hypnotischen Schlafzustand verfällt? Wie ist das aufzufassen? Das ist in der Tat eine sehr ernste Frage.

Lassen wir diese Frage zunächst dahingestellt sein; ich werde nachher eine Hypothese aufstellen, wie das aufzufassen ist. Zunächst aber möchte ich mitteilen, daß wir noch einen anderen Fall von Phobie haben, und zwar ebenfalls eine Phobie vor der Tiefe, an dem Hund „Ursinka". Bei diesem Hund ist die Phobie offensichtlich auf dieselbe Weise entstanden. Bei „John" mußte die Hemmung absichtlich strapaziert werden, damit sich diese Phobie ergab, während sich das bei „Ursinka" noch leichter ergab; freilich haben wir es hier mit einem sehr erregbaren Typ zu tun. Diesem Hund wurde die Aufgabe gestellt, zwischen kurz abgerückten Reflexen einen verspäteten Reflex zu bilden, d. h. einen Reflex auf ein anderes Verhältnis. Der verspätete Reflex bildete sich bei „Ursinka" nicht, obwohl er häufig wiederholt wurde, etwa 90mal. Das Abrücken betrug früher 30 Sekunden, jetzt beträgt das Verspäten 1 Minute. Früher sprang der Hund ohne weiteres vom Tisch, jetzt aber nicht mehr, er hat aufgehört herabzuspringen. Das ist offensichtlich ein analoger Fall. Daß es so ist, wird dadurch bewiesen, daß er selbst vom Tisch herabspringt, wenn man die Tiefe verringert und einen Stuhl hinstellt. Daraufhin haben wir die Höhe des Gestells verringert und so den Hund allmählich darauf trainiert wieder zu springen. *(387)*

Nun über die Heilung der Phobie im ersten Fall. Es ist klar, wenn der Hund im Gestell in einen hypnotischen Zustand gerät, dann assoziiert sich die entstehende Hemmung mit der ganzen Umgebung und trifft speziell auf den schwierigen Zustand dieses Punktes. Dadurch entsteht zwischen ihnen eine fördernde Wechselwirkung. Ich glaube, das ist der ganze Witz der Sache. Diese allgemeine Hemmung muß mit dem speziellen Zustand des kranken Punktes zusammentreffen. Das ist natürlich ein praktisch sehr wichtiger Befund. Wenn die Hemmung in der Klinik als therapeutisches Mittel angewandt wird, muß dieser Sachverhalt natürlich für die Analyse der Details berücksichtigt werden. Das ist meiner Meinung nach die einzig mögliche, vernünftige und rationelle Erklärung dieses Befundes, und der Befund ist höchst prägnant.

Schließlich tritt dieselbe Erscheinung bei Katatonikern und Schizophrenen auf: In diesen schwierigen Umständen wird der Organismus von einer Hemmung befallen. Meine Ansicht hat jetzt eine Bestätigung in den Versuchen mit Einschläferung gefunden, die in unserer Klinik vollkommen glatt reproduziert werden. Bei der Katatonie, einer der Formen der Schizophrenie, die manchmal von selbst einen günstigen Ausgang nimmt, ist es also tatsächlich so, daß dieser Ausgang auf der fördernden Wirkung der Hemmung beruht, die der Organismus bei diesen schwierigen Bedingungen anwendet. Deshalb sind die Katatoniker nach dem Einschläfern fast als gesund entlassen worden, wogegen sich die schwerere, paranoide Form als hartnäckiger erweist. Aber das sei nur nebenbei bemerkt, das wollte ich nicht übergehen; wir werden später darüber sprechen.

Kehren wir zu den Hunden zurück. Denselben Ausweg finden auch unsere Hunde. Wenn M. K. die Hemmung strapaziert, dann nimmt in letzter Zeit der Organismus des Hundes selbst zu dieser Hemmung seine Zuflucht: Es entsteht ein tiefer Hemmungszustand, ein tiefer Schlaf mit Schnarchen. Danach entwickelt sich die Phobie nicht.

Auf diesem Wege entgleitet der Hund anscheinend unseren Händen. Aber es zeigt sich, daß man diese Hemmung nur durch Injektion von Koffein zu verhindern braucht, dann geht alles zum Teufel, und wir haben den Organismus wieder in der Hand. Das ist höchst interessant.

M. K. Petrowa: Das Letzte bezog sich auf die Nahrungserregbarkeit.

I. P. Pawlow: Ja, ja, das ist ein interessanter Befund. Es trat eine Phobie auf, weil wir den Hund nicht schlafen ließen. Die Phobie hielt sich einen vollen Monat. Hier fand sich eine neue Ergänzung.

Wir mußten diesen Hund mit der Phobie zu verschiedenen Zeiten demonstrieren. Das erste Mal zu einer frühen Tageszeit, gegen 13 bis 14 Uhr bei entsprechendem Zustand der Nahrungserregbarkeit. Die Phobie äußert sich höchst prägnant. Das nächste Mal mußten wir die Demonstration um 17 Uhr ansetzen, um die Zeit der Fütterung, als die Nahrungserregbarkeit erhöht war. Da legte sich die Phobie beträchtlich, zeigte sich aber immerhin noch. Der Hund reckte sich, stemmte sich mit den Hinterbeinen kräftigt hoch, streckte den Kopf weit vor und nahm das Futter vom Treppenrand. Sie sehen, wie die physiologische Erscheinung den höheren Instanzen untergeordnet ist. Er fürchtet sich vor der Tiefe, und greift *(388)* zu entsprechenden Maßnahmen: Die ganze Last des Körpers wird nach rückwärts verlagert, und nur mit der Schnauze schiebt er sich so nach und nach zum Rand vor. Ich glaube, so muß man es auffassen.

F. P. Majorow: Und wie ist der Mechanismus dieses Befundes zu verstehen?

I. P. Pawlow: Es geht hier um eine Hemmung. Eine Phobie ist eine Hemmung, Erregung und Hemmung aber sind Gegensätze; offensichtlich hat die Nahrungserregbarkeit gesiegt.

M. K., nach diesem Versuch war doch nicht etwa die Phobie beseitigt?

M. K. Petrowa: Nein. Am nächsten Tag zur selben Zeit war sie genauso vollständig.

I. P. Pawlow: Es ist vollkommen klar: Nur unter dem Einfluß der verstärkten Nahrungserregbarkeit war die Phobie bis zu einem gewissen Grade abgeschwächt. Das ist sehr schön.

7. BESONDERE FORM DER PASSIVEN ABWEHRREAKTION BEI „HERKULES"

I. P. Pawlow: Das letzte ist der Hund „Herkules", ein eigenartiges Phänomen, eine ungewöhnliche Seltenheit. Es ist ein sehr großer und solider Hund. Als wir bei ihm einen Abwehrreflex ausarbeiteten, geschah etwas Seltsames: Im Gegensatz zu sämtlichen anderen Hunden, die wir bisher in analogen Versuchen hatten, legte sich „Herkules" hin. Früher hatte er sich niemals hingelegt oder gesetzt, hierbei aber legte er sich. Was heißt das, wie ist das aufzufassen? Irgend jemand vermutete, das sei eine passive Abwehrreaktion. Sie wissen, viele Tiere fallen auf den Rücken. Das ist eine Unterwürfigkeitshaltung, die Pose der Auslieferung in die Gewalt des Aggressors. Hunde werden gewöhnlich entweder unruhig oder aktiv wachsam, oder sie liefern einen lokalen Effekt, sie heben die Pfote. Aber dieser Hund legt sich hin, legt sich in schuldhafter Pose nieder. Wenn diese Interpretation richtig war, mußte er auch auf einen anderen starken Reiz ebenso reagieren.

Als der Strom einige Zeit nicht angewandt wurde, blieb er wieder stehen. Als der Hund zu seinem Normalzustand zurückgekehrt war, wurde die Knarre angewandt. Daraufhin legte sich der Hund sofort wieder hin. Es unterliegt keinem Zweifel, daß das tatsächlich eine passive Abwehrreaktion auf den Schmerzreiz und allgemein auf einen starken Reiz ist.

Daraufhin stellte K. S.[1] in der Annahme, daß das zum Teil eine Assoziation mit der Umgebung sei, folgenden Versuch an: Er überführte den Hund in eine andere Kammer. Daraufhin legte sich der Hund im Gestell nicht mehr hin. Dann wurde bei demselben Hund das Bestreben bemerkt, sich im Gestell hinzulegen, wenn der eine Hundewärter durch einen anderen abgelöst wurde. Offensichtlich disponierte ihn jede Neuigkeit zu dieser Reaktion. Jetzt legen wir uns die Frage vor, wie dieser passive Abwehrreflex entstanden sein kann.

Auf Wiedersehen! *(389)*

[1] K. S. Abuladse

MITTWOCHKOLLOQUIUM

vom 12. Februar 1936

1. MÖGLICHKEIT EINER KOMBINATION DES STARKEN TYPS DES NERVENSYSTEMS MIT EINEM AUSGEPRÄGTEN PASSIVEN ABWEHRREFLEX (VERSUCHE K. S. ABULADSES AN „HERKULES")

I. P. Pawlow: Beginnen wir mit den einfacheren Sachen, um dann auf kompliziertere überzugehen. Zunächst geht es um „Herkules". Im Unterschied zu den anderen Hunden legte er sich hin, als wir bei ihm einen bedingten Abwehrreflex auf Reizung der Haut mit elektrischem Strom ausarbeiten wollten.

Ich habe verschiedene Vermutungen angestellt, wie das zu verstehen sei.

Dann entschieden wir, daß das einfach ein passiver Abwehrreflex sei, ein Sklavenreflex, ein Unterwürfigkeitsreflex.

Es galt, sich davon zu überzeugen, ob es tatsächlich so ist.

Zur Überprüfung wandten wir statt des elektrischen Stroms einen starken Ton an, mit dem wir als sehr starkem, überstarkem Reiz auf unsere Hunde einwirken. Es ergab sich dasselbe: Der Hund streckte sich auf dem Boden in unterwürfiger Haltung mit gesenktem Kopf aus. Daraufhin entschieden wir endgültig, daß es sich hier um einen typischen sklavischen passiven Abwehrreflex handelt.

Was die Genese dieses passiven Abwehrreflexes betrifft, so gibt es bei uns zwei Annahmen: Entweder ist er das Ergebnis eines schwachen Nervensystems, das sich ständig fürchtet, gar nicht daran denkt, sich zu widersetzen und zu verteidigen, sondern sich dem Willen des Stärkeren beugt; andererseits kann es auch ein erworbener Reflex sein, der mit der Charakteristik des Typs des Nervensystems nichts zu tun hat. Wir haben doch oft genug gesehen, daß ein Hund ein sehr starkes Nervensystem haben kann und zugleich einen passiven Abwehrreflex zeigt.

Das ist irgendwie befremdlich. Einerseits ein starker, kämpferischer und mächtiger Typ und andererseits ein sklavischer passiver Abwehrreflex, der dem widerspricht. Hier handelt es sich jedoch um eine gesicherte Tatsache. Wir wissen, in welchem Falle die Entstehung dieses Reflexes bei starken Nerventypen möglich ist. Es sind zwei Fälle möglich. Entweder er besteht von Geburt des betreffenden Tieres an. Zu dieser Zeit existiert bei ihm *(390)* der sogenannte „Reflex der natürlichen biologischen Vorsicht". Normalerweise muß sich dieser Reflex überleben, wie die Milchzähne ersetzt werden, d. h., das Tier macht sich allmählich im Vollbesitz der Verfügungsgewalt über seine Bewegungen mit Hilfe seines Untersuchungsreflexes mit der Umwelt bekannt. Auf diese Weise überlebt sich der

Reflex der Vorsicht und wird durch den Untersuchungs- und Unternehmungsreflex ersetzt. Wenn nun die Lebenssituation des Tieres der normalen Evolution dieses Reflexes nicht günstig ist, dann bleibt er sogar bei einem Hunde mit sehr starkem Nervensystem für das ganze Leben erhalten.

Aber selbst bei günstiger Konstellation der Umstände kann der Hund in der Folgezeit, im Laufe des Lebens, einem grausamen Herrn in die Hände fallen, der aus ihm trotz des starken Typs einen Sklaven macht, indem er ihn prügelt usw.

Es gibt also zwei Fälle, bei denen eine solche tolle, unangemessene Kombination eines starken Nervensystems mit einem passiven Abwehrreflex möglich ist.

Im vorliegenden Fall würde es uns interessieren, diesen Teil der Frage psychologisch aufzuhellen, aber für uns verschmelzen Psychologie und Physiologie der höheren Nerventätigkeit miteinander. Wir halten uns auch in Fragen der Psychologie für zuständig. Anläßlich dieses Falles wurde folgende Probe angestellt.

K. S., der Herr dieses Hundes, arbeitete im vorliegenden Fall diesen passiven Abwehrreflex in einen bedingten Nahrungsreflex auf einen sehr starken Ton um, d. h., er machte sich daran, bei diesem sehr starkem Ton ständig zu füttern. Schließlich erreichte er sein Ziel. Der Hund begann zu fressen und legte sich nicht mehr hin. Der Hund hatte also seinen passiven Abwehrreflex durch einen Nahrungsreflex ersetzt.

Daraus ergibt sich, daß der Hund kein schwaches, sondern ein starkes Nervensystem hat. Andernfalls hätte er diesen starken Ton nicht zum bedingten Nahrungsreiz machen können.

K. S. wendet diesen starken Ton schon lange als Nahrungssignal an, und zwar ständig, nachdem er alle übrigen bedingten Reflexe abgesetzt hat. Der Hund verträgt diesen bedingten Reflex auf den starken Ton ausgezeichnet, und von einem Abfall des Effekts im Laufe des Versuchs kann gar keine Rede sein. Es liegen also nicht die geringsten Hinweise darauf vor, daß die Rindenzelle dieses Hundes unter dem Einfluß dieser sehr starken Reizung akut oder chronisch erschöpft wird.

K. S. hat das vollkommen richtige Ziel, auf diesen überstarken Reiz mit Abwehrbedeutung einen bedingten Nahrungsreflex auszuarbeiten, d. h., die angeborene Verbindung der zerstörenden Reizung mit einer Abwehrreaktion auf eine Nahrungsreaktion umzuschalten.

Das ist die lehrreiche Geschichte des Hundes „Herkules". *(391)*

2. DER PASSIVE ABWEHRREFLEX ALS ERWORBENE ODER SELBSTÄNDIGE REAKTION (BEOBACHTUNGEN AN T. A. TIMOFEJEWAS „LOPAR")

I. P. Pawlow: Auf eine Stufe mit diesem Hund kann man einen anderen, ebenfalls starken Hund stellen, „Lopar".

„Lopar" gehört zur Rasse der Eskimohunde. Dieser Hund T. A.s aus Koltuschi war nach allen Bestimmungen ein starker Hund, aber bei ihm ist sehr stark ein spezieller Orientierungs- und Untersuchungsreflex entwickelt. Das ist auch verständlich, da der Eskimohund ein typischer Wachhund in den Händen des Menschen ist. Dieser Reflex hängt nicht mit einer passiven Abwehrreaktion zusammen, sondern existiert häufig in Form des Orientierungs- und Untersuchungsreflexes. Wahrscheinlich haben alle Eskimohunde diesen professionellen, angeborenen Reflex, der sich durch die Generationen erhält.

Er äußert sich im Bild der bedingten Reflexe in der Form, daß der Hund auf jeden bedingten Reiz sehr stark reagiert. Unterteilen Sie dabei die ganze Periode der isolierten Wirkung des bedingten Reizes in Abschnitte von 5 Sekunden, dann ergibt sich, daß der Effekt des bedingten Reflexes in den ersten 5 Sekunden maximal ist.

Beträgt z. B. die Gesamtgröße des bedingten Reflexes 140, dann sind es in je 5 Sekunden 56, 24, 26, 34. Sie sehen, daß die ersten 5 Sekunden hinsichtlich ihrer Größe hervorstechen, während dann die Speichelabsonderung ganz regelrecht verläuft: 24, 26 und 34.

Hier eine andere Speichelabsonderungskurve: In den ersten 5 Sekunden sind es 38, dann 22, 24, 28.

Das läßt sich keinesfalls auf Explosivität zurückführen. Bei Reizschwäche sinkt der bedingte Reflex nach dem ersten Anstieg rasch ab.

Es ist ganz klar, daß sich der bedingte Nahrungsreflex mit einem kurzen Orientierungs- und Untersuchungsreflex summiert.

Dasselbe macht sich wahrscheinlich auch bei der Hemmung bemerkbar; denn wenn der Hund auch prächtig hemmt und die Hemmung lange Zeit verträgt, so wird er doch in den ersten 5 Sekunden ständig enthemmt.

Es ist ein interessanter Fall, daß bei einem Hund infolge seines erblichen Berufs als Wachhund ein so ausgeprägter Untersuchungs- und Orientierungsreflex vorhanden ist. Das dürfte bisher wohl der einzige Fall sein. Wir müssen auch in anderen Fällen aufmerksam zusehen.

W. W., ich habe vergessen, ich habe doch am Freitag gesagt, daß man den ganzen passiven Abwehrreflex als besonderen Reflex und nicht als Folge eines schwachen Nervensystems ansehen muß.

W. W. Rikman: Wir hatten den Hund „Lady", bei dem sich ebenfalls ein passiver Abwehrreflex fand, obwohl es ein außergewöhnlich starker Hund ist.

I. P. Pawlow: Das ist ebenfalls ein Problem für die Genetiker. Das wird man beachten müssen. *(392)*

3. BEDINGTE REFLEXE AUF EIN VERHÄLTNIS (DEN RHYTHMUS) VON REIZEN (VERSUCHE A. O. DOLINS)

I. P. Pawlow: Nun gehen wir zu jenem Hund über, bei dem nicht der Reiz an sich der bedingte Reiz ist, sondern sein Verhältnis, d. h. der Rhythmus bei seiner Anwendung.

Sie nehmen zum Beispiel ein Metronom mit 120 Schlägen in der Minute und ein anderes Mal ein solches mit 60 Schlägen. Das erste können Sie zum bedingten Nahrungsreiz machen, es wird zum Futtersignal, und das zweite können Sie zum Signal einer Säurereaktion oder einer Abwehrreaktion machen. Für gewöhnlich machen wir das Metronom mit 120 Schlägen in der Minute zum bedingten Nahrungsreiz und das mit 60 Schlägen in der Minute zum Hemmreiz. Das Wort „Verhältnis" kann man auch durch den Ausdruck „Reizform" ersetzen. Aber das ist doch gerade die berühmte „Gestalt", der Kernpunkt der Gestaltpsychologie. Das deutsche Wort „Gestalt" wird mit „Form" übersetzt, und man bezeichnet die Gestaltpsychologen als „Formalisten". Die Form, das Verhältnis wirkt eben als Reiz, wobei die Qualität in die Form eingeht und diese der Reiz ist. Als A. O. nun aus 120 Metronomschlägen einen positiven Reflex und aus 60 einen negativen bildete und dann eine Klingel mit 120 und 60 Unterbrechungen in der Minute anwandte, lieferte gerade aus diesem Grunde die erste Klingel auf Anhieb eine positive und die zweite eine negative Reaktion.

Man kann auch einen Reiz eines anderen Analysators nehmen, z. B. Licht, es 120mal und 60mal in der Minute unterbrechen; dann liefert es ebenfalls auf Anhieb im ersten Fall eine positive Nahrungsreaktion und im zweiten eine Hemmungsreaktion. Es ist klar, daß das, was als „Verhältnis" bezeichnet wird, eben die „Gestalt" und die „Form" ist.

Nehmen Sie eine Melodie. Bei der Melodie liegt die ganze Stärke in der Melodie selbst, d. h. in der Form, in den Verhältnissen. Sie können ein und dieselbe Melodie in beliebigen Tonlagen spielen.

Es ist vollkommen klar, daß ich gemeinsam mit Ihnen dieses Gestaltfundament erforsche. Letztes Mal wies ich darauf hin, daß A. O. verschiedene entgegengesetzte Verhältnisse gegeneinander hetzte. Es ergab sich eine Frage: Wenn die Formen unabhängig vom Charakter des Reizes so verallgemeinert worden sind, kann man dann im Nervensystem, in den Großhirnhemisphären, ein entgegengesetztes Verhältnis unterbringen? Es zeigte sich, man kann es. Er wendet zunächst das Metronom mit 120 Schlägen (das positive) und das mit 60 Schlägen (das negative, hemmende) an. Dann nimmt er die Klingel und unterbricht sie ebenfalls 120mal und 60mal in der Minute. Auf Grund der Generalisation der Form erhält er auf die Klingel-120 einen positiven Nahrungseffekt und auf die Klingel-60 einen negativen Effekt.

Nun die Frage: Kann man es mit den Versuchsbedingungen erreichen, daß diese Reizpaare im Effekt konträr sind, d. h., daß das Metronom-120 positiv und das Metronom-60 hemmend ist, während die Klingel-60 *(393)* positiv und die Klingel-120 negativ ist? Es zeigte sich, man kann es. Die Chancen und Möglichkeiten des Nervensystems sind gewaltig.

Nun fragt sich, inwieweit das für das Tier schwierig ist. Natürlich ist es schwierig: Erstens ging die Umarbeitung nur sehr langsam vor sich, und zweitens wurde die höhere Nerventätigkeit des Hundes bei diesem Zusammenstoß der Verhältnisse auf verschiedene Reize in einem Analysator vielfältig geschädigt.

4. FALL VON INDUKTIONSBEZIEHUNGEN ZWISCHEN NAHRUNGS- UND SÄUREREFLEXEN (VERSUCHE W. K. FJODOROWS)

I. P. Pawlow: Ein besonders schwieriger und paradoxer Fall fand sich unlängst bei W. K. Es handelt sich darum, daß M. K.[1] und W. K. mit dem Studium der Ergebnisse einer chronischen Alkoholvergiftung beim Hund beschäftigt sind. Die Entwicklung der Vergiftung wird von uns analysiert. Ich habe darüber schon wiederholt gesprochen. Darum geht es hier nicht.

Unter dem Einfluß des Alkohols wird sowohl der eine als auch der andere Grundprozeß des Nervensystems paralysiert, sowohl der Hemmungs- als auch der Erregungsprozeß. Es beginnt natürlich bei dem labileren Hemmungsprozeß, und dann wird auch der Erregungsprozeß paralysiert, der verschiedene Phasen durchläuft bis zur ultraparadoxen Phase.

Hier ergab sich folgendes Paradoxon.

Zufällig hatte ein Hund, der alkoholisiert wurde, nicht nur Nahrungsreflexe, sondern auch Säurereflexe. Er wurde energisch mit Alkohol vergiftet, indem er täglich 20 bis 70 cm^3 Alkohol bekam. Der Befund bestand darin, daß unter dem Einfluß dieser Alkoholgaben der Erregungsprozeß des starken Nahrungsreizes zwar konstant abfiel, ein Knall aber, ebenfalls ein starker Reiz, der mit Säure kombiniert war, unerwartet einen entgegengesetzten, anwachsenden Effekt lieferte. Ein höchst kurioser Befund. Auf welche Weise konnte das geschehen? Eine ganz tolle, ungereimte Angelegenheit.

Ich habe die Vermutung gehegt, ob das nicht eine zeitweilige Erscheinung sei. Im vorliegenden Versuch ist die Reihenfolge so, daß zunächst zwei Nahrungsreflexe (Klingel) kommen, dann zwei Säurereflexe (Knall), dann wieder zuerst Nahrungsreflexe und dann Säurereflexe. Vielleicht hat die in Hemmungszustand geratene Nahrungszelle eine positive Induktion auf die Zellen der abgelehnten Stoffe im chemischen Abschnitt geliefert, die von einer negativen Reaktion begleitet sind. Ich habe es mir so vorgestellt, daß überall als Prinzip Gegensätzlichkeit vorliegen muß, daß ständig alles in zwei Hälften geteilt werden muß und folglich auch im chemischen Zentrum eine Hälfte des chemischen Reizes vorhanden sein muß, die eine positive Reaktion des Tieres hervorruft, *(394)* und eine andere, die eine negative Reaktion erzeugt. Also entspricht der Nahrungsreiz den positiven Elementen, unter deren Einfluß das Tier zur Reizquelle hinstrebt, während der Säurereiz ein Repräsentant einer Reihe von chemischen Reizen ist, vor denen das Tier flieht. Diese beiden Gruppen kann man sich als ebensolche Gegensätze vorstellen, wie wir sie mit Hilfe der Metronome-120 und -60 herstellen, die sich ebenfalls in konträren Wechselbeziehungen befinden.

Ich stelle es mir folgendermaßen vor: Wenn die Nahrungsklingel wirkt und eine tiefe Hemmung in Form einer Überbelastungshemmung der schwachen, vergifteten Zelle hervorruft, dann kann der entgegengesetzte Reiz wegen des ewigen Kon-

[1] M. K. Petrowa

trastes zwischen positiven und negativen Reizen induziert werden. Deshalb liefert der Knall, der sich darauf bezieht, einen positiven Effekt.

Das war leicht zu überprüfen. Die Angelegenheit lief auf die Reihenfolge der Reize hinaus. Man brauchte die Reize nur umzustellen, dann müßte das, was jetzt für den Nahrungsreiz gilt, für den Säurereiz gelten und umgekehrt. So geschah es auch. Als wir den Säurereiz zuerst setzten, erniedrigte er sich von 45 Teilstrichen auf 14 bis 12, während sich der Nahrungsreflex von 6 Teilstrichen auf 29 erhöhte. Das ist hochinteressant. Man muß also ständig an diese andauernde Verteilung aller auf das Tier einwirkenden Reize in zwei entgegengesetzte Gruppen denken, die in wechselseitigen Induktionsbeziehungen stehen.

Damit deckt sich der Befund, auf den ich letztes Mal hingewiesen habe, daß dann, wenn sich eine Gruppe entgegengesetzter Reize in wechselseitigen Induktionsbeziehungen befindet, innerhalb dieser Gruppe leicht eine Verallgemeinerung auftreten muß.

Wie Sie sich erinnern, erwähnte ich letztes Mal einen Versuch von K. S.[1], bei dem sich herausstellte, daß bei einem Hunde, der drei bedingte Reize auf drei unbedingte hatte, auf Säure-, Nahrungs- und Abwehrbekräftigung, zwar der Nahrungsreiz niemals mit dem Säure- und dem Abwehrreiz verwechselt wird, wohl aber andauernd der Säure- mit dem Abwehrreiz. So rief die Kassalka, die nur für den Säurereiz galt, immer wieder beide Effekte hervor, sowohl den Säure- als auch den Abwehreffekt, während der Abwehrreiz auch den Säurereflex hevorrief. Sie sehen, wie wichtig die Verallgemeinerung ist, daß bei allen Reaktionen eine Gruppierung in zwei entgegengesetzte Gruppen stattfindet, wobei es innerhalb der Gruppe zu Irradiation und Verwechslung kommt, während die beiden Gegensätze leicht auf Grund der wechselseitigen Induktion voneinander abgegrenzt werden können.

Hat niemand etwas einzuwenden? Das Prinzip ist sehr wichtig. Mir scheint, der Befund ist höchst prägnant. *(395)*

Zwischenruf: Es wäre interessant, Versuche auf der Grundlage von unbedingten Säure- und Abwehrreflexen anzustellen.

I. P. Pawlow: Das versteht sich von selbst; das kann man machen, und dann wird das nicht auftreten, weil sie zu ein und derselben Gruppe gehören. Das ist eine gute Kontrolle. W. K., nehmen Sie das zur Kenntnis.

F. P. Majorow: Dann muß man der Vermutung Raum geben, daß die positive Induktion die Wirkung einer Überbelastungshemmung aufheben kann; denn die Nahrungs- und Säurezellen werden doch gleichermaßen durch den Alkohol vergiftet, nur die einen früher als die anderen.

I. P. Pawlow: Diesen Fall fand M. K. bei ihrem Hund „Mampus". Bei diesem ist der Reiz für die schwache positive Metronomzelle zu stark und ruft ständig eine Überbelastungshemmung hervor. Auf Metronom-120 tritt ein Nulleffekt auf, bei Metronom-60 dagegen ständig ein gewaltiger positiver Effekt.

Es muß gesagt werden, daß es zwei Arten von Erregungsprozessen gibt: einerseits einen Erregungsprozeß als Antwort auf einen bestimmten Reiz und anderer-

[1] K. S. Abuladse

seits einen Erregungsprozeß, der durch gegenseitige Induktion entsteht. Es muß sogar gesagt werden, daß der induzierte Erregungsprozeß irgendwie besonders stark ist.

Es konnte scheinen, daß die Metronomzelle, wenn sie zum Erregungsprozeß unfähig ist, hin sei; aber unter dem Einfluß der gegenseitigen Induktion taucht er doch auf.

Natürlich besteht auch unsere subjektive Welt aus all diesen komplizierten Verhältnissen, der ganze psychologische Zustand. Wo finden denn nun die Psychologen einen Ansatzpunkt, und wie können sie sich in diesem scheinbaren Chaos zurechtfinden? Wir sind es, die bei elementaren Regeln beginnen, auf die man sich mehr oder weniger fest verlassen kann. Wie wollen sie das alles erfassen? Wir können doch immerhin, wenn wir etwas nicht sofort verstehen, zusätzliche Ergebnisse heranziehen, einzelne Regeln aufstellen usw.

Wenn Sie einen Abwehrreflex anwenden würden, könnte das den Tatsachen noch größere Überzeugungskraft verleihen. Ich glaube, zunächst müssen wir uns damit begnügen. Diese Versuche müssen wiederholt und die Details aufgeklärt werden.

A. A. Lindberg: Ich erinnere mich, daß „Polkan", als ich ihn mit Alkohol vergiftete, zwischen den Nahrungsreflexen auch einen elektrischen Hautreiz hatte. Als die Nahrungsreflexe erniedrigt waren, war entsprechend auch der Abwehrreflex erniedrigt; als die Nahrungsreflexe verschwanden, verschwand auch der Abwehrreflex.

I. P. Pawlow: Die angeführten Befunde sind einwandfrei. Die Nahrungsreflexe fallen, aber der Säurereflex wird aus irgendwelchen Gründen stärker und nimmt zu. Das ist ein Paradoxon, an das man auch anscheinend nicht recht herankommt. Aber immerhin läßt es sich bisher in Übereinstimmung mit unseren anderen Befunden befriedigend verstehen. *(396)*

5. NEUE VERSUCHSANORDNUNGEN A. O. DOLINS MIT DER EINWIRKUNG VON REIZEN VERSCHIEDENER RHYTHMEN. BEDINGTE REFLEXE AUF DAS VERHÄLTNIS RHYTHMISCHER REIZE. DISKUSSION

I. P. Pawlow: Nun kommt ein noch komplizierterer Fall. Es geht wieder um das Problem der Verhältnisse, der Form, der Gestalt. Sie erinnern sich, wenn Sie zum Beispiel auf Metronom-120 eine positive Reaktion haben und auf Metronom-60 eine negative, hemmende, dann liefern andere Reize mit den entsprechenden Rhythmen die entsprechenden bedingten Reflexe, positive und hemmende.

Bei schnellerem Rhythmus, zum Beispiel bei 200 Schlägen in der Minute, ergibt sich derselbe Effekt wie bei 120 oder sogar noch mehr. Das ist verständlich, weil der häufigere Reiz auch der stärkere ist. Wenn Sie dann aber zu Ihrem konstanten Reiz 120 zurückkehren, liefert er Ihnen einen geringeren Effekt. Frage: Was bedeutet das?

Ob sich nicht hier das Verhältnis bemerkbar macht, insofern der hemmende Rhythmus der weniger frequente und der positive der frequentere ist? Wenn Sie

Lehrstuhl für Physiologie und Pathologie der höheren Nerventätigkeit am Staatlichen Institut für ärztliche Fortbildung
Lehrgang für Neurologen (15. Februar 1936)

200 angewandt haben und dann auf 120 übergegangen sind, dann sind Sie von der frequenteren zur weniger frequenten Frequenz übergegangen, folglich mußte sich dieses Verhältnis äußern.

Diese Annahme wird vollkommen bestätigt, wenn Sie einen analogen Versuch am anderen Ende der Rhythmen anstellen. In diesem Fall setzen Sie zusätzlich den Rhythmus 30 und erhalten einen vollkommenen Nullwert. Das ist ohne weiteres zu verstehen. Wenn Sie nach dem Rhythmus 30 den Rhythmus 60 wiederholen, der normalerweise 10 Teilstriche lieferte (während Metronom-120 100 ergab), dann liefert es Ihnen 30 oder 40 Teilstriche. Es ist klar, hier wirkt das Verhältnis, denn Sie sind doch von der weniger frequenten zur frequenteren Frequenz übergegangen, die häufigere ist aber der positive Reiz.

Ich wiederhole es zum zweitenmal. Es ist ein gesicherter und verständlicher Befund.

Nun gehe ich zu weiteren Einzelheiten über.

Wir wollen jetzt von „Ger“ sprechen, bei dem 60 Unterbrechungen der Klingel den positiven Nahrungsreflex darstellen und 120 den negativen. Damit wird die Aufgabe komplizierter. Wir sind gewohnt, daß der Rhythmus 120 der positive und 60 der hemmende ist.

Nehmen wir das positive Ende, an dem die Klingel-60 der positive Reiz ist. Die Ergebnisse, von denen ich Ihnen berichtet habe, wurden bei einem üblichen Intervall zwischen den Reizen von 5 Minuten gewonnen. Bei dem üblichen Intervall, wieviel liefert „Ger“ da auf 60?

A. O. Dolin: 70 bis 75 Teilstriche und auf 120 liefert er 0 bis 5 Teilstriche.

I. P. Pawlow: Wir wenden zum erstenmal den Rhythmus 30 an. Es ergeben sich 70 Teilstriche. Danach versuchen wir den Rhythmus 60, und dieser liefert 22 Teilstriche statt 70.

Und wie ist es bei anderen Intervallen?

A. O. Dolin: Bei größeren Intervallen als üblich macht sich das Verhältnis immer weniger bemerkbar. *(397)*

I. P. Pawlow: Bekräftigen Sie die Reize?

A. O. Dolin: Ich bekräftige nur am positiven Ende, wenn die richtige Reaktion auf das Reizverhältnis erscheint.

I. P. Pawlow: Das heißt dann, daß Sie durch Ihre Bekräftigung den Effekt verwischen können.

A. O. Dolin: Aber das sind doch einzelne Proben. Die eine war im Dezember und die andere im Januar. Ein Intervall von 3 Minuten habe ich am 2. Januar angewandt und eines von 6 Minuten am 3. Februar. So ungefähr einmal im Monat verlängere oder verkürze ich das Intervall, während ich in der übrigen Zeit ein konstantes Intervall anwende; ich bekräftige aber wie immer, wenn ich den Reiz am positiven Ende der Rhythmen anwende.

I. P. Pawlow: Ich überlege gerade, ob das nicht von der Reihenfolge der Reize bei den verschiedenen Intervallen abhängt.

Es zeigte sich also, daß sich die Hemmung bei kleineren Pausen bemerkbar machte, freilich geringer als bei einer Pause von 5 Minuten, während sie bei größeren Pausen überhaupt nicht zu merken war.

F. P. MAJOROW: Wenn Sie sagen „Verhältnis", dann stellen wir eine Tatsache fest, aber der Mechanismus bleibt unklar. Welcher Art ist der Mechanismus des Reflexes auf das Verhältnis?

I. P. PAWLOW: Wieso ist das unklar?

F. P. MAJOROW: Was ist das, ein „Verhältnis"?

I. P. PAWLOW: Ein besonderer Zustand der Nervenzellen ist ein besonderer Reiz.

F. P. MAJOROW: Aber der konkrete Mechanismus ist uns nicht klar. Ich würde sagen, daß diesem Verhältnis wahrscheinlich der Mechanismus der gegenseitigen Induktion zugrunde liegt, und zwar folgendermaßen: Wenn wir eine Differenzierung haben, dann wirkt ständig zwischen dem positiven und dem negativen Metronom die gegenseitige Induktion, und jedesmal, wenn wir es mit Metrom-120 zu tun haben, wirkt die negative Induktion auf das Metronom-60 und umgekehrt. Aber dieses Verhältnis kann man sich so vorstellen, daß ein frequenterer Reiz, der positiv ist, wie bei einem kontrastierenden Paar eine negative Induktion auf die geringere Frequenz hervorrufen kann, unabhängig davon, ob das der Rhythmus 60 oder ein anderer, weniger frequenter Rhythmus ist. Wenn also A. O. das Metronom-200 anwendet, dann wirkt von ihm aus eine negative Induktion auf das Metronom-120. Umgekehrt, wenn er Metronom-30 als Hemmetronom anwendet (ich denke an seinen ersten Hund), dann liefert es als hemmendes Metronom eine positive Induktion auf 60, und deshalb liefert dieser Reiz einen etwas größeren Effekt. Hier wirkt der Mechanismus der gegenseitigen Induktion. Deshalb tritt er nur bei kurzen Intervallen auf, nicht aber bei großen.

I. P. PAWLOW: Sie geben also eine vollkommen andere Erklärung als die, die A. O. und ich bisher vertreten. Wir wollten darin die Wirkung des Verhältnisses sehen, aber F. P. möchte darin ein Induktionsphänomen erblicken. *(398)*

F. P. MAJOROW: Nur in bezug auf die Einzelheiten des Mechanismus dieser Erscheinungen.

I. P. PAWLOW: Das ist richtig. Ich bin bereit, auch diese Erklärung ernsthaft in Erwägung zu ziehen. Es ist sehr wohl möglich, daß es so verständlicher wird. Die Induktion wirkt in der Zeit, das hat er ganz richtig gesagt, und je mehr Sie das Intervall verlängern, um so schwächer wird natürlich die Wirkung. Ganz genauso ist es aber auch. Als die Intervalle kürzer waren, machte sich die Induktion stärker bemerkbar, und diese Erscheinung wurde prägnanter; aber als Sie die Intervalle vergrößerten, wirkte sich die Induktion folglich schwächer aus.

A. O. DOLIN: Ich möchte darauf aufmerksam machen, daß das eine erledigte Etappe ist, als bei uns Metronom-120 (das frequentere) als positiver und Metronom-60 als negativer Reiz wirkte. Als wir bei dieser Versuchsanordnung den Rhythmus 200 ins Experiment aufnahmen und er der stärkere Reiz war, konnte er möglicherweise das Metronom-120 negativ induzieren. Aber dann haben wir doch beim ersten und beim zweiten Hunde dieses System umgekehrt, so daß im einen Falle der Rhythmus von 60 Unterbrechungen negativ („Ger") und im anderen

Falle positiv ist. Das gilt noch mehr für den Hund „Pinscher", bei dem Metronom-60 positiv und Klingel-60 negativ ist.

I. P. Pawlow: Für das positive Ende der Reize scheint mir die Erklärung F. P.s besser fundiert und aussichtsreicher zu sein als die von uns beiden, denn wenn es sich hier um eine negative Induktion auf den Hemmreiz handelt, dann ist verständlich, daß sich die negative Induktion um so stärker auswirkt, je kleiner das Intervall, und um so schwächer, je größer die Pause ist.

F. P. Majorow: Ich möchte hinzufügen, daß ein derartiger Befund auch in einem Versuch Nikitins aufgetreten ist.

I. P. Pawlow: Und jetzt kann man es sich unter unserem Aspekt folgendermaßen vorstellen. Damit das Verhältnis wirkt, muß doch die geringe Frequenz der häufigen Frequenz gegenübergestellt werden. Man kann sich vorstellen, daß diese Gegenüberstellung bei kurzen Intervallen wirksam wird; vergrößern Sie aber das Intervall, dann verschwindet dieses Verhältnis, weil die Spur des vorhergehenden Reizes verwischt wird.

Es bleiben folglich beide Erklärungen bestehen und sind gerettet. Nun wollen wir einmal zusehen, was am anderen Ende los ist. Immerhin bleibt doch unverständlich — von diesem zweiten Standpunkt aus —, weshalb bei einer Pause von 5 Minuten die stärkste Hemmung auftritt. Ja, das ist auch unter dem Aspekt der Induktion unklar.

F. P. Majorow: Ich erinnere an die Versuche W. W.s[1] mit „Solotisty". Dabei traten ebenfalls die Induktionsbeziehungen nur in Abhängigkeit von der Zeit auf. Die positive Klingel wechselte mit der hemmenden ab, und die Induktionsbeziehungen hingen ebenfalls streng vom Intervall ab. *(399)*

I. P. Pawlow: Das war damals, als die bedingten Reflexe bei „Solotisty" inkonstant waren und schwankten.

W. W. Jakowlewa: Bei kleinen Intervallen hielten sie sich gut, aber als ich das Intervall veränderte, wurden die gegenseitigen Induktionsbeziehungen gestört: Die Differenzierung wurde gestört, und die bedingten Reflexe verringerten sich.

I. P. Pawlow: Damals wurde der Stereotyp verändert, aber hier wurde er ständig wiederholt und gefestigt.

A. O. Dolin: Hier muß der Moment der Wirkung des unbedingten Reizes berücksichtigt werden, der Moment der Bekräftigung bei den verschiedenen Pausen.

I. P. Pawlow: Weshalb ist denn der Reflex auf die Zeit von 5 Minuten da? Weil damit die Fütterung zusammenfällt.

A. A. Lindberg: Tritt denn hier keine Orientierungsreaktion auf?

I. P. Pawlow: Nein, denn der bedingte Reiz wird doch andauernd wiederholt. Nun gehen wir zum anderen Ende des Rhythmus über.

Bei „Ger" wirkt eine Klingel mit 120 Unterbrechungen in der Minute als Hemmreiz, wobei sie 0 bis 5 Teilstriche bei einem Intervall von 5 Minuten liefert. Nun sagen Sie bitte, wie sich der Effekt in Abhängigkeit von den Intervallen ändert, wenn Sie eine Minute lang den Rhythmus 200 anwenden und dann 120 ausprobieren?

[1] W. W. Jakowlewa

A. O. Dolin: Es ergeben sich 18 bis 20 Teilstriche als positiver Reflex bei Intervallen von 5 Minuten und mehr.

I. P. Pawlow: Folglich liegt eine gewisse positive Wirkung vor.

A. O. Dolin: Ich beginne mit kleinen Intervallen nach dem Nullwert der Speichelabsonderung auf den Rhythmus 200:

Bei einem Intervall von 1 Min. 30 Sek.	2 Teilstriche auf 120
Bei einem Intervall von 2 Min.	0 Teilstriche auf 120
Bei einem Intervall von 3 Min.	8 Teilstriche auf 120
Bei einem Intervall von 4 Min.	3 Teilstriche auf 120
Bei einem Intervall von 5 Min.	14 Teilstriche auf 120
Bei einem Intervall von 6 Min.	19 Teilstriche auf 120
Bei einem Intervall von 7 Min.	14 Teilstriche auf 120
Bei einem Intervall von 8 Min.	21 Teilstriche auf 120

I. P. Pawlow: Es ergibt sich, in dem Maße, in dem Sie von kleineren Intervallen zu größeren übergehen und über ein Intervall von 5 Minuten hinausgehen, wird der Reflex immer stärker enthemmt, d. h., der positive Effekt wird immer größer, mit Vergrößerung des Intervalls vergrößert sich also auch der Effekt.

Als das Intervall 1 bis 2 Minuten betrug, traten Nullwerte oder angenäherte Nullwerte der Speichelabsonderung auf, aber als wir auf 5 bis 8 Minuten übergingen, vergrößerte sich die positive Wirkung immer mehr und erreichte schließlich 21 Teilstriche. Folglich ergibt sich hier, daß sich das Verhältnis mit Vergrößerung der Intervalle *(400)* immer stärker auswirkt; die Hemmung wird von einem positiven Effekt abgelöst.

Für die Erklärung F. P.s ergibt sich eine Schwierigkeit. Es ist klar, wenn der Rhythmus 200 hemmend ist, dann muß er einen um so stärkeren positiven Effekt ergeben, je kürzer das Intervall ist.

F. P. Majorow: Dann paßt aber die Erklärung mit dem Verhältnis auch nicht; denn bei einer Pause von 8 Minuten muß die Spur schwächer werden. Es ergibt sich aber das Gegenteil.

I. P. Pawlow: Dann muß ein neuer Faktor eingeführt werden, eine gewisse Nachhemmung usw. Aber bei einer Nachhemmung kann man nicht von Induktion sprechen. Dann muß man sagen, hier liegt eine gewisse Trägheit der Hemmung vor, die sich darin äußert, daß es bei einer kurzen Pause noch an Konzentration fehlt, der Hemmungsprozeß entwickelt sich und verschwindet bei langen Pausen.

Für eine solche Erklärung muß darüber Gewißheit herrschen, daß dieser Hund eine sehr träge Hemmung hat.

Aus dieser Kalamität werden wir durch Kontrollversuche herauskommen. Wir können die Trägheit überprüfen. Nebenbei bemerkt, worauf könnten sich denn die Psychologen stützen, wie könnten sie die Interpretation der Sache verbessern, mit welchen Kontrollversuchen? Wenn die Befunderhebung abgeschlossen ist, ist es unsere Aufgabe, die Befunde restlos zu analysieren.

Das heißt also, die letzte Erklärung wird akzeptiert?

F. P. Majorow: Ja, auch meine Versuche mit der Differenzierung von Stärkeunterschieden bestätigen das.

I. P. Pawlow: Es ist so. Darüber läßt sich nicht streiten. Unter Ihrem Aspekt muß notwendigerweise ermittelt werden, ob bei diesem Hund eine deutliche Trägheit der Hemmung auftritt, so daß nach der Hemmung zunächst eine Nachhemmung vorliegt, worauf dann nach einiger Zeit, nach 5 bis 6 Minuten, die Konzentration beginnt und die negative Induktion erfolgt.

A. O. Dolin: Zur Trägheit der Hemmung bei „Ger". Es muß gesagt werden, daß wir, wenn wir nach einem Hemmreiz einen positiven Reiz mit einem Intervall von 3 Minuten ausprobieren, noch eine Nachhemmung finden, die jedoch nach einer Pause von 4 Minuten und noch mehr nach 5 Minuten bereits nicht mehr nachweisbar ist.

I. P. Pawlow: Also liegt immerhin eine beträchtliche Nachhemmung vor, die auch erst nach 5 Minuten verschwindet. Trägheit liegt vor. Ich muß sagen, daß natürlich für beide Enden der Frequenz die Erklärung von F. P. besser paßt als unsere.

N. A. Podkopajew: Sie stimmt, nur ist sie durch die Nachhemmung larviert.

I. P. Pawlow: Dann muß man sie aufdecken. Dann ergreifen Sie Maßnahmen und stellen Sie Kontrollversuche an, um diese Hemmung zu beseitigen und zu zeigen, daß es tatsächlich so ist. *(401)*

Für die Erklärung F. P.s muß also die Trägheit bewiesen werden, auf die sich schon ein Hinweis findet; es ist ferner zu klären, weshalb sich die Induktion erst nach 5 Minuten auszuwirken beginnt. Was unsere Erklärung betrifft, so ist unsere Position schwierig.

N. A. Podkopajew: Die Erklärung von F. P. bleibt doch eine Erklärung; der Befund selbst jedoch beruht auf jeden Fall auf den Verhältnissen.

I. P. Pawlow: Das bleibt, wie es war.

N. A. Podkopajew: Das Gesetz des Verhältnisses bleibt also in Kraft.

I. P. Pawlow: Natürlich, es wird nicht aufgehoben. Es handelt sich nur um die Erklärung der Schwankung des Effekts in Abhängigkeit vom Intervall.

Auf jeden Fall, der Sinn dieser Komplikation ist klar, und folglich läuft die Angelegenheit auf bestimmte Überprüfungen hinaus.

N. A. Podkopajew: Und wenn man annimmt, wie wir es auf Grund unserer früheren Versuche tun können, daß im Gebiet-60 eine Generalisation der Erregung vorliegt, ebenso wie im Gebiet-120 eine Generalisation der Hemmung, dann würde man folgern, daß sich beide Effekte einfach aus der Generalisation der Reize erklären.

I. P. Pawlow: Darüber werden wir später sprechen.

Auf Wiedersehen! *(402)*

MITTWOCHKOLLOQUIUM

vom 19. Februar 1936

1. ÜBER DIE BEDEUTUNG DER KONZENTRATION DER NERVENPROZESSE BEI DER DIFFERENZIERUNG VERSCHIEDENARTIGER UND GLEICHARTIGER BEDINGTER REFLEXE

I. P. Pawlow: Zunächst kommt natürlich, wie es sich gehört, die Physiologie.

Zur Zeit befaßt sich K. S.[1] an zwei Hunden, an „Orion“ und an „Delphin“, mit der Frage, wie rasch sich eine Differenzierung zwischen verschiedenartigen positiven und negativen bedingten Reizen bildet. Nebenbei bemerkt, wir sind uns ein für allemal darüber einig, bedingte Reize auf ein und denselben unbedingten Reiz, auf einen Nahrungsreiz zum Beispiel, „gleichartig“ zu nennen, während wir Reize, die auf verschiedene unbedingte Reize ausgearbeitet werden, auf einen Säure-, einen Abwehrreiz und auf alle anderen, als „verschiedenartige“ bedingte Reize bezeichnen.

K. S. findet, daß bei „Orion“ und „Delphin“ ein sehr krasser Unterschied in der Bildungsgeschwindigkeit einer Differenzierung zwischen verschiedenartigen und gleichartigen Reizen besteht. Während sich die Differenzierung zwischen verschiedenartigen Reizen nach drei bis vier Malen bildete, erfordern gleichartige, d. h. positive und negative, Dutzende von Wiederholungen, und trotzdem kommt es nicht zur vollständigen Differenzierung.

Wahrscheinlich haben auch viele andere derartige Befunde beobachtet.

Sehen Sie, auf Grund dieses Befundes muß man an unserer Terminologie eine wesentliche Korrektur anbringen. Freilich betrifft das nicht nur die Terminologie, sondern auch das Wesen der Sache.

Bisher habe ich geschrieben und gesagt, daß die Differenzierung auf einer Hemmung beruht. Diese Formulierung ist vollkommen unberechtigt, und sie muß in Zukunft vermieden werden, denn sie gibt das Wesen der Sache falsch wieder und vermengt das Spezielle mit dem Allgemeinen.

Man muß sagen, daß die Differenzierung offensichtlich auf dem Prozeß der Konzentration des positiven oder negativen, des Erregungs- oder Hemmungsprozesses beruht.

Wenn es sich um die Differenzierung zweier verschiedenartiger positiver bedingter Reize handelt, d. h. solcher, die mit verschiedenen *(403)* unbedingten Reizen verknüpft sind, dann ist klar, daß gar keine andere Grundlage vorliegen

[1] K. S. Abuladse

kann als eine Konzentration unter dem Einfluß der Wiederholung. Jeder Prozeß konzentriert sich auf sich; auf diese Weise werden sie getrennt und voneinander unabhängig. Ferner wird diese Trennung durch den Induktionsprozeß unterstützt.

Genau dasselbe geschieht auch im Falle der Differenzierung gleichartiger Reize, eines positiven von einem negativen, eines Erregungsprozesses von einem Hemmungsprozeß. Dann konzentriert sich ebenfalls jeder dieser Prozesse.

Im vorliegenden Falle sind beide Hunde erregbar, bei ihnen überwiegt der Erregungsprozeß gegenüber dem Hemmungsprozeß. Wenn Sie nun verschiedenartige bedingte Reflexe differenzieren, konzentriert sich infolgedessen schließlich jeder von beiden, und sie sondern sich voneinander ab. Dann unterliegt diese Trennung dem Induktionsprozeß, wobei jeder dieser Prozesse als starker Erregungsprozeß den anderen hemmt.

Dasselbe passiert auch bei der Differenzierung gleichartiger Reize, eines positiven gegenüber einem hemmenden.

Worauf beruht der Unterschied im vorliegenden Falle? Offensichtlich darauf, daß sich zur Trennung verschiedenartiger bedingter Reflexe ein starker Erregungsprozeß entwickelt, der sich jeweils in seinem Punkt konzentriert und ihn von den anderen absondert. Was die Trennung gleichartiger Reize betrifft, positiver von negativen, so ist bei diesen erregbaren Hunden der Erregungsprozeß sehr stark und konzentriert sich folglich sehr gut; dagegen ist der Hemmungsprozeß relativ schlecht und schwach, folglich konzentriert er sich sehr langsam. Deshalb bildet sich auch eine absolute Differenzierung nur mit Mühe. Außerdem tritt ständig eine Nachhemmung auf. Zu guter Letzt läßt sich die Angelegenheit auf eine Konzentration des Erregungs- bzw. Hemmungsprozesses zurückführen.

Es ist meine Schuld, daß ich annahm, die Hemmung sei für die Analyse und speziell für die Differenzierung da. Richtig ist das nur in den Fällen, in denen dem Vorzeichen nach entgegengesetzte Reize vorliegen, während die allgemeine Grundlage für die Differenzierung eine Konzentration des Erregungs- und Hemmungsprozesses ist. Ich glaube, so ist es richtig.

Angenommen, bei A. A.s[1] „Polkan" sind beide Prozesse, der Erregungs- wie der Hemmungsprozeß, in ihrer Stärke gleich. Es ist ein ausgeglichener Hund, und bei ihm beobachtet man keinerlei besonderen Unterschied zwischen der Bildungsgeschwindigkeit einer Differenzierung zwischen verschiedenartigen Reizen und gleichartigen, aber entgegengesetzten Reizen.

Aus diesem Grunde empfehle ich Ihnen allen, die Protokolle Ihrer sämtlichen alten Versuche durchzusehen. Es ist anzunehmen, daß die Leichtigkeit der Bildung *(404)* einer Differenzierung zwischen verschiedenartigen Reflexen und die Schwierigkeit bei gleichartigen, aber entgegengesetzten Reflexen, ganz eindeutig an den Typ gebunden ist. Beim unausgeglichenen Typ findet sich ein gewaltiger Unterschied, beim ausgeglichenen dagegen überhaupt keiner. Das ist sehr wichtig.

Wenn keine anderen Fragen, Einwände und Zweifel bestehen, kann ich zur nächsten Frage übergehen.

[1] A. A. Lindberg

2. DAS PROBLEM DER WECHSELWIRKUNG BEDINGTER REFLEXE IN ABHÄNGIGKEIT VON DER STÄRKE DER BEDINGTEN UND UNBEDINGTEN REIZE SOWIE VON DER GRÖSSE DER PAUSEN

I. P. Pawlow: Das folgende Problem werfe ich im Zusammenhang mit einer Erklärung von K. S.[1] über Befunde auf, die er an „Delphin" ermittelt hat. Es ist ein altes Problem, das jedoch bis heute noch nicht endgültig erledigt ist. Man muß daran festhalten, allen Fragen durch Wiederholung, Variierung usw. höchste Überzeugungskraft zu verleihen.

Es handelt sich um das Problem der Wechselwirkung bedingter Reize, des einen auf den anderen. Wir haben es häufig aufgeworfen, aber nicht in Einzelarbeiten irgendwie systematisch abgehandelt.

K. S. bemerkte an seinem Hund „Delphin", daß bei ihm eine besonders starke Wechselwirkung bei verschiedenartigen bedingten Reizen vorliegt, bei Reizen also, die mit verschiedenartigen unbedingten Reflexen verknüpft sind. Das ist genau dieselbe Frage, die wir auch früher bezüglich der allgemeinen Wirkung und des Systems aufgeworfen haben, wenn mehrere entgegengesetzte Prozesse vorhanden sind, d. h. die Einwirkung eines Reizes auf den anderen. Das mag seinen Grund haben, aber wir müssen eine allgemeine Theorie und eine allgemeine Vorstellung davon haben, wie sich dieses Phänomen gestaltet und worauf es beruht.

Es ist klar, daß alles auf der Stärke der einzelnen Reize beruhen muß und folglich darauf, wie rasch sie sich konzentrieren und wie lange sie nachwirken. Die Stärke kann von der physikalischen Stärke jedes bedingten Reizes abhängen.

Ziemlich häufig findet man, daß ein sogenannter „überstarker" Reiz großen Einfluß auf die unmittelbar auf ihn folgenden bedingten Reflexe hat. Wenn er hemmt, finden wir eine Nachhemmung, wenn er einen Maximaleffekt liefert, erhalten wir eine negative Induktion auf den folgenden Reiz usw. Theoretisch kann man sich das leicht vorstellen.

Aber dieser Fall nun, den K. S. mir berichtete, stellt eine gewisse Ergänzung dar.

Es ist klar, wenn sich ein bedingter Reflex gebildet hat, d. h., wenn verschiedene Zentren, das bedingte und das unbedingte, vereinigt worden sind, dann hängt offensichtlich die Stärke des bedingten Reizes nicht nur *(405)* von der physikalischen Stärke dieses Reizes selbst ab, sondern auch von der Stärke des unbedingten Reflexes, denn sie bilden einen einheitlichen Prozeß, da der unbedingte den bedingten auflädt.

Verständlicherweise können die unbedingten Reize von unterschiedlicher Stärke sein, wie z. B. ein Nahrungsreiz, ein elektrischer Abwehrreiz und ein Säurereiz. Ich finde, wenn von Spezialthemen die Rede ist — und das hier ist auch ein gutes Thema —, dann muß man sie vorsätzlich und bewußt allseitig bearbeiten. Man muß Reize von verschiedener physikalischer Stärke nehmen und ihre Bedeutung in Abhängigkeit von der Stärke des unbedingten Reizes untersuchen. Die Versuchs-

[1] K. S. Abuladse

ergebnisse werden auch von den Intervallen zwischen ihnen abhängen. Ist das Intervall groß, dann verschwinden Nachhemmung und negative Induktion.

Ich richte Ihre Aufmerksamkeit auf dieses Problem. Es wäre sehr gut, wenn sich jemand speziell damit befaßte, um es vollkommen einwandfrei abzurunden.

N. A. PODKOPAJEW: Die Beweglichkeit muß unterschiedlich sein.

I. P. PAWLOW: Natürlich, das ist eine allgemeine Bedingung, aber ich richte das Augenmerk auf die Stärke.

3. ÜBER DIE URSACHEN EINER HYPEREXTENSION BEI „TRESOR" AM BEIN MIT DER NEGATIVEN KASSALKA (VERSUCHE W. P. GOLOWINAS)

I. P. PAWLOW: Und nun, meine Damen und Herren, ein ganz besonderer Befund W. P.s an ihrem „Tresor".

Es handelt sich um folgendes: Bei „Tresor" befand sich am Hinterbein eine negative Kassalka. Dieses Bein geriet ständig in Extension, und zwar in Hyperextension. Dieses Bein ließ sich schlecht beugen, im Gegensatz zu den übrigen Beinen. Ich frage, hat irgend jemand schon einmal einen solchen Befund beobachtet?

N. A. PODKOPAJEW: Bei mir hat er sich ebenfalls gefunden.

I. P. PAWLOW: Bei Ihnen war es auch so, daß dieses Bein in Extension geriet?

N. A. PODKOPAJEW: Als ich durch passive Beugung einen negativen bedingten Reflex ausarbeitete.

M. K. PETROWA: Bei mir ist es bei „John" passiert, ebenfalls eine Extension.

I. P. PAWLOW: Um so besser, also ist es eine allgemeine Erscheinung. Ich habe nach einem Bericht von W. P. mein Augenmerk darauf gerichtet.

Es ist interessant, den physiologischen Mechanismus dieser Erscheinung zu erfassen.

Es ist anzunehmen, daß die Reizung jeder Hautstelle mit einer entsprechenden Körperbewegung zusammenhängt. Man kann sich vorstellen, wenn der Hund steht und sein Bein extensorisch gestreckt ist, dann läuft in dieser Zeit ein bestimmter SHERINGTONscher reziproker Reflex ab, d. h., das entsprechende Flexorenzentrum muß gehemmt sein. Wenn aber an dem Bein eine Hemmung vorliegt, dann muß diese mit dem entsprechenden Bewegungszentrum assoziiert sein. Deshalb gesellt sich *(406)* der reziproken Hemmung auch noch unsere künstliche Hemmung über die Haut hinzu. Infolge dieser übersteigerten Hemmung stößt eine Beugung auf ungewöhnlichen Widerstand.

Außer der üblichen Größe der Extensoren- und Flexorenhemmung liegt also auch noch eine physiologische Summation vor, die sich in der Schwierigkeit des Ersatzes der Extension durch eine Flexion äußert.

A. A. LINDBERG: Aber im normalen Zustand herrscht doch die Extension nicht vor?

I. P. PAWLOW: Was heißt nicht? Wenn der Hund steht, ist es an dem. Das ist klar.

Aus diesem Anlaß wäre es interessant, an einem sitzenden Hund Beobachtungen durchzuführen und dabei den Hemmreiz (die Kassalka) am Hinterbein anzulegen. Dann ist folglich umgekehrt das Bein gebeugt, es liegt keine Extension vor, die Flexion muß vorherrschen, und es dürfte dem Hund schwerer fallen, das Bein zu strecken. Das wäre interessant. Dieser Versuch muß angestellt werden, denn der Befund erfordert eine Erklärung.

E. A. Asratjan: Liegt die Extension während des ganzen Versuchs vor?

I. P. Pawlow: Unmittelbar nach dem Versuch macht sie sich lange Zeit bemerkbar, so daß offensichtlich eine Störung zwischen dem Hemmungstonus der Flexion und dem positiven Tonus der Extension vor sich gegangen ist. Es wäre interessant, diesen Versuch anzustellen.

4. EIGENARTIGE BEWEGUNGSREAKTIONEN BEI EINEM BEDINGTEN ELEKTRISCHEN ABWEHRREFLEX (K. S. ABULADSES „HERKULES“ UND M. K. PETROWAS „TOMBUSCH“)

I. P. Pawlow: In diesem Jahr haben wir zwei Überraschungen erlebt, die eine an K. S.s Hund „Herkules“ und die andere an M. K.s Hund „Tombusch“.

Wenn wir einen Abwehrreflex auf elektrischen Strom ausarbeiten wollen, bemühen wir uns gewöhnlich, möglichst schwachen Strom anzuwenden, der nur einen lokalen Reflex hervorruft und zum Heben und Ausstrecken der Pfote führt. Dabei ruft der Strom nicht immer eine Reaktion von der gewünschten Stärke hervor. Häufig ist er etwas stärker und ruft dann eine allgemeine Reaktion hervor, der Hund windet sich usw.

Aber bei diesen beiden Hunden fand sich nun außer dem üblichen Effekt eine ganz überraschende und ungewöhnliche Wirkung, wie ich sie zuvor nie gesehen habe.

„Herkules“ legte sich dabei hin, was andere Hunde nicht tun. Das haben wir erklärt, darüber haben wir schon gesprochen.

Bei M. K. passierte nun etwas anderes. Sie wissen, daß M. K. als einzige von allen in offener Versuchsanordnung arbeitet und vor dem Hund sitzt. Gewöhnlich blickt der Hund sie an; dieser Hund wandte sich jedoch ab, reagierte auf keinerlei zärtliche Anrufe, lieferte nach den Reizen keinerlei bedingte Reflexe und nahm das Futter nicht. Das ging so bis zum Ende des Versuchs. So etwas haben wir vorher noch nie erlebt. *(407)*

Wir haben schon die Reaktion von „Herkules“ als passiven Abwehrreflex erklärt.

Aber wie ist nun dieser Befund zu erklären? Psychologisch kann man sich darüber ohne weiteres äußern. Der Hund fühlte sich durch seine Herrin beleidigt. Anthropomorph ist das sehr einfach. Deshalb ist auch die Psychologie nützlich, denn immerhin hat sie eine Menge komplizierter Nervenbeziehungen formuliert.

Wir haben das Augenmerk auf folgendes gerichtet: Für diesen Hund war ein besonders zärtliches Verhältnis zum Experimentator die Norm, da hier der Experimentator ständig vor ihm sitzt und ein Bestandteil seiner Umwelt ist, der sich ständig an den Hund wendet und positiv wirkt; denn „Tombusch“ hat bis jetzt von M. K. nur Annehmlichkeiten empfangen. Und plötzlich erhält er in dieser positiven Situation eine starke, unangenehme Reizung, eine Schmerzempfindung.

Mit welchen von unseren Begriffen soll man nun diese Erscheinung verbinden? Irgend jemand hat das rechte Wort gefunden, daß das eine Störung des Stereotyps ist.

Wir wissen aber, daß eine Störung des Stereotyps von einer negativen Reaktion begleitet ist. Alle geringfügigen Veränderungen der Umgebung führen zu einer negativen Reaktion.

Ich möchte darüber noch mehr sagen. Der Stereotyp besteht doch ebenfalls aus Verhältnissen, es sind gewisse Formen der Nerventätigkeit. Es ist klar, das, was wir mit dem Einzelwort Stereotyp bezeichnen, muß jetzt in den Begriff der Verhältnisse gefaßt werden. Da sind Reize, die sich in bestimmten Verhältnissen und in bestimmter Reihenfolge befinden, sowie die sich entsprechend ändernde Stärke der Qualität des Erregungs- und Hemmungsprozesses.

Ich glaube, wir müssen den größten Teil unserer Gefühle und Gedanken auf diese oder jene Verhältnisse oder auf den Zustand dieser Verhältnisse zurückführen. Hier lag nun eine Störung des Stereotyps vor, und eine solche Störung ist immer eine Schwierigkeit. Jeder weiß, daß es leichter ist, etwas ständig zu wiederholen, als etwas Neues zu tun. In dieser Hinsicht bietet das Leben verblüffende Fälle. Sie kennen Menschen, die gewohnt sind, tagaus tagein ein und dieselbe Arbeit zu verrichten. Man braucht aber nur diesen Lebensstereotyp, diese festen Verhältnisse durch neue Verhältnisse zu verändern, dann hat das auf Schritt und Tritt fatale Auswirkungen. Ein im Dienst ergrauter Beamter ist gewohnt, zu einer bestimmten Zeit von Hause fortzugehen, sich hinter seinen Tisch zu setzen, das Tintenfaß usw. bereitzustellen. Da ist er nun Tag für Tag in den Sielen getrottet, und nichts hat sich ereignet. Aber kaum ist er in den Ruhestand getreten oder hat er die Stellung gewechselt, da war es nach einem halben Jahr um ihn geschehen.

Auch im Laboratorium sehen wir, was für eine wichtige Angelegenheit eine Störung des Stereotyps ist. Nehmen Sie „Rogdai“: Man brauchte nur die Plätze zweier Reize zu vertauschen, und schon verweigerte er für einige Tage die Arbeit. Hierher gehören auch subtilere Angelegenheiten.

Ich bin es gewohnt, mich zu analysieren. Ich hatte einen Sohn Viktor. Nicht ohne Grund habe ich mein Buch seinem Andenken gewidmet: eine wundervoll reine Seele, *(408)* voll Rechtschaffenheit und Redlichkeit, eine seltene Natur. Die Eindrücke von ihm sind als sehr festes Element in meine subjektive Welt eingegangen. Als er dann gestorben war, fand ich ein ganzes Jahr lang keine Ruhe. Ich fasse das physiologisch ebenso auf, daß das eine plötzliche heftige Störung eines Stereotyps war, im System war eine große Lücke, und diese machte sich bemerkbar. Die Störung des Stereotyps ist von großer psychologischer Bedeutung und macht eine große Anzahl von Lebenserscheinungen verständlich, die mit den Gefühlen des Triumphes, der Freude, der Verzweiflung, des Kummers usw. getönt sind. Dazu gehört auch der beschriebene experimentelle Befund.

Wir wollen nicht übereilt von unseren physiologischen Befunden zur Interpretation subjektiver Gefühle übergehen. Irgendwann werden wir das erreichen und imstande sein, sie zu verstehen, aber zunächst finde ich in dieser Form keine Widersprüche. Ich habe doch viel über diesen Gegenstand nachgedacht und verstehe unter diesem Aspekt unsere subjektive Welt.

Daß unsere Interpretation richtig ist, ist bewiesen.

Wir haben erkannt, daß M. K. infolge ihrer besonderen Versuchsanordnung zu einem Bestandteil des Stereotyps dieses Hundes geworden ist. In der Tat, als dieser Hund in den Raum von K. S. überführt wurde und K. S. vor ihm saß, rief derselbe elektrische Strom nicht jene Reaktion hervor, die er bei M. K. ergab. Die Sache verlief so, wie bei allen anderen Hunden, d. h., der Hund hob die Pfote, eine Bewegungsreaktion trat auf, und er nahm das Futter. Mit einem Wort, es geschah das, was immer geschieht. Als aber nun M. K. wieder ihren alten Platz in der alten Umgebung einnahm, wiederholte sich das ganze. Es unterliegt nicht dem geringsten Zweifel, daß unsere Interpretation vollkommen richtig ist.

Sie sehen also, wie unsere Physiologie, unsere Hunde, die von vielen verachtet werden und viele aufregen (weil, so sagt man, wir uns anmaßen, von Hunden zum menschlichen Stolz überzugehen), sich doch immerhin rechtschaffen bewähren.

5. ÜBER DIE PHYSIOLOGISCHEN MECHANISMEN DES TRÄNENFLUSSES

I. P. PAWLOW: Heute findet ein Benefiz von K. S. statt. Er muß wieder erwähnt werden, das ist nur recht und billig. Er hat an seinem „Herkules" einen neuen, ungewöhnlichen Ausdruck von Schwäche festgestellt: Das Auftreten von Tränen in den Augen bei der Einwirkung eines elektrischen Hautreizes. „Herkules" weinte. Ich habe es selbst gesehen. Auf diese Weise geraten jetzt auch die Tränen in den Bereich unseres Denkens und unserer Beobachtungen. Beim Menschen spielen sie eine große Rolle; sie sind Indikator seines Gefühlstones.

Daraufhin beschloß K. S., die Tränendrüse ebenfalls als Untersuchungsobjekt zu verwenden. Er verlagerte die Enden der Tränengänge nach außen, so wie wir die Enden der Speichelgänge nach außen verlegen. Nun können wir die Tätigkeit der Tränendrüse ganz exakt verfolgen.

Die Tränendrüse hat mehrere kleine Kanäle: Deshalb isoliert er die ganze Fläche, auf der diese kleinen Kanälchen austreten, *(409)* und verlagert sie nach außen. Dann wird es möglich, einen pneumatischen Ballon anzukleben und die Tränenbildung zu registrieren. Das ist sein großes Verdienst. Erstens kann man die Tränendrüse sehr leicht unbedingt erregen, indem man sie mit Säure reizt. Man nimmt am besten organische Säure. Zweitens kann man leicht einen bedingten Reflex der Tränenabsonderung bilden. Eine bedingte Tränenabsonderung auf Metronomticken ist schon ausgearbeitet. Schließlich kann man eine Tränenabsonderung auf einen elektrischen Abwehrreiz hervorrufen.

Jetzt wird es interessant sein — gerade für die Lösung der Frage nach der Verbindung des Gefühls mit physiologischen Prozessen —, besondere Rindenzustände einzeln zu betrachten, zum Beispiel nach irgendeinem Zusammenstoß, und eine Reihe von Beobachtungen anzustellen. Wenn die Vorstellung, die ich eben entwickelt habe, richtig ist, wäre zu erwarten, daß wir sehr wahrscheinlich bei vielen schwierigen Situationen des Nervensystems Tränenfluß finden werden. Eher bleibt unklar, welcher Art diese Verbindung einer Schmerzreizung mit der Tränenabsonderung ist.

In meinem Leben stand der erste neue physiologische Befund mit einer Speichelabsonderung unter besonderen Versuchsbedingungen in Verbindung. Das war, als ich gerade immatrikuliert war. Physiologie las Akademiemitglied Owsjannikow; Tschirijew war bei ihm Assistent. Irgendwie verspätete sich Owsjannikow bei der Vorlesung ein wenig und war von einem Versuch erregt, bei dem er gerade einen neuen Befund gefunden hatte. Ich sah diese Freude über die Entdeckung einer neuen physiologischen Wahrheit. Es handelte sich darum, daß mit Tschirijew zusammen in einfachen Versuchen Reflexe auf die Speicheldrüse untersucht wurden. Sie erhielten zunächst die Speichelreflexe durch Reizung verschiedener Stellen der Mundhöhle und wollten dann auf eine Reizung des n. lingualis übergehen. Aus irgendwelchen Gründen hatten sie versucht, einen Nerven zu isolieren, der zu diesem System keinerlei Beziehung hatte, und zwar den n. ischiadicus, und erhielten zum erstenmal unerwarteterweise einen Speichelfluß!

Dieser Befund blieb ziemlich befremdlich. Sein Sinn blieb unverständlich: Weshalb stand plötzlich ein Nerv, der zum Bein Beziehung hatte, mit der Speicheldrüse in Verbindung und versetzte sie in einen aktiven Zustand?

Erst 30 Jahre später verstanden wir endlich, welchen Lebenssinn diese Erscheinung hat. Bei Verletzung verschiedener Hautstellen beleckt der Hund sie doch. Es ist offensichtlich, daß der Speichel außer seiner Beziehung zum Futter auch noch eine andere Bedeutung als Mittel zur Reinigung einer Wunde hat. Alle Hunde belecken unaufhörlich ihre Wunden.

Jetzt ergibt sich dieselbe Frage hinsichtlich dieses Tränenreflexes; weshalb haben eine Reizung mit elektrischem Strom, eine Schmerzreizung, eine Verletzung Beziehung zu den Tränen? Das bleibt die Frage. Wenn wir das auch heute noch nicht verstehen (wer weiß, was wir alles noch nicht begreifen), so ist es doch eine unbestreitbare Tatsache, daß Schmerz, Unlust oder eine für den Organismus negative Reizung Tränenfluß hervorrufen. Verständlicherweise *(410)* können alle möglichen inneren Schwierigkeiten, die im Gehirn vor sich gehen, auf dieser Grundlage ebenfalls zu Tränenfluß führen. Das ist klar.

N. A. Podkopajew: Im Jahre 1917 zeigte Frolowski im Laboratorium von Babkin, daß bei Reizung des n. ischiadicus bei der Sekretion Adrenalin eine große Rolle spielt. Ist das hier nicht eine analoge Erscheinung? Eine Schmerzreizung durch Strom erzeugt doch unausweichlich Adrenalin.

I. P. Pawlow: Ausgezeichnet, so dürfte es sein. N. A. erinnerte daran, daß auch der n. ischiadicus selbst die Nebenniere reizt und zur Bildung von Adrenalin führt. Adrenalin hängt nach den Versuchen Cannons mit dem Gefühl des Zorns, der Verzweiflung usw. zusammen. Diese Verbindung ist möglich. Ich meine, das ist eine Frage, die noch offen steht. Bisher ist das nur ein Hinweis auf eine Antwort. Sehen Sie nur, wieviel neue physiologische Befunde wir haben.

6. DIE HEMMUNG ALS MITTEL DER REGENERATION DER NORMALEN HÖHEREN NERVENTÄTIGKEIT

I. P. Pawlow: Nunmehr wollen wir zur Pathologie übergehen. Es handelt sich um einen idealen Sanguiniker, den der Eifer des Experimentators und schwierige Umstände zu guter Letzt ganz schön geschwächt haben. Jetzt ist er invalide. Die Kastration, eine Otitis, Rheumatismus und schwierige Versuche haben ihm den Rest gegeben. Es handelt sich um M. K.s „Boy“, bei dem die drei bekannten Maßnahmen des Kampfes gegen die Hypnotisierung wirksam waren.

Das erste Verfahren ist eine Kombination von Brom und Koffein.

Gewöhnlich reagiert der Hund nur auf die ersten zwei bis drei bedingten Reize, und dann endet es mit einer Hypnotisierung.

Nach der Anwendung von Brom mit Koffein wird die Hypnotisierung wesentlich schwächer, und nur der letzte (siebente) Reiz bleibt ohne Effekt.

Das zweite Verfahren ist das Überdecken. Dieses Verfahren wurde zum erstenmal angewandt, als bei einem Hund das Hauptzentrum des Hautanalysators exstirpiert war und die mechanischen Hautreize an bestimmten Stellen unwirksam wurden. Man konnte annehmen, daß in der Hirnrinde überhaupt keine zentrale Repräsentation dieser Hautstellen mehr vorhanden wäre. Es stellte sich heraus, daß es nicht ganz so ist, daß der entsprechende Punkt vorhanden ist, aber geschwächt. Damals wandten wir zum erstenmal das Überdecken an. Wir begannen zunächst mit dem unbedingten Reiz und wandten dann den bedingten Hautreiz mehrmals an.

Dieses Überdecken hatte dieselbe günstige Wirkung wie eine Kombination von Brom und Koffein. Nach drei Tagen mit Überdecken lieferten dieselben bedingten Reize eine durchgängige Reihe guter bedingter Reflexe, die freilich gegen Ende des Versuchs ein wenig abfielen. Da haben Sie das zweite Verfahren der Behandlung eines geschwächten Nervensystems.

Außerdem wandte M. K. auf Grund der derzeitigen klinischen Erfahrung vier Tage lang Veronal als drittes Verfahren des Kampfes gegen die Hypnotisierung an. *(411)*

N. A. Podkopajew: Das waren drei bis vier Tage Erholung, es wurden doch keine Versuche angestellt.

M. K. Petrowa: Nein, Erholung allein hilft diesem Hunde nicht.

I. P. Pawlow: Was den Schlaf betrifft, so führe ich ihn ebenfalls auf die Wirkung einer speziellen Hemmung zurück. Wir wissen, daß alle Narkotika und Hypnagoga dem Wesen der Sache nach ein und dasselbe sind und in erster Linie die innere Hemmung paralysieren. Diese Hemmung ist am subtilsten; es ist jene Hemmung, auf die wir bei verspäteten Reflexen, bei Differenzierungen, beim Erlöschen usw. stoßen. Unsere grundlegende, tiefe und ständige Hemmung stellen wir uns in Form der Induktionshemmung vor. Die Schlafmittel paralysieren also lediglich die feine, höhere, subtile Hemmung und lassen die Grundarten intakt.

Das zeigt sich deutlich in Versuchen W. K.s[1]. Er zeigte, daß die Induktionshemmung vollkommen unberührt bleibt, während die subtile Form der Hemmung durch Chloralhydrat paralysiert wird.

Ich stelle es mir so vor, daß bei der Verabreichung eines Schlafmittels die höhere Hemmung entfällt; dann erfaßt das Schlafmittel den Erregungsprozeß, setzt also direkt die Arbeitsfähigkeit der Zelle herab, und dann muß eine Überbelastungshemmung auf dem Schauplatz erscheinen. Das, womit wir es hier zu tun haben, ist die Funktion der Überbelastungshemmung unter dem Einfluß gewisser Schlafmitteldosen.

Beim Überdecken kommt es zur Induktionshemmung. Andererseits wirkt hier auch die auslöschende Hemmung. Das wird in den Versuchen M. K.s mit experimentellen Phobien besonders deutlich. Eine Phobie ist ein krankhafter Zustand des Hemmungsprozesses. Dieser wird durch eine höhere Hemmung geheilt, durch das Erlöschen. Der Organismus selbst setzt diese Hemmung in Betrieb. Sie erinnern sich, daß jede Strapazierung, wie ich sage, des Hemmungsprozesses zu einem pathologischen Zustand und zur Phobie führt, zu außerordentlicher Empfindlichkeit und Labilität der Hemmung, die automatisch durch auftretenden Schlaf, durch tiefen Schlaf mit Schnarchen geheilt wird.

7. ÜBER DIE IRRADIATION EINES PATHOLOGISCHEN ERREGUNGSPROZESSES UND EINES PATHOLOGISCHEN HEMMUNGSPROZESSES (VERSUCHE S. W. KLESTSCHOWS AN „MOPS" UND M. K. PETROWAS AN „MAMPUS")

I. P. Pawlow: Ich gehe zum nächsten pathologischen Versuch an S. W.s „Mops" über.

Über diesen „Mops" haben wir uns schon unterhalten, und ich füge nur noch einige Details und Einzelheiten hinzu.

An ihm wurde ein neues Verfahren des intermittierenden Erlöschens angewandt (10 Sekunden Wirkung des positiven Reizes, 10 Sekunden Pause usw.). Auf diese Weise erlischt der Reiz vollständig. *(412)*

Aber dieses Erlöschen ist eine Sonderform im Vergleich zum gewöhnlichen Erlöschen, denn hier mischt sich zweifellos ein Element der Zusammenstöße ein, da dabei der Erregungsprozeß andauernd und rasch von einer Hemmung abgelöst wird.

Das zeigte sich auch bei diesem Hunde. Die Krankhaftigkeit äußerte sich an dem Reiz, der ausgelöscht werden sollte.

Es ist ein besonderes Erlöschen, das unserem früheren unterbrochenen und ununterbrochenen Auslöschen nicht ähnelt. Zunächst werden wir sagen: Das Erlöschen nach dem Verfahren von W. K.

Bei diesem Erlöschen leidet die Zelle des entsprechenden Reizes, sie wird krank.

Die Erkrankung äußert sich darin, daß die Hemmung träge wird; sie wird zunächst enthemmt und geht dann allmählich während der Zeit der Reizung bis

[1] W. K. Fjodorow

auf Null zurück. Beim Erregungsprozeß tritt die Krankhaftigkeit in Form von reizbarer Schwäche auf.

Der stärkste Effekt ergibt sich im ersten Teil der isolierten Reizperiode, im Laufe der ersten 5 Minuten. Darin äußert sich der pathologische Zustand. Zirkularität tritt auf.

Das Pathologische dieses Hemmungszustandes besteht in seiner starken Trägheit. Ferner ist folgende pathologische Erscheinung interessant.

Der pathologische Zustand dieses Reizes irradiierte auch auf andere Reize. Genau vor ihm stand das Metronom, und was stand hinter ihm?

Zwischenruf: Sowohl davor als auch dahinter ein Metronom.

I. P. Pawlow: Der pathologische Zustand infizierte also durch Irradiation die Nachbarreize, die vorhergingen oder nachfolgten. Man muß es jetzt als allgemeine These anerkennen, daß nicht nur ein gesunder Erregungsprozeß irradiiert, sondern auch ein pathologischer. Das gilt nicht nur für den Erregungs- sondern auch für den Hemmungsprozeß. Das äußerte sich ganz deutlich im vorliegenden Fall, als die Nachbarreize dieselbe Explosivität der Effekte hervorriefen, während andere, ferner stehende Reize dieses Bild nicht boten. Besonders prägnant trat dieses Phänomen bei „Mampus" auf.

Sie erinnern sich, ich habe es in der Richtung analysiert, daß ich sagte, es sei derselbe kranke Erregungsprozeß, der bei dem positiven Metronom vorlag. Dann tauchte die reizbare Schwäche beim nachfolgenden Gluckern auf. Das Tier sprang stracks auf, jaulte, und es zeigte sich eine sehr starke Speichelreaktion, die gegen Ende der Reizung vollkommen versiegte. Teilt man also die Periode der isolierten Reizung von 30 Sekunden in zwei Hälften zu je 15 Sekunden auf, dann kann man sehen, daß sich in den ersten 15 Sekunden 20 bis 30 Teilstriche ergeben und in der zweiten Hälfte nichts. *(413)*

Dann breitete sich das auch auf die anderen Reize aus, irradiierte also über die ganze Hirnrinde und erschien sogar in den Pausen. Folglich können wir jetzt die Grundthese akzeptieren, daß es außer einer Irradiation des normalen Erregungsprozesses auch eine allmähliche Irradiation eines pathologischen Prozesses gibt. In vielen Fällen finden wir einen pathologischen Zustand isolierter Punkte, der auch auf diese isolierten kranken Punkte beschränkt bleibt. In anderen Fällen breitet sich der pathologische Zustand vor unseren Augen mehr oder weniger über die Hemisphären aus.

Jetzt steht die Aufgabe vor uns, die Bedingungen dieser Ausbreitung, dieser Irradiation eines pathologischen Erregungsprozesses zu ermitteln. Diese Formulierung ist vollauf berechtigt, darüber gibt es nichts zu reden.

Zugleich muß man anerkennen, daß dasselbe auch für einen pathologischen Zustand des Hemmungsprozesses gilt. Ich habe schon unlängst gesagt, daß ein Hemmungsprozeß, der auf einen Reiz hin pathologisch geworden ist, sich auch an anderen Stellen und bei anderen Hemmungsformen auswirkt. Es ist also eine allgemeine These, daß sich ein pathologischer Zustand des Hemmungsprozesses, der unter bestimmten Bedingungen an einer Stelle hervorgerufen worden ist, auf die ganze Hirnrinde ausbreiten kann.

8. ÜBER DIE BESONDEREN EIGENSCHAFTEN INTERMITTIERENDER BEDINGTER REIZE

I. P. Pawlow: Bei jahrelanger Anwendung ein und desselben Reizes tritt ebenfalls ein pathologischer Zustand der entsprechenden Rindenpunkte auf. Das wurde bei W. I.s[1] „Tom" und bei W. K.s[2] „Postrel" beobachtet, bei Hunden, die viel gearbeitet haben. Bei ihnen wurde die Reaktion auf das Gluckern pathologisch und inaktiv. Alle übrigen Reize blieben mehr oder weniger normal. Dem kann man natürlich mit unseren Heilmitteln abhelfen. Als W. K. wiederholt das Überdecken anwandte, ergab die Behandlung einen gewissen Effekt.

Jetzt ergibt sich die Frage, weshalb bei diesen Hunden unter den anderen Reizen nur das Gluckern ermüdet und pathologisch krank geworden war. Ist das auch bei anderen Hunden passiert?

N. A. Podkopajew: Erinnern Sie sich an meinen „Lochmatsch". Bei ihm verschwanden im Ergebnis einer fünfjährigen Arbeit alle bedingten Reflexe, wobei es mit dem Metronom anfing.

I. P. Pawlow: Man kann sagen, daß sich bisher bei häufiger und jahrelanger Anwendung das Metronom und das Gluckern als die empfindlichsten Reize erwiesen haben. Sie haben beide stark intermittierenden Charakter, und darin liegt möglicherweise ihre besondere Schwierigkeit.

In erster Linie fallen doch die bedingten Reflexe auf das Gluckern aus der Reihe. *(414)*

Das kann man daraus erklären, daß das Gluckern kein regelmäßig intermittierender Reiz ist. Es ist anzunehmen, daß intermittierende Reize, vor allem unregelmäßig intermittierende, der Zelle besonders schwerfallen und sie früher als die anderen erschöpfen und pathologisch machen.

9. ÜBER DIE NACHWIRKUNG DES VERHÄLTNISSES (DES RHYTHMUS) VON REIZEN (VERSUCHE A. O. DOLINS)

I. P. Pawlow: Jetzt wollen wir noch einmal auf das zurückkommen, worüber wir letztes Mal sehr lange gesprochen haben.

Bei dem Hunde „Ger" von A. O. sind 60 Unterbrechungen der Klingel in der Minute ein positiver Reiz und 120 Unterbrechungen ein Hemmreiz. Der Effekt ihrer bedingten Wirkung beträgt beim positiven Reiz 65 bis 75 Teilstriche und beim negativen 0 bis 5. Das ist die Grunderscheinung. Dann kommt eine besondere Prüfung. A. O. wendet zum erstenmal, sagen wir, eine Klingel mit dem Rhythmus 30 an und erhält 65 Teilstriche, d. h. fast dasselbe. Genau auf die gleiche Weise erhält er dieselben Nullwerte, wenn er am anderen Ende den Rhythmus 200 statt 120 anwendet.

Wenn er nun nach dem Rhythmus 30 oder 200 wieder 60 oder 120 ausprobiert, ergibt sich eine neue Erscheinung, und zwar am positiven Ende eine starke

[1] W. I. Pawlowa
[2] W. K. Fjodorow

Verringerung der Effekte um 30 bis 40% und am anderen Ende statt des Nullwertes 19 bis 20 Teilstriche. Am einen Ende ergibt sich also weniger und am anderen mehr als üblich.

Die erste Erklärung, die A. O. und wir gaben, bestand darin, daß sich hier das Verhältnis auswirkt, d. h. die Frequenz der Schläge; denn wenn Sie von 30 auf 60 übergehen, gehen Sie folglich von geringeren zu häufigeren Frequenzen, von positiven zu hemmenden über, und aus diesem Grunde wird der übliche Effekt schwächer.

Wenn Sie nun nach dem Rhythmus 200 zu einem weniger frequenten Rhythmus übergehen, und zwar auf 120 — die weniger frequenten Rhythmen sind aber positiv —, dann wird die Differenzierung enthemmt, und es ergibt sich ein positiver Effekt.

Ferner führt A. O. folgende Abänderung ein: Er verändert das Intervall zwischen der Anwendung der Extrareize 30 und 200 und zwischen den danach wiederholten üblichen Reizen 60 und 120. Es zeigt sich, daß sich bei dieser Veränderung der Pause die Wirkung auf Rhythmus 60 und auf Rhythmus 120 ebenfalls verändert. Sie erinnern sich, als er vom Rhythmus 30 zu 60 überging, ergab sich nach einem Intervall von 5 Minuten eine Verringerung des positiven Effekts bis zu 30 bis 40% der üblichen Größe des positiven Reflexes.

Als er nun nicht nach dem üblichen Intervall von 5 Minuten, sondern nach verschiedenen Intervallen den Reflex untersuchte, traten bei kürzeren Intervallen gewisse, wenn auch nicht wesentliche Veränderungen auf, während sich bei Verlängerung der Intervalle das Phänomen vollkommen verwischte und bei großen Intervallen sogar fast vollkommen zerstört wurde.

Am anderen, am Hemmungsende, geschah etwas anderes. Da zeigte sich bei kleinerem Intervall *(415)* von ein bis zwei Minuten zwischen der Anwendung des Rhythmus 200 und dem Übergang zu 120 keinerlei Einfluß. Bei Vergrößerung der Pause über zwei Minuten wurde der übliche Hemmreflex enthemmt und verwandelte sich in eine positive Größe.

F. P.[1] führte zur Erklärung den Mechanismus des Induktionsprozesses an statt unserer Erklärung, die darin besteht, daß sich das Verhältnis auswirkt. Heute habe ich darüber noch einmal nachgedacht und mich dafür entschieden, daß die Annahme durch Tatsachen stärker fundiert ist, daß es sich um eine Wirkung des Verhältnisses handelt. Ganz richtig sagte N. A.[2] letztes Mal, daß es sich hier um Zonen der Hemmung handele. Wie immer befindet sich um den Reiz herum eine Zone des Erregungsprozesses und eine Zone des Hemmungsprozesses. Wenn wir unsere übliche Differenzierung eines positiven und eines negativen Reizes haben, dann sind die Nachbartöne um den Reiz herum positiv, während die Nachbartöne um den Hemmreiz in verschiedenen Stufen hemmend sind; dazwischen befinden sich wahrscheinlich neutrale Punkte. Folglich müssen Nachbarfreqenzen, die man einführt, in die Zone der entsprechenden Reflexe fallen. Es ist also ziemlich schwierig, sich zwischen ihnen Induktionsbeziehungen vorzustellen: Der

[1] F. P. Majorow
[2] N. A. Podkopajew

Unterschied in der Intensität der Reize ist hier sehr gering. Ich glaube, schon allein deswegen stimmt die Induktionserklärung hier nicht, während die Erklärung mit dem Verhältnis sehr gut paßt und den Tatsachen gut entspricht. Es ist klar, als der Rhythmus 30 angewandt wurde (ein ganz frischer Reiz) und danach der Rhythmus 60, konnte sich das Verhältnis natürlich nur bei einer kurzen Pause von 3, 4 oder 5 Minuten auswirken. Wenn Sie diese Rhythmen nach 6 bis 7 Minuten und länger gegenüberstellen, so versteht sich, daß die Spur der Reizung 30 mit jeder Minute schwächer wird und der Effekt der Gegenüberstellung des weniger frequenten und des frequenten Reizes verschwindet. Am anderen Ende verlaufen die Erscheinungen anders. Weshalb? Weil da ein Hemmungsprozeß vorliegt. Das heißt, wenn der Rhythmus 120 folgt, liegt natürlich eine Nachhemmung vor, und es tritt keine Enthemmung auf. Wird aber die Pause verlängert, dann wirkt sich die Nachhemmung weniger aus, und die Bedeutung des Verhältnisses tritt mit höchster Stärke auf.

Hier muß noch ein Umstand gesondert geklärt werden: Weshalb sich der Erregungsprozeß in Form des Verhältnisses länger hält als der Hemmungsprozeß. Das ist noch die einzige Schwierigkeit. Doch jetzt habe ich keine Zeit mehr. Ich habe Ihnen die Tatsachen ins Gedächtnis zurückgerufen, und Sie mögen darüber nachdenken.

Auf Wiedersehen!

REGISTER

ZU BAND I—III DER

„PAWLOWSCHEN MITTWOCHKOLLOQUIEN“

Lfd. Nr.	Thema	Datum	Band, Seite	Lfd. Nr. im Koll.
	Abschnitt 1. Allgemeine Fragen und Kritik idealistischer Konzeptionen ausländischer Physiologen			
1	Drei Hauptabschnitte in einer Übersicht über die höhere Nerventätigkeit	30. 10. 29	I/ 9	2
2	Über den bevorstehenden Vortrag auf dem XIV. Internationalen Physiologenkongreß in Rom	11. 6. 32	I/225	1
3	Über den Physiologenkongreß in Rom und den Psychologenkongreß in Kopenhagen	12. 10. 32	I/227	1
4	Einzelne Bemerkungen IWAN PETROWITSCHS	18. 1. 33	I/270	3
5	Über die Freude an wissenschaftlich-schöpferischer Tätigkeit	1. 3. 33	I/295	1
6	Über die Bedeutung der Mittwochkolloquien	22. 3. 33	I/210	1
7	Über die Wege wissenschaftlich-schöpferischer Tätigkeit	12. 4. 33	I/330	6
8	Brief von Professor N. P. RESWJAKOW an die Akademie der Wissenschaften der UdSSR	28. 2. 34	II/236	1
9	Kritik der idealistischen Konzeptionen SHERRINGTONS	19. 9. 34	II/422	8
10	Diskussion des Artikels I. P. PAWLOWS „Der bedingte Reflex" für die „Medizinische Enzyklopädie". Die Klassifikation der Hemmung: bedingte und unbedingte Hemmung. Die drei Arten der bedingten Hemmung: auslöschende, Verspätungs- und Differenzierungshemmung. Die beiden Arten der unbedingten Hemmung: negative Induktion und Überbelastungshemmung. Diskussion	26. 9. 34	II/428	1
11	Über den Animismus SHERRINGTONS und über den Konservativismus der englischen Wissenschaft	6. 2. 35	III/ 68	7
12	Krankengeschichte IWAN PETROWITSCH PAWLOWS. Bericht N. A. PODKOPAJEWS	31. 5. 35	III/158	1
13	Bemerkungen über das Buch von KRETSCHMER „Körperbau und Charakter". Die Züge des Typs und die Züge des Charakters	23. 10. 35	III/238	6
14	Über die Versuche von BETHE und die Antwortversuche E. A. ASRATJANS zur Frage der Plastizität des Nervensystems. Der Einfluß der idealistischen Weltanschauung auf die Einstellung der Wissenschaftler zur Lehre von den bedingten Reflexen	6. 11. 35	III/246	4
15	„Assoziation" — ein Gattungsbegriff, „bedingter Reflex" — ein Artbegriff (Versuche A. O. DOLINS an Menschen über Helligkeitsadaptation)	13. 11. 35	III/225	1
16	Über zwei Arten von trophischen Nerven, solche, die die Lebenstätigkeit der Gewebe erhöhen, und solche, die sie erniedrigen (Arbeit aus der Schule L. A. ORBELIS)	11. 12. 35	III/327	8
17	Über die physiologischen Mechanismen des Tränenflusses	19. 2. 36	III/396	5

Lfd. Nr.	Thema	Datum	Band, Seite	Lfd. Nr. im Koll.

Abschnitt 2. Allgemeine Gesetzmäßigkeiten der höheren Nerventätigkeit

A. Allgemeine Fragen

Lfd. Nr.	Thema	Datum	Band, Seite	Lfd. Nr. im Koll.
1	Biologischer Wert der Irradiation der Erregung und Hemmung	6. 11. 29	I/ 12	2
2	Über die Bedeutung oft wiederholter indifferenter Reize	18. 12. 29	I/ 20	6
3	Über die Vorzüge der Speichelmethodik	15. 1. 30	I/ 27	2
4	Fall von Bildung dominierender Zentren	5. 2. 30	I/ 30	2
5	Über die Notwendigkeit, den Orientierungsreflex von den beiden Phasen des motorischen Nahrungsreflexes zu unterscheiden	26. 3. 30	I/ 44	2
6	Fall von Verbesserung der bedingt-reflektorischen Tätigkeit bei Anwendung hemmender Agenzien und nach Hungern	26. 3. 30	I/ 45	4
7	Ursache der Speichelsekretion im Intervall	26. 3. 30	I/ 45	5
8	Störungen und Stärkeregel der bedingten Reize	16. 4. 30	I/ 49	3
9	Über den Einfluß der Beendigung der Fütterung auf das Verhalten des Hundes	11. 3. 31	I/118	2
10	Über die Bedeutung einer zeitweiligen Anwendung von Reizen ohne Bekräftigung für die Bildung bedingter Reflexe	11. 3. 31	I/119	5
11	Über die hemmende Bedeutung schwacher Reize	27. 5. 31	I/138	3
12	Über die kortikalen Bezirke bedingter Reflexe	18. 11. 31	I/155	5
13	Über den Versuch von Dr. Popow, bedingte Reflexe ohne Beteiligung der Hirnrinde festzustellen	18. 11. 31	I/156	6
14	Über die Bedeutung der letzten Stelle in einem System bedingter Reize	25. 11. 31	I/158	4
15	Über den Reflex der Vorsicht	16. 12. 31	I/166	5
16	Über Versuche P. K. Anochins mit Bekräftigung bedingter Nahrungsreflexe aus zwei Futternäpfen	27. 1. 32	I/179	1
17	Über die Allgemeingültigkeit der Gesetze für das gesamte Nervensystem	16. 3. 32	I/202	8
18	Über die Bedeutung des Geruchssinns beim Hunde	27. 4. 32	I/216	6
19	Über bedingte Pupillenreflexe	22. 2. 33	I/291	1
20	Eine ungeklärte Erscheinung	22. 2. 33	I/293	4
21	Fälle von Maskierung der Regel über die Abhängigkeit des Effektes von der Stärke der bedingten Reize	1. 3. 33	I/296	4
22	Einfluß komplizierter Bedingungen auf die Lösung einer schwierigen Aufgabe	29. 3. 33	I/318	5
23	Einfluß der Sexualreflexe auf die Nahrungsreflexe. Die Bedeutung des Geruchs für das Auftreten des Geschlechtsinstinkts	18. 10. 33	II/ 59	4
24	Das Problem der erschwerten Bildung des der Reihenfolge nach zweiten bedingten Reflexes bei einigen Hunden (Vorhandensein einer Induktion mit umgekehrtem Vorzeichen oder Unzulänglichkeit der Beweglichkeit; A. A. Lindbergs „Satyr")	7. 2. 34	II/219	7

Lfd. Nr.	Thema	Datum	Band, Seite	Lfd. Nr. im Koll.
25	Über die Vertretbarkeit von Funktionen der Drüsen mit innerer Sekretion (Beobachtungsergebnisse an „Joy“ und „John“)	4. 4. 34	II/305	3
26	Einfluß bedingter Säurereflexe auf die Magensaftsekretion (Versuche von M. A. Ussijewitsch und S. M. Ryss)	30. 5. 34	II/390	5
27	Noch einmal über den Phänotyp. Der primäre biologische Reflex der Vorsicht, der panische Reflex der Kinder, der passive Abwehrreflex und der Orientierungsreflex (Beobachtungen und Selbstbeobachtungen)	14. 11. 34	II/518	4
28	Der Reflex der biologischen Vorsicht (passiver Abwehrreflex) und seine Beziehung zum Untersuchungsreflex	5. 12. 34	II/561	2
29	Über eine Ausnahme vom Stärkegesetz der Reize (Versuche an A. A. Lindbergs „Mars“)	27. 3. 35	III/149	7
30	Einfluß des allgemeinen Rindentonus auf die Größe der Nahrungs- und Säurereflexe. Die Möglichkeit von Phasenerscheinungen und Induktionsbeziehungen zwischen ihnen (Versuche A. A. Lindbergs). Der Einfluß einer sexuellen Erregung auf die höhere Nerventätigkeit der Hirnrinde (Beobachtungen W. W. Rikmans). Der negative Einfluß einer starken Nahrungserregung auf die bedingt-reflektorische Tätigkeit (Versuche M. K. Petrowas)	9. 10. 35	III/200	2
31	Störung des Stärkegesetzes der Reize bei gleichzeitiger Wirkung zweier günstiger Faktoren	27. 11. 35	III/293	7
32	Versuche, an den bedingten Reflexen die Regeln Ju. W. Folborts über die Erschöpfung und Regeneration der Speicheldrüsen zu bestätigen. Bedeutung der Versuche W. K. Fjodorows. Zum Problem von äußerer Erscheinung und Wesen der Phänomene	4. 12. 35	III/301	2
33	Der Einfluß von konstanten Reizen auf den Allgemeintonus der Großhirnhemisphären (Versuch N. A. Podkopajews an „Jim“)	11. 12. 35	III/317	3

B. Bedingte Nahrungs-, Säure- und Abwehrreflexe und ihre Wechselbeziehungen

Lfd. Nr.	Thema	Datum	Band, Seite	Lfd. Nr. im Koll.
34	Über die Bildung einer Verbindung zwischen dem Nahrungs- und Abwehrreflex	5. 3. 30	I/ 38	2
35	Über den Mechanismus der Abwehrreaktion bei „Kraft“ bei Darreichung kleiner Portionen	19. 3. 30	I/ 43	4
36	Versuche F. P. Majorows	2. 4. 30	I/ 46	1
37	Über die Bedingungen, unter denen die Stärkeregel bei Säurereflexen gültig ist	9. 4. 30	I/ 47	1
38	Versuche F. P. Majorows mit der Wechselwirkung zwischen Nahrungs- und Abwehrreflexen	9. 4. 30	I/ 48	2
39	Über die Lokalisation der unbedingten Reflexe	30. 4. 30	I/ 52	1
40	Weitere Versuche F. P. Majorows	7. 5. 30	I/ 54	1
41	Über das Problem der Wechselbeziehungen zwischen bedingten Nahrungs- und Abwehrreflexen	14. 5. 30	I/ 56	1
42	Entwicklung der Abwehrreaktion	14. 1. 31	I/100	1

Lfd. Nr.	Thema	Datum	Band, Seite	Lfd. Nr. im Koll.
43	Über die Abhängigkeit der Größe des bedingten Reflexes von der Größe der dazugehörigen Erregungszone (Versuche W. W. RIKMANS)	11. 2. 31	I/108	3
44	Über die Grenze zwischen zwei gleichartigen bedingten Reflexen in der Rinde, die mit verschiedenen subkortikalen Zentren verbunden sind	1. 4. 31	I/122	1
45	Bildung eines bedingten Säurereflexes auf schwache elektrische Hautreizung	13. 5. 31	I/136	7
46	Fall von Erregungsirradiation aus dem subkortikalen Nahrungszentrum auf das Abwehrzentrum (Versuche F. P. MAJOROWS und S. W. KLESTSCHOWS an „Ratniza")	18. 11. 31	I/155	4
47	Über den Einfluß des Abwehrreflexes auf die Nahrungsreflexe (Versuche W. W. RIKMANS)	9. 12. 31	I/163	5
48	Über die Abgrenzung gleichartiger, mit verschiedenen unbedingten Reflexen verbundener bedingter Reflexe	16. 3. 32	I/199	1
49	Über die Wirkung der elektrischen Hautreizung	11. 6. 32	I/226	6
50	Umarbeitung eines bedingten Abwehrreflexes in einen Nahrungsreflex	22. 3. 33	I/314	6
51	Einfluß bedingter Säurereflexe auf die Magensaftsekretion (Versuche von M. A. USSIJEWITSCH und S. M. RYSS)	30. 5. 34	II/390	5
52	Über die Mechanismen der Wechselwirkung bedingter Nahrungs- und Abwehrreflexe bei Annäherung der Bedeutung der bedingten Reize (Versuche von K. S. ABULADSE)	3. 10. 34	II/440	4
53	Analyse der Ursachen für die Umschaltung eines Abwehrreflexes auf einen bedingten Nahrungsreiz bei Nichtbekräftigung des ersteren (Versuche K. S. ABULADSES an „Delphin")	17. 10. 34	II/475	4
54	Die Ausarbeitung bedingter Abwehrreflexe mit kurzer (3 Sekunden) oder langer (15 Sekunden) Bekräftigung durch schwachen elektrischen Strom (Versuche E. A. ASRATJANS)	23. 1. 35	III/ 37	5
55	Differenzierung ähnlicher bedingter Reize unter Anwendung verschiedener unbedingter Bekräftigungen, zum Beispiel durch Abwehr- und Nahrungsreize (Versuche K. S. ABULADSES an „Delphin")	30. 1. 35	III/ 50	4
56	Differenzierung bedingter Reize auf Grund verschiedener unbedingter Bekräftigungen — Nahrungs- und Abwehrbekräftigung. Einfluß der Nichtbekräftigung des bedingten Abwehrreizes auf den nachfolgenden bedingten Nahrungsreiz und umgekehrt (Versuche K. S. ABULADSES)	13. 2. 35	III/ 75	5
57	Über die Umschaltung eines Abwehreffektes auf einen bedingten Nahrungsreiz und über das Verschwinden des bedingten Abwehrreflexes, der auf den bekräftigten Abwehrreflex folgt (Versuche K. S. ABULADSES). Bericht P. S. KUPALOWS	31. 5. 35	III/160	2
58	Über die Summation bedingter Abwehr- und Säurereflexe (Versuche I. I. FILARETOWS und A. A. LINDBERGS)	20. 11. 35	III/272	2

Lfd. Nr.	Thema	Datum	Band, Seite	Lfd. Nr. im Koll.
	C. Bedeutung der verschiedenartigen bedingten Reize und ihrer Komponenten			
59	Beitrag zur Wirkung bedingter Komplexreize	23. 10. 29	I/ 8	2
60	Dissonante Töne als bedingte Reize	15. 1. 30	I/ 28	5
61	Konsonante und dissonante Töne und ihre Wirkung als bedingte Reize	26. 3. 30	I/ 45	6
62	Zum Problem der Summation bedingter Reize	23. 4. 30	I/ 52	5
63	Besonderheiten der Wirkung des Metronoms als bedingter Reiz	24. 9. 30	I/ 66	5
64	Bildung bedingter Reflexe auf verschiedene Intensitäten ein und desselben Reizes mit Nahrungs- und Abwehrbekräftigung	8. 10. 30	I/ 69	4
65	Über die Abhängigkeit des Effektes von der Stärke der bedingten Reize bei den Säurereflexen	8. 10. 30	I/ 69	5
66	Über die Bedeutung der Komponenten bedingter Komplexreize	22. 10. 30	I/ 74	4
67	Über bedingte mechanische Hautreize	22. 10. 30	I/ 75	5
68	Bildung bedingter Reflexe auf verschiedene Intensitäten ein und desselben bedingten Reizes mit Nahrungs- und Abwehrbekräftigung	5. 11. 30	I/ 79	5
69	Fortsetzung der Versuche mit zwei bedingten Reflexen auf zwei Intensitäten eines Tones	12. 11. 30	I/ 82	2
70	Ein besonderer Fall bedingter Hautreflexe	19. 11. 30	I/ 85	3
71	Versuche mit zwei verschiedenen bedingten Reflexen auf zwei Intensitäten eines Tones	17. 12. 30	I/ 93	6
72	Fall von Herabsetzung des bedingten Nahrungsreflexes bei Begrenzung der Irradiationssphäre des zugehörigen Erregungsprozesses durch andere Reize	7. 1. 31	I/ 99	2
73	Über die hemmende Bedeutung schwacher Reize	27. 5. 31	I/138	3
74	Über die Unterscheidung benachbarter Töne	27. 5. 31	I/139	4
75	Über die Summation bedingter Reflexe	28. 10. 31	I/150	3
76	Über die Summation der Wirkung bedingter Reize	4. 11. 31	I/151	1
77	Über die Summation bedingter Reize	11. 11. 31	I/152	1
78	Über die Bedeutung des Anfangsmoments bei der Reizung	17. 2. 32	I/191	6
79	Über das Auslöschen bei Bekräftigung	2. 3. 32	I/197	2
80	Über bedingte Summenreize	16. 3. 32	I/201	7
81	Über außerordentliche schwache Reize	15. 3. 33	I/309	7
82	Über die Wirkung der Reize bei ihrer Summation	11. 10. 33	II/ 46	5
83	Über die Bedeutung der Versuche mit Wiederholung gleichartiger Reize	11. 10. 33	II/ 46	6
84	Summation von Reizen nach Art des Bahnungsreflexes. Versuche I. S. ROSENTALS mit einem blinden Hunde	18. 10. 33	II/ 58	3
85	Drei Bedingungen für das Absinken der Größe der bedingten Reflexe bei Wiederholung ein und desselben bedingten Reizes: die Größe der Pause, die Hypnotisierung und die Veränderung des Stereotyps der Pausen (Versuche von W. K. FJODOROW)	25. 10. 33	II/ 63	1

Lfd. Nr.	Thema	Datum	Band, Seite	Lfd. Nr. im Koll.
86	Über die Bedeutung der Stärke der einzelnen Komponenten eines Komplexreizes und insbesondere die Bedeutung des „Vorlegens des Futternapfes“ Versuche von A. O. DOLIN)	25. 10. 33	II/ 69	4
87	Der Einfluß der Anwesenheit eines Menschen auf die Lösung einer für den Hund schwierigen Aufgabe (Versuche von M. A. USSIJEWITSCH)	25. 10. 33	II/ 70	6
88	Über die Wirkung von Konsonanzen und Dissonanzen (Versuche von S. W. KLESTSCHOW)	17. 1. 34	II/171	3
89	Analyse der Ursachen der besonderen Aktivität eines Komplexes bedingter Reize, die mit dem „Vorlegen des Futternapfes“ und mit der Nahrungsbekräftigung zusammenhängen. Besonderheiten des ununterbrochenen und intermittierenden Auslöschens bedingter Reflexe	20. 3. 35	III/137	7
90	Der bedingte Effekt auf reine Töne verschiedener Intensitäten erweist sich als geringer als der bedingte Effekt auf andere Reize (Versuche F. P. MAJOROWS und Erklärung)	27. 3. 35	III/147	6
91	Fall von Störung des Gesetzes der Abhängigkeit der bedingten Reflexe von der Stärke des Reizes und die Methoden, es aufzufinden: Erniedrigung des Nahrungstonus oder Zerstörung des Reflexes auf die Zeit (Versuche A. A. LINDBERGS an „Mars“)	23. 10. 35	III/231	3
92	Besonderheiten reiner Töne als bedingte Reize. Erschwerte Bildung einer Differenzierung (Versuche F. P. MAJOROWS an „Najan“)	11. 12. 35	III/319	4
93	Besonderheiten der Entwicklung bedingter Reflexe auf die Wirkung reiner Töne. Bedeutung des Hemmungsprozesses für die Wiederherstellung der Arbeitsfähigkeit der Rindenelemente	5. 2. 36	III/370	4

D. Bedingte Reflexe auf ein „Verhältnis von Reizen“ (auf den Reizrhythmus)

Lfd. Nr.	Thema	Datum	Band, Seite	Lfd. Nr. im Koll.
94	Bildung positiver und negativer bedingter Reflexe auf ein Verhältnis von Reizen, z. B. auf einen Reizrhythmus, unabhängig von der Qualität des Reizes selbst (Versuche S. W. KLESTSCHOWS an „Mischka“ und A. O. DOLINS an „Rudko“ und „Pinscher“	20. 3. 35	III/130	1
95	Über „Verhältnisse von Reizen“ als bedingte Reize (Versuche von S. W. KLESTSCHOW und A. O. DOLIN) Kritische Beleuchtung der konkreten Form der Versuche.	27. 3. 35	III/146	5
96	Über die Ausarbeitung positiver und negativer bedingter Reflexe auf ein Verhältnis von Tönen (Versuche S. W. KLESTSCHOWS)	31. 5. 35	III/176	9
97	Die „Verhältnisse“ der Frequenzen verschiedener Reize als Form des bedingten Reizes und die Fehler der Gestaltpsychologie (Versuche A. O. DOLINS und neue Befunde)	2. 10. 35	III/185	2

Lfd. Nr.	Thema	Datum	Band, Seite	Lfd. Nr. im Koll.
98	Bedingte Reflexe auf Verhältnisse von Reizen (Versuche A. O. DOLINS)	20. 11. 35	III/277	5
99	Bedeutung der Verhältnisse oder Frequenzen als besondere Form eines bedingten Reizes (Versuche A. O. DOLINS, Analyse der Befunde und Diskussion)	4. 12. 35	III/303	3
100	Über die Reflexe auf ein Verhältnis oder auf eine Unterbrechungsfrequenz (Versuche A. O. DOLINS an „Pinscher")	11. 12. 35	III/316	2
101	Reflex auf ein Verhältnis. Zerrüttung eines schwachen Hundes nach einem Zusammenstoß (A. O. DOLINS „Pinscher")	18. 12. 35	III/347	5
102	Ausarbeitung bedingter Reflexe auf ein Verhältnis (Rhythmus) von Reizen und Umarbeitung der Bedeutung neuer Reize (Versuche A. O. DOLINS).	15. 1. 36	III/356	5
103	Ausarbeitung bedingter Reflexe auf den Rhythmus der bedingten Reize (Versuche A. O. DOLINS)	5. 2. 36	III/371	5
104	Bedingte Reflexe auf ein Verhältnis (den Rhythmus) von Reizen (Versuche A. O. DOLINS)	12. 2. 36	III/380	3
105	Neue Versuchsanordnungen A. O. DOLINS mit der Einwirkung von Reizen verschiedener Rhythmen. Bedingte Reflexe auf das Verhältnis rhythmischer Reize. Diskussion	12. 2. 36	III/384	5
106	Über die besonderen Eigenschaften intermittierender bedingter Reize	19. 2. 36	III/401	8
107	Über die Nachwirkung des Verhältnisses (des Rhythmus) von Reizen (Versuche A. O. DOLINS)	19. 2. 36	III/401	9

E. Einfluß der Pausendauer auf die Größe bedingter Reflexe

Lfd. Nr.	Thema	Datum	Band, Seite	Lfd. Nr. im Koll.
108	Über die Bedeutung der Länge der Pause zwischen den bedingten Reflexen	18. 5. 32	I/221	4
109	Über die Bedeutung der Länge der Pausen zwischen den Reizen	25. 5. 32	I/222	2
110	Über den Einfluß der Länge der Pausen auf die Größe der bedingten Reflexe	9. 11. 32	I/242	7
111	Über den Einfluß verschieden langer Intervalle zwischen den bedingten Reizen auf die Größe der bedingten Reflexe	25. 1. 33	I/272	3
112	Über den Einfluß der Intervalle auf die Größe der bedingten Reflexe	29. 3. 33	I/318	4
113	Fall von Erniedrigung der bedingten Speichelreflexe bei Vergrößerung der Pausen zwischen den Reizen und gleichzeitiger Bromwirkung	25. 4. 34	II/336	6
114	Über das Prinzip der Überschichtung in Versuchen mit alten verspäteten Reflexen	5. 2. 36	III/367	2

Lfd. Nr.	Thema	Datum	Band, Seite	Lfd. Nr. im Koll.
	F. Bedingte Reflexe zweiter Ordnung			
115	Über die bedingte Hemmung und den Reflex zweiter Ordnung	17. 2. 32	I/190	5
116	Über die bedingte Hemmung und den bedingten Reflex zweiter Ordnung	24. 2. 32	I/195	3
117	Die Bedingungen der Bildung eines bedingten Hemmers und eines bedingten Reflexes zweiter Ordnung	18. 5. 32	I/220	3
118	Über bedingte Reflexe zweiter Ordnung	2. 11. 32	I/236	3
119	Die Bedingungen für die Bildung eines bedingten Hemmers und eines Reflexes zweiter Ordnung (Versuche von F. P. Majorow). Diskussion	7. 2. 34	II/214	6
	G. Die Festigkeit zeitweiliger Verbindungen			
120	Die Stabilität früher gebildeter bedingter Verbindungen	1. 3. 33	I/296	3
121	Über das Erhaltenbleiben alter zeitweiliger Verbindungen	22. 3. 33	I/314	7
122	Die Bedeutung einer langen Ruhepause und des allmählichen Beginns der Arbeit nach den Pausen für die Wiederherstellung der normalen höheren Nerventätigkeit (Versuche von M. K. Petrowa)	1. 11. 33	II/ 74	1
123	Die Bedeutung langdauernder Unterbrechungen für die Wiederherstellung alter bedingter Verbindungen. Die Überschichtung bedingter Verbindungen als Mechanismus der „Regressionen"	17. 10. 34	II/471	2
124	Zur Frage der Überschichtung neuer zeitweiliger Verbindungen und der Erhaltung früher ausgearbeiteter (Versuche an W. W. Jakowlewas „Solotisty")	31. 10. 34	II/503	4
125	Erklärung des Abfalls der Größe unbedingter Nahrungsreflexe nach Unterbrechungen in der Arbeit mit bedingten Nahrungsreflexen (Versuche F. P. Majorows)	9. 10. 35	III/205	4

Abschnitt 3. Erregung, Hemmung und ihre gegenseitigen Übergänge

A. Erregung

a) Allgemeine Fragen. Gegenseitige Abhängigkeit der Erregungs- und Hemmungsprozesse

1	Über Fälle von paralleler Abschwächung der kortikalen Erregungs- und Hemmungsprozesse	9. 4. 30	I/ 49	4
2	Über den Einfluß sexueller Erregung auf die bedingten Nahrungsreflexe	8. 4. 31	I/124	1
3	Die Verallgemeinerung der bedingten Reflexe geschieht entweder durch Generalisation oder durch Bahnungsreflex (Versuche von K. S. Abuladse mit Anwendung zweier verschiedener unbedingter Bekräftigungen)	27. 9. 33	II/ 13	1
4	Über die Arbeit N. N. Nikitins „Das funktionelle Nervenfeld und die Hemmung"	1. 11. 33	II/ 82	5

Lfd. Nr.	Thema	Datum	Band, Seite	Lfd. Nr. im Koll.
5	Über die Konzeption N. Je. Wedenskis hinsichtlich des Erregungs- und Hemmungsprozesses. Die Ansicht des Akademiemitgliedes L. A. Orbeli über die Refraktärphase	1. 11. 33	II/ 84	6
6	Bahnungsreflex bei M. K. Petrowas „Boy“	15. 11. 33	II/ 91	2
7	Über die Beziehungen des Erregungs- und Hemmungsprozesses	19. 12. 34	II/586	5
8	Generalisation bedingter Reflexe auf Töne über 5 Oktaven und Differenzierung bei Wiederholung, eine Analogie zu den Versuchen M. N. Jerofejewas. Begrenztheit der Hemmungsprozesse. Bedeutung für die Klinik	6. 2. 35	III/ 60	2
9	Das Fehlen einer bedingten Speichelabsonderung kann entweder das Vorhandensein einer Hemmung oder völliges Ausbleiben der Nervenprozesse bedeuten. Über Wesen und Erscheinung der physiologischen Probleme (Versuche S. W. Klestschows mit „Mops“)	27. 2. 35	III/ 97	3
10	Über den ständigen wechselseitigen Zusammenhang des Erregungs- und Hemmungsprozesses. Über das Verschwinden des Gesetzes der Stärkeverhältnisse unter der gleichzeitigen Einwirkung vergrößerter Pausen und von Brom. Wiederherstellung normaler Verhältnisse bei Verdoppelung der isolierten Wirkungsdauer der bedingten Reize (Versuche A. A. Lindbergs an „Dwoika“). Trägheit des Hemmungsprozesses bei „Smei“ nach Lösung einer schwierigen Aufgabe.	16. 10. 35	III/211	2
11	Drei Fälle der Einwirkung bedingter Reize auf die Hirnrinde: Schwache Reize irradiieren, mittelstarke konzentrieren sich, sehr starke irradiieren (Versuche M. Ja. Besbokajas an „Kalma“ und W. K. Fjodorows an „Arei“	5. 2. 36	III/364	1

b) Veränderungen des Erregungsprozesses unter dem Einfluß verschiedener Faktoren

Lfd. Nr.	Thema	Datum	Band, Seite	Lfd. Nr. im Koll.
12	Über die Bedeutung der Anwesenheit eines Menschen bei den Versuchen	19. 2. 30	I/ 34	3
13	Über den Einfluß einer Verkürzung der isolierten Wirkungsweise der bedingten Reize	24. 9. 30	I/ 67	6
14	Über die Bedeutung der Kurve der bedingten Speichelsekretion	4. 3. 31	I/117	3
15	Versuch der Anwendung von Brom und Koffein	16. 3. 32	I/200	3
16	Über die Wirkung eines elektrischen Hautreizes	23. 3. 32	I/203	2
17	Über Kurven der bedingten Speichelsekretion	27. 4. 32	I/216	5
18	Über die Verkürzung der isolierten Wirkung des bedingten Reizes auf 5 Sekunden und weniger bei unveränderter Dauer der Bekräftigung	16. 11. 32	I/242	1
19	Entstellung des Gesetzes der Reizstärke bei Verkürzung der Zeit der isolierten Wirkung bedingter Reize und bei unveränderter Zeit des Abrückens (30 Sekunden) (Versuche von I. R. Prorokow)	31. 1. 34	II/202	6

Lfd. Nr.	Thema	Datum	Band, Seite	Lfd. Nr. im Koll.
20	Einfluß einer starken Hemmung auf den Effekt eines schwachen bedingten Reizes bei verkürzter Zeit seiner isolierten Anwendung und bei üblicher Bekräftigung	31. 1. 34	II/203	8
21	Fall von Herabsetzung der bedingten Reflexe auf starke Reize bei Vergrößerung der Pausen und bei Bromgaben (Versuche A. A. LINDBERGS an „Dwoika")	14. 3. 34	II/275	6
22	Verschwinden der paradoxen Phase bei Verlängerung des Abrückens der bedingten Reize. Einfluß einer Störung im Stereotyp des Abrückens (Versuche W. K. FJODOROWS)	21. 3. 34	II/287	2
23	Fall von Erniedrigung der bedingten Speichelreflexe bei Vergrößerung der Pausen zwischen den Reizen und gleichzeitiger Bromwirkung	25. 4. 34	II/336	6
24	Das Problem des wechselseitigen Zusammenhangs von Erregung und Hemmung bei kurzer Einwirkung der bedingten Reize ohne Veränderung der Bekräftigungszeit (Versuche von I. R. PROROKOW)	12. 9. 34	II/402	2
25	Über die paradoxe Phase bei Verkürzung der isolierten Wirkung starker und schwacher bedingter Reize (5 Sekunden) und bei üblichem Abrücken ihrer Bekräftigung (20 bis 30 Sekunden)	19. 9. 34	II/411	1
26	Über die Ursache der Entstehung einer paradoxen Phase bei kurzer Wirkung (5 Sekunden) der bedingten Reize mit üblichem Abrücken (20 bis 30 Sekunden). Die Versuche I. R. PROROKOWS und eine Versuchsvariante W. K. FJODOROWS mit intermittierender Wirkung der bedingten Reize	10. 10. 34	II/453	1
27	Analyse experimenteller Tatsachen, die bei verkürzter isolierter Wirkung des bedingten Reizes (5 bis 10 Sekunden) und üblicher Zeit der Bekräftigung durch den unbedingten Reiz (30 Sekunden) gewonnen wurden. Analyse der Ursachen für die Erniedrigung der bedingten Reflexe auf starke Reize und ihre Vergrößerung auf schwache. Diskussion	17. 10. 34	II/468	1
28	Ergebnisse einer Verkürzung der Zeit der isolierten Einwirkung bedingter Reize	24. 10. 34	II/484	1
29	Einfluß des Orientierungsreflexes auf einen bedingten Nahrungsreflex	24. 10. 34	II/487	3
30	Einfluß einer Verlängerung der isolierten Wirkung des bedingten Reizes auf die paradoxe Phase und andere Variationen dieser Versuche in der Arbeit W. K. FJODOROWS	24. 10. 34	II/489	5
31	Versuche I. R. PROROKOWS und S. W. KLESTSCHOWS mit verkürzter Wirkung des bedingten Reizes (5 bis 10 Sekunden) bei üblicher Zeit des Abrückens	21. 11. 34	II/532	6
32	Außergewöhnlicher Fall von Entwicklung eines Erregungsprozesses auf starke und schwache Reize bei Verkürzung der Zeit der isolierten Wirkung der bedingten Reize und bei üblicher Zeit des Abrückens (Versuche W. K. FJODOROWS an „Lichoi")	12. 12. 34	II/573	6

Lfd. Nr.	Thema	Datum	Band, Seite	Lfd. Nr. im Koll.
33	Versuche W. K. FJODOROWS zur Untersuchung der Reizwirkung von Beginn und Ende des bedingten Reizes: a) Die Wirkung starker und schwacher Reize; b) Reflexe auf die Zeit bei Reizung mit dem Ende des bedingten Reizes (Diskussion)	16. 1. 35	III/ 25	3
34	Bedingte Reflexe auf das Aufhören eines Reizes. Diskussion über die Ursachen des paradoxen Charakters des Reflexes auf die Zeit	23. 1. 35	III/ 38	6
35	Bedingte Reflexe auf das Aufhören der Wirkung der Reize und die Frage des Mechanismus der Ausarbeitung indifferenter Reize (Versuche W. K. FJODOROWS)	30. 1. 35	III/ 48	3
36	Fall eines ungewöhnlichen Erregungszustandes nach Fütterung und seine Beseitigung durch Verlängerung der Wirkung des bedingten Reizes über die ganze Fütterungszeit (N. A. PODKOPAJEWS „Jim")	6. 2. 35	III/ 67	6
37	Besondere Form der Ausarbeitung bedingter Reflexe auf das Ende des Reizes bei „Arei" und das Problem der indifferenten Reize	13. 3. 35	III/125	2
38	Paradoxe Phase bedingter Reflexe im Ergebnis der Verdoppelung der Zeit des Abrückens der Bekräftigung (von 30 auf 60 Sekunden) und infolge Unterbrechung der Wirkung des bedingten Reizes im Verlauf der zweiten halben Minute	20. 3. 35	III/137	6
39	Über das Entstehen einer Überbelastungshemmung auf starke bedingte Reize bei verkürzter Zeit (5 bis 10 Sekunden) der isolierten Einwirkung der bedingten Reize und unveränderter Bekräftigung nach 30 Sekunden (Versuche I. R. PROROKOWS). Bericht N. A. PODKOPAJEWS	31. 5. 35	III/174	8
40	Die Wirkung reiner Töne als bedingte Reize ist durch eine verstärkte Hemmung kompliziert (Versuche F. P. MAJOROWS)	9. 10. 35	III/203	3
41	Relative Stärke des Erregungsprozesses bei zusammenfallenden und abgerückten bedingten Reflexen (Versuche E. A. ASRATJANS)	6. 11. 35	III/245	3
42	Bedeutung der Pausen zwischen den bedingten Reizen in Abhängigkeit von den individuellen Besonderheiten des Hundes (A. A. LINDBERGS „Dwoika", I. I. FILARETOWS „Ostap"). Möglichkeit des Einflusses der Muskelanspannung (des Stehens) des Hundes auf die bedingte Speichelreaktion	13. 11. 35	III/261	4

B. Hemmung

a) Arten der Hemmung und allgemeine Fragen

43	Über die besondere Bedeutung von Hemmreizen, die zu Versuchsbeginn angewandt werden	4. 3. 31	I/117	4
44	Über die Identität der Prozesse der äußeren und inneren Hemmung	18. 3. 31	I/121	4

Lfd. Nr.	Thema	Datum	Band, Seite	Lfd. Nr. im Koll.
45	Über die verschiedenen Formen der Hemmung	13. 5. 31	I/133	3
46	Über die beiden Formen der Hemmung	14. 10. 31	I/147	4
47	Über den Reflex der Vorsicht	16. 12. 31	I/166	5
48	Über die Bedeutung der inneren Hemmung	10. 2. 32	I/186	3
49	Über die Dissoziation der motorischen und sekretorischen Reaktion bei Hemmung der Hirnrinde	23. 3. 32	I/204	3
50	Drei Arten der Hemmung: innere, äußere und Schlafhemmung	13. 12. 33	II/130	2
51	Das Problem der Abhängigkeit der Stärke des Hemmungsprozesses von der physikalischen Stärke der entsprechenden bedingten Hemmreize (Versuche F. P. Majorows an „Jack" und „Bujan")	17. 10. 34	II/480	6
52	Zur Frage der Klassifikation der Hemmungsarten. Die beiden Grundkategorien der Hemmung: Die unbedingte Hemmung (dem ganzen zentralen Nervensystem eigen, angeboren, „auf Anhieb vorhanden", durch die Wirkung von Chloralhydrat nicht zu verändern) und die bedingte Hemmung (kortikal, ausgearbeitet, verschwindet unter der Wirkung von Chloralhydrat). Gemischte, bedingt-unbedingte Arten der Hemmung: die Differenzierungshemmung und die auslöschende Hemmung (Versuche W. K. Fjodorows an „Lichoi")	30. 1. 35	III/ 45	1
53	Die Hemmung als Mittel der Regeneration der normalen höheren Nerventätigkeit	19. 2. 36	III/398	6

b) Innere Hemmung

α) Auslöschen

Lfd. Nr.	Thema	Datum	Band, Seite	Lfd. Nr. im Koll.
54	Über das Auslöschen starker und schwacher bedingter Reflexe	18. 12. 29	I/ 21	7
55	Besondere Reaktion eines Hundes nach langdauernder (240maliger) unbekräftigter Anwendung einer Kassalka	29. 4. 31	I/130	1
56	Dauer des Erlöschens des bedingten (motorischen) Abwehrreflexes im Vergleich zum Nahrungsreflex	30. 9. 31	I/142	4
57	Über das Auslöschen bei Bekräftigung	17. 2. 32	I/188	2
58	Über das Auslöschen bei Bekräftigung	2. 3. 32	I/197	2
59	Über eine besondere Form des Erlöschens bedingter Reflexe bei intermittierender und langanhaltender isolierter Wirkung starker und schwacher Reize (Versuche W. K. Fjodorows)	9. 10. 35	III/196	1
60	Auslöschen bedingter Reflexe bei intermittierender Wirkung der auszulöschenden Reize. Die verschiedene Bedeutung der Perioden der Einwirkung und der Perioden der Pausen bei starken und schwachen Reizen (Versuche W. K. Fjodorows)	27. 11. 35	III/290	5

Lfd. Nr.	Thema	Datum	Band, Seite	Lfd. Nr. im Koll.
	β) Differenzierung			
61	Ein gutes Verfahren zur Ausarbeitung einer Differenzierung (Versuche M. K. PETROWAS an „Bely")	14. 10. 31	I/146	3
62	Über die Beziehung zwischen dem Training des Verhaltens und der Genauigkeit der Differenzierung	25. 11. 31	I/158	5
63	Komplikation bei einem Fall der Ausarbeitung einer Differenzierung	16. 3. 32	I/201	5
64	Über die Ausarbeitung der Unterscheidung zwischen bekräftigten und unbekräftigten Anwendungen des gleichen Reizes	30. 3. 32	I/205	1
65	Differenzierung dreier bedingter Reize vom bekräftigten vierten Reiz	20. 4. 32	I/211	2
66	Über Schwierigkeiten in der Arbeit der Großhirnrinde	27. 4. 32	I/213	1
67	Ausarbeitung einer schwierigen Differenzierung aus vier gleichartigen Reizen bei Bekräftigung des vierten (Versuche an W. W. JAKOWLEWAS „Jula")	31. 1. 34	II/202	7
68	Schnelle Lösung einer Differenzierungsaufgabe nach Zerrüttung (W. P. GOLOWINAS „Tresor")	4. 4. 34	II/314	8
69	Fälle von Umkehr des Verlaufs der Differenzierung bei S. W. KLESTSCHOWS „Mops"	30. 5. 34	II/389	4
70	Der besondere Charakter der Ausarbeitung eines bedingten Erregungsreflexes auf einen beim vierten Mal bekräftigten Reiz bei „Smei"	14. 11. 34	II/520	5
71	Über die verschiedenen Wege der Ausarbeitung eines bedingten Reflexes auf einen bei seiner vierten Wiederholung bekräftigten Reiz bei verschiedenen Hunden. Die beiden Seiten des Ausarbeitungsprozesses — Unterscheidung und Hemmung	21. 11. 34	II/522	2
72	Prüfung der Hemmung mit viermaliger Anwendung der gleichen bedingten Reize, wobei ständig nur der letzte bekräftigt wird (W. W. JAKOWLEWAS „Jula")	20. 2. 35	III/ 84	2
73	Über die beiden Verfahren der Ausarbeitung einer Differenzierung (Versuche von K. S. ABULADSE an „Orion"). Bericht N. A. PODKOPAJEWS	31. 5. 35	III/172	7
74	Differenzierung zweier von drei gleichartigen Reizen durch W. K. FJODOROWS „Postrel"	15. 1. 36	III/354	4
75	Über die Bedeutung der Konzentration der Nervenprozesse bei der Differenzierung verschiedenartiger und gleichartiger bedingter Reflexe	19. 2. 36	III/390	1
	γ) Bedingter Hemmer			
76	Analyse der Ursachen einer Zerrüttung der Ausarbeitung eines bedingten Hemmers bei Versuchen F. P. MAJOROWS	14. 3. 34	II/271	4

Lfd. Nr.	Thema	Datum	Band, Seite	Lfd. Nr. im Koll.
	δ) Verspäten			
77	Über die Ausarbeitung verspäteter bedingter Reflexe bei einem neuen Hund (Versuche W. W. RIKMANS)	11. 2. 31	I/110	6
78	Besondere Schwierigkeiten bei der Ausarbeitung verspäteter bedingter Reflexe	18. 2. 31	I/111	1
79	Über die Ausarbeitung verspäteter Reflexe bei einem neuen Hund (Versuche W. W. RIKMANS)	25. 2. 31	I/114	3
80	Eine günstige Bedingung zur Ausarbeitung eines verspäteten Reflexes	18. 3. 31	I/120	1
81	Über das Verspäten und seine Beeinflussung durch schwache und stärkere zusätzliche Nebenreize	23. 3. 32	I/202	1
82	Die Wirkung eines Nebenreizes auf die verschiedenen Phasen eines verspäteten Reflexes	30. 3. 32	I/205	2
83	Über die Ausarbeitung verspäteter bedingter Reflexe	21. 12. 32	I/260	2
84	Über das Verspäten	21. 12. 32	I/261	5
85	Versuchsvarianten mit verspäteter Hemmung	8. 2. 33	I/281	1
86	Über den Einfluß eines Nebenreizes auf den verspäteten Reflex	1. 3. 33	I/295	2
87	Über den Einfluß eines Nebenreizes auf die positive Phase des verspäteten bedingten Reflexes und über den Einfluß der Anwendungsdauer des bedingten Reizes auf die Größe des bedingten Reflexes	8. 3. 33	I/300	2
88	Über die Wirkung von Nebenreizen auf den verspäteten Reflex	15. 3. 33	I/306	3
89	Über den Einfluß von Nebenreizen auf die dritte Minute des verspäteten Reflexes von drei Minuten Dauer	5. 4. 33	I/321	1
	c) Veränderungen des Hemmungsprozesses unter dem Einfluß verschiedener Faktoren			
90	Über die Hemmung bei Zerrüttungen und bei hypnotischen Zuständen	16. 10. 29	I/ 6	1
91	Über die Aktivität des Hemmungsprozesses in der Hirnrinde	10. 12. 30	I/ 89	1
92	Über eine Zerrüttung des Hemmungsprozesses bei W. W. JAKOWLEWAS „Rjabtschik"	29. 4. 31	I/132	5
93	Über die Ursachen der hemmenden Eigenschaften schwacher bedingter Reize	16. 11. 32	I/244	2
94	Training der Hemmung und der Umarbeitungen	25. 1. 33	I/275	6
95	Über die Summation der Hemmung (Versuche von A. O. DOLIN)	25. 10. 33	II/ 69	5
96	Versuch, einen der Katatonie analogen chronischen Hemmungszustand zu erzielen (M. K. PETROWAS „Mampus")	28. 2. 34	II/248	7
97	Fall von Vorherrschen des Hemmungsprozesses über den Erregungsprozeß (Versuche W. W. JAKOWLEWAS an „Jula")	16. 5. 34	II/356	2
98	Ausnahmefall von Irradiation und Konzentration eines starken Hemmungsprozesses. Narkotische Phase nach Verstärkung des Hemmungsprozesses bei W. I. PAWLOWAS „Tom"	16. 5. 34	II/357	3

Lfd. Nr.	Thema	Datum	Band, Seite	Lfd. Nr. im Koll.
99	Weitere Versuchsvarianten an Hunden mit vorherrschendem Hemmungsprozeß (Versuche an W. W. JAKOWLEWAS „Jula" und an W. I. PAWLOWAS „Tom")	23. 5. 34	II/371	2
100	Ergänzung zu den Fällen mit Vorherrschen der Stärke des Hemmungsprozesses (Versuche an „Kaschtan")	30. 5. 34	II/386	2
101	Unmöglichkeit der Ausarbeitung einer vollständigen gewöhnlichen Differenzierung auf das Metronom bei K. S. ABULADSES „Delphin" und theoretische Interpretation der gewonnenen Tatsachen	31. 10. 34	II/498	2
102	Training des Hemmungsprozesses in den Versuchen W. K. FJODOROWS an „Suchar"	31. 10. 34	II/505	6
103	Fall von Konzentration einer schwachen Hemmung bei M. K. PETROWAS „Mirta"	21. 11. 34	II/524	3
104	Über die „Begrenztheit des Hemmungsvorrates" in der Großhirnrinde (A. A. LINDBERGS „Dwoika"). Diskussion	21. 11. 34	II/528	5
105	Fall von Verstärkung des Hemmungsprozesses unter dem Einfluß von Trächtigkeit	6. 3. 35	III/114	3
106	Stärke und Trägheit des Hemmungsprozesses (Versuche O. P. JAROSLAWZEWAS an „Firs"). Über eine vordringliche Aufgabe — das Studium der Trägheit und Labilität des Erregungs- und Hemmungsprozesses sowie über ihre gegenseitige Abhängigkeit	27. 3. 35	III/141	3
107	Über die primäre Schwächung des Hemmungsprozesses bei angespannter Rindentätigkeit. Analyse der Ergebnisse von Umarbeitungen bedingter Reize in entgegengesetzte („Marsik", „Ratniza", „Solotisty", „Belogrudka")	4. 12. 35	III/298	1

d) Abschwächung des Hemmungsprozesses beim Altern

Lfd. Nr.	Thema	Datum	Band, Seite	Lfd. Nr. im Koll.
108	Über die Vergeßlichkeit und die Abschwächung der Hemmungsprozesse im Alter	14. 5. 30	I/ 58	4
109	Über die Abschwächung des Hemmungsprozesses in der Hirnrinde beim Altern	17. 12. 30	I/ 93	7
110	Über die Ausarbeitung verspäteter bedingter Reflexe bei einem neuen Hund (Versuche W. W. RIKMANS)	11. 2. 31	I/110	6
111	Abschwächung des Hemmungsprozesses in der Großhirnrinde beim Altern (Versuche von L. A. ANDREJEW und W. K. FJODOROW)	27. 9. 33	II/ 15	2
112	Abschwächung des Hemmungsprozesses beim Altern der Hunde. Verlängerung der Zeit des Auslöschens (Versuche von O. P. JAROSLAWZEWA an „Rex")	4. 10. 33	II/ 32	2
113	Altersamnesie als Verstärkung der Trägheit des Erregungsprozesses. Der Begriff der Beweglichkeit nach I. P. PAWLOW. Diskussion	18. 10. 33	II/ 55	2
114	Abschwächung des Hemmungsprozesses und der Beweglichkeit sowie Zunahme der Trägheit beim Altern der Tiere (Beobachtungen von L. A. ANDREJEW, P. K. ANOCHIN und W. K. FJODOROW)	29. 11. 33	II/112	4

Lfd. Nr.	Thema	Datum	Band, Seite	Lfd. Nr. im Koll.
115	Schwäche des Hemmungsprozesses beim Altern (N. A. PODKOPAJEWS „Signal")	6. 12. 33	II/117	1
116	Der Einfluß des Alterns auf die höhere Nerventätigkeit der Hunde. Die Abschwächung des Hemmungsprozesses im Zusammenhang mit dem Altern ist inkonstant	18. 4. 34	II/319	4
117	Über Besonderheiten der bedingt-reflektorischen Tätigkeit unter dem Einfluß des Alters (Versuche A. M. PAWLOWAS an „Jack"). Bericht N. A. PODKOPAJEWS	31. 5. 35	III/170	5

C. Lehre von der gegenseitigen Induktion

a) Positive Induktion

118	Über die Bedeutung der positiven Induktion	2. 10. 29	I/ 3	1
119	Über die positive Induktion	20. 11. 29	I/ 12	2
120	Über die Erscheinungen der positiven Induktion nach Anwendung eines übermaximalen Reizes	23. 4. 30	I/ 51	3
121	Über die Konzentration der Differenzierungshemmung und über die positive Induktion	25. 5. 32	I/223	4
122	Die Bedingungen für das Entstehen einer positiven Induktion bei M. K. PETROWAS „Mampus"	28. 3. 34	II/297	5

b) Negative Induktion

123	Über die Bedeutung der negativen Induktion	30. 10. 29	I/ 9	3
124	Über die Bedeutung der negativen Induktion	27. 11. 29	I/ 13	2
125	Über die Bedeutung der negativen Induktion	8. 1. 30	I/ 25	2
126	Über die negative Induktion	5. 2. 30	I/ 30	3
127	Über den Einfluß des Stereotyps und der negativen Induktion	19. 2. 30	I/ 35	6
128	Über die negative Induktion	17. 9. 30	I/ 63	5
129	Auftreten von Induktionsbeziehungen in der Hirnrinde	30. 4. 30	I/ 52	2
130	Über die Bedeutung der Erholung bei den Erscheinungen der negativen Induktion	24. 9. 30	I/ 65	3
131	Fall von gegenseitiger Induktion	12. 11. 30	I/ 83	3
132	Ein besonderer Fall bedingter Hautreflexe	19. 11. 30	I/ 85	3
133	Über gegenseitige Induktion positiver und negativer Punkte	27. 4. 32	I/214	3
134	Ein ungewöhnlicher Fall von Induktionsbeziehungen	1. 3. 33	I/298	9
135	Die Ausarbeitung eines rhythmischen Systems positiver und hemmender Reize kann die Folge ihrer Induktionsbeziehungen in Kortex und Subkortex sein (W. W. JAKOWLEWAS „Solotisty"). Diskussion über die Wirkung von Chloralhydrat	4. 4. 34	II/309	6
136	Über die Induktionsbeziehungen eines assoziierten Paares bedingter Reize, über die Grundlage der ultraparadoxen Phase und über den physiologischen Mechanismus einer Form des Wahns (Versuche mit Umarbeitung der Metronome)	27. 3. 35	III/145	4
137	Fall von Induktionsbeziehungen zwischen Nahrungs- und Säurereflexen (Versuche W. K. FJODOROWS)	12. 2. 36	III/382	4

Lfd. Nr.	Thema	Datum	Band, Seite	Lfd. Nr. im Koll.
	D. Anspannung der Nervenprozesse			
138	Über die Bedeutung des Trainings der Erregungs- und Hemmungsprozesse (Versuche von M. K. PETROWA an „Postrel")	14. 5. 30	I/ 59	5
139	Überbeanspruchung des Hemmungsprozesses (Versuche W. W. JAKOWLEWAS)	21. 1. 31	I/106	7
140	Überbeanspruchung des Hemmungsprozesses (Versuche von W. W. JAKOWLEWA)	8. 4. 31	I/126	5
141	Über die Zerrüttungen bei Überbeanspruchung des Hemmungsprozesses	20. 1. 32	I/178	4
142	Über drei Grade der Anspannung der Erregung und Hemmung	25. 1. 33	I/273	4
143	Über die Abhängigkeit der Stärke und Anspannung des bedingten Hemmungsprozesses von der physikalischen Stärke der entsprechenden bedingten Reize (Versuche F. P. MAJOROWS)	3. 10. 34	II/444	6
144	Verallgemeinerte Wirkung einer Überbelastung des Hemmungsprozesses bei W. K. FJODOROWS „Drakon" und lokale Wirkung einer Überbelastung des Hemmungsprozesses bei W. P. GOLOWINAS „Tresor"	27. 11. 35	III/ 28	4
	E. Beweglichkeit der Nervenprozesse			
145	Beweglichkeit des Nervenprozesses (Versuche an „Liss" und „Solotisty")	17. 1. 34	II/169	1
146	Beweglichkeit der Nervenprozesse. Umarbeitung eines Metronompaares beim Sanguiniker und Phlegmatiker (Hunde von E. A. ASRATJAN)	7. 2. 34	II/211	2
147	Die Beweglichkeit der Nervenprozesse. Die Probe der Umarbeitung und des Verspätens (E. A. ASRATJAN „Atlas" und „Golowan")	4. 4. 34	II/307	5
148	Über die verschiedenen Wege der Ausarbeitung eines bedingten Reflexes auf einen bei seiner vierten Wiederholung bekräftigten Reiz bei verschiedenen Hunden. Die beiden Seiten des Ausarbeitungsprozesses — Unterscheidung und Hemmung	21. 11. 34	II/522	2
149	Über die Beweglichkeit der Nervenprozesse und über Proben auf die Beweglichkeit (Versuche an „Liss" und „Smei")	12. 12. 34	II/566	1
150	Die Beweglichkeit der Nervenprozesse als selbständige und als abgeleitete Eigenschaft. A. A. LINDBERGS starker und ausgeglichener „Polkan" verfügt über keine Beweglichkeit und kann keinen verspäteten Reflex ausarbeiten	9. 1. 35	III/ 9	4
151	Über die Beweglichkeit als besondere Eigenschaft des Nervenprozesses. Pathologische Trägheit des Erregungs- und pathologische Labilität des Hemmungsprozesses (W. W. JAKOWLEWAS „Solotisty", W. I. PAWLOWAS „Tom" und M. K. PETROWAS „Tombusch")	20. 2. 35	III/ 80	1

Lfd. Nr.	Thema	Datum	Band, Seite	Lfd. Nr. im Koll.
152	Über die Beweglichkeit der Nervenprozesse in der Großhirnrinde. Beweise zugunsten der Beweglichkeit als selbständiger Eigenschaft des Nervensystems („Tombusch", „Liss", „Smei")	27. 2. 35	III/ 94	1
153	Drei Verfahren zur Bestimmung der Beweglichkeit des Nervenprozesses: Umarbeitung der Reize, Bildung eines verspäteten Reflexes und Bildung eines positiven bedingten Reflexes auf einen beim 3. oder 4. Mal bekräftigten bedingten Reiz (E. A. Asratjans „Golowan" und „Atlas", Beispiel idealer Beweglichkeit bei „Boy")	20. 3. 35	III/135	5
154	Über die Geschwindigkeit der Umarbeitung des Erregungs- und des Hemmungsprozesses (Versuche W. W. Jakowlewas). Das Problem der Labilität der Hirnrinde. Bericht P. S. Kupalows	31. 5. 35	III/164	3
155	Die Umarbeitung der Metronome bei W. W. Jakowlewas „Jula" und das Problem der Wechselbeziehungen zwischen Erregungs- und Hemmungsprozeß	2. 10. 35	III/194	4
156	Sonderfall der Umarbeitung der Metronome (Versuche L. O. Sewalds an „Ratniza 2")	23. 10. 35	III/233	4
157	Analyse der Ergebnisse der Umarbeitung der Metronome bei „Marsik". Vier Beweise für eine Schwächung des Hemmungsprozesses	20. 11. 35	III/278	6

Abschnitt 4. Lehre von der Lokalisation der Funktionen und von den Wechselbeziehungen zwischen den einzelnen Analysatoren

1	Über die operative Entfernung der Hirnrinde	12. 2. 30	I/ 31	1
2	Über den motorischen Nahrungsreflex	2. 4. 30	I/ 46	3
3	Bedingte Reflexe vom motorischen Analysator (Versuche Ju. M. Konorskis)	26. 3. 30	I/ 46	7
4	Über bedingte Reflexe des motorischen Analysators	9. 4. 30	I/ 48	3
5	Über die Lokalisation der unbedingten Reflexe	30. 4. 30	I/ 52	1
6	Über verstreute Analysatorenzentren (zur Polemik mit Lashley)	22. 4. 31	I/129	6
7	Über die Versuche von Prof. Protopopow mit Exstirpation der motorischen Rindenzone bei Hunden	4. 11. 31	I/151	2
8	Einzelne Bemerkungen zu Fragen der Lokalisation von Funktionen	2. 12. 31	I/159	1
9	Über die Beständigkeit motorischer bedingter Reflexe Versuche W. W. Rikmans an „Hektor")	9. 12. 31	I/162	2
10	Über die Beständigkeit des motorischen bedingten Reflexes	9. 12. 31	I/164	7
11	Über eine operative Entfernung des rechten lobus frontalis beim Menschen	16. 12. 31	I/164	1
12	Über die Beständigkeit des motorischen Abwehrreflexes und über einen Zusammenstoß zweier positiver Punkte	23. 12. 31	I/167	1
13	Über die Besonderheiten der motorischen bedingten Reflexe	13. 1. 32	I/175	7

Lfd. Nr.	Thema	Datum	Band, Seite	Lfd. Nr. im Koll.
14	Über die Stabilität des motorischen Reflexes	13. 1. 32	I/176	8
15	Über den motorischen Abwehrreflex	20. 1. 32	I/178	3
16	Über Befunde bei Exstirpation der Hirnrinde und über Reflexe des motorischen Analysators	20. 4. 32	I/209	1
17	Über den kinästhetischen Analysator	20. 4. 32	I/212	3
18	Über die Bedeutung des Geruchssinns beim Hunde	27. 4. 32	I/216	6
19	Versuche mit Rindenexstirpation und Reflexe des motorischen und Hautanalysators	11. 5. 32	I/217	1
20	Über den motorischen Analysator	25. 5. 32	I/221	1
21	Über verstreute Zentren in der Hirnrinde und im Subkortex	11. 6. 32	I/225	2
22	Die Erscheinung der Stagnation im motorischen Analysator	12. 10. 32	I/227	2
23	Über motorische bedingte Reflexe	30. 11. 32	I/249	6
24	Über motorische bedingte Reflexe	7. 12. 32	I/253	6
25	Über motorische bedingte Reflexe	14. 12. 32	I/257	8
26	Über die Lokalisation bedingter Verbindungen in der Hirnrinde und die Schwierigkeit der Umarbeitung eines Abwehrreflexes in einen Nahrungsreflex	21. 12. 32	I/259	1
27	Versuche mit Exstirpation der motorischen Zone der Hirnrinde	22. 2. 33	I/291	2
28	Über den motorischen Analysator	15. 3. 33	I/307	5
29	Über motorische bedingte Reflexe	15. 3. 33	I/308	6
30	Über motorische bedingte Reflexe	24. 5. 33	I/345	6
31	Über motorische bedingte Reflexe	31. 5. 33	I/350	6
32	Ein Fall von starker Dissoziation der bedingten Speichel- und Bewegungsreaktion bei N. A. PODKOPAJEWS „Petka". Der Unterschied zwischen willkürlichen und unwillkürlichen Reaktionen ist relativ und nicht absolut	6. 12. 33	II/119	1
33	Die Frage der Besonderheiten der sekretorischen und der motorischen Rindenvertretung (Versuche an N. A. PODKOPAJEWS „Petka")	10. 1. 34	II/167	3
34	Schnelle Ausarbeitung bedingter Reflexe und einer Differenzierung bei einem Hunde mit drei zerstörten Rezeptoren (Versuche K. S. ABULADSES an „Rebus")	7. 3. 34	II/261	6
35	Doppelte Vertretung der einzelnen Funktionen in der Großhirnrinde: Die höchste Analyse und Synthese wird von bestimmten Rindenzonen bewerkstelligt, die gröberen Funktionen von über die Rinde verstreuten Elementen	7. 3. 34	II/263	7
36	Fall von Divergenz des bedingten Speichel- und Bewegungsreflexes bei Umarbeitung der Reize bei „Liss"	14. 3. 34	II/270	3
37	K. S. ABULADSES „Parnaß" mit zerstörtem Geruchs- und Gehöranalysator (Diskussion)	28. 3. 34	II/300	7
38	Die Unvereinbarkeit eines bedingten Säure- und Nahrungsreflexes bei einem Hunde, dem drei Rezeptoren entfernt worden sind (K. S. ABULADSES „Rebus")	18. 4. 34	II/317	2

Lfd. Nr.	Thema	Datum	Band, Seite	Lfd. Nr. im Koll.
39	Unmöglichkeit der Koexistenz mechanischer Hautreflexe auf Säure- und Nahrungsbasis bei einem Hunde, dem drei Rezeptoren fehlen (Versuche K. S. ABULADSES an „Rebus")	16. 5. 34	II/361	6
40	Analyse der Untersuchungsergebnisse von Hunden mit zerstörten Rezeptoren (Versuche K. S. ABULADSES an „Rebus" und „Parnass")	12. 9. 34	II/396	1
41	Absinken der Arbeitsfähigkeit der Hirnrinde bei Zerstörung von drei Rezeptoren bei K. S. ABULADSES „Rebus"	3. 10. 34	II/437	1
42	Über die physiologische Rolle des motorischen Rindengebietes. Die physiologischen Mechanismen der in den Versuchen Ju. M. KONORSKIS und MILLERS gewonnenen Tatsachen	10. 10. 34	II/457	2
43	Verallgemeinerung der Tatsachen und Annahmen über die Arbeit mit Hunden, denen drei Rezeptoren fehlen (Versuche K. S. ABULADSES)	17. 10. 34	II/479	5
44	Einfluß der Zerstörung von zwei und drei Rezeptoren auf die höhere Nerventätigkeit (Versuche von K. S. ABULADSE)	24. 10. 34	II/490	6
45	Durchtrennung der Sehnerven ruft eine Atrophie der corpora geniculata früher hervor als eine Atrophie der optischen Rindenabschnitte. Bedeutung der gewonnenen Ergebnisse	31. 10. 34	II/505	7
46	Über das Vorwort zur Arbeit von KONORSKI und MILLER	14. 11. 34	II/512	2
47	Veränderungen der höheren Nerventätigkeit der Hunde bei Zerstörung der Distanzrezeptoren (Versuche K. S. ABULADSES an „Rebus", „Parnass" und „Java")	23. 1. 35	III/ 34	4
48	Über die Wiederholung und Bestätigung ermittelter wissenschaftlicher Befunde. Hund ohne Distanzrezeptoren (K. S. ABULADSES „Java")	13. 2. 35	III/ 77	6
49	Einfluß des Überdeckens des bedingten Reflexes durch den unbedingten bei einem Hunde, dem drei Rezeptoren fehlen (K. S. ABULADSES „Hera")	27. 2. 35	III/ 99	5
50	Besonderheiten der bedingt-reflektorischen Tätigkeit bei Hunden, denen drei Rezeptoren fehlen, Geruch, Gesicht und Gehör	20. 3. 35	III/132	2
51	Über einen Hund mit entfernten Distanzrezeptoren (K. S. ABULADSES „Parnass"). Bericht N. A. Podkopajews	31. 5. 35	III/171	6
52	Einfluß der Zerstörung der drei Distanzrezeptoren auf die Großhirnrinde. Neue Tatsachen über den wechselseitigen Zusammenhang der unbedingten Reflexe mit den bedingten (Versuche von K. S. ABULADSE)	2. 10. 35	III/178	1
53	Neue Versuche an Hunden, denen drei Rezeptoren fehlen (Versuche K. S. ABULADSES an „Rebus" und „Pithekanthropos")	6. 11. 35	III/241	1
54	Zum Problem der Kerne und verstreuten Elemente in der Hirnrinde. Versuche E. A. ASRATJANS mit Exstirpation des gyrus sigmoideus	6. 11. 35	III/249	5

Lfd. Nr.	Thema	Datum	Band, Seite	Lfd. Nr. im Koll.
55	Über die Ursachen einer Hyperextension bei „Tresor“ am Bein mit der negativen Kassalka (Versuche W. P. Golowinas)	19. 2. 36	III/393	3
56	Eigenartige Bewegungsreaktionen bei einem bedingten elektrischen Abwehrreflex (K. S. Abuladses „Herkules“ und M. K. Petrowas „Tombusch“)	19. 2. 36	III/394	4
	Abschnitt 5. Lehre vom Systemcharakter (Stereotyp)			
1	Über die Bedeutung des Stereotyps für das schwache Nervensystem	9. 10. 29	I/ 6	5
2	Über den Stereotyp	11. 12. 29	I/ 15	1
3	Über die Zerstörung des Stereotyps	8. 1. 30	I/ 25	1
4	Über den Stereotyp	22. 10. 30	I/ 75	6
5	Zerstörung eines Stereotyps bei chronischen Schmerzreizen	22. 10. 30	I/ 75	7
6	Über die Auswirkungen einer Zerstörung des Stereotyps	3. 12. 30	I/ 87	2
7	Ein komplizierter Stereotyp, eine Schwierigkeit für das Nervensystem	10. 12. 30	I/ 90	5
8	Über die Schwierigkeit eines komplizierten Stereotyps	17. 12. 30	I/ 92	3
9	Über die physiologischen Mechanismen stereotyper Bewegungen	14. 1. 31	I/101	4
10	Fall von Störung des Stereotyps als Ursache für eine Verbesserung der bedingt-reflektorischen Tätigkeit (Versuche W. W. Rikmans an „Milka“)	11. 2. 31	I/109	4
11	Über die Bedeutung der Erholung und des Ersatzes eines Stereotyps durch einförmige bedingte Reize (Versuche W. W. Rikmans)	25. 2. 31	I/114	5
12	Über die Bedeutung des Stereotyps für die Beständigkeit der bedingten Reflexe	25. 2. 31	I/115	6
13	Über ein kompliziertes System bedingter Reflexe (Versuche W. W. Rikmans an „Scharik“)	8. 4. 31	I/125	4
14	Über die gegenseitige Beeinflussung bedingter Reflexe	22. 4. 31	I/126	1
15	Über die Schwierigkeit komplizierter Systeme bedingter Reflexe für das Nervensystem der Hunde	22. 4. 31	I/127	3
16	Über die Stabilität des dynamischen Stereotyps in der Hirnrinde	13. 5. 31	I/134	4
17	Über die Bedeutung des Stereotyps (Versuche von L. O. Sewald)	30. 9. 31	I/141	2
18	Veränderung des Stereotyps und ihre Bedeutung im Zusammenhang mit den Typen des Nervensystems beim Hund	30. 9. 31	I/142	3
19	Über den Systemcharakter	11. 11. 31	I/152	2
20	Über die Schwierigkeit eines komplizierten Systems für den schwachen Typ	25. 11. 31	I/157	2
21	Über die Schwierigkeit eines komplizierten Systems bedingter Reflexe für einen schwachen Hund (Versuche W. W. Rikmans)	9. 12. 31	I/164	6

Lfd. Nr.	Thema	Datum	Band, Seite	Lfd. Nr. im Koll.
22	Über den Systemcharakter	17. 2. 32	I/189	2
23	Über die Bedeutung von Systemen bedingter Reflexe verschiedener Schwierigkeit für das Nervensystem des Hundes	9. 11. 32	I/240	6
24	Über den Systemcharakter und sein Erhaltenbleiben in der Großhirnrinde	30. 11. 32	I/248	5
25	Über schwierige Systeme	7. 12. 32	I/252	5
26	Über den Systemcharakter und den Reflex auf die Zeit	14. 12. 32	I/256	7
27	Über den Systemcharakter	18. 1. 33	I/269	2
28	Die Bedeutung der Länge der Intervalle für den Stereotyp	8. 3. 33	I/301	4
29	Über den Systemcharakter	10. 5. 33	I/337	3
30	Über die Einmischung des Orientierungsreflexes bei Veränderung des Stereotyps bedingter Reize	24. 5. 33	I/341	2
31	Über den dynamischen Stereotyp (Versuche von S. A. Petrow)	13. 12. 33	II/129	1
32	Fehlen des dynamischen Stereotyps als Kennzeichen für hohe Beweglichkeit des Nervensystems (Versuche an „Liss")	16. 5. 34	II/362	7
33	Bedeutung des Trainings bei jeglicher Arbeit. Zerrüttung der bedingt-reflektorischen Tätigkeit von „Polkan" bei Anwendung eines komplizierten Systems (Stereotyps) bedingter Reflexe nach der Sommerpause	19. 9. 34	II/416	4
34	Schwierigkeiten bei der Umarbeitung eines Stereotyps (Versuche an A. A. Lindbergs „Satyr")	17. 10. 34	II/474	3
35	Besonderheiten der Untersuchung des dynamischen Stereotyps bei „Belogrudka". Vermutung hinsichtlich des hemmenden Einflusses der Orientierungsreaktion auf die zu untersuchenden Reize auf die Größe des bedingten Reflexes	23. 1. 35	III/ 33	2
36	Ausarbeitung eines Stereotyps bei einem System bedingter Reflexe mit verschiedenen unbedingten Bekräftigungen (Versuche mit K. S. Abuladses „Java")	20. 11. 35	III/275	4
37	Beispiele für die starke Wirkung der Störung eines Stereotyps auf die höhere Nerventätigkeit (Versuche A. O. Dolins an „Altai" und S. A. Neshdanowas an „Rogdai")	27. 11. 35	III/286	3
38	Fall von außerordentlicher Stabilität eines sehr lange (jahrelang) angewandten Stereotyps (M. K. Petrowas „Mampus")	18. 12. 35	III/344	4

Abschnitt 6. Lehre vom Schlaf und von den Übergangszuständen

Lfd. Nr.	Thema	Datum	Band, Seite	Lfd. Nr. im Koll.
1	Über die Ausbreitung der Hemmung in der motorischen Region bei Hypnose	9. 10. 29	I/ 6	4
2	Über die ultraparadoxe Phase	27. 11. 29	I/ 14	4
3	Über die ultraparadoxe Phase	19. 2. 30	I/ 35	7
4	Fall von Somnambulismus	26. 2. 30	I/ 36	2
5	Über die ultraparadoxe Phase	5. 3. 30	I/ 40	4

Lfd. Nr	Thema	Datum	Band, Seite	Lfd. Nr. im Koll.
6	Zwei Phasen des Negativismus beim hypnotischen Zustand des Hundes	19. 3. 30	I/ 42	2
7	Über die verschiedenen Phasen des Hemmungsprozesses bei K. M. Petrowas „Joy" und „Back"	16. 4. 30	I/ 49	2
8	Die Besonderheiten des hypnotischen Zustandes	23. 4. 30	I/ 51	4
9	Varianten und Ursachen der Divergenz von motorischer und sekretorischer Reaktion beim hypnotischen Zustand	7. 5. 30	I/ 54	2
10	Besonderheiten der sekretorischen und motorischen Komponenten der bedingten Reflexe im hypnotischen Zustand	28. 5. 30	I/ 60	3
11	Über den Kampf mit der Hypnotisierung	17. 9. 30	I/ 63	6
12	Über die Methoden des Kampfes mit dem hypnotischen Zustand	10. 12. 30	I/ 89	3
13	Über den Kampf mit der Hypnotisierung	17. 12. 30	I/ 92	2
14	Über die Phase der subkortikalen Erregung beim Einschlafen	1. 4. 31	I/123	5
15	Iwan Petrowitschs Überlegungen über die Ursachen der häufigen Störungen der Regel von den Beziehungen zwischen Reizstärke und Effektgröße	29. 4. 31	I/131	3
16	Hypnotisierung auf dem Boden einer Überbelastungshemmung (Versuche M. K. Petrowas an „Hopp")	20. 5. 31	I/137	2
17	Fall von Narkolepsie	28. 10. 31	I/149	1
18	Über die ultraparadoxe Phase	28. 10. 31	I/150	4
19	Über die ultraparadoxe Phase	4. 11. 31	I/152	3
20	Über die ultraparadoxe Phase (Versuche M. K. Petrowas an „Mampus")	18. 11. 31	I/153	2
21	Die ultraparadoxe Phase	25. 11. 31	I/157	3
22	Über die ultraparadoxe Phase (Versuche M. K. Petrowas an „Mampus")	9. 12. 31	I/161	1
23	Über den Schlaf	18. 5. 32	I/219	1
24	Über Versuche mit Durchtrennung von Rezeptoren	11. 6. 32	I/225	3
25	Fall einer ultraparadoxen Phase bei M. K. Petrowas „Mampus"	11. 6. 32	I/226	4
26	Über die ultraparadoxe Phase	26. 10. 32	I/234	4
27	Über die ultraparadoxe Phase	2. 11. 32	I/237	4
28	Über die ultraparadoxe Phase	9. 11. 32	I/239	2
29	Über die ultraparadoxe Phase	7. 12. 32	I/250	2
30	Unklarer Fall einer ultraparadoxen Phase bei „Mampus"	25. 1. 33	I/275	5
31	Über den hypnotischen Zustand bei Menschen und bei Tieren	8. 3. 33	I/299	1
32	Ursachen für den Hemmungszustand der Hirnrinde	5. 4. 33	I/323	2
33	Über den durch Narkotika hervorgerufenen Schlaf	17. 5. 33	I/339	2
34	Über den Schlaf bei Narkotizis	24. 5. 33	I/343	3
35	Über die Bekämpfung der Hypnotisierung	24. 5. 33	I/343	4
36	Beobachtung W. K. Fjodorows über das Verschwinden hypnotischer Phasen, die durch Chloralhydrat erzeugt waren, bei Verlängerung des Abrückens (Diskussion)	20. 9. 33	II/ 10	4
37	Zwei Quellen des hypnotischen Zustandes: Einförmigkeit der Reize und Bewegungsmangel	20. 9. 33	II/ 12	5

Lfd. Nr.	Thema	Datum	Band, Seite	Lfd. Nr. im Koll.
38	Entwicklung einer funktionellen Paralyse der Mundmuskulatur im hypnotischen Zustand bei L. N. FJODOROWS „Baikal" und bei W. A. KRYLOWS „Back"	4. 10. 33	II/ 28	1
39	Die gemeinsame Wirkung einer großen Alkoholdosis, herabgesetzter Nahrungserregbarkeit und eines bedingten Hemmreizes ruft beim Hunde tiefen Schlaf hervor (Versuche von A. A. LINDBERG)	1. 11. 33	II/ 81	4
40	Über die paradoxe und ultraparadoxe Phase. Verschwinden der Besonderheit der paradoxen Phase bei Verlängerung der Zeit des üblichen Abrückens der bedingten Reize. Die stationäre und die flüchtige Form der ultraparadoxen Phase	13. 12. 33	II/131	3
41	Beseitigung hypnotischer Erscheinungen durch die Wirkung eines Differenzierungsreizes in den Versuchen von O. P. JAROSLAWZEWA	20. 12. 33	II/152	5
42	Fall von Dämmerzustand und Narkolepsie bei syphilitischer Intoxikation des Nervensystems	31. 1. 34	II/197	2
43	Besonderer Fall von Auftauchen einer paradoxen Phase bei W. I. PAWLOWAS „Tom"	28. 3. 34	II/296	4
44	Starre eines Hundes bei der Differenzierung. I. P. PAWLOW unterstreicht die unterschiedlichen Arten des hypnotischen Zustandes: schlaffe Schläfrigkeit und rasch vorübergehende Starre (S. B. MALKMANS „Kaschtan")	28. 3. 34	II/297	6
45	Über den hypnotischen Zustand eines Hundes ohne osmischen, akustischen und optischen Rezeptor. Der Mechanismus des Verschwindens der bedingten Nahrungsreflexe bei gleichzeitiger Ausarbeitung von Säurereflexen	25. 4. 34	II/335	5
46	Versuche W. K. FJODOROWS über das Verschwinden der paradoxen Phase bei Verlängerung der Zeit des Abrückens der bedingten Reize	16. 5. 34	II/360	5
47	Verlängerung (Verdoppelung) der Wirkungsdauer der bedingten Reize führt beim Vorhandensein einer paradoxen Phase zu deren Verschwinden (Versuche W. K. FJODOROWS). Einzelne Gedanken I. P. PAWLOWS auf Grund von Selbstbeobachtungen	19. 9. 34	II/420	7
48	Der Wechsel von Wachen und Schlafen als Ergebnis gegenseitiger Induktion	3. 10. 34	II/439	3
49	Verschwinden der paradoxen Phase des hypnotischen Zustandes bei Verlängerung der Zeit des Abrückens (N. A. PODKOPAJEWS „Osornoi")	13. 2. 35	III/ 78	7
50	Analyse der ultraparadoxen Phase. Veränderung der Stärke des positiven bedingten Reflexes übt auf den nachfolgenden negativen Effekt eines gleichartigen paarigen Reizes einen Einfluß aus (Versuche W. A. TROSCHICHINS und M. K. PETROWAS)	20. 2. 35	III/ 85	3

Lfd. Nr.	Thema	Datum	Band, Seite	Lfd. Nr. im Koll.
51	Die Ursachen für das Auftreten von Schlaf in den Pausen und für das Verschwinden der bedingten Reflexe bei dem idealen Sanguiniker „Tombusch" (Versuche M. K. Petrowas und I. P. Pawlows)	9. 10. 35	III/207	5
52	Möglichkeit der Entwicklung einer Hypnotisierung bei Reizen unterschiedlicher Stärke, die aber einem Analysator entsprechen (W. I. Pawlowas „Jula")	13. 11. 35	III/261	3
53	Der hypnotische Zustand der Hirnrinde als Schutzreaktion des Organismus und die Symptome eines pathologischen Zustandes der höheren Nerventätigkeit	27. 11. 35	III/282	1
54	Ergänzung zum Problem der ultraparadoxen Phase (Versuche W. A. Troschichins)	27. 11. 35	III/292	6
55	Die verschiedenen Formen des normalen Schlafes beim Menschen	11. 12. 35	III/326	7
56	Konzentration der Hemmung als Maßnahme gegen eine Hypnotisierung des Tieres (Versuche an „Satyr")	15. 1. 36	III/352	2
57	Über den Mechanismus der ultraparadoxen Phase und über die Grenzen der Vollkommenheit des Nervensystems	15. 1. 36	III/353	3

Abschnitt 7. Wechselbeziehungen zwischen Kortex und Subkortex

Lfd. Nr.	Thema	Datum	Band, Seite	Lfd. Nr. im Koll.
1	Über den Einfluß einer Erhöhung der Nahrungserregbarkeit auf die bedingten Nahrungsreflexe	9. 10. 29	I/ 4	1
2	Über Fälle, bei denen der bedingte Reflex größer ist als sein unbedingter	16. 10. 29	I/ 7	3
3	Versuche mit Herabsetzung der Nahrungserregbarkeit	16. 10. 29	I/ 7	4
4	Versuche mit Herabsetzung der Nahrungserregbarkeit	23. 10. 29	I/ 8	1
5	Über das quantitative Überwiegen eines bedingten über den unbedingten Reflex	30. 10. 29	I/ 10	4
6	Über den Einfluß der Herabsetzung und Erhöhung der Nahrungserregbarkeit auf die bedingten Reflexe	6. 11. 29	I/ 11	1
7	Über die Veränderung der Nahrungserregbarkeit	27. 11. 29	I/ 13	1
8	Über Herabsetzung und Erhöhung der Nahrungserregbarkeit	11. 12. 29	I/ 16	3
9	Über den Einfluß der Brunst	18. 12. 29	I/ 19	1
10	Über die Hemmung eines unbedingten durch einen bedingten Reflex	18. 12. 29	I/ 19	2
11	Über die Hemmung eines unbedingten Reflexes durch einen bedingten	8. 1. 30	I/ 25	3
12	Über das Überdecken eines bedingten Reflexes durch einen unbedingten	8. 1. 30	I/ 26	4
13	Das Überdecken eines bedingten Reflexes durch den unbedingten	15. 1. 30	I/ 28	3
14	Über das Überdecken des bedingten Reflexes durch den unbedingten	12. 2. 30	I/ 32	3
15	Über die Funktionen des Subkortex	19. 2. 30	I/ 35	4
16	Über die negative Induktion der Hirnrinde auf den Subkortex	19. 2. 30	I/ 35	5

Lfd. Nr.	Thema	Datum	Band, Seite	Lfd. Nr. im Koll.
17	Über die negative Induktion und die Induktionsbeziehungen zwischen Kortex und Subkortex	26. 2. 30	I/ 36	3
18	Über den negativen Sexualreflex	26. 2. 30	I/ 37	5
19	Hungerversuche bei M. K. PETROWAS „Joy"	2. 4. 30	I/ 46	2
20	Über die Möglichkeit der Bildung bedingter Reflexe bei gleichzeitiger Einwirkung bedingter und unbedingter Reize	7. 5. 30	I/ 56	3
21	Versuche mit dem Überdecken eines bedingten Reflexes	24. 9. 30	I/ 66	4
22	Versuche mit dem Überdecken der bedingten Reize durch unbedingte	8. 10. 30	I/ 68	3
23	Über das Überdecken eines bedingten Reizes durch den unbedingten	15. 10. 30	I/ 71	3
24	Über die Bedeutung der Dauer der gemeinsamen Einwirkung des bedingten und unbedingten Reizes	5. 11. 30	I/ 78	3
25	Über das Überdecken der bedingten Reize durch unbedingte	19. 11. 30	I/ 85	4
26	Über die Freisetzung unbedingter Reflexe bei Hemmung der Hirnrinde	10. 12. 30	I/ 90	4
27	Über die Wirkung verschiedener Zustände der Hirnrinde auf den Subkortex	11. 2. 31	I/108	2
28	Über die Abhängigkeit der Größe des bedingten Reflexes von der Größe der dazugehörigen Erregungszone (Versuche W. W. RIKMANS)	11. 2. 31	I/108	3
29	Weshalb die unbedingte Speichelsekretion bei einfacher Fütterung größer zu sein pflegt als bei Bekräftigung des bedingten Reizes	18. 2. 31	I/112	2
30	Über die Wechselbeziehungen zwischen bedingten und unbedingten Reflexen	4. 3. 31	I/116	2
31	Über die Erregung des Nahrungszentrums	11. 3. 31	I/117	1
32	Über die Bedeutung der Fortsetzung der Wirkung des bedingten Reizes nach der Nahrungsbekräftigung (Versuche W. I. PAWLOWAS und M. K. PETROWAS)	18. 3. 31	I/121	5
33	Befunde einer positiven Induktion auf den Subkortex bei Hemmung der Rinde	22. 4. 31	I/127	5
34	Bedeutung der Fortdauer des bedingten Reizes während seiner Bekräftigung durch den unbedingten Reiz (Versuche W. I. PAWLOWAS)	14. 10. 31	I/145	1
35	Über den Einfluß akuten Hungerns auf die bedingten Nahrungsreflexe	16. 12. 31	I/165	3
36	Über die Abhängigkeit der Stärke bedingter Reflexe von der Menge der Nahrungsbekräftigung	27. 1. 32	I/180	2
37	Praktische Schlußfolgerungen aus den Versuchen über den Einfluß der Bekräftigungsmenge auf den bedingten Reflex	16. 3. 32	I/201	6
38	Über den Einfluß der Menge der Nahrungsbekräftigung auf die Größe bedingter Reflexe	20. 4. 32	I/213	4
39	Klarstellung eines Falles von positiver Induktion auf das subkortikale Nahrungszentrum bei Hemmung der Rinde während der Anwendung einer Differenzierung	27. 4. 32	I/214	2

Lfd. Nr.	Thema	Datum	Band, Seite	Lfd. Nr. im Koll.
40	Über Induktionsbeziehungen zwischen Kortex und Subkortex (Versuch von W. W. RIKMAN, E. A. ASRATJAN und A. M. PAWLOWA)	27. 4. 32	I/214	4
41	Der Einfluß einer Vergrößerung der Futterportion nach den bedingten Reflexen auf ihre Größe	18. 5. 32	I/220	2
42	Über die Abhängigkeit der Größe der bedingten Nahrungsreflexe von der Menge der Nahrungsbekräftigung	19. 10. 32	I/230	4
43	Über Versuche mit Überdecken	9. 11. 32	I/240	4
44	Über die Bedeutung der Futtermenge für die Größe der bedingten Nahrungsreflexe	7. 12. 32	I/251	4
45	Über die Erhöhung der Nahrungserregbarkeit	15. 3. 33	I/306	4
46	Einfluß der Menge der Nahrungsbekräftigung auf die Größe der bedingten Reflexe	12. 4. 33	I/330	5
47	Über die Abhängikeit der Größe des bedingten Speichelreflexes von der Bekräftigungsportion (Versuche von S. W. KLESTSCHOW)	22. 11. 33	II/ 95	1
48	Über die Veränderung der Größe des bedingten Nahrungsreflexes durch die Menge der unbedingten Bekräftigung (neue Versuche von S. W. KLESTSCHOW)	29. 11. 33	II/106	1
49	Versuche S. W. KLESTSCHOWS mit bedingten Reizen, die mit verschiedenen Futterportionen bekräftigt werden. Konzeption der untrennbaren und ständigen Verbindung und Wechselwirkung des Erregungs- und Hemmungsprozesses	24. 1. 34	II/191	5
50	Versuche S. W. KLESTSCHOWS mit extremer Abmessung des unbedingten Reizes während des Versuchs (Diskussion)	31. 1. 34	II/206	9
51	Über die Induktionsbeziehungen von Kortex und Subkortex bei Tieren und beim Menschen	3. 10. 34	II/438	2
52	Fälle von besonderer Verzögerung der unbedingten Speichelabsonderung in den Versuchen mit „Jim“ und „Petka“	3. 10. 34	II/443	5
53	Verringerung der Futterportion bei der Bekräftigung verwandelt einen bedingten Reiz in einen schwachen	17. 10. 34	II/483	7
54	Einfluß der Größe der Bekräftigung auf die Größe der bedingten Nahrungsreflexe	24. 10. 34	II/487	3
55	Über den Einfluß der kortikalen Hemmung auf die Verzögerung der unbedingten Speichelabsonderung (Versuche mit „Jim“ und „Sholty“)	31. 10. 34	II/503	5
56	Über das Ausbleiben des unbedingten Reflexes beim Fressen nach einem verspäteten Reiz (N. A. PODKOPAJEWS „Jim“ und „Petka“)	21. 11. 34	II/534	7
57	Abhängigkeit der Größe eines bedingten Speichelreflexes von der Portion (Größe) der unbedingten Bekräftigung (Futter)	5. 12. 34	II/564	3
58	Fall von Hemmung der unbedingten Reflexe bei N. A. PODKOPAJEWS Hunden „Jim“ und „Petka“ und über die Lokalisation der zeitweiligen Verbindungen in der Hirnrinde	19. 12. 34	II/583	4

Abschnitt 8. Lehre von den Typen der höheren Nerventätigkeit

Lfd. Nr.	Thema	Datum	Band, Seite	Lfd. Nr. im Koll.
12	Über die Beweglichkeit der Nervenprozesse des Sanguinikers	18. 3. 31	I/121	3
13	Über die Stärke der erregbaren Typen (Versuche M. K. PETROWAS an „Boy" und W. K. FJODOROWS an „Postrel")	1. 4. 31	I/123	4
14	Ein Fall schroffer Herabsetzung der bedingten Reflexe bei Wiederholung ein und desselben bedingten Reizes bei einem Hund vom starken Typ	22. 4. 31	I/126	2
15	Beispiele für ein Nervensystem vom starken Typ (Versuche W. K. FJODOROWS an „Postrel")	22. 4. 31	I/127	4
16	Probleme, die in dem Vortrag IWAN PETROWITSCHS auf dem Kongreß in Bern über die Typen und über die Kastrationsfolgen angeschnitten wurden.	7. 10. 31	I/143	1
17	Die Charakteristik des erregbaren Typs und das Training des Hemmungsprozesses (Versuche M. K. PETROWAS an „Bely")	9. 12. 31	I/162	3
18	Über die Temperamente	20. 1. 32	I/177	2
19	Über die Temperamente	3. 2. 32	I/182	2
20	Über die Besonderheiten des phlegmatischen Temperaments	10. 2. 32	I/186	4
21	Über den schwachen Typ des Nervensystems	11. 6. 32	I/226	5
22	Über den starken, phlegmatischen Typ	1. 2. 33	I/280	5
23	Über das phlegmatische Temperament	1. 3. 33	I/297	7
24	Über die Typen des Nervensystems	15. 3. 33	I/305	1
25	Über den schwachen Typ	22. 3. 33	I/313	4
26	Über die Überprüfung von Hunden durch Umarbeitung bedingter Reflexe auf Metronome (des positiven Metronoms in ein Hemmungsmetronom und umgekehrt)	29. 3. 33	I/316	2
27	Versuche mit Umarbeitung der Metronomreflexe (des positiven Metronomreflexes in einen Hemmungsreflex und umgekehrt) bei schwachen und geschwächten Hunden	26. 4. 33	I/331	2
28	Versuche mit Umarbeitung von Reflexen bei Hunden vom starken Typ	26. 4. 33	I/333	3
29	Zur Charakterisierung des Phlegmatikers	24. 5. 33	I/344	5
30	Über ein phlegmatisches Temperament	31. 5. 33	I/347	3
31	Über den starken erregbaren Typ	31. 5. 33	I/349	4
32	Das Problem der Klassifikation der Typen des Nervensystems und eine Charakteristik einzelner Verfahren zur Bestimmung des Typs des Nervensystems	27. 9. 33	II/ 19	5
33	Über die Typen des Nervensystems (Fortsetzung). Ausgeprägte Typen des Sanguinikers (M.K. PETROWAS „Boy") und des Phlegmatikers (W. W. JAKOWLEWAS „Solotisty")	4. 10. 33	II/ 36	4
34	Günstiger Einfluß des Auslöschens auf ein schwaches Nervensystem	1. 11. 33	II/ 80	3
35	Kommentare zu dem verlesenen Artikel „Die gemeinsamen Typen der höheren Nerventätigkeit der Tiere und des Menschen"	15. 11. 33	II/ 89	1

Lfd. Nr.	Thema	Datum	Band, Seite	Lfd. Nr. im Koll.
36	Über die unterschiedliche Beweglichkeit der Nervenprozesse beim Sanguiniker und Phlegmatiker (Versuche mit der Umarbeitung der Metronome an „Atlas" und „Golowan")	31. 1. 34	II/198	3
37	Versuche mit einem Hund vom schwachen Typ (W. P. Golowinas „Tresor"). Die latente Wirkung pathogener Agenzien	31. 1. 34	II/200	5
38	Beweglichkeit der Nervenprozesse. Umarbeitung eines Metronompaares beim Sanguiniker und Phlegmatiker (Hunde von E. A. Asratjan)	7. 2. 34	II/211	2
39	„Liss", ein idealer Sanguiniker. Die fünfte Umarbeitung eines Metronompaares	7. 2. 34	II/212	4
40	Die drei Grundeigenschaften der Nervenprozesse, die den Typ des Tieres bestimmen. Die Indikatoren zur Bestimmung der Stärke der Nervenprozesse: überstarker Reiz, Erhöhung der Nahrungserregbarkeit, Brom (0,01—7,0) Koffein (0,03—0,1). Der Indikator für die Beweglichkeit der Nervenprozesse: die Umarbeitung bedingter Reize	21. 2. 34	II/223	1
41	Über die Typen des Nervensystems. A. A. Lindbergs „Satyr" und W. P. Golowinas „Tresor" als besondere Variante des erregbaren Typs mit Trägheit des Erregungsprozesses im Unterschied zur Labilität des zügellosen, erregbaren Typs	28. 2. 34	II/237	2
42	Die Hunde W. W. Jakowlewas „Jula" und „Solotisty" als Phlegmatiker mit Trägheit der Nervenprozesse	28. 2. 34	II/243	3
43	Schwierigkeit der Bestimmung des Typs des Nervensystems bei gewissen starken Hunden („Tresor" und „Satyr") mit starker Tendenz zur Hypnose. Klinische Analogien. Versuch, diese Erscheinungen mit einer gefestigten passiven Abwehrreaktion („Milchreflex") in Beziehung zu setzen	21. 3. 34	II/288	3
44	Über die Typen des Nervensystems in Zusammenhang mit den Versuchen I. S. Rosentals in Cambridge. Elemente des Zufalls bei der Bildung des Verhaltens und Faktoren der Beständigkeit in der Charakteristik des Typs des Nervensystems	25. 4. 34	II/338	8
45	Methoden zur Bestimmung des Typs des Nervensystems (der Stärke, der Ausgeglichenheit und der Beweglichkeit)	9. 5. 34	II/344	2
46	Fälle von großer Beweglichkeit des Nervensystems (Versuche an „Liss" und „Smei")	23. 5. 34	II/377	4
47	Zur Frage der Übergangstypen des Nervensystems	23. 5. 34	II/380	6
48	Genetische Bedeutung der außerordentlich großen Beweglichkeit des Nervensystems bei „Liss" und „Smei". Vorherrschen des Erregungsprozesses bei „Liss" und des Hemmungsprozesses bei „Smei"	30. 5. 34	II/387	3
49	Über eine Variation des Typs mit starkem Erregungs- und absolut schwachem Hemmungsprozeß	19. 9. 34	II/417	5

Lfd. Nr.	Thema	Datum	Band, Seite	Lfd. Nr. im Koll.
50	Beispiele von Hunden mit starkem, aber unausgeglichenem Typ mit vorherrschendem Erregungsprozeß, Schwäche der Hemmung und schwacher Beweglichkeit (Versuche an A. A. LINDBERGS „Satyr" und W. P. GOLOWINAS „Tresor"). Die Beweglichkeit des Nervenprozesses leitet sich aus seiner Stärke und Ausgeglichenheit her	31. 10. 34	II/493	1
51	Variante des erregbaren, starken Typs mit extremer Unausgeglichenheit (über die Hunde „Satyr" und „Tresor")	31. 10. 34	II/506	8
52	Über KRETSCHMERS Schizoide und Zykloide. Der Schizoide ist einfach ein schwacher Typ, der Zykloide ein starker, unausgeglichener Typ	31. 10. 34	II/507	9
53	Über die Typen der höheren Nerventätigkeit der Tiere und des Menschen	14. 11. 34	II/510	1
54	Beweglichkeit der Nervenprozesse bei Sanguinikern und Phlegmatikern (E. A. ASRATJANS „Atlas" und „Golowan" und W. W. JAKOWLEWAS „Solotisty")	16. 1. 35	III/ 28	4
55	Umwandlung eines Hundes vom schwachen Typ in einen starken Typ unter dem Einfluß einer Kombination von Brom und Koffein (Versuche A. M. PAWLOWAS mit „Lissa")	27. 2. 35	III/ 98	4
56	Starke Variante des schwache Typs bei außerordentlich geschwächtem Hemmungsprozeß (A. A. LINDBERGS „Satyr")	27. 3. 35	III/140	2
57	Bemerkungen über das Buch von KRETSCHMER „Körperbau und Charakter". Die Züge des Typs und die Züge des Charakters	23. 10. 35	III/238	6
58	Über die Beweglichkeit der Nervenprozesse beim Sanguiniker und beim Phlegmatiker (Versuche E. A. ASRATJANS an „Atlas" und „Golowan")	6. 11. 35	III/244	2
59	Varianten und Zwischentypen des Nervensystems (W. P. GOLOWINAS „Tresor", A. A. LINDBERGS „Satyr" und W. I. PAWLOWAS „Tom")	13. 11. 35	III/258	2
60	Zum Typenproblem: K. S. ABULADSES „Herkules" — eine besondere Form der passiven Abwehrreaktion; M. K. PETROWAS „Tombusch" — eine Variante der aggressiven Reaktion des starken Typs	20. 11. 35	III/270	1
61	Noch einmal über die Typen. Der zügellose und bis zum hohen Alter starke „Postrel" W. K. FJODOROWS	20. 11. 35	III/280	7
62	Der schwache Typ des Nervensystems (K. S. ABULADSES „Herkules")	11. 12. 35	III/315	1
63	Möglichkeit einer Kombination des starken Typs des Nervensystems mit einem ausgeprägten passiven Abwehrreflex (Versuche K. S. ABULADSES an „Herkules")	12. 2. 36	III/378	1

Abschnitt 9. Erziehung (Training)

1	Über die Bedeutung der Erziehung	2. 10. 29	I/ 4	2
2	Über den Einfluß früherer Lebensbedingungen des Hundes auf die Laboratoriumsarbeiten	9. 10. 29	I/ 4	2

Lfd. Nr.	Thema	Datum	Band, Seite	Lfd. Nr. im Koll.
3	Über die Bedeutung des Trainings für Hunde vom starken Typ	11. 12. 29	I/ 16	4
4	Über die Bedeutung des Trainings für Hunde vom schwachen Typ	11. 12. 29	I/ 17	5
5	Über das Training des erregbaren Typs	18. 12. 29	I/ 20	4
6	Über das Training des starken Typs	26. 2. 30	I/ 37	4
7	Über das Training des schwachen Typs	26. 2. 30	I/ 37	6
8	Bedeutung des Trainings bei der Lösung schwieriger Aufgaben (Versuche an „Postrel")	19. 3. 30	I/ 43	5
9	Beispiel für die hervorragende Bedeutung des Trainings des Hemmungsprozesses (W. K. Fjodorows „Postrel" und I. O. Narbutowitschs „Diana")	29. 4. 31	I/131	4
10	Über die Bedeutung des Trainings für den schwachen Typ	7. 12. 32	I/250	3
11	Noch einmal über den Phänotyp. Der primäre biologische Reflex der Vorsicht, der panische Reflex der Kinder, der passive Abwehrreflex und der Orientierungsreflex (Beobachtungen und Selbstbeobachtungen)	14. 11. 34	II/518	4
12	Der passive Abwehrreflex als erworbene oder selbständige Reaktion (Beobachtungen an T. A. Timofejewas „Lopar")	12. 2. 36	III/379	2

Abschnitt 10. Fragen der Pharmakologie und höhere Nerventätigkeit

1	Über die Wirkung hoher Bromdosen	30. 10. 29	I/ 10	5
2	Über den Einfluß von Brom auf das Erlöschen bedingter Reflexe	20. 11. 29	I/ 12	1
3	Über die Wirkung von Brom	11. 12. 29	I/ 15	2
4	Über die günstige Wirkung von Brom auf „Joy" nach der Kastration	14. 5. 30	I/ 57	2
5	Wie wirkt Brom auf die Überbelastungshemmung?	14. 5. 30	I/ 57	3
6	Über die Anwendung von Brom bei einem kastrierten Hund	17. 9. 30	I/ 62	2
7	Über die Wirkung von Brom bei verschiedenen Zuständen bei Hunden	5. 11. 30	I/ 77	2
8	Über analoge Ergebnisse der Wirkung von Sexualhormonen und Brom	12. 11. 30	I/ 83	4
9	Über die Wirkung von Brom	19. 11. 30	I/ 84	2
10	Über die Wirkung von Brom	3. 12. 30	I/ 86	1
11	Über die Wirkung von Brom	10. 12. 30	I/ 88	1
12	Über die Wirkung von Brom	17. 12. 30	I/ 92	4
13	Über den Einfluß einer Erholung auf die bedingt-reflektorische Tätigkeit eines kastrierten Hundes	17. 12. 30	I/ 93	5
14	Über die Bedeutung des Broms und des Geschlechtshormons für die höhere Nerventätigkeit	7. 1. 31	I/ 97	1
15	Über die Wirkung von Alkohol auf die kortikalen Hemmungsprozesse (Versuche N. N. Nikitins)	21. 1. 31	I/106	8
16	Bemerkungen zum autistischen Denken und über Versuche mit Bulbokapnin und Meskalin	18. 2. 31	I/112	4
17	Über die Wirkung von Brom	13. 5. 31	I/135	6

Lfd. Nr.	Thema	Datum	Band, Seite	Lfd. Nr. im Koll.
18	Über die Wirkung des Geschlechtshormons und des Broms (Versuche M. K. PETROWAS)	18. 11. 31	I/154	3
19	Über die Dosierung von Brom	13. 1. 32	I/174	4
20	Über die Wirkung von Brom	3. 2. 32	I/180	1
21	Über die Wirkung des Alkohols	10. 2. 32	I/187	5
22	Über Brom und die innere Hemmung	17. 2. 32	I/187	1
23	Versuch der Anwendung von Brom mit Koffein	16. 3. 32	I/200	3
24	Die Bedeutung der Bromdosierung bei den verschiedenen Typen des Nervensystems	11. 5. 32	I/218	2
25	Über die Dosierung von Brom	25. 5. 32	I/223	3
26	Über die Dosierung von Brom	19. 10. 32	I/230	3
27	Über die Bedeutung des Broms	26. 10. 32	I/232	3
28	Über die gemeinsame Wirkung von Brom und Koffein	16. 11. 32	I/245	3
29	Über die Behandlung von Zwangshandlungen mit Brom	16. 11. 32	I/246	5
30	Der Einfluß von Brom auf die Größe bedingter Reflexe bei verlängerter Dauer der isolierten Wirkung	14. 12. 32	I/255	5
31	Über die Bedeutung der individuellen Dosierung von Brom	11. 1. 33	I/267	4
32	Über die Wirkung von Brom	1. 3. 33	I/298	8
33	Über die Wirkung von Brom	8. 3. 33	I/302	5
34	Über die Bromdosierung unter Berücksichtigung der Individualität	26. 4. 33	I/335	4
35	Über die Dosierung von Brom	31. 5. 33	I/349	5
36	Die gemeinsame Wirkung einer großen Alkoholdosis, herabgesetzter Nahrungserregbarkeit und eines bedingten Hemmreizes ruft beim Hund tiefen Schlaf hervor (Versuche von A. A. LINDBERG)	1. 11. 33	II/ 82	4
37	Summation der Wirkung von Chloralhydrat und der auslöschenden Hemmung ruft tiefen Schlaf hervor (Versuch von W. K. FJODOROW an „Lichoi")	27. 9. 33	II/ 16	3
38	Über die therapeutische Wirkung von Brom bei der Behandlung experimenteller Neurosen (M. K. PETROWAS „Mirta")	11. 10. 33	II/ 40	1
39	Über einige Besonderheiten der Bromwirkung	11. 10. 33	II/ 45	4
40	Alkohol und Chloralhydrat schädigen in erster Linie den Hemmungsprozeß, indem sie ihn abschwächen (Versuche von W. K. FJODOROW und A. A. LINDBERG)	25. 10. 33	II/ 64	2
41	Fall von Wiederbelebung alter zeitweiliger Verbindungen unter dem Einfluß von Alkohol (Versuche von A. A. LINDBERG, Meinungsaustausch)	25. 10. 33	II/ 67	3
42	Wirkung von Chloralhydrat auf die Nervenprozesse der Hirnrinde. Absinken der positiven Reflexe und Enthemmung der Hemmung bei „Naljot" bei einer Dosis von 4,0 Chloralhydrat. Seltsame Versuchergebnisse bei kleiner Dosis von Chloralhydrat (2,0) bei demselben Hunde (Versuche von W. K. FJODOROW)	1. 11. 33	II/ 78	2

Lfd. Nr.	Thema	Datum	Band, Seite	Lfd. Nr. im Koll.
43	Versuchsvarianten mit dem Einfluß von Chloralhydrat auf die höhere Nerventätigkeit des Hundes (Versuche von W. K. FJODOROW)	22. 11. 33	II/ 98	2
44	Versuche W. K. FJODOROWS mit Chloralhydrat (Diskussion über die Wirkungsmechanismen)	29. 11. 33	II/113	5
45	Diskussion über den Mechanismus der Vergrößerung der bedingten Reflexe unter dem Einfluß von Chloralhydrat bei W. K. FJODOROWS „Naljot"	6. 12. 33	II/122	3
46	Brom heilt nicht nur eine Neurose, die speziell mit einer Beeinträchtigung der Hemmung zusammenhängt, sondern hilft auch einem normalen Tier mit unzureichender Hemmungsfunktion (Versuche von M. A. USSIJEWITSCH an „Premier")	6. 12. 33	II/123	4
47	Über die schädliche Wirkung kleiner Chloralhydratdosen (3,0) auf die Hemmungsprozesse der Hirnrinde (Versuche von W. K. FJODOROW an „Naljot" und „Postrel")	20. 12. 33	II/143	1
48	Über die Vergrößerung der Periode des Verspätens unter dem Einfluß kleiner Chloralhydratdosen (Versuche von W. K. FJODOROW)	20. 12. 33	II/151	4
49	Einfluß von Chloralhydrat (Versuche von W. K. FJODOROW)	17. 1. 34	II/171	2
50	Ergebnisse eines Zusammenstoßes bei einem kastrierten Hund. Über die Bromdosierung bei der Behandlung M. K. PETROWAS „Dikar"	7. 2. 34	II/209	1
51	Versuche W. K. FJODOROWS mit Auftreten einer positiven Induktion und mit der Wirkung von Chloralhydrat	7. 2. 34	II/213	5
52	Unvollständige Heilung einer Neurose mit Brom. M. K. PETROWAS „Mirta"	21. 2. 34	II/235	4
53	Versuche W. K. FJODOROWS mit Chloralhydrat	28. 2. 34	II/245	4
54	Wirkung von Koffein und Brom (Versuche M. K. PETROWAS)	28. 2. 34	II/246	5
55	Wirkung minimaler Bromdosen (M. K. PETROWAS „Dikar")	28. 2. 34	II/247	6
56	Der mächtige Bereich therapeutischer Bromdosen (Versuche M. K. PETROWAS an „Dikar" und M. A. USSIJEWITSCHS an „Premier")	7. 3. 34	II/251	1
57	Neue Tatsachen über die spezifische Wirkung von Paralysatoren (Alkohol, Chloralhydrat) auf den Hemmungsprozeß der Rinde (Versuche W. K. FJODOROWS und A. A. LINDBERGS)	7. 3. 34	II/257	4
58	Über die Möglichkeit, die höhere Nerventätigkeit durch zwei Hebel, Koffein und Brom, zu lenken (Versuche von S. W. KLESTSCHOW und W. W. RIKMAN)	14. 3. 34	II/266	1
59	Bedeutung der Hemmung und der Bromwirkung für die Regenerationsprozesse. Versuche JU. W. FOLBORTS und seine vier Regeln der Erschöpfung und Regeneration der Speicheldrüsen. Versuche N. A. PODKOPAJEWS und die Veränderung des Muzingehalts im Speichel unter dem Einfluß von Brom	14. 3. 34	II/268	2

Lfd. Nr.	Thema	Datum	Band, Seite	Lfd. Nr. im Koll.
60	Entstellung des Hemmungsprozesses beim Hunde „Bass" bei Verabreichung von Koffein. Vermutung I. P. PAWLOWS bezüglich einer Erhöhung der Labilität beider Prozesse, d. h. des Erregungs- und Hemmungsprozesses, unter dem Einfluß von Koffein	14. 3. 34	II/278	5
61	Fall von Herabsetzung der bedingten Reflexe auf starke Reize bei Vergrößerung der Pausen und bei Bromgaben (Versuche A. A. LINDBERGS an „Dwoika")	14. 3. 34	II/275	6
62	Die gemeinsame Wirkung individuell festgelegter Dosen von Brom und Koffein auf hartnäckige Neurosen von Hunden	21. 3. 34	II/281	1
63	Heilung kranker Punkte mit einer Kombination von Brom und Koffein (Versuche an M. K. PETROWAS „Hopp" und „Sholty")	28. 3. 34	II/293	1
64	Methodik der Verabreichung von Koffein (A. A. LINDBERGS „Polkan"). Fehlen der Wirkung bei Injektion von 1,0 coffeinum purum	28. 3. 34	II/294	2
65	Versuche W. K. FJODOROWS mit Erlöschen bei verschiedenen Dosen von Chloralhydrat. Hinweis I. P. PAWLOWS auf verschiedene Mechanismen des Erlöschens bedingter Reflexe	28. 3. 34	II/295	3
66	Wirkung einer Kombination von Brom und minimalen Koffeindosen bei einer schweren funktionellen Störung der höheren Nerventätigkeit (M. K. PETROWAS „Bely")	4. 4. 34	II/303	2
67	Über die Perspektiven einer radikalen Heilung von Neurosen bei richtiger Dosierung von Brom und von Brom mit Koffein in den Versuchen mit M. K. PETROWAS „Dikar" und „Bely"	18. 4. 34	II/316	1
68	Entstellung des Verlaufs der bedingten Speichelabsonderung während der isolierten Wirkung des bedingten Reizes unter dem Einfluß von Koffein (S. W. KLESTSCHOWS „Ratniza" und A. A. LINDBERGS „Polkan")	18. 4. 34	II/318	3
69	Ein einfacher Fall von Heilung einer Neurose durch Brom bei M. K. PETROWAS „Dikar"	25. 4. 34	II/332	2
70	Der therapeutische Effekt der Wirkung von Brom mit Koffein bei einer Reihe stark geschwächter Hunde („Hopp", „Sholty", „Boy", „Bely", „Mampus")	25. 4. 34	II/333	4
71	Fall von Erniedrigung der bedingten Speichelreflexe bei Vergrößerung der Pausen zwischen den Reizen und gleichzeitiger Bromwirkung	25. 4. 34	II/336	6
72	Wiederherstellung normaler bedingter Reflexe bei exakter Dosierung kombinierter Brom- und Koffeindosen (0,5 g Brom und 0,003 g Koffein) (Versuche M. K. PETROWAS an „Mampus")	16. 5. 34	II/355	1
73	Deutlicher Einfluß der Bromwirkung auf die Hemmungsprozesse (Versuche S. W. KLESTSCHOWS an „Mops")	16. 5. 34	II/364	8
74	Ergebnisse der Wirkung minimaler Dosen von Brom und Koffein auf „Bely", „Sholty" und „Mampus"	23. 5. 34	II/370	1

Lfd. Nr.	Thema	Datum	Band, Seite	Lfd. Nr. im Koll.
75	Paralysatoren des Nervensystems (Alkohol, Chloralhydrat, Medinal u. a.) schädigen in erster Linie den Hemmungsprozeß. Scheinbarer Widerspruch der Versuche an W. W. Jakowlewas „Solotisty“ und die Bedeutung der Analyse der Tatsachen	23. 5. 34	II/374	3
76	Der positive Einfluß von Brom bei der Ausarbeitung einer Differenzierung- und einer Verspätungshemmung	23. 5. 34	II/379	5
77	Fälle von Heilung experimenteller Neurosen durch die kombinierte Wirkung von Brom und Koffein (Versuche an „Mirta“, „John“, „Bely“, „Mars“, „Polkan“ und „Premier“)	30. 5. 34	II/383	1
78	Über den günstigen Einfluß einer Kombination von Brom und Koffein bei Störung der normalen Nervenprozesse. Ein eigenartiger pathologischer Fall der Nervenprozesse bei „Bely“ in den Versuchen M. K. Petrowas	12. 9. 34	II/406	3
79	Über die Möglichkeit einer anhaltenden Wiederherstellung der gestörten bedingt-reflektorischen Tätigkeit unter dem Einfluß einer Kombination von Brom und Koffein (Ergänzung zu den Versuchen M. K. Petrowas an „Boy“)	19. 9. 34	II/413	2
80	Versuche an „Rebus“ mit dem Einfluß von Brom und einzelne Verallgemeinerungen I. P. Pawlows über den Einfluß von Brom auf die Großhirnrinde	31. 10. 34	II/501	3
81	Über die gleichzeitige Wirkung von Chloralhydrat und Koffein	12. 12. 34	II/568	3
82	Fall von Enthemmung einer Differenzierung und Auftreten von Reizschwäche nach einer großen Bromdosis (Versuche S. W. Klestschows an „Belogrudka“)	12. 12. 34	II/572	5
83	Über die Anwendung einer Kombination von Brom und Koffein bei der Behandlung experimenteller Neurosen (Versuche M. K. Petrowas: „Boy“ und „Bely“ 1 bis 2 g Brom und 0,003 g Koffein, „Hopp“ und „Sholty“ 0,01 g Brom und 0,0003 g Koffein, „Mampus“ 0,5 g Brom und 0,0003 g Koffein)	19. 12. 34	II/577	1
84	A. A. Lindbergs „Dwoika“ (Wiederholung von bereits Bekanntem). Die beiden für die Regeneration der Rindenzelle förderlichen Agenzien Brom und große Pausen zwischen den Reizen setzen, zusammen angewandt, die Größe bedingter Reflexe auf starke Reize herab	9. 1. 35	III/ 10	5
85	Behandlung experimenteller Neurosen bei kastrierten Hunden mit Brom und Koffein: a) Positive Wirkung einer kombinierten Behandlung mit kleinen Dosen von Brom und Koffein und gleichzeitiger Anwendung zusammenfallender bedingter Reize; b) negative Ergebnisse bei Anwendung von Brom oder Koffein allein und ihr Charakter (hypnotischer Zustand bei Brom und explosive Schwäche bei Koffein). Bedeutung der Ergebnisse für die Klinik	16. 1. 35	III/ 18	1

Lfd. Nr.	Thema	Datum	Band, Seite	Lfd. Nr. im Koll.
86	Reizbare Schwäche im Ergebnis der gleichzeitigen Anwendung von Chloralhydrat und Koffein	23. 1. 35	III/ 34	3
87	Fall von Verstärkung des Hemmungsprozesses bei Anwendung kleiner Koffeindosen (0,005 g)	30. 1. 35	III/ 55	7
88	Der Einfluß von Alkohol auf die höhere Nerventätigkeit (die ersten Versuche M. K. PETROWAS und W. K. FJODOROWS)	6. 2. 35	III/ 59	1
89	Noch einmal über die Kombination von Brom und Koffein (A. M. PAWLOWAS „Liss")	6. 2. 35	III/ 66	5
90	Der Einfluß von Chloralhydrat auf die äußere und innere Hemmung. Die wahrscheinliche Einheit des Wesens der äußeren und inneren Hemmung bei vorherrschender Stärke der äußeren Hemmung (Versuche W. K. FJODOROWS)	13. 2. 35	III/ 74	3
91	Einfluß von Alkohol auf die bedingten Reflexe. Verschwinden der bedingten Reflexe bei dem schwachen Kastraten „Sholty" und Auftreten einer paradoxen Phase bei einem Paar entgegengesetzter Reize bei „Joy" (Versuche M. K. PETROWAS)	27. 2. 35	III/ 96	2
92	Einfluß von Alkohol auf die bedingten Reflexe von Hunden (Versuche M. K. PETROWAS)	6. 3. 35	III/107	1
93	Einfluß einer Kombination von Chloralhydrat mit Koffein. Die doppelte Bedeutung eines Fehlens der Speichelabsonderung auf einen Hemmreiz (Versuche S. W. KLESTSCHOWS)	6. 3. 35	III/111	2
94	Besonderer Fall von Schwächung des Hemmungsprozesses bei einem starken Hunde („Marsik") nach Einnahme von 0,8 g Koffein.	6. 3. 35	III/114	4
95	Über den Einfluß von Alkohol auf die höhere Nerventätigkeit. Besonderheiten seiner Wirkung auf das schwache Nervensystem (M. K. PETROWAS „Sholty")	20. 3. 35	III/134	3
96	Über die Verstärkung des Hemmungsprozesses unter der Wirkung kleiner Koffeindosen (Versuche S. W. KLESTSCHOWS und A. O. DOLINS)	27. 3. 35	III/140	1
97	Über die erstaunliche Wirkung einer Kombination von Brom und Koffein auf die bedingt-reflektorische Tätigkeit eines geschwächten Hundes vom schwachen Nerventyp (Versuche A. M. PAWLOWAS). Bericht N. A. PODKOPAJEWS	31. 5. 35	III/169	4
98	Die Wirkung kleiner Alkoholdosen auf die höhere Nerventätigkeit eines Hundes. Postalkoholische Hypnose als physiologischer Selbstschutzmechanismus des Organismus (Versuche M. K. PETROWAS und W. K. FJODOROWS)	16. 10. 35	III/215	3
99	Bedeutung des Rindentonus für den Wirkungscharakter kleiner Dosen von Alkohol und Chloralhydrat (Versuche W. K. FJODOROWS und A. A. LINDBERGS)	23. 10. 35	III/225	1
100	Noch einmal über die Wirkung einer Kombination von Brom und Koffein (M. K. PETROWAS „Boy" und A. M. PAWLOWAS „Lissa")	23. 10. 35	III/226	2

Lfd. Nr.	Thema	Datum	Band, Seite	Lfd. Nr. im Koll.
101	Einfluß großer Alkoholdosen auf die höhere Nerventätigkeit (Versuche W. K. Fjodorows an „Lichoi"). Experimentelle Ergebnisse und Amnesie bei chronischem Alkoholismus	6. 11. 35	III/250	6
102	Symptome einer chronischen Alkoholvergiftung der Hunde (Versuche M. K. Petrowas und W. K. Fjodorows). Phobie eines Alkolikerhundes als Analogon des alkoholischen Verfolgungswahns	27. 11. 35	III/283	2
103	Enthemmung der Differenzierung und Umkehr des Verlaufs der bedingten Speichelabsonderung unter der Wirkung von Chloralhydrat und Koffein (S. W. Klestschows „Mops")	18. 12. 35	III/342	3

Abschnitt 11. Evolution der höheren Nerventätigkeit

1	Experimente an Affen und die Notwendigkeit, die höhere Nerventätigkeit an verschiedenartigen Tieren zu studieren	18. 12. 29	I/ 19	3
2	Vermutung des Vorhandenseins unbedingter optischer Reflexe bei Vögeln	5. 2. 30	I/ 30	4
3	Über die Arbeit an Affen	24. 9. 30	I/ 67	7
4	Bericht über Versuche an Affen	29. 10. 30	I/ 76	1
5	Vergleich der höheren Nerventätigkeit in Abhängigkeit vom Grad der evolutionären Entwicklung der Tiere	5. 11. 30	I/ 80	6
6	Bericht F. P. Majorows über seine Arbeit mit Affen	7. 10. 31	I/144	2
7	Über die Arbeit im Affenhaus	14. 10. 31	I/146	2
8	Bedingte Speichelreflexe beim Menschen. Versuche von Prof. Lenz	17. 5. 33	I/338	1
9	Über das Studium bedingter Verbindungen beim Menschen	24. 5. 33	I/340	1
10	Über die Entwicklungshöhe des Untersuchungsreflexes bei Affen	18. 10. 33	II/ 61	5
11	Das Problem der „Intelligenz" der Tiere. „Rosas" Untersuchungsreflex oder Wissensdrang	20. 12. 33	II/154	6
12	Einige Mitteilungen hinsichtlich des Studiums der höheren Nerventätigkeit bei Affen	14. 3. 34	II/276	7
13	Versuche von Prof. Liddell (USA) an Schafen und Schweinen zum Problem der Irradiation von Erregung und Hemmung	25. 4. 34	II/330	1
14	Versuche an Menschenaffen. Das Verhalten der Affen wird völlig von den Gesetzen der Assoziation und Analyse bestimmt, im Gegensatz zu den Vorstellungen von Yerkes und Köhler	16. 5. 34	II/365	9
15	Das Wesen des Verstandes der Menschenaffen und die fehlerhafte Deutung Köhlers	12. 9. 34	II/406	4
16	Versuche mit „Raffael". Komplizierung der Assoziationskette	6. 3. 35	III/115	5
17	Referat D. A. Kaminskis über die Arbeit mit Affen in Suchumi	18. 12. 35	III/330	1

Lfd. Nr.	Thema	Datum	Band, Seite	Lfd. Nr. im Koll.
	Abschnitt 12. Lehre vom zweiten Signalsystem			
1	Über die beiden Signalsysteme	9. 11. 32	I/240	5
2	Über die wechselseitige Verbindung zwischen den Signalsystemen	25. 1. 33	I/270	1
3	Untersuchung eines Falles von Aphasie. Bericht JU. M. KONORSKIS	3. 10. 34	II/445	7
4	Der Künstlertyp des Menschen (Vorherrschen des ersten Signalsystems) disponiert zu hysterischen Neurosen, der Denkertyp (Vorherrschen des zweiten Signalsytems) zu psachasthenischen. Die Möglichkeit einer hysterischen Neurose bei Tieren („Werny") und theoretische Vermutungen	9. 1. 35	III/ 4	2
	Abschnitt 13. Physiologie der höheren Nerventätigkeit und Psychologie			
1	Über den Mangel psychologischer Urteile und Experimente	12. 3. 30	I/ 41	3
2	Über die Möglichkeit, physiologische Phänomene psychologisch zu deuten	23. 4. 30	I/ 51	2
3	Die Ergebnisse der Arbeit des letzten Jahres	4. 6. 30	I/ 61	3
4	Über die Psychologen	8. 10. 30	I/ 70	6
5	Die Vorzüge der physiologischen Erklärung des Verhaltens der Tiere vor psychologischen Deutungen	5. 11. 30	I/ 80	7
6	Über die Vorzüge der physiologischen Erklärung des Verhaltens der Tiere vor der psychologischen Interpretation	12. 11. 30	I/ 82	1
7	Über die Untersuchung bedingter Reflexe bei Kindern	3. 12. 30	I/ 87	3
8	Über die Arbeit der Psychologen	7. 1. 31	I/ 99	3
9	Bemerkungen zum autistischen Denken und über Versuche mit Bulbokapnin und Meskalin	18. 2. 31	I/112	4
10	Über das Vorwort zum Buch von A. G. IWANOW-SMOLENSKI	25. 2. 31	I/113	1
11	Über die allgemeine Bedeutung bedingter Verbindungen	18. 3. 31	I/120	2
12	Kritik an den Konzeptionen der Psychologen LASHLEY und HESS	18. 3. 31	I/122	6
13	Die verschiedenen Formen bedingter Verbindungen	21. 10. 31	I/148	2
14	Über die Kritik KÖHLERS an der Lehre von den bedingten Reflexen	28. 10. 31	I/149	2
15	Einschätzung der Kritik von Dr. RAMCH	26. 10. 32	I/231	1
16	Über Assoziationen	21. 12. 32	I/260	3
17	Der bedingte Reflex als Assoziation (Versuche von I. O. NARBUTOWITSCH)	31. 1. 34	II/198	4
18	Fall von Intuition mit deterministischer Erklärung	7. 2. 34	II/212	3
19	Versuche von LENZ mit bedingten Speichelreflexen an Menschen. I. P. PAWLOWS negative Einstellung zu diesen Versuchen	21. 2. 34	II/230	2
20	Das Problem der positiven Bedeutung des „Sozialreflexes"	7. 3. 34	II/253	2

Lfd. Nr.	Thema	Datum	Band, Seite	Lfd. Nr. im Koll.
21	Bedeutung der Ergebnisse im Physiologischen Laboratorium für die Neurologische und Psychiatrische Klinik. Äußerungen I. P. PAWLOWS über die Psychologie sowie über die für den Psychiater bestehende Notwendigkeit, Psychologe zu sein	30. 5. 34	II/392	6
22	Über das Buch von WOODWORTH „Die moderne Schule der Psychologie" und über das Studium des primitiven Denkens bei Affen	24. 10. 34	II/491	7
23	Kritik der Gestaltpsychologie an Hand des Buches von WOODWORTH „Die moderne Schule der Psychologie"	28. 11. 34	II/536	1
24	Abschluß der Analyse der Gestaltpsychologie. Einschätzung der Versuche von THORNDIKE. Was ist Lernen? Die Genese des Verstehens, Denkens und Wissens. Schlußfolgerungen I. P. PAWLOWS aus Beobachtungen an Affen	5. 12. 34	II/551	1
25	Über das Vorhandensein primitiver „Begriffe" bei Tieren. Versuche S. W. KLESTSCHOWS an „Mischka" mit der Ausarbeitung bedingter Reflexe auf ein Verhältnis von Tönen	9. 1. 35	III/ 3	1
26	Über die Thesen KÖHLERS und über eigene Beobachtungen. Versuche mit „Raffael". Polemik gegen KÖHLER anläßlich seines Buches „Phsychologische Probleme"	9. 1. 35	III/ 12	6
27	Kritik der Arbeit KÖHLERS „Psychologische Probleme"	23. 1. 35	III/ 39	7
28	Über das Buch DUNCKERS „Psychologie des produktiven Denkens"	27. 2. 35	III/105	10
29	Über die Ausarbeitung bedingter Reflexe auf das Verhältnis zwischen Reizen und über die unbegründeten Schlußfolgerungen der Gestaltpsychologen (Versuche A. O. DOLINS und S. W. KLESTSCHOWS)	13. 3. 35	III/128	5
30	Über „Verhältnisse von Reizen" als bedingte Reize (Versuche von S. W. KLESTSCHOW und A. O. DOLIN). Kritische Beleuchtung der konkreten Form der Versuche	27. 3. 35	III/146	5
31	Kritik des Buches von CLAPARÈDE „Die Entstehung der Hypothese"	27. 3. 35	III/150	9
32	Die „Verhältnisse" der Frequenzen verschiedener Reize als Form des bedingten Reizes und die Fehler der Gestaltpsychologie (Versuche A. O. DOLINS und neue Befunde)	2. 10. 35	III/185	2
33	Verallgemeinerung der Reaktionen mit verschiedenen unbedingten Reizen. Gegenüberstellung der Laboratoriumsbefunde K. S. ABULADSES mit subjektiven Erscheinungen beim Menschen	5. 2. 36	III/368	3

Lfd. Nr.	Thema	Datum	Band, Seite	Lfd. Nr. im Koll.

Abschnitt 14. Experimentelle Pathologie der höheren Nerventätigkeit und Klinik

A. Pathologische Trägheit, reizbare Schwäche und Überbelastungshemmung

Lfd. Nr.	Thema	Datum	Band, Seite	Lfd. Nr. im Koll.
1	Über die Grenze der Arbeitsfähigkeit der Rindenzelle	30. 10. 29	I/ 9	1
2	Eigenartige Kurve der bedingten Speichelsekretion	11. 12. 29	I/ 18	6
3	Fall von Irradiation der Schutzhemmung	18. 12. 29	I/ 20	5
4	Fall einer Überbelastungshemmung bei einem Hund mit geschwächter Hirnrinde	1. 4. 31	I/122	2
5	Über die Grenze der Arbeitsfähigkeit der Rindenzelle	13. 5. 31	I/132	1
6	Fall von chronischer Herabsetzung der Arbeitsfähigkeit der Rindenzelle (Versuche W. W. Rikmans an „Kraft")	20. 5. 31	I/137	1
7	Über die Überbelastungshemmung (Versuche W. W. Rikmans an „Kraft")	27. 5. 31	I/138	1
8	Über die Schutzhemmung beim schwachen Typ	27. 5. 31	I/138	2
9	Über Schwelle und Grenze der Arbeitsfähigkeit der Rinde	27. 5. 31	I/139	5
10	Beispiele für das Absinken der Arbeitsfähigkeit der Rinde nach mehreren schwierigen Aufgaben	18. 11. 31	I/153	1
11	Über die Grenze der Arbeitsfähigkeit	25. 11. 31	I/156	1
12	Über die Wirkung eines Nebenreizes auf einen verspäteten Reflex	2. 12. 31	I/160	3
13	Fall eines Zusammenstoßes	2. 11. 32	I/238	5
14	Fall von Reizschwäche nach Zusammenstoß	1. 3. 33	I/297	6
15	Über die Trägheit von Erregungsprozessen in der Hirnrinde	29. 3. 33	I/315	1
16	Über pathologische Trägheit	5. 4. 33	I/323	3
17	Erhöhung der Nahrungserregbarkeit und Überbelastungshemmung	5. 4. 33	I/326	6
18	Eigenartige Anfälle bei M. K. Petrowas „Mampus"	12. 4. 33	I/329	4
19	Pathologische Trägheit der Nervenprozesse. Analyse der primären und sekundären Trägheit der Erregung und Hemmung (Hundeversuche von I. I. Filaretow und M. K. Petrowa)	20. 9. 33	II/ 3	1
20	Erkrankung eines einzelnen Rindenpunktes und Auftreten der Überbelastungshemmung bei M. K. Petrowas „Bely". Die Umgebung als Komponente des bedingten Reizes	27. 9. 33	II/ 17	4
21	Ein seltener Fall von Trägheit der kortikalen Nervenprozesse bei dem Phlegmatiker „Solotisty". Die Anwendung einer komplizierten Differenzierungsform mit Bekräftigung des Reizes bei seiner vierten Anwendung	11. 10. 33	II/ 47	7
22	Seltener Fall von Trägheit der kortikalen Nervenprozesse. Der Phlegmatiker „Solotisty" (Fortsetzung)	18. 10. 33	II/ 51	1
23	Trägheit des Hemmungsprozesses bei einem alten Hunde N. A. Podkopajews bei der „Umarbeitung eines assoziierten Metronompaares	15. 11. 33	II/ 93	3

Lfd. Nr.	Thema	Datum	Band, Seite	Lfd. Nr. im Koll.
24	Über Erscheinungen der pathologischen Trägheit („John" und „Joy") und der pathologischen Labilität („Bely" und „Mampus") der Nervenprozesse bei durch Kastration geschwächten Hunden M. K. Petrowas	22. 11. 33	II/100	3
25	Weitere Versuche und Beobachtungen über die pathologische Explosivität des Nervenprozesses bei M. K. Petrowas „Mampus". Die Bedeutung der Schutzhemmung bei Katatonie und Schizophrenie	29. 11. 33	II/107	2
26	Über die Trägheit der Nervenprozesse und die ultraparadoxe Phase (M. K. Petrowas „Mirta")	10. 1. 34	II/159	1
27	Auftreten der „Trägheit" des Erregungsprozesses als ein Stadium der Neurose und Verschwinden der bedingten Reflexe bei schwachen Typen des Nervensystems als ein anderes Stadium (Versuche von M. K. Petrowa)	10. 1. 34	II/162	2
28	Pathologische Explosivität bei „Mampus". Behandlungsverfahren	24. 1. 34	II/183	2
29	Pathologische Trägheit bei „John" und „Joy". Verfahren zur Überwindung der Trägheit und die ungelöste Frage nach den Mechanismen dieser Einwirkungen	24. 1. 34	II/186	3
30	Verschwinden der Trägheit des Erregungsprozesses nach Umstellung der umzuarbeitenden Metronome bei M. K. Petrowas „Joy"	28. 2. 34	II/249	8
31	Fälle von experimenteller Erzeugung und Heilung pathologischer Trägheit (Beispiele: „Joy" und „Mirta") und pathologischer Labilität (M. K. Petrowas „Mampus", Versuche S. W. Klestschows). Eine Analogie zur Hypersekretion (pathologische Labilität) und Hyposekretion (pathologische Trägheit) der Magendrüsen	7. 3. 34	II/254	3
32	Über das sekundäre Auftauchen einer Überbelastungshemmung im Falle einer durch Koffein hervorgerufenen Reizschwäche und über ihre Interpretation (Versuche von S. W. Klestschow)	25. 4. 34	II/337	7
33	Verschwinden der pathologischen Trägheit der Hemmung und der pathologischen Labilität der Erregung („Explosivität" und „Reizschwäche") bei Anwendung einer Kombination von Brom und Koffein (Versuche M. K. Petrowas an „Bely" und „Mampus")	9. 5. 34	II/341	1
34	Bemerkungen zur Überbelastungshemmung	16. 5. 34	II/359	4
35	Fälle und Bedingungen für die Entstehung von Trägheit des Hemmungsprozesses (W. W. Jakowlewas „Rjabtschik" und „Jula", F. P. Majorows „Jack" und W. P. Golowinas „Tresor")	14. 11. 34	II/515	3
36	Trägheit und Labilität des Erregungs- und Hemmungsprozesses können normal oder pathologisch sein	21. 11. 34	II/521	1
37	Fall von Trägheit des Hemmungsprozesses bei M. K. Petrowas „Mirta"	19. 12. 34	II/581	2

Lfd. Nr.	Thema	Datum	Band, Seite	Lfd. Nr. im Koll.
38	Über den Mechanismus der Reizschwäche. Versuche hinsichtlich der Wirkung von Koffein und Chloralhydrat an S. W. Klestschows „Mops" und „Belogrudka"	19. 12. 34	II/582	3
39	Beispiel von ungewöhnlicher Trägheit der Nervenprozesse („Solotisty"). Verspätete Reflexe, die nur nach Verlängerung des Intervalls zwischen den Reizen von 5 auf 9 Minuten gebildet wurden	30. 1. 35	III/ 54	6
40	Die pathologische Labilität der Hemmung — eine Variante des erregbaren Typs des Nervensystems (W. P. Golowinas „Tresor", A. A. Lindbergs „Satyr", W. I. Pawlowas „Tom" und M. K. Petrowas „Tombusch")	13. 2. 35	III/ 69	1
41	Explosivität nach großen Bromdosen („Belogrudka") und unter dem Einfluß von Koffein und Chloralhydrat („Mops"). Wege zur Aufklärung des Mechanismus der Trägheit und Labilität (Versuche S. W. Klestschows)	20. 2. 35	III/ 88	5
42	Über die Trägheit des Nervensystems (Versuche mit W. W. Jakowlewas „Solotisty")	13. 3. 35	III/126	3
43	Behandlung der reizbaren Schwäche mit Brom und Koffein und mit Überdecken („Mampus" und „Woltschok")	13. 3. 35	III/127	4
44	Neue Befunde über die Trägheit des Erregungs- und Hemmungsprozesses (W. W. Jakowlewas „Solotisty")	13. 11. 35	III/263	5
45	Herstellung einer chronischen ultraparadoxen Phase durch spezielles Auslöschen des positiven Reizes eines assoziierten Paares (Versuche W. A. Troschichins)	20. 11. 35	III/272	3
46	Behandlung der reizbaren Schwäche mit einer Kombination von Brom und Koffein, mit Erholung und Überdecken des positiven Reizes (Versuche M. K. Petrowas an „Mampus")	11. 12. 35	III/324	6
47	Genese der reizbaren Schwäche bei Überbeanspruchung des Erregungsprozesses	15. 1. 36	III/357	6
48	Reizbare Schwäche bei einer besonderen Form von intermittierendem Erlöschen (Versuche S. W. Klestschows)	15. 1. 36	III/359	7
49	Reizbare Schwäche in Versuchsvariationen bei M. K. Petrowas „Mampus"	15. 1. 36	III/361	8

B. Experimentelle Pathologie der höheren Nerventätigkeit und Klinik der Nervenkrankheiten

a) Allgemeine Fragen der Klinik der Nervenkrankheiten

1	Zu den Ergebnissen des Neurologenkongresses in Bern	30. 9. 31	I/140	1
2	Über Autismus	10. 2. 32	I/186	2
3	Über Stärkegrade krankhafter Zustände der Rindenzellen	31. 5. 33	I/346	2
4	Über die Mannigfaltigkeit pathologischer Erscheinungen bei M. K. Petrowas „Mampus"	25. 10. 33	II/ 73	7

Lfd. Nr.	Thema	Datum	Band, Seite	Lfd. Nr. im Koll.
5	Über die relative Bedeutung der einzelnen Symptome bei der Diagnostik von Nerven- und Geisteskrankheiten	24. 1. 34	II/190	4
6	Bedeutung der Ergebnisse im physiologischen Laboratorium für die neurologische und psychiatrische Klinik. Äußerungen I. P. PAWLOWS über die Psychologie sowie über die für den Psychiater bestehende Notwendigkeit, Psychologe zu sein	30. 5. 34	II/392	6

b) Einfluß der Kastration und der Geschlechtshormone auf die höhere Nerventätigkeit

Lfd. Nr.	Thema	Datum	Band, Seite	Lfd. Nr. im Koll.
7	Über Kastration	8. 1. 30	I/ 26	6
8	Über den Einfluß der Kastration	15. 1. 30	I/ 28	4
9	Über Ergebnisse der Kastration	12. 2. 30	I/ 32	4
10	Besonderheiten des Auslöschens nach Kastration	19. 2. 30	I/ 34	2
11	Besonderheiten der bedingten Reflexe und ihres Erlöschens nach Kastration	5. 3. 30	I/ 39	3
12	Versuche mit dem Auslöschen bedingter Reflexe nach Kastration	12. 3. 30	I/ 41	2
13	Mechanismen der Veränderung der bedingt-reflektorischen Tätigkeit nach Kastration	28. 5. 30	I/ 59	2
14	Abschwächung der kortikalen Hemmungsprozesse nach Kastration (Versuche von M. K. PETROWA an „Joy")	4. 6. 30	I/ 60	1
15	Einfluß der Geschlechtshormone auf die höhere Nerventätigkeit (Unterbindung des Samenstranges)	17. 9. 30	I/ 62	3
16	Über die Folgen der Kastration	24. 9. 30	I/ 64	2
17	Über den positiven Einfluß der Erholung auf einen kastrierten Hund	23. 10. 30	I/ 73	2
18	Einfluß der Kastration in Abhängigkeit vom Typ des Nervensystems	14. 1. 31.	I/100	3
19	Beobachtungen an kastrierten Hunden (Versuche M. K. PETROWAS)	21. 1. 31	I/103	3
20	Beobachtungen an kastrierten Hunden (Versuche M. K. PETROWAS)	11. 2. 31	I/110	5
21	Einfluß der Geschlechtshormone	18. 2. 31	I/112	3
22	Weitere Beobachtungen an kastrierten Tieren (Versuche M. K. PETROWAS)	25. 2. 31	I/114	4
23	Beobachtungen an kastrierten Hunden	4. 3. 31	I/116	1
24	Die höhere Nerventätigkeit bei Kastraten	8. 4. 31	I/124	2
25	Verallgemeinerung der Beobachtungen an kastrierten Hunden (Versuche M. K. PETROWAS)	13. 5. 31	I/113	2
26	Probleme, die in dem Vortrag IWAN PETROWITSCHS auf dem Kongreß in Bern über die Typen und über die Kastrationsfolgen angeschnitten wurden	7. 10. 31	I/143	1
27	Über Kastrationsfolgen	9. 12. 31	I/163	4
28	Abschwächung des Nervensystems infolge Kastration	23. 12. 31	I/170	3
29	Die Wirkung erhöhter und erniedrigter Nahrungserregbarkeit auf die kastrierten Hunde M. K. PETROWAS	13. 1. 32	I/174	5

Lfd. Nr.	Thema	Datum	Band, Seitz	Lfd. Nr. im Koll.
30	Einfluß der Kastration auf einen erregbaren Hund	13. 1. 32	I/175	6
31	Abschwächung des Hemmungsprozesses nach Kastration	24. 2. 32	I/194	2
32	Mißerfolg bei Versuchen mit Umarbeitung bei kastrierten Hunden	8. 3. 33	I/303	7
33	Prüfung kastrierter Hunde durch Umarbeitung von Metronomen, des Hemmungsmetronoms in ein positives und umgekehrt	22. 3. 33	I/311	3
34	Über die Umwandlung der Metronomreflexe bei Kastraten	10. 5. 33	I/336	1
35	Zirkularität in der Arbeit der Großhirnrinde von kastrierten Hunden als Ausdruck eines Selbstschutzes des Organismus durch Hemmung. Parallele Wirkung der beschleunigenden Nerven des Herzens	4. 10. 33	II/ 34	3
36	Über einen möglichen Zusammenhang der Neurosen mit einer Funktionsstörung der Geschlechtsdrüsen (Beobachtungen von M. K. PETROWA)	11. 10. 33	II/ 41	2
37	Versuche mit der Bildung eines bedingten Bewegungsreflexes bei einem im Alter von drei Monaten kastrierten Hunde (M. K. PETROWAS „Dikar")	22. 11. 33	II/104	4
38	Verallgemeinerung der von M. K. PETROWA an starken Kastraten gewonnenen pathologischen Tatsachen. Neue experimentelle Tatsachen bei Versuchen mit der Knarre an „Boy"	20. 12. 33	II/147	2
39	Ergebnisse eines Zusammenstoßes bei einem kastrierten Hund. Über die Bromdosierung bei der Behandlung (M. K. PETROWAS „Dikar")	7. 2. 34	II/209	1

c) Über Neurosen. Über experimentelle Neurosen und ihre Behandlung

Lfd. Nr.	Thema	Datum	Band, Seitz	Lfd. Nr. im Koll.
40	Über experimentelle Neurosen	30. 4. 30	I/ 53	5
41	Über experimentelle Neurosen (Versuche M. K. PETROWAS und W. K. FJODOROWS an „Postrel")	21. 1. 31	I/104	4
42	Chronische Herabsetzung der Arbeitsfähigkeit der Rinde nach Neurose	8. 4. 31	I/125	3
43	Der Fall einer Neurose nach Überbeanspruchung des Hemmungsprozesses	16. 3. 32	I/200	2
44	Fall einer experimentellen Neurose bei M. K. PETROWAS „Mirta"	19. 10. 32	I/229	2
45	Über die Dauer experimenteller Neurosen	9. 11. 32	I/239	3
46	Über die Folgen einer langwierigen Neurose	30. 11. 32	I/247	3
47	Über das Training durch wiederholte Neurosen	14. 12. 32	I/254	3
48	Ätiologie der Neurosen	11. 1. 33	I/265	1
49	Fall einer Zerrüttung der höheren Nerventätigkeit nach einer schwierigen Aufgabe	11. 1. 33	I/267	3
50	Beispiele für die Entstehung und Behandlung experimenteller Neurosen	1. 2. 33	I/278	3

Lfd. Nr.	Thema	Datum	Band, Seite	Lfd. Nr. im Koll.
51	Experimentelle Neurosen bei M. K. PETROWAS „Mirta" und I. S. ROSENTALS „Kostromitsch"	15. 2. 33	I/287	2
52	Über die Ganzheit der Funktion des Organismus	26. 4. 33	I/336	6
53	Über verschiedene Erscheinungsformen der Neurosen bei Versuchshunden. Klinische Parallelen. Annäherung von Epilepsie und Paranoia	11. 10. 33	II/ 42	3
54	Die Hauptmaßnahmen bei der Heilung experimenteller Neurosen (Versuche an M. K. PETROWAS „Bely", „Mampus", „Sholty" und „Hopp")	6. 12. 33	II/124	5
55	Neue Tatsachen über experimentelle Neurosen. Positive Wirkung des Broms auf einen geschwächten Hemmungsprozeß (Versuche von M. K. PETROWA an „Bely" und „Boy")	13. 12. 33	II/133	4
56	Mißglückte Behandlung einer Neurose bei M. K. PETROWAS „Mirta"	24. 1. 34	II/182	1
57	Fall von experimenteller Katatonie bei M. K. PETROWAS „Mampus" bei schwerer Neurose	21. 2. 34	II/231	3
58	Über „Mirtas" wiederholte Neurosen und ein Beispiel für das Vorhandensein eines einzelnen kranken Punktes in der Hirnrinde	4. 4. 34	II/306	4
59	Ein einfacher Fall von Heilung einer Neurose durch Brom bei M. K. PETROWAS „Dikar"	25. 4. 34	II/332	2
60	Neurose bei einem Hunde nach Unterbrechung der Anwendung eines überstarken Reizes („Woltschok")	21. 11. 34	II/525	4
61	Über die lange Inkubationszeit einer Neurose bei „Woltschok" und über die Beseitigung der Hypnotisierung durch die Anwendung von Brom	9. 1. 35	III/ 6	3

d) Physiologische Mechanismen und Behandlung der traumatischen Neurose

62	Physiologische Mechanismen der traumatischen Neurose	9. 10. 29	I/ 5	3
63	Über die traumatische Neurose	16. 10. 29	I/ 7	2
64	Über eine traumatische Neurose	15. 1. 30	I/ 27	1
65	Physiologische Mechanismen der traumatischen Neurose	5. 2. 30	I/ 29	1
66	Physiologische Mechanismen der traumatischen Neurose	12. 2. 30	I/ 32	2
67	Physiologische Mechanismen der traumatischen Neurose	19. 2. 30	I/ 33	1
68	Über die traumatische Neurose	26. 2. 30	I/ 36	1
69	Über die Behandlung der traumatischen Neurose	5. 3. 30	I/ 38	1
70	Über die traumatische Neurose	12. 3. 30	I/ 40	1
71	Wege zur Heilung der traumatischen Neurose	16. 4. 30	I/ 49	1
72	Physiologische Mechanismen der traumatischen Neurose	17. 9. 30	I/ 61	1
73	Physiologische Mechanismen der traumatischen Neurose	24. 9. 30	I/ 63	1
74	Über die Behandlung der experimentellen traumatischen Neurose	15. 10. 30	I/ 70	1
75	Behandlung der traumatischen Neurose	22. 10. 30	I/ 73	1
76	Über die traumatische Neurose	5. 11. 30	I/ 77	1
77	Über die traumatische Neurose	17. 12. 30	I/ 91	1

Lfd. Nr.	Thema	Datum	Band, Seite	Lfd. Nr. im Koll.
78	Komplikation des Freßaktes nach Heilung der traumatischen Neurose bei „Kraft“	14. 1. 31	I/100	1
79	Über die Behandlung der experimentellen Neurose (Versuche W. W. RIKMANS an „Kraft“)	21. 1. 31	I/103	2
80	Behandlung der Folgen einer traumatischen Neurose	11. 2. 31	I/106	1
81	Fortsetzung der Versuche mit „Kraft“	25. 2. 31	I/114	2
	e) Über Phobien			
82	Analyse eines Laboratoriumsfalles von Phobie vor der Tiefe (M. K. PETROWAS „John“)	30. 1. 35	III/ 47	2
83	Die Phobie vor der Tiefe bei M. K. PETROWAS „John“ und ein Versuch, den Mechanismus ihrer Genese zu erklären	6. 2. 35	III/ 62	3
84	Noch einmal über die Phobie vor der Tiefe. Analyse der Bedingungen für das Auftreten der Phobie und der Begleiterscheinungen (M. K. PETROWAS „John“)	20. 2. 35	III/ 87	4
85	Die verschiedenen Arten der Hemmung. Phobie vor der Tiefe als Ausdruck eines krankhaften Zustandes des Hemmungsprozesses im Nervensystem (Versuche M. K. PETROWAS mit dem Kastraten „John“). Erstarrung des Hundes „Melja“ bei Verdauungsexperimenten. Eine Unterwerfungsreaktion im Physiologischen Laboratorium der Universität Smolensk bei der Arbeit mit bedingten Speichelreflexen an einem frei umherlaufenden Hunde. Besonderheiten der Erscheinungen bei F. P. MAJOROWS Hunde „Premier“. Hemmung von gewaltiger Stärke bei Anwendung von Säure (0,5%ig) bei dem Hunde „Kaschtanka“	13. 3. 35	III/120	1
86	Phobie vor der Tiefe (M. K. PETROWAS „John“). Pathologische Hemmung als physiologische Grundlage der Phobie. Behandlung der Phobie durch Wiederholung eines hypnotischen Zustandes. Ein neues Problem: Die Behandlung einer Hemmung durch Hemmung	2. 10. 35	III/190	3
87	Einzelergebnisse der Laboratoriumsarbeit: a) Strenge Spezialisierung einer Zwangsreaktion bei K. S. ABULADSES „Sews“; b) Rezidiv einer aggressiven Abwehrreaktion bei F. P. MAJOROWS „Ratniza“; c) Reflex auf die Einsamkeit bei F. P. MAJOROWS „Premier“; d) Furcht vor dem Gestell nach einem Sturz bei S. A. NESHDANOWAS „Rogdei“; e) Angst vor dem Herabspringen vom Gestell bei O. M. TSCHEBOTAREWAS „Ursinka“ nach schwieriger Ausarbeitung eines verspäteten bedingten Reflexes	16. 10. 35	III/219	4
88	Variationen der Phobie vor der Tiefe (O. M. TSCHEBOTAREWAS „Ursinka“)	23. 10. 35	III/235	5
89	Die Phobie vor der Tiefe bei M. K. PETROWAS „John“ ist eine pathologische Labilität des Hemmungsprozesses mit besonderer Färbung	13. 11. 35	III/264	6

Lfd. Nr.	Thema	Datum	Band, Seite	Lfd. Nr. im Koll.
90	Weitere Beiträge zur Phobie vor der Tiefe. Geschwindigkeit des Übergangs eines pathologischen Zustandes in den normalen und umgekehrt (Versuche M. K. PETROWAS an „John")	11. 12. 35	III/323	5
91	Verschwinden einer besonderen passiven Abwehrreaktion (Angst) durch Überführung des Hundes in eine andere Kammer oder durch Verstärkung des Erregungsprozesses mit Koffein (Versuche K. S. ABULADSES an „Herkules")	18. 12. 35	III/340	2
92	Die experimentelle Phobie und die therapeutische Bedeutung der Hemmung (Versuche M. K. PETROWAS)	5. 2. 36	III/374	6
	f) Über Zirkularität			
93	Über Zirkularität	26. 2. 30	I/ 38	7
94	Über die zirkuläre Neurose bei Hunden	11. 3. 31	I/118	3
95	Über die zirkuläre Neurose	1. 4. 31	I/123	3
96	Zirkularitätserscheinungen der höheren Nerventätigkeit nach Kastration	29. 4. 31	I/130	2
97	Über Zirkularität	16. 12. 31	I/166	4
98	Über die zirkuläre Neurose	25. 1. 33	I/271	2
99	Über Zirkularität und über chaotische Zustände der Nerventätigkeit	1. 2. 33	I/276	1
100	Über eine zirkuläre Neurose	15. 2. 33	I/289	4
101	Die Behandlung der zirkulären Neurose durch Brom	8. 3. 33	I/303	6
102	Über Rezidive einer zirkulären Neurose	22. 3. 33	I/311	2
103	Eine zirkuläre Neurose bei „Joy" und ihre allmähliche Heilung	25. 4. 34	II/332	3
	g) Pathologische Veränderungen in isolierten Rindenpunkten			
104	Über einen isolierten kranken Punkt	27. 11. 29	I/ 13	3
105	Über einen isolierten kranken Rindenpunkt	8. 1. 30	I/ 26	5
106	Über den Mechanismus eines isolierten erregten Rindenpunktes	22. 10. 30	I/ 76	8
107	Über isolierte kranke Rindenpunkte	17. 2. 32	I/189	3
108	Über Zwangssymptome	26. 10. 32	I/231	2
109	Über Zwangshandlungen	30. 11. 32	I/247	4
110	Über einen isolierten erkrankten Punkt	7. 12. 32	I/249	1
111	Fall eines isolierten kranken Punktes in der Hirnrinde	14. 12. 32	I/254	2
112	Über eine Erscheinungsform von Zwangszuständen beim Hund	14. 12. 32	I/255	4
113	Über Zwangserscheinungen bei Hunden	21. 12. 32	I/261	4
114	Über einen kranken Punkt in der Hirnrinde und über die Dosierung von Brom	1. 2. 33	I/277	2
115	Über die Behandlung von Zwangshandlungen	1. 2. 33	I/279	4
116	Über die pathologische Stagnation des nervalen Prozesses und über ihre Behandlung	8. 2. 33	I/283	2
117	Über ein Zwangssymptom beim Menschen	8. 2. 33	I/285	4

Lfd. Nr.	Thema	Datum	Band, Seite	Lfd. Nr. im Koll.
118	Über isolierte kranke Punkte in der Hirnrinde	15. 2. 33	I/288	3
119	Über Krampferscheinungen bei Hunden	15. 2. 33	I/289	5
120	Über kranke Rindenpunkte bei „Mampus", „Mirta" und bei anderen Hunden M. K. PETROWAS	22. 2. 33	I/292	3
121	Über Zwangserscheinungen	22. 2. 33	I/294	5
122	Über Zwangszustände	1. 3. 33	I/296	5
123	Fall der Bildung eines kranken Punktes in der Rinde	8. 3. 33	I/301	3
124	Über einen isolierten erkrankten Punkt	8. 3. 33	I/304	8
125	Über Zwangssymptome	22. 3. 33	I/315	8
126	Über kranke Rindenpunkte	29. 3. 33	I/318	4
127	Noch einmal über kranke isolierte Punkte	5. 4. 33	I/325	4
128	Über Trägheit	12. 4. 33	I/326	1
129	Über Zwangsneurosen	31. 5. 33	I/345	1
130	Vier Formen der Krankhaftigkeit isolierter Rindenpunkte: 1. Störung des ganzen Systems der bedingten Reflexe, 2. pathologische Trägheit des Erregungsprozesses, 3. lokale Schmerzhaftigkeit, 4. pathologische Explosivität (Labilität)	29. 11. 33	II/109	3
131	Einzelne Krankheitsfälle aus dem Material der Nervenklinik: a) ein Patient mit Spasmen des Magens; b) ein Patient, der keine Gesellschaft verträgt; c) ein Narkoleptiker	13. 12. 33	II/135	5
132	Über einen isolierten kranken Punkt bei M. K. PETROWAS „Bely" als bedingte objektivierte Schwierigkeit in der Hirnrinde	23. 5. 34	II/381	7
133	Zwangsassoziationen (Andauern der aggressiven Reaktion beim Fressen nach Verschwinden des wirklichen Anlasses zur Reaktion bei K. S. ABULADSES „Sews"). Analogie physiologischer Mechanismen mit Zwangsideen und Wahnvorstellungen. Ein klinisches Beispiel	6. 2. 35	III/ 64	4

h) Über Hysterie und Neurasthenie

134	Über die physiologischen Mechanismen der Hysterie und Neurasthenie	30. 4. 30	I/ 53	4
135	Über Neurasthenie und über die Bedeutung des Trainings für den Hemmungsprozeß	4. 6. 30	I/ 61	2
136	Über Neurosen	17. 9. 30	I/ 63	4
137	Über Hysterie	10. 2. 32	I/183	1
138	Über Hysterie	24. 2. 32	I/191	1
139	Über Hysterie	2. 3. 32	I/195	1
140	Über Hysterie	30. 3. 32	I/207	3
141	Bemerkungen I. P. PAWLOWS beim Verlesen seines Artikels „Über Hysterie"	13. 4. 32	I/208	1
142	Über Hysterie	11. 1. 33	I/267	2
143	Fall eines hypnotischen Zustandes bei Hysterie	1. 2. 33	I/280	6
144	Über Neurasthenie bei einem starken Typ	8. 2. 33	I/284	3
145	Über ein besonderes Symptom bei einem in der Nervenklinik demonstrierten Hysteriker	15. 2. 32	I/290	6

Lfd. Nr.	Thema	Datum	Band, Seite	Lfd. Nr. im Koll.
146	Eine eigenartige Form des hypnotischen Zustandes bei Hysterie	22. 2. 33	I/294	7
147	Beiträge aus der Nervenklinik. Über Hysterie und Psychasthenie	27. 2. 35	III/104	9

i) Über Psychasthenie

Lfd. Nr.	Thema	Datum	Band, Seite	Lfd. Nr. im Koll.
148	Über Psychasthenie	19. 10. 32	I/229	1
149	Über Psychasthenie	2. 11. 32	I/235	2
150	Über Psychasthenie und über die Bedeutung von Prozessen mit entgegengesetztem Vorzeichen	18. 1. 33	I/268	1
151	Über Psychasthenie	15. 3. 33	I/305	2
152	Über Psychasthenie	22. 3. 33	I/314	5
153	Über Psychasthenie	12. 4. 33	I/328	2

k) Allgemeine Schwächung der höheren Nerventätigkeit und Mittel zu ihrer Behandlung

Lfd. Nr.	Thema	Datum	Band, Seite	Lfd. Nr. im Koll.
154	Über die Bedeutung der Erholung	8. 10. 30	I/ 67	1
155	Über analoge Ergebnisse der Wirkung von Brom und Geschlechtshormonen	8. 10. 30	I/ 67	2
156	Bedeutung der Erholung	15. 10. 30	I/ 71	2
157	Über den positiven Einfluß der Erholung auf einen kastrierten Hund	22. 10. 30	I/ 73	2
158	Über analoge Ergebnisse der Wirkung von Sexualhormonen und Brom	12. 11. 30	I/ 83	4
159	Feine Störungen der höheren Nerventätigkeit bei Zusammenstößen (Versuche W. K. FJODOROWS an „Toy")	21. 1. 31	I/105	5
160	Fall einer Bestimmung des hypnotischen Zustandes eines Hundes an Hand seiner motorischen Reaktion (Beobachtung an M. K. PETROWAS „John")	13. 5. 31	I/135	5
161	Fall einer Hemmungsirradiation nach operativer und traumatischer Hirnschädigung	21. 10. 31	I/147	1
162	Sehr schwierige Formen der Überprüfung der Wirkung bedingter Reize und das Wesen der Melancholie	2. 12. 31	I/159	2
163	Über den Zusammenstoß bei der Umarbeitung eines bedingten Abwehrreflexes auf einen Ton in einen Nahrungsreflex	16. 12. 31	I/165	2
164	Störung der höheren Nerventätigkeit durch eine unüberwindliche „geistige" Schwierigkeit	23. 12. 31	I/168	2
165	Über die Bedeutung der Folgerichtigkeit bei der Arbeit und beim Studium (das Training)	13. 1. 32	I/173	1
166	Über die Lösung einer schwierigen Aufgabe	13. 1. 32	I/173	2
167	Eine außerordentlich schwierige Form des Zusammenstoßes	13. 1. 32	I/174	3
168	Über Narkolepsie	16. 11. 32	I/245	4
169	Über Narkolepsie	30. 11. 32	I/247	2
170	Besonderer Fall der Lösung einer schwierigen Aufgabe	14. 12. 32	I/256	6

Lfd. Nr.	Thema	Datum	Band, Seite	Lfd. Nr. im Koll.
171	Über die Behandlung der Narkolepsie	22. 2. 33	I/294	6
172	Die Schwierigkeit, bei „Naljot" eine normale Nahrungserregbarkeit zu erzielen	5. 4. 33	I/325	5
173	Über Melancholie	12. 4. 33	I/328	3
174	Über die physiologischen Mechanismen der Umkehr einer motorischen Reaktion (Versuche P. K. ANOCHINS)	10. 5. 33	I/336	2
175	Schwäche des Hemmungsprozesses als Ursache des pathologischen Zustandes beim Hunde „Bely" von P. S. KUPALOW	20. 9. 33	II/ 9	3
176	Pathologischer Zustand der Hemmungspunkte bei Schwäche des Hemmungsprozesses (Versuche an „Bely")	20. 12. 33	II/150	3
177	Lösung einer schwierigen Aufgabe. Zerrüttung nach zwei Monaten erfolgreicher Arbeit (Versuche an „Mirta"; die Kastraten „John", „Joy" und „Mampus" in den Versuchen M. K. PETROWAS)	17. 1. 34	II/173	4
178	Fall von wohltuender Wirkung des Broms auf ein stark geschwächtes Nervensystem einer Medizinstudentin	31. 1. 34	II/195	1
179	Fall von Dämmerzustand und Narkolepsie bei syphilitischer Intoxikation des Nervensystems	31. 1. 34	II/197	2
180	Akute Form der paradoxen Phase in den Versuchen W. K. FJODOROWS und chronische Form in klinischen Fällen (Fall N. W. WINOGRADOWS mit dem Patienten KOSLOW. Diskussion)	7. 3. 34	II/258	5
181	Anwendung kleiner Bromdosen in der ambulanten Praxis	4. 4. 34	II/303	1
182	Ausdehnung des Begriffes „Zusammenstoß" auf die Umstellung des positiven und hemmenden Reizes (S. B. MALKMANS „Kaschtan")	4. 4. 34	II/313	7
183	Fall von katatonischem Stupor en miniature bei M. K. PETROWAS „Mampus"	19. 9. 34	II/413	3
184	Beobachtungen L. A. ANDREJEWS über Veränderungen der höheren Nerventätigkeit von Hunden nach Durchschneidung der aa. carotides und der aa. vertebrales. Experimentelle Narkolepsie bei Hunden	19. 9. 34	II/419	6
185	Neue Variante eines Zusammenstoßes der Nervenprozesse (Versuche W. K. FJODOROWS)	24. 10. 34	II/488	4
186	Fälle von Zerrüttung des Nervensystems bei Wiederholung schwieriger Aufgaben und die Bedeutung des Trainings	12. 12. 34	II/567	2
187	Über die Ursache chaotischer bedingter Reflexe bei W. W. JAKOWLEWAS „Solotisty"	12. 12. 34	II/569	4
188	Behandlung eines pathologischen Zustandes der höheren Nerventätigkeit nach Umarbeitung bei Hunden vom schwachen Typ durch Verstärkung des Hemmungsprozesses vermittels Verlängerung der Einwirkungszeit des negativen Reizes oder vermittels der Anwndung von Brom. Fall von Überbeanspruchung der Hemmungsprozesse bei „Mirta" unter der gleichzeitigen Wirkung beider Faktoren. Gegenüberstellung der Versuche an „Joy" und „Dwoika"	16. 1. 35	III/ 23	2

Lfd. Nr.	Thema	Datum	Band, Seite	Lfd. Nr. im Koll.
189	Chaotische bedingt-reflektorische Tätigkeit kann eine Folge von Schwäche der Hemmung und Trägheit des Nervenprozesses sein („Werny")	27. 2. 35	III/ 99	6
190	Fall von Fehlen der Abhängigkeit der Größe der bedingten Reflexe von der Stärke des bedingten Reizes (Versuche an A. A. LINDBERGS „Mars")	27. 2. 35	III/101	8
191	Trophische Hautveränderungen nach für das Nervensystem schwierigen Aufgaben (Versuche M. K. PETROWAS). Möglichkeit eines kortikalen Einflusses auf pathologische Prozesse innerer Organe	13. 11. 35	III/267	7
192	Fall von ungünstigem Einfluß einer Arbeitsunterbrechung nach Lösung schwieriger Aufgaben („Woltschok")	27. 11. 35	III/296	8
193	Über die Bedeutung der Erholung bei der Lösung schwieriger Aufgaben (Beobachtungen F. P. MAJOROWS)	15. 1. 36	III/351	1
194	Besondere Form der passiven Abwehrreaktion bei „Herkules"	5. 3. 36	III/377	7
195	Über die Irradiation eines pathologischen Erregungsprozesses und eines pathologischen Hemmungsprozesses (Versuche S. W. KLESTSCHOWS an „Mops" und M. K. PETROWAS an „Mampus")	19. 2. 36	III/399	7

C. Experimentelle Pathologie der höheren Nerventätigkeit und Psychiatrie

Lfd. Nr.	Thema	Datum	Band, Seite	Lfd. Nr. im Koll.
196	Über Schizophrenie	30. 10. 29	I/ 10	6
197	Über Schizophrenie	20. 11. 29	I/ 13	3
198	Über Schizophrenie	27. 11. 29	I/ 14	5
199	Über Schizophrenie	11. 12. 29	I/ 18	7
200	Über Schizophrenie. — Echolalie und Echopraxis als Symptome eines hypnotischen Zustandes	18. 12. 29	I/ 21	8
201	Paradoxe Phase bei Schizophrenie	19. 3. 30	I/ 42	1
202	Drei Arten von Hemmungszuständen bei psychischen Erkrankungen	19. 3. 30	I/ 42	3
203	Beweis für den funktionellen Charakter der Störungen der Hirnrinde bei der Katatonie und Katalepsie	26. 3. 30	I/ 44	1
204	Über die Bedeutung isolierter kranker Punkte für die Psychiatrie	30. 4. 30	I/ 53	3
205	Über die Therapie der hysterischen Psychose	28. 5. 30	I/ 59	1
206	Kritik an der Neurosenkonzeption des Psychiaters SCHILDER	14. 1. 31	I/102	5
207	Über den Inhalt der Antwort I. P. PAWLOWS auf den Aufsatz SCHILDERS über die Neurosen	21. 1. 31	I/103	1
208	Bemerkungen zur Schizophrenie	25. 2. 31	I/116	9
209	Über die Naivität im Denken gewisser ausländischer Psychiater	20. 1. 32	I/176	1
210	Zwei Fragen an die Psychiater	23. 3. 32	I/204	4
211	Über die Verteilung der Hemmung in den höchsten Abschnitten des Nervensystems bei Schizophrenen	25. 5. 32	I/224	5
212	Über Schizophrenie	2. 11. 32	I/235	1

Lfd. Nr.	Thema	Datum	Band, Seite	Lfd. Nr. im Koll.
213	Fall von Katatonie	30. 11. 32	I/246	1
214	Über gleiche physiologische Mechanismen verschiedener patho-psychischer Zustände	14. 12. 32	I/253	1
215	Kommentare zu einem Brief an PIERRE JANET	15. 2. 33	I/286	1
216	Über die Bedeutung hypnotischer Zustände bei Geistes- und Nervenkrankheiten	1. 3. 33	I/299	10
217	Über den Wahn	29. 3. 33	I/319	6
218	Über Paranoia	26. 4. 33	I/330	1
219	Über die Ganzheit der Funktionen des Organismus	26. 4. 33	I/336	6
220	Trägheit der Nervenprozesse als möglicher Mechanismus der Paranoia	20. 9. 33	II/ 6	2
221	Über die relative Bedeutung der einzelnen Symptome bei der Diagnostik von Nerven- und Geisteskrankheiten	24. 1. 34	II/190	4
222	Psychiatrische Klinik. Die gemeinsamen physiologischen Mechanismen der Epilepsie, Paranoia und traumatischen Neurose. Besonderheiten der Epilepsie. Diskussion	18. 4. 34	II/320	5
223	Über die manisch-depressive Psychose. Eine langanhaltende Erregung erfaßt wahrscheinlich nicht nur die Großhirnrinde, sondern alle Gehirnabschnitte. Nach völliger Erschöpfung des Gehirns tritt eine Depression mit Erlöschen aller Lebensinstinkte auf	9. 5. 34	II/353	3
224	Über Schizophrenie und Paranoia	12. 12. 34	II/574	7
225	Fall von Paraphrenie in der psychiatrischen Klinik	30. 1. 35	III/ 56	8
226	Analyse zweier pathologischer Fälle aus dem Buche von PIERRE JANET „Der Ursprung des Intellekts"	20. 2. 35	III/ 90	6
227	Behandlung der Schizophrenie mit Schlaf und durch eine speziell „schonende" Umgebung (Analyse zweier Fälle von Schizophrenie)	6. 3. 35	III/115	6
228	Die physiologischen Mechanismen des Wahns	20. 3. 35	III/134	4
229	Über das positive Ergebnis der Behandlung einer Schizophrenie mit Schlaf	27. 3. 35	III/150	8
230	Über die paradoxe Phase bei Schizophrenie. Ergebnisse der Anwendung schwacher Wortreize zur Kontaktgewinnung mit Katatoniepatienten nach den Angaben eines italienischen Psychiaters	6. 11. 35	III/252	7
231	Psychiatrische Klinik. Verschiedene Mechanismen des Wahns. Progressive Paralyse und zweites Signalsystem	4. 12. 35	III/308	4

NAMENREGISTER
DER TEILNEHMER DER „MITTWOCHKOLLOQUIEN“

NAMENREGISTER ERWÄHNTER PERSONEN

NAMENREGISTER DER ERWÄHNTEN VERSUCHSTIERE

Hunde

SACHREGISTER

INHALTSVERZEICHNIS

Mittwochkolloquien des Jahres 1935
9. Januar bis 18. Dezember

Mittwochkolloquien des Jahres 1936
15. Januar bis 19. Februar

REGISTER ZU BAND I–III

FSC
www.fsc.org
MIX
Papier | Fördert gute Waldnutzung
FSC® C083411

Kolibri 360 GmbH
Ferdinand-Jühlke-Straße 7
99095 Erfurt, Deutschland
produktsicherheit@kolibri360.de